风景园林理论·方法·技术系列丛书

西安建筑科技大学风景园林系　主编

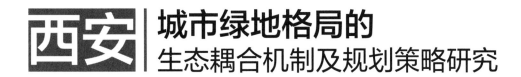

西安城市绿地格局的生态耦合机制及规划策略研究

薛立尧　著

U0249885

中国建筑工业出版社

审图号：西S（2024）001号

图书在版编目（CIP）数据

西安城市绿地格局的生态耦合机制及规划策略研究 / 薛立尧著. —北京：中国建筑工业出版社，2023.10

（风景园林理论·方法·技术系列丛书）

ISBN 978-7-112-29268-4

Ⅰ.①西… Ⅱ.①薛… Ⅲ.①城市绿地—生态规划—研究—西安 Ⅳ.①S731.2

中国国家版本馆CIP数据核字（2023）第190050号

本书以绿地为主体，生态为客体，通过对绿地所在区域的综合生态安全格局，及绿地自身生态耦合效益、耦合机制的评析，揭示了西安市域、都市区绿地的当前生态化布局模式及与生态本底、生态安全、生态功能的理想耦合机制。本书内容共9章，包括：绪论、基础理论及相关研究综述、西安城市绿地格局生态耦合对象、西安城市绿地格局生态耦合演进、西安城市绿地格局生态耦合效益、西安城市绿地格局生态耦合机制、西安城市绿地格局生态耦合规划策略、西安城市绿地格局生态耦合规划实证、结论与展望。

本书的读者群体主要是建筑类高等院校的教师、博硕研究生及科研人员，尤其面向风景园林专业、城乡规划专业、环境与市政工程专业的专任教师、科研人员，同时也对政府及相关部门的决策者、相关专业人士、各层级工作人员较为受用，成为其专业科研参考书籍；另外也能成为社会学者、百姓及学生“建立城市生态观”的科普读物。

基金项目：国家重点研发计划课题“城市蓝绿空间规划与生态系统服务功能优化技术”（2022YFC3802603），陕西省自然科学基础研究计划面上项目（2023-JC-YB-301），陕西高等教育教学改革研究项目（重点攻关）（23BG024）。

责任编辑：王华月
版式设计：锋尚设计
责任校对：刘梦然
校对整理：张辰双

风景园林理论·方法·技术系列丛书
西安建筑科技大学风景园林系　主编

西安城市绿地格局的生态耦合机制及规划策略研究

薛立尧　著

*

中国建筑工业出版社出版、发行（北京海淀三里河路9号）
各地新华书店、建筑书店经销
北京锋尚制版有限公司制版
建工社（河北）印刷有限公司印刷

*

开本：787 毫米×1092 毫米　1/16　印张：25¼　字数：494 千字
2024 年 5 月第一版　　2024 年 5 月第一次印刷
定价：**118.00** 元
ISBN 978-7-112-29268-4
（41973）

总 序

风景园林学是综合运用科学与艺术的手段，研究、规划、设计、管理自然和建成环境的应用型学科，以协调人与自然之间的关系为宗旨，保护和恢复自然环境，营造健康优美人居环境为目标。风景园林学研究人类居住的户外空间环境，其研究内容涉及户外自然和人工境域，是综合考虑气候、地形、水系、植物、场地容积、视景、交通、构筑物和居所等因素在内的景观区域的规划、设计、建设、保护和管理。风景园林的研究工作服务于社会发展过程中人们对于优美人居环境以及健康良好自然环境的需要，旨在解决人居环境建设中人与自然之间的矛盾和问题，诸如国家公园与自然保护地体系建设中的矛盾与问题、棕地修复中的技术与困难、气候变化背景下的城市生态环境问题、城市双修中的技术问题、新区建设以及城市更新中的景观需求与矛盾等。当前的生态文明建设和乡村振兴战略为风景园林的研究提供了更为广阔的舞台和更为迫切的社会需求，这既是风景园林学科的重大机遇，同时也给学科自身的发展带来巨大挑战。

西安建筑科技大学的历史可追溯至始建于1895年的北洋大学，从梁思成先生在东北大学开办建筑系到1956年全国高等院校院系调整、学校整体搬迁西安，由东北工学院、西北工学院、青岛工学院和苏南工业专科学校的土木、建筑、市政系（科）整建制合并而成，积淀了我国近代高等教育史上最早的一批土木、建筑、市政类学科精华，形成当时的西安建筑工程学院及建筑系。我校风景园林学科的发展正是根植于这样历史深厚的建筑类教育土壤。1956至1980年代并校初期，开设园林课程，参与重大实践项目，考察探索地方园林风格；1980年代至2003年，招收风景园林方向硕士和博士研究生，搭建研究团队，确立以中国地景文化为代表的西部园林理论思想；2002年至今，从“景观专门化”到“风景园林”新专业，再到“风景园林学”新学科独立发展，形成地域性风景园林理论方法与实践的特色和优势。从开办专业到2011年风景园林一级学科成立以来，我院汇集了一批从事风景园林教学与研究的优秀中青年学者，这批中青年学者学缘背景丰富、年龄结构合理、研究领域全面、研究方向多元，已经成长为我校风景园林教学与科研的骨干力量。

“风景园林理论·方法·技术系列丛书”便是各位中青年学者多年研究成果的汇总，选题涉及黄土高原聚落场地雨洪管控、城市开放空间形态模式与数据分析、城郊乡村景观转型、传统山水景象空间模式、城市高密度区小微绿地更新营造、城市风环境与绿地空间协同规划、城市夜景、大遗址景观、城市街道微气候、地域农宅新模式、城市绿色生态系统服务以及朱鹮栖息生境保护等内容。在这些作者中：

杨建辉长期致力于地域性规划设计方法以及传统生态智慧的研究，建构了晋陕黄土高原沟壑型聚落场地适地性雨洪管控体系和场地规划设计模式与方法。

刘恺希对空间哲学与前沿方法应用有着强烈的兴趣，提出了“物质空间表象-内在动力机制”的研究范型，总结出四类形态模式并提出系统建构的方法。

包瑞清长期热衷于数字化、智能化规划设计方法研究，通过构建基础实验和专项研究的数据分析代码实现途径，形成了城市空间数据分析方法体系。

吴雷对西部地区乡村景观规划与设计研究充满兴趣，提出了未来城乡关系变革中西安都市区城郊乡村景观的空间异化转型策略。

董芦笛长期致力于中国传统园林及风景区规划设计研究，聚焦人居环境生态智慧，提出了“象思维”的空间模式建构方法，建构了传统山水景象空间基本空间单元模式和体系。

李莉华热心于探索西北城市高密度区绿地更新设计方法，从场地生境融合公众需求的角度研究了城市既有小微绿地更新营造的策略。

薛立尧专注于以西安为代表的我国北方城市绿地系统的生态耦合机制研究及规划方法创新，尤其在绿地与风环境因子的耦合规划建设方面取得了一定的进展。

孙婷长期致力于城市夜景规划与景观照明的设计与研究工作，研究了昼、夜光环境下街道空间景观构成特征及关系，提出了“双面街景”的设计模式。

段婷热心于文化遗产的保护工作，挖掘和再现了西汉帝陵空间格局的历史图景，揭示了其内在结构的组织规律，初步构建了西汉帝陵大遗址空间展示策略。

樊亚妮的研究聚焦于微气候与户外空间活动及空间形态的关联性，建立了户外空间相对热感觉评价方法，构建了基于微气候调控的城市街道空间设计模式。

沈葆菊对“遗址-绿地”的空间融合研究充满兴趣，阐述了遗址绿地与城市空间的耦合关系，提出了遗址绿地对城市空间的影响机制及城市设计策略。

孙自然长期致力于乡土景观与乡土建筑的研究，将传统建筑中绿色营建智慧经验进行当代转译，为今天乡村振兴服务。

王丁冉对数字技术与生态规划设计研究充满热情，基于多尺度生态系统服务供需测度，响应精细化城市更新，构建了绿色空间优化的技术框架。

赵红斌长期致力于朱鹮栖息生境保护与修复规划研究，基于栖息地生境的具体问题，分别从不同生境尺度，探讨朱鹮栖息地的保护与修复规划设计方法。

近年来本人作为西安建筑科技大学建筑学院的院长，目睹了上述中青年教师群体从科研的入门者逐渐成长为学科骨干的曲折历程。他（她）们在各自或擅长或热爱的领域潜心研究，努力开拓，积极进取，十年磨一剑，终于积淀而成的这套“风景园林理论·方法·技术系列丛书”，是对我校风景园林学科研究工作阶段性的、较为全面的总结。这套丛书的出版，是我校风景园林学科发展的里程碑，这批中青年学者，必将成为我国风景园林学科队伍中的骨干，未来必将为我国风景园林事业的进步贡献积极的力量。

值“风景园林理论·方法·技术系列丛书”出版之际，谨表祝贺，以为序。

刘加平

中国工程院院士，西安建筑科技大学教授

前言

在当前生态文明建设新形势、城乡生态转型新要求时代背景下，城市绿地愈加成为承载生态系统功能、改善生态环境问题、增加生态人居效益的适用空间及引领城市、区域实现生态化规划建设升级的先行空间。城市绿地的地位、功能已不再仅限于孤立化、简单化、封闭化地发挥景观绿化、休闲游赏、文化象征等浅表作用，而更应以整体化、系统化、开放化的空间格局去实现与固有生态本底、生态安全及生态要素在形态、面积、功能上的深层耦合。

西安作为我国北方平原型大城市的典型，经历了多段历史时期与多轮规划周期的建设演进，呈现了新旧城区叠加、多样肌理糅合的复杂建成现状。城市绿地也立足区域地理背景、传统山水文脉、城乡发展差异、上位规划结构，渐渐形成了特有的选址布局与景观风格。然而，绿地整体格局却并未最大程度地实现与固有生态本底及各类生态要素的系统化耦合，也尚未发挥理想的生态耦合效益。因此，在各类生态环境问题频现、整体生态人居品质亟待提高的现实困境与诉求下，针对绿地格局的生态耦合机制及规划策略研究，已变得十分必要和急迫。

本书在国家生态园林城市与公园城市建设背景下，结合城乡绿地系统规划的生态化变革与国土空间规划的生态化导向，重点围绕城市形态、生态城市、绿地系统、景观生态等基础理论及绿地格局、生态耦合等关键概念，作以国内外相关理论及研究综述。得出当前国内外大城市多以都市区（圈）作为地理单元或空间范畴开展规划实践，推进区域“三生”空间的协调发展；同时也多以绿地（系统）作为先锋空间载体，尝试与城乡环境中的某项或多项生态要素（水系、地质、通风、地表热量、文化遗产等）相结合，引领城乡生态人居规划建设。

基于以上背景及动态，聚焦西安城市空间形态及绿地格局，在市域层面采用多学科交叉视角并运用历史古今“mapping”手法梳理宏观生态背景，归纳出普适化、在地化生态要素构成，总结生态本底特征；通过对水文、地质、生物、耕地、风环境、遗产等生态要素的专业资料查询、矢量数据描绘及相关地理信息分析，得出各类生态要素安全格局评析及其综合叠加结果，得到市域低—中—高生态安全格局的面积比例；在都市区层面通过提取史地资料后转绘为平面图式的方法，总结西安城市绿地阶段化发展历程及其生态演进模式、生态耦合经验。进而通过Landsat遥感影像识别、历版规划图参考、现状地形图更新及CAD手工多义线勾绘等多重方式，构建西安都市区绿地格局的平面矢量数据库；借助Fragstats4.2软件对绿地格局作以15项系列景观指数解析，得到定性、定量、定形、定位及动态规律方面的分析数据及对应图式，翔实呈现了绿地格局的现状景观构成及生态表征。

通过主题聚类方法，筛选、建立针对绿地格局生态内理（内部机理）的综合生态耦合效益评价体系，设定规划建设（定量）、景观环境（定性）、人文游憩（定感）3类共18项评价指标并通过数据统计法、实地调研法、遥感影像解译反演法、用地单元抽象法、分层地图叠加法、理想模型类比法及常用公式套用法等，分别对各项指标涉及的绿地—生态耦合情况作以数据与图式化多维评价，得到西安都市区绿地格局在生态本底与要素耦合方面的现状与不足，即：在规划建设（生态基础）方面总体尚可，而在景观环境（生态提升）、人文游憩（生态服务）方面则普遍较差。

通过地理信息叠置及数理统计方法，在市域、都市区层面对绿地格局与各类生态要素、综合生态本底的安全格局作以耦合分析，提炼二者的现状生态耦合模式，评价其生态耦合程度。具体在市域层面分析、统计各类绿色空间与综合生态安全格局的层级对位、范围叠合总况；并在都市区层面重点分析绿地格局与水、土、风、人文4大类生态要素之下共9项生态因子的典型耦合模式，计算得到绿地总体及各类型格局的量化生态耦合度，得到绿地格局总体生态耦合度呈现“郊外—市内”递减状态，水系、遗址、历史街区及历史地脉成为各类绿地较多耦合的生态要素。现状的“低”安全格局多呈条带状，与滨水、湿地、遗址及郊野公园形态相贴合，并与绕城防护绿环大体走向一致；“高”安全格局多呈块面状，与城内道路绿网、单位附属绿地重合，也在郊外与农林斑块及基质重叠，但整体与公园绿地交集甚少；“中等”安全格局多与城内中北部公园绿地体系及郊外西南部区域绿地体系均有叠合，而在城郊衔接地带则出现了明显的“留白圈层”。由此共同揭示出未来西安绿地格局应遵循：在市域层面守住“生态底线”，在都市区达到“生态满意”，在城市分区、片区、景区达到“生态理想”的生态耦合机制。

最终将绿地格局生态耦合的分析结果及理想图景付诸规划策略，具体在确定合理“规划范围、规划因子、规划步骤”的前提下，分别提出：市域绿色空间的生态耦合规划“法则与结构”，都市区绿地格局的生态耦合规划“原则与布局”，以及绿地与各关键因子的生态耦合规划“导则与构型”；并且在上述总体布控策略的基础上，进一步针对都市区的4大生态分区、6个重点片区、3处典型景区，作以区内各类公园、广场、林带、绿廊、遗址、田野、湿地、景区等绿地景观与固有化生态本底、在地化生态要素相耦合、相优化的实证规划方案与详细设计效果。

本书以绿地为主体，生态为客体，通过对绿地所在区域的综合生态安全格局，及绿地自身生态耦合效益、耦合机制的评析，揭示了西安市域、都市区绿地的当前生态化布局模式及与生态本底、生态安全、生态功能的理想耦合机制。通过总结西安4大类城市生态要素："水（水系水文）、土（地形地质）、风（风热环境）、人文（文化遗产）"及其所属各项生态因子，并将各自特征空间转换为统一生态安全格局等级，使绿地格局与生态格局叠加得出单类及综合的生态耦合模式并作以耦合度计算；进而在接续的规划策略方面提出了绿地格局与水系网络、地景脉络、风道体系、遗产序列等方面的理想生态耦合构型，特别结合风、土因子构建出"城市风道""地景绿道"等生态耦合规划子系统；最终统一划定并重点选取绿化基础较好、代表性较强的生态分区、重点片区、典型景区作以实证优化设计，探寻了绿地—生态间合理的空间叠合、形态契合、功能耦合方式，揭示了二者理想的耦合愿景。

本书既在理论层面立足西安区域生态本底—都市生态演进—绿地生态效益的渐进式分析，揭示、总结了绿地格局的既有生态耦合模式及理想生态耦合机制，也在应用层面制定了绿地空间格局与生态安全格局较好耦合下的规划策略、途径与实证效果。由此共同针对西安城市绿地格局与生态本底、生态要素耦合过程中的关键环节、薄弱之处，及面向国内同类型大中城市的最新国土空间规划与旧有绿地系统规划的融合提升等，提供了以"生态筑底、要素牵引、绿地引领"的创新理论参考及方法借鉴；同时在市域国土空间景观分析、都市区绿色空间生态重要性评价、都市区绿地格局生态耦合规划建设等方面作出了一定程度的实操参照与实践佐证。

目录

第1章 绪论

1.1 研究背景与缘由

1.1.1 我国城乡发展“生态转型”趋势明显

人类社会已经历“敬畏自然的原始文明，改变自然的农耕文明，征服自然的工业文明，模拟自然的信息文明”四个历史阶段；同时，城市—区域的经济互动也已经历“自给自足—乡村工业崛起—农产结构变迁—工业化—服务业输出”等五个发展阶段（E. Hoover，J. Fisher，1949）。然而自1950年代起，粗放的工业化与城市化进程却造成了巨大的生态环境质量恶化；城市扩张、人口膨胀、生产过剩所带来的资源牺牲、能源消耗及污染排放已愈加超出自然的消纳、修复与再生能力；一系列全球气候环境问题、地区生态危机陆续爆发，甚至成为常态。当前，生态和谐与环境健康已成为国家稳定、资源可续、社会经济运行良好的根基，传统的规划、发展方式或已难再适应，现亟须以“尊重自然的生态文明理念”加以重构（图1-1）。

在此背景下，首先从国家宏观生态政策推行情况看：2003年十六届三中全会首次把“生态环境建设”列入全面建设小康社会四大目标之一；党的十七大报告继而提出

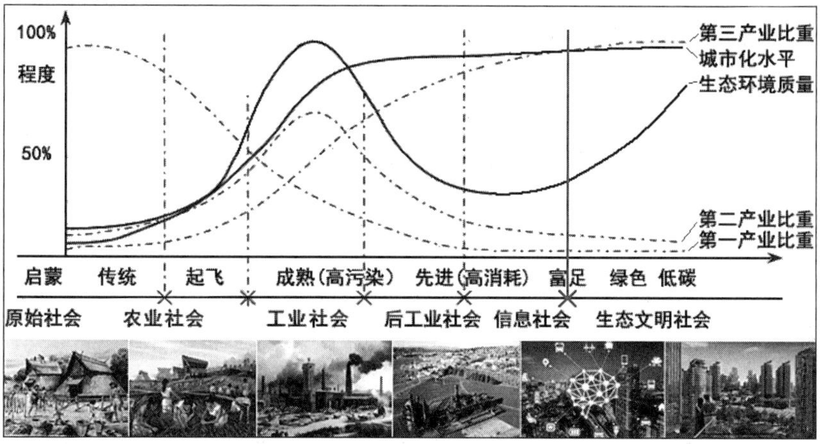

图1-1 城市化进程下生态环境质量随经济产业发展的关系变化图（粗竖线为当前阶段）
［资料来源：作者改绘自《城市与生态耦合机制及调控》（刘耀彬，2007）］

“生态文明”新概念；党的十八大后，相关生态论述、议题多次在全国会议和权威报告中被明确提及、详细阐述；2017年党的十九大更是将“生态”确立为中华民族的立国之本与发展之源（图1-2）。当今“生态”已具备了自然、健康、和谐、绿

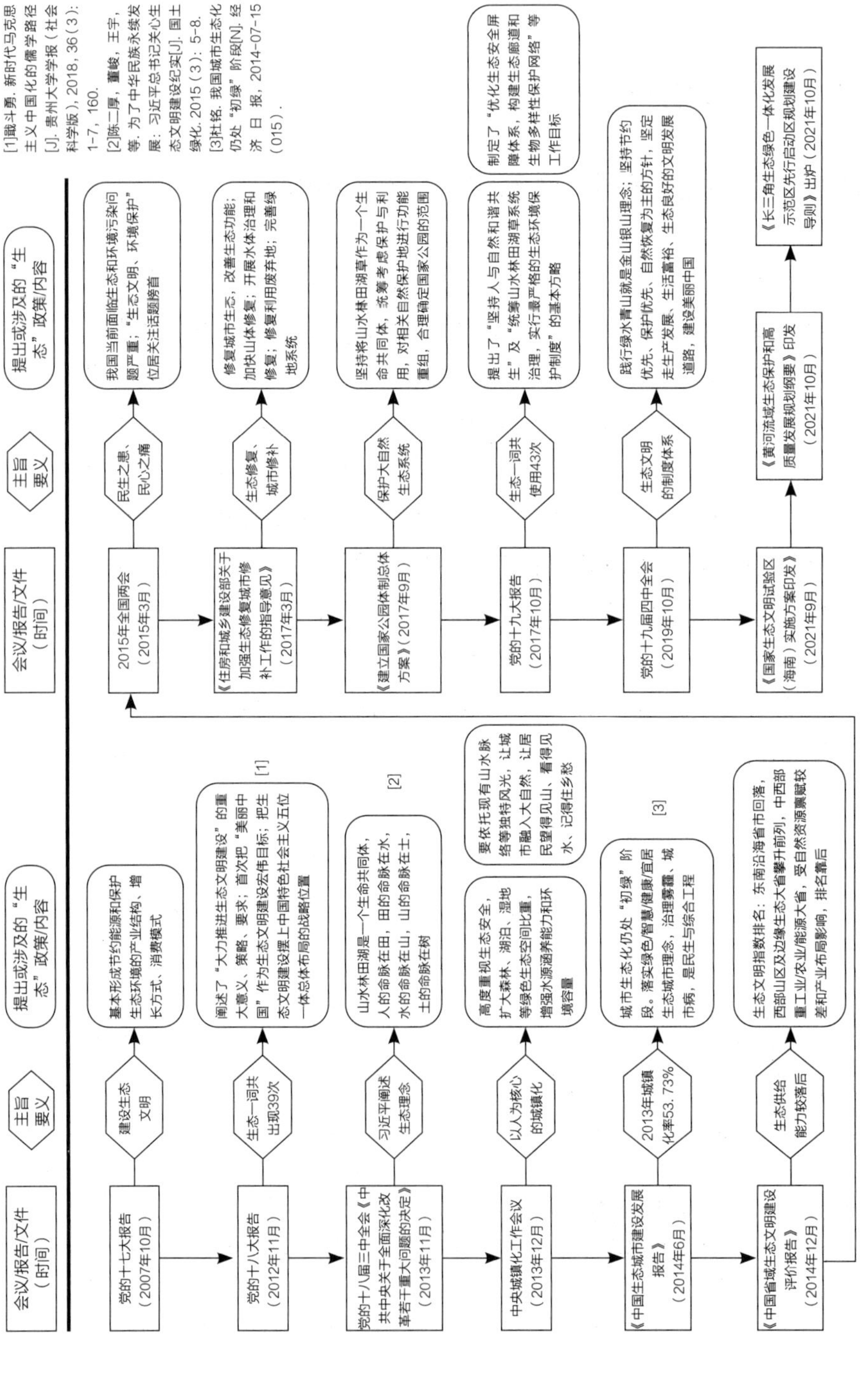

图1-2　党的十七大至党的十九大时期国家主要生态政策出台流程图
（资料来源：提炼主旨自制）

[1]戢斗勇. 新时代马克思主义中国化的儒学路径[J]. 贵州大学学报（社会科学版），2018，36（3）：1-7，160.
[2]陈二厚，董峻，王宇，等. 为了中华民族永续发展：习近平总书记关心生态文明建设纪实[J]. 国土绿化. 2015（3）：5-8.
[3]杜铭. 我国城市生态化仍处“初绿”阶段[N]. 经济日报，2014-07-15（015）.

色、可持续的词义，愈加受到普世认同并成为国家意志与全民信念的集中体现。

其次，从规划行业发展状况来看：多年成熟的规划方法与工程技术已使城市可轻易突破自然限定及地形阻碍而扩张；开山与架桥，隧道与高架，固坡与土方工程等使路网、用地大幅拓展；地形、水体、植被、遗址等生态要素的约束力持续减弱并愈加不受敬重与避让。这使城市外围空间迅速被人工建设占领，原有生态本底受到覆盖、裹挟、切割或移除，土地及自然资源利用效率也愈加低下；同时，先进生产要素、现代基础设施、新式服务业态等向城市不断集聚，外来务工与移居人口也随之大量流入，由此造成了显著的城乡二元差异及城市内部空间饱和。

于是在政令引导与经济利益驱使下，城市的粗放、扁平化扩张与土地财政的短期收效通过磨合而达到了相得益彰的稳定状态；而规划的角色就不免成为通过“制定、调整土地利用并提供土地供给”以满足城市、产业对土地不断增长需求的“操作工具”。当前，人们愈加清醒地认识到“量”的增长并不代表“质”的跟进；“旧（被动）城镇化”过程在推进城市面积扩大、面貌更新、运转效益提升的同时，也已对周边及区域生态环境产生了“积重难返”的影响和改变（表1-1）。

既往规划建设方式的生态环境负面影响汇总表　　表1-1

影响对象	生态环境负面影响方式或结果	对应的城市规划与土地利用行为
大气	细颗粒物（$PM_{2.5}$）、SO_2、氮氧化物、臭氧（O_3），汽车尾气、燃煤烟气、温室气体排放等	城市新区拓展、建设用地增加，耕地或乡村、自然土地转为城市用地
水资源	水资源匮乏、水源地萎缩、饮用水质不达标，生活污水与生产废水不经处理排放、城乡水生态恶化等	城市工业用地增加、原始山区工矿开采、江河流域过度水利开发、乡村土地复垦及退耕还林不到位
土壤	生化污染、固体废物污染、放射性污染，土壤盐碱化、土地沙漠化，土壤侵蚀、土壤板结及水土流失等	二、三类工业用地增加，使用农药、化肥的农地及矿场增加，对自然地貌的土地开发/平整及土方作业
社会	外来人口增多、就业压力增大、贫困、老龄化凸显、社会阶层分异、社会责任、认同感缺失、大众心理问题	建设用地与交运设施增多、城市化加快、农林地骤减、新老区发展不均、旧产业与功能区迁址或退化
生境	森林植被减少、物种丧失、栖息地缩减、迁徙受阻、自然退化、生态失衡、原始地貌破坏、景观多样性降低	城市化、水利、交通设施用地增加，风景名胜、自然保护区、古迹遗址、公园绿地被侵占或建设不到位
经济	房地产泡沫风险加剧、金融去杠杆压力大，通货膨胀、CPI上涨，GDP依赖老旧工业与高能耗产业、招商引资环境优势弱、投融资市场无序、民间借贷混乱等	大规模新区建设、城市功能布局不合理、生态用地受侵占严重；森林面积、绿地指标不达标，优质人居环境资源紧缺，商业空间开发大、效益低

资料来源：作者总结。

进而，从规划后土地利用的生态实效看：农、林、草、水域等土地类型的减少虽然保障了建设用地的供给，但更带来了生态环境质量及相关指数的下降（耕地、草地持续缓慢缩减，天然水域与湿地则极速骤减，林地面积虽因“退耕还林”政策而止跌回升，但其在平原及城郊地带却始终难以规模化恢复或保持）。由此，城市各类生态问题频频出现，特别是北方大城市的“风—热”环境问题已更加凸显。

提取现行规划体系涉及自然生态因素的内容与考量可见：在前部的现状调查、自然条件评价阶段，生态内容尚较全面、详尽；而在后部的建设条件评价、布局与控制阶段，生态阐释及要求则显得笼统、片面（表1–2），具体从总规—详规层面看：

（1）城市总体规划层面：主要考虑用地规模与生产布局，将生态多置于“避免或少受影响”的次要关注地位；仅在“用地布局合理性”中提到“尽量降低工业对人居的不利影响”及在“用地功能、景观结构”等方面有所布控。

（2）控制性、修建性详细规划层面：则将生态多概括为城区、地块单元内的“绿化指标”，虽然规定了“量化”标准，但却不能科学引导、反馈出“质”的效果。

（3）镇与乡村规划层面：多从农产保障、环卫维护上体现“生态关注”，也在建设—环保协调、自然—农业生态保育及优化方面有较系统的要求；但在区域生态安全及传统地景风貌保护方面却尚未释放出应有“潜能”。

当前时期，“国土空间规划”已在“多规合一”的工作基础上，明确秉持“生态优先”原则，并渐已发展形成了基于“生态系统安全观”及“资源—开发双评价”的城乡—生态空间相融合的可持续全域规划体系；这一新的规划流程与方法也开始扭转起了长期以来各层级规划“重人工，轻自然，强开发，弱保护”的现象。

最后，从城市绿地分类的调整历程看：1992年的《城市绿化条例》将绿地分为“公共、居住区、防护、生产、风景林地、干道绿化”等6种主要形式；《城市绿地分类标准》CJJ/T 85—2002首次根据功能、属性、形态而系统化细分出了“5大类、13中类、11小类”绿地；《城市绿地分类标准》CJJ/T 85—2017则将绿地概念突破了城市建成区、规划区的限定及“中小尺度、人工化、平面化”的常规用地规模，而更加面向了“城乡—区域—国土”的范畴及“大尺度、生态化、立体化”的空间特征，同时也全方位积极对应了国土空间规划中“三区三线”划定的过程与结果（表1–3）。

表 1-2

自然生态因素在现行规划体系中的内容与考量汇总表

规划类型	现状调查内容	自然条件评价	建设条件评价	布局要求、控制体系	图纸种类
城镇体系规划（衔接区域与城市规划）	地质地貌、土壤条件 气候水文、土地资源 生物资源、矿产资源	土地与水资源 能源 生态环境承载力	空间布局的集约性 对能耗直接的影响性 对生态环境的影响性	适限禁建区、自然保护、退耕还林草、湖泊、水源、分滞洪、农田、矿产等生态敏感且须控制开发区域	生态格局、空间管制规划、矿产分布
城市总体规划（含市域城镇体系、中心城区规划）	耕地及各类资源数量、分布；区位、地形地貌、工程地质、水文、风向、气温、降雨、太阳辐射、动植物、废弃物；历史遗产、城市风貌、市政设施、园林绿化	太阳辐射、风向、降水、温湿度、地形坡度、土壤类型及土质、地质灾害、不良地质、地基承载力、水文、地下水位、洪水等级、下垫面类型	整体布局环境影响最小化，不使工业及其排放物对生活、生态造成污染；用地结构是否反映特定自然地理环境和历史文化积淀	市域：确定自然保护、生态林业、基本农田、水源及湿地、矿产、地质灾害易发、行洪分滞洪、自然人文遗产、地质公园、历史文化名城镇村、地下文物埋藏等管制区域；中心城区：确定绿地系统布局、遗产及风貌保护、环境功能区、防减灾措施	市域生态功能区划，规划区空间管制，中心城区绿地系统、景观风貌、环境保护规划等图
控制性详细规划（控制建设用地性质、使用强度、空间环境）	区位、地形、水文、地质 风向、生物资源、植被 市政公用、园林绿化、建设用地、环境状况	细化总体规划 人口容量、土地利用 生物保护、污染防治、资源保护利用	主要对用地布局的生态影响及地块生态指标（绿地率、公共绿地面积等）进行评价	完善指标、精细控制：设绿地率下限，植被分布具体建议，指明主要植物群落类型，推荐植物种类配置，加强植被覆盖方式生态效益	绿地系统规划图、绿道体系规划图
修建性详细规划（对建设项目作具体安排，指导建筑、园林、市政工程施工）	划定用地及道路红线，梳理高程、场地标高 山体、河流、沟壑等显著地形、地貌特征 景观绿化、植物配置	对用地地块内部及周边的景观绿地系统进行评价，包括其绿地率、公共绿地面积、植物配置等	用地地块内部的建设直接影响用地内部的生态环境品质以及其规模（绿地率、绿地面积）	安排上位规划建设项目，对下位建筑、园林、市政等提供设计依据 控制绿地率、人均公共绿地面积，公共、专用、宅旁、街道绿地布置 绿地范围、面积，树种、景观设施	景观绿化分析图、地块种植设计图
镇与乡村规划（定性、量、形；控制镇区用地类型、强度、环境；依资源而建，不占耕、林地，改善生态，防止污染公害；加强绿化、村容村貌、环卫）	镇乡域耕地总量及历年变化，资源种类与分布；调查区位、环境、气候、地形地貌、土壤、工程及水文地质、生物资源、自然植被、风景旅游资源；对村庄基本情况（用地布局、历史文化）作重点现状调查	镇规划对自然条件（如地形、地质灾害、水文等）、资源基础和发展潜力等方面进行分析、评价。乡和村庄规划对周围情况、自然条件、地质条件、历史沿革等背景情况进行分析与评价	镇：工程地质、标高、排水、土方、生态环境、历史文保、防灾疫；村庄：建筑、饮用水质、雨污等市政设施、公园等公共场所、历史文化、地方特色、规划编制、村庄改造等	划定镇/乡域山水农林牧草、建设、基础设施等范围，提出用地开发利用、基础设施、生态保育等布局；依生态、资源、公共安全等划定保育区；确定环境、水土、能源、遗产等保护利用目标、要求；综合分析用地条件，划定禁、限、适建区并提出管制原则、措施，尤其基本农田、水源地、公益林、水土涵养区、湿地等	镇/乡域空间布局、空间管制、环境环卫治理、防灾减灾、历史文化和特色景观资源保护等规划图

资料来源：作者总结。

城市绿地类型与国土空间“三区三线”划定的一般情况对照表 表1-3

绿地类型（大类—部分中类）	涉及的生态属性、功能	常见区位	与“禁止开发区/严格保护地”对应情况	宜属于的国土空间“三区”类型	宜划入的国土空间“三线”类型
公园绿地（G1）	游憩为主，兼具生态	城市中心区	有少量对应	城镇空间	城镇开发边界
–综合公园（G11） –社区公园（G12） –游园（G14）	服务不同范围，承载游赏及公共活动，景观环境良好，具有便民设施	·城市中心区 ·分区、组团 ·社区、街区	出自《生态保护红线划定指南》（环保部、国家发展和改革委，2017年5月）		
			小型风景名胜区	城镇空间	城镇开发边界
–动物园（G131） –植物园（G132）	具有人工生境或自然生境背景氛围	主城区边缘、郊区、中心城区内、外围区县	森林公园生态保育区、珍稀物种栖息地、野生动植物集中分布地	依区位及环境的“自然—人工化”程度，宜多属于生态空间	生态保护红线
–历史名园（G133）	体现历史造园艺术	老城区 郊区、镇区	中小型风景名胜区	多属城镇空间；少量处于山水环境的，属生态空间	城镇开发边界内为主，少量划入生态保护红线
–遗址公园（G134）	重叠，背靠或紧邻于重要的遗址，具有人文内涵及生态表象	建成区内部 建成区边缘 郊野、镇域	国家公园，风景名胜区的核心景区，世界遗产	大、偏远的可属生态，较原状、尚未发掘的可暂属农业，其余则属城镇空间	依区位、建设形态而多划入城镇边界，亦有划入生态、基本农田红线的情况
–游乐公园（G135）	游乐设施为主，绿化占比不小于65%	主城区边缘、外围组团	基本无对应	绝大多数属城镇空间，极少数山林地貌度假区型游乐园可部分属生态空间	城镇开发边界；少数部分区域可与周边自然山水同划入生态保护红线
–其他专类公园（G139）	具有特定主题，如滨水风景、湿地、森林等	城市现状及规划建设用地内	风景名胜区，森林、地质、湿地公园等	依主题类型及环境区位，分属于城镇及生态空间	多划入城镇开发边界；另依重要性划入生态红线
防护绿地（G2）	具有生态防护功能	建成区内、外	城市型水源地、湿地	依对象可分属三类空间	主要划入城镇开发边界
广场用地（G3）	绿化占比宜大于35%	城市中心区	基本无对应	城镇空间	城镇开发边界
附属绿地（XG）	附属于各类建设用地	城市建成区	基本无对应	城镇空间	城镇开发边界
区域绿地（EG）	自然环境良好、景观资源集中，可提供生态保育、防护、苗木生产等	城市建设用地之外，且基本不涉及耕地	可全系列对应，与“以国家公园为主体的自然保护地体系”相适	生态空间，及部分农业空间	生态保护红线，及部分永久基本农田保护红线（如大遗址地）

资料来源：作者自制。

因此，在当前经济运行新常态、生态建设新时期、城市更新新阶段的背景下，旧有规划体系亟须得到调整与革新，尤其要改变生态内容所处的“理论上必备”而实际上却可“灵活应付”的轻量级地位；同时也应将“水文、地质、气候、生物、遗产”等隐匿无形、易受忽略却十分重要的“生态要素”纳入规划编制与实施之中，并以绿色空间为引领，形成可持续的理念与机制，从而开启生态规划的新阶段。

1.1.2 北方平原城市“生态本底”丧失严重

首先，从城市发展所在的生态环境背景来看：当前我国城市化的快速推进与生态化的相对滞后，仍是规划建设领域的一对主要矛盾；尤其在北方和西部地区（地形“第二阶梯”），许多城市均建于中小型平原、盆地或河谷阶地的环境中，如：陕西的关中平原、汉中盆地，山西的太原、临汾、运城盆地，河南的洛阳、南阳盆地，宁夏的银川、卫宁平原，内蒙古的河套平原，甘肃的河西走廊，新疆的天山北麓准噶尔盆地南部平原，以及四川的成都、眉山—峨眉平原等（表1–4）。其城市发展极度依赖土地资源，区域内各级城镇均有不同程度的扩张，城—镇—村建设用地总体占比逐渐增大，原有的田、林、草、水域等生态本底不断发生着不可逆的缩减与破碎。

我国北方和西部地区主要平原、盆地的地理格局及内部城市建设状况汇总表　表1–4

平原名称（轮廓）	周围地形（四至）	首位城市（形态）	空间形态（格局）	地域面积（占比）
 关中平原	南为秦岭，北为北山山系，东达函谷关及黄河，西至大散关，东西袋形	 西安	平原呈横卧状“牛角形”，西狭东宽；城市呈“棋盘式团块+星形放射状”	平原面积约3.6万km²，西安建成区约700km²，占比1.94%；城镇总建设用地占比约9.06%（2018年）
 成都平原	西、北侧为龙门山—邛崃山斜列，东为龙泉山，南达峨眉山，南北狭长	 成都	平原呈西南—东北走势“狭叶形”，下平上尖；城市呈“八卦形团块+星形放射状”	平原面积约1.88万km²，成都建成区约670km²，占比3.56%；城镇总建设用地占比17.07%（2015年）
 太原盆地	东为太行，西抵吕梁山，北起阳曲石岭关，南至灵石韩信岭，两头收口	 太原	平原为东北—西南走势“胃形”，主体等宽，北部收窄；城市呈“长方格网形”	平原面积约5000km²，太原建成区约280km²，占比5.6%；城镇总建设用地占比约25.43%（2018年）

续表

平原名称（轮廓）	周围地形（四至）	首位城市（形态）	空间形态（格局）	地域面积（占比）
 洛阳盆地	北为邙山土岭，东南为嵩山包裹，西抵崤山，西南为熊耳山，回环包裹	 洛阳	平原呈东西“椭圆形”，西南、东北有河谷开口；城市呈“沿河带状组团式”	平原面积约1400km²，洛阳建成区约200km²，占比14.3%；城镇总建设用地占比约25.09%（2015年）
 银川平原	西以贺兰山为屏，东至黄河东鄂尔多斯高原，北达石嘴山，南到青铜峡，山水夹持	 银川	平原呈南—北偏东“豌豆荚形”，宽度均匀，北部收窄于黄河滩地；城市呈“哑铃形—带状组团式”	平原面积约6400km²，银川建成区约170km²，占比2.7%；城镇总建设用地占比约20.99%（2018年数据）

资料来源：作者自制，“建设用地占比”依据最新相关研究而二次推导计算得到。

归纳可见，以上城市多呈现出“集中式+聚块状”的布局形态及“摊大饼式”的扩张态势，且较少顾及了所属地理区域的生态环境条件约束，从而在很大程度上导致了近年来城市各类气候与环境问题的愈加凸显；尤其使以西安为典型的诸多大城市遭受了春季沙尘肆虐、夏季高温干旱、秋冬雾霾笼罩的长期化、常态化侵扰。

其次，从城市与生态耦合关系的演变过程来看：近40年来，我国城乡二元差异始终较为明显，先进生产力、优质生产要素及大量劳动人口不断向城市聚集；“城镇化率”也因此从1980年的不到20%，逐渐加速增长至2020年年底的60%以上。在此过程中，城市用地与生态本底总体呈现出一种“主动变化—被动配合”的互动关系，即可概括为“漫溢、吸纳”两种模式，其可从中原城市——河南省洛阳市的工业与郊区化进程对周边村庄、生态空间的影响过程而有所看出（图1–3）。

模式解释：①**“漫溢”**是指城市用地达到饱和后，会从中心向外“层层推移”，并逐渐在邻近郊区开辟新的建设，从而导致原生态空间受到“侵蚀、裹挟”。其直观反映在老城区对小型生态要素的“围合”，以及新城市形态与大型生态本底

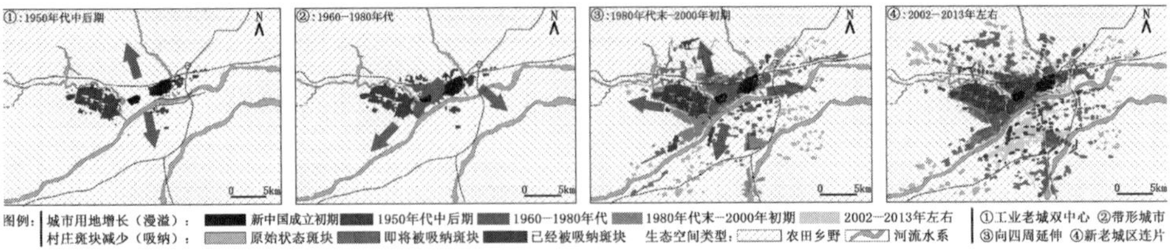

图1–3　城市工业与郊区化对周边村庄、生态空间的影响过程示意图
（资料来源：作者根据洛阳实例绘制）

的“叠加”。②**“吸纳”**则是指城市外围的村庄与林田斑块，水系与地形廊道，自然与乡野基质，会不断隔空受到城市化建设形式的“吸引”并产生自身形态的“异化”，进而以“轴—带—网”的趋势加以重构，直至被联结、纳入成为新的城市地块、街区。这尤其以建成区外缘与较远河流、地形之间的独立村庄数量为“标志”。

举例看：甘肃省兰州市是黄河上游的河谷盆地型城市，东西长45km，南北宽2～8km，属“两山夹一川”的哑铃状地形，从而决定了“带状+组团”的发展布局模式。然而在经历了四轮规划建设周期后，其建成区面积从1985年的20.35km^2，逐渐经2006年的80.20km^2，达到了2015年的225.84km^2；城乡格局也从1990年代前的“东西城区分置，大片生态、农林地贴于黄河两岸”的状态（图1-4左上深色斑块），逐渐发展为2016年时“平地几乎用尽”且“削山辟地渐已显露”的迹象（图1-4左下浅色斑块），由此反映出城市建设与生态耦合程度的下降变化趋势。

进而，聚焦西安，其地处的关中平原位于我国西北门户，属第二阶梯的正东边缘区，平均海拔较低，是孕育华夏文明的黄河流域核心地带。因主体北邻黄土高原，南依秦岭山脉，东隔黄河与山西运城盆地、汾河谷地相连，西窄东宽，横展300km，从而也被称作“八百里秦川”（图1-5）。同时，从成因看，该地系由喜马拉雅时期地质断陷过程及渭河主支流长年冲积而成，因而亦可被视为地理气候较

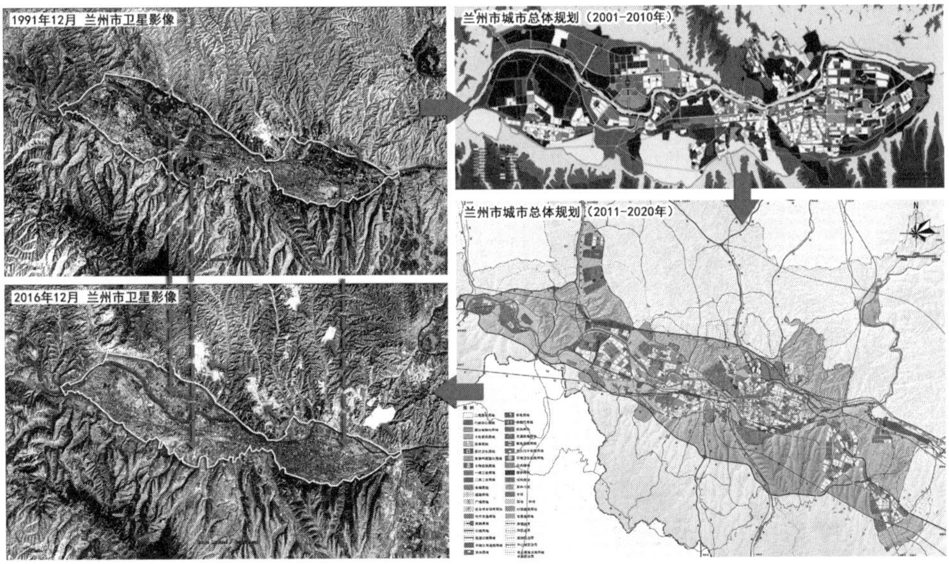

图1-4 兰州市城市建设与生态耦合程度变化分析图（1991、2016年）
（资料来源：据相关资料改绘）

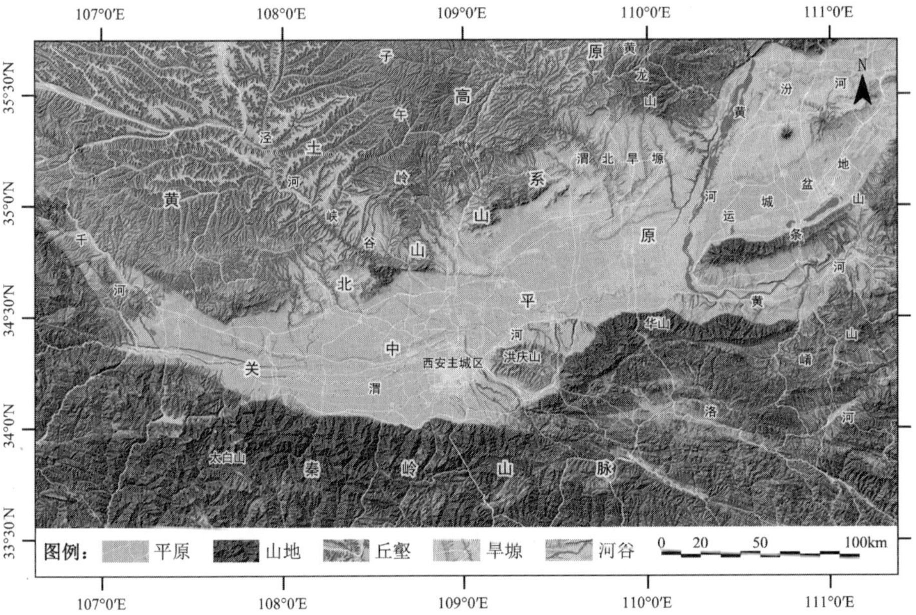

图1-5 关中平原（含西安主城区）及周边区域地貌环境图
（资料来源：作者自绘）

封闭的地堑式、盆地化区域。总之，关中平原虽不及华北、东北、长江中下游等大型平原幅员辽阔，但也具备了地形平坦、河网密布、农耕悠久及“暖温带落叶栎林型”原生植被等生态本底特征，由此成为古代都城兴替、当代城乡统筹的代表区域。

然而，西安建成区面积却在关中平原中占比不断增大，从1949年的13.2km^2，逐渐经1970年代的80km^2、1980年代末的120km^2、2002年的200km^2，激增至2018年的700km^2。自1990年代以来，西安持续以大规模的路网及建筑肌理向四周铺展，加之因较少受到自然地貌的“限定”、连续林带的“间隔”、多样廊道的“穿插”及大型绿斑的“嵌入”，从而便逐渐形成了“单核集聚型”的内闭化城市形态，并且不可避免地对周围原有的台塬、河谷、水域、植被、农田等生态要素产生了不可逆的“覆压、侵占”。虽然各类公园、绿地不断在新老城区内开辟、配建，但其对生态的补偿、调节作用，却远不及开发对生态的消耗、破坏作用；城乡生态保护与建设控制问题已迫在眉睫。

因此，自第四轮总规实施之后（2008年），西安又进行了数次不同侧重的生态专项规划探索，如生态隔离体系、城市风道体系、三河一山绿道等规划，虽然从一定程度上划示了中心城区增长边界、生态缓冲区，并导引了生态、绿化、气候等因素的介入方式（图1-6），但总体仍未形成城市用地与生态本底、要素的系统耦合。

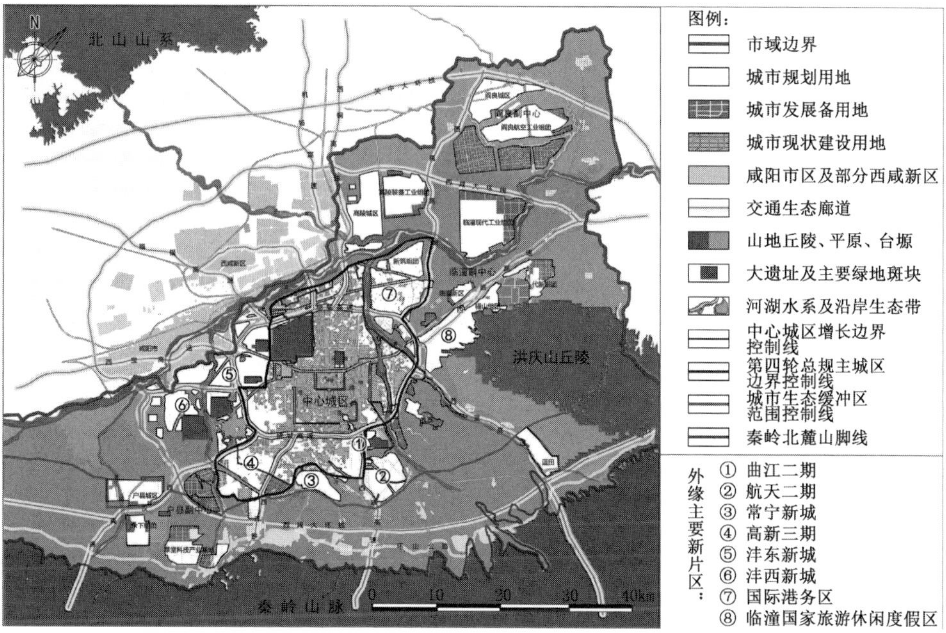

图1-6 西安中心城区增长边界与生态缓冲区范围示意图
（资料来源：改绘自西安生态隔离体系规划）

1.1.3 西安城市发展“生态承载”趋向饱和

首先从城市生态发展内涵看：

（1）21世纪以来，西安生态城市建设虽在下含的经济、社会指标上基本达标，但在自然、环保指标上却暴露出短板；尤其在受保护国土占比、空气与水体质量、噪声及环境品质等指标上较为落后，差距较大（表1-5）。

国家生态城市建设指标体系下的西安市 2005、2016 年相应数据对照表 表 1-5

分类	序号	下含指标名称	生态市指标	2005年数据	2016年数据	2016年数据来源
经济发展	1	人均国内生产总值（元/人）	≥20000	11786	71357	A的统计资料
	2	年人均财政收入（元/人）	≥2400	1332	12859	据A的统计资料计算
	3	农民年人均纯收入（元/人）	≥5500	2641	15191	A中的“城乡居民收入”
	4	城镇居民年人均可支配收入（元/人）	≥13000	7184	35630	A的统计资料

续表

分类	序号	下含指标名称	生态市指标	2005年数据	2016年数据	2016年数据来源
经济发展	5	第三产业占GDP比例（%）	≥50	49	61.2	据A的统计资料计算
	6	单位GDP能耗（吨标煤/万元）	≤1.4	1.6	0.394	A中的“13–1单位GDP能耗”
	7	单位GDP水耗（m^3/万元）	≤20	43.94	9.54	据A“生产总值，9–1城市供水”算得
	8	规模化企业通过ISO14000认证比率（%）	≥20	5	6.8（约）	据中国检验认证集团陕西官网“最新认证企业记录”与省统计局“市规模以上企业数”算得
自然环境	9	平原地区森林覆盖率（%）	≥15	<15	22.1（约）	据秦岭生态环境保护“十三五”规划、秦岭北麓沿山路三化提升工程方案、秦岭概况等算得
	10	受保护地区占国土面积比例（%）	≥17	13.84	**13.54**	据“陕西省将坡度25°以上坡耕地调出基本农田范围”中的“永久基本农田”，及西安自然保护区、土地利用、水域/水利设施等面积算得
	11	退化土地恢复治理率（%）	≥90	<90	80①>X>70②	①《西安市土地整治规划（2011—2020年）》 ②《西安市实施绿色文明示范工程指南》（2006年7月）
	12	城市空气质量（≥2级的天数/年）	≥280	260	**192**	A中的“十、环境保护”
环境保护	13	城市水功能区水质达标率（%）	100，且城市无超Ⅳ类水体	国家考核4个断面均未达标/有劣Ⅴ类水体	**达标率28.1%，32个监测断面有12个劣Ⅴ类**	西安市环境保护局《2016年西安市环境状况公报》
	14	主要污染物排放强度（kg/万元）二氧化硫、COD	<5不超国家污染指标	6.7，3.3，未进行总量控制	<7，<3	《西安市生态县（区）生态乡镇和生态村创建工作实施意见》（2012年2月）
	15	集中式饮用水源地水质达标率（%）	100	99.96	**99.72** ①	①《2016年西安市环境状况公报》；②据《西安市水污染防治2017年度工作方案》及《市2016年统计公报》算得；③省统计局“2016年西安市工业用水效率上升 重复用水量普及面窄”
		城镇生活污水集中处理率（%）	≥70	37.72	87.34 ②	
		工业用水重复率（%）	≥50	77.13	50.9 ③	
	16	噪声达标区覆盖率（%）	≥95	59.97	**>70**	“全国文明城市数据指标”及“西安荣获全国文明城市称号”（西安晚报）
	17	城镇生活垃圾无害化处理率（%）工业固体废物处置利用率（%）	100；≥80且无危险废物	83.4① 87.1（推算）②	99.7③； 85.31④	①《西安市2005年国民经济和社会发展统计公报》；②《陈宝根代表：西安走上绿色低碳经济之路》（法制日报，2010年3月9日）；③市城市管理局《关于西安市城市生活垃圾处理情况公告》；④A中的“十、环境保护”

续表

分类	序号	下含指标名称	生态市指标	2005年数据	2016年数据	2016年数据来源
环境保护	18	城镇人均公共绿地面积（m²/人）	≥11	5.42	11.87	A的统计资料
	19	旅游区环境达标率（%）	100	<90	**<83.3（3A以上景区占A级比例）**	《2016年西安市旅游业统计监测报告》
	20	环境保护投资占GDP比例（%）	≥3.5	2.41	**0.85**	据B中的“生产总值”“9–1城市供水”算得
社会进步	21	城市生命线系统完好率（%）	≥80	75	**77.7**	依《市“十三五”突发事件应急体系建设规划》“现状”及《市城区应急避难场所规划（2009—2020年）》“近期目标”数据而共同算得
	22	城市人均铺装道路面积（m²/人）	≥8	7.68	**3.74**	据A中“年末常住人口，9–5市政设施”算得
	23	城市化水平（%）	≥50	34	62.71	《中国社会体制改革报告No.5（2017年）》
	24	城市气化率（%）	≥90	91.2	88①>X>81②	①省“铁腕治霾·保卫蓝天”2017年工作方案；②《西安日报》“市级城市气化率逾八成”
	25	城市集中供热率（%）	≥50	46.98	68.7	据“西安统计年鉴2017–社会经济指标”及“西安人均住房建筑面积39.16m²”新闻算得
	26	恩格尔系数（%）	<40	34.4	28.9	《2016年西安经济运行调查指标监测报告》
	27	基尼系数	0.3～0.4间	0.3	>0.456（2014年）	《西安提升人民生活品质调研报告》
	28	高等教育入学率（%）	≥60	略高于32（2010年指标）	60①>X>47.15（省2016年②）*市2015年为45③	①2016中国最新城市排名，西安晋级“新一线城市”；②《陕西省教育事业发展“十三五”规划》；③《西安市教育事业发展“十二五”规划》
	29	科技、教育经费占GDP比重（%）	≥7	6.5	2.34	据B的“生产总值”“6–3财政支出”算得
	30	环境保护宣传教育普及率（%）	>85	80	>85①	①“创建国家环境保护模范城市”工作任务分解表（2008—2009年）；②西安网新闻“西安市环保局被问政满意率不足4成”（2017年2月8日）
		公众对环境的满意率（%）	>90	69.4	<40（36.43）②	

* 表中黑体数字为与“城市生态要素”相关度高且未达标的2016年相关指标具体数据。

资料来源：据相关规划基础数据、各年公开统计资料算得；A–《西安年鉴（2017年）》，B–《西安统计年鉴（2017年）》。

（2）当前，聚焦城市发展过程中的“生态承载力议题”及对接国土空间规划中的“资源环境承载力评价”等内容，选取常规且符合本地特点的空气、噪声、排废、环保、能耗等11项指标，构建西安市生态承载力评价体系。具体参照：A

生态城市评价指标及相关规划建设标准、B先进城市的生态建设水平、C代表城市的生态环保数据等，设定出“五级”评分标准。最后通过官方资料查询、计算、校验而得到较新年份的相应数据，并对照标准换算出“单项评分”与“合计总分”（表1-6）。

西安市生态承载力评价体系及下含各指标评分汇总表　　表1-6

评价目标	评价准则	评价指标	评分标准						最新数值	评分①	数据来源②
			9分	8分	7分	6分	5分	依据			
生态承载力评价	体感环境	空气质量达标（优良）天数（d/a）	≥330	≥290	≥260	≥220	≥180	A4	225	6分	（一）
		区域环境噪声昼间平均等效声级（dB）	≤50	50–55	55–60	60–65	>65	A5	55.8	7分	（一）
	有害污染物排放	二氧化硫排放强度（kg/万元GDP）	<1.0	<2.0	<3.0	<4.0	<5.0	A3、B3	0.37	9分	（六）（七）
		万元工业产值废气排放量（万标m^3/万元）	<1.0	<1.2	<1.4	<1.6	<1.8	B1	0.36	9分	（二）
		万元工业产值废水排放量（t/万元）	<1.0	<2.0	<3.0	<4.0	<5.0	C1	1.42	8分	（二）
	废物处理利用	城市污水处理率（%）	≥95	≥90	≥85	≥80	≥70	A6	96.8	9分	（三）
		生活垃圾无害化处理率（%）	=100	≥95	≥80	≥70	≥60	A7	100	9分	（三）
		工业固体废物综合利用率（%）	≥90	≥80	≥70	≥60	≥50	A3、C3	62.16	6分	（四）
	节能环保	环保投资占总GDP比重（%）	≥3.5	≥3.0	≥2.0	≥1.0	≥0.5	A2、3、C2	0.64	5分	（二）
		单位GDP能耗（吨标煤/万元）	≤0.2	≤0.35	≤0.5	≤0.77	≤0.9	A1、B2	0.37	7分	（二）
		单位GDP用水量（标m^3/万元）	≤10	≤20	≤70	≤100	≤150	A1	34.64	7分	（五）
		合计总分：**82分/99分**									

① 得分参考：A1《中国低碳生态城市指标体系，生态城市指标体系构建与示范评价》（谢鹏飞，2010）；A2《全国城市生态保护与建设规划（2015—2020年）》；A3《生态县/市/省建设标准》（环保总局，2007），《生态城市指标体系》（郭秀锐，2011）；A4《打赢蓝天保卫战三年行动计划》（国务院，2018）中“地级及以上城市空气质量优良天数比率达到80%”的规定，按每10%增减换算相应天数；A5《声环境质量标准》GB 3096—2008；A6《“十三五”全国城镇污水处理及再生利用设施建设规划》（国家发展和改革委/住建部，2016）；A7《“十三五”全国城镇生活垃圾无害化处理设施建设规划》（国家发展和改革委/住建部，2016）；B1《北京市工业废气排放量统计分析》（2012年各行业单位产值工业废气排放量）；B2《深圳低碳生态城市指标体系》；B3《常州城市总体规划（2011—2020）》文本；C1《中国城市水处理大数据报告》（2015年32个主要城市GDP产值和工业污水排放情况）；C2《统计数据解析我国环保投资》（曹洪军，2009）；C3《2019年全国大、中城市固体废物污染环境防治年报》。

② 数据来源：（一）《西安市2019年国民经济和社会发展统计公报》；（二）《2019西安统计年鉴》；（三）《2019年度西安市妇女儿童规划监测报告》；（四）《西安市生态环境局关于发布2019年度固体废物污染防治有关信息的公告》（市环公告〔2020〕2号）；（五）中国水利网新闻：西安三招破解缺水困局（2015年8月4日）；（六）《陕西省2015年环境统计公报》；（七）《西安市2018年总量减排目标任务顺利完成》（市生态环境局）。

资料来源：作者自制。

统计可得，西安市当前的生态承载力总体评分为82分，达到了“二级（较好）”水平（表1-7）。然而，随着城市化进程的持续，资源需求量、能源消耗量及污染排放量将仍会居于高位，城市的水资源分配、耕地保护、环保投入等将仍会产生不理想的状况，而空气污染、水土流失、垃圾围城、生境丧失等问题也仍将继续存在。

西安市生态承载力评价结果分级标准　　表1-7

级别	分值区间	评价结果等级
一级	≥85	生态承载力优
二级	70～85	生态承载力较好
三级	55～70	生态承载力一般
四级	40～55	生态承载力较差
五级	≤40	生态承载力很差

资料来源：作者自制。

（3）结合基于多年数据的生态足迹[1]研究看：吴介军等（2006）经动态分析得出西安市1995—2004年“*人均生态足迹始终保持在人均生态承载力3.5倍以上且仍有增加趋势*”的结论；袁钟等（2016）分析得出西安市1994—2013年生态足迹基本为生态承载力的8倍左右，并预测若继续以既有模式来发展，西安将在2015—2018年虽然生态足迹会有所减小且生态承载力逐年增加，但二者的比值仍会高达4～5倍之多；另有高全成（2012）对西安市2003—2010年人均“生态赤字”（生态足迹超出生态承载力的量）进行计算，得出该赤字从0.558528hm^2/人上升了3.5倍至1.950324hm^2/人，且未来人均GDP的增长在达到环境库兹涅茨曲线“拐点”（1万美元）的前后一段时间内，都会对人均生态赤字产生正向作用，等等。

综上可见，西安城市未来发展，既不应继续以牺牲自然资源和生态空间来换取经济增长，也不应无限扩大用地规模以片面提高“城镇化率”，更不该冠以“生态园区、田园新城、风景度假区”之名而将生态、农产土地纳作开发地。

进而，从近年来暴露的风、热环境等具体问题来看：

（1）根据多年气象资料统计，西安主城区及周边总体风力较弱、静风频率较

[1] 生态足迹指为维持区域内人口在一段时间的既有生活水平的资源消耗、废物消纳所需的生物生产面积。徐中民（1998）首次通过计算模型得出了甘肃1998年的生态足迹；随后各省市陆续成为研究对象，也包括西安。

高，城市对外来过境风的阻力呈增大趋势。据西安市气象局曹梅（2016）对本市两座主要气象站2006—2013年风速地面观测资料的分析显示：两站年均风速均呈缓慢减小的趋势，变化速度为“–0.08m/（s·a），–0.04m/（s·a）”（图1–7），由此得出了“城区风速减小趋势比郊区明显”的结论。

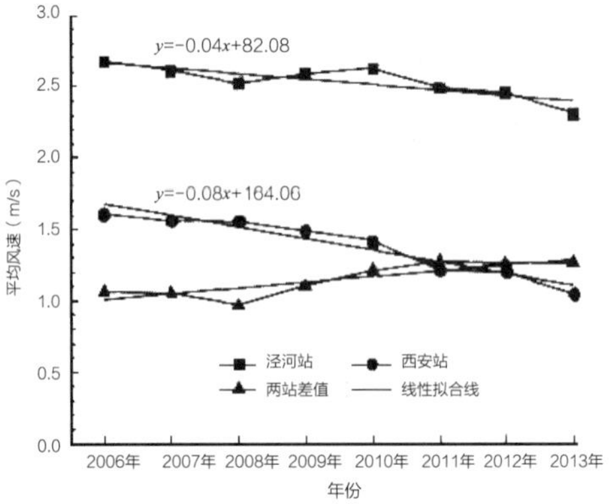

图1–7　2006—2013年西安地区年平均风速变化趋势图

［资料来源：改绘自《西安城郊风向风速差异分析》（曹梅，2016）］

（2）西安近年来已成为雾霾高发、空气质量较差的城市，季度排名常列全国后十位。随着机动车保有量的激增（2019年年底已超340万辆），尾气排放对$PM_{2.5}$贡献率已达20%～30%；加之静风频率大、全年雨量少、绿地与水面不足等不利条件，使城市自身过滤、净化空气能力较弱，污染物难以疏散并易形成稳定堆积，由此造成了污染天气多、程度重的现象。自2016年起，环保督察力度逐渐加强，落后产能工业相继关停，加之城区私家车常态化限行、建筑工地湿法作业、环卫部门街道水雾除霾、气象部门人工降雨等措施，西安市2017—2019年秋冬季雾霾频次、污染天数、平均指数均有下降。然而从统计来看，自2013年12月至2019年1月的每轮冬季跨年两月的日度AQI指数虽未增高，却仍居于中度污染量级之上（图1–8）。

（3）与此同时，随着人工热源不断增多及自然“下垫面”（大气层底部与固态地表接触面）的相对减少，西安年均地温不断上升，城乡温差也长期保持高位，“热岛效应”愈加显著。据蓝田县气象局雷晓英（2019）分析，西安市1967—2017年的年均气温升高幅度达0.531℃/10年；另据狄育慧等（2016）对西安主要城镇区2000、2007、2014年夏季地表温度进行“热岛强度”等级划分后得出，强热岛（红色）及热岛区（棕色）面积占比由3.2%增大到19.88%（图1–9），且由“内部分散状”演变为“内外连片状”，其主要原因在于建成区扩大及绿岛区的锐减。

总之，西安城市生态环境总体较为脆弱（抵抗力差、敏感性强、容纳量低），尤其在固有半封闭地理形势与国际化都市建设趋势的并行作用下，“冬霾夏热频发、面源效应显著、环境消纳过载”等短板将仍会凸显；未来若不加快合理改进“三生”布局结构而仅靠补救、应急的做法，则将无法达到有效缓解及根治的目标。

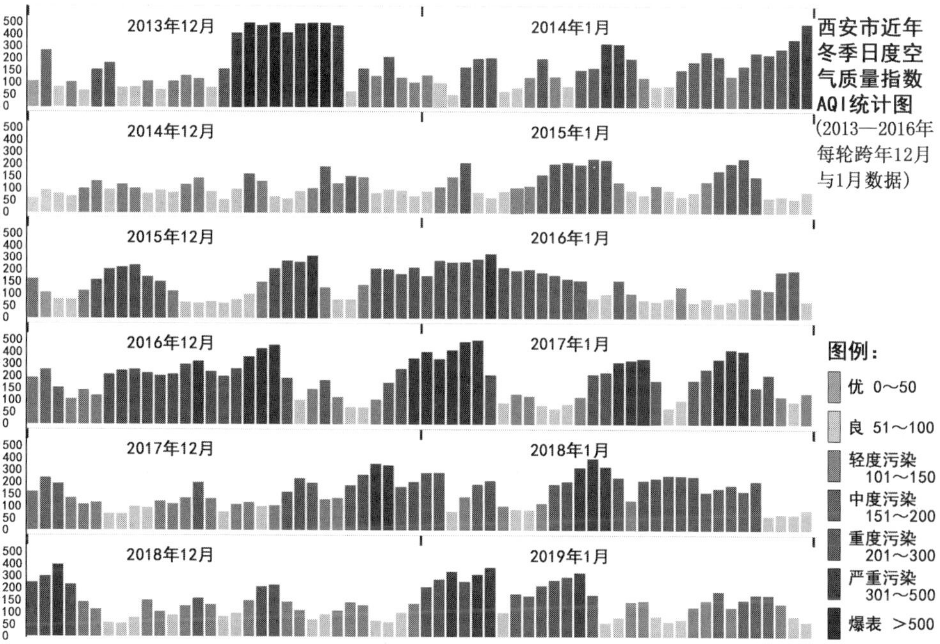

图1-8 2013—2019年西安冬季（12月、1月）日度空气质量指数统计图
（资料来源：据中国环境监测总站、陕西省环境保护厅数据及“The Air Matters App”可视化效果绘制）

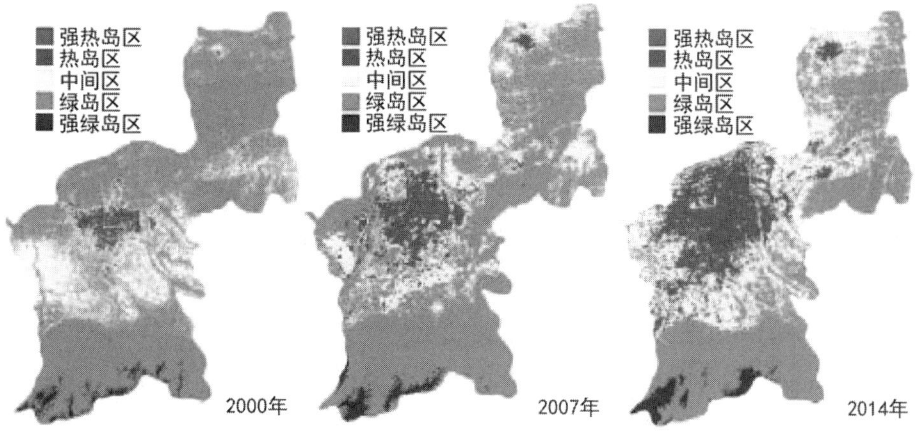

图1-9 2000、2007、2014年西安夏季热岛分布变化图
[资料来源：引自《西安热岛演化》(狄育慧，2016)]

1.1.4 西安绿地格局“生态耦合”程度较低

绿地之于生态的承载（耦合）形式往往取决于绿地自身的建设形式（类型、尺度）。通过梳理各尺度下绿地与生态在“空间形式”上的对应关系（表1-8）可见，城市绿地格局与城市生态本底、生态要素在空间表征、作用机理上较为对应。

绿地与生态的各尺度对应空间形式汇总表　　表 1-8

研究尺度（常见规模）	绿地形式	对应生态形式
微尺度（＜50m）	立体绿化、中庭绿化、绿墙、绿雕	生态设施 / 装置、环境艺术
小、微尺度（20~100m）	植物花园、雨水花园、口袋公园、庭院	生境、生态群落、林荫场所
小尺度（50~200m）	街头绿地、住区绿地、都市农/菜园	小型生态园、人居生态景观
中、小尺度（200m~1.5km）	城市公园、传统园林、苗圃、带状绿地	生态斑块、廊道、景观镶嵌体
中尺度（1.5~10km）	大遗址、郊野公园、风景区、林地、湿地	生态保护地、生态涵养区
大、中尺度（10~50km）	城市绿地格局、都市景观格局、农田基质	城市生态要素、生态本底/基质
大尺度（50~200km）	市域 / 城乡绿地系统、山水地景空间	城乡生态系统、整体人文生态系统
超大尺度（＞200km）	国土绿化覆被、区域绿色生态空间体系	国土生态资源/环境

资料来源：根据国内外典型实践案例总结。

同时，绿地也受制于城市形态与功能，常属于一种被动的“生态补偿空间”。“一五”时期为落实苏联援建的基础工业项目，我国八大重点城市规划应运而生。然而，西安因深居西北、背靠黄土高原，气候干旱少雨、水资源较缺乏，从而与山水、滨江、沿海等城市相比并不具备先天的生态优势。由此使绿地建设在1949年至改革开放前，仅更多地被赋予了“卫生隔离、古迹绿化、街头造景”等任务，绿地格局也呈现出了“规模不足、类型不全、分布不均、体系不强、生态不显”的特点。

西安绿地格局与国内外许多城市相比，如：美国的“城市公园体系”、伦敦的“环城绿带圈”、德国的“环状放射绿带”、莫斯科的“楔形绿地”、华沙的“绿化走廊”、日本的“公园绿地系统”及我国香港的“郊野公园”、广州的“山水植被综合公园”等，均呈现了“生态耦合特征不明显”的差距（图1–10）。

改革开放后，西安的加速化产业发展路径与平摊化城区开发模式在促进城镇化率提升的同时，也使生态环境不堪重负；1980年代起，规划建设围绕“遗产保护与利用、形象提升与塑造、三产配套与振兴”方向开展；2005年年初，“唐皇城复兴计划”启动，标志着该阶段已渐入尾声；“十一五”起（2006年），西安开始走上生态建设的转型发展之路，诸多生态研究与探索陆续开展；随着2010年获批“国家园林城市”，2011年召开“世界园艺博览会”，2013年启动“国家生态园林城市创建”，2016年获称“国家森林城市”及2019年年初设立“西安生态日”等里程碑事件的达成，加之各项生态政策、规划举措的制定与实施（图1–11），西安城市人居环境品质得以改善，绿地建设也朝着“生态—人文”并重的方向作以调整。

然而，随着城建区的多方位扩张，绿地也从原先的“内向、游赏型园林空间”逐渐迈向了“外向、山水型风景空间”；已由原先受制于城市路网而难免各自孤立

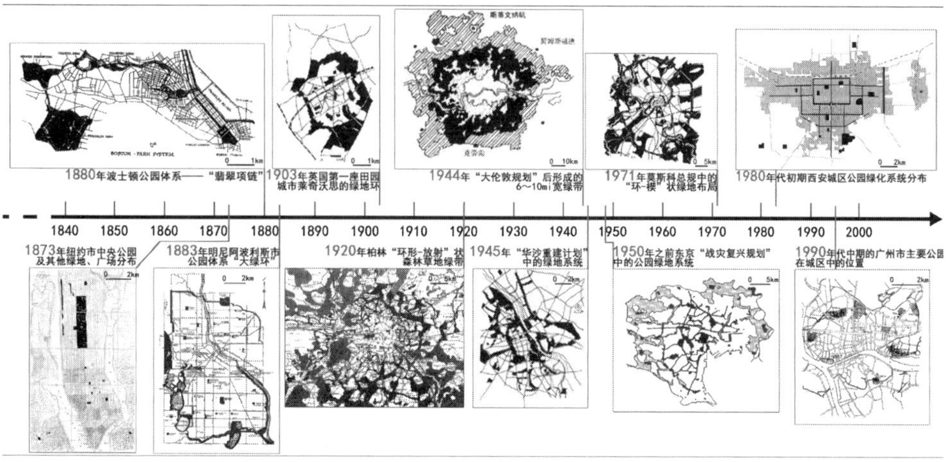

图1-10　国内外城市绿地格局及其生态耦合特征发展脉络图

［资料来源：参照《国外绿地系统规划》（许浩，2003）、《绿地系统规划设计》（刘骏，蒲蔚然，2004）、《东京公园绿地》（李树华，2010）等资料改绘］

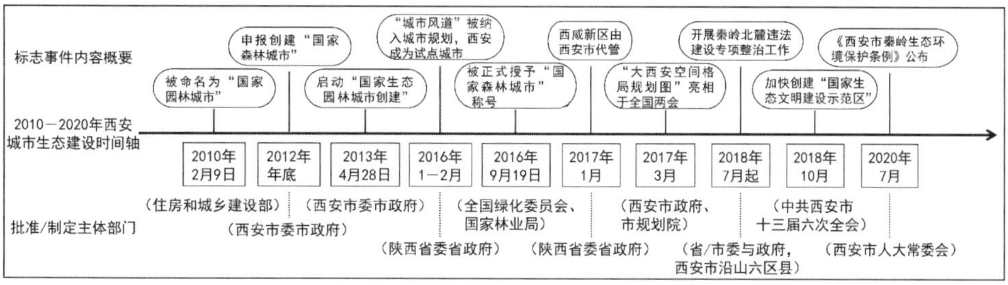

图1-11　2010—2020年西安城市生态建设标志事件时间脉络图

（资料来源：作者自制）

的“景观个体”，发展为面向自然且易于相互关联的“生态群体”。从而在当前城市建设已“叠压”或“迫近”原有生态要素（水系、地形、农林等）的形势下，绿地格局似乎尚未从人工环境中“跳出”并找寻到与大尺度生态本底的理想耦合方式，这从西安都市区1990年代以来绿地随土地利用类型、形态的演进便可看出（图1-12）。

进而，通过对21世纪20年来西安绿地建设的三大指标数据统计可见：数值虽有提升，但速度较慢，并仍与国家生态园林城市[1]的达标线存在一定的差距（图1-13）。因此，这对西安今后的生态及绿地规划建设在思路、方法、途径上提出了更高要求。

[1] “国家生态园林城市”是在“国家园林城市”基础上运用生态学原理而规划、建设、管理城市的更高形式。

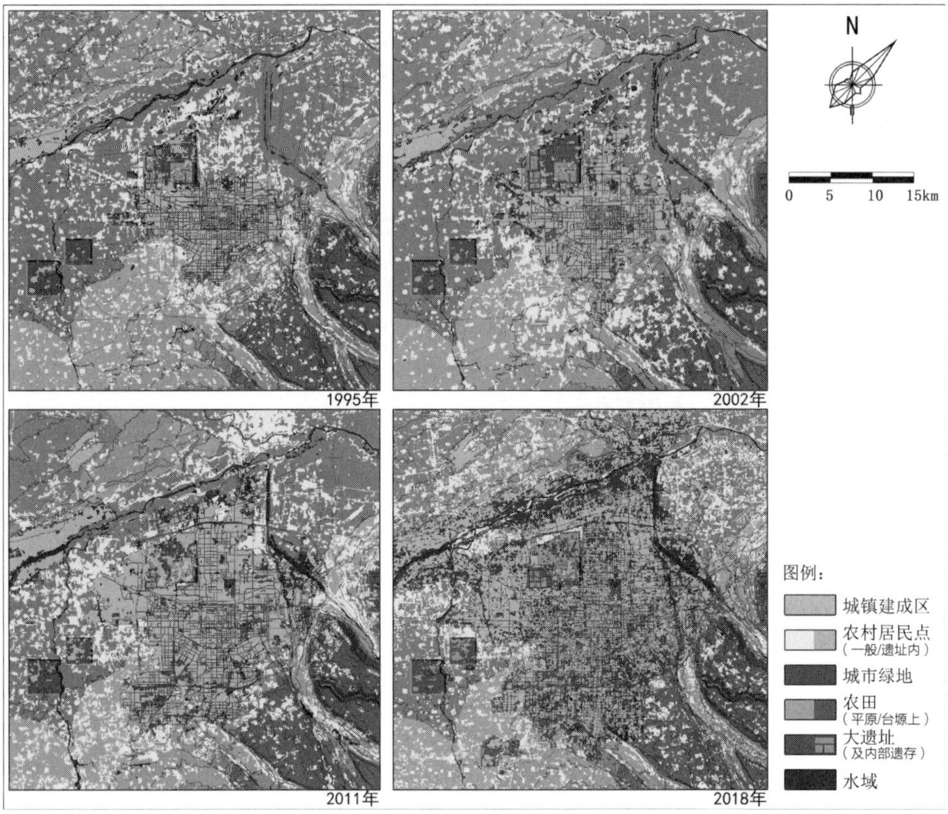

图1-12　西安都市区绿地随土地利用类型、形态的演进平面图
（1995、2002、2011、2018年）
（资料来源：作者采用eCognition + GIS10.7软件自绘）

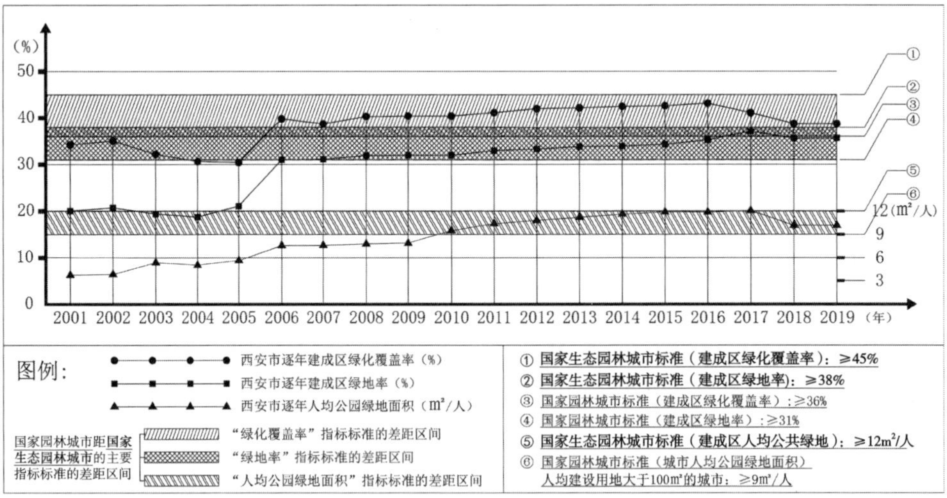

图1-13　2001—2019年西安绿地建设三大指标的变化统计图
（对标参照“国家生态园林城市”标准）
（资料来源：作者根据相关年鉴及行业标准中的“公开数据”及自行补充计算其他数据共同得到）

总之，西安针对绿地格局发展历程及现状的生态耦合经验与模式，尚未作出系统化的梳理与评析；各尺度绿地单体及集群的选址与布局，也未明确建立起“呼应生态本底、顺应生态规律、维护生态系统”的科学方法。另外，当前衡量绿地建设多采用“总体量化评价”，而未切实针对生态安全、景观特征、环境效果等开展“分解图式评析”；各级绿地系统、园林景观、绿色空间规划也很大程度上只是基于现状的“目标增量分配”，而非“生态对位考量”。因此，西安城市绿地格局尚处在“生态脉络彰显少、生态过程配合弱、生态潜力激发慢”的非理想化生态耦合状态。

1.2 研究目的与意义

1.2.1 研究目的

城市绿地是践行生态规划理念及实现生态人居目标的关键空间载体。本书立足党的十八大确立的“大力推进生态文明建设”的国家发展背景，面向党的二十大提出的“协同推进降碳、减污、扩绿、增长，推进生态优先、节约集约、绿色低碳”的国家发展战略，结合“山水林田湖草气生命共同体”及海绵城市、公园城市等前沿理论与实践，以我国北方平原型大城市代表西安为例，旨在通过：①绿地格局生态背景及演进特征梳理，②区域多尺度生态本底、要素与绿地格局生态耦合机制评析，③市域、都市区绿地生态耦合规划总体布局与策略，④分区—片区—景区多层级空间对象实证设计导引，共同为西安及同类城市绿地格局的生态优化与升级，提供一定的路径、方法参考；也使风景园林学科可通过绿地这一媒介对接当前的国土空间规划，并在生态规划理论、生态评价方法等方面作出补充与创新。

1.2.2 研究意义

1. 学科理论意义

近年来“生态耦合”已成为人居环境研究领域的固定词组搭配，既开展于宏观区域尺度，如:《苏南跨市域乡村聚落空间与自然山水要素的典型调适、优化研究》（陈雅珺，2016），也应用于中观城市尺度，如:《哈尔滨城乡过渡地区近20年土地利用演变与生态源地、廊道的耦合优化研究》（谢静，2021），还可介入于微观的街道、村庄尺度，如:《陕西岐山县袁家村市政排水管网与雨洪调蓄“湿塘”的灰绿基础设施景观融合设计研究》（许达，2017）。由此，本书将生态耦合概念具体用于：一定区域内绿地格局与固有生态本底、生态要素在空间、形态、功能上的“叠合与协同”，使风景园林学科在“地景规划与生态修复”及“园林景观规划设计”方向上具有了关于区域大尺度景观生态评价及规划方法方面的前沿理论探索意义。

同时，本书在问题阐释、理论凝练及策略建构的技术方法上还注重与生态、地理、环境、测绘、统计等学科的关联，如：①在绿地格局形态与生态表征分析上采用了遥感测绘学的反演方法及景观生态学的相关公式；②在绿地生态演进及变化规律上借助了统计学的回归分析及正态分布方法；③在绿地生态耦合效益评价、模式与机制提炼方面则融合了城市管理学的层次分析法及城市社会学的调查归纳法等，从而展现了风景园林学面向未来城乡发展趋势下的学科交叉理论创新意义。

具体从“绿地—生态耦合效益与机制”这一研究重点中提炼出城市、生态、绿地三大主题词，通过“生态+城市”并含检索得到文献10万余篇。统计可见：直属风景学科核心内涵的有10.47%，属相关方向的有9.51%，二者共占近1/5（图1–14）。

进而从研究重点“①城市绿地生态营建模式总结，②多尺度绿地—生态安全格局叠加，③绿地格局与关键生态要素耦合机制评析”看，绿地与生态既存在“重点—整体”的包含关系，也呈现出“基础—发展，过往—将来，理论—应用”等时空顺应、逻辑推演的承接关系。由此检索“绿地+生态+耦合”的两两并含主题可见：①绿地—生态、生态—耦合关联研究均开展较早（1980年代）且发文量较大；②绿地—耦合研究起步较晚（2000年年初）且于2018—2019年才有一定的积累；③针对绿地生态耦合的研究则正处于初探阶段（2019—2021年仅5篇）（图1–15）。

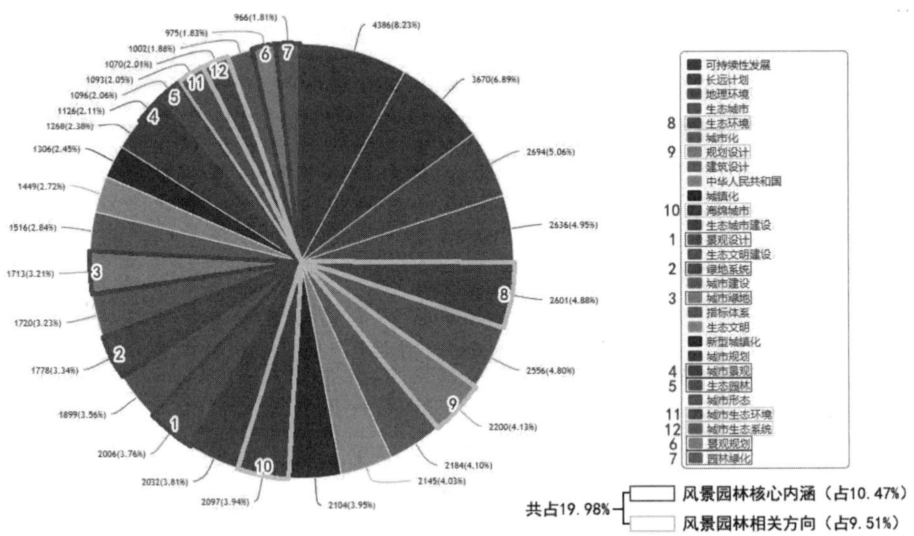

图1–14 “生态+城市”文献中属于风景学科内涵的主题统计图
（资料来源：基于2019年知网搜索改绘）

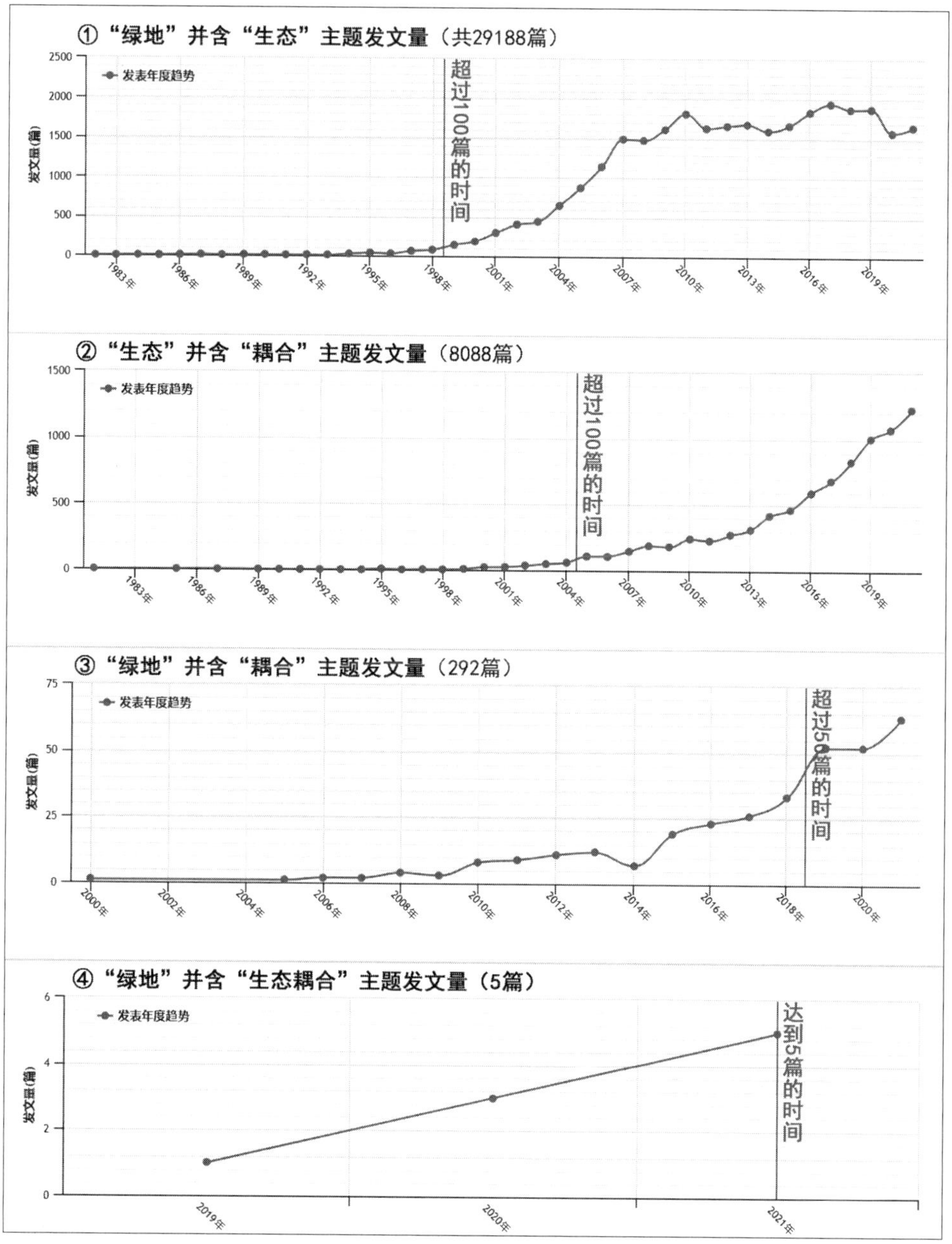

图1-15 “绿地+生态+耦合”并含检索的发文量趋势分析图
（资料来源：基于2021年知网搜索结果改绘）

2. 专业实践意义

当前以自然资源保护与“三生”空间绿色低碳发展为主线的国土空间规划，正在更替原有以工业生产布局为导向，以用地城镇化率提升为目标的传统城市规划；旧有“城市绿地系统规划”也在不断扩展新的生态内涵，并愈加转变为“国土景观生态规划”及更加对接、服务于“国家生态园林城市”的规划类型。基于此，本书在当前国土空间规划体系及生态园林城市建设背景下也赋予了风景专业面向“国土空间景观调查、生态重要性评价及生态协同规划”等事项的实践应用意义。

具体基于对西安城市绿地类型与分布的现状调查，结合绿地格局生态耦合效益与机制的评析，提出市域与都市区尺度下的绿地格局未来理想的生态耦合规划愿景、策略与实证。从而一定程度地建立起“绿地系统规划”与“国土生态评价及区线划定”的技术、流程对接，也为城市公园系统与景观风貌找到规划实施的落脚点。

1.3 研究对象与范围

1.3.1 研究对象

本书以西安广义城市地区的各类绿地、绿化地及其空间格局为对象，既包括市域层面具有风景、地景、乡野及自然保护地等性质的“绿色空间体系”，也包括都市区层面由属于中心城区建设用地性质的绿地，以及属于建成区外非建设用地性质的区域绿地、郊野林田、生态保育地等所组成的“城乡绿地系统”。这与现行城市总体规划及绿地系统专项规划在各自的“两级编制层级”上均可予以对应。

其中，“都市区绿地”相较于传统的“城区绿地”具有了更宽的范畴，其广泛分布于“建成区—郊区—城乡环带—乡村—自然区域”等多个空间层次之中，并对应以“人工绿地斑块—半人工、半自然绿色片区—连续化田野区域—纯自然植被基质”等形式存在；其负载了“城—乡—野”序列中多样化、过渡式的生态系统（图1–16）。

1.3.2 研究范围

1. 市域范围

西安市域是适合为绿地格局的生态耦合研究提供“生态本底完整性、生态要素连续性、三生空间齐备性”的宏观生态背景与合理地域范围。其行政区划从过去的

图1–16 都市区绿地的空间层次及存在形式图
［资料来源：借鉴《Urban Ecology》（Forman，2014）自绘］

7区6县，历经1997年临潼、2002年长安、2014年高陵、2017年户县的“撤县设区”，现已发展为11区2县并形成了当前“城6区+郊6区+边2县”的城—镇—乡新格局，总面积10108km^2。

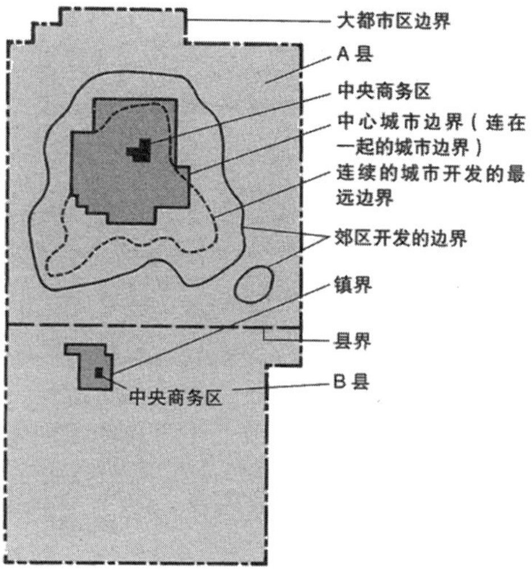

图1–17 大都市区内部空间结构及组织示意图
（资料来源：摘自《地理学与生活》）

2. 都市区范围

“（大）都市区”（Metropolitan District）是西方国家进行城市统计和研究的基本地域单元，其已形成较明确的定义，即：一个大的城市人口核心，及与其有着密切社会经济联系且具有一体化倾向的邻接地域组合；它是城镇化发展到较高阶段时产生的城市空间结构及组织形式（图1–17）。（大）都市区半径通常不超过100km，从而使“市中心”与“区域”间可当天来回；同时也使“郊区”成为城市化扩张时不断与“农业区及自然土地”交织、博弈的都市区“弹性边缘带”[1]。

基于此，20世纪70年代有学者根据克里斯泰勒的中心地理论[2]，勾勒出了**经典都市区**（一～三级中心地）的理想形态模式，即：中间为中心城市，周围是卫星城、郊区、工业郊区、远郊高级住宅区及其他层次，犹如众星拱月之态（图1–18）。

作为理论应用，西安都市区（圈）也经历了20多年的研究积累与实践探索，形成了多样的地理范畴表述及空间距离界定（详见附表1）。其中，具有官方代表意义的如：**“大西安”**概念，其酝酿于“关—天经济区规划”（2009年），后于《大西安总体规划空间发展战略研究》（2010年）中正式提出。主城区范围被界定为：北至泾阳—高陵北界，南至潏河，西至涝河入渭口及秦都—兴平界，东至灞桥区东界，面积1280km^2；并针对区内生态环境脆弱现象构建了以秦岭北麓—渭河水系—北塬南坡为骨干，自然保护区—林地—大遗址为要素的“一廊—两带—多水系”区域生态体系。

进而2017年3月，《大西安空间格局规划图》在十二届全国人大五次会议陕西代表团审议时首次展示，其以沣渭河交汇处为原点，南至秦岭、北抵北山、东接渭南、西到杨凌；既占据了关中平原最宽裕的部分，也涵盖了多样的自然地貌，囊括了广袤的乡村田野，拥纳了丰富的人文资源，均衡了原有的城镇体系。同时，该规

---

[1] 理查德·福尔曼.城市生态学：城市之科学［M］. 邬建国，等，译. 北京：高等出版社，2017.

[2] CHRISTALLER W. The central places in southern Germany［M］.［s.1］:［s. n.］, 1966.

划以三条“纵向”发展轴，开拓了中心城区的发展方向；又以三条“横向”生态保护带，纳入了更加延展的山水骨架与脉络（图1–19）。

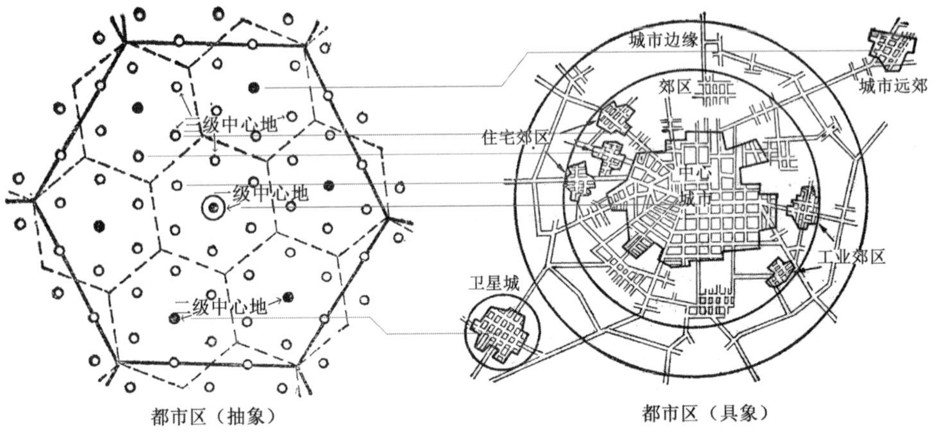

图1–18　经典都市区的“抽象—具象”形态模式对照示意图
（资料来源：引绘自：左–克里斯泰勒的“中心地几何模型”，右–阿尔文·博克夫的“城市区域简图”）

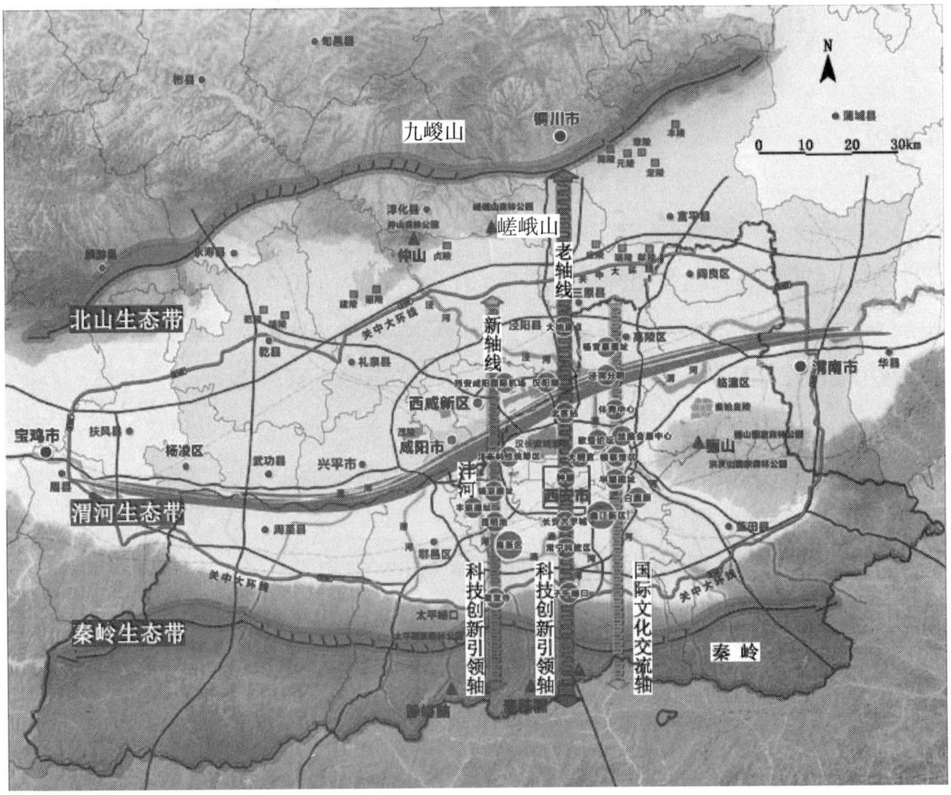

图1–19　大西安格局空间规划图
（资料来源：作者自原图改绘）

然而，大西安在早先推进之中总会无法避免遇到固有的市界限制及地形阻隔：渭河作为八水中最大的河流，历来是西咸两市的行政分界。随着市域外围行政建制的撤县设区及主城区周边的新区开发，西安东北—西南顺时针方位已陆续发展出多片新区，但正北—西北方位却因受到渭河与汉长安城遗址限定而造成了都市区完整形态的缺口（图1–20）。

由此，直到2010年2月，随着**“西咸新区”**建设的启动，西安完整都市区格局的实质性构建之路终得以正式开启。

正如新城市主义者Duany A.与Plater–Zyberk E.（1998）所认为的*“都市区是有地理界限的空间，界限源于河流、海岸线、农田、山体和郊野公园等，城市扩张不应模糊、侵占该界限”*一样，要科学界定西安都市区开展绿地—生态相耦合的研究范围，确需参史、依地、象天、据理、因人而综合考量。进而，结合重庆规划中心康盈（2015）将都市区划定的三个圈层：*“内层为用地连绵区，半径25～30km；外层规模介于50～75km半径；两层间则以一日往返划定为通勤圈”*来看，都市区范围既不应过大，也不可局限，而应以上下承接、折中适宜的原则加以精确划定。

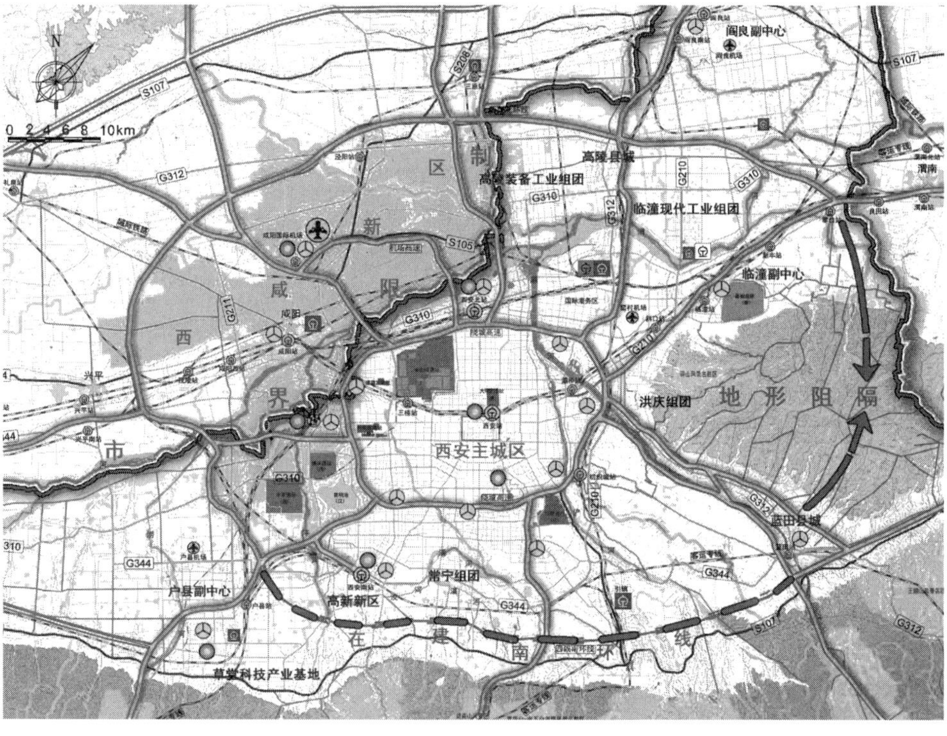

图1–20　大西安形态的市界限制与地形阻隔示意图
（资料来源：改绘自西安2016年城市总规修改版）

因此，西安应基于自身的地理条件限制、行政区划方式、城乡发展趋势、生态保护形势并借鉴上述“内层范围”，将都市区聚焦于“老城为心、东至骊山、西含沣河、北跨泾渭、南抵潏滈”的适宜地域；进而结合当前建成区已达714.92km^{2}的现状（加外围组团则将超1000km^2），同时根据“景观渗透理论”的经验论断，即：至少保证区域内有50%未被侵占的原生态土地才可不突破生态限度，并使生态修复行之有效，从而反算出都市区面积至少应为2000km^{2}方可达标。由此划定出一个以明清老城为“中心”，近郊山—水—塬—田典型地貌为“限定”，45km为“边长”的正方形界域（面积2025km^2）作为都市区，即“绿地—生态”耦合的研究范围及典形地貌（图1–21）。

具体来看，该都市核心区的范围“四至均匀、立足当前、面向未来”，既涵盖了西安所处“自然—人文”相交融的固有地理空间与人居环境基础，也囊括了当前完整的“城区—郊区—乡村—自然”（城乡一体化发展）地区的景观风貌过渡空间序列，而且与城市动态的“过往形态（集聚城关）—当前结构（九宫格局）—未来趋势（星形放射）”相适匹配。其具体的“四至”范围可表述为：

（1）**北纳：**泾河、渭河，及渭北“二道原”三者交汇的“两河三岸”地带。

（2）**南至：**秦岭山前5km外的潏河、滈河汇流处，及其之间的神禾原腹地。

（3）**东抵：**灞河与白鹿原北端相贴合的河谷川道开口处。

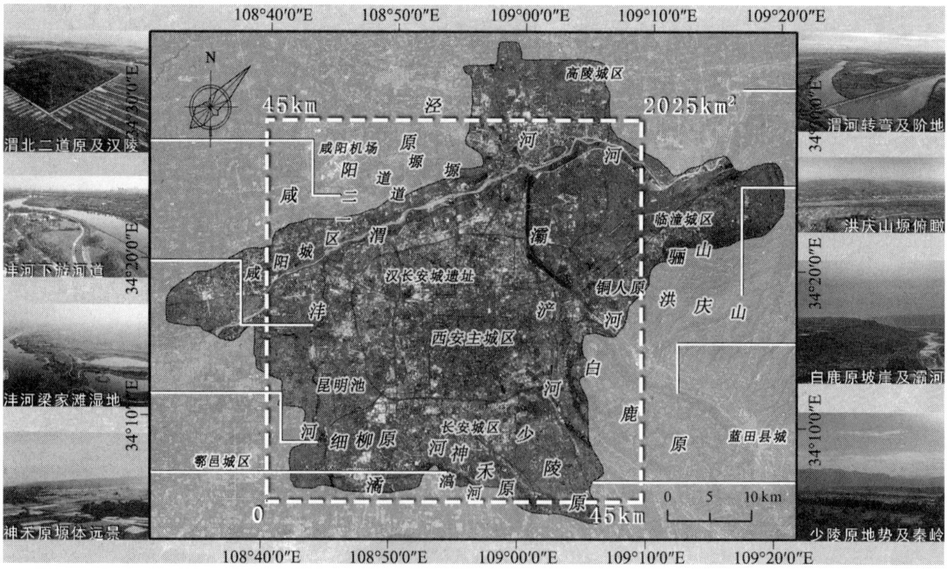

图1–21 西安都市区“绿地—生态”耦合的研究范围及典型地貌

（资料来源：作者自绘）

（4）**西达**：沣河两岸的丰京、镐京大遗址地，及邻近的乡村、农田。

（5）**西北**：含“西安咸阳国际机场”的主体，及咸阳市的东部主城区。

西安都市区范围的南北距离、东西跨度均为45km，面积2025km^2，正好与“2016年城市总规修改版”中的“中心城区+外围组团”城镇体系格局保持了一致（图1-22）。

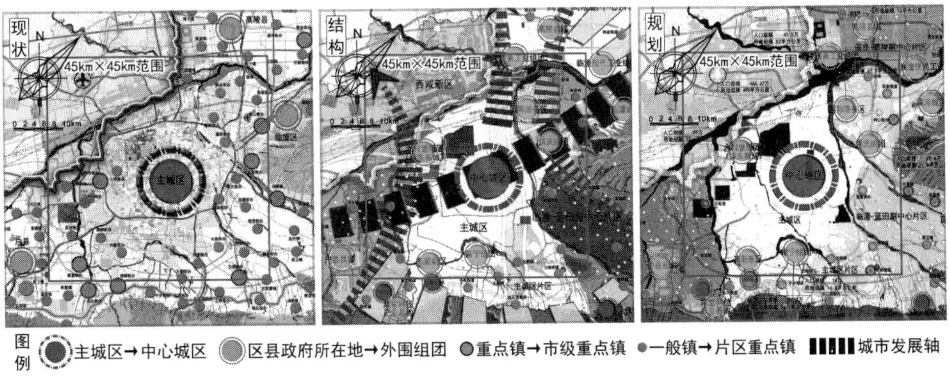

图1-22　西安都市区在“2016年城市总规修改版”中的范围示意图
（资料来源：作者自绘）

3. 研究范围层级

综上，西安城市绿地格局的生态耦合机制及规划策略的研究范围，不仅要考虑到生态的“广度”，也需遵循人文的“深度”，更应合理预示出人工—自然之间“进退—趋同”过程下的“弹性限度”。从而统筹西安当前的：①既有行政区划体系中的“城六区”范围，②最新城市总体规划（及修改版）的“主城区”范围，③大西安规划的“中优区”范围，④各类生态、绿地、历史专项规划的“中心城区”范围等，共同确定出45km×45km的“都市区”作为核心聚焦地域空间。由此，最终形成：①宏观的“市域层级”（10108km^2）、②中观的“都市层级”（2025km^2）、③详细的“分区层级”（500km^{2}以下），总共3个层级的研究范围（图1-23）。

同时，为了更好地遵循生态的空间构成、景观过程的多尺度嵌套效应及绿地格局生态耦合机制的多层级呼应要求，还需在分区层级内继续选定若干具有代表性的“重点片区、典型景区”等小尺度空间，成为研究内容落地的实证载体（表1-9）。

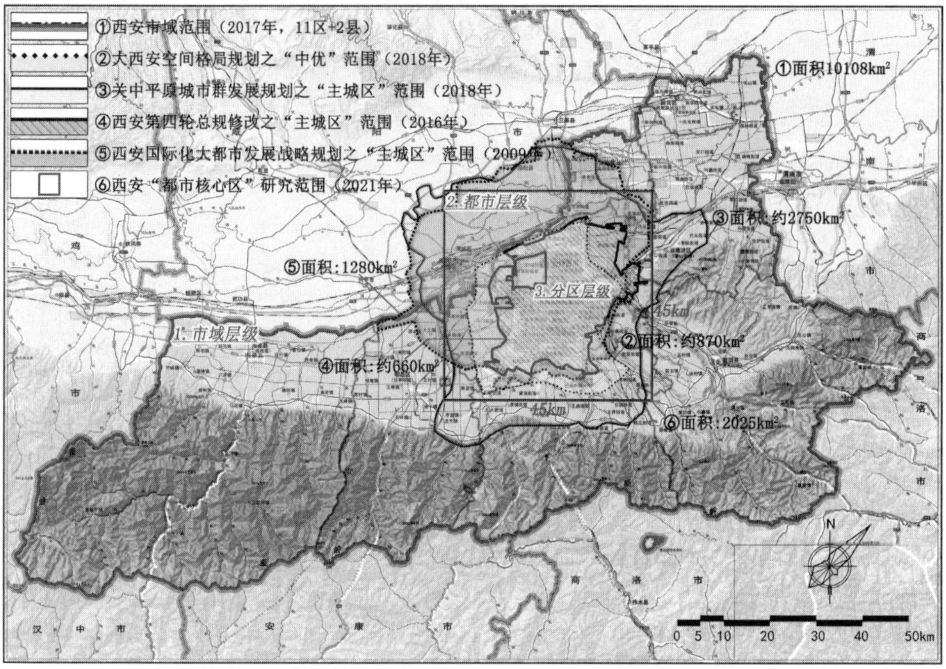

图1-23　西安城市绿地格局生态耦合的各尺度层级研究范围示意图

（资料来源：作者自绘）

西安都市区绿地格局生态耦合的各尺度研究内容梳理表　　表1-9

尺度层级	范围与面积	四至边界、地区组成	现状空间特征	研究、规划内容
①市域层级（大尺度）（背景的）	西安市域所辖的全部11区2县（面积10108km^2）	城6区：新城、碑林、莲湖、雁塔、未央、灞桥，东北3区：阎良、临潼、高陵，西南2区：长安、鄠邑，边2县：蓝田、周至	呈现关中腹地山水格局、城镇体系、城乡风貌，是反映西安城乡地理背景、自然条件、资源分布、绿色生态空间的完整地域	市域自然生态背景梳理，单因子及综合生态安全格局评析，绿地—生态叠加分析及生态耦合规划结构
②都市层级（中尺度）（核心的）	（1）基础：西安2008年版总规主城区范围（用地规模控制在490km^2以内）	以唐长安城为中心，以绕城高速公路为轮廓限定；东至灞河—白鹿原，西到秦—汉城址，南至长安城区，北到渭河草滩	涵盖中心6区几乎全部地域，及各开发区、新区已建成区，又纳入了外围长安区中北部与西咸新区东南部等邻近先行发展区	古今城市规划营建生态经验，当前城市生态要素表征，绿地格局生态演进模式、生态耦合效益评价
	（2）扩展：西安大都市核心区（45km见方，面积2025km^2）	东到洪庆山西麓山塬，西到沣河西岸，南至潏滈交汇之神禾原首，北至泾渭交汇处北岸	城区居中，乡野环伺，人工—生态复合；既囊括城乡一体发展趋势，也警示限定城市无限增长	绿地格局—关键要素、因子的生态耦合机制评析及生态耦合规划布局与策略
③分区层级（小尺度）（细节的）	面向统筹城市生态分区、新区、开发区、新老功能区、各类片区、产业园区等	依生态本底特征、自然人文要素分布、绿地格局演进规律及现行区划、路网，将都市区划为若干绿地—生态耦合分区	各区既与所处山—丘—塬—谷地势高程相适，也与城乡山水—人文风貌的分异相配；各区内部绿地的生态耦合类型及形态较统一	都市分区绿地的生态耦合建设对策，重点片区绿地的生态耦合布局，典型景区绿地的生态耦合营建

资料来源：作者自制。

1.4 研究内容与问题

1.4.1 主要研究内容

主要以北方平原型大城市西安为对象，在市域—都市区—分区三个尺度层级探讨绿地格局与生态空间的耦合关系，包括：①市域生态要素类型归纳、生态本底特征梳理、生态安全格局评析；②都市区绿地生态服务绩效评价，绿地生态化耦合模式、机制分析及规划策略制定；③分区、片区、景区的绿地生态耦合化实证设计。

第一部分为**"基础研究"**，含第1、2章，包括：研究背景、对象概况、关键科学问题及相关理论研究综述等。首先介绍绿地承载并引领城市生态规划建设的时代诉求，进而以北方平原型大城市西安为例，结合其生态耦合发展困境，以及绿地格局与生态空间"耦合状况"不佳的现状困境，确立研究重点，划定研究范围；之后围绕研究主题作以国内外基础理论，相关研究与实践前沿，及针对西安的既有研究与规划探索等的综述，由此梳理、总结、提炼出具有参考意义的研究方法与路径。

第二部分为**"现状研究"**，含第3、4章，包括：城市生态要素归纳、生态安全格局评价，绿地生态演进及景观特征分析等。首先围绕城市绿地所处的大区域自然与人文地理背景，明确了西安的在地化"生态要素类型"与"生态本底特征"，并对市域"单一要素"及"综合"的生态安全格局作以"量化+图式"评析；进而梳理西安主城区、都市区绿地的阶段化演进历程、体系化景观特征、生态化演进模式，从而呈现了绿地格局与生态空间的自身基本条件及融合发展现状。

第三部分为**"评价研究"**，含第5、6章，包括：绿地格局的综合生态耦合效益评价及理想生态耦合机制评析。首先通过评价绿地生态耦合效益的三类指标（规划建设定量、景观环境定性、人文游憩定感），得到绿地承载生态表征及功能的综合状况及问题所在；进而聚焦探讨绿地格局与4大类生态要素在市域及都市区层级范围内的生态耦合模式及生态耦合程度。由此共同描述、揭示出绿地格局"表征及内理，当前及理想"的生态耦合机制，并明确二者未达到理想耦合状态的不足之处。

第四部分为**"策略研究"**，含第7、8章，包括：由市域生态耦合规划结构、都市区生态耦合规划布局、各因子生态耦合规划构型所组成的绿地格局生态耦合规划策略，及分区—片区—景区层面绿地格局的生态耦合规划实证。首先在市域层面划定生态功能分区及生态耦合结构；进而在都市区层面针对水、土、风、人文四类规划因子建立生态耦合构型，并叠加得到综合生态耦合布控结果；最后在分区—片区—景区层面作以绿地景观与生态要素及本底相耦合的详细规划实证及设计。

第五部分为**"研究结论"**，为第9章，含：结论凝练、创新概括及未来展望。

1.4.2 总体技术框架

总体研究框架与技术路线见图1–24。

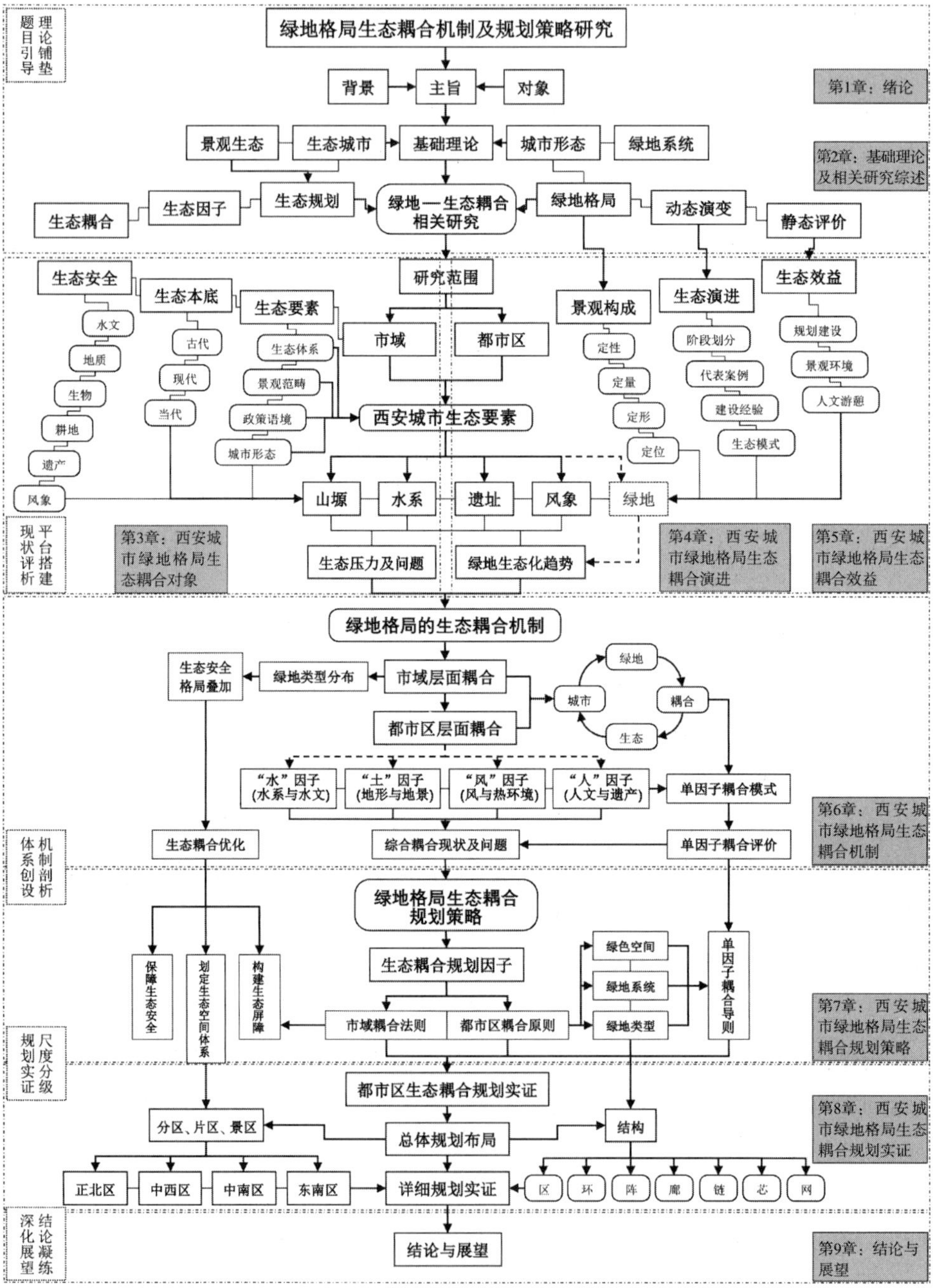

图1–24　本书总体研究框架与技术路线图
（资料来源：作者自绘）

1.4.3 关键科学问题

（1）**在城市生态规划转型新阶段，绿地个体已被赋予了更多生态意义。如何针对城市整体绿地格局的生态化选址、布局、营建而科学选取相耦合的关键“生态要素与因子”，即成为关键科学问题之一。**西安城市绿地已由早期在城区尺度及传统规划体系下，配合各类建设用地形态与功能的“内向型选址+人工化布局”方式，逐渐发展为当前在区域尺度及国土空间规划范畴下，面向由“山水林田湖草气”等生态要素组成的大地景观的“外向型选址+生态化布局”模式。由此，针对绿地由“旧式人工协同布局”转型升级为“新式生态耦合布局”的过程，精确、适用地选取关键生态耦合要素与因子，则成为生态导向下绿地构建新式格局的路径基础（图1–25）。

（2）**如何量化西安绿地格局的“生态耦合效益”，建立与各类生态要素的因果关联，并相应构建出综合化、层级化的评价指标体系，即成为关键科学问题之二。**长期以来我国城市绿地多因“指标配建、功能配套、形象配合”之需而作以规划，并多以“块状单体”（而非生态群体）作为实际建设对象，从而使绿地格局呈现了庞大而未充分发挥整体生态功效的欠理想状态。由此，针对绿地格局的生态耦合效益作以“视角综合化、指标类型化、层级体系化”的解析与评价，并根据评价结果揭示出当前的生态耦合问题，从而为探寻下一步的理想耦合机制与方向作以支撑。

（3）**如何将西安市域绿地格局与综合生态本底，都市区绿地格局与各类生态要素、各项生态因子作以图式叠加及量化统计，从而归纳出二者的现状耦合模式与耦**

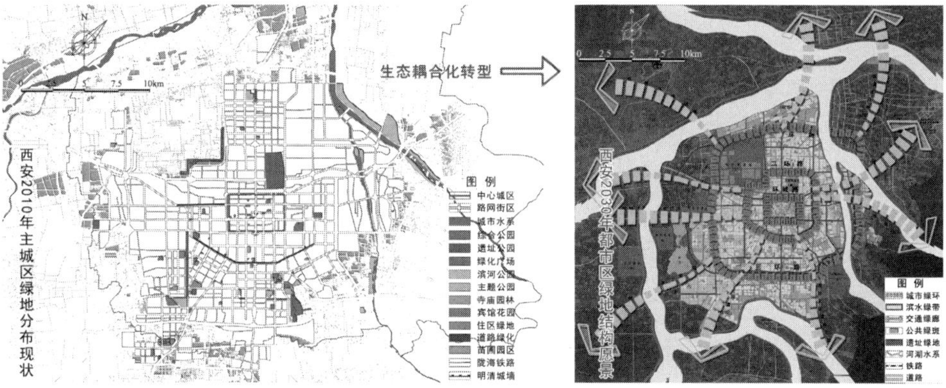

图1–25　西安城市绿地从“旧式人工协同布局”向“新式生态耦合布局”的转型示意图
（以2010年绿地类型分布状态向2030年绿地生态结构愿景转变示意）
（资料来源：作者根据关键问题自绘）

合程度，揭示其生态耦合机制，即成为关键科学问题之三。其中，绿地与生态在体量、形态、格局方面的“空间拓扑关系”将成为耦合分析的基础；市域—都市区—分区的“尺度传递”也成为制定生态耦合规划策略及实证设计的途径依循。

1.5 研究方法与创新

1.5.1 研究方法

1. 历史归纳法

针对城市绿地格局的“现状特征解析”及“未来发展预判”，首先离不开对其“历史演进过程”的回顾与总结。于是通过收集：①宏观“城市发展背景、城市规划周期、城市建设形态”，②中观“绿地建设代表事件，绿地总体数量与分布，绿地个体功能与风格”，③具体“绿地与生态本底、生态要素的‘位置、形态、面积、主题’耦合情况”等方面的图文史料、统计数据、相关研究；并进而以“时间顺序、因果逻辑、量质累变”及“个体特征描述—普遍规律提炼”的方法与路径加以梳理、整合，由此归纳、总结出绿地格局的阶段发展特点、生态演进模式及当前存在问题。

2. 回归分析法

通过对1949年以前至今的各阶段西安城市绿地发展状况，作以“定性、定量、定位”的分析与统计，进而归纳为“绿地率、绿化覆盖率、人均公园绿地面积”等关键指标；同时，结合“建成区面积、人口数量、城镇化率、生态用地变化”等背景数据，作以“各项因素”随时间的“一元或多元线性回归分析”。由此客观呈现出绿地格局既有的演进规律，并合理预判出未来一段时间的变化趋势。

3. 主成分及聚类分析法

主成分及聚类分析法于2000年前后发展成熟，近5年已广泛普及。目前，虽在城市绿地生态效益评估上应用较少，但在生态学、农学、城市经济学等相关学科及土地利用、水土保持、生态安全等相关领域则较常见。“聚类”关键在于探析众多数据样本的潜在联系和差异；“主成分”则代表众多原始数据间因“较强相关属性或共性信息”而可被提炼为较少的特征分类，且这些信息可覆盖到原数据的绝大多数（80%以上）。汪磊（2018）采用主成分法对江苏省2016年的土地安全状况作以评析，通过对13个地级市的人口、城镇化、产业、绿地等9项指标数据作以标准化处理，得到两两指标关系数矩阵；在求得矩阵特征值后，根据累计贡献率达85%以上的要求，提取出3个主成分；之后采用方差最大值法作因子荷载矩阵正交旋转，得到主成分得分系数矩阵；由此总结3个主成分在各指标上“具有较高荷载”的对应情况并归纳为经济发展、生态环境、土地利用3个综合指标，从而实现了对于众多原始指标的降维；进而通过“回归法”得到各主成分计算表达式，再根据“总方差贡献率”作以加权汇总，算出13个地级市的综合得分及排名；最终利用“最短最长距离法”做出聚类分析树状谱系图，得到了各市的土地生态安全等级划分。

4. AHP层次分析法

目前，国内外针对城市生态承载力、绿地生态效益评价的方法众多，根据目标设定及数据来源不同，常包括：层次分析法、叠图法、矩阵法、数学模型法、加权比较法、核查表法、专家咨询法、投入产出法等（贾冰，2009）。其中，AHP层次分析法是由美国运筹学家萨蒂（T. L. Saaty）教授在20世纪70年代提出的一种将复杂问题（总目标）通过“决策过程分层化、数理模型量化”而确定出不同解决方案（各指标）权重的决策分析方法。其当前多用于经管、环境、社会等领域的问题分析、效益评价及系统决策等方面，往往与“压力（P）–状态（S）–响应（R）”模型在构建评价指标体系时结合使用；同时也与德尔菲法（Delphi）、主成分分析法（PCA）等在数学上同属于“模糊量化方法”。具体而言，AHP层次分析法一般通过“原始数据标准化处理—专家评判相对重要性—构造判断矩阵或方差矩阵—求每行元素乘积后的n次方根或指标在各主成分线性组合中的系数及方差贡献率”及“一致性检验—权重归一化”等步骤，从而求得各指标的绝对权重及相对于各级评价目标的权值（贡献度）排序。进而，再结合评分标准及实际情况，对各指标进行打分、加权、等级对照，最终得到综合与分项评价结果，从而为后期的规划对策制定提供直观且可比较的依据。

5. 分层地图叠加法

针对市域、都市区生态安全格局划定及绿地格局生态耦合评析，可采用较直观的分层地图叠加法（mapping）。具体将各项生态要素（因子）的性质、构成、程度等的空间表征反映在对应的区位、规模、范围、形态上，形成该生态要素（因子）的评价等级分布图；进而将各分项地图按统一的定级原则、叠图法则相叠加，得到综合生态安全格局等级分布图，从而用于指导该地区的相关规划或分析（图1–26）。

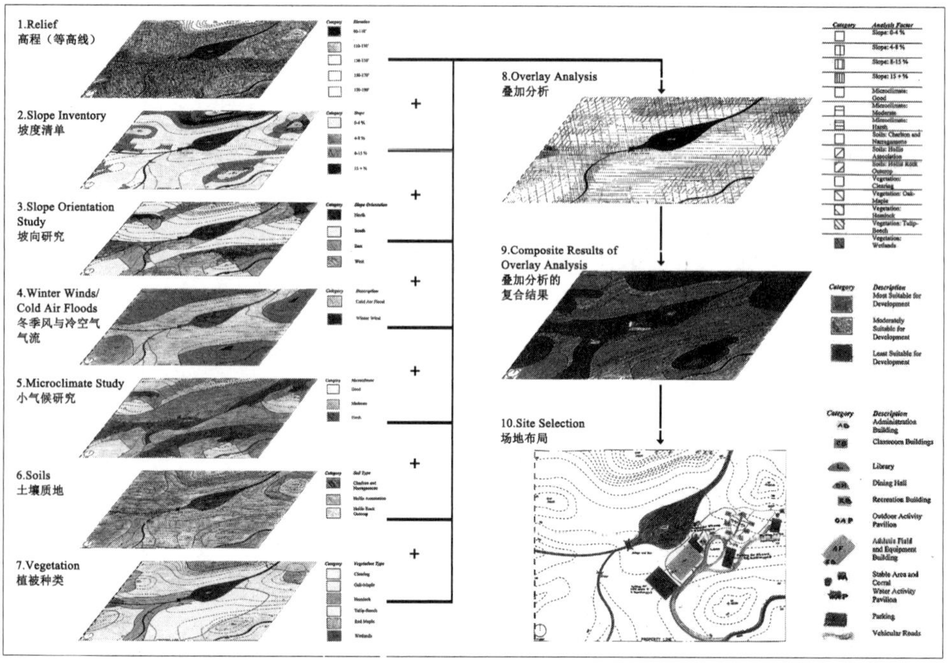

图1-26　基于生态要素（因子）叠加的规划分析图
（资料来源：引自New Dimensions项目）

6. 数字分析与软件模拟法

利用国内外公开资源和主流软件技术，对涉及的有关城市形态、绿地格局、生态效益、风—热环境等方面的分析，通过对获取的原始数据（如卫星图片、光谱影像），根据研究目的而进行专业解译、图像处理、叠加分析、数理测算及结果可视化呈现等步骤，创建能够反映有关常态和变量之间关系的“表象图示”及“内因数据”，并最终找寻出西安城市绿地格局与生态本底的动态关联规律及匹配优化方式。

7. “案例借鉴—实证探索”结合法

选取国外具有成熟公园游憩系统、优美生态景观序列的代表城市，及国内绿地系统规划建设较早、山水人文风貌较佳的典型城市，与西安城市绿地在格局、规模、特征及生态耦合效果等方面进行对比。总结出案例城市具有参考价值和借鉴意义的绿地生态化营建经验，进而提出西安完善绿地格局现状、升级生态协同模式等方面的策略与方法；同时，选取不同尺度、不同区位的实际城市空间、用地对象，以不同的规划目标和侧重进行实证化的应用与探索，最终使理论提出得到实践的验证。

1.5.2 拟创新之处

（1）通过“普适生态要素总结—在地生态要素提炼—生态要素安全格局评价”的转化，建立城市生态本底特征抽象化到图式化的分析流程与方法。具体以多学科视角对传统山水营城理念、现代城乡规划方法中的生态经验作以梳理，总结出城市生态要素的一般构成并根据西安地域特点而具化为水系、山塬、绿地、风象、遗址5种在地生态要素；进一步将要素细分为若干生态因子后，在市域、都市区尺度下作以各因子生态安全格局评价与叠加，最终呈现出绿地格局所处的城市生态本底特征。

（2）通过历史归纳与统计法，对西安绿地建设历程作生态阶段划分，并以“质性+动静”结合法总结绿地格局既有的生态耦合演进特征与模式；进而提炼绿地生态评价的18项常见指标并聚类为“规划建设、景观环境、人文游憩”3大类，建立绿地格局的生态耦合效益评价体系；最后通过AHP层次分析法作以指标权重分配及评分标准制定，并配以实地调研、图式分析、数理测算等步骤，评价绿地格局在生态基础、提升、服务方面的优劣，由此得到绿地格局的综合生态耦合效益及问题。

（3）通过将各尺度层级绿地格局与对应的“单项—综合”生态安全格局相叠加，得到宏观市域的生态耦合总况、中观都市区的生态耦合模式与程度，并揭示绿地格局的理想生态耦合机制。具体通过统计5种绿地类型与9项生态因子的空间叠合状况及面积重合数据，得出“数量化+图式化”的绿地格局生态耦合度；再基于既有生态耦合经验与模式，对标先进城市的生态化绿地布局范式，制定出“层级嵌套、尺度传递”下的西安绿地格局生态耦合规划策略与实证探索。包括在市域层面构建生态耦合规划的宏观结构，在都市区层面提出生态耦合规划的中观分区与布局，及在都市分区—重点片区—典型景区层面将绿地分别与水、土、风、人文等类型的生态因子相互组合而制定、描绘出生态耦合规划的特色布局、生动景观和理想愿景。

第2章 基础理论及相关研究综述

2.1 基础理论综述

为探讨绿地与生态耦合的外在效益与内在机制，选取城市形态、城市生态、城市绿地等基础理论作以铺垫，并以景观生态学的理论与方法作为归拢、支撑；进而针对“绿地格局”与“生态耦合”作以相关研究梳理，总结绿地格局的主要研究方向，即“动态演变”与“生态评价”；也梳理出“生态耦合”的发展动态，即“国外脉络、国内进展及实践前沿”。由此得出在当前城市生态环境状况愈加不稳定的背景下，绿地格局与生态本底亟须以“系统化、要素化”的方式去实现耦合（图2-1）。

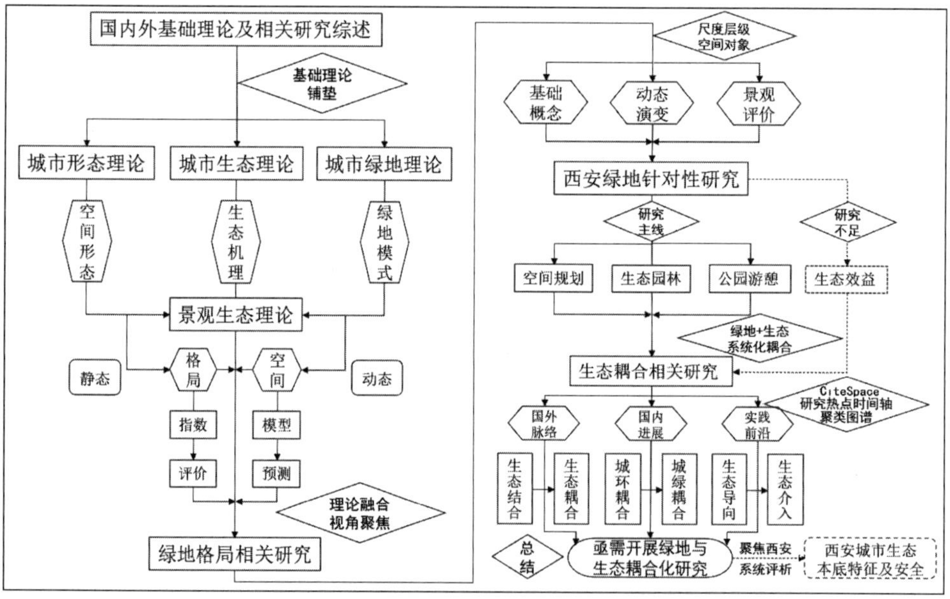

图2-1 “国外脉络、国内进展及实践前沿”章节技术框架图
（资料来源：作者自绘）

对于各基础理论间的内在逻辑关系，主要体现在：①城市形态学主要研究城市存在、发展的外在表象，当前也更加关注城市从“工业化”向“生态化”转型中的“空间反馈机制”。②“表观形态”离不开“生态内理”的支撑，因此城市生态规

划的理论发展、生态建设的实践积累、生态安全的评价应用，均为当前的城市生态革新提供了路径依托。③绿地往往是城市生态建设的“先行区”，同时又以“公园、绿化、景观、植物、游憩”为形式，成为城市形态“有机梳理”及城市生态“集中体现”的空间载体。由此，绿地成为城市—生态间的最佳衔接桥梁。④为提升绿地个体的生态表征及优化绿地格局整体的生态功效，宜以“景观生态学”的理论与方法作以融合、归拢，从而使旧有的城市生态规划、绿地系统规划得以升级，并且为“生态耦合规划”的探索作以有力支撑。

2.1.1 城市形态理论

1. 研究背景及范畴

城市形态学（Urban Morphology）是对城市“物质肌理及塑造其各种形式的人、社会经济和自然过程的研究”。19世纪起，城市规划、建筑、地理、经济、社会等学者从不同视角加以广泛关注与探讨，使研究经历并取得了由“外在到内在、物质到文化、理论到应用”的过程与进展。最具代表的是英国城市地理学家康泽恩（Conzen），他首先强调了“城镇景观（Urban Landscape）”概念并认为应在“城镇平面、建成环境、空间利用”三个层面对其开展分析。20世纪末，城市形态学已产生出不同范畴与侧重：谷凯（2001）将其归为“城市历史、市镇规划分析、城市功能结构理论、政治经济学方法、环境行为、建筑学方法和空间形态”等七种研究类型；随后，段进（2003）则认为其“为战略规划提供了一个对比和借鉴的参考系”，而“城市发展战略”的关注重点本就包括了“生态格局、用地结构、交通组织”等土地利用与空间规划的内容。由此，城市形态便发展出了面向自然生态的研究关注。

2. 研究进展及生态关联

当前，我国城市已由旧社会的“明清小型城关”，历经“新中国成立之初、改革开放、世纪之交”等多个时期与轮次的规划建设而发展形成了“旧城居中、新区置外”的“现代大型都市”。其无论是“北方平原集聚型”还是“南方山水分散型”，现均已与最初的形态大相径庭。在此背景下，国内城市形态研究也于2000年前后兴起，经过十多年发展，现已形成了多个研究角度或方向。从研究角度与主旨上看，其多属于针对特定城市“空间特征、演进模式、内在动力、外在功效”等内容的综合研究，也一定程度包含、涉及了关于景观、绿地、生态方面的结论与启示（表2-1）。

国内城市形态研究的主要方向、内容及涉及生态的结论汇总表　　表 2-1

研究角度及主旨	作者、时间	研究内容	涉及生态的结论
①继续研究：对西方城市形态理论的梳理、提炼及结合我国情况的发展、更新	郑莘等（2002）	评析了1990年代以来国内城市形态研究的影响因素、驱动演变机制、构成要素、分析方法	城市演进与地形、气候、水文、资源、人文等地理环境的密切关系
	段进等（2008）	标示了城市形态概念的演化脉络，梳理出了平面图时代、二战前后、当代几个发展阶段	城镇边缘景观带常发生乡村土地向城市用地的转变，实为结合生态的规划实践过程
	姚圣等（2013）	用康泽恩方法对广州第十甫路历史街区从平面单元、建筑类型、土地利用、景观单元等方面作了应用探析	城市景观单元包括自然、人工及二者耦合体，其共同形成了具史地特征的城市区域形态
	王慧芳等（2014）	评析了城市布局、结构、肌理三种形态概念，并在要素、技术、时空、可持续、管控、案例分布等方面归纳了国内外研究的轨迹与方法	“自然环境与人文肌理”构成了城市形态的空间基础，而生态环境系统则成为未来低碳、紧凑、可持续城市形态发展的关键动因
②关联研究：将城市形态应用于规划领域	段进（2003）	探索了城市形态方法在发展战略规划中的应用	自然生态、景观风貌愈加参与城市理想构型
	陈爽等（2004）	对城市形态可持续格局提出了不同尺度绿色空间与城市形态的生态整合模式	绿楔、绿径、绿廊分适与都市尺度形态、主城尺度路网、街区尺度邻里相整合
	田银生等（2010）	将创新的城市形态分析方法尝试运用于城市历史文化的保护规划工作中	城市形态单元由“平面规划、建筑类型、土地性质”三种历史载体复合构成
	龙瀛等（2011）	建立了城市“空间形态—交通能耗—环境影响”集成模型，并且识别了三者间的定量关系	紧凑的多中心布局具有较低的交通能耗；采用绿化隔离+组团形式可趋向低碳的城市形态
	丁沃沃（2012）	对城市形态—外部空间微气候作以关联性研究	街道肌理会影响天空开阔度、地表粗糙度
	刘志林等（2013）	总结了城市形态与碳排放的关系，构建了减缓气候变化的低碳城市形态指标体系	密集多样开发、土地混合使用及结合慢行交通的城市设计，可营造低碳城市形态
③动态研究：针对单一城市的总体或分区，在具体时间段内或某一领域、方向上加以研究	冯健（2003）	对杭州1949—1996年城市形态和土地利用结构演化特征进行了探究	“摊大饼”扩展使城郊原有绿带被蚕食，绿地分维数下降，生态环境遭受破坏
	汪坚强（2004）	探讨了近、现代（1949年至今）济南城市形态演变的轨迹、特征、问题及动力机制	多中心新旧双城“协作”及生态开放空间“隔离”是未来城市形态演变的合理模式

续表

研究角度及主旨	作者、时间	研究内容	涉及生态的结论
③动态研究：针对单一城市的总体或分区，在具体时间段内或某一领域、方向上加以研究	任云英（2005）	对近代100年来西安城市空间结构演变作了地理、交通、文化、工商业等多系统研究	旧封闭防御型城市空间受交通革新而“外延—内聚”，并带动了田园、风景化的规划转变
	姚燕华等（2005）	梳理了广州近代各个时期的城市形态特征，并揭示了其演化动力机制	城市形态演化除受政治、经济、人文推动外，还受到山水格局影响
	陈群元等（2007）	探讨了长沙1979、1996、2003年城市形态与各职能类用地的时空演化特征	城市整体用地分维数不断上升，但距理想标准有差距，因在于地形和水系的制约
	唐崭（2012）	对近现代渝中半岛形态演变、影响机制及建筑、道路、景观、形态进行了研究和总结	生态城市应强调形态与气、水、污的关系并找到与自然要素耦合的系统、生态化空间模式
④技法研究：较新适用于城市形态领域的研究技术与方法	黄玉琴（2006）	用SAR图像法对北京城市形态作时空变化研究	分维、紧凑度上升使摊大饼成型、生态失衡
	龙瀛等（2010）	用约束性CA方法对北京城市形态作以情景分析	可持续城市形态在于避占禁建区、优等农田
	王洁晶等（2012）	用空间句法对我国布局相异的八大城市作了极核、轮廓、圈层、轴网等对比研究	城市形态可识别度取决于路网及用地规整度。多山、临江海环境会降低该程度
	张毅（2016）	以点、线、面三种几何表征对陕西省内城镇形态进行了多指标创新量化方法研究	新老城区相近而形态分异，是因人工规划、自然发展有别及处不同高程、坡度所致

资料来源：作者自制。

总之，我国当前的城市形态研究主要关注于人工建设系统的空间表象和变化过程，有所忽略于自然生态系统的潜在影响；尤其在对城市形态发展、成型的生态本底因素的揭示及相关图式叠加分析方面有所欠缺。由此，将城市外在形态与内在生态作以“系统耦合、有机统一”研究，现已成为亟待推进与创新的研究方向。

3. 西安城市形态研究

1949年前，西安的城市形态可见于“西京城关大地图”[1]及《西京市区》图[2]，后者将西安城关与周边乡野根据代表性地名和方位而划为了65幅详图，覆盖范围“东

[1] 1933年5月，由“西京筹备委员会”制印，精度1：5000。

[2] 1934—1936年，由“西京筹备委员会”组织绘成，精度“一万分之一”。

抵灞河、西达沣河、北至渭河、南及樊川（潏河），涉及面积约332方里[1]”。进而选取围绕“主城与四关”的12幅图拼接后可见，建成区主要限于“钟楼西、钟楼东”地域，周围其余10幅图则基本均为乡野、河流与地形（图2–2）。

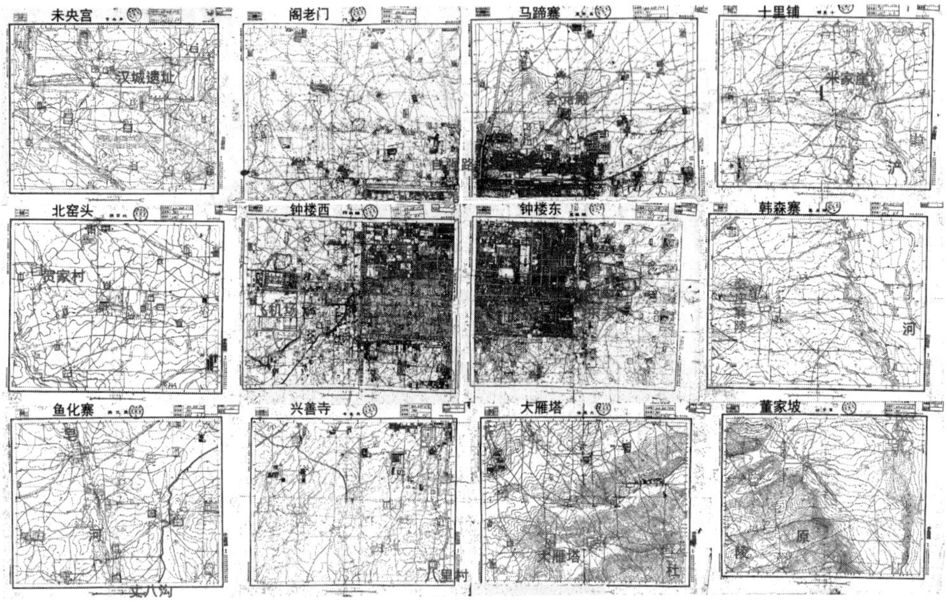

图2–2　1949年前的西安城关与周边乡野平面形态图
（资料来源：选拼并处理自《西京市区》图）

1949年后，随着新中国成立之初的工业布局及市政建设，1957年年末西安城区首次扩大至“东到浐河两岸、西至西户铁路（贺家村）、南到八里村（陕师大）、北至纬二十三街（自强路）”的范围，人口也超过百万规模；至**1966年“文革”前**，建成区已达80km^2，形成了“西郊电工城—东郊军工城及纺织城—南郊文教城”的功能格局；**1975年**，市电车线路达到5条，将东北的灞桥—洪庆、西北的汉城遗址区、西南的丈八沟等与市中心相连，为城区的扩大提供了交通基础；改革开放后的**1980年3月**，郊区建制撤销，灞桥、未央、雁塔三区恢复，城三区由此扩为城六区。

1980年代，西安建成区面积达120km^2，较最初设市、筹备西京的1930年代已扩展近10倍，街区密度增大并愈加连片。范围东至纺织城，西到阿房路陕棉十厂与红光路起重机厂，北达龙首村与方新村，南至电视塔与陕师大；东北向北至辛家

[1] 方里指边长0.5km的面积单位，由此《西京市区》图覆盖约832km^{2}地域，恰同于今西安市建成区规模。

庙、向东至灞桥，西北沿陇海线至三桥；东南受限于乐游原而只发展至西影路—等驾坡一线，西南则基本守于老飞机场—大环河（今南二环）—陵园路（今含光路）一线，最远可达丈八沟（国宾馆）与木塔寨（苗圃），并由城乡公路连至城区（图2-3）。

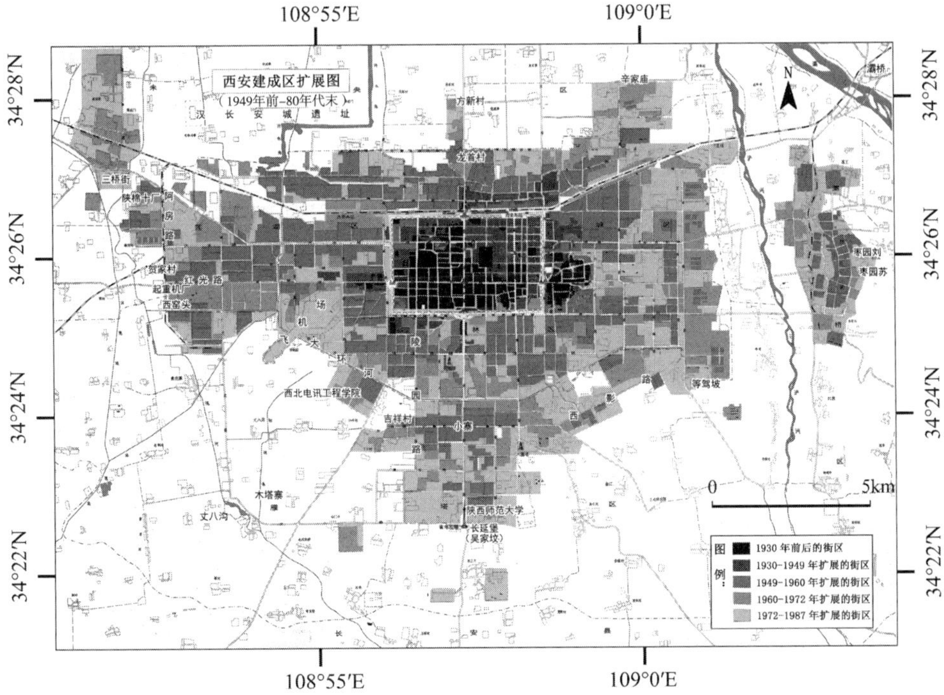

图2-3 1930—1980年代西安建成区阶段化扩展平面图
（资料来源：改绘自《西安市地图集》）

1990年代，在政策放开、经济变革、社会科技进步的推动下，我国大城市普遍迎来了发展的提速期。**2000年后**，西安也顺应“西部大开发”指引，立足人文、科教、国防、信息等产业优势，驶入了城市建设快车道。尤其是绕城高速的建成，对于建成区的扩张，既划定了“警戒线”，也很大程度成为了“引导线”。

西安绕城高速于2003年9月建成通车，平面近似于一个“横椭圆形”（东西轴长28km，南北轴长19km），内部面积约460km^2。通过对2004年12月起每三年绕城高速内建成区面积及占比统计可见：首个三年（2004—2007年）为缓慢“启动期”，之后每三年均以约15%的增速连续增长；2016年12月，绕城高速内建成区已占绕城高速内土地总面积的近90%（表2-2）；照此发展，预计3～5年后将全部占满、无地可用。

2004—2016 年西安绕城高速内的建成区面积变化统计表　　表 2-2

每三年周期		2004年12月—2007年12月		2007年12月—2010年12月		2010年12月—2013年12月		2013年12月—2016年12月	
建成区变化	面积	184km^2	203km^2	203km^2	279km^2	279km^2	339km^2	339km^2	407km^2
	占比	40%	44%	44%	61%	61%	74%	74%	88%
面积/占比增量		↑19km^2/↑4%		↑76km^2/↑17%		↑60km^2/↑13%		↑68km^2/↑14%	
各周期末月建成区形态（绕城高速内）		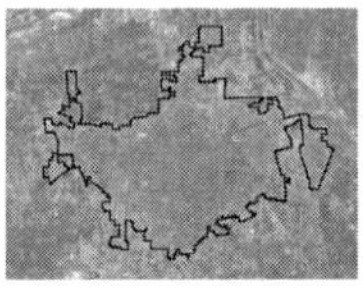		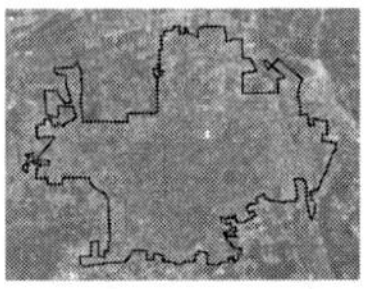		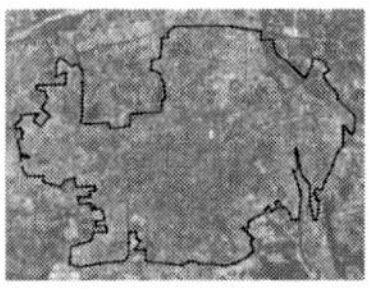		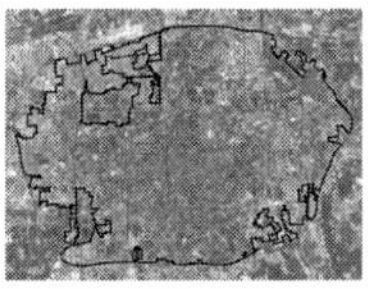	

资料来源：作者自制。

总体来看：西安城市形态在1949年后的最初30年间变化较小，仅有工业、文教区在郊区新建；改革开放后至1990年代，新的城区在东、西、南郊拓展成型，南二环也将各区紧密串联；2000年后，随着开发区、新区的陆续设立，建设用地急剧向四面八方大幅扩展，周围原有的林田乡野逐渐被街区楼宇侵占而消失，甚至导致城市交通旅游地图的“图幅与比例”也随之不断被调整（表2–3）。当前，西安主城区已由“老城核心区—成熟开发区—远郊新区”共同组成，面积已超过700km^2，并正向着“中心城+卫星城+外围组团”的模式所演变。

城市形态的生成与变化，主要受生态本底、规划意图、经济社会水平等因素共同作用。西安的山水—人文—乡土复合环境主导了城市形态演进的方向与规律，尤其从1988—2015年的近30年间表现得非常明显（图2–4）。这也促生了学界一定数量的针对性研究，其对象、内容可归纳为三个方面，如表2–4所示。

西安城市形态变化导致的地图“图幅与比例”变化对应表　　表 2-3

年份	地图名称	建成区范围	地图平面形态	实际平面形态
1993年	《西安市区导游交通图》	主要受北部陇海铁路、中部南二环（原防洪渠）、东部浐河、西南郊丈八沟和正南端电视塔等地理标志物限定	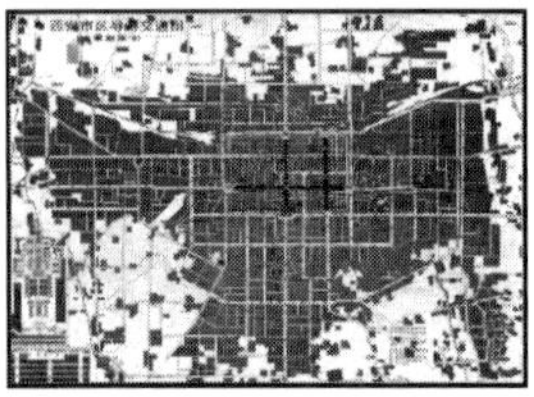	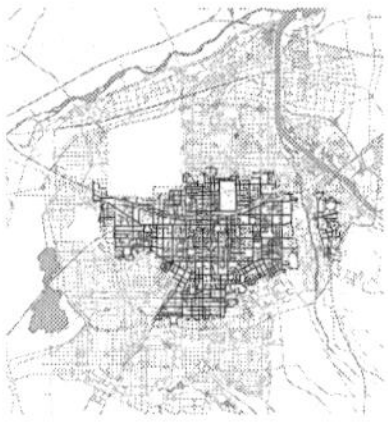

续表

年份	地图名称	建成区范围	地图平面形态	实际平面形态
2008年	《西安城区观光图》	轮廓明显扩大，西南高新区与东南曲江新区跨过二环；部分边角地带已突破绕城高速限定；高速出入口立交、渭河、灞河、杜陵原与鲸鱼沟等	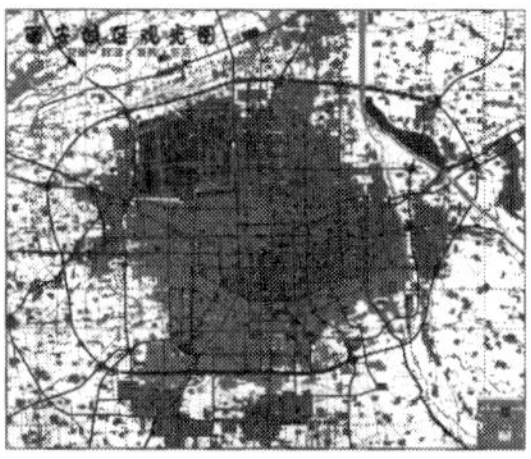	
2019年	《西安2019商务旅游交通图》	绕城内将填满，南部长安城区已连片（郭杜—大学城—韦曲—航天城），北部经开区（草滩）与港务区（新筑）趋向融合；西部已向沣河、昆明池抵近	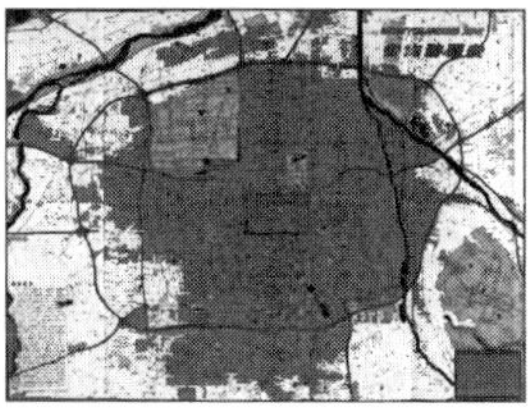	

资料来源：依据地图资料绘制。

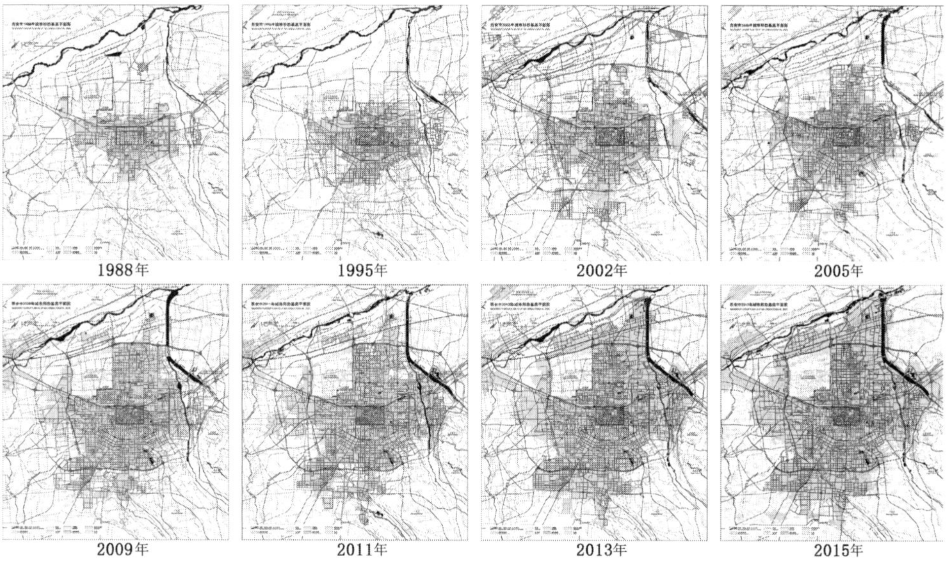

图2-4　1988—2015年西安城市形态演变系列平面图
（资料来源：作者自绘）

西安城市形态研究的常见对象与内容归纳表　　表2-4

研究层面	研究对象/范围	研究内容
城市总体	多为明清、近代、新中国成立初西安城关的演变、空间特征	近代城市空间演变（任云英，2005），满城城市形态演变（梁红，2005），明城城市肌理初探（郑炜，2005）

续表

研究层面	研究对象/范围		研究内容
城市分区/类型化空间	具影响力、主导力的特定空间形态、构成、影响机制	水系、水体方面	水域构架与城市规划（宋颖，2008），城市形态演进与渭河关系（张鑫，2006）
		遗址、绿地、广场方面	遗址对城市形态影响[1]（李立，2011），绿地演变及模式[2]（刘晖，2012），遗址绿地周边形态演变[3]（潘雨晨，2016），景观空间演进[4]（刘恺希，2015），广场形态类型[5]（李晓倩，2012）
		街道、住区、建筑方面	城市中轴线问题（牛瑞玲，2005），东大街商业空间特质（张洁，2005），东大街街道表皮（李飞，2005），明城区居住建筑尺度（冯华真，2005），明城区建筑高度控制（吕航，2005），住宅空间形态演变（郗茜，2013），轨道交通与城市形态关系（殷亦琼，2011），街道形态小气候适应性（张博，2015）
技术应用（篇数少）	绘图方法及表现技法（底图、要素、分类、遥感解析）		城市基底绘图方法（薛立尧，2016），Mapping要素（符锦，2015），卫星影像城市形态对比（曹桐生，2011），GIS城市形态扩张（王娟，2015）

资料来源：作者自制。

通过对以上研究的理论科学性、方法实用性、视角前瞻性总结后可见，当前西安城市形态研究呈现出“两极分化、层次较浅”的状态：①有些选取的历史纵断面过于“漫长”，只展现了城址随朝代更迭的“位置变化”；②有些仅聚焦明城内建筑与街巷肌理的演变，并未关注更为显著的城市总体变化（新区扩张、旧城改造、遗址保护、人居营建等）；③另外也仅多借助“平面”视角去探讨相关主题，并未

[1] 探讨了西安城市扩张下遗址与城市形态在外部轮廓、方格路网、绿地与遗址重叠等方面的演化过程及影响方式。

[2] 梳理了西安城市规划建设五个阶段中“园林、绿化”的语义内涵变化，并总结了绿地形态的演变模式。

[3] 研究了兴庆宫、大明宫遗址绿地与周边城市形态、平面单元、建筑与用地类型等方面的关系与影响机制。

[4] 以书院门文化街区为例，揭示了景观文化与城市形态的“因果”关系，总结了西安城市景观的演进规律。

[5] 选取21个西安典型城市广场作以形态类型归纳、构成要素对比，总结出形态—构成对于广场类型的影响。

多维剖析其内在动因；④其余则偏重技术，但方法较落后，对于更加精准的数字模拟、地信遥感、大数据等采用较少。总之，这些研究多处于“历史过程提炼、表观现象解释”层面，而对城市存量更新、产业转型、空间重组、生态修复等新议题却较少涉及。相对贴切的如西北大学王琳（2011）以“生态—经济”两面性问题为关注点，在保证健康、高效的目标下，总结了城市中心区形态与空间结构的变迁模式和演化动力机制，并在交通、人口预测、商业布点、生态环境等方面提出了优化措施。

总之，从城市形态学角度研究绿地生态问题，其主要路径便在于对绿地格局—生态本底之间“空间形态耦合关系”的图式分析，具体可通过运用遥感、地信技术及Mapping方法作以要素演进及叠加分析。由此总结出城市中“直接体现生态表征、间接发挥生态效益、潜在影响生态品质、针对改善生态问题”的用地形态与空间构成，并进一步聚焦推导出绿地—生态间的“常规耦合模式”及“理想耦合机制”。

2.1.2　城市生态理论

1. 早期的生态规划理论

20世纪初，英国城市学家、风景师霍华德（E. Howard）所著的《明日的田园城市》一书，掀起了西欧的“田园城市运动”并形成了倡导“人与自然和谐共栖”（即土地生态规划）的理念之源。随后，格迪斯、希尔斯、麦克哈格等在地理与环境学科体系下，探索并强调了借助“经验研究”及“因子分析”来推导土地规划决策的流程与方法。然而，该阶段研究更多地关注于区域尺度下自然地理条件对城乡发展的制约因素，而对于城市内部布局及人居环境设计的“生态学途径”探讨则略显单薄。

20世纪80—90年代中期，生态城市（Eco-City）、城市可持续化（Urban Sustainability）、可持续城市规划（Sustainable Urban Planning）等概念进入城市及区域规划领域；同时，业已兴起的景观生态学也将研究对象扩大到由人类文化圈和自然生物圈交互的生态系统“镶嵌体（Land Mosaic）”之上。尤其是哈佛大学福尔曼教授发展的景观生态规划理论，强调了格局（Pattern）对过程（Process）的控制、影响及与水平运动（Movement）、流动（Flow）的关系，并试图通过改变格局以维持景观功能流的健康与安全。另有卡尔・斯坦尼兹教授创立了对景观描述、评价及重新表达的规划方法模型（表2-5）。

20 世纪国外“生态规划理论”发展脉络梳理表　　表 2-5

年份	人物	代表著作、文章	理论贡献
1902年	埃比尼泽·霍华德（Ebenezer Howard）	《明日的田园城市》（Garden Cities of Tomorrow）	提出了以城市与乡村融合为理论核心的，既关乎城市形式，也包含面向现代生活的经济、政治与社会组织的理想城市蓝图
1915年	帕特里克·格迪斯（Patrick Geddes）	《进化城市》（Cities in Evolution）	发展出“生态区域（Bio-Region）”概念雏形，并提出区域自然资源调查是规划第一步，规划师应画出山—海—河谷纵剖面作为分析基础
1961年	希尔斯（Angus Hills）	《土地使用规划的生态学基础》（The Eco-Basis for LUP）	提出了土壤组成决定土地利用潜力，地形可指导土地使用规划，植被是环境条件的重要指标，以及提出了生态土地使用规划的步骤
1969年	伊恩·麦克哈格（Ian L. McHarg）	《设计结合自然》（Design with Nature）	建立了以城市适宜性分析（Urban Suitability Analysis）与环境叠图程序为主的生态规划方法，成为广受采用的生态分析工具
1986年	福尔曼（Forman）戈登（Godron）	《景观生态学》（Landscape Ecology）	标志了美国景观生态学派的崛起，“斑块（Patch）—廊道（Corridor）—基质（Matrix）”成为解析与改变景观的基本模式语言
1994年	卡尔·斯坦尼兹（Carl Steinitz）	《景观规划理论与实践框架》（A Framework for Theory and Practice in LP）	提出了“理论导向模式类型（Theory-Driven Modeling Type）”六步骤：表征（R）—过程（P）—评估（E）—变迁（C）—影响（I）—决策（D），并形成了基于环境限制理论的生态分析与空间规划结合的系统方法

资料来源：作者自制。

20世纪90年代后，生态规划论述逐渐转向城市生态学（Urban Ecology），其通过研究城市地区内绿地、建筑等空间格局与自然条件、生态系统的相互影响，以主要应对城市的生态环境危机，并衍生出其他更加聚焦的议题，如：生态城乡关系、生态化土地利用模式、环境承载力与建设管制、生态复育与生境营造、可持续人居指标与城市形态、都市生态网络与土地嵌合体、TOD发展及新城市主义等。

2. 近期的生态城市建设

生态城市是后工业文明与可持续发展理念的产物，其不仅用于空间、环境，也关注经济、产业及环保领域，使各学科对其内涵、特征的解释也有所不同（表2-6）。

各学科视角下生态城市内涵、特征汇总表　　表2-6

所属学科	生态城市内涵	特征
系统论	“社会—经济—自然复合生态系统”	结构合理、功能稳定
哲学	人与人、人与自然的共生体	和谐
经济学	受自然资源系统支持的社会经济发展模式	生态承载与环境容量范围合理
社会学	全面生态化的人类社会（科教、文化、道德、法律、制度等）	顺应自然界规律与生存法则
地域空间	无封闭且可持续发展的区域城乡综合体	整体化，互惠共生的统一体
人居环境	依据生态学原理，以宜居为理念进行城市与景观规划设计	高效、和谐、健康、可持续

资料来源：作者自制。

通过“生态”线索作以梳理可知：①基础生态学以生态因子、生态系统、生境为聚焦；②景观生态学则以“构成，格局—过程—感知（C–3P）”为图式语言并以“斑块—廊道—基质”为空间模式而建构其研究逻辑与体系；③“生态城市”则属于学科交叉的派生领域，其隐喻定义了一种符合自然生态学原理与特点的城市。

1971年，联合国教科文组织首次提出生态城市概念；1980年代，国内外生态学者纷纷给出定义：苏联的Yanisky（1981）提出生态城市旨在使物质—能量—信息通过技术—自然融合而建立一种生态良性循环的理想城市模式；我国的王如松（1988）提出生态城是社会—经济—自然协调发展，物质—能量—信息高效利用，生态良性循环的人居之地；沈清基（1998）认为生态城市是经济—社会—生态保护高度和谐，技术—自然充分融合，环境适宜的人工复合生态系统。1990年代，世界上许多组织、会议、报告继续作以补充诠释；20世纪末，国内相关研究已开始取得一些新的发展：

（1）指标体系研究方面：宋永昌、戚仁海等（1999）将生态城市指标体系建立为“结构、功能、协调度”3项一级指标及30项二级指标（图2–5）；在给每项指标赋予权重后，通过对案例城市的具体评价、打分而得出“生态综合指数”，最后通过对照各指数的分值区间、分级和评语，得出生态化程度的高低水平。

王如松（2003）则将生态城市解构于生态（自然）—生产（经济）—生活（社会）体系之下，并提出了环境为体、经济为用、生态为纲、文化为常的主旨内涵；进而吴琼、王如松等（2005）又将“生态城市综合发展能力一级指标分为了状态、动态、实力3个方面，及社会、经济、自然3个子系统”的共25项指标（图2–6）。

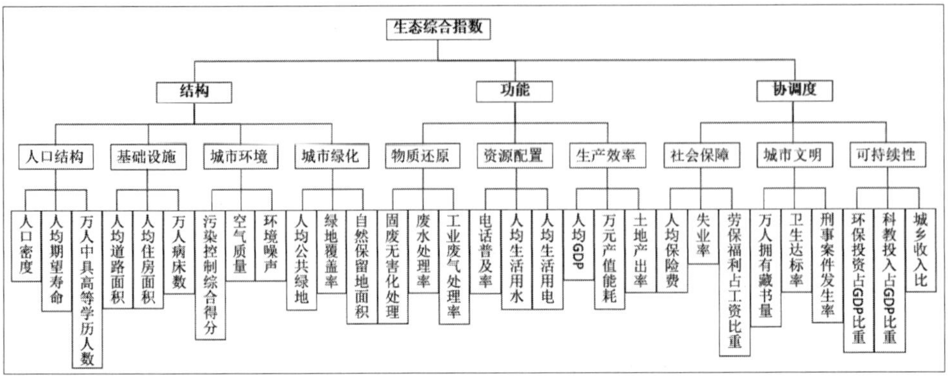

图2-5　生态城市评价体系的综合指数构架图

[资料来源：转绘自《生态城市指标体系》，（宋永昌，戚仁海，1999）]

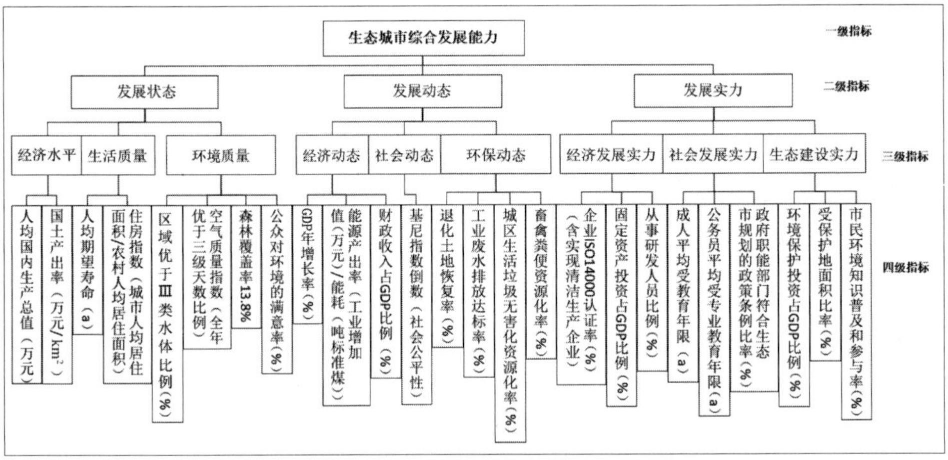

图2-6　生态城市评价体系的综合发展能力构架图

[资料来源：转绘自《生态城市指标与评价》（吴琼，2005）]

以上两套评价体系的指标变化也体现了生态理念的进步：①“森林覆盖率”较“绿地覆盖率”有所深化，因国家森林城市评定始于2004年，森林更反映了“乔木成林”的较高生态标准；②“受保护地”较“自然保留地”有所扩展，既囊括了保护区、风景区、森林公园及世界遗产等多种形式，也体现了“主动干预”的规划升级；③“占比”较“面积”增添了“比重”思想并提升了“量化统计”的科学性。

（2）规划方法研究方面：《国内外生态城市理论研究综述》（黄肇义等，2001），《城市规划生态化探讨——论生态规划与城市规划的融合》（吕斌等，2006），《低碳生态城市的内涵、特征及规划建设基本原理探讨》（沈清基等，2010），《基于“生态城市”理念的城市规划工作改进研究》（李浩，2012）等。

（3）**案例应用研究方面**：郭秀锐（2001）总结了生态城市建设指标体系与标准并评价了广州的生态化水平；吴琼（2005）用定性、定量信息构建了扬州生态城市的“全排列多边形图示指标评价方法”；张伟（2014）提出了生态城市建设的“组合式动态评价法”并应用于宜宾等城市。

（4）**针对西安的研究**：如周鹏（2006）探讨、测算了西安市域各生态系统类别的服务价值（图2-7），并提出了生态结构分区；王婷（2007）对西安城市生态系统加以纵—横评价并提出了生态对策；于佳（2010）侧重农—林—水—景—绿—地等要素，分层级解析了西安生态环境的变迁现状；沈丽娜（2013）则结合西安2001—2010年的物质、能量流，研究了城市空间的生态化。

在理论研究的同时，世界各国也自20世纪90年代起纷纷开展了多项具有代表意义和重大影响的“生态城市、生态城区、生态住区”建设实践（表2-7）。

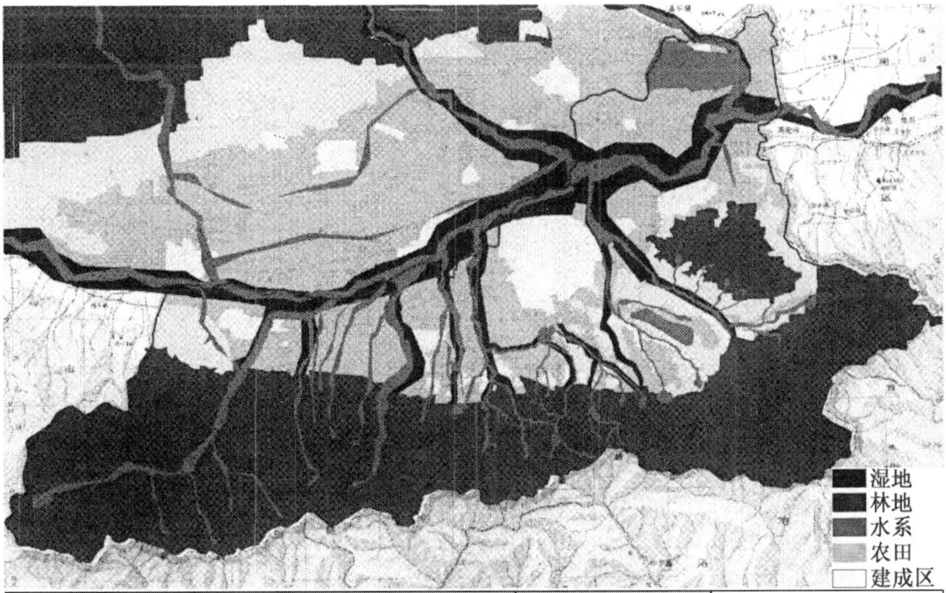

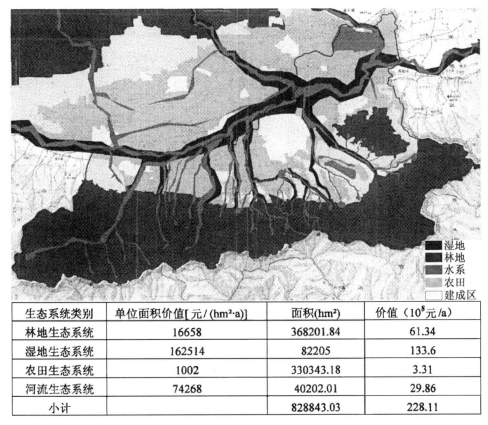

生态系统类别	单位面积价值[元/($hm^2\cdot a$)]	面积(hm^2)	价值（10^8元/a）
林地生态系统	16658	368201.84	61.34
湿地生态系统	162514	82205	133.6
农田生态系统	1002	330343.18	3.31
河流生态系统	74268	40202.01	29.86
小计		828843.03	228.11

图2-7　2000年代初西安市域生态系统类别分布及服务价值测算图
［资料来源：引自《生态视角下的西安城市发展》（周鹏，2006）］

世界各国生态城市建设实践代表案例汇总表　　表 2-7

起始年代	国家、城市	生态城市建设内容
1990年为标志，联合国第一批最适宜人居城市	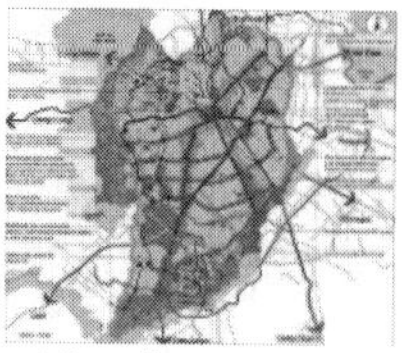 巴西库里蒂巴（Curitiba）	1966年规划公交及排水系统；1970年代立法保护自然植被，建滨河防洪公园、无污染工业区、基础设施；1989年实施“垃圾购买（绿色交换）项目”。当前全市公园达200个，人均绿化面积约60m^2
始于1990年代	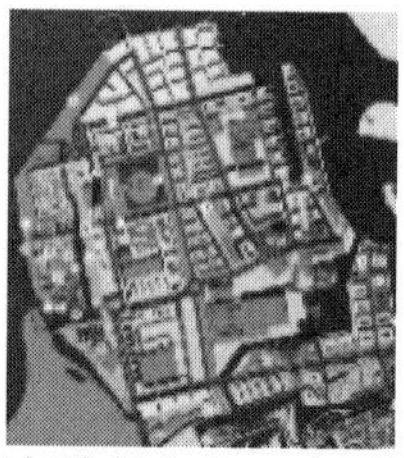 瑞典马尔默市（Malmo）西港新区	Bo01生态示范社区建设，突出可持续的水系统、水景观规划：水系连接新老城，建筑与水直接接触，雨水收集利用等
始于1992年	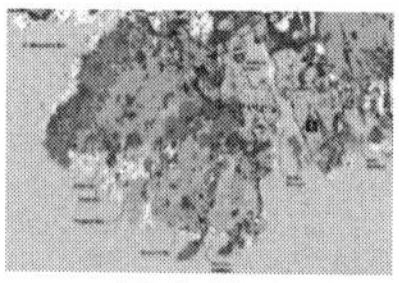 澳大利亚 哈利法克斯（Halifax）	“社区驱动”生态开发模式，1994年获国际生态城市奖，1996年为联合国人居会议城市论坛最佳实践范例
始于1993年	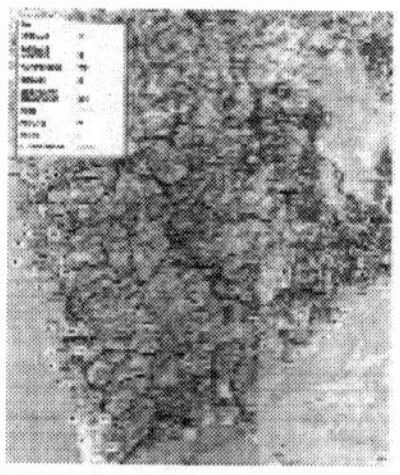 新西兰怀塔克雷城（Waitakere City）	新西兰第一个完成21世纪议程的城市，描绘了生态城市建设的绿色蓝图
1994—1995年总体规划	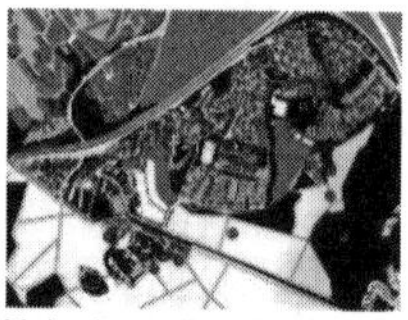 芬兰赫尔辛基维基新区（Viiki）	生态邻里住区，生态理念结合实际工程：合理化城市结构与容量，避免不可再生能源与浅加工材料，保护生态系统不受污染，“指状”功能布局与开放的绿地
最早规划于1996年	 瑞典哈马壁城（Hammarby）	全球可持续“生态城”建造典范，节能、节水、节材、节地，将能源、水资源、雨污、垃圾整合成一个“循环利用系统”，制定了建筑、景观、滨水的低碳设计导则

续表

起始年代	国家、城市	生态城市建设内容
启动于1997年2月	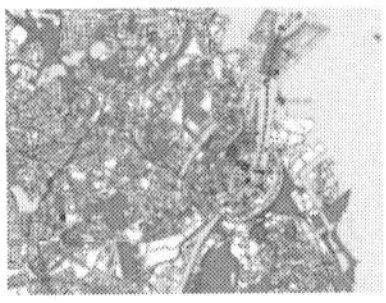 丹麦哥本哈根（Copenhagen）	生态城区开发综合性示范项目，整合环境因素、提高全球意识、减少资源消耗、回收家庭垃圾
始于1997年4月	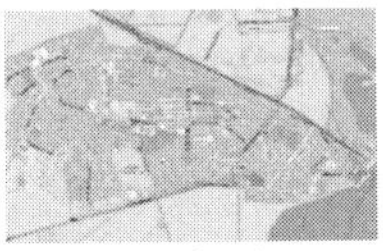 澳大利亚怀阿拉（Whyalla）	生态城市项目与建设战略：可持续水资源利用，能源替代与效率改进，可持续城市设计与建筑技术等
奠基于2008年2月	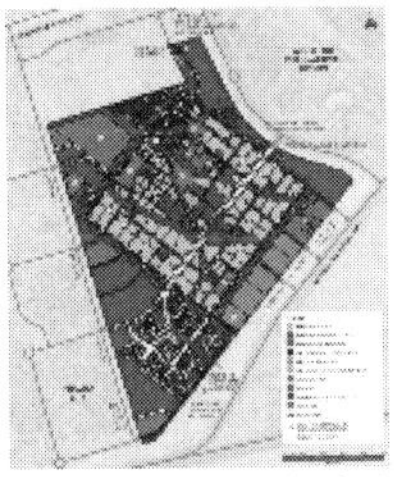 阿联酋阿布扎比马斯达尔市（Masdar）	全球“首座零碳城、沙漠绿色乌托邦”，适应风土的城市形态、能源再生、水资源循环、紧凑土地利用模式，打造步行而无私家车的公交等
开工于2008年9月	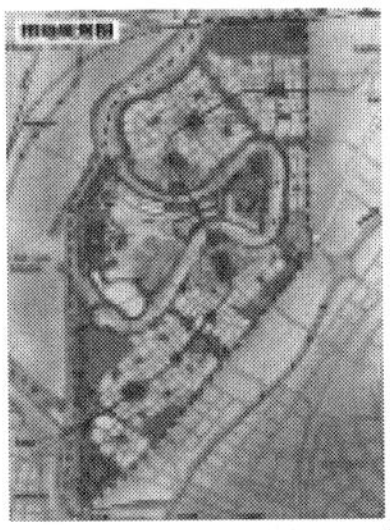 中国天津市滨海新区中新天津生态城	现已发展为“绿色空间布局合理、绿色建筑高度密集、城市管理智能高效、能源消耗绿色低碳、产业经济科技含量高、环境修复与生态治理成效显著”的“生态城市建设先行者”
启动于2009年	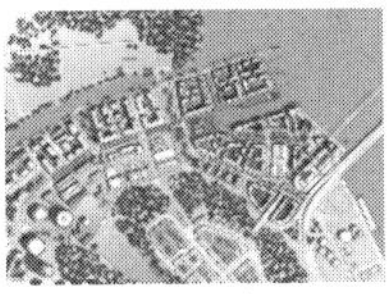 瑞典首都皇家海港区（Royal Sea Port）	首个C40正气候试点项目城区，住宅建筑能耗每年小于55kWh/m^2，鼓励私人电动汽车发展，用户可选择购买多来源的“绿色电力”等

资料来源：作者自制。

然而，反观国内的生态城市建设，却常出现“脱离旧城、另辟新城；只研究、不实验，重规划、轻实施”等现象；其“弃难择易、避重就轻”的做法既偏离了区域生态战略布局，也缺失了针对旧城的生态更新思路。由此，美国史密森学会Lemelson创造发明中心主任Arthur Molella曾在2010年首届中国（天津滨海）国际生态城市论坛上提出：“生态城市建设也应重视对消耗当前世界绝大多数资源的传统城市的生态化改造”；另外，英国威斯敏斯特大学的Simon Joss教授也表示“除新建城市外，全球许多传统城市在环境与人口压力下均有向生态城市转型的迫切需要”。

3. 当前的生态相关评价

20世纪末，城乡生态评价多借助“土地利用规划环评”而得，傅伯杰（1999）对黄土丘陵小流域的坡耕地、林草地变化对土壤生态影响的研究具有开端意义。此后同类研究：①多属地理、环境学科，能较客观地反映地表形式变化、环境影响并发现问题、揭示规律；②评价体系常围绕生态保护、土地退化防治、耕地保障、建设用地增长等变量指标，或用地、土壤、生态系统、自然灾害、生物多样性及污染排放等比率指标而定；③评价方法多涉及“压力—状态—响应（PSR）”模型及生态敏感性、建设适宜性、生态因子权重计算等。近年来，“土地环评”愈加与生态功能价值紧密结合，中国地质大学的吴克宁（2008）通过对比安阳市2003年土地利用现状与规划，得出了“水体、林地单位面积生态系统服务价值较高，耕地历年总价值贡献率最高”的结论，并提出了“基于耕地保护而增加林地与水体面积”的对策。

21世纪初，区域与城市生态安全研究逐渐开展，并在学科交叉助推下形成了自身的理论框架与评价体系，代表性的如：马克明、傅伯杰等（2004）提出了区域生态安全格局的概念与方法；俞孔坚（2009）则对北京市划定了水、土、生物、遗产、游憩等因子的“低—中—高”水平生态安全格局，并在综合叠加后，对未来城镇发展作出了“无安全—底线—满意—理想”等4种格局下的预景与评价（图2–8）。直至当前，倪永薇、郑曦等（2020）继续以北京市为例，通过对市域土地利用状况的CA–Markov模型预测，同时结合“区域生态系统健康”评价指标体系，分别对“自然发展、快速发展、多目标保护、森林建设”等4种未来情景作了土地利用面积转移及生态系统“活力（V）–组织力（O）–恢复力（R）”等方面的量化分析。

与此同时，城市生态建设评估也渐渐独立。起初阶段，许多研究因指标体系庞杂、数据获取较难、问题导向偏弱、对症性不强等，使评估结果易失水准，实操价值有所缺失。基于此，蔡云楠（2015）针对指标选取总结出“内容宽泛、体系庞大松散，缺乏实际经验；关键指标偏重经济效益、弱于环境效益”等不足，并提出了以“地—水—气—物—能—生”六大生态要素切入城市生态研究的策略框架。随后，情况推进有所向好：2014年，我国首次制定了“城市生态建设环境绩效评估”体系，旨在总结多年生态建设并未扭转生态环境恶化的原因；2016年，《城市生态

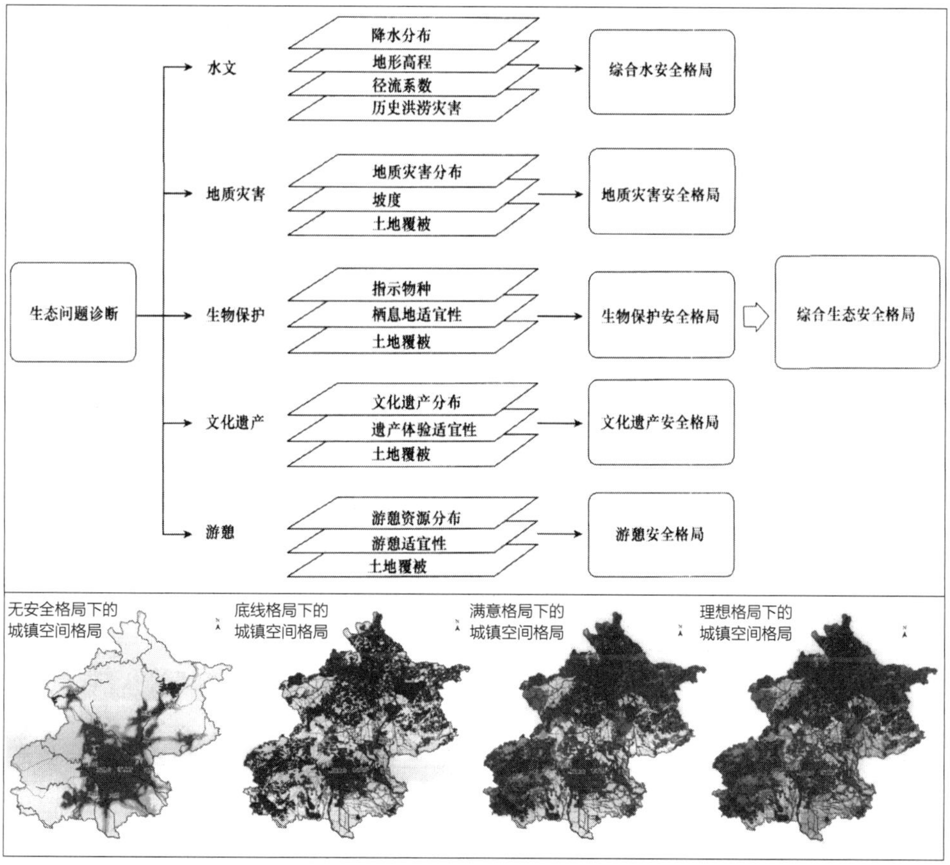

图2-8 生态安全格局指标构成及城镇发展格局的4种预景图示
[资料来源：引自《北京市生态安全格局及城市增长预景》,（俞孔坚等，2009）]

建设环境绩效评估导则技术指南》则在调研了国内外14种生态城市指标体系及众多环境绩效评估的标准、方法、指数后，形成了针对土地利用、水资源保护、局地气象与大气质量、生物多样性等4个方面的评估内容及评价指标体系。最新阶段，王云才等（2017）将生态评价对象由城市转型升级为景观，并提出了：①由“要素建构、生境保持、过程调节、健康感知”为生态安全保障服务，②由“资料输出、资源提供、动态支持、人居维护”为物质产品生产服务，③由“历史传承、地景辨识、游憩创造、场所认同”为景观文化传承服务等构成的“景观空间生态系统服务评价维度与准则”，从而系统梳理并建立了风景园林视角下的生态量化方法与评价体系。

总之，面向未来的生态评价会更加两极分化：一方面，随着城市-区域的持续关联、融合，其环境外溢及生态联动效应将愈加明显，由此建立起宏观尺度的生态要素评价体系（气候、风热、雨洪、地质等）将更为适用；另外，随着城市内部空间的更新与重塑，生态评价也将更为聚焦、精准化，由此不再泛泛地将各类建设用地均纳入评价范畴，而会重点针对绿地等低密度空间作以生态潜力的挖掘与评析。

2.1.3 绿地系统理论

1. 西方公园绿地发展

现代城市公园的成型与绿地系统的发展主要先行于欧美等西方国家，其代表城市多践行了“将公园连成序列；以绿带限定、划分城区；将外围自然要素引入城内肌理”等规划理念，并由此赋予了绿地“人—地耦合”的空间媒介角色（表2-8）。

19—20世纪西方城市公园及绿地系统发展脉络及生态意义汇总表　　表2-8

阶段	时间	国家、城市	代表案例/实践	生态意义
19—20世纪初的英美城市公园体系	19世纪初期	英国伦敦	圣詹姆斯公园—绿园—白金汉宫花园—海德公园（Hyde Park）—肯辛顿公园“连续公园带”及整治后的摄政公园（The Regent’s Park）	皇家园林向公众开放，在城市核心区利用地形、水体形成自然林丛、绿色风景、水生动物及鸟类栖息地，也带动周边人居建设
	19世纪中叶	法国巴黎	布洛涅林苑（Bois De Boulogne）、文塞纳林苑（Bois De Vincennes）	公园建设与城市改造同步进行，将市郊王室园林改建为自然风景式公园
	1873年	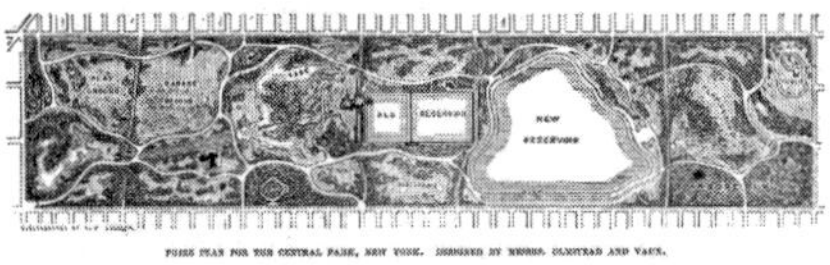 美国纽约中央公园（Central Park）		是市民运动背景下由奥姆斯特德（Olmsted）与沃克斯（Vaux）设计的民主主义公园，也成为象征“城市绿肺”的大型田园公园，其开创了城市绿地“自然营造”时代的先河
	1878—1895年建成基本框架	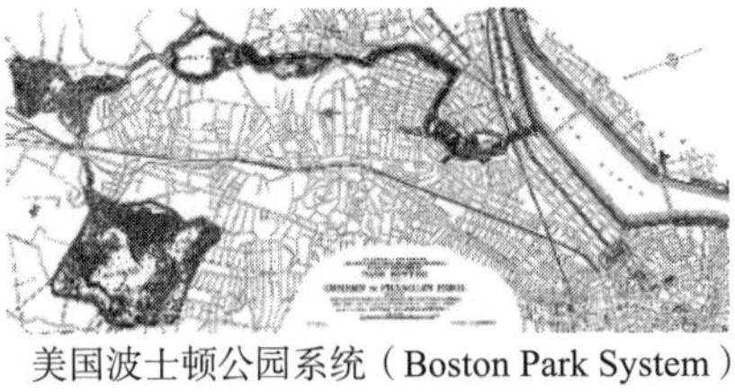 美国波士顿公园系统（Boston Park System）		被誉为“翡翠项链”，其沿水系、湿地、自然地形进行多样绿色空间建设，可谓是“生态廊道”及“都市绿道”规划的最初构想
	1883年—1920年代	美国明尼阿波利斯	明尼阿波利斯公园系统（Minneapolis Grand Rounds–National Scenic Byway）	经半个多世纪建设，形成了以河湖水系为核心依托的“环状”绿色开敞空间体系
	1896年—1920年代	美国堪萨斯城	堪萨斯城公园及林荫道系统（Kansas City Parks & Boulevard System）	建成了遵循自然环境条件、利用起伏地形的地貌效果，赋予了公园如画般的景观特征

续表

阶段	时间	国家、城市	代表案例/实践	生态意义
20世纪上半叶的欧洲城市绿环	1858—1860年	奥地利维也纳	取消了城市城墙并在其旧址上建设了50m左右的环状林荫大道	这种具有城郭性质的“环状绿带”成为当时欧洲公园系统的雏形
	1933年	英国伦敦	恩温（Unwin）总结大伦敦地域规划的两次报告	提出了详细的绿色环状带的规划
	1944年	英国伦敦	 阿伯克隆比（Abercrombie）发表《大伦敦规划》	分散伦敦过密人口及工业，重新布局城市。共设置内外四个“环状带”，其第三层是防止市区连接而在现有市区外部建设的宽约16km的宽广绿地带（Green Belt Ring）
	20世纪初	德国城市	明斯特、科隆在军事城墙原址建内环绿带；法兰克福建内城—新区环城绿带；柏林依城外林草地建公园并与铁路、运河连为环状绿带	利用城市历史格局、河流水系形成“互连绿地”及多层“环城绿带”；借助区域水系、地形、交通线等向外发散构建“楔形绿带”
	1935—1960年	苏联莫斯科	在城市外围利用河系及丘陵形成的“分割”地形，建立森林保护地；在市内新建公园和林荫道，并将市内与郊外的绿地连接起来	郊外森林公园互连成环带并不断扩宽，成为“绿色项链”；随着绿地系统规划的完善，“放射环状+楔形绿地”布局得以成型
20世纪末的日本城市绿带	1945年后	日本东京等115个受灾城市	1946年《特别都市计画法》规定配置城区外围环状或放射状绿地；1997年年底《京都议定书》签订后，植树造林、城市绿化成为支柱产业	绿带能够连接城市—田园，计划性保持农业用地及可持续发展，改良水循环与滨水环境，最终营造出新型的“田园居住空间”

资料来源：作者自制。

其中，尤以伦敦“绿带圈”成为二战后各国遏制大城市肆意扩张，疏解中心区人口密度及保护邻近生态空间不受侵占的代表规划范式。该绿带宽达十几公里，内部以农林与风景游赏地为主，人为建设严格受控；其在城野之间建立了一种不同以往人工生硬边界（城墙、要塞）的新式“生态屏障与绿色轮廓”（图2-9、图2-10）。

进而在20世纪下半叶，“环城绿带”在欧洲广泛兴起，陆续建成了莫斯科环城森林带、巴黎环形绿带、柏林环城公园带等；进入21世纪后，我国也相继产生了诸如北京环城绿化隔离带、上海外环线环城绿带、长沙环城绿带生态圈等规划实践，其对于我国城市由“老旧城关”转变为“新都市区”的生态演进过程尤为适用。

当前时期，绿地的“廊道、序列、网络化连接”愈加成为改善城市雨洪径流、通风降温、动物迁徙、植被扩散的生态耦合途径；由此出现的绕城绿带、功能绿廊、人文绿道、生态绿网等，既践行了“限定开发—保护自然”的绿色发展理念，也可使城市形态受到外部的“生态限定”，使城市肌理得到内生的“绿色牵引”。

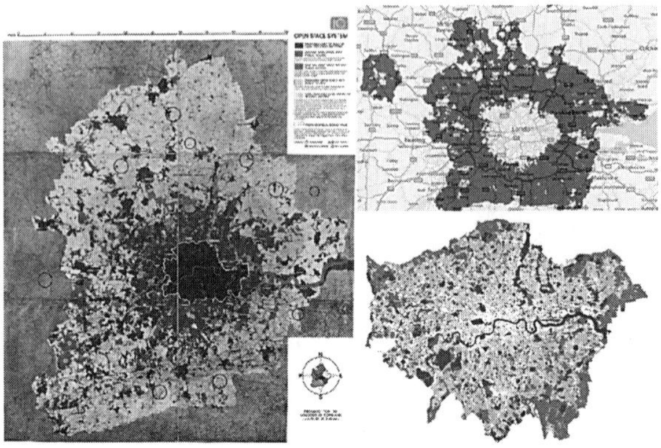

图2-9　伦敦“绿带圈”规划结构示意图
（资料来源：引自《建筑评论》杂志官网 www.architectural-review.com）

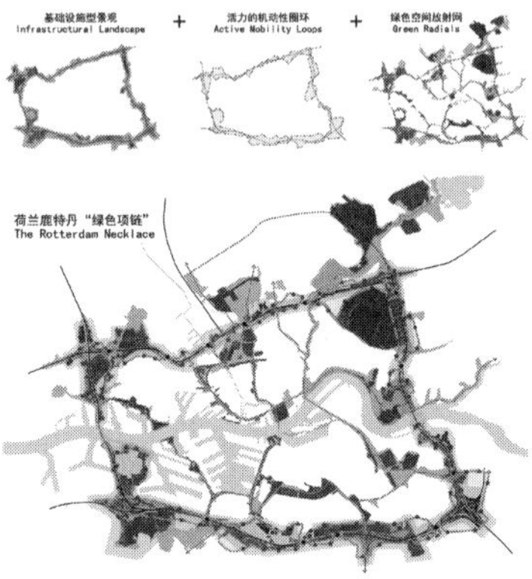

图2-10　鹿特丹“绿色项链”规划图
（资料来源：引自LILA国际景观大奖官网landezine-award.com/openfabric）

2. 我国绿地系统规划

我国绿地系统规划最初参照苏联“绿化”模式，后借鉴西方“公园体系、生态规划”经验，同时融合了自身的传统造园及山水理念；进而随着《城市绿地分类标准》CJJ/T 85—2002的颁布，形成了依托城乡规划编制主体的“绿地系统专项规划”。该种规划已面向北方平原、中部江河、南方山水、西部山地等城市加以实践，形成了各具类型、特点的规划图示，塑造了我国城市普遍的绿化基础与景观风貌（表2-9）。当前，随着《城市绿地分类标准》CJJ/T 85—2017、《城市绿地规划标准》GB/T 51346—2019的实施，以及国土空间规划与公园城市建设的推行，传统绿地系统规划也更加突破城区公园、面向区域绿地，而成为含义更广的“绿色生态空间规划”；其既归纳了城区建设用地属性下绿地的“环—楔—带—廊—心”形态结构，也提出了市域广义绿色空间的“生态—游憩—防护”有机网络，同时更加强调了“城乡融合—功能复合—生态耦合”的新技术路径。

3. 绿地生态效益评价

绿地是城市中最具“绿植覆盖、软质、透水、吸热”等生态特性的人工空间，已有国外学者将绿地的生态系统服务功能（ES）列举为：①缓解热岛及空气污染（风配合效果更显）；②增加生物多样性（保育流域植被，提供动物栖息地及迁徙

21世纪初我国城市绿地系统规划类型表（依城市地理特征） 表2-9

类型	绿地系统规划总平图	类型	绿地系统规划总平图	类型	绿地系统规划总平图
特大城市型-①		大江大河型-②		东南沿海型-③	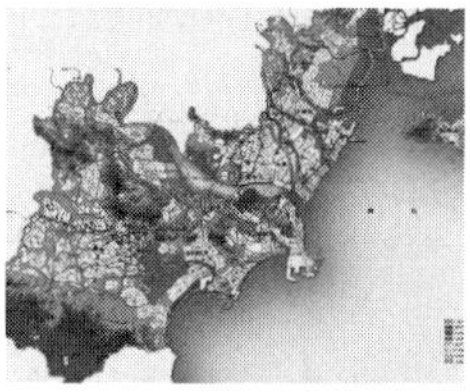
北方平原型-④		江淮水网型-⑤	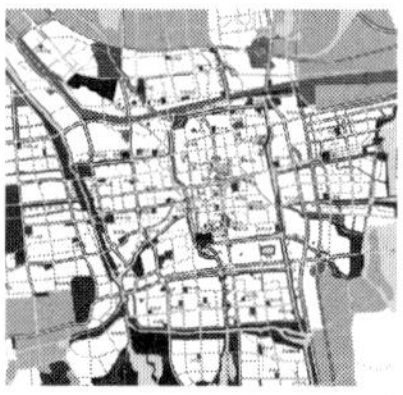	丘陵水系型-⑥	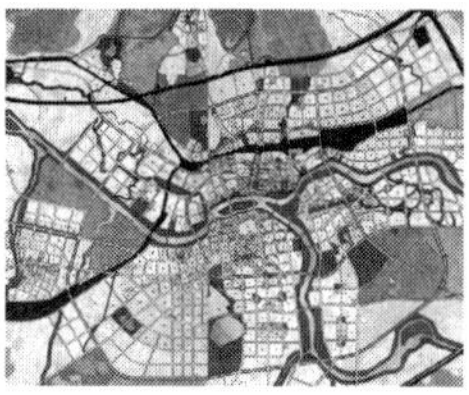
北方盆地型-⑦	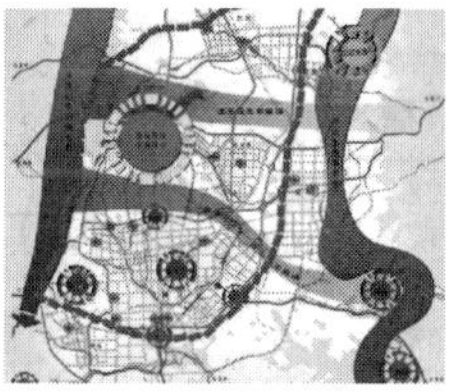	西南山水型-⑧	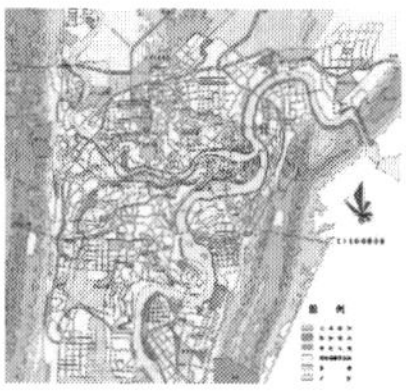	西北山谷型-⑨	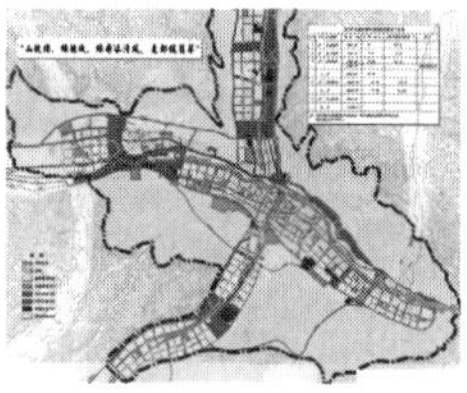

图纸名称：①《北京市区绿地系统规划（2002年）》；②《武汉都市发展区绿地系统规划图（2010年）》；③《广东汕头城市绿地系统规划修编（2007年）》；④《山东德州城市绿地系统规划（2012年）》；⑤《苏州市城市绿地系统规划（2003年）》；⑥《浙江金华市绿地系统规划图（2000年）》；⑦《山西晋城市生态绿地结构规划图（2008年）》；⑧《重庆城市园林绿地系统规划（1996—2000年）》；⑨《西宁城市绿地系统规划（2006年）》。

资料来源：作者自制。

通道）；③调节雨洪、径流及防止水土流失；④保持土壤肥力，配合农产及阻止氮元素流失、水体富营养化；⑤滞纳废弃及有毒物；⑥吸收CO_2及增加碳汇；⑦提升景质，增创游憩机会及人文氛围；⑧助力可持续发展及绿色交通等。另有“绿岛效应”研究表明：绿地单体面积大于$3hm^2$时，其内部温度会比周边建筑密集区低0.5℃以上。单位面积城区（如R=150m）的植被覆盖率每增加10%，地表温度将下降0.28℃；反之，不透水地面比率增加10%，则温度升高0.28℃。

由此，生态效益评价愈加成为绿地规划的依据，国内相关研究有：华东师范大学的严晓（2002）较早提出了绿地系统生态效益的三级评价体系，以绿地结构、功能为一级指标，绿色量、丰富均匀度、环境气候效益为二级指标；中国科学院的张利华（2012）补充完善了由“生存环境优良性，绿地健康状况与综合效益，居民感知认识”组成的绿地生态功能评价体系；浙江省城乡规划设计研究院的陈宏

（2020）具体以丽水市为例，建立了由“绿化数量、质量，海绵，水岸，护坡及基础设施”为大类的13项因子的生态修复评价体系；重庆大学的闫水玉（2022）则最新建立了城市绿色空间生态系统服务的“供需—匹配”综合评估框架及规划实现路径。然而总体上看，当前聚焦于绿地空间格局与生态空间本底间的“耦合效益”评价研究，却尚未发展成型。

2.1.4 景观生态理论

1. 景观格局指数及评价

景观格局分析尺度一般较大，且多依托“斑块、类型、整体”三类景观指数而计算，以反映特定区域土地的多方面景观特征、生态水平或受干扰程度。较新研究有：周自翔（2019）用ENVI软件提取了“水域、建筑、绿地、其他”4种土地利用类型并评析了西安主城区及长安区的景观格局；李兴坡（2019）亦提取了“水域、建设、绿地、农业”4类用地并以后两者代表“生态空间”，对上海市2008、2015年的景观指数作了对比研究。专门针对绿地的研究则较少，如：周甜（2018）对哈尔滨三环路内绿地加以分类（公园、居住、单位、道路等），分析了绿地单类及总体的相关景观指数；高鑫（2019）则针对青岛七区五市内绿地，按《城市绿地分类标准》CJJ/T 85—2017所划分的公园、防护、附属、区域四大类型，进行了相关景观指数的分析。

2. 景观变化的空间模式

特定地域景观总会随着自然过程及人工影响而发生变化，因而依据变化“起点、路径”的不同，可总结出六种主要模式及其他不常见模式（图2–11）。

其中，较为机械、规则的简单模式如：（a）代表“森林砍伐”，即从一个边缘开始，层层剥离后而成为光秃土地；（e）代表“沙漠治理”，即以矩阵形式种植固沙植物（沙蒿、沙地柏等），待植被生长、繁衍并改变沙质后，便呈现出“多点扩张—逐渐相连—弥合覆盖”之势。进而，关于城市—生态的互动变化，则以“颌状模式”相对理想，其反映出城市从边缘向乡村田野扩展并最终侵占或改变原自然生态空间的过程；但同时也“补偿”以新的绿斑或“保留”下固有廊道，从而在原有土地格局的基础上营造出“有机—凝聚”的生态节点及脉络。这种景观变化并非“全盘变革”，而是“留有余地”并力求在新人工环境中维持一定的生态肌理与源流，实现二者的“耦合”。而这些新产生的斑块、廊道、踏脚石，则多由绿地所承载起来。

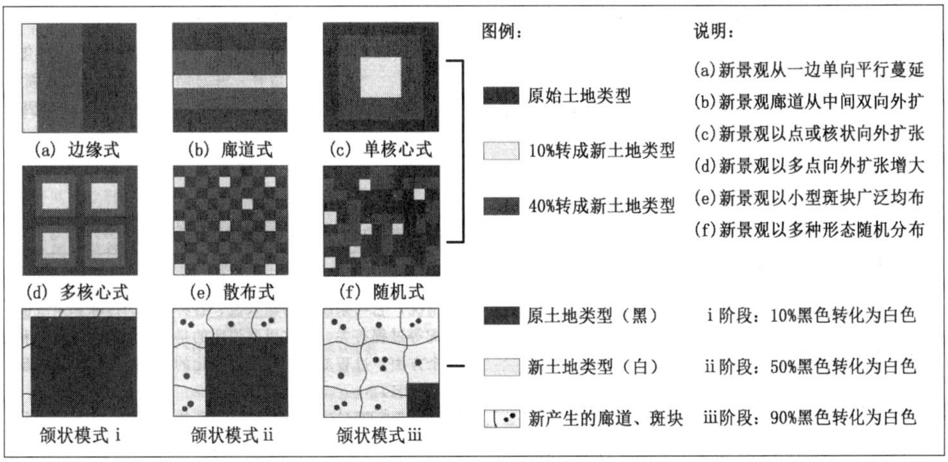

图2–11　景观变化的空间模式图

[资料来源:改绘自《景观生态学》(Forman,1995;肖笃宁,2003)]

3. 景观连通及渗透理论

在一定范围的景观中,具有生境功能的斑块占比越高,则生物自由迁徙与扩散的“连通度”越高。若要达到免受随机“屏障”阻碍的效果,则可根据“渗透理论(Percolation Theory)”,算得该类斑块面积占比须达到59.28%这一理论“阈值”(或称“临界概率”)后,方可实现理想的连通效果;否则就说明景观中存在类似于半透膜的过滤器,或是使景观分割、破碎化的阻力面。常见渗透方式可根据“四邻规则”(“边”相连)及“八邻规则”(“边”及“点”相连)加以判断(图2–12左)。

进而,将上述“渗透阈值(P_c)”约等为“60%”后,可总结出:景观中的生境斑块面积占比低于60%时,斑块呈“离散”分布;而增至60%后,则会突变为“高度连续”状态并创生出利于物种自由流动的全新环境。即:“连通斑块”的出现概率会“即刻”或“迅速”从“0”变为“1”(景观无限大时为“阶梯形”曲线,有限大时呈“S形”曲线)(图2–12右)。

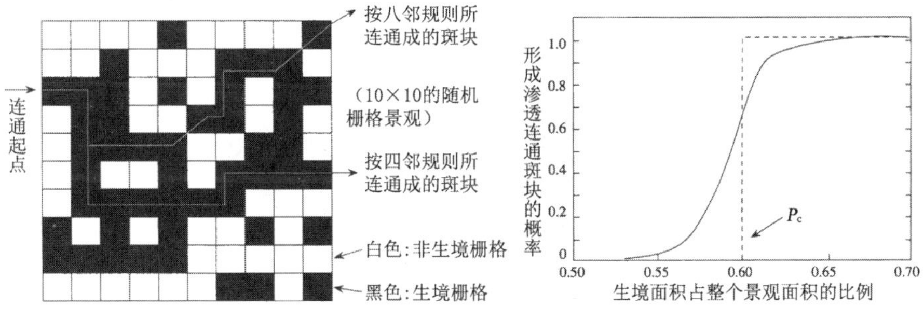

图2–12　渗透理论下景观斑块连通方式及连通斑块出现概率图

(资料来源:引自邬建国,2000)

由此，将景观渗透理论用于城乡空间，便可反向表明：当一定区域中人工斑块的面积占比增至该区域的40%～50%区间时，便会极大地削弱原有的生态安全格局及生物的生境质量与迁移功能，同时也致使生态修复的介入效果难以起到满意效果。

4. 景观模型及生态耦合

景观模型用于将具体的景观时空表象、过程解析为“抽象信息”，从而便于对景观未来发展的科学预测、人工干预及规划决策。当前以“栅格模型（grid-based landscape model）”最为常见，并在此基础上衍生出其他“动态模型”，主要包括：

（1）马尔柯夫概率模型，即空间概率模型，公式：$N_t+\Delta t=P\cdot N_t$，意即初始景观状态在经过Δt的时间内，通过汇总其所有栅格单元的景观类型转化概率，而得到最终景观状态（图2-13）。

（2）细胞自动机模型，以“初始”栅格细胞与“邻域”细胞的“影响—转化”关系为核心，从而在Δt的时间内呈现出“绝对相邻的轴向外扩、间接相邻的圈层外扩，以及随机自由发散外扩”等景观蔓延过程。

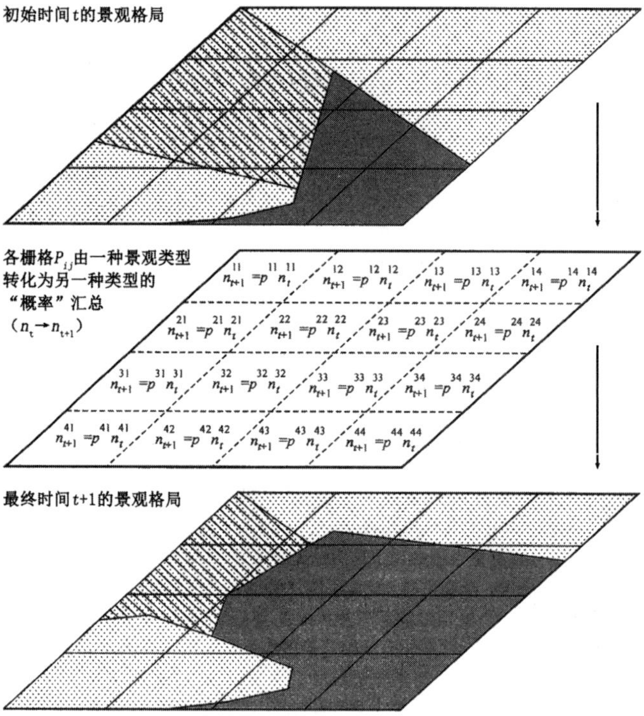

图2-13　4×4栅格景观从t至$t+1$时间的格局转化概率示意图
（资料来源：引自《景观生态学》，邬建国，2007）

（3）景观机制模型，核心为“格局—过程”的“变化—作用”关系，由“生态因子（气候、水文、生物、人为等）”驱动，不断产生“形态、质地、构成”等方面的变化累积，最终汇成新的“景观格局”。此过程常包括“演替、扩散、干扰、复合”及“驱动—阻力，源—汇”等内在机制。

总之，上述模型需根据景观问题的复杂程度加以选配，同时还需考虑到景观尺度的层级、大小，从而采用合适的“精度”开展研究。

2.1.5 研究小结

综上所述，国内外的城市绿地与生态规划已普遍经历了：①早期的土地生态化规整及城市公园体系建设的探索，②中期的“设计结合自然”理念及景观生态学理论创新与应用，③近期的生态城市建设实践与城市生态安全评价，以及④当前的绿色低碳技术推广及国土空间规划导向下的“碳汇”研究等阶段。其中，生态城市评价体系已更多地生态内涵“广义化、扩大化”，使其既包括了有形的物质空间生态（城建、环保），也涉及了无形的人文生态（政治、经济、社会）。这使一段时间里关于城市生态的研究议题仅多停留在“现状剖析与诊断”层面，而对于真正指导城市生态化规划建设的实操方法、路径及经验却积累不足。与此同时，当前的城市生态与人居环境问题已由“量的不足”转为了“质的低下”；以单纯“宏观增量”为目标的“绿化建设”及以传统“四定方法”为操作的“绿地规划”也在盘活生态资源、呼应生态功能、创造生态效益方面愈加难以奏效。因此，未来亟须以交叉融合的视角加以审视，尤其应针对城市—生态—绿地的相互“耦合关系”作以理论方法创新，从而用以科学指导新时期的城市更新、生态修复、韧性提升等重大议题。

2.2 “绿地格局”相关研究综述

2.2.1 概念辨析及学科范畴

“格局”本义为艺术、机械的图案或形状，近义词有“格式、布局、结构”等，泛指对事物的认知程度和所做事情的结果影响；哲学解释为对世界在时空深度、广度上有更高要求的认知方式，即宏大而精细的“世界观”；之于“人”则引指“气度、胸怀、胆识、眼界”等。因此，“绿地格局”即指“城市各类绿地的分布状态与空间特征”，包括整体和分类两方面，涉及“形态、生态、景观、风格”等内涵；

其相近概念有“绿地系统、景观格局、绿色空间体系”等，其对应学科范畴虽有不同（表2-10），但交叉趋势已愈加明显。当前，风景园林正在与生态、地理、环境、遥测等学科不断融合、相互借鉴，并派生出多样的视角与技术方法。由此，绿地格局研究也会愈加向着“领域交融化、问题综合化、实效多维化”的方向推进。

含“格局”的常见专业名词及其学科范畴统计表　　表2-10

用词	英文	主要学科范畴	篇名文献量
景观（空间）格局	Landscape Pattern	生态学、地理科学、国土资源学、农林学科	5279（269）
生态安全格局	Ecological Security Pattern	生态学、城乡规划学、资源与环境科学、地理与地理信息科学、农林学科、风景园林学	649
地理格局	Geographical Patterning	人文地理、经济地理、生物多样性、地质学、考古学、动物学	302
绿地（空间）格局	Green Space Pattern	风景园林学、农林学科、城市规划、遥感与测绘	44（34）

注：“（ ）”中的数字表示加上“空间”用词后的文献量。
资料来源：根据CNKI文献总结。

2.2.2 研究视角及关注内容

针对绿地格局（近义词：绿地系统、景观格局、绿色开敞空间体系、生态安全格局、大地景观结构等），国内研究主要分属于“生态环境、地理资源、城乡规划、农林科技、景观园林、勘测测绘及建筑文化”等领域。研究语境与载体多集中在：①城市层面（城市群、城乡区域，城市总体、建成区、中心城区、城市分区等）；②绿地层面（绿地系统、公园体系、滨水绿带，街道、校园、工业绿地，郊野、湿地公园、休闲绿道等）；③种植层面（植被与绿化、植物群落、生境营造）等。

景观生态学理论及地理信息技术是研究绿地、景观格局的基础：风景园林学主要从“园林绿化”角度分析绿地、公园的历史演进、地景风貌及游憩功能；城乡规划学多关注绿地系统的现状布局、综合效用与优化途径；生态学与地理学则更以“指数”或“模型”去量化绿地的空间状态（面积、数量、占比，形状、边界、邻近度、连接度、破碎度和多样性指数等），进而分析其与区域地表物理环境（小微气候、风/热环境、噪声及环境污染等）、生态服务水平、社会经济影响等方面的匹配、关联关系，并提出有关气候改善、生态调节、空间优化方面的对策。

总之，无论专业背景、领域的不同，或是研究视角、方法的相异，对于“绿地格局”的研究，最终还是要回归到空间形态与景观生态的关系上来，通过“格局—过程—尺度”及“斑块—廊道—基质”等工具来探讨“景观结构及动态变化”，并构建起“整体人文生态系统”；同时也要以既有的规划技术方法，将绿地格局与生态系统“分对象、分层级”地归结到土地利用模式与空间规划策略上来。

2.2.3 绿地格局的演变研究

当前我国城市化进程虽有所趋缓，但仍未饱和，城市正处于“外形扩张”与“内理更新”并行且相互博弈的阶段；城市绿地也随之发生着“由外及内—自内而外”的“双向变化”。由此，绿地建设模式的革新，绿地格局的体系化与生态化演变，也会反过来引导城市整体空间的生态人居化演进（表2–11）。

“演变”及其相近概念释义汇总表　　表 2–11

中文词	对应英文	词义解释
演变	develop/evolve	历时较久的“发展变化”
演进	evolution/gradual progress	简称“演变进化”，强调事物正向发展变化与长期向好推进
演化	evolution	多指“自然界”的变化，如：生物演化
演替	succession	尤指植物群落由低级到高级，由简单到复杂的阶段接续、前后替代的自然演变现象
演绎	deduce	由一般原理推出特殊结论的“推理方法”

资料来源：作者自制。

在此背景下，针对绿地格局的时空变化，当前多以“景观格局、绿地系统、绿色开敞空间体系”等主体对象，与“演变、演进、变化”等动态名词相搭配，从而开展与“城市化进程、热岛效应、大气与水环境、生态安全与服务”，以及“遗产、植物、人居”等客体对象相结合的“耦合式”研究：

（1）**市域层面**。多针对“土地利用”或“景观生态”加以分析：复旦大学李娟娟（2007）依据上海市1997与2004年土地利用变化，采用景观格局指数分析了“景观水平、类型、形状”，并从“空气环境影响、热环境效应、水环境响应”三方面“探讨了城市景观格局变化与生态环境效应的关系”；何小玲等（2014）对成都三环内城区绿地分布及破碎度作了动态变化研究；孙逊（2014）将北京市生态格局与绿地结构结合，构建了绿地生态网络规划方法并提出构想；孙恺等（2015）借助遥感技术对西安市2000—2012年的景观格局作了时空演变分析。

（2）**城区层面**。多结合“历史脉络”及“园林风格”加以分析：天津大学的赵迪（2012）以天津不同历史阶段（元明清、开埠前、1949年前后及改革开放后）的绿地布局、园林选址、公园规划、园林风格样式、绿化事业兴衰，以及至2010年的绿地景观结构等为重点，分析了城区绿地格局的演变规律与驱动因素。对西安的研究则多在遗产保护背景下开展：西安建筑科技大学（简称西建大）的殷雷（2005）结合西安历史文化名城保护特色，描述了城市绿色空间的发展、现状和局限，并选取“综合公园、道路绿地、带状公园及形象广场”四类案例加以对比解析，最终针对城市整体与局部、外围与内部提出了“绿色空间发展模式”及“理想格局设想”；吕琳等（2012）则进一步针对大西安地区的“遗址型”绿地进行了建设历程梳理、空间类型归纳，并基于文保技术方法、展示利用手段及城乡协调发展等视角，总结了演进特点并预测了发展趋势。

（3）**其他方面**。还侧重于环境、植被、可达性及空间信息等方面：陈利顶（2013）对城市景观格局演变的热、水、生态服务及安全格局等效应作了综述。李莹莹（2012）分析得出上海城镇绿色空间面积及植被覆盖度在1997—2008年呈萎缩下降趋势，郊区生态效应远大于中心城区，但下降明显；中心城区因绿地建设使热效应好转，但郊区则有所加重。邵大伟（2011）分析了南京主城区开放空间因数量。分布及可达性差异，使老城内及主城边缘的市民利用便捷程度呈现随时间、城市发展的变化，总结了开放空间格局在演变中的“均衡差、体系弱、减速快”等问题并提出了相应的优化技术。另有吴思琦（2016）对北京市域绿地信息及格局相关要素加以量化处理，分析了以大型绿斑为代表的绿地格局演变历史及模式。张云黄（2012）则从城市绿地利用类型角度对南宁2004、2008年的绿色空间数据变化作了分区面积与结构分析，探讨了绿色空间格局的演变特征及影响因素。

2.2.4 绿地格局的评析研究

对于“绿地格局”的分析与评价，国内学者主要借助遥感与地理信息技术处理得到基础空间数据，再通过建立评价体系、赋予指标权重等方法筛选出分析重点，最终经过公式计算、数字建模而得出绿地在数量、面积、形态、分布及关联状况等各方面的量化结果，并以此为“绿地系统的优化与提升，绿地生态服务功能的加强，以及城乡生态保育与规划”提供客观、清晰的依据与支撑。其既包括“方法类综述型研究”（陶宇等，2013），也包括“针对具体案例的应用型研究”（表2-12）。

国内城市绿地格局评价的应用型研究主要指标、方法汇总表 表 2-12

评价对象	作者及年代	评价指标	评价结论	数据来源及工具方法
武汉市武钢工业区绿地景观格局	肖荣波，周志翔等，2004	绿化覆盖率G、破碎度指数C、分离度指数F、景观多样性指数H、连接度指数PX、物种丰富度的加权值S_r、物种丰富度指数D	绿斑小而破碎，附属绿地面积大、公园绿地物种多、防护绿地形态简、生产绿地较离散，各区绿地格局差异大	采用IKONOS卫星影像—图像处理，外业调查—绿斑编码，空间数据库建立—景观指数分析—景观格局分析—主成分分析法进行各区景观生态综合评价
承德市绿地空间格局	申卫博等，2006	景观熵值、绿地面积、绿地空间分布、绿地率	绿斑分布不均；绿地率虽高，但绿地景观整体等级不高	波尔兹曼景观熵模型—ERDAS+GIS绘绿斑样方—绿地率+景观熵综合评价
芜湖市绿地空间格局	饶芬芳，2009	多样性H、优势度D、均匀度E、破碎度P、分离度F_i、斑块密度PD_i	景观多样性低、优势度显、分布不均、生态脆弱易受影响	IKONOS影像处理—GIS提取绿斑—SPSS数据处理—相关指数公式计算
广州城市公园绿地景观格局	蔡彦庭，文雅等，2011	景观格局构成（类型、丰富度、优势度、均匀度、聚集度）、景观异质性、可达性及服务水平	公园绿地较聚集，分布不合理，各区差异大；中心区绿地缺乏，过半人口不方便到达	政区现状—ARC/INFO的UTM转换—Google Earth测量绿地—Fragstats3.3计算景观指数，GIS分析路长、服务半径
杭州市休闲绿地空间格局	桑丽杰，舒永钢等，2013	公园等级、道路等级及车行速度、最近绿地到达耗时、扩散等时线、平均时间成本	九成居民10min可达休闲绿地，20min达风景绿地；绿地可达性在城市边缘区差，在乡镇呈围绕西湖圈层结构	绿地系统规划修编相关图纸—GIS配准至WGS-84坐标系并建立分层数据库—用GIS缓冲区、最小距离及路网行进“成本法”进行绿地可达性计算
南京市绿地空间布局	桂昆鹏，徐建刚等，2013	生态服务（改善热岛）的绿地率、绿地均匀度；社会服务的人均公共绿地率、可达人均共享率	绿地生态服务水平东部高、南部差，社会服务河西高、老城差；50%是城市各类地块改善热岛的理想绿化覆盖率	遥感ERDAS+土地利用GIS—点格局抽象+最邻近指数NNI算绿地均匀度—成本加权距离法算可达性—叠置分析住区覆盖，折算均享绿地面积
上海代表性社区绿地空间格局	陈涛，李志刚等，2014	破碎化（FN）、蔓延度（CONTAG）、连接度（CONNECT）、廊斑密度（PD）、平均斑块分维数（FRAC_MN）、聚集度（AI）等	社区中绿地斑块分布不均衡，小区绿地破碎度最高，绿廊存在断带且未形成网络	0.25m彩色遥感—高斯投影/WG1984配准—GIS解译绿地数据/矢量转栅格—Fragstats4.0计算景观格局指数

续表

评价对象	作者及年代	评价指标	评价结论	数据来源及工具方法
汕头城市绿地空间格局	陈玉娜，费小睿，2016	景观异质性指数：多样性、优势性、均匀度、破碎度；景观斑块指数：斑块总面积、平均面积、分离度、密度	绿地分布不合理，风景林地、防护绿地超六成；各区不均，公共绿地面积、GDP成正比	地形数据—QuickBird处理—目视+实测提取绿斑—叠加地物、绿斑—建立分类数据库—公式计算各区景观指数
西安市城市景观格局	赵晓燕，刘康，秦耀民，2007	景观选NP、PD、LSI、PAFRAC、CON-TAG、SHDI，类型上选PLAND、PD、LSI、FRAC_MN/PAFRAC等指数	居住、工业人工景观聚集，影响生态过程，格网化严重；绿地、水体破碎度高，分布散	QuickBird影像—GIS配准及校正—ArcView矢量转换成不同粒度栅格图—Fragstats3.3计算景观指数

资料来源：总结文献而制。

关于西安绿地格局的研究有：①规划方面：绿地系统分析（闫颖，2008），绿地系统变迁发展（邱茜，2009），都市区绿地系统规划（冯静，2011），大西安园林绿化（高淼，2011），城市结构中绿地系统规划（刘佳，2013）；②生态方面：主城区绿地人文—生态网络建构（Na Xiu，2020），都市生态绿地格局发展（李园，2014），生态园林城市绿地建设（徐恒，2013）；③游憩方面：公园体系布局（王蕾，2010），城市公园实态（1949—2013）（全磊，2014）等。

进而对西安绿地生态效益的研究，其关注焦点则随时代发展而有所变化：西北大学的秦耀民（2006）通过调查西安市区大型片状绿地乔—灌—草的组合搭配，得出了不同绿地类型在遮荫、温湿度调节、降噪、灭菌等方面的生态效应强弱；陕师大的胡忠秀（2013）对西安建成区采用GIS分析模块及SPOT遥感解译技术，以景观格局指数、单位面积生态服务价值及空气与气候调节、水源涵养、土壤形成与保护、废物处理、生物多样性保护、食物生产、原材料和娱乐文化9个方面作为绿地生态价值评测对象，得出了各景观类型绿地的生态服务功能指数及价值的分值与分布格局。然而，针对西安城市绿地选址的固有生态条件解析，及绿地格局与生态本底、生态要素的耦合关系、耦合效益等空间层面的基础研究，却仍处于空白阶段。

2.3 “生态耦合”相关研究综述

2.3.1 “耦合”的基本释义

“耦合”中的“耦”字，其左半部“耒lěi”指翻土工具，右半部“禺ǒu”指由两边所构成的夹角；组合后是指“两人并肩耕地，农具夹在中间”之意（图2-14），

图2-14　汉代“耦犁”（左）及画像砖《牛耕图》（右）
（资料来源：百度百科、中国国家博物馆）

其用法最早可见于《论语·微子》所述：“长沮、桀溺耦而耕”之句。

当今“耦合”多见于通信、软件、机电领域，指两个及以上电路元件或网络传输间存在紧密配合与影响，并借相互作用从一侧向另一侧传输能量的现象。物理学中两系统若是“耦合的（coupled）”，即表示彼此有着相互作用；电信领域的“耦合（coupling）”则指能量从一种介质（金属线、光纤）传至另一种介质的过程。

进而，在现代城市设计的基本方法中，“耦合”则成为将城市诸要素作以“空间关联”的分析途径。正如王建国（1991）所介绍的：绘制或彰显基地的“主导力线”，正成为将“建筑形体”与“空间本底”建立起强烈联系的“耦合分析途径”，即一种“设计的基准（Datum）”（图2-15）。由此，将绿地形体与所在的生态本底、生态要素作以多方式的耦合分析、规划，则成为本书的主要研究逻辑。

最新在人文社科领域，“耦合”还指代了“物质—社会”结构通过各自下含的因子而关联形成统一体系的交互作用过程（黄晓军，2014）；其以人类活动特征梳理物质空间的匹配性、适应性，实属于一种“人本的耦合”（图2-16）。

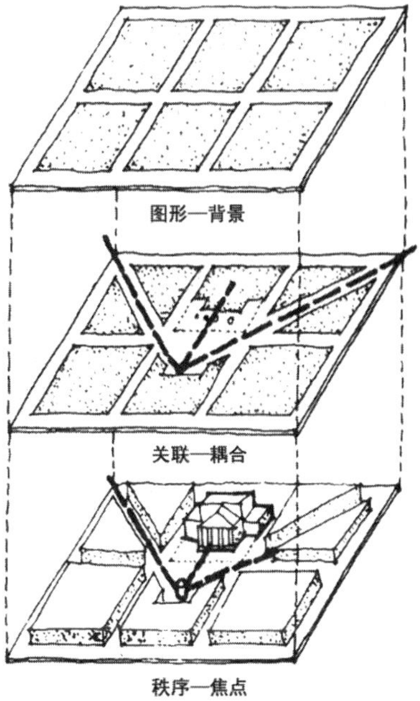

图2-15　“建筑形体—空间本底”的三种分析方式比较示意图
（资料来源：引自《现代城市设计理论》，王建国，1991）

此外，与“耦合”搭配的前缀词常包括“多场、能量、数据、标记、控制、外部、非

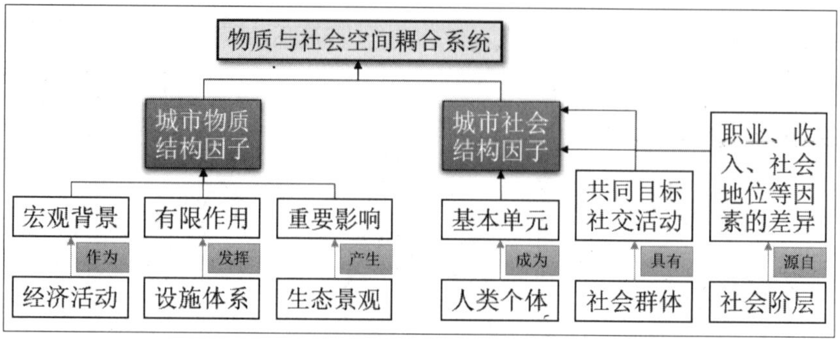

图2-16　城市物质与社会耦合系统的因子组成框架图
（资料来源：改绘自黄晓军，2014）

直接”等，依词义反观词组构成而得到共性，即“耦合”前的名词多指出现交互作用、同步效果、信息传递、能量流动的“介质、方式或途径”，即耦合的“媒介”。由此，“生态耦合机制”可以被解释为“通过生态要素媒介或生态原理途径而实现各土地利用形式间相互关联、保持同步的内在结构关系和外在运行方式”。

2.3.2　国外脉络——从“生态结合”到“生态耦合”

国外将生态学原理运用于土地规划的开端，是以1960年代宾夕法尼亚大学区域规划教授麦克哈格（McHarg）所著的《设计结合自然》（1969）为公认代表的。该书因提出了土地利用的“适应准则及规划模式”而成为1970年代以来西方推崇的景观规划设计学科的里程碑著作。这不仅使麦克哈格成为生态规划的引领者，更为景观学增添了“尊重自然”的生态主义烙印。此后，大量的规划与景观师在其影响下逐渐发展形成了“注重阳光、通风、降水，尊重区位与自然条件，合理利用土壤、植被及取材，注重低能耗与循环利用，顺应生态本底、自然过程并减少人工干预”等生态设计原则，这也就是“生态耦合”概念的早期形式。

世纪之交，芬兰赫尔辛基大学生态与系统学系教授Jari Niemelä（1999）通过引释城市生态学在欧美的不同侧重（欧洲主要关注植物群落，北美则倾向于社会科学—生态系统的融合与过程），强调了在城市生态系统中理解生态模式与生态过程的重要性，并认为城市绿地具有固有的生态价值，城市化对于多数自然生境及物种均会构成威胁。这为21世纪的生态城市研究导引出了“将城市与自然、乡村等同一区域内的栖息地斑块同等看待”的视角，并为略显抽象的“大地景观”平添了“生物物种、植物群落”等“活化因素”，从而使其得以更新。

时至今日，生态规划已经历了较长的理论与实践积淀，“耦合”一词也逐渐从电子、机械等专业被“借用”至生态与人居环境领域。

首先，通过在Web of Science以主题词“Green Space（绿地）”并含“Coupling（耦合）”加以检索，可得到2011—2021年发表于“环境、地理、生态、城规、水文、林业、遥感、土壤”等学科领域内的文献共220篇；进而将文献的全要素信息及引用文献导出为“纯文本（.txt）”格式，再导入至科学引文数据可视化分析软件CiteSpace（V. 5.8）中作以关键词的“时间轴（Timeline）聚类（Cluster）”，并得到相应分析结果的图谱（图2–17）。

由分析可见，这些“绿地+耦合”的研究主要围绕“景观格局指数、城市热岛效应、可持续发展、气候变化、热舒适度及生物多样性”等11个关键词而展开，并且各方向之间也于2013—2019年呈现出了较高的相互关联性；与此同时，这些主题的内涵释义基本均可归属于“生态因子、环境因子”的范畴，从而说明了“绿地生态耦合研究”的时代前沿性及方向聚焦性。

其次，换以主题词“Green Space（绿地）”并含“Ecology（生态）”重新检索，得到文献600余篇。此次则通过CiteSpace软件的“常规聚类视角（Cluster View）”及“突现（Burstness）功能”对2000—2021年的相关文献关键词作以分析（图2–18）。由结果可见，“绿地—生态”关联下的研究热点可主要归为“城市生物多样性、环境正义、栖息地家园、地表温度反演、都市农业”等类别；同时也集中于2013—2019年突现了诸如“景观生态学、绿色基础设施、生物多样性保护”及“空间绩效、土地利用、温度影响”等领域交叉性质的关键语汇。由此，这便从一定

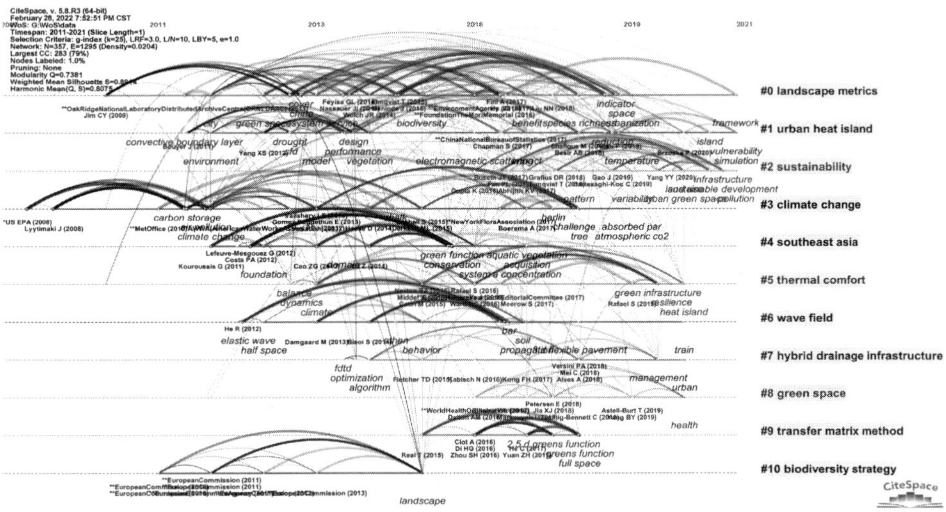

图2–17　2011—2021年“绿地+耦合”研究热点的时间轴聚类图谱
（资料来源：通过CiteSpace绘制）

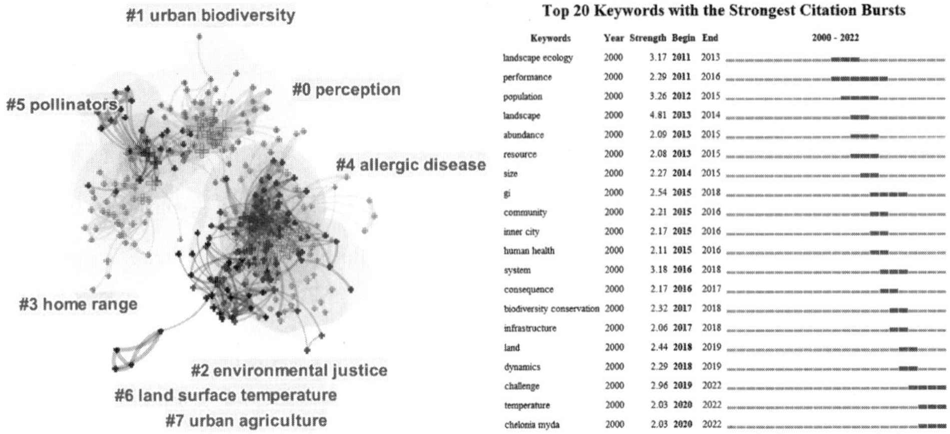

图2-18　2000—2021年“绿地+生态”研究的关键词聚类及突现图谱

（资料来源：通过CiteSpace绘制）

程度呈现出绿地与生态已更加趋于深度耦合状态且已衍生出了明确而聚焦的研究领域。

其中的代表研究有：①**大尺度方面，**Pierfrancesca Rossi等（2008）将生态价值、生态敏感度、人口压力合为“耦合指标”以划分出特定区域需要新受保护的用地，并选取意大利北部的群落生境（栖息地）进行了实证研究。②**中尺度方面，**Lovell S. T. 等（2013）将多功能绿色基础设施耦合入城市生态服务系统，形成了参与式规划过程，使特定服务项目（植物多样性、食物生产、小气候调控、土壤渗滤、碳汇、视景品质、休闲娱乐及社会资本）可被用作评价现有及未来的城市绿色空间；Sara Meerow（2020）最新对纽约市区作了绿色基础设施项目应用的统计，得出了在雨洪管理、提升社会韧性、增加绿地可达性、降低热岛效应、改善空气质量、增加景观网络等方面的生态功效。③**小尺度方面，**Hof A.，Wolf N.（2014）通过耦合高分辨率影像分析、灌溉用水需求、预估蒸发量，对西班牙地中海沿岸的低密度居住区（以观赏花园、游泳池与草坪等私人景观为主要构成）进行了户外用水潜在需求的测算。④**区域规划方面，**Byrd K. B. 等（2010）将城市增长方案与近海岸地区的生物物理变化模型进行耦合，从而指导美国华盛顿州普吉特湾的沿岸地区修复规划。⑤**景观生态方面，**德国也于2011年起将“城市自然研究”的关注点由生态系统功能本身转向了与社会生活（尤其是绿色空间）的“耦合共生”，并于2018—2019年编制了《城市自然整体规划》，使绿地及绿色基础设施专项规划贯穿、耦合在了城乡各尺度的自然景观规划之中。甚至在⑥**绿色建筑领域，**Kassim P. S. J. 等（2017）针对炎热地区城市建筑，将热质量（蓄热体）与水系统耦合，即将垂直墙面与水平水池进行结合以形成“被动式”的公共空间降温系统。

总之，这些国外前沿研究与实践进展无不传递出以生态理念为根基，将原本不同体系的因素、对象、方法进行关联，从而形成可应对当今复杂空间景观规划、土地利用评估、区域发展策略制定及绿色低碳技术采用等方面的新途径与新趋势；同时也预见出了“生态耦合研究及规划”在我国城乡空间转型发展中的应用前景。

2.3.3 国内进展——从“城环耦合”到“城绿耦合”

国内针对生态耦合的理论研究与实践并不多，较早的有地理学的黄金川等（2003）揭示了城市化与生态环境的“胁迫—约束”关系，即二者通过各自的耦合元素产生彼此影响，并且其交互耦合规律呈“双指数曲线”；其过程会分为低水平协调、拮抗、磨合和高水平协调四个阶段（图2-19）。

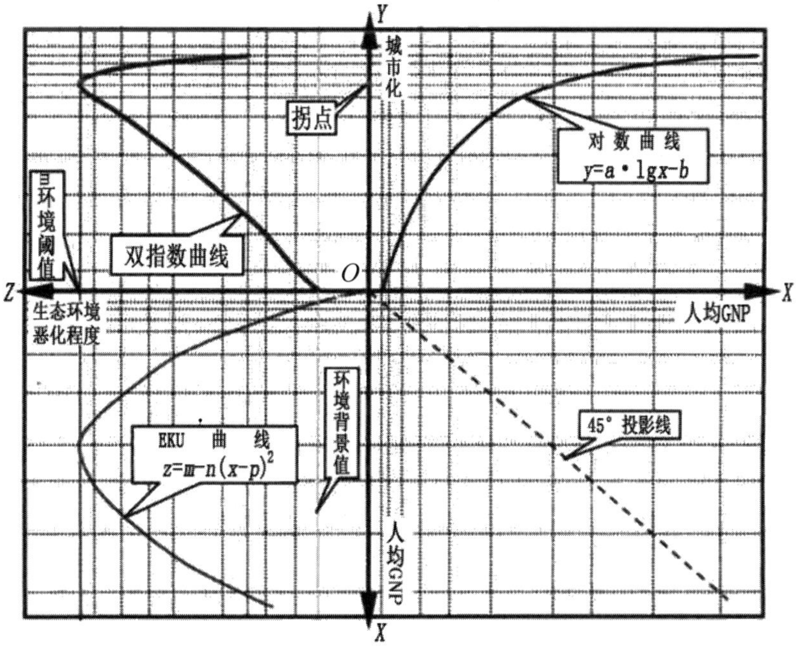

图2-19　城市化与生态环境的耦合规律曲线图
［资料来源：引绘自《城市生态交互耦合机制》，黄金川等，2003］

此后，重庆大学的赵珂阐释了城乡空间的生态耦合渊源，并初构了生态耦合规划的理论体系（2007）。生态学家王如松则通过科技名词引借，提出了“共轭[1]生

[1] 源于数理学科的“规律相配”；在化学中代表一种稳定且“内部原子会同步受外界影响”的分子结构。

态规划”（2008），其释义为“协调人—自然、资源—环境、生产—生活及城市—乡村、外拓—内生间共轭关系的复合生态系统规划”；进而又以“耦合”一词配合作出了“城乡建设是复杂的生态耦合体”（2012）的论述，并将“生态”扩展出了“人—自然、资源-环境、生产—生活间共轭的复合生态系统”之义；之后又将生态归纳于因子—过程—功能之下，将耦合解构于时—空—量—构—序之中（2014），并最终给出了生态化城市的描述，即：基于区域水—土—气—生—矿生态五因子，生产—流通—消费—还原—调控生态五过程，经济—政治—文化—社会—环境生态五功能，以及在时空—数量—结构—功序范畴上耦合的复合生态系统。至此，“生态耦合”便首次得到了较宏观、清晰、全面的内涵解释。基于上述进展，最近另有中南财经政法大学的Xufeng Cui（2020）通过综合及耦合评价模型，统计了国内36个主要城市的“土地利用效能（CLUQ）”与“经济—社会—生态耦合度（CD）”的叠加关系（图2-20）。

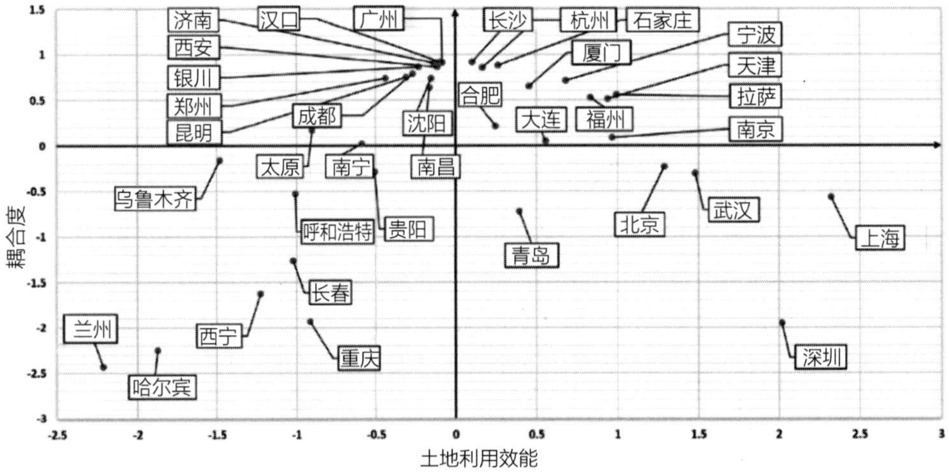

图2-20　国内36个城市的“CLUQ-CD”叠加关系坐标系统图
［资料来源：引自《Synthetic CLUQ Evaluation》（Xufeng Cui等，2020）］

由此，在CNKI以篇名及文中信息包括“绿地”并含“耦合/协同”搜索，仅各可得到30多条结果；而换以“生态”并含“耦合”，则得到2290条结果；若再以“生态”并含“协同”搜索，则亦可得到2288条结果。可见，围绕绿地的“耦合/协同”研究数量较少且十分聚焦；而以“生态+耦合”词组出现的关于机理、机制、协调度、过程、模式、规律等方面的研究则已层出不穷且涵盖了多样领域（表2-13）。

国内“生态＋耦合”代表性研究的所属领域及耦合机制汇总表 表2-13

所属领域	代表文章	耦合机制/路径
人文地理	《基于能值分析的MODS生态耦合机理研究——以玛纳斯河流域为例》（张军民等，2009）	山地为“能值高地”，绿洲为“能值转换与增值”，荒漠为“能值耗散”，共同组成生态系统
自然地理	《洞庭湖区生态承载力系统耦合协调度时空分异》（熊建新等，2014）	以“生态弹性、资源环境、社会经济”三大子系统评价生态承载力系统的“耦合协调度”
生态学	《黄河三角洲区域生态经济系统动态耦合过程及趋势》（王介勇等，2012）	通过经济（生产、消费）、生态（资源、环境）指标定量评价区域生态经济系统耦合度、过程
社会学	《国外“社会—生态”耦合分析的兴起、途径和意义》（蔡晶晶，2011）	以人与自然互动、生态经济学、复杂适应系统动力等法理解气候变化，评估生态系统、人类福祉
资源环境	《地质公园社会经济与生态环境效益耦合协调度研究》（易平等，2014）	以社会经济—生态环境效益构建耦合协调度评价指标体系，借物理模型评定耦合协调发展水平
旅游科学	《旅游产业与生态文明城市耦合关系及协调发展研究》（舒小林等，2015）	以物理容量耦合模型建立旅游产业与生态文明城市二元系统耦合度及耦合协调度评价模型
农业生态	《陆地生态系统碳氮水循环关键耦合过程及其生物调控机制探讨》（于贵瑞等，2013）	调控碳—氮—水耦合循环关键过程，包括：叶片冠层、根系冠层、土壤微生物网络等生物学过程
林业资源	《林业产业与森林生态系统耦合度测度研究》（董沛武等，2013）	用斜率灰色关联度算得林业的生态—产业间关联度矩阵，进而计算各指标对系统的耦合系数及各主成分耦合系数

资料来源：作者自制。

进而聚焦人居环境领域，其生态耦合类型可梳理为：①**城市—生态耦合**：《长沙宜居建设与城市生态系统耦合模型及耦合度指标体系研究》（胡伏湘，2012）；②**规划—生态耦合**：《城市规划与生态规划的耦合关系与方法》（李杰铭，2016），《广州市土地利用总体规划与生态脆弱性分区的耦合叠加分析》（郑荣宝，2007）；③**绿地—城市耦合**：既有宏观关注于绿地与城市整体在生态、功能、形态、景观、社会、经济等方面的“耦合机制”综合性研究，又有根据具体而细化的耦合主体、耦合客体，派生出各类更具针对性“耦合方式”的聚焦型研究（表2-14）。

以绿地为主体、城市为客体的耦合研究汇总表　　表 2–14

耦合主体名词	耦合客体	耦合方式用词	耦合方式/耦合机制
城市绿地系统	海绵城市体系	耦合共生（coupling coexistence）	分类承担功能：①公园绿地：控制雨水径流，成为暴雨花园；②生产、防护绿地：辅助公园进行低影响开发；③附属绿地：源头控制雨水径流、雨水再利用；④其他绿地：直接影响城市生态环境质量、水土保持
	其他子系统	耦合关系（coupling relationship）	①微观尺度下社区绿地的生态网络结构与居住、商业、社会、交通等子系统的耦合；②中观尺度下较大绿地形态模式（绿心、绿楔、绿廊）与城市自然地形、空间结构、基础设施的耦合；③宏观尺度下城市绿地系统与区域景观要素、景观格局及水文、大气、生物因子的耦合
城市绿地空间	城市发展	耦合研究（coupling analysis）	确定耦合因子（水、地质、生物、文保、交通、市政）及其影响要素，按照与绿地的耦合度分为5级并采用AHP确定因子权重；进而依经验值及通过GIS的buffer功能，完成各因子—绿地耦合分析，即判断最优绿地宽度或半径
城市园林绿地	城市空间	耦合理论（coupling theory）	以绿地的“生态、社会、经济”三大功能，对应“景观生态、特色城市、城市开发策略”理论，进行有关“生态安全格局构造、宜人特色场所营造、过渡提升空间布置”的专项分析并建立规划设计模型
绿地系统结构	城市形态	耦合关系（coupling relationship）	从“城市形状”研究绿地系统结构：①块状—圈层式；②带状—绿带连接式；③放射状—中轴散点式。另，城市尺度增大，绿地系统结构层次递增：①块状—多圈层结构；②带状—网格结构；③星状—中心轴上点、线状结构
绿地空间结构	生态、经济、社会价值	价值耦合（value coupling）	基于绿地现状提出“一圈两点、一带多廊”基本结构。对于环城山林、城郊农业的生态环保圈，以及“沿道路、河流、夏季风向”的绿廊建设体现了生态价值耦合；提高绿地可达性，满足年龄、职业、文化差异，体现了社会价值耦合；提供绿色果蔬，顺应假日休闲需求，则体现了经济价值耦合
绿地生态网络	河流	耦合规划（coupled planning）	依托河网的复杂、稳定、连续、空间主导性，宏观沿河布置防护绿地，增强生态功能；中观增加蓝—绿廊道连接，形成绿地景观网络；微观结合视觉、形态、功能保证空间连续性，增强景观游憩性。还需增加绿地数量与面积
街旁绿地	社会性活动	耦合分析（coupling analysis）	选取街旁绿地的“表象因子”（区位环境，空间层次、尺度与边界，社会性活动密度、频率等），进行观测分析，在人的距离、安全、空间感受，以及活动需要、人性化体验等方面总结规划设计的成败原因

资料来源：通过研读相关文献归纳而得。

与此同时，另有一些以“城市绿地系统（或公园布局）”为主体，以“城市各项子系统”（如：游憩、景观、防灾避险、雨洪、抗震系统等）为客体，进而关注二者协同规划建设的方式或机制的“协同研究”（表2–15）。

以城市绿地系统为主体的“协同研究”汇总表　　表2–15

协同主体名词	协同客体	协同方式用词	协同方式/协同机制
城市绿地系统	内部功效及外部社会经济发展	耦合协同测度体系（Coupling synergy quantitative system）	多尺度协同优化与布局调试：①主城区依托存量绿地完善公园体系、构建游憩绿道网络、锚固防护绿环；②市域构建“生态—风景—游憩—防护”一体化生态绿色廊网；③城市打造“三环九廊”绿地系统
绿地系统布局	多功能（游憩、防灾避险、生态、景观等）	多功能协同（Multi–function coordination）	①游憩—防灾避险协同：根据空间行为层次配建绿地种类、游憩道、慢行及防灾避险体系。②生态协同：设卫生防护、组团隔离、环城绿带及氧源绿地、风廊以减污降热；控制城市蔓延，优化绿地斑廊，形成生态网络。③景观协同：布置节点景观绿地于城市出入口、轴线、道路交叉口，结合街道、河流布置线形绿廊，形成景观轴线、景观节奏、主题景廊
城市公园绿地空间格局	协同动力因子	协同理论（synergy theory）	构建绿地格局生成动力因子体系（基础、经济、社会、功能），总结协同运行原理（序参量、反馈机制、支配原理）；从环境分析、目标确定、要素选择、子系统布局叠加、空间格局优化等方面实现公园系统协同规划
城市绿地系统规划	雨洪管理	双系统协同（Dual–system collaboration）	计算生态绿地雨水控制量；测算绿斑面积、个数、破碎度等景观特征；分析绿地蓄水、净化能力；基于GIS及SWMM模型，进行绿地系统雨洪管理运行状况评估及综合信息集成处理，保障双系统协同效率
县城绿地系统	防震减灾	协同规划建设（Collaborative planning and construction）	基于避难场所现状问题调研，分析绿地系统中可纳入地震应急避难场所规划的绿地资源，进而根据各类避难场所建设及设施配置标准，相应归类、布置公园、广场，同时针对校园、工厂、乡村等进行详细规划引导及景观设计，从而保障双重协同关系落实

资料来源：通过研读相关文献归纳而得。

此外，最近有学者给出了“耦合度”的量化方法：①陈涛（2021）提出了城镇化与生态环境的耦合度公式：$C=\frac{2\sqrt{F_1 \cdot F_2}}{F_1+F_2}$，式中$F_1$为城镇化综合评价值，$F_2$为绿地生态综合评价值，$C$为耦合度（取值0～1，越靠近1则耦合越好，靠近0则越差）；②金云峰（2019）则聚焦绿地，通过借鉴物理学“容量耦合”概念及功效函数，提出了绿地系统内源驱动力（游憩、防护、景观、生态型）及外源影响力（绿地、资源环境、社会经济）n个子系统间的耦合度量化模型：C=n{[$f_1(x)\times f_2(x)\times\cdots\times f_n(x)$]/[$f_1(x)\times f_2(x)\times\cdots\times f_n(x)$]^n}$^{1/n}$，$C\in[0,1]$ 式 中$f_n(x)$为第n个系统的功效函数，C为系统间的耦合度；③较早有刘颂（2010）利用GIS缓冲区分析法判断所需求绿地的最佳尺度，并提出了绿地与多因子的耦合叠加模型：$S=\sum_{i=1}^{n}W_iC_i$，式中S为n个耦合因子的加权总分，C_i为第i个因子的得分，W_i为第i个因子的权重。

2.3.4 实践前沿——从“生态导向”到“生态介入”

当前国土空间生态类规划既要继承以用地划定、功能识别、形态梳理为核心的传统编制、管控逻辑，也需尝试以生态格局、生态要素、生态服务为侧重的绿色生态技术与模式的介入，具体包括：①在城乡生态现状调查与评价方面建立翔实的图文数据与指标体系；②针对城乡生态保护与修复，景观风貌保育与营建等前置性议题，提出突破旧格局约束的综合生态功能区划及前瞻性的生态主题原则；③在总体与专项规划的先期编制、期间执行、期末评估、后期调整全过程中，切实把生态作为较高优先级，强化城乡生态格局与山水林田湖草气生态要素体系的衔接；④在分区及详细规划层面坚持“以绿定型、城景协调”，并对各类用地空间进行提炼并派生出结合大众需求、承载绿色低碳、面向人地相融的生态规划导则与设计技术集成。由此，共同使得新时期各类规划均可在目标原则、内容框架、指标体系、管控内容及成果表达中充分发挥出理想的“生态强制力、生态协同力、生态效果力”（表2-16）。

当前国土空间生态类规划体系下的绿色生态技术介入方法汇总表　表 2-16

规划层级、对象	生态技术方法	在规划过程中的具体应用方式、效果
区域规划、各类规划的前期阶段	生态诊断	利用实测和模拟等科学手段对城市的发展定位、生态本底、建设需求进行初步策划
	生态安全格局	评价土地生态安全等级，判断斑块、廊道、基质等生态要素的景观结构、功能关系，指导城镇—乡野—自然栖息地的空间体系成型，建立生态基础设施、绿地网络、清风廊道
	生态承载力分析	分析城市生态系统中资源与环境的最大容量，成为人口规模、开发强度的依据
	土地生态敏感性分析	通过GIS空间统计分析方法综合分析土地建设的适宜程度，指导用地功能布局的空间合理性，为规划设计和决策提供科学依据
	生态功能分区	依据城市生态环境特点、城市开发程度强弱和生产力布局，划分生态功能分区，保护生态脆弱区域和发挥城市生态服务功能价值

续表

规划层级、对象	生态技术方法	在规划过程中的具体应用方式、效果
总体规划、分区规划	风环境分析	通过宏观通风模拟指导城市开敞空间设计，预留区域通风廊道，缓解城市热岛效应
	绿地碳汇测算	指导绿地的空间塑造、种植设计、土壤改良，提升环境的生物固碳、温室气体吸收功效
	绿地可达性分析	针对现状绿地建立慢行交通条件下的短时可达缓冲区、较短路径汇总，由此提出绿地布局的优化方案，提升其服务均衡性与生态宜居性
	能源利用	基于气候、产业特点，提出能源利用结构、比例、管理方式及可再生能源利用率等指标，以此指导总规做好燃气、供热、电力等规划布局
	低冲击开发模式（LID）	采用低环境干扰、冲击、破坏的“源头式、分散式”布局、开发模式，维持场地原有水文特征与自然水循环状态，营造和谐的人地共生关系
详细规划（独立型用地）	生态服务水平提升	针对“大型绿地斑块（公园、景区、田野等）”，采用生物质能源，废物堆肥，光、风能发电，LED光源等技术
	生态隔离、复合型功能营建	针对“重要绿色廊道（河道、堤岸、沟谷、护坡等）”，采用蓄水池、调节及稳定塘、自然驳岸、下凹绿地、植被缓冲带、生态边坡、河流蜿蜒构造、断面多样性修复等技术
详细规划（附属型空间）	绿色基础设施植入与更新	针对“传统低容积率邻里单位（广场、街巷等）”，采用道路海绵设计、街道透水铺装、园林小品材料替代、生态草沟、雨水桶、人工湿地、砂滤系统、生态清淤等技术
	绿色建筑、立体绿化设计与施工	针对“现代高密度街区（商业、文化创意、艺术等空间）”，采用垂直绿化、生态屋顶、雨水花园、墙面绿化、初期雨水弃流设施、生物滞留设施等技术
	生态种植、适宜小气候生境营造	针对“功能化封闭园区（校园活动场所、住区中心绿地、工厂防护绿化、医院康复庭园、公建室外环境等）”，采取生态浮岛、生物膜、园林有机覆盖、土壤渗滤、生境花园、阴生或旱生种植园、苗圃、社区菜园、都市农园营建、河道栖息地加强等技术
专项规划	具体包括：城乡绿地系统规划、区域生态规划、生态隔离体系规划、生态安全格局规划、城乡景观风貌规划、绿道网络规划、生态、（绿色）基础设施规划、城市风道体系、（景区）规划、公园、（海绵）城市规划等类型	

资料来源：根据“历年低碳生态城市报告”“中德城市生物多样性和生态系统服务对比”等资料归纳而得。

综上，当前的绿色生态规划技术多与“土（地形、高程、竖向）、水（水文、湿地、海绵）、林（植物、群落、生境）”等生态因子结合较为紧密；而对“风”因子的考量、纳入，在既有规范及标准中却仅见于少量的“细节”内容之中；即便是总规的“强制性内容”，也鲜有关于通风及小气候方面的明确要求。由此，通过梳理、提取当前城乡规划编制体系中对于“风、热、环保”等相关内容的规定和要求，可以看出传统规划与“风”因子的耦合程度尚处于“中—低”水平（表2–17）。

传统规划与“风”因子耦合程度汇总表　　表 2–17

<table>
<tr><th>规划层级</th><th>相关大原则</th><th colspan="2">针对的主要用地类型</th><th>涉及“风”因子的规定、指标</th><th>风因子耦合度</th></tr>
<tr><td rowspan="3">城市总体规划</td><td rowspan="3">空间布局协调，经济—社会—环境效益及三生统一；1980年代总结有“单一盛行风向、最小风频及风向旋转、风向频率、风污染指数及几率”四大原则</td><td rowspan="2">总规仅在用地布局中对工业、居住用地大致规定了“选址与主导上下风向”间的布局匹配原则</td><td>居住用地</td><td>①以交通便捷、设施完备、环境良好为原则；②可布于市中心至郊区的较广范围；③宜合理布置在全年最大风向频率之上风向；④应与工业、商服用地联系密切而又不受其干扰</td><td>①中
②弱
③强
④中
总体：中</td></tr>
<tr><td>工业用地（制造业）</td><td>①以交通便利、地价低廉、广阔平坦为选址考量；②应布置在全年最大风频下风向或位于两侧（有两个盛行风向且二者夹角大于90°）；③与其他用地（居住）既要交通便捷，也要设置必要宽度的卫生防护、绿化隔离带</td><td>①弱
②强
③中
总体：中</td></tr>
<tr><td colspan="2">总规强制性内容缺乏与风道控制、风口保护、风源保育等区的适建要求</td><td>在“市域内应当控制开发的地域”中列入了：①基本农田保护区；②风景名胜区，③湿地与水源保护区等常规的“生态敏感区”</td><td>①强
②中
③强
总体：中偏强</td></tr>
<tr><td>控制性详细规划</td><td>结构合理、周边协调、效率优先，但弱于小气候</td><td colspan="2">规划范围内各类不同使用性质的用地（中类为主，可至小类）</td><td>①土地使用：确定地块性质、边界，划定城市四线；②使用强度：容积率、建筑密度、绿地率；③建筑建造：建筑高度、间距、退线；④环境保护：水、废气污染允许排放量、浓度等</td><td>①中
②中
③中偏弱
④弱
总体：中偏弱</td></tr>
<tr><td>修建性详细规划</td><td>使用为本，布局适宜，视觉协调</td><td colspan="2">符合已批准上位规划条件的各类具体待开发、建设地块</td><td>①场地布局：建筑、道路、绿地等平面空间分布，场地竖向设计；②环境卫生：建筑日照影像分析，室内外声光热环境；③绿化景观：园林风格、景观特色、绿化种植等</td><td>①中偏弱
②中偏强
③中偏弱
总体：中</td></tr>
</table>

资料来源：由相关规范文件提取并总结。

所幸，风、热环境及小气候已成为城市生态规划的前沿领域，当前尤其肩负着“引风（减霾）+导风（降温）+滤风（滞尘）”的多重任务。几十年来，国内外学者已开展许多相关研究：①1979年，德国学者克里斯（Kress）将斯图加特市通风系统分为“作用空间、补偿空间和空气引导通道”。其中，“补偿空间”是由“冷空气生成区、近郊林地、内城绿地”等组成，并通过“空气引导通道（分为：通风、新鲜空气、冷空气3类通道）”而最终连接至“作用空间（市中心、建筑群、工业区）”（图2-21）。②2003年，香港中文大学的吴恩融教授首先提出利用“风速比”概念评估建筑物对周边风环境的影响；随后的十几年中，其团队的任超博士又扩展探寻了“建筑密度、排布、形体，绿地面积与自然植被覆盖，以及相邻开敞地间通达性”等与城市通风潜力、效能的作用关系，并总结出了城市风道的探测、识别及规划方法。③2006年，华中科技大学的李鹍以武汉市为例，将街道作为风道进行计算机流体力学（CFD）模拟，得出街道中心对于风力传递及风速保持具有较好效果，且远远优于街道周边；进而对其他夏热冬冷地区城市提出了“广义通风道”的规划方法及实施策略。

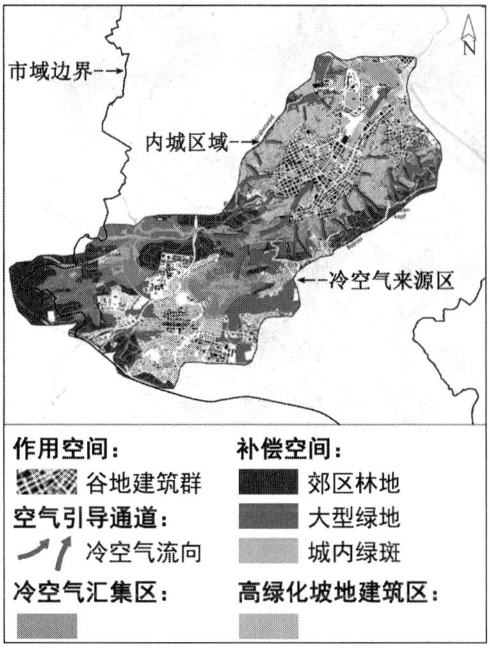

图2-21 德国斯图加特市环境气候图（风廊分布）
［资料来源：改绘自《城市通风道规划方法》（刘姝宇，2010）］

近十年来我国城市频频遭受冬季雾霾与夏季高温的侵袭。由此，许多大中城市已在新一轮规划中纳入了气候与风环境专题，并尝试开展了“城市风道”规划；学者们也在不同尺度城乡空间下进行了风环境规划的理论探索与实证研究（表2-18）。

不同尺度城乡空间对应风环境的规划途径汇总表 表2-18

不同尺度（城乡空间）	对应风环境规划途径
城乡区域尺度	绘制城市、市域（大区域）环境气候图
大都市区、中心城区、建成区尺度	划定、建设城市通风廊道（城市风道）
城市分区、新区尺度	城市开敞空间小气候研究、监测
城市功能（产业）片区、组团尺度	市中心、商业区、居住区等的风环境研究、模拟
城市街区、街道尺度	“街区网络”“街道峡谷”微气候模拟、设计
用地单元内群体、单体建筑尺度	建筑周围风场及通风（绿色节能）设计研究

资料来源：作者自制。

同时，各国也不断通过理论研究与规划实践，提出了风道建设的经验标准：德国卡塞尔大学气象学教授提出城市风道在单向上“应≥500m，宜>1000m”，宽度至少为边缘树林或建筑的1.5倍，且宜达2～4倍；我国华中地区武汉市则把“长度>1000m，宽度200～500m”作为城市风道设计的宏观控制范围，并对在风道范围内的城市建设进行了定性、定量相结合的设计控制指引。

2014年9月，国家发展和改革委在《国家应对气候变化规划（2014—2020年）》中提出了“新城选址、城区扩建、乡镇建设要进行气候变化风险评估；积极应对热岛效应，合理布局城市建筑、公共设施、道路、绿地、水体等功能区，禁止擅自占用城市绿化用地，保留并逐步修复城市河网水系”等要求。

2016年2月，国家发展和改革委联合住建部制定的《城市适应气候变化战略》进一步明确了“将适应气候变化纳入各类主要规划”及“科学规划城市绿地系统，提高城市绿地率。依托现有城市绿地、道路、河流及其他公共空间，打通城市通风廊道，增加城市的空气流动性，缓解城市‘热岛和雾霾等问题’”等指导意见，同时还提到按“地理位置、气候特征及不同气候风险、城市规模、城市功能”，选择30个典型城市开展气候适应型城市建设试点，并于2020年前取得阶段性成果。

总之，在当前新发展阶段下，以多学科视角开展生态耦合规划研究，不仅有助于发掘城市语境中蕴藏的“生态内涵”，也有利于为传统规划探索出新的“生态着力点”。具体通过研究城市生态本底与要素的构成、演进、功效，使其作为媒介与以绿地为代表的人工空间达到“对位相融”直至“耦合优化”；同时，采用“生态+”模式，充分发挥生态原理、规律、作用在各类用地规划建设中的协同、传导、统筹与集成化输出等作用，使生态耦合成为“总体用地布局、分区空间营造、场地工程建设”密不可分的“限定与途径”，由此使城乡空间的生态效益得以最大彰显。

2.4 本章小结

以上国内外关于“城市形态理论发展、生态城市规划建设、城市绿地生态评价、景观格局分析方法及生态耦合前沿探索”等方面的研究，共同阐述了城市—生态—绿地间的协同作用机理，总体展现出了“理论建构扎实、宏观导向明确、结论对策全面”等优势；但也在技术与实施路径上显现出了“理论脱离实际、引借套用偏重、创新实证不足、应用价值浅薄”等弱势，尤其在“城乡生态本底挖掘”“绿地生态耦合评析”及“地景生态效益模拟”等方面有所欠缺。与此同时，还暴露出只在单一学科、专业视角下探讨此类“复杂性高、综合性强、变化性快，且尚未有统一标准与定式”的城乡生态建设现实问题等“共性问题”，从而使研究难免失之偏颇。

当前，世界主流价值观已逐渐从“个体单边主义”向“人类命运共同体”转变，城市发展路径研究也从“浅表化、宽泛化、现象化、单一化”的视角趋于转向“内理化、聚焦化、机制化、协同化”的议题；“生态城市”的本义与引申义也随着专业细化与领域交叉而更加包容、整合、完善，并不断强化了“顺应自然，和谐发展”的主旨要义。与此同时，我国城市也正在向着“田园城市、公园城市、生态园林城市”等人居环境建设目标不断迈进，从而未来的城市绿地规划便不应只停留在“城区、街区”等中小尺度，而需扩大至“都市、区域”层面；进而还应以多学科交叉视角、多系统协同手段及“历史格局—现代形态—生态本底”相结合的方式，开展“区域生态安全格局、城乡各类生态要素（因子）、都市区整体人文—生态系统”等与绿地格局的“生态耦合规划”探索，从而最终构建起具备“生态保育、生态功能、生态景观、生态审美”特征与效益的城市生态植被群落及生态绿地网络。

尤其像西安这样地处“西北内陆黄土高原，生态环境较脆弱、资源条件较匮乏”地理环境下的典型北方平原型大城市，其不仅保留着古代社会市井街巷的“历史肌理”，隐现着近现代西方规划理念植入的“旧有印记”，还延续了1949年后我国工业重生、科教重振、人居重塑的“时代格局”。然而，这些特征也自1960年代起，愈加共同建构而演进出了当前“功能交织、风貌杂糅、首位度高、向心集聚化显著、城乡差异较大、绿地相对不足”等复杂的城市形态与显著的发展困境（图2–22）。

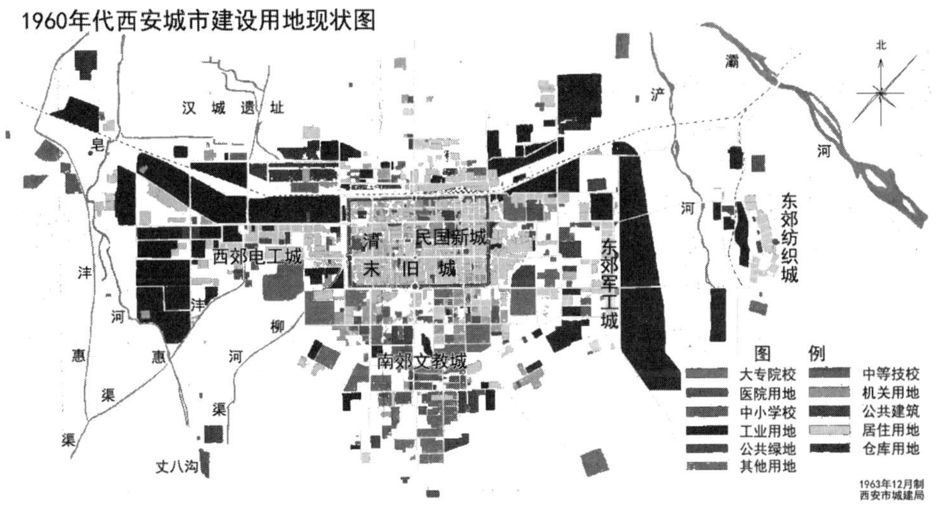

图2–22　1960年代西安城市建设用地布局及功能分区现状图
［资料来源：改绘自《八大重点城市规划》（李浩，2017）］

由此，当前便更加需要结合以上各研究方向的核心要义与前沿进展而对城市自身发展现状加以分析、研判。进而在新时期的转型发展诉求下，将城市的“表观形态”与“潜在生态”相关联，重点围绕区域至城区各尺度层级的生态要素（因子）、生态功能、生态安全及生态效益作以评估，并具体以“绿地”作为“关键载体、先行空间”而加以“耦合分析、精准调控、协同部署”，从而最终制订出围绕“生态”价值取向与耦合功效的都市区绿色空间规划对策及实证规划设计方案。

在此背景下，“生态耦合”便成为一种城乡规划与风景园林共同视角下的“交叉技术路径”，既要提出有关城市空间构成、生态本底特征、绿地营建模式等方面的“控制指标”，也需沿用常规的量化评价方法（总量、占比等），及面向直观的“形态、结构、格局”而加以数字化的“转译”（指数、系数、因子等）。同时，还应瞄准具有“动态、无形、潜在”特性的生态要素（水、土、风、人文）而加以“协同营造”，从而为形成“绿地—生态—人居”相耦合的新格局而作以充分铺垫。

第3章　西安城市绿地格局生态耦合对象

本章围绕“生态要素”与“生态本底”两个递进概念，首先对西安城市生态要素构成、生态本底特征加以梳理、归纳；进而以生态安全格局的方法对各类生态要素加以细分，作出各单项生态因子的评析并得到综合叠加评价结果；同时，以生态碳汇能力的评价作以环境、经济效益方面的补充。由此系统化、多维度地呈现出西安城市绿地规划建设所处的宏观生态背景及现状生态条件，总结出主要的生态问题，并引导出“绿地格局”这一合适的生态耦合主体，以供作以进一步的解析（图3-1）。

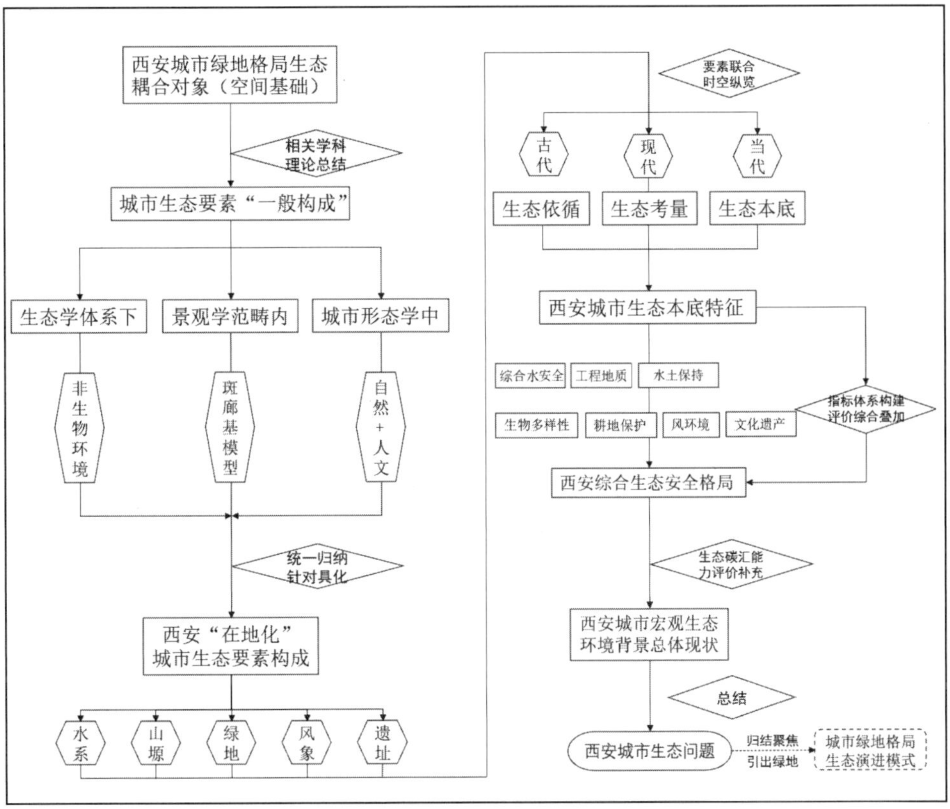

图3-1　“西安市生态本底基础特征”章节技术框架图

（资料来源：作者自绘）

3.1 城市生态要素类型

3.1.1 生态学体系的生态要素

生态学是研究生物—环境之间关系与作用的学科，其知识体系发展出了“生态系统”与“生态要素（因子）”❶概念。进而后者又可分为：①**生物要素**：指生产者（绿色植物与化能合成细菌）、消费者（动物和部分微生物）、分解者（细菌与腐生动物）及其间的竞争、捕食、共生等行为。②**非生物要素**：包括日照、温度、降雨、风与气压等气候因子，及水文、土壤、矿物质、无机养分等环境组成。对此我国先秦道家典籍《管子·地员》便详述了植被生长所受“土壤类型❷、水分多寡、阳光强弱”等自然要素影响的机制。③**人工要素**：多为因人而成的地表现象，如耕地、牧场、池塘、矿坑、防护林、道路、建筑及各类排放的污染物、诱发的地质灾害等；若仅从农作物角度梳理，其生态环境因子则一般包括“气候、土壤、生物、地貌、人类作用”5大类❸。基于以上表述，已有美国生态与植物学家道本迈尔（Daubenmire，1948）进一步将生态因子统一归纳为“气候、土壤、生物3大类”，或直接分为了“土壤、水分、温度、光照、大气、火和生物等7项并列的因子”。

然而，在城市环境中，人工要素及人类活动（尤其是规划建设行为）占据了绝对的“主导作用”，同时非生物要素又常常产生着“决定效果”或“限制作用”，从而使得“人—环境—生物”之间始终保持着密不可分而又相互依赖的复杂关系（图3–2）。

生态系统依地表特征分为：森林、草原、海洋、湖泊、湿地、农田及城市等类型。其中，城市是以“人”为消费主体及生产协助者，并将自然—社会相统一的“复合生态系统”，其既包括气候、水土、动植物、微生物等自然要素，也包含政治、经济、社会、文化等人文要素，它们构成了“能量逐级传递、物质相互转化、界域高度开放”的整体。其中，植物作为生产者提供初始能量，水是万物之源成为

---

❶ 本书所称“生态要素”，即：城市（市域+都市区）环境中具有一定分布规律、连续形态、统一功效的较具象的生态空间大类，其共同组成了城市综合生态本底；“生态因子”则较抽象，为生态要素的进一步细分小类，并多在生态安全格局评价、生态耦合效益评价、生态耦合规划策略等具体评价、规划步骤中被使用。

❷ 包括“渎田（平原）、坟延（蔓坡地）、丘陵、山林和川泽”五类。

❸ 出自：陕西省农牧厅，陕西省农业区划委员会. 陕西省种植业资源与区划［M］. 西安：陕西科学技术出版社，1998.

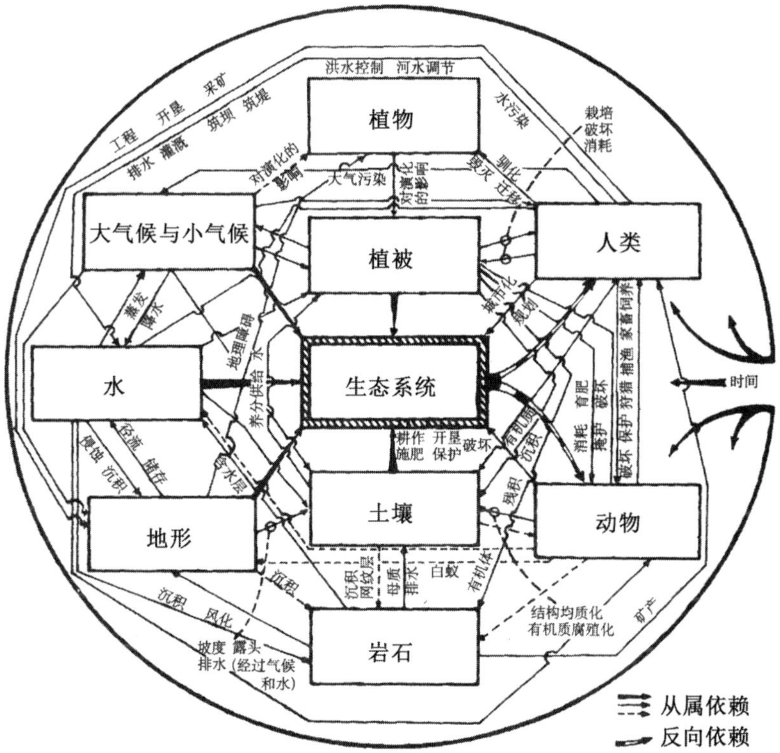

图3-2 生态系统中的生态要素及相互作用、依赖关系示意图
［资料来源：引自《自然资源学》（第二版）（蔡运龙，2007）］

原生动力，人将能量与动力用于生产、生活、建设、消费并改变原有地表，留下人工痕迹，同时也产生大量废弃物排入水体、空气或土壤。这愈加超出了人工处理及自然净化能力，从而难以消解、不断累积，并产生了环境污染与生态气候问题（图3–3）。

在上述环节中，相关各类生态要素均有参与，其既是来源、也是归宿，既被不断索取、也在持续反馈。因此，较早有美国景观师、自然保护主义者劳伦斯·哈普林（1963）认为“新的城市具有简单、直接、生态化的特点”[1]，这使“土壤、地形、植物、阳光、雾、风”等生态要素（及其演变与相互作用）成为生态设计的“指导触发点”；进而，在当前我国城乡转型发展的新阶段，山、水、林、草、湿地及气象、生物、土壤、灾害等“多维度”的地域特征要素（即生态要素），也成为国土空间规划基础工作环节中“生态保护重要性评价”的指标体系构成。

[1] HALPRIN L. Cities［M］.［s. t.］: Reinhold，1963.

图3-3　自然及城市生态系统中的生态要素物质循环示意图
[资料来源：引自《中国传统景园建筑设计理论》（佟裕哲，1994）]

3.1.2 景观学范畴的生态要素

若生态学剖析的是自然界普遍生物与环境的相互“作用机理”及典型生态系统的“运行规律”，那么景观生态学则进一步统筹、归纳、提炼，并在融合了地理、环境资源、土地规划等学科后，更加从空间角度去研究生态系统、群落生境、景观单元的构成、功能及演变特征。作为交叉学科，其更适合处理、协调人工建设与生态保护的关系，是进行国土资源有效保育、合理利用，城乡空间科学规划、融合发展，大地景观顺应自然、彰显人文的工具。因此，景观生态学范畴下的生态要素即对应为组成大地景观最基本、普遍的地表特征或地貌单元，进而根据其“表观形态”及“内在机理”而分为：斑块（Patch）、廊道（Corridor）、基质（Matrix）三种类型（表3–1）。

景观要素类型及常见形式汇总表 表 3–1

要素类型	要素定义	细分类型	常见形式
斑块（镶嵌体/楔块）	与周围环境不同的地表区块	干扰型、残余型、资源型、引入型	森林天窗、沙漠绿洲、城市绿地、乡村聚落等
廊道（走廊）	与两侧本底不同的条带区域	线、带状、宽域、链状等	道路、水渠、植群边缘、河岸带
基质（本底）	面积大、匀质、连通性高，为主导景观生态基本性质的面状区域	连续面域型、均质网络型、点阵型	平原区农田、防风固沙林网、历史城区的建筑肌理

资料来源：从相关原理著作及教学文件中总结。

3.1.3 城市形态中的生态要素

城市“外在形态”与“内在生态”的基本空间载体是相通的，均呈现于特定时空限度内的“静态布局”及“动态演变”之中。城市形态是由：**建成区**的规模与轮廓，**路网**的架构、走向与疏密，**用地单元**在自然—人工限定与引导下的布局方式、变化趋势等所共同交织呈现的，是集政治、经济、文化于一体的建设形态。城市生态（本底）实则上也是另一种“形态”，即由城市所坐落、覆压、改造、融合的**地形、水土、气候、人文、风俗**共同构成，代表了“天然固有”及“岁月遗留”的“山—水—地—景”空间格局。由此，西安城市形态要素可综合梳理为表3–2所示类型。

西安城市形态要素的构成及细分类型汇总表　　表 3-2

要素构成	要素内容	细分类型（按较多数量、面积、分布）	要素性质
建成区	城市发展所达、拓展所及、建设所占，且连片、聚拢的各类用地及布局	2类：①生活型地块（居住区、城中村）；②工作型地块（校园、厂区、单位大院）	人工
交通网络	由各级城市道路、街巷，铁路、公路，以及起枢纽、立交、转换作用的各类交通设施等所共同组成	10类：①铁路线及站场；②封闭快速路；③生活型街道；④传统小街巷；⑤立交桥；⑥地铁站；⑦大型停车场；⑧单位内部路网；⑨乡村公路；⑩工程专属通道等	人工
公共空间	承载休闲游憩、康体健身、精神文化及商业交往等大众公共活动的绿色空间、开敞空间	5类：①独立公园、②集散广场、③道路附属绿地及酒店庭园、④文化及商业街区、⑤公建外环境	人工
自然地形	城乡地表呈现的固有地形及起伏变化	5类：①山、②塬、③坡、④谷、⑤沟	生态
河湖水系	维系生物生存，供给城市运行、社会运转，以及保障生态环境质量的各类水源、水系、水体（含滩涂、湿地）	6类：①自然驳岸式河流与湿地、②人工堤防化河道及滨水景观、③大型天然开放湖泊、④小型园内修砌湖池、⑤水利功用型库渠、⑥农家私有水塘	生态
古迹遗址	承载千年历史积淀的城墙、宫苑、寺观、建筑、园林等遗迹或原址（主要为周、秦、汉、唐及明清等时期）	2分法：①文保单位级别（国、省、市县）；②遗存构成与规模（宫城大遗址、村落考古区、陵墓独立林园、寺观规制场院、巷坊历史街区、门楼古建单体等）	人工+生态
乡野农林	为生活能量来源及生产原料供给的农用与自然保留地，以及承载乡土人文的风景地	7类：①耕地、②园地、③林地、④牧草地、⑤村庄、⑥地景、⑦自然保护地等	人工+生态
风象环境	地处北方暖温带半湿润大陆性季风区及关中平原盆地型地理环境下的风向条件与规律	4方面：①主导风向、②风向频率、③各地区常年、季节平均风速、④总体及局地静风频率等	生态

资料来源：作者自制。

基于以上梳理，将人工与生态综合考量以提取城市生态要素。回溯1949年前的西安，一张1940年代初地形图所绘制的内容（线条），便清晰地呈现、印证出了人工—自然、人文—生态、城市—乡野间的“耦合”关联；仅单从其图例设置，便能反映出这样一种“人地合一、相协与共”的形态、空间、环境的“整体观”（图3-4）。

总之，自然环境—人工建设耦合下的城市生态要素，既应通过梳理古今而回归到“三生”空间范畴，并概括为城乡互动、三生协同的宏观背景与基础承载；同时也应面向未来，由城镇扩大至区域，并针对性地构建成为城景融合、三生耦合的互通介质[1]与统一纽带。由此，可将上述统一总结为：①地形等高线、河湖水体、风

[1] 影响区域的突出生态介质有“水、风、资源”三种，其分别形成“流域、风域、资源圈”三类生态区域。

景林地、滩涂湿地及城市风向（风玫瑰）等自然要素；②历史遗迹、公共绿地、农田村庄等半自然—半人工要素；③城区形态、交通路网、用地布局、建筑肌理等人工要素，这些综合显现于2015年西安城市形态平面图的绘制成果之中（图3-5）。

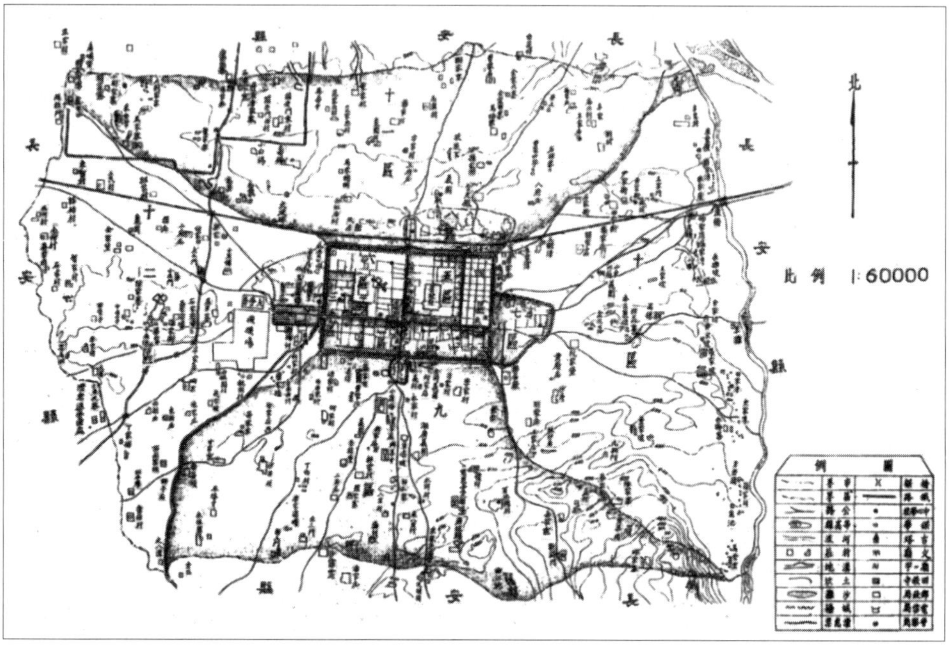

图3-4　1940年代初西安城关及近郊地形图

（图例包括：市区界、公路、等高线、河、村、沟、坎、滩、城墙、渠、桥梁、铁路、中心学校、保学、古塔、文庙、庙宇、回教寺、邮政局、电信局、警察局）

（资料来源：改绘自近代旧志）

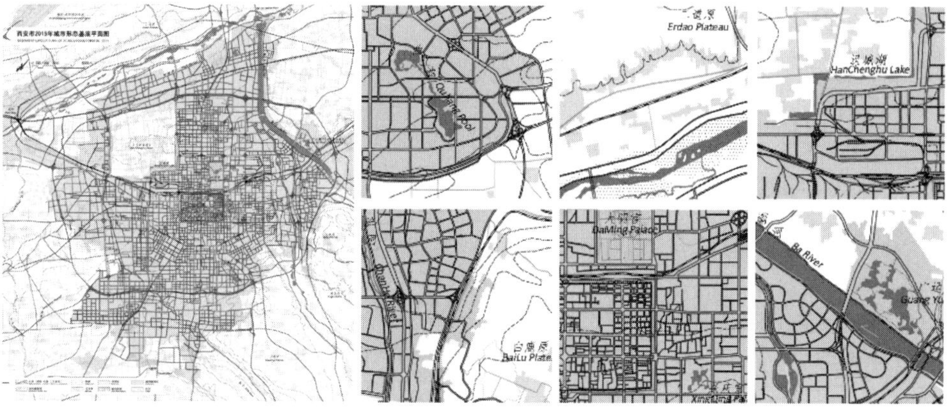

图3-5　2015年西安城市形态及各代表片区细节平面图（曲江、渭河、汉城、东郊、明城、浐灞）

（图例：水域、等高线、铁路、立交桥、河滩地、城市路网、建成区、村庄）

（资料来源：作者自绘）

3.1.4 西安在地化的生态要素

将不同视角下的生态要素以“回归自然本质，面向绿色人居”原则加以筛选，进而结合国家生态文明政策语境下的“山水林田湖草气”生命共同体的内涵构成，同时秉承我国自古而今的“天人合一”传统生态世界观及中华文化的传统生态智慧积淀，从而整合归纳出**“水体、地形、植被、人文、气候”**成为较普适的五种生态要素，其共同代表了“在城市中具有某种功能又无须再进一步细分的单元”。

对于西安而言，其生态要素既要符合普遍视角，也需考虑“在地化”的固有特质和建设现状：①既反映出地处“秦岭北坡—渭河阶地—黄土台塬—河谷川道”的过渡型地貌特征；②也体现作为周、秦、汉、唐十三朝国都直至明、清、近代西北首府的3000年时光烙印、历史积淀与人文痕迹；③还要兼顾中华人民共和国成立70年来的基础设施、产业经济、社会人居的建设成就。据此，最新有西安市规划院的门周生等（2021）将西安市域生态要素确定为“陆域、水系、通风、人文”四大类型[1]。

因此，现将“水体”要素扩展为“水系”，“地形”具化为“山塬”，“植被”归结至“绿地”，并将广义的“人文”提炼为体现古城历史特质的“遗址”，再将宏观“气候”凝聚为以“风象”为代表。最终形成**水系、山塬、绿地、遗址、风象**五大在地化生态要素，从而构成了西安城市特有的“人地复合生态系统”（表3-3）。

城市普遍生态要素的作用及在西安的在地化形式对照表　　表 3-3

普遍要素	基本释义	城市生态作用、与绿地的生态耦合	在地化要素	具体特征
水体	指水在地表以各种形态存在的集合体，是以相对稳定的陆地、坡崖及堤岸为边界的天然和人工水域，有动有静	良好的水生态可保持植物群落的所需规模与多样性，及动物族群的合理数量与充足的活动范围；水体也是城市绿地、绿色基础设施建设的主要依循，其与绿地结合可使周围温度降低5～7℃	水系	包括平原区的渭河及其主要支流灞、浐、泾、沣等河，以及发源于南部秦岭山麓的诸多峪溪、河川，以及市内的各类历史遗留或新修开凿的人工水体，如：湖池、河渠、水库、沼泽等
地形	指地表各类地物与地貌的形态，是地表以上分布的固定物体共同呈现的各种高低起伏状态	高程、地势、坡度、坡向等影响着光照、水文、地质、小气候的特性、过程及三生空间分布与选址，也是园林风格、遗址展示、地域风貌的多维有效载体	山塬	包括市内的微坡阶地（长安六爻），市郊的土塬高岗、河谷川道，外围的冲积平原、黄土台塬、河流峪道、低山丘陵及秦岭山脉

[1] 陆域——秦山、台塬、保护区、防护林、农田，水系——河湖、湿地、水源地，通风——风廊、绿楔，人文——大遗址、古迹。

续表

普遍要素	基本释义	城市生态作用、与绿地的生态耦合	在地化要素	具体特征
植被	指覆盖地表的各类植物群落（森林、树群、灌丛、草地、原野、农田、湿地等），也按成因属性分为自然原生、次生及人工（栽种、培育）植被	植被具能量转化供给、物质循环促进基础功效，为人与生物提供氧源、食物、栖身场所；林地在城市中发挥气候调节、空气净化、隔声降噪、调节水土、景观营造等生态作用。国家生态园林城市要求绿地乔灌木占比须达70%以上	绿地	包括南部秦岭山区森林，中北部平原腹地的旱作、水生农田，兼有河湖水系沿岸及沟谷洼地、土崖边坡的少量天然林丛；以及散布城镇内各类公园、绿地、单位中的人工绿化种植斑块，和城乡各类道路、公路的行道树绿带
人文	指历史遗留且有史地、文化、社会及科考价值的人工地表事物与形态，含历史建筑，宫、城、园林、生产设施、水利工程等遗址，及在当前继续发挥宗教、民俗、纪念、文教价值的寺观、场所、旧址等	属人类改造、融合自然的历史印记，较少参与经济生产；但分布广、面积大、绿化高、能耗低，可弹性调节人居生活、生态运转、气候变化。尤以文物古迹、特色建筑、革命史迹、大遗址与绿地景观结合，可塑造城市特色底蕴、展现精神文明、活化传统文化、提升社会风尚，是整体人文生态系统的重要组成	遗址	主要包括占地面积较大的周、秦、汉、唐及明清等朝代的城址类、宫苑类大遗址，及具有史迹性质的园林、绿地，同时还包括近现代兴建留存至今的公共建筑（场所）、基础设施、单位大院、学校校园、老工业厂区等，其共同具有的性质是建筑体现了时代风格、地块容积率较低、绿化占比较大
气候	指某一地区常年概括性的气象平均状况，反映为大气运行的一般物理特征，主要表现在温度、湿度、日照、降水、气压和风向等监测指标	气候、风以悬空状态、无形特征、无间距离直接作用、影响着城市下垫面的物理化学状况，如：热岛效应动态分布；其在地化的风频、风向、风速条件也与绿地布局、形态共同作用于空气质量改善、干湿度调节、多维景感创设	风象	地处秦淮气候线以北，属暖温带半湿润季风区；受制于关中口袋地形，空气流动较弱。随硬质下垫面扩大、城建密强度增高、生产生活排放累积而多现高温酷热、雨量偏少、静风增多及尘霾、热岛等气候问题凸显等不利现象

资料来源：作者自制。

其中，城市绿地往往“因山而生、得水而成”，其作为自然生态与人工景观的最常见结合体，成为与其他生态要素均可耦合的用地类型。因而在当前阶段，绿地将更加成为：①促进国土空间生态规划理论方法更新，②参与区域三生空间协同及生态城市建设，③主导各尺度人居环境生态优化的关键空间载体、实施媒介。

3.2 城市生态本底特征

3.2.1 古代城市营建的生态依循

我国古代城市营建多与生态环境密不可分，对历代西安营城、建都的“生态依循”加以总结，有助于揭示城市发展“内在动因”与“环境影响”的关联机制。

首先，西安自古水系丰沛，秦岭为源、渭河为汇。“八水”一词便源自西汉文学家司马相如《上林赋》中的“荡荡乎八川分流，相背而异态”之句，其描述了长安周边的总体水势；清乾隆《西安府志》卷第五记载：“长安之地，潏、滈经其南，泾、渭逵其后，灞、浐界其左，沣、潦（涝）合其右”，这便更加道明了水的方位。

进而，西安位处关中平原中央，南倚“终南”之重峦叠嶂，北望“北山”之连绵起伏；东起零河及灞源山地，西抵巍峨之太白峰峦；加之周边“五塬”环簇，内部“六爻”亘列，总体坐拥着独特的山水地脉环境（图3-6）。历代城址虽屡经移位，但大体均建于渭河南岸并始终处在“麦秸磊2887m—牛背梁2802m—终南山2604m—太兴山2320m”一线的东西约50km的山景视线控制范围之内（今长安区南界）。

由此，秦岭成为历代都城营建首重的“地景对照”与“形胜因借”，其依次造就了秦阿房宫的“表南山之巅以为阙”，汉长安城的“以子午谷为参”，及唐大明宫含元殿南经大雁塔而延伸直指“南五台与牛背峰”的宏大轴线和对望之势（图3-6中深色轴）。正如刘晖（2016）所述：“城市选址，受中国传统地景文化思想影响，往往占据了区域内生态本底条件良好的形胜之地”，于是从地理视角及人文语境来看，古代西安总体以“秦山为屏、渭水为限、川溪环流、山城对望、丘塬屏风[1]、地脉映衬、史迹层累、人文兴盛”为特质，加之地质稳定、地势平缓、水土丰沃、林木繁盛、四季分明、气候温润等条件，可谓是一座“军事攻守、农牧生产、兴都营室”俱佳的“山水天府之城”。由此梳理其历代京、城、都、府的选址、布局、形制及环境“表里关系”，总结城市营建与生态依循的演变特征。

1. 西周丰镐京——邻水就势

地理区位：位于沣水中游两岸，西岸营“丰京”（今马王街道），东岸建“镐京”

---

[1] 包括白鹿、少陵、神禾、铜人、凤栖、乐游等“风/水成”黄土台塬，多处山前过渡地带，占关中面积的2/5。

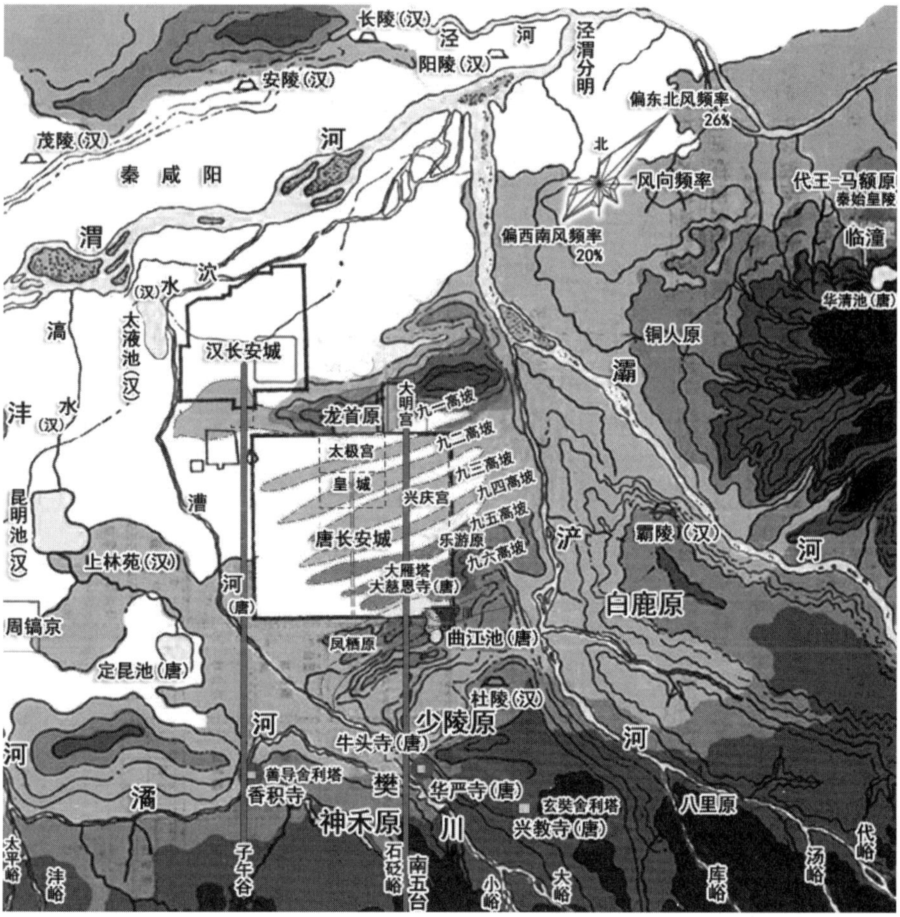

图3-6　西安独特山水地脉环境示意图

（资料来源：参照《中国地景文化史纲图说》改绘）

（今斗门街道）[1]。

占地规模： 丰京方圆6～7km²，镐京9～10km²，两京总面积近17km²。

平面形制： 以沣河为轴，呈上下错位、移轴对称的“双方城”格局（图3–7）。

生态布局： 城址因地制宜地处于渭河一、二级阶地之间，塬隰颇丰：丰京狭小低洼，主宗庙祭祀、园囿赏猎；镐京高平开阔，主王居理政、民生处事。总为“周礼”都城形制典范。

三生关系： 丰镐两京得益于“高平”与“下洼”之交错地势，利于汇水，物资丰饶。由此城兴水畔、宜居宜业，河网交织、田畴纵横、产融于郊、宜耕宜农。

---

[1] 1959年于马王村北首次发现西周夯土基址，为探索丰京基准；1983—1984年于洛水村勘得10余座西周夯土建筑基址，为确定镐京之基础。

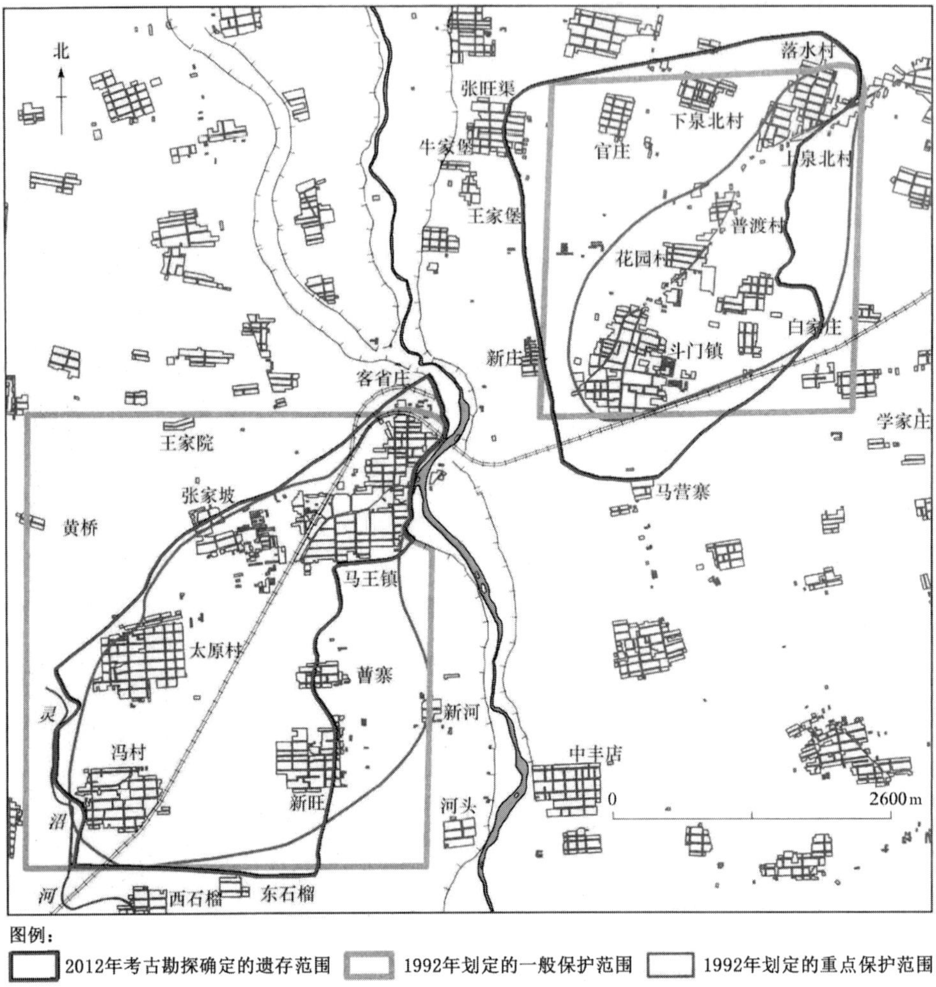

图3-7 丰镐京遗址范围示意图
[资料来源：引绘自《丰镐近年考古》(付仲杨等，2019)]

2. 秦都咸阳城

地理区位：位于咸阳市东15km处的渭北咸阳原上（渭城区窑店、正阳镇一带）；九嵕山南、渭水之北，山水俱阳，故名咸阳❶；后南越渭河、东至浐灞、西达沣涝，南到潏滈（鄠–杜❷）。

---

❶ 宋敏求《长安志》(北宋）引用辛氏《三秦记》(东汉）所述。

❷ 出自《三辅黄图校正》卷一《咸阳故城》(陈直，1980)，指今西安市西南部鄠邑区至东南部曲江一线。

占地规模： 咸阳宫主殿区面积3.72km^2，秦咸阳城遗址范围东西12km、南北6km，面积约72km^2；跨渭河发展后，连同渭北原宫殿群，总面积约460km^2。

平面形制： 宫城探得始为“不规则长方形”，后扩展为以渭河为横轴、咸阳宫为纵轴、横桥为中心的“四散同心圆”式宫殿群，终呈大部位于渭河以南的“横椭圆形”地盘。

生态布局： 渭水两岸，两塬对峙，地势高亢开阔，秦宫时兴“高台基址”，故咸阳宫、仿六国宫、兰池宫布于北岸咸阳原上，而章台、兴乐、甘泉及阿房诸宫筑于南岸龙首原上。渭水贯都，以象天汉（银河），横桥南渡，以法牵牛（天鹰星座主星），宫庙、楼阁、道桥均与天河星象平面对位（图3-8）。

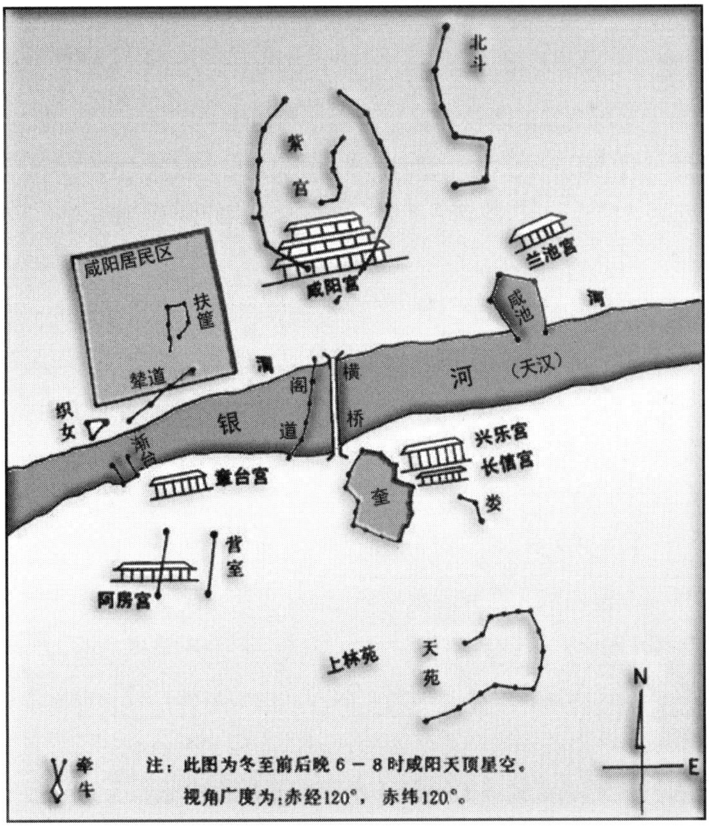

图3-8　秦都咸阳主要宫苑与天象位置对照示意图
［资料来源：引自《秦咸阳规划思想》（杜忠潮，1997）］

三生关系： 秦咸阳主居关中腹地之渭水两岸，东西绵延，水土丰沃，资源富足。渭河北塬地势高亢，兴修宫殿以象征王政中枢，旁为官营冶炼区，塬下为居民及手工业区；渭河南岸良田广袤、草木繁盛、水溪分流，从而建上林苑以圈之，筑阿房宫以享之，另有兴乐、甘泉宫及章台等，并造以横桥通向北岸诸宫[1]。全局散点布置、功能集中、川野成片；形似高度人工掌控，实则自然干扰较小。

3. 两汉长安城——因势利导

地理区位：位于明城墙西北方向4km左右（属未央区），北止于渭河、西抵皂河，东、南外侧为汉城湖（原团结水库，古漕运明渠）。汉代时城北亦有渭水、藕池及泬水支津渐次，东有王渠贴合，南有昆明故渠斜向经过，西有泬水、太液池、昆明池水及揭水陂连接所围，可谓“四面环水”。

占地规模：主体城址面积36km^2，城方六十三里，经纬各十二里[2]，其内长乐、未央、桂宫合计占去三分之一（12.6km^2）。西侧建章宫遗址面积9.38km^2，南部礼制建筑区10.83km^2。“汉城保护总规”经国家文物局2009年1月原则同意及陕西省政府2010年8月批准，规划面积为75.02km^2。

平面形制：汉长安城东垣较笔直，南垣、西垣因“先宫后城”及地形缘由而有所曲折，北垣因渭河限制大致呈“西南—东北”走向，曲折更多。城北建如“北斗星”形状，南为“南斗形”，故有“斗城”之称。总体为不规则长方形（似一个“缺角”的正方形）（图3–9）。

生态布局：选址龙首原北—渭水南滨间平原及秦时离宫基础而兴建。因顺应河、塬走向而形制不整，但依南高北低地势而因地制宜、前朝后市。将宫殿区置于南部，高屋建瓴、利于安防且象征“龙权至上”；居民区街市及160个闾里位于北部，南北隔有“明渠”，实有战国时“城郭分工”之延续。每面城墙各设3门（共12门），门内均以3条平行街道垂直交织，形成外部贴合自然，内部井然有序之态。既合乎于进一步发展了“象天、形胜及神仙”之思想，也体现了道法自然的有机生长理念。

三生关系：北有渭水，西邻泬水（皂河），西南凿昆明池、揭水陂为“调蓄水库”，南堰洨水，向北“入池、出陂”后由章城门引渠入未央宫汇为沧池，后接明渠（泬水支渠）经长乐宫北至霸城门出，再汇于昆明故渠，终与北部漕渠合一注入灞河。城建于下游，上游梯级调蓄，因势利导；周边引渠甚密，使城处“灌溉网”中央；城外农耕兴于水，城内植被旺于水。城本规模有限，又被“三宫”及公共设施占去大半，留给民居仅1/3。遂将人口承载渐疏解至渭北诸“陵邑”（贵族大户为帝后守灵之聚居区，类似卫星城），由此主城地广人稀、王权威严，陵邑富庶繁盛、经济发达，构成“田园分散式”城市群。

---

[1] 《三辅旧事》（清）引《史记·孝文本纪》（西汉）、《正义》（唐）所述。

[2] 引自《史记》卷九《吕太后本纪·索引》。

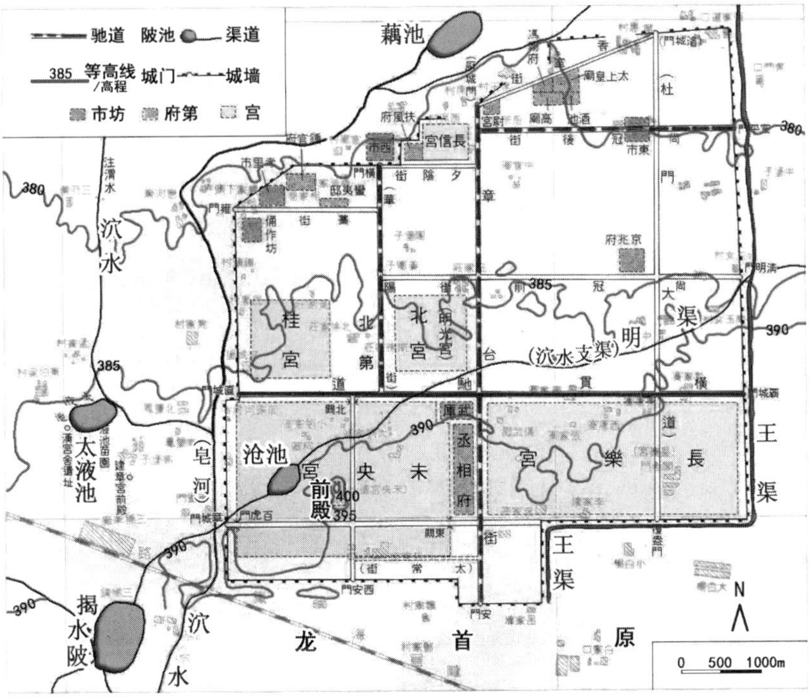

图3-9　汉长安城平面布局与地形、水系本底叠加示意图
（资料来源：改绘、修正自“中国古代都城地图”）

4. 唐长安城——景城融贯

地理区位：唐长安（隋大兴）城叠于今西安市区中南部，北南受制于龙首、少陵两原。外郭东墙依东二环内侧，西墙沿西二环—唐延路外侧，南墙于丈八东路（电视塔）内，贴电子四路—明德二路—师大路—雁南三路外侧，北墙基本沿陇海线平段北侧。城西南角位于唐延路南端省体育训练中心地块内东北部，城东南隅在曲江池遗址公园与大唐芙蓉园间转折穿行，置曲江池于城外；皇城位居今明清城墙内中南、西南部，宫城位其北；大明宫则外附于长安城北东侧（今西安火车站正北方）。

占地规模：外郭城84km^2，为汉长安城2.4倍、明清北京城1.4倍，比同时期君士坦丁堡大7倍，较巴格达城大6.2倍，也是古罗马城的5倍。宫城居于城内北部中央，面积约4.2km^2，紧南为皇城，面积约5.2km^2，大明宫外附于城北东段，面积约3.2km^2。

平面形制：为东西略长、南北略短的长方形。北外郭城墙东段外扩出大明宫；隋大兴城时为使南城墙东端绕过曲江池凹陷地带（通过则会使城墙高度下降从而失去防卫意义），而在池西向北折出510m后继向东直至城东南隅，从而形成北与南，“一大凸、一小凹”之形（图3-10）。

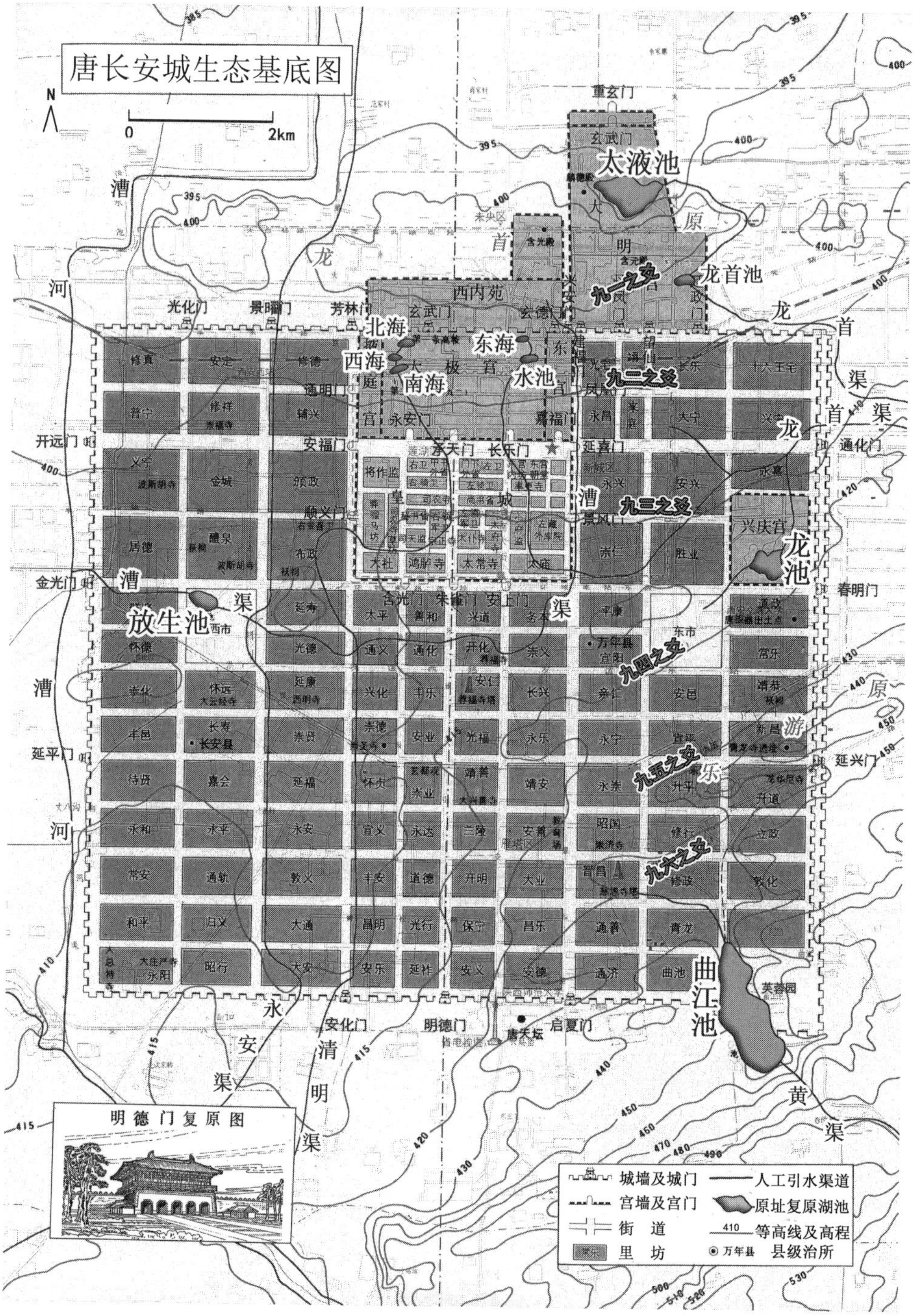

图3-10 唐长安城平面形制与地形、水系本底叠加示意图

（资料来源：改绘自《西安市地图集》“唐都长安城 1：65000”）

生态布局：北周旧都（汉城旧址）狭愍于渭水与龙首原间，生活垃圾污染及地下水盐卤化严重，又恐水患，隋文帝遂迁都大兴城。经堪舆及师法天象，终于浐灞河间龙首原“定鼎建基、宫城环拱”[1]。宇文恺于其南依次找出东北—西南向六道横亘土梁，以“乾卦六爻”为理，象征龙身姿态，于其上安排皇宫、府邸、政所、寺观、公共游赏地。唐长安城改建于隋大兴城上，继于梁洼相间地势兴建设施：乐游原—青龙寺位居高地，兴庆宫—龙池、曲江—芙蓉苑处于洼地；大明宫建于龙首原东，一改“初九潜龙勿用”之意，反以含元殿—大雁塔—南五台—牛背峰（终南山）轴线加强地景形胜，为贯穿众条高冈中央的真正“龙脊”。城内棋盘式布局，百米宽朱雀大街为中轴，街道纵横交错，108里坊及东西两市对称排列；地块单元面积相当且不大，恰可灵活适应“六爻”斜列地势；“三朝、左祖右社”礼制思想、“效天法地”建筑设置、“九宫格局”数理均衡、“公私有辨”功能分区等，共同营造出立体感强、层次分明且“遵从自然，解构地形”的宏伟壮丽鼎盛都城风貌。

三生关系：长安城地处渭河及其支流间，就近利用丰沛水源并依东南—西北徐缓下降地势而修凿龙首、清明与永安渠（隋初），及漕渠（天宝）、黄渠（开元）等五渠，以供生产生活用水，也兼具“苑囿林沼”绿化造景蓄水之需。龙首渠一支流入兴庆宫龙池；黄渠一支西北入曲江；永安渠两岸垂柳依依，为西半城供水干渠；清明渠供皇、宫城西部用水，注为三海；漕渠为运输薪炭开凿，亦为横贯东西之供水干渠。

各渠配合带状起伏地形，构成了显著的绿化带、风景线，既起到增湿、抑尘、降噪等作用，也与建筑一起增大了空间立体维度；同时又在规矩街网中平添了许多灵活走向的“绿景廊道”和“水景佳处”，尤其使108坊中近一半之多的52处里坊内均借水而开凿有“池沼”[2]，由此共同创造了通风与采光俱佳、水汽循环顺畅的城市微气候环境，以及花团锦簇、林木繁盛的公共寺园游赏区。总之，长安城地处水系下游中间宽平之地，未侵扰南部山林及众河川流域的水文环境，而是以集约且顺势的街坊营建及渠网开凿，盘活了城郭内外的景、水资源；并在保护周遭生态环境的同时，营造出了利于农耕、手工、商贸、居住及宗教活动的综合人居环境。

5. 明清西安府——凝循巧置

地理区位：明洪武二年，将军徐达占领元奉元城后改奉元路为“西安府”，西安始得名。明初拓建西安城，因原韩建“新城”北、东墙基底较低，从而为争取有利地势及环护新修于宋元老城东北隅的“秦王府”，遂将两面城墙续向北、东移至

---

[1] 参见《旧唐书》卷三十六《天文志》。

[2] 宋敏求《长安志》记载18坊22处，徐松《唐两京城坊考》补10坊11处，史念海《唐长安城得池沼与园林》又补34坊41处，再加上东西两市放生池及位置未定者，除去重复统计后共得52坊89处池沼。

“九二”高地，使城墙基本处于海拔400m等高线以上，增强了军事防御性能。由此，明清西安城格局得以定型并保留至今；现四关城郭虽已消失，但仍代表着以各自正街为主轴的老街巷区域。

占地规模：唐后期长安城逐遭破坏，直至唐末被彻底拆毁、焚毁。佑国节度使韩建废弃长安外郭及宫城，仅将皇城改为“新城”，之后五代、宋、元时便一直沿用该格局。明初扩建“新城”，西、南城垣保持原址，北、东墙则外扩约1/4，四面各开1门，东关也一并被拓建以作军事防御之用，明城墙初得成型。城内面积时为9km^2，为韩建“新城”近2倍。崇祯末年西、北、南又修三关后形成“四关拱卫”之势并被清代沿用，最终城墙周长近14km，占地11.6km^2。

平面形制：明初完工的城墙周长11.9km（东墙长2590m，西墙2631.2m，南墙3441.1m，北墙3241m），形制为四向坐正之长方形。明万历十年，将旧钟楼移建于现址[1]，此后东西南北四条大街由中心辐射开去。清顺治元年，改明秦王府为“八旗校场”并外扩形成专供八旗军兵及家属居住的“满城”，其占据了全城40%面积的东北片区（由东大街—北大街—城墙所围）。至此，清代西安府便成为“偏心三套矩形方城”为主体，外附四座凸出“关城”的形态（图3–11）。

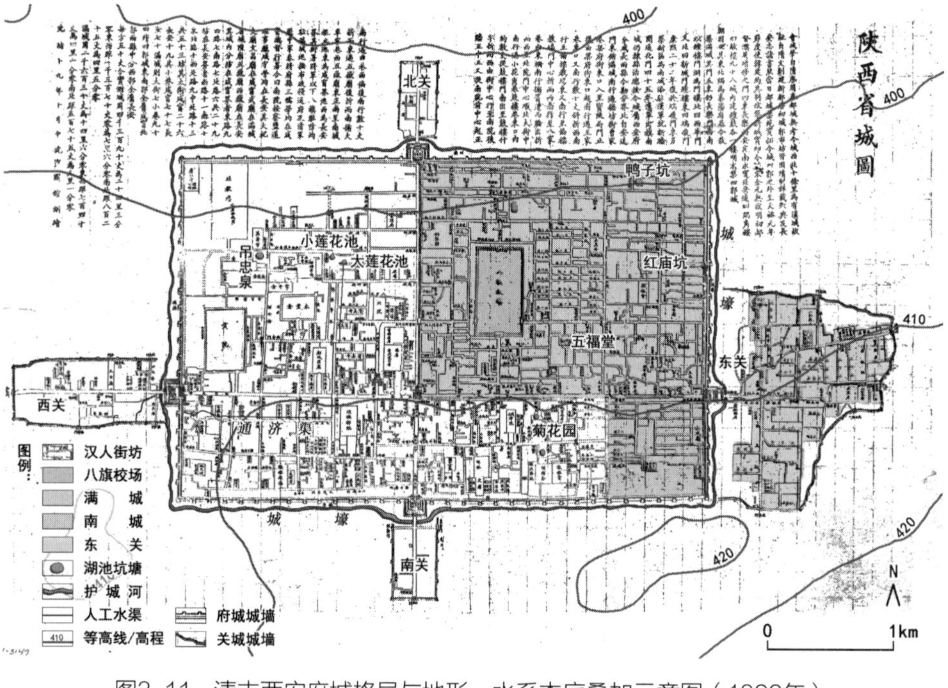

图3–11　清末西安府城格局与地形、水系本底叠加示意图（1893年）
（资料来源：改绘自《陕西省城图》，舆图馆测绘，光绪十九年十月中旬）

[1] 近代《咸宁长安两县续志》卷五《地理考下》引龚懋贤《钟楼碑记》。

生态布局：明初改奉元路为西安府，诏秦王于“陕西诸道行御史台”建新王府以降工程量。自袭韩建“新城”后，台署空间不足且距城墙过近，致安全不利，旧城随新府同步扩建；加之军事、礼制要求，王府需居中且远离城墙，遂将城墙向北、东移至利于防卫的“九二”高坡。另建东郭新城，与相邻城、府组成多道城防体系，也使王府修正于府前—东关道路的中点。万历年间钟楼移于现址，成为掌控与预警全城的中心，东西大街及城门恰处“九三”高地并顺应地形而“一向南弯、一向北曲”。明后期修其余三关，均延城内大街为轴，四关遂呈向心之势。清时满汉分离，城内东北划建“满城”，规格严谨、巷道齐布，东南又辟“南城”以驻汉军；使政治、商业被挤压集中于城西之南、北院门地区，文教区则一直位于东南并受到重视。

三生关系：明清西安较唐长安缩减很多，其位置、规模历经朝代更迭、城址变迁、形制演进而更加集约并继续落位于唐“八水五渠”交汇之核心地带，也更充分占据了象征“君子勤政”的“九三”坡地，可谓“去粗存精”之举。城内分区有别、各具职能，路网结构复杂灵活，使用地形态有机多样，功能业态混杂、交融。形成了“四关拱卫”的防御前沿，“满汉分治”的军事格局，都府、官署密集的“行政组团”，商贾聚拢的“门坊街市”及府学、县学、文庙连片的“文教场所”等特征空间。加之城内外以通济、龙首渠及护城河为骨架和通道，既“桥接”了远郊天然水系于城内，又形成了城内的供、排水系统，也为园林、庙宇、绿植、池沼、水塘、泉井等提供了水源（如大小莲花池、菊花园、白鹭湾、鸭子坑、五福堂、吊忠泉等）。

总之，明清西安城的择址布局主因军事防御、民族隔离及经济民生需要而成，既非占地宏大以求天地对位之形，亦未规整划分以达宗礼严明之制，反而体现为安稳、顺势、集约、混杂的实用主义。高大坚固的城墙内，居民以军政、官场、教派、生意、文教等为主要职业；而城外则均匀散置着“星罗棋布”的村庄及“纷繁交织、四通八达”的乡野路网。此城关格局、城乡关系一直延续至1930—1940年代（图3-12）。

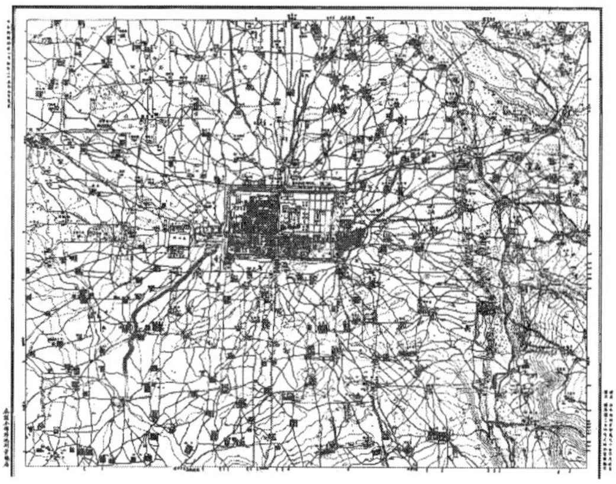

图3-12 1936年西安城乡关系图
（中央-城关，外围-村庄）
（资料来源：改绘自1936年陆地测量局复制的“长安县地形图”）

明清西安城以较为缩减的规模位处八水环伺之腹地，其城内人居环境密集且范围受限于城墙，外部郊野乡村散置、广阔，从而留有原真地貌，城乡规模、比例总体得当。由此产生了极具代表性的、“成于明，盛于清”的“关中八景”；加之其他“人文胜迹”与“赏景佳处”多位处坡谷塬隰之地，从而共同组成了良好的“乡村—自然”复合型生态本底，呈现了人地互不侵扰且融合共生的关中乡土地景风貌。

6. 历代营城的总结

综上可见：古代西安，选址于关中地理格局之正中，外有“山环水隔”之关隘体系，中有“八水盘踞”之良田沃野，内有“塬隰交错”之地景龙脉。人与天地、城与自然的长期“磨合”与“耦合”，造就了数座“巧夺天工、形神契合”的城池典范，如：①沣水连襟、分庭制礼的周京丰镐；②渭水贯都、宫照星河的秦都咸阳；③依水傍塬、疏密有序的两汉长安；④水汇龙腾、轴网纵横的隋唐长安；⑤城关聚拢、乡野散置的明清西安（图3-13）。

五座城市，不同朝代，但均体现了一脉相承的“山水营城”理念：①**选址**方面，“临水、近水”而非“压水、断水”，布局善因借地形以“象天尊礼”、巩固城防，易于给养及利于植木、造景。②**形态、规模**方面，受制于垣墙而多呈矩形轮廓、网格结构、对称形制；占地集约，与外界自然基底比例相适。③**风貌**方面，城

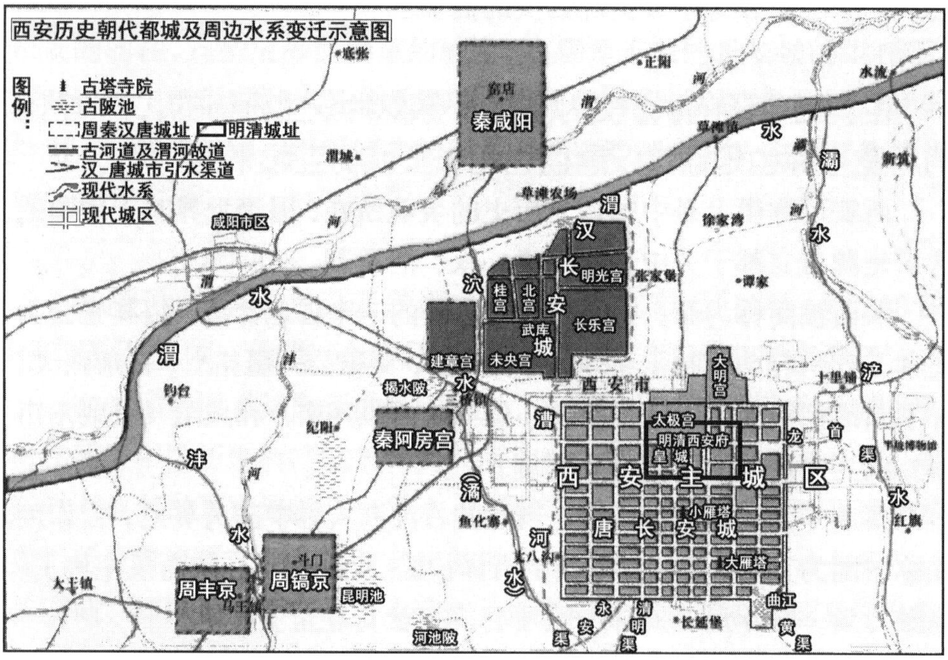

图3-13 西安历史朝代都城及周边水系变迁示意图
（资料来源：改绘自《西安历史地图集》）

内外相较虽然截然不同，但有连贯地形、水系相通，使规矩人工空间与自然生态基底“相合相生”。④**城乡关系**方面，呈现“一城居中，辐射众乡”之形及“单核集聚、众星散布”之势，营造了多处人地耦合的“风景胜迹”。

3.2.2 现代城市规划的生态考量

1949年后，西安作为“中央直辖市—计划单列市—副省级市”，始终处于规划建设的“第一梯队”；至2016年已完成4轮城市总规、1次总规修改及多项绿地、历史专题规划，逐渐形成了历史文物保护与现代园林景观营造的并举局面（表3–4）。

1949 年以来西安各轮城市总体规划生态建设概况汇总表　　表 3–4

时代及轮次	总体意义概括	用地布局与空间结构	生态建设实践	规划总平图示
新中国成立伊始的第一轮城市总体规划（1953—1972年），规划规模：人口增至122万，城区用地发展到131km²	在生产功能恢复、新工业职能布局、落位及生活配套的主导下，以现代规划理念搭建城市新骨架，奠定西安现代城市新格局	①棋盘格局的再生与中轴对称结构的奠定。②土塬高岗限定下“八卦形”路网的形成。③旧城居中，发展商贸、居住；城郊扩展工业、文教主题片区，向山面水	总体缺乏考虑生态环境因素，但在公共绿地方面布置多、广，并通过从南山引水、修渠从而形成初始水系环路	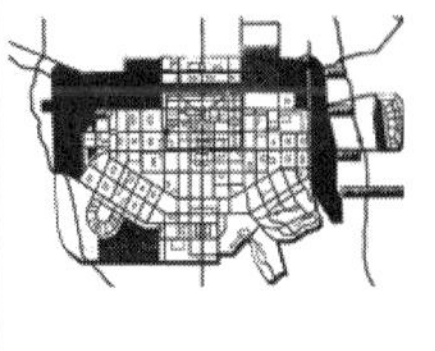 黑色：绿地；白色：各类建设用地
改革开放初的第二轮城市总体规划（1980—2000年），规划规模：人口近期160万、远期180万，用地面积162km²	以历史文化名城保护为重，打造绿化环境与特色风貌；顺势及凭借经济动力，以旅游发展带动产业转型升级，成为国内外知名古都	①以古都风貌保护与遗址园林建设使历代城址形态清晰；②旧改、新建提速，明清格局保持；③新区涌现、产业调整、格局定型，“井”字干道划分及独立地块单元明显	市内以古迹园林为主、道路绿化为辅；郊外于遗址、滨水处植树造林。治理、新辟城区水体，在秦岭建立自然保护区、森林公园等	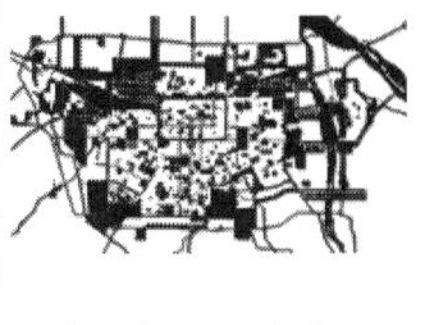 黑色：绿地；白色：各类建设用地
迎接21世纪的第三轮城市总体规划（1995—2010年），规划规模：市域人口310万、中心城区215万；用地总面积275km²，中心城区175km²	以中心—组团模式缓解城市过度增长，创建特色产业/功能片区；强化向心联系、轴环布点、绿化配合、内外协调。巩固世界历史名城、西北中心城市、全国文教科技产业基地地位	①强化主城核心，关联外围组团，提出中心城—卫星城—重点镇三级体系；②道路交通引领城区扩张，形成内棋盘、外部环、放射轴式用地布局结构；③控制城市增长，转向分散集约发展，农田、遗址、绿地、功能用地有机组织	呈规模增、分布广、类型多、总量升之势。老城开辟小广场、街头绿地；新区营建公园体系及大型景群；外围乡野、山区则广泛植绿。另在城内外增扩水面，提升水质	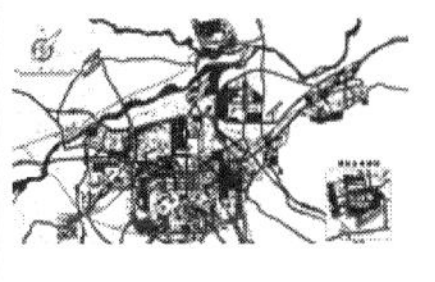 黑色：绿地；内部白色：各类建设用地；外围白色：生态及农林用地

续表

时代及轮次	总体意义概括	用地布局与空间结构	生态建设实践	规划总平图示
生态文明建设时期的第四轮城市总体规划（2008—2020年），规划规模：市域总人口1070.78万、主城区人口528.4万，城镇建设用地865 km^2以内，城市建设用地规模490km^2以内	响应西部大开发，定位历史文化国际都市，立足“关天经济区、丝绸之路经济带”，以“国家园林/森林城市”为专项目标，借举办世园会、欧亚论坛等优化人居环境、城乡体系及生态格局，成为中西部宜居宜业中心城市	①主城区布局优化，历史人文、商务旅游、科技文化、工业生产、生态人居各居其位，“九宫”格局尽显。②八水拥纳，湿地与滨水景观的营造；塬岗川谷结合，郊野游憩地的兴起。③秦山烘托、渭水映衬，优美城乡与绿色田园的蔓延，形成“三环八带十廊道”绿化主骨架	市域以生态脆弱、环境敏感、遗址保护区及农林水要素构建生态“骨架—网络—区域”体系；主城区以增强绿地开放性、增大绿化面积、建立绿色“廊—带—道—网”以提升生态服务水平并塑造历史人文格局与氛围	 城内黑色：绿地；白色：各类建设用地；外围黑色：生态及农林用地

资料来源：作者自制。

进而，关中平原城市群发展规划（2018）、大西安发展规划（2019）及当前的市县级国土空间规划又不断明确了西安在丝绸之路经济带中的引领作用，提出了建设国家中心城市的实施路径；同时，也加强了市域生态安全格局与空间管制的构建力度，并愈加向着“三轴、两带、数中心、多组团的生态都市区”而大力创设。

总之，西安在“基础构建—转型加速—品质提升—生态引领”等阶段的规划引领与推动下，城市绿地建设虽意在顺承传统山水格局、延续固有生态本底，并弥补式新建了诸多公园与景区，但仍留有一定局限：①**早期规划**，有“重城区、轻区域”现象，如1953年版总规只针对“点”而未涉及“面”；②**中期规划**，多将“生态”等同于“绿化”，集中式园林及沿道路林带为主要形式，如1995年版总规提出“绿色空间控制区”，但终未落实；③**近期规划**，建成区成倍扩大，虽新建绿地逐年增加，但大规模用地开发导致生态本底遭受侵蚀，生态系统支离破碎，如2008年版总规虽已重视“区域绿地”，但同期绿地标准却未同步体现；④**绿地景观**，“碎片化”强于“廊带、面域化”，整体生态效益偏低，生态网络及田园城市构想尚未实现。

3.2.3 当代城市发展的生态衬托

1. 市域的地形基础

地形地貌是城乡环境的自然基底，西安市域总体呈“东西延展，南部宽厚，东北攒起”的平面特征，形似一只“脚（或鞋）”。其北部基本沿渭河并以之为界，南部完全由秦岭充斥，中部为一条宽约20km、西南—东北走向的平原阶地带；主城区则处于中间的山塬转折之处，由此共同构成了“南山—北水—中城”的地理格局。

同时，西安市域坐拥着关中较为全面的地形种类、完整的水系格局、多样的农林植被，并发展形成了层级清晰的城—镇—乡体系；其地貌可根据高程、成因、空间形态及利用方式而被分为“秦岭剥蚀山地、渭河冲积平原、黄土台塬川道、骊山丘陵沟壑”等四大类。而山地又可因高度分为“高—中—低山”，平原又可因水文分为“河漫滩—阶地—山前洪积区”等中类。总体统计：山地几乎占据了市域面积的一半，而适宜农产及城建的“较平坦土地”（平原+塬面）则占比不到40%（表3-5、图3-14）。

西安市域地貌分类数据及生态特点汇总表　　表3-5

地貌类型		海拔（m）	面积（km^2）	面积占比（%）		生态特点
总体市域		345～3767	10095.75	占市域	占本类	山塬列布，内广间秀，水热适宜，利兴工农
①山地		500～3767	4937.74	48.91	100	山岩雄峻，生物多样，风景绚丽
	（一）高山	3300～3767	3.27	0.03	0.1	寒冷风强，仅有灌丛草甸贴地而长
	（二）中山	1200～3300	3834.47	37.98	77.7	山高、谷深、石多、土薄、林密
	（三）低山	500～1200	1100.00	10.90	22.2	水土流失较重，植被易受破坏
②平原		345～700	3773.01	37.37	100	地势平坦，水气调和，农业兴盛
	（一）河漫滩	345～444	324.01	3.21	8.0	黏砂土质，水草丰茂，农牧俱佳
	（二）阶地	350～500	2742.00	27.16	73.1	平坦肥沃，水源富集，生产集中
	（三）山前洪积区	400～700	707.00	7.00	18.9	下部平坦宜耕作，上部坡陡可造林、栽果
③黄土台塬		450～800	645.00	6.39	100	土厚壤松，水源不足，适于旱作；边坡水土流失严重，宜于林牧
④骊山丘陵沟壑		800～1302	740.00	7.33	100	沟壑纵横，地形破碎，亟待水土治理

资料来源：根据《西安土地资源》数据而制。

进而，需将地形地貌转化为土地利用类型以更好地探讨生态与绿地问题。就如同Arun Pallathadka等（2022）为探究绿地分布—洪水风险间的关联影响，而将美国3座易遭洪水侵扰的城市划分为不同开发强度、植被类型、农牧方式及水陆形式的4大类、15小类土地覆盖形式一样，现根据历年卫星影像，将西安市域分为“城乡

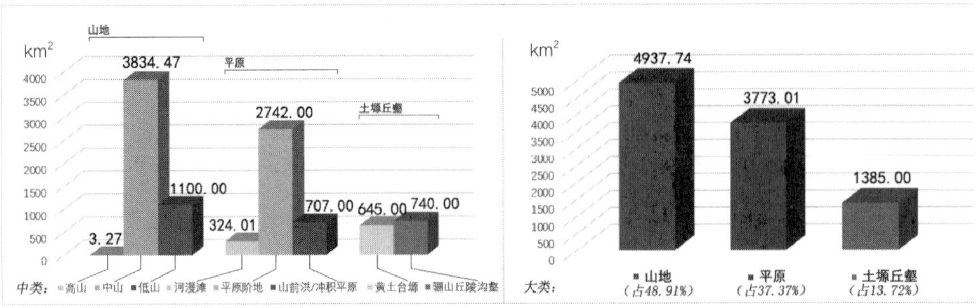

图3-14　西安市域地貌类型及面积统计图

（截至1991年年底的“西安市土地资源”数据）（左-中类，右-大类）

（资料来源：作者自绘）

建设、耕、林、草地及水域”等5大类型。通过代表年份变化情况可见：1990年代至今的土地利用类型、区位、形态等大致平稳，且各类土地与所在固有生态要素也大致匹配；较大变化则在于：城镇及农村用地扩张明显，原有耕地及近郊林、草地等不断被蚕食，“自然—农业—城市”三生空间愈加“界限明显、分庭抗礼”（图3-15）。

其次，参照区域土地利用类型与三生空间的对应归属关系及典型变化规律（郑皓，2022）来看：西安市域自1980年代中期以来的30年间，以耕地+林地为代表的生产+生态空间面积总体“稳中有增”，其中林地占比增加17.42%，但耕地却减少达12.98%；而以城镇+农村居民点用地为主体的生活空间则“增长明显”，其中城镇增至原先的近5.5倍，农村则呈“先增大，后减小”的趋势（表3-6、图3-16）。

1986—2018年西安市域土地利用主要类型面积统计表　　表3-6

年份	耕地（hm^2）↓		林地（hm^2）↑		城镇用地（hm^2）↑		农村用地（hm^2）↑	
1986年	376481.27	37.25%	317659.76	31.43%	11655	1.15%	36909	3.65%
1990年	330326.34	32.68%	368199.63	36.45%	15733.32	1.56%	51133.28	5.06%
1996年	301000	29.78%	417034.86	41.26%	18193.49	1.80%	55411.07	5.482%
2005年	266780	26.39%	426391	42.18%	41776	4.13%	55356	5.476%
2014年	240486	23.82%	480736	47.61%	69063	6.84%	61017	6.04%
2018年	245073	24.27%	493179.05	48.85%	82714.98	8.19%	52983	5.24%

资料来源：根据“西安市志、西安统计年鉴、西安市土地利用规划”等相关数据计算而得。

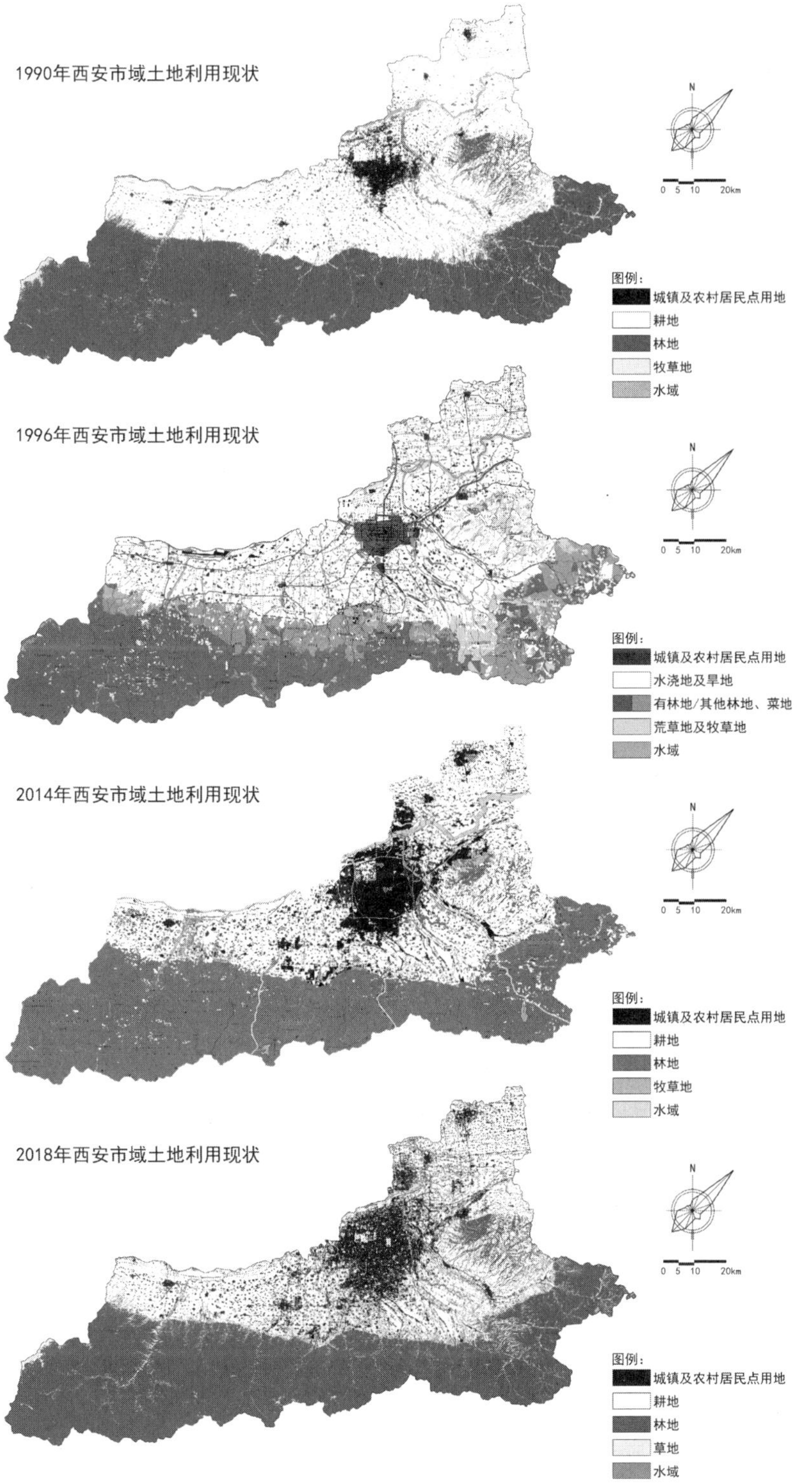

图3-15　西安市域土地利用情况变化组图（1990、1996、2014、2018年）
（资料来源：根据各年份Landsat影像及“市土地利用规划现状图”绘制）

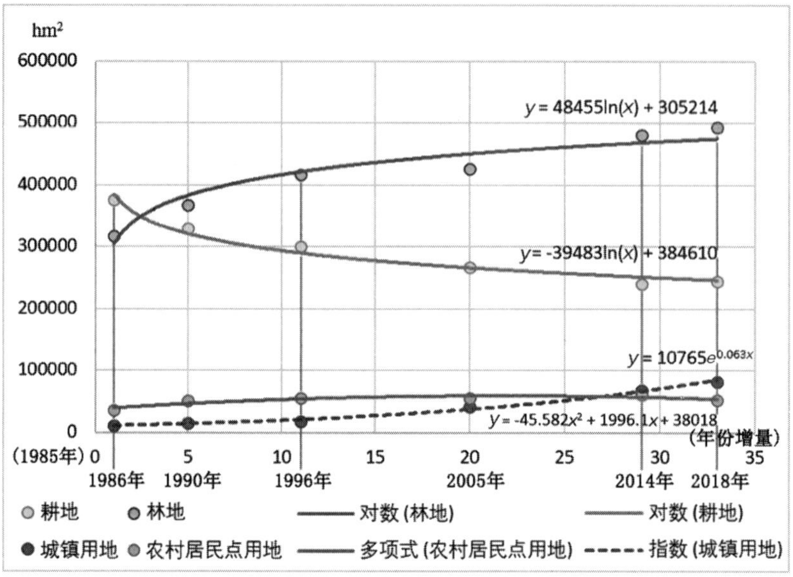

图3-16　1986—2018年西安市域土地利用主要类型面积变化趋势图
（资料来源：作者自绘）

具体来看：①**林地**，多维增加：因除新增的“有林地”（郁闭度大于20%）外，还包括原“灌木林地、疏林地、造林地、迹地”等绿植地的“生长成林”及“园地、苗圃”的新统计纳入。现总体富集在秦岭及洪庆山区，较少分布于河川谷坡等廊带空间。城郊缺乏森林型“绿源”，城区鲜有林丛型“绿核”，二者间未介入有适宜宽度的“绿楔”；城内绿地尚未与郊野山林取得林荫式的“绿廊”或“绿道”体系。②**耕地**，持续减少：现主要位于冲积平原、黄土塬面及秦岭山谷缓坡地，也零星嵌于城市边缘区。虽属于基础生存物资产地，但因地形平阔及在“城镇开发需求、农产效率提升、种植类型调整”等因素驱使下，总体处在“易受侵占、弹性削减”状态；其生态基质面貌已日渐破碎。③**建设用地**，翻倍激增：城镇面积增加数倍，农村则于2014年增至高点，后因“秦岭生态保护、河道行洪保障、新型城镇化建设、建设用地缺口填补、重点产业供地”等计划而逐年腾退（2020年目标调降至44200hm²）；建成区增量远大于因“迁村并点、重大设施建设、生态涵养”带来的农村宅基地减量；城市总体呈团聚增长态势，乡野生态空间多受侵占，地区生态压力愈加过载。

此外可通过遥感识别来佐证分析近30年间西安市域土地利用类型的具体分布变化详情，即汇总呈现出各类土地相互间的“面积转移矩阵”（图3-17、表3-7）。

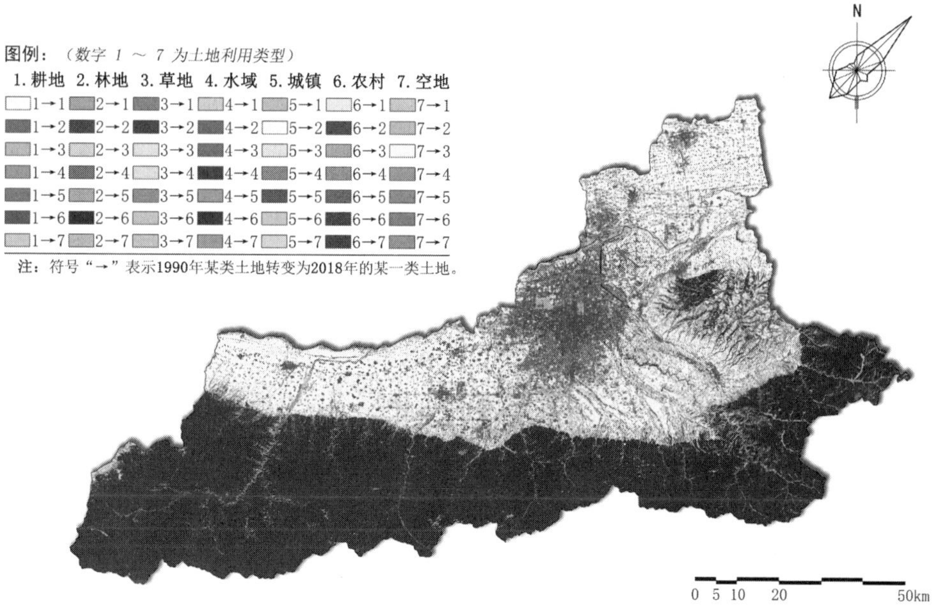

图3-17 1990—2018年西安市域土地利用类型变化状况分布图
（资料来源：作者自绘）

1990—2018 年西安市域土地利用类型面积转移矩阵表（hm^2） 表 3-7

土地类型	现1.耕地	现2.林地	现3.草地	现4.水域	现5.城镇	现6.农村	现7.空地	1990年面积
原1.耕地	3212.997	169.0128	**292.8663**	8.442	**<u>532.7577</u>**	**219.5802**	0.2871	**4435.943**
原2.林地	**245.4237**	4731.062	41.9085	4.9248	10.5921	3.6387	0.1674	**5037.717**
原3.草地	36.378	26.3592	29.5641	1.4616	54.0828	17.82	0.1836	**165.8493**
原4.水域	44.9154	1.5957	12.5613	36.9756	12.7242	1.206	0.0666	**110.0448**
原5.城镇	27.0207	0.405	5.5674	2.3589	165.8349	21.5334	0.0099	**222.7302**
原6.农村	15.0318	0.0477	4.3848	0.3483	49.3785	52.0677	0.0126	**121.2714**
原7.空地	1.0404	0.072	0.8793	0.0459	0.7227	0.3546	1.413	**4.5279**
2018年面积	**3582.81**	**4928.55**	**387.732**	**54.5571**	**826.093**	**316.201**	**2.1402**	**合计10098.1**

注：除1990、2018年及合计的数据外，每格数据表示从"原土地类型"向"现土地类型"的面积转移量；较大转移量为"粗体"，最大转移量加有"下划线"。本数据因基于卫星影像"人工识别、提取"而得，与前文官方数据有所差异，但在市域总面积及各类土地的同年份"占比"方面仍可呈现出较客观、真实的状况。
资料来源：作者自绘。

据表3-7可见：①**耕地**，动态变量最大、转化输出类型最多，其向人工用地转移面积为生态用地的1.6倍，且向城镇的转移量高居"49对转移关系"的极大值；

②**林地**，向耕地转移量较大，但不易察觉，因其多发生于秦岭峪道滨水沿岸地带；③**草地**，虽然扩大为原先的2.3倍，但其“原地保留率”却最低，主要原因在于经历了由“郊野原生草地”向“城市人工草坪”的变迁过程，并破碎化程度更加严重；④**水域**，多向耕地、草地、城镇转移，随水量变化而逐年退减，河床缩窄、漫滩渐露，从而易被顺势利用为“暂时耕种地”或交通、防洪、景观及其他设施占用地；⑤**城镇**，增长因呈“均匀外扩式”，从而对邻近耕地、农村的侵占几乎显出了“无差别化”对待，只是农田因不牵扯“拆迁安置”等复杂过程而更易受到优先侵占；⑥**农村**，宅基地扩大很大程度上取决于距主城区、镇区的距离远近，尤其是城乡接合部的原有村庄斑块，在受到城市化进程的强烈牵引与裹挟下，自身扩张速度较乡野腹地村庄要迅猛许多，甚至十分容易连片形成城市边缘的“生产—生活”混杂片区；⑦**空地**，即未利用地，多位于坡度较大、地形复杂的边角隅地，其总量及转化量均极少，但随着土地供给短缺及国土空间的精细化规划，也会逐渐缩减以被更多利用。

由此，根据上述土地利用状况可见，西安的“山水地形、人文胜迹、气象风候”，既各自保持着相对“完整、绵延”的形态独立，也一起配合出“相互穿插、并行不悖、有始有终、相得益彰”的空间交错，同时还留有着自古而今的传统名称（如白鹿原、六爻、樊川、丈八沟等），呈现出了直观的生态本底与地貌景象（图3-18）。

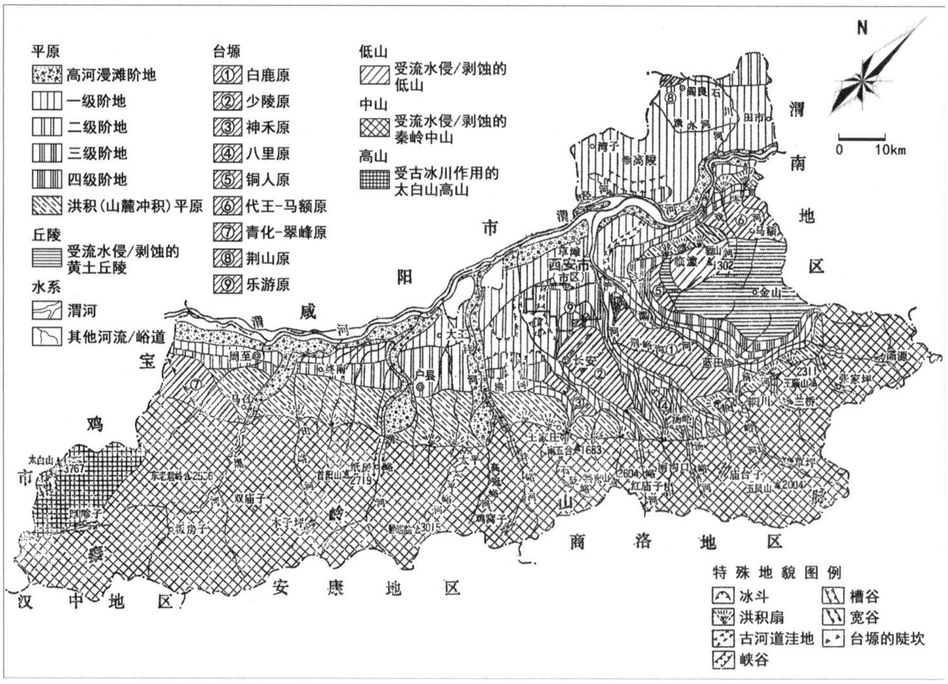

图3-18 西安市域生态本底及地貌景象分布图（根据1987年现状）

（资料来源：根据《西安市地理志》重绘）

由此，这些众多类型的地形地貌共同构建出了“稳定而隐匿”的生态本底历史积淀，并成为当今城乡生态规划建设的资源禀赋依托与立地基础（表3-8）。

西安市域生态本底的历史积淀与当今作用汇总表　　表3-8

类型	特征	自然与人文积淀	当今生态作用
山	峰峦耸峙，塬隰交错	固有山形地貌造就了汉唐长安天人同轴之景与起伏龙脉之势。秦岭自然与人文资源富集：风景名胜，自然保护区，国家森林、地质公园，皇家离宫别苑，寺观庙宇，革命史迹等	秦岭以城市立本、校正之对景参照建构了秦岭北麓浅山保护、黄土台塬乡村风貌、平原阶地城镇聚集、渭河水系沿岸湿地的四带格局，棋盘格网居中、八卦圈环修正、五星放射向外的城市结构，及地势平阔、交通便捷、田园优美的西南方和拥塬纳水、门户悠久、组团显胜的东北方的发展方向
水	八水环流，沃野纵横	水系首尾相连五塬半环围拢，共同交织为蜿蜒、起伏、层次化生态地脉；关中平原灌溉渠网积淀出土塬旱地的特色水乡风貌	河—原、川—塬格局是区域地理基础，城市向水而生：1990年代北郊开发，中轴北延至渭河岸线；浐灞交汇一洲四岸于21世纪初设生态新区；潏滈河横淌秦岭山前，成为城市扩张天然屏障；沣河被确立为城市西进的生态田园新轴线
风	季风相向，雨旱相替	显著季节差异、稳定气候规律促成植物的时节变换与生息轮回，作物的播种与收获，动物的迁徙与栖息	1949年后，风环境成为城市工业与居住布局的主导因素。当前，城市人居环境不断面向“雨洪管理”及“通风降热”作以规划建设升级，力求达到因地制宜、趋利避患
人文	古代遗址，现代园林	千年建都史留下众多遗址古迹，遗产保护与园林绿化相结合，形成了人文与生态共融的特有景观风貌	环状放射的交通绿廊、向心汇集的郊乡绿楔、排布有序的遗址绿地共构了“圈环相套、线面相通、聚散有致、古今交融”的“遗址—生态—人居”三位一体绿地系统

资料来源：作者总结。

改革开放以来，西安城市发展与形态演进基本呈“单中心放射+多宫格聚块”形式，与生态城市所倡导的“有机疏散、卫星组团、田园都市”模式存在较大差异。依《西安市土地利用总体规划（2006—2020年）》及公开地情资料等数据测算：①从市域土地总面积10108km^{2}减去秦岭山区[1]及台塬面积5379km^2，得到平原面积4729km^2（渭河冲积平原及秦岭峪口洪积扇）；②因台塬主体平坦，仅边缘及塬面沟壑处陡峭，从而需以台塬总面积645km^{2}的90%（即580km^2）加入上述平原面积，由此得到市域平地面积为5309km^2；③减去2016年8月最新划定的永久基本农田面积26.1625万亩（约174km^2），得到城镇建设可利用土地面积的理论最大值

❶ 据《陕西省秦岭生态环境保护条例》（2019年9月二次修订）和“主体功能区划”关于“保护区划、生态安全”的规定，秦岭已被明确为国家的“生态安全屏障”，即城镇建设所严禁侵占的“绝对保护地”。

为5135km²（占市域面积50.8%）；④以土地利用总规所提的2020年建设用地总规模154180hm²除以上述理论最大值，得到约为“30.03%”，即已超过了“景观渗透理论”应用在“城镇发展对区域生态影响”情形下的“50%阈值”[1]的一半。从而可见，虽然当前西安市域城镇建设用地占比似乎距“50%的理论极值”尚有距离、仍有空间，但若将“可利用土地”减去“天然水域、湿地、水源地、还林还草地、遗址及传统村落”等生态—人文保护地后，该比值便将十分迫近“50%”。因此，西安的“团块式扩张、高密度建设”现状，与所在区域的“横带状平原”及“渐升型地势”的总体匹配度较低，未来若不加以控制，则生态安全将濒临不可逆的“恶化拐点”。

2. 都市区景观风貌

一般而言，“城市除内部推动力引发空间形态呈或轴向，或圈层，或跳跃等方式发展外，周围生态基质对空间拓展的关联极大”。西安都市区所处地理环境主要是由冲积平原与黄土台塬“衬托”，以及河川、水系、峪、塬、谷、阶地“围合”而成的“梯级微坡阶地”。西安城区景观以“明清老城”为中心，密集而规整，并以东北部的渭河—洪庆山收窄处为地形与交通“开口”（图3-20左）；郊乡景观以南部的山前“塬隰交错”地带为典型地貌，农田铺于塬面，林草汇聚沟谷，村落沿水而兴（图3-19右），许多乡镇均以“曲”字命名，意即“水流（地势）迂回之处”。

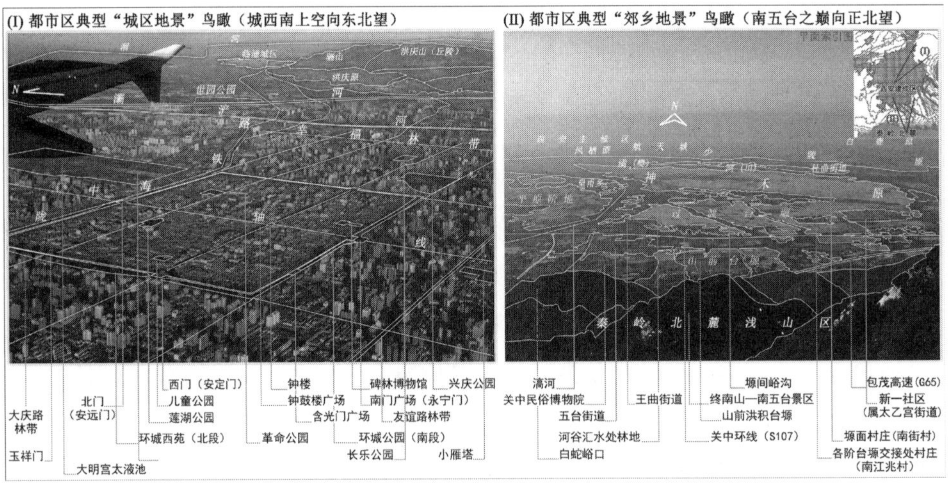

图3-19 西安都市区的城区与郊乡典型景观鸟瞰分析图
（资料来源：作者自摄、自绘）

---

[1] 当一定区域内所有城镇建成区面积达到该地区可利用土地面积的50%以上时，便会发生过量转变，城镇空间极易失去控制而迅速连绵成一体，难以再实施生态修复。此时“渗透理论”亦被称为“逾渗理论”。

进而，根据西安自近代（1930年代）至2018年年底的城市形态变化来看，中心城区扩张总体沿“东北→西南”的逆时针“半圈”方向开展，而“正东→正南”的顺时针“四分之一圈”方位则受山塬地形阻碍而未能大规模漫延。具体各方位城区与生态本底的相互影响情况及程度，则有所差异（表3-9、图3-20）。

西安主城区拓展方向及与生态本底相互影响情况汇总表　　表 3-9

拓展条件	方位	相关城区	所在生态本底及相互影响	已拓距离
西北—东南对位遇阻	西北	大兴新区	受限于汉长安城遗址保护区划	6km
	东南	曲江新区	受制于少陵原地形并已占据至中部宽阔塬面	8.5km
东北—西南外向宽裕	正北	经开区	地势平缓，已充斥灞渭交汇—草滩间狭长带及浐灞三角洲，并跨至泾渭北岸高地；东北已沿交通线连至临潼	14km
	东北	浐灞生态区		12km
	西南	高新区、大学城	地形开平，已沿西沣路延伸至滈洨河畔及神禾原西端	16km
西部整体充足	正西	沣东、沣西新城	地形平坦、沣河为轴、弥合西咸，南达昆明池及丰镐遗址	18km
南部横宽纵窄	正南	长安区	城区横向贯通，纵向逼近秦岭北侧10km宽的生态缓冲区	16km
东部逐渐收窄	正东	纺织城—灞河新城	为浐—灞—塬间三角坡阶地，东出绕城遇白鹿原北尖，后被洪庆山阻挡，只得沿灞河川道向东南部蓝田县蔓延	15km

资料来源：作者自制。

进一步选取1984与2017年Landsat卫星影像分析城市扩张对周围生态本底的占压情况，以及建成区和生态要素（水、塬、谷、林、田等）的此长彼消态势，对比可见：①1984年，建成区呈“T”字形，城东南受台塬限制而未有发展，城北受限于陇海铁路并与渭河、灞河相距甚远，西南则为成片平整农田直至沣河两岸；②2000

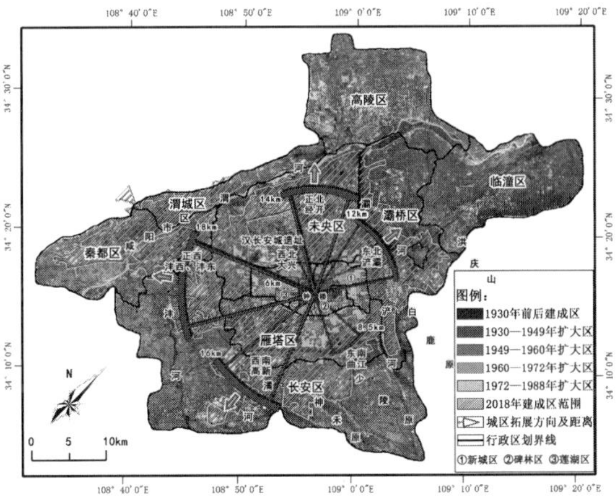

图3-20　西安主城区历年扩大及各方向拓展幅度示意图（至2018年年底）
（资料来源：作者自绘）

年前后，“东南台塬地形、东北浐灞水系、西北汉城遗址”等要素已明显成为城市扩张的主要“生态约束”，从而使其只得选择西南、正北及少量东北方向发展新区；③2017年，建成区扩大数倍（西北与咸阳城区相连，南与长安区全面对接），建成区已被突破绕城高速且沿对外交通干线延展，呈“星芒放射”状（图3–21）。

根据1984年Landsat4卫星影像为底的分析 “高对比度”黑白影像	**根据2017年Landsat8卫星影像为底的分析** 采用传统彩色红外光谱（CIR）并基于5、4、3号波段，植被被突出显示为红色
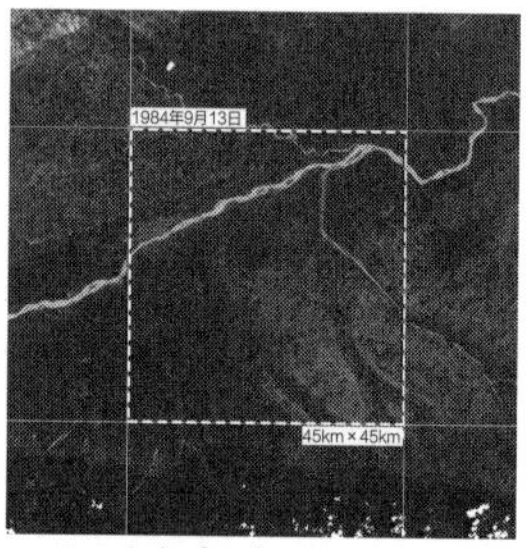 1984年9月13日西安都市区，研究范围45km×45km，面积2025 km^2，暗灰为农田，浅灰为建成区，灰白为台塬	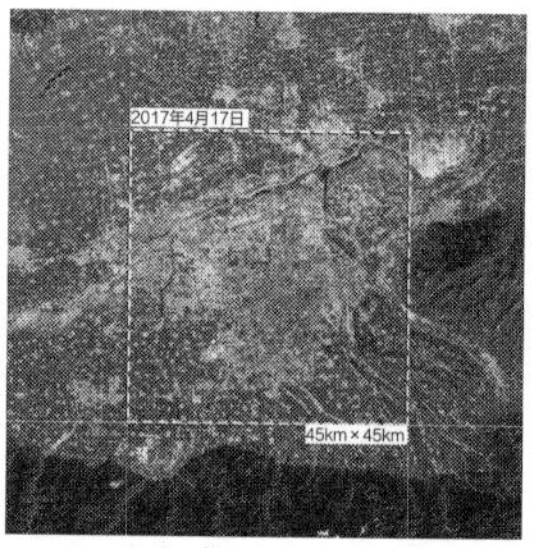 2017年4月17日西安都市区，研究范围45km×45km，面积2025 km^2，边角为生态本底、核心为城市建成区
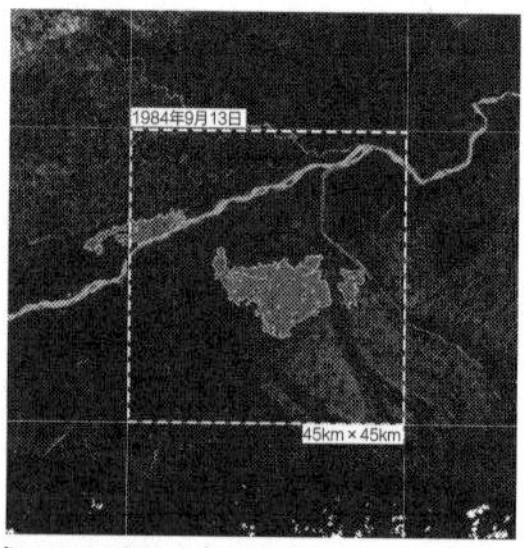 范围内建成区面积（灰底白边）160.94km^2，外围生态本底面积（台塬+平原+河流）1864.06km^2	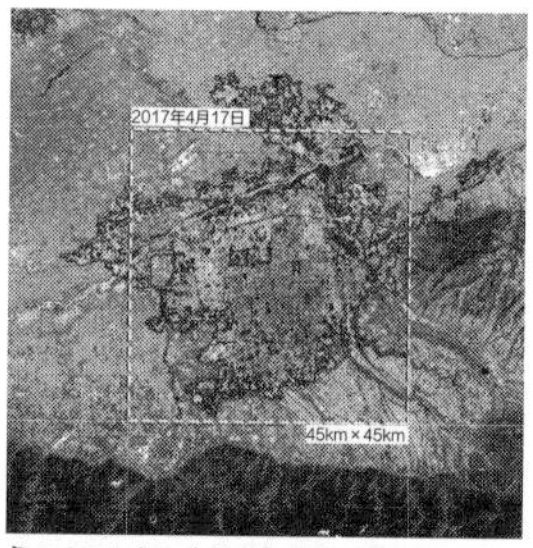 范围内建成区面积（深灰底+黑边）1058.2km^2，外围生态本底面积（台塬+平原+河流）966.80km^2
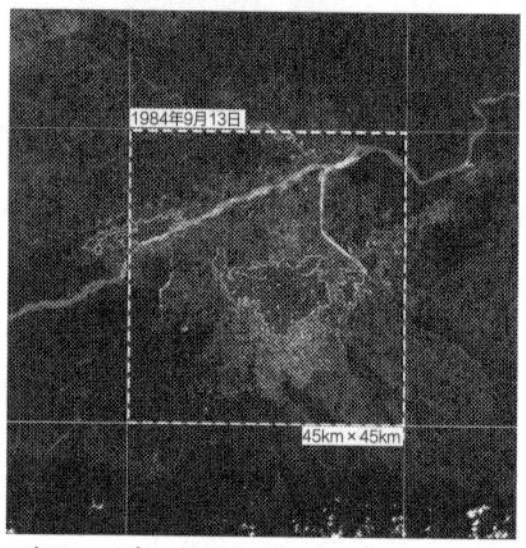 1984—2017年，建成区扩大（中心灰色区域→外围红色区域）897.26km^2，占比由7.95%增至52.26%	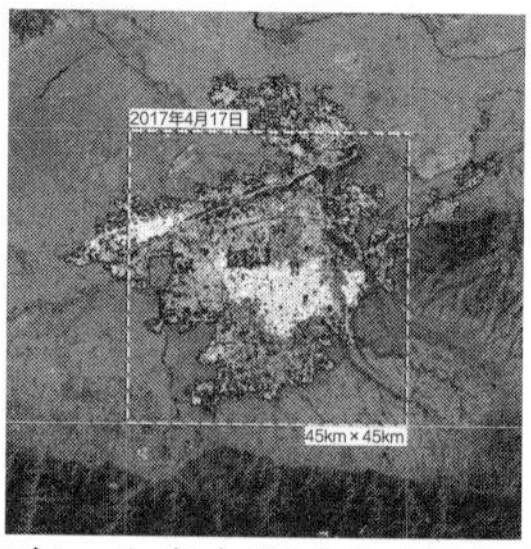 1984—2017年，生态本底减少（深灰底+黑边区域）897.26km^2，占比由92.05%降至47.74%，现黄色区域

图3–21　西安都市区建设用地与生态本底变化分析图（1984与2017年）
（资料来源：作者自绘）

总体来看，1980年代前西安城区扩张速度缓慢，至多占据渭河南岸二级阶地（九二—九四之爻），并未涉及河滨近岸或远郊台塬；之后30年城市化进程加速，建成区（含咸阳部分区域）向四周拓展许多，从1984年的160.94km^{2}增至2017年的1058.2km^2，净增5.6倍；生态本底则由1864.06km^{2}锐减至966.80km^2，都市区内占比降至47.74%。参照“景观渗透理论”，城区已接近区域面积的“50%警戒线”。虽建有一定数量的绿地、景区作以弥补，但连片的人工构筑与硬化地面还是大量侵蚀了原有自然旷野及乡村农地；新建路网、建筑、硬地等不断与郊野原有水文、地貌、植被、风热环境等生态要素产生了空间叠压与环境融合，潜在的生态危机渐渐显露（图3–22）。

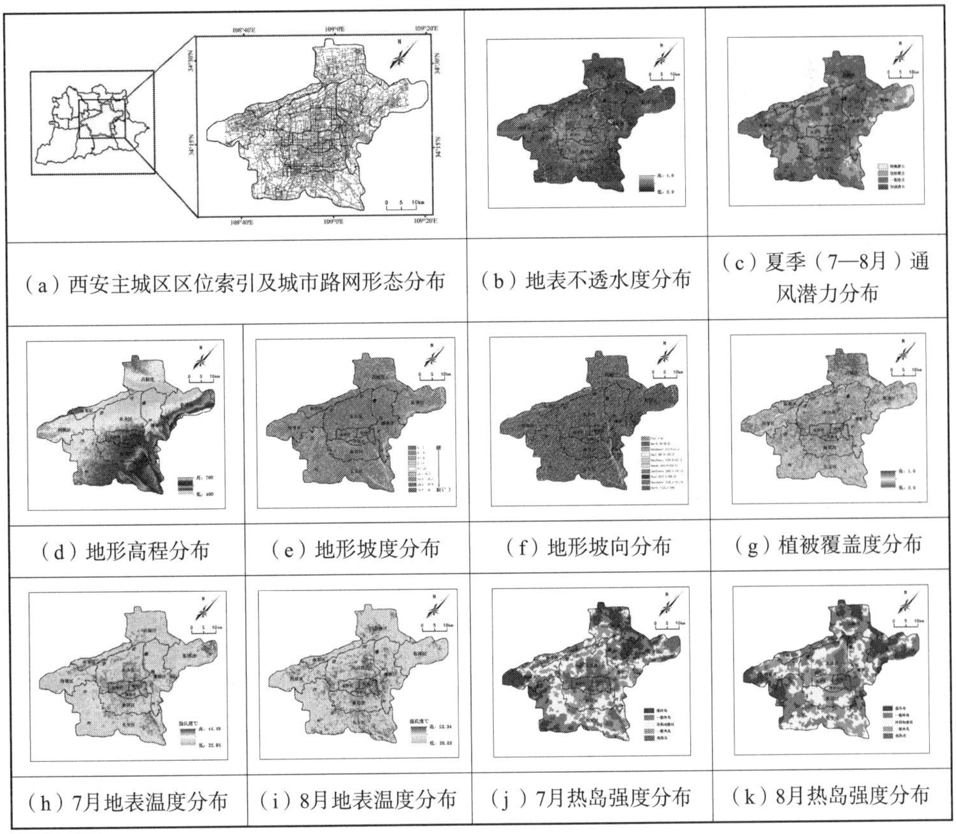

（a）西安主城区区位索引及城市路网形态分布；（b）地表不透水度分布；（c）夏季（7—8月）通风潜力分布；（d）地形高程分布；（e）地形坡度分布；（f）地形坡向分布；（g）植被覆盖度分布；（h）7月地表温度分布；（i）8月地表温度分布；（j）7月热岛强度分布；（k）8月热岛强度分布

图3–22　西安主城区主要生态要素表征分析图（基于2015—2018年调研）
（资料来源：作者自绘）

3. 分区的建设条件

将西安当前各类区划与较早卫星图叠加，对照分析各区的生态原状与绿地现状。旧社会的西安仅含城墙和四关区域，1949年后至改革开放初变为“城三区”；

2000年后，随着开发区、新区的兴建而扩至“城六区”；当前则已形成五种类型共13个分区（图3-23），各区生态本底条件及绿地建设现状可对照梳理如表3-10所示。

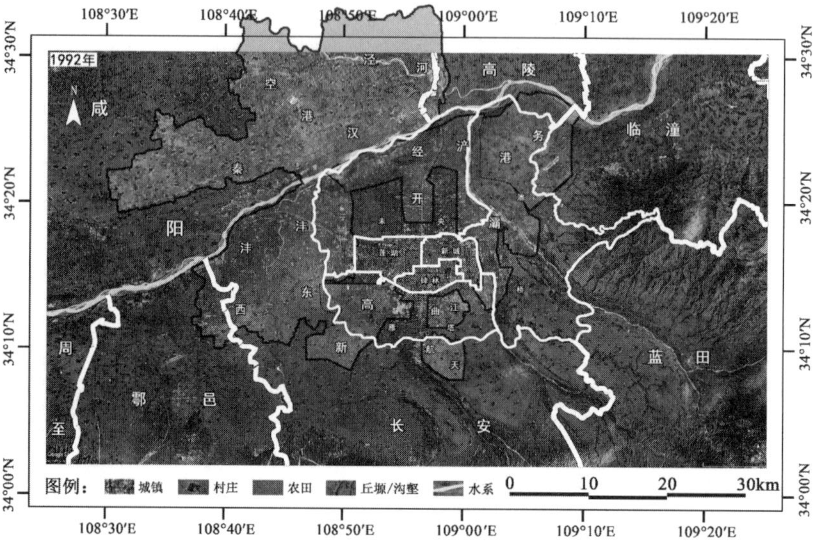

图3-23　西安市辖区（白线）、新区（黑线）与1992年生态本底叠加图
（资料来源：作者自绘）

西安市辖区、新区的生态本底条件与绿地建设现状对照表　　表3-10

各区地理原貌（截自1992年卫星影像）	生态本底条件	绿地建设现状
新城区 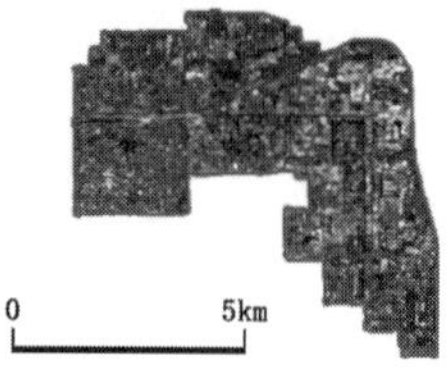	位于老城东北部，由明城东北片、道北、东郊三部分组成。全区地势平坦（坡度小于3°），东南略高，西北较低，海拔397.2～466m，相对高差68.8m。最高点在东郊韩森冢，最低点在北端“石家街”，东北部位于渭河三级阶地边缘，面向浐河河谷形成坡崖断面	为唐“长安六爻”地形中“九二—九三”黄土梁贯穿，是皇城所在地；明为朱元璋次子朱樉“王府”；清建“满城”与“八旗教场”；近代时改为新城并建有革命公园保留至今
碑林区 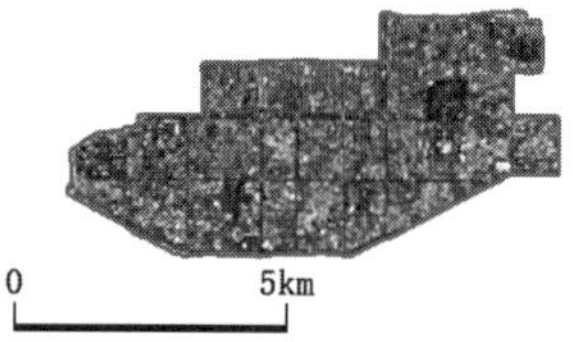	位于老城东南部，由明城南片、东关、城南（南二环内，友谊路）三部分组成。全区位于渭河三级阶地上，平缓开阔、微有起伏。东南部有“九四、九五”黄土高岗，最高在祭台村与观音庙间“乐游原”，海拔500m；最低在城内南院门，海拔405m，相对高差95m。总体由东南向西北呈缓坡倾斜状态	区内文物古迹众多，高校云集，是全市商贸金融中心；建设密度较大，综合化公园绿地较少，单位附属绿地较多，水体以兴庆公园湖面及环城公园护城河为主

续表

各区地理原貌（截自1992年卫星影像）	生态本底条件	绿地建设现状
莲湖区 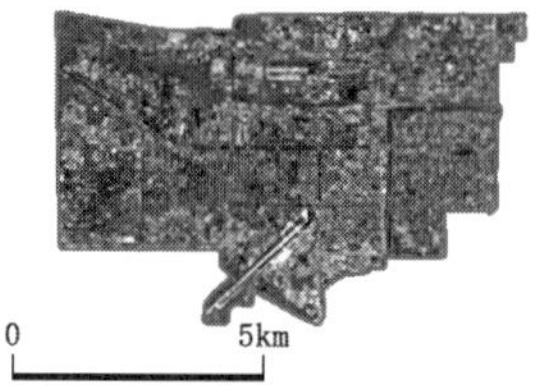	位于老城西北部，由明城西片、西郊（含西关）、道北组成。地跨渭河二、三级阶地，东北较高（龙首原），西部开平，含三条微坡：一由红庙坡向东延伸至二马路（大明宫南缘），海拔400～410m；二由北城墙向西南延伸至土门，大致沿400m等高线；三为城内东西大街一线，恰与410m等高线吻合。现因多年城建填挖，局部地形已不明显	全区居中于秦、汉、唐、明、清历代遗址区之间，区位历史风貌、人文背景优势明显；绿地与水体较为稀少，主要集中在环城西苑、丰庆公园与劳动公园；传统电工业区与铁路运输线占据北部，形成了一定的发展阻碍
高新区 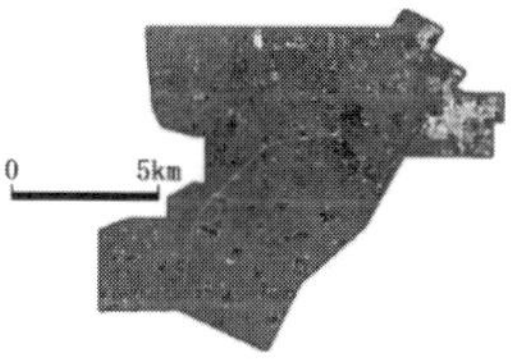	位于中心城区西南，与雁塔区西部大面积重叠，现已发展至长安区境内西部。是本市西南郊渭河三级阶地上古河道、现代渠富集交汇之平原地带。地势平坦，延伸较远	区内依托唐城墙遗址形成中轴绿带并贯穿、连接多座现代公园；固有河渠纵横、林田平阔，为三生空间融合提供了良好基础
经开区（西安经济技术开发区） 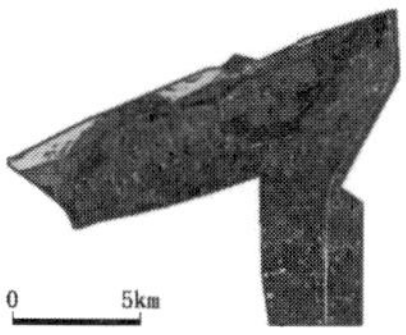	位于中心城区正北部，与未央区大部重叠，被绕城高速划分为南北两部分。南部“纵长”，属渭河二级阶地，坡度较平，地块以中轴线“未央路”对称并依次排布；北部横向延展，系渭河南岸滩涂、水网之地	前身是国营草滩农场，后随开发区建设、市政府北迁、高铁站建成而成为城北新中心；其渭河绿廊、湿地、城区公园、道路绿化充裕，人居环境开朗、整洁、优美
曲江新区（一期） 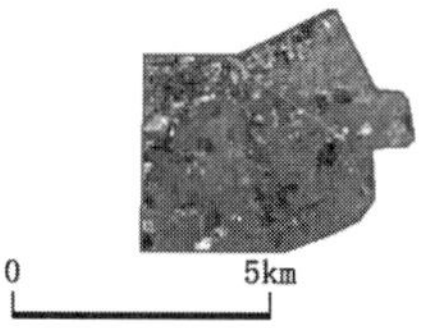	位处城东南郊，一期位于绕城内与雁塔区东部重合；二期南延至杜陵原上，属塬首440～500m坡级地带。区内以唐曲江池为地理中心，是北部“梁原相间”城区与南部黄土台塬交接的“地形起坡”与“地貌过渡”之地	秦汉时造皇家园林，唐为长安城最大湖池，形态狭长、高岸围拢。现为六爻龙脉、长安水脉、雁塔文脉交汇地，共同营造享誉国内外的唐文化山水园林宜居新区
浐灞生态区 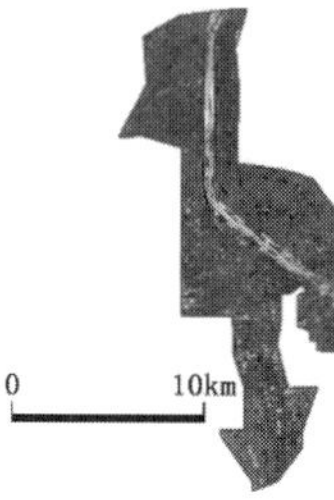	位于中心城区东北—正东方位，北至渭河南岸，南至白鹿原、杜陵原，东至灞河东岸，西至浐河西岸，整体狭长。该区以浐灞三角洲为中心，三原鼎峙、二水交汇，兼有洪积平原、黄土台塬、河谷阶地、沿岸坡崖、低山丘陵等地形地貌，水资源丰富、土质肥沃、植被良好，适于农林生产	改革开放后被划为“近郊工贸农综合经济区、灞河平原农工商多种经营区、东部台塬农牧林旱作农业区、洪庆浅山林牧经济区”四个功能区。前二区现建为水生态综合新城，未来将打造出“城市风口及宜居气候”的保护区

续表

各区地理原貌（截自1992年卫星影像）	生态本底条件	绿地建设现状
国际港务区 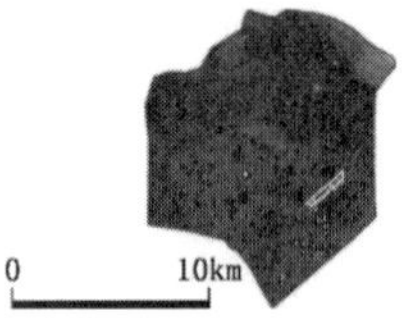 	位于主城东北外围，地跨灞桥、临潼、高陵三区，占据灞渭河与骊山西麓间完整冲积平原、二级阶地，水系围绕、地势平坦、土壤肥沃；且地处城市最高频率东北风之上风向，生态优势明显，成为“四水聚港”的风水宝地	因立足高铁途经、高速相邻、交通门户相通优势，而建设为“一带一路”沿线我国第一座内陆港、物流中心，以及2021年第十四届全运会的“奥体中心”园区
西咸新区 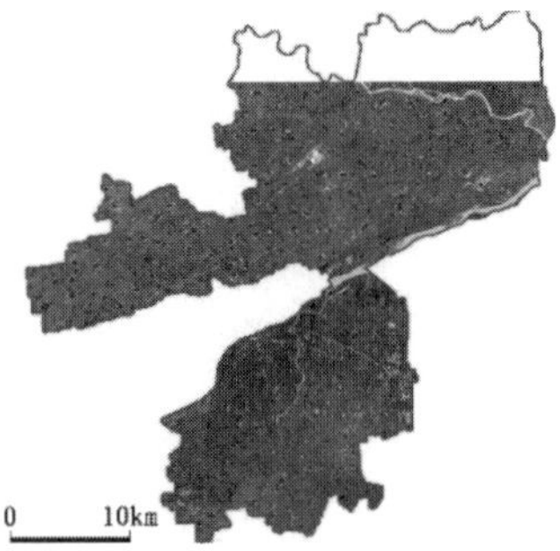 	位于西咸两市间，面积882km²，是大西安都市圈核心扩展区。总体分居渭沣之两河四岸：北部近跨渭北一级阶地及二道原，远含泾河冲积平原，连续分布有汉代11座帝陵；南部充分占据沣河中下游直至入渭河口的两岸之地，是周朝丰镐二京及历代水利陂池之遗址所在地。地势阶序有致而平整开阔	南部水量充沛、土壤肥沃，历为水利农耕兴盛之良田沃野；北部地势雄峻、居高面水，富集历代宫城址及王陵。全区在建田园新城，旨在处理开发与保护、人居环境与绿色产业间的关系并形成大西安向西拓展的“生态新轴”

资料来源：作者自制。

综上，西安经过40年的发展而总体形成了“空间受限于周边地形、资源高度依赖外部输入、农林草地被大量占用、环境自我调节能力较弱、局部水环境得到改善、绿地—城区建设基本同步、历史—现代风貌复合尚好”的“城市生态系统”；未来，若城区人口继续增加、用地继续扩大，城市形态也将在各个方向触及、跨越、侵入生态保护红线，从而使邻近乡村与田野基质进一步萎缩，大地景观更加破碎、割裂，外围山水资源也会逐渐被划建为“旅游与商业影响下”的半人工化景区。

3.2.4 西安城市总体的生态本底

根据城市生态要素的一般组成类型，结合西安城乡地貌中各要素、痕迹的具象态势、特有命名及与人工规划建设的相互影响，从而归纳、提炼出西安城市总体的“生态本底特征”：①秦山渭水，确立城址主轴参照；②川塬丘壑，引导城区发展方向；③风候文脉，支撑城乡绿地系统；④地景林田，活化城郊生态资源（图3-24）。

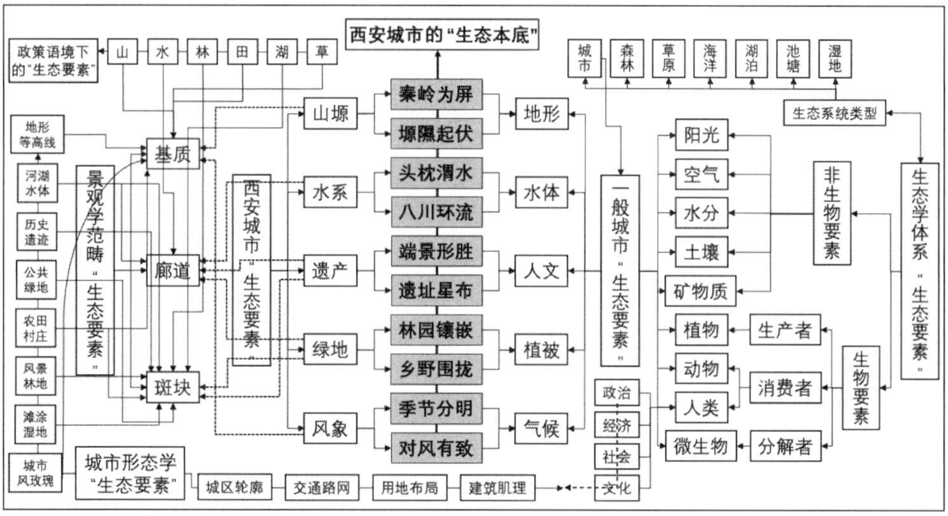

图3-24　西安城市生态要素组成及生态本底特征总体体系图
（资料来源：作者自绘）

3.3　城市生态安全格局

3.3.1　生态安全格局体系

生态安全格局可直观反映区域内“生态重要程度”及“生态功能水平”的分布状态，也代表了生物生存和环境运转的质量。其一般分为三个水平等级（表3-11）。

市域生态安全格局等级的内涵释义表　　表 3-11

水平等级	生态内涵	“保护–建设”关系
低水平（底线）生态安全格局	是自然资源与生态安全的最基本保障范围，是城市发展建设不可逾越的“生态本源（基本线）”区域	须严格保护，严格限制人为侵扰，并纳入禁建区或建设高度限制区
中水平（满意）生态安全格局	是自然生态系统向城乡建设空间延展及受人工侵占后而需要恢复的“生态普及（及格线）”区域	需重点保护，严格限制或强制性规范引导，精确控制开发建设行为
高水平（理想）生态安全格局	是人工程度高，自然生态功能多已丧失而亟须生态介入以重塑人地和谐的“生态达标（优良线）”区域	需精确保护、重点复育，可因地制宜进行符合生态原则的城市更新

资料来源：作者自制。

因此，生态安全格局便成为城市各类总体及专项规划常见的前置性、基础性现状分析工具之一。最新有李涛（2021）将城市绿地系统与生态安全格局相关联，选取生态敏感性（郊野公园、文物古迹、河湖、土地生态安全）和生态保护重要性（栖息地、水源、生态保护）两方面共“5+3项因子”作以等级评析，反映出了绿地—生态间复杂的多重耦合功效。由此，本书在探析绿地—生态耦合机制的目标下，主要依据国土空间“三区三线”划定的技术方法，并且参考《区域生态安全格局：北京案例》的技术流程，同时结合西安的城市生态特征而综合构建起“生态安全格局评价指标体系”；进而根据层次分析法原理，以“单项评价—复合叠加”为逻辑，建立“目标—要素—因子”3层共14项指标的评价体系（表3–12）。

市域生态安全格局评价指标体系表　　表 3–12

目标层	要素层	因子层	具体指标
市域综合生态安全格局	水系	地表水及水文安全格局	河流水系，潜水埋深，生产、生活水源地
	山塬	工程地质与水土保持安全格局	土壤湿陷性、地质灾害（滑坡、崩塌、地面沉降、地裂缝）、水土流失
	林田（绿地）	生物（景观）多样性安全格局	山区森林，滩涂湿地、丘陵河谷、乡间水田，城市绿地
		耕地保护安全格局	基本农田、一般农田、自然预留用地
	风象	城市风环境安全格局	主导风向、平均风速、通风作用区
	遗址	文化遗产保护安全格局	文化遗产点（各级文保单位，历史文化街区、名镇名村）

资料来源：作者自制。

3.3.2 生态安全格局标准

根据相关国家法律、标准及部门规章，参考相关代表性科研成果，梳理出各指标的“低（底线）—中（良好）—高（理想）”三级生态安全格局划定标准（表3–13）。

市域生态安全格局等级划分标准表　　表 3–13

因子层	具体指标	低水平生态安全格局	中水平生态安全格局	高水平生态安全格局	数据参考来源
综合水（地表水及水文）	河湖水系	河流、湖泊、峪道、水渠本体及滨水50m缓冲区之内	河、湖、峪、渠的滨水50～150m缓冲区之间	河、湖、峪、渠的滨水150～300m缓冲区之外	《常州宋剑湖生态敏感性》《杭州河流水质》《南京水安全格局》《武汉滨水缓冲区》
	潜水埋深（仅参考）	深度小于10m的平原腹地及主要河流一级阶地	深度10～20m台塬、冲积扇外缘、城区西南	深度20～50m及以上台塬、冲积扇面及城西北	《陕西省应急抗旱关中盆地浅层地下水水位线及埋深图》

续表

因子层	具体指标	低水平生态安全格局	中水平生态安全格局	高水平生态安全格局	数据参考来源
综合水（地表水及水文）	生产、生活水源地	一级保护区300m	二级保护区500m	准保护区1000～2000m	《饮用水水源地保护区划分技术规范》HJ/T 338—2007
工程地质与水土保持	土壤湿陷性	非湿陷性小于0.015mm	弱湿陷性0.015～0.03mm	中等湿陷性0.03～0.07mm	《湿陷性黄土地区建筑规范》GB 50025—2004
	滑坡、泥石流、崩塌等	灾害活动（断裂、滚落、塌陷）中心及200m内区域	各类灾害活动中心外扩200～500m内	各类灾害活动中心之外500m以上	《崩塌滑坡泥石流调查评价技术要求（试用版）》（2015年4月8日）
	地面沉降	地面沉降中心位置，累积沉降量大于1m	沉降中心100m范围，累计沉降量0.5～1m	沉降中心周边200m内或累计沉降量0.1～0.5m	地质矿产行业标准《地质灾害分类分级》DZ 0238—2004
	地裂缝	地裂缝中心地带及两侧100m内的两翼地带	地裂缝两侧100～500m范围的边缘地带	地裂缝两侧大于500m的外部地区	《北京市远郊区（县）村庄体系规划编制要求》（2006年11月）
	水土流失	坡度大于45°	45° ≥坡度>25°	25° ≥坡度>15°	《中华人民共和国水土保持法》–耕地坡度
生物（景观）多样性	山区森林	禁止开发区；国家天然林保护工程，坡度大于46°，山系主梁两侧各1000m及主支脉两侧各500m内森林	限制开发区；自然保护、风景名胜区，森林、地质公园，山主梁1000m、支脉500m外等的林地	适度开发区；山体海拔1500m以下且非上述“低、中水平生态安全格局”所含的林木类型	《陕西省秦岭生态环境保护条例》（2017年）
	滩涂湿地、河谷、水田	湿地、河谷、水田等水陆交错（过渡）型生境本体	湿地、河谷、水田等生境外100m生态缓冲区	湿地、河谷、水田外围100～500m生态缓冲区	《白洋淀生态健康评价》《黄河首曲生态适宜性分析》
	大型绿斑（≥$20hm^2$）	城市大型绿地斑块本体	城市大型绿地斑块边界之外100m缓冲区	城市大型绿地斑块边界之外100～500m缓冲区	《城市绿地对周边热环境影响遥感研究——以北京为例》
耕地保护	农田	基本农田保护区	一般农田控制区（农业耕种的非基本农田）	需退耕还林、牧、湖耕地，集体预留、自然未利用地	《中华人民共和国土地管理法》（2004年）、《中华人民共和国农业法基本农田保护条例》（1998年）

续表

因子层	具体指标	低水平生态安全格局	中水平生态安全格局	高水平生态安全格局	数据参考来源
风环境	主导风方位、风速	主导风上风区（大于1.8m/s）	外围风源区（1.2～1.8m/s）	主城区弱风区（小于1.2m/s）	西安气候概况，西安统计年鉴的市辖区县各月平均风速
文化遗产保护	各级文物保护单位、历史文化街区	世界文化遗产、国家级文保单位保护范围，历史文化街区（核心）保护范围	省级文物保护单位的保护范围（红线）	市级文物保护单位的保护范围（红线）	陕西省级以上文物保护单位保护管理规划（2017年），西安市级文物保护单位保护范围

资料来源：作者自制。

3.3.3 生态安全格局评析

首先通过GIS及ENVI软件对西安市域范围较基础的：①地形高程、②植被及土地覆盖、③水源涵养、④地表温度（反演）等现状数据作以整理、分级并制图（详见附图1），由此成为进一步各类生态要素及综合安全格局分析的基础资料（图层）。

1. 综合水安全格局

西安人均地表水资源仅317m^3，是全国平均水平的15%，低于国际公认的500m^{3}极度缺水线及维持地区经济、社会发展须达到的1000m^{3}占有量；另从生产耗水看，市区万元GDP水耗虽从2003年的187.18m^3，经2010年的77.85m^3，已降至2015年的36.64m^3，但距生态城市19.4m^3/万元的标准仍有差距。在此背景下，西安市域各类地表水体的保护利用方式及生态现状也面临着系统的优化需求（表3-14）。

市域各类地表水体生态现状汇总表　　表3-14

水体类型	长度、面积	保护、利用情况	生态现状
峪道	沿山4区县（周至—蓝田）共48条峪道，总长度约650km	封闭型峪道35条、开放型13条，大多利用形式较粗犷并在峪口浅山段上游建有水坝、水库；较大峪口的山前、水旁、峪内建有小酒店、农家乐、餐饮街及游乐等业态	整体水量偏少，上游蒸发、下游断流、生境间续，峪道沿途“山—水—乡—田”空间序列受到阻断与割裂
河流	市域有名称河流116条，总长2600km；都市区范围内“八水”总长633.2km	多年重发展、轻治理造成消耗过度、污染直排、垃圾倾倒、河道挖砂等侵害；1990年代城河清淤、2003年起河渠治理、近年落实河长制等，使源头排放得到控制、污水处理得以加强，水质摒弃了黑臭现象并提至景观Ⅳ~劣Ⅴ类标准	水生态随历史、气候变迁及人为影响而下降；环卫、景观整治片面，仍有“水质不达标（依旧恶劣）、泥沙含量高、潜水位下降、水生态系统退化”等状况存在

续表

水体类型	长度、面积	保护、利用情况	生态现状
湖体	多为半天然、人工型。较大如昆明池，约47hm²；较小如莲湖公园水面，约1.5hm²	依成因、形态：①由护城河改造的水带：明城河、汉城湖；②依天然洼地、历史园林复建的湖池：曲江池、芙蓉湖、兴庆湖、太液池、昆明池、渼陂湖；③河道筑堤拦坝蓄成的水面：灞河广运潭、浐河桃花潭；④众绿地内小型景观水体	市内湖体多属公园、绿地、景区，形态受限于地块边界，自身延展性弱，相互联系性差，外围天然水系与城内人工水体尚未取得较好的形态、生态上的贯通
湿地	市域湿地面积自1990年代末锐减，近年来逐渐恢复至400km²，呈外县大于郊区、郊区大于城区的状况	当前呈天然—人工湿地并存局面，包括：①依渭河与各支流交汇三角洲而建的：浐灞国家湿地公园、灞渭桥车游湿地公园、泾渭湿地保护区、沣渭生态景观区、新渭沙湿地公园；②因河流拦坝蓄水而成的：灞桥生态湿地公园、浐河桃花潭景区、鄠邑渼陂湖景区、周至沙河湿地公园	总量因水量补给下降、水体污染较高、流域生态涵养力减弱、区域宏观气候环境改变、城乡建设侵占自然空间等而大大减少，现仅占市域面积的3.96%，低于全国平均5.58%和全球平均6%的水平

资料来源：作者通过计算、总结而得。

之后通过遥感图像解译，识别市域主要河、湖、峪、渠、库，并根据水务、水利资料及实地调研，确定各类水源地范围；进而将上述水体、水源作以CAD矢量化描图，再通过GIS做出其各层缓冲区或保护区。同时，结合地质资料的潜水埋深分布及相关标准，共同梳理出综合水安全格局的等级划定及空间范围（表3-15）。

市域综合水安全格局分级表　　表3-15

水文类型	市域具体对象	低水平安全格局	中水平安全格局	高水平安全格局
河湖水系	泾渭浐灞沣潏皂河、沣惠渠、昆明池、汉城湖、曲江池等	河、湖、峪、渠水体本体及堤外50m滨水缓冲区	河、湖、峪、渠堤外的50～150m滨水缓冲区	河、湖、峪、渠堤外的150～300m滨水缓冲区
潜水埋深	除秦岭山区外的平原、台塬及丘陵低山区（含洪庆山）	深度小于10m的平原腹地及主要河流一级阶地	深度介于10～20m的台塬、冲积扇外缘及主城区西南部	深度20～50m及以上台塬、冲积扇面及城西北
生产、生活水源地	黑河金盆、石头河、甘峪，大峪许家沟、东沟，石砭峪梨园坪，李家河草庙、岱峪、鹿塬、杨家沟、红旗，灞河蓝桥、万军回、清峪、冯家湾水库；西北郊沣皂、渭滨，东北郊段村水源地	一级保护区：①河、峪水源地取水点半径100m内水域，上下游100m沿岸至河堤间陆域；②库、湖水源地取水设施，水岸外300m内水域，沿岸陆域	二级保护区：①河、峪水源取水点上游1000m岸线中泓线间一级区外水域，上游100～1000m岸堤间陆域；②库、湖水源取水设施，水岸外500m内一级区外水域，近岸陆域	准保护区：①河、峪水源取水点上游1000～5000m水域及沿岸至江堤范围陆域；②库、湖水源地水岸外扩1000～2000m内的一二级区外水域与陆域

资料来源：作者根据相关规范、研究而统筹自制。

分析可见，当前市域水系的连续性良好，层次较清晰：北部渭河横亘，中南部多条秦岭峪道向北流经、切分出水间平原带，主饮用水源地黑河位处西南，调蓄水库位于各峪道浅山区，向下游农、工业供水，总体“结构完整，功能平稳”（图3–25）。

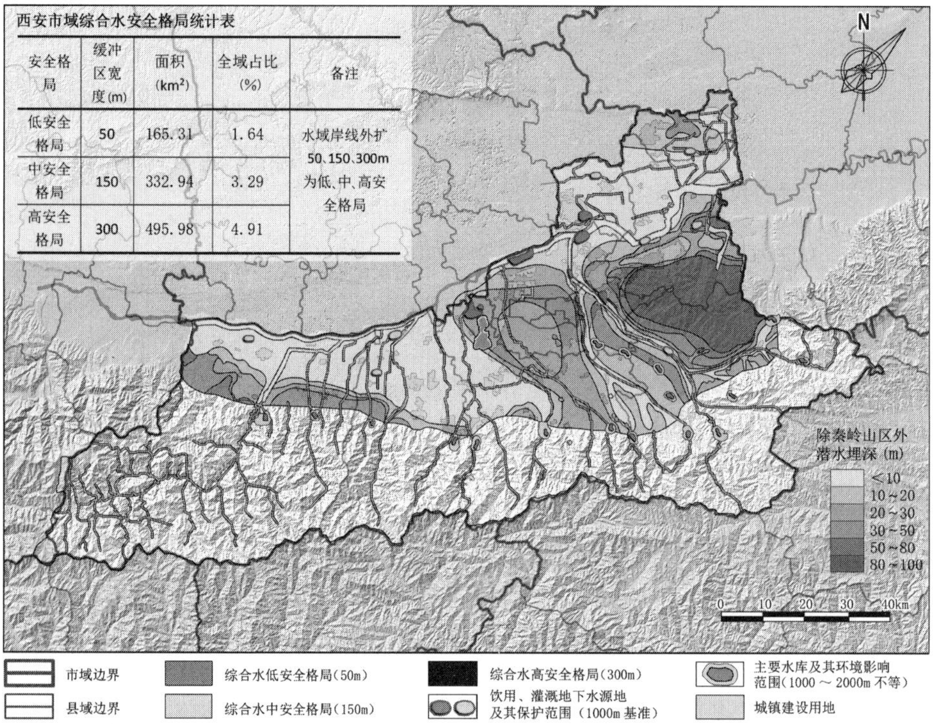
西安市域综合水安全格局统计表

安全格局	缓冲区宽度(m)	面积(km²)	全域占比(%)	备注
低安全格局	50	165.31	1.64	水域岸线外扩50、150、300m为低、中、高安全格局
中安全格局	150	332.94	3.29	
高安全格局	300	495.98	4.91	

图3–25　市域综合水安全格局评价图
（资料来源：作者根据相关资料自绘）

随着主城区继续向西—西南拓展，相关水系的高—中安全格局将受影响；东北部城区、组团融合趋势将干扰渭、灞、泾河的水生态过程；中南—西部平原城镇将因用地扩大、产业引入而迫近周围水系；东南部因丘塬阻碍城区蔓延及产业布局，使水系虽稀疏但受影响较小，可作为水源涵养之地。由此，未来需将水安全格局与绿地建设相结合，合理调控近岸土地结构以达到“趋水利—避水害”的生态耦合效果。

2. 工程地质与水土保持安全格局

1）工程地质安全格局

西安位属“秦岭古生代褶皱带、太华台背斜、渭河断陷”三大地质构造单元拼接地带，山地平原交接处有“西起周至骆峪，东到蓝田汤峪”的倾斜断裂带；平原广泛覆盖着深厚的第四纪风积黄土，其基底杂乱分布有多个隐伏断层。地质灾害以滑坡、崩塌、泥石流为常见类型，多发生于秦岭北麓（含骊山）的山前、浅山及台塬区，易发区面积6819.61km^2（占市域的67.47%）；另有地质灾害隐患点484处、古今地裂缝13条、地面沉降中心5处。其中，沣河西—周至的秦岭山前带以基岩崩塌和泥石流为主，沣河东—临潼以黄土滑坡和崩塌为主且部分峪口伴有泥石流；地裂缝、地面沉降则多发于市中心—东南郊。与此同时，黄土的湿陷性程度（非—轻微—中等—严重）也主要随各条河流的一、二、三级阶地而递推分布（图3–26）。

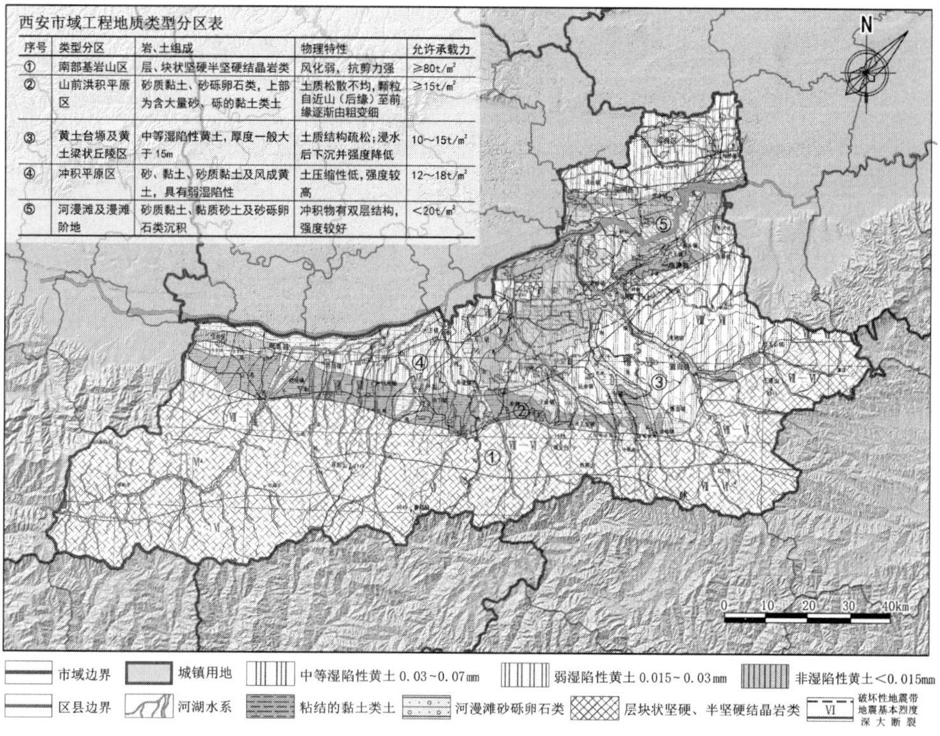

图3–26　市域工程地质安全格局评价图
（资料来源：综合相关图集、文献梳理绘制）

2）水土保持安全格局

基于西安市的地形地貌特征、工程与水文地质分布及城乡土地利用状况等，同时参考相关水利、农业、水土保持等针对性研究与报告，从而研判水土流失发生的区位及严重程度（表3–16），并得到市域水土保持的安全格局（图3–27）。

市域水土保持安全格局分级表 表 3-16

安全格局级别	水土流失级别	分布区域（与图3-27中编号对应）	侵蚀属性及整治措施
低水平安全格局	水土流失易发生区	Ⅳ：呈“长条状”位于秦岭北坡中西段沿山洪积扇、锥区，涉及长安区、鄠邑区及周至县；Ⅲ：以“团块状”覆于东部骊山、洪庆山“低山丘陵区”	属“强度侵蚀”且需要重点综合治理的区域
中水平安全格局	水土流失一般发生区	Ⅱ：分布于灞桥区南部、蓝田县西北部及长安区中东部的黄土台塬坡沟与塬面地区；Ⅴ：呈“连续带状”横置于秦岭北麓浅山区	属“中度侵蚀”且需以固坡、造林、植草等作灾害防治、生态恢复的区域
高水平安全格局	水土流失低发生区	Ⅰ：位于中北部的渭河平原、阶地、河谷、滩涂、堤岸及渭河支流水系川道等地区；Ⅵ：呈“连片状”大面积占据南部秦岭深山区	属“不明显或轻度侵蚀”且需要护滩保岸、封山育林与涵养水源的区域

资料来源：作者自制。

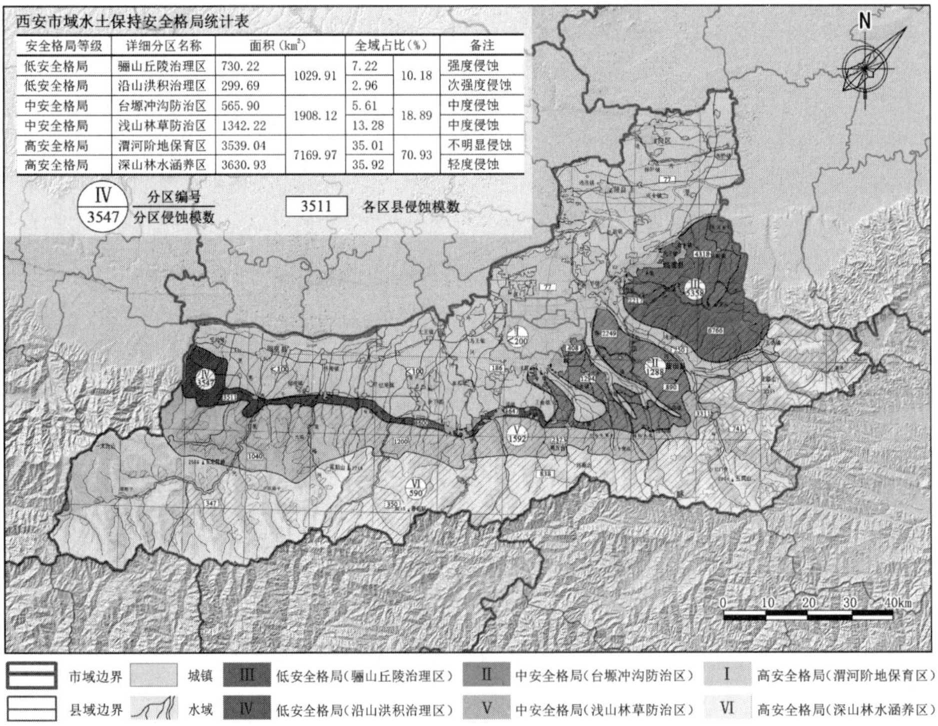

图3-27 市域水土保持安全格局评价图
（资料来源：作者根据相关资料、研究、报告等自绘及自算）

分析可知：①地质问题已渐近城市生活，现主要位于秦岭山区与中东部低丘台塬，其土壤地质因资源过度开采而变得恶劣；中北部河川平原水土流失量虽小，但长年累积流失量巨大；主城区则主要受地裂缝及地面沉降的潜在影响。②随着近年来关中地区气候愈加复杂多变、极端天气出现频率增大，整体湿热性较20世纪末有所增强，这使原本的湿陷性土质变得更加“松脆”。③主要城镇占地不断扩大，已涉及郊野的山脚、峪口、台塬、河川、沟谷等地貌，使原本人迹稀少的自然空间渐变为生产、生活空间，这无形增大了人与地质灾害高发地的接触概率。④城乡土地利用结构失衡、地下空间开发不合理，这使常见的地质灾害、隐性的水土流失、潜藏的工程隐患等愈加显露并时有发生。总之，上述情况共同交织成为侵扰城乡环境、降低城市御灾能力、限制产业经济发展及危害人员生命财产安全的不可忽略因素。

3. 生物（景观）多样性安全格局

市域生物多样性的基础在于植被分布，当前：①山地，根据海拔高低，渐次以针叶林与高山草甸、针阔混交林、阔叶林及低丘灌丛为主；②台塬，以旱生作物及果林为主；③平原，以灌溉大田及蔬菜作物为主；④川谷，则以自然一人工混生林草及水田为多见。总体植被种类丰富，并随地形特征分片集聚、相互交错（图3–28）。

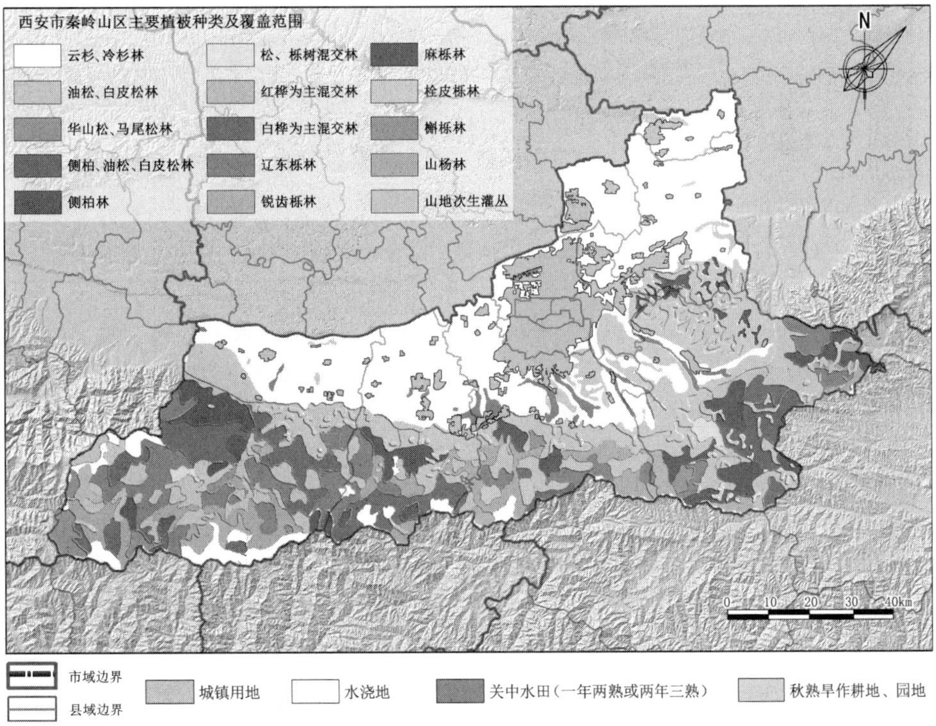

图3–28　市域植被种类及分布现状图
（资料来源：作者参照相关西安地理资料综合修正绘制）

进而，市域生物多样性的高低，可依据指示性物种的生境适宜性而判别。由此基于生态、地理学的生物相关理论而选取具有种类差异的指示性动、植物种，并通过对其在气候、海拔、水源、植被、人工干扰等方面的环境偏好加以分析，从而总结出其生存、栖息地偏好及典型生境景观的类型与分布特征（表3–17）。

西安市域主要指示性物种的典型生境特征汇总表　　表 3–17

指示性物种（拉丁名）	身份等级	栖息地条件	分布区位/典型生境景观	影响因子排序
草兔*Lepus capensis*	世界低危	农田、渠岸洼地、草灌丛	农田生态系统（平原农作物、低山经济林作物区）	地貌>海拔>干扰距
大白鹭*Ardea alba*	世界低危	水田、河湖及湿地	水陆过渡生境（稻田、溪谷、山峪、河滩、湿地等）	地貌>水源>干扰距
环颈雉 *Phasianus colchicus*	国家二级	低丘山林与草坡、林缘次生灌丛、农田沼泽等地	秦岭1200m以下浅山区、2000～3000m深山区，及洪庆山丘壑、渭河沿岸滩地、草地等区	地貌>干扰距>坡度
羚牛*Budorcas taxicolor bedfordi*	国家一级	1500～3600m针阔混交林、高山灌丛草甸	秦岭高海拔林区（栎树林、松柏类及杨树林），春季下至1500m山谷采食，冬季进入亚高山台地采暖	地貌>海拔>坡度
杨树（尤其毛白杨）*Populus* L.（*Populus tomentosa* Carrière）	乡土树种	因喜阳、喜湿及凉爽气候，而在河滩、山谷、洼地、湖滨长势良好	于东南郊川塬地貌（河溪畔、渠堤上、水田埂），成林、行生长：神禾原西南侧滈河—潏河交汇的“三叉形”低洼河谷，其依水向阳，杨树林成片聚集	水源>气候>地形
柳树（尤其垂柳）*Salix babylonica*	乡土树种	因喜湿、耐寒，宜长于地势低、沙壤土质堤岸旁	东北郊浐灞河下游开阔水岸、河谷沙洲，成丛、带分布，如：灞河两岸自古关中八景之一的“灞柳风雪”	水源>土质>气候

资料来源：作者自制。

因此，基于对海拔高程（DEM）数据、归一化植被指数（NDVI，反映地表覆盖）的解译结果，及结合与水源、建成区的距离要求，得到物种生境适宜性的“强（核心源）—中（缓冲区）—弱（边缘带）”等级分布；之后将各物种生境通过GIS叠加分析工具（Overlay），最终得到市域生物多样性综合安全格局（图3–29）及分布特征（表3–18）。可见市域生境总体呈现出“形态破碎、规模压缩、位置迁移、结构退化，及乡土景观多样性丧失”等状况；生态保育、修复及综合治理亟待系统开展。

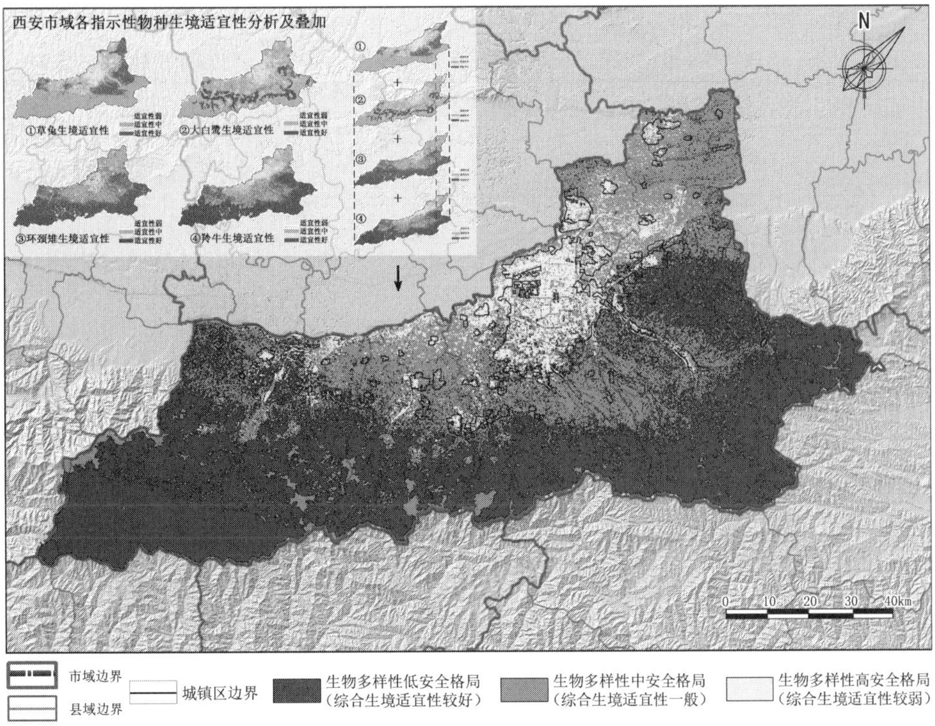

图3-29 市域生物多样性安全格局评价图
（资料来源：通过GIS缓冲区Buffer+叠加Overlay工具绘制）

市域生物多样性保护安全格局分级表 表 3-18

安全格局级别	保护等级（分区）	分布情况	空间载体、属性
低水平安全格局	核心（禁入）区	①片状分布于秦岭深山林地、峪道湿地等自然生境、栖息地；②块状分布于城区大型绿地、景区、遗址地（绿植多、绿量大）	①秦岭的森林公园与自然保护区，骊山、洪庆山北麓的林区、景区；②大明宫、汉城遗址、兴庆公园、曲江景区、浐灞湿地等
中水平安全格局	缓冲（实验）区	①自然的连片斑块状森林、湿地、丘谷、草甸等；②建成区边缘的带状、无规则、破碎化人工绿地及耕地，经济林、园与苗圃等	①秦岭山区，骊山、洪庆山丘陵，白鹿、少陵、神禾原塬面沟壑、边坡、川道；②沣—黑河间峪道、平川，渭河—各支流交汇滨水带
高水平安全格局	边缘（修复）区	①建成、规划区；②农居、农产区；③河川、湿地、遗址及其外扩100~500m过渡带	①主城区、各组团；②各区县平原地区；③城乡生态要素的人工化景观营造地区

资料来源：作者自制。

4. 耕地保护安全格局

关中平原属我国生态区划的I3（7）汾渭河谷农业生态区，耕地地位十分重要。

依据我国“基本农田保护制度”及市域土地利用现状，可将耕地梳理划分为：基本农田保护区、一般农田控制区、自然预留地（需退耕还林、草、湖的耕地，农村集体预留地，自然未利用地）三类，即对应得到了耕地保护的生态安全格局（图3-30）。

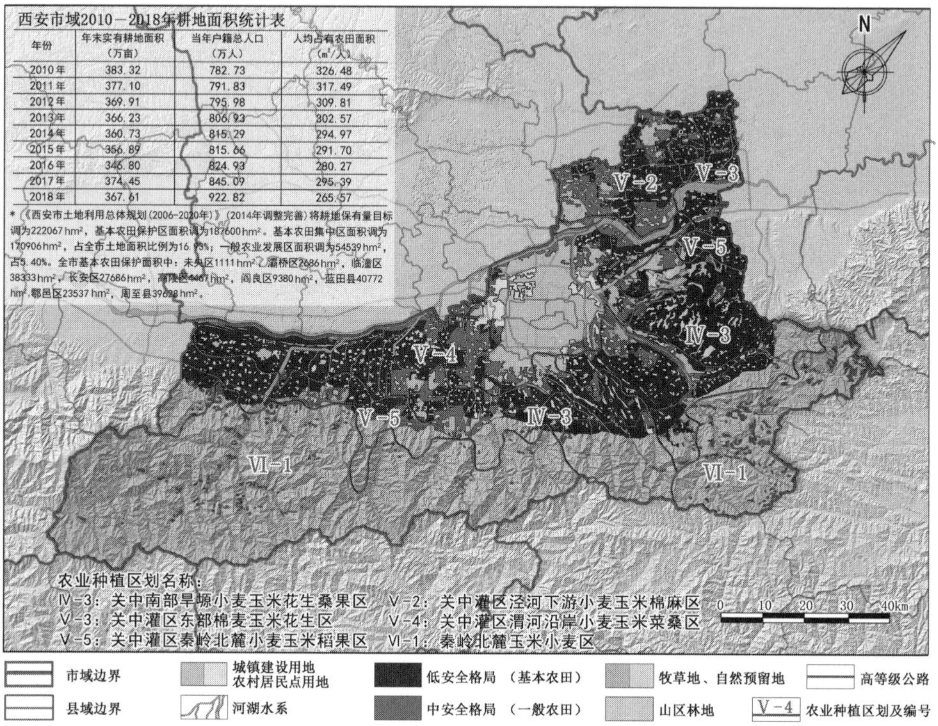

图3-30　市域耕地保护安全格局评价图

（资料来源：作者根据“市土地利用规划数据”及“省种植业资源与规划资料”等综合绘制）

进而从各方面具体来看：

（1）分布：东北—西部渭河平原地势平阔、水土丰沃，适于耕种；南部秦岭因地形及退耕还林政策，耕地仅零星散置于山谷缓坡处；中部因城镇扩张及产业、设施占用，耕地渐遭蚕食而愈加破碎。

（2）总量：早年的土地利用总规（1997—2010年）所制定的“城镇建设占用耕地面积”仅为71.79km²，但2005年年底（规划期过半时）已占去176.47km²（超2倍）；2010年起趋势有所放缓。

（3）人均：2010年人均农田占有量已不到半亩且趋势有减无增。

（4）类型：水田、水浇地、旱地在1994—2015年各减少0.71万、3.37万及6.06万hm²，尤其是起到调节水环境、扩充湿地规模、实现农产与生态共赢发展的“关中水田”，现已所剩无几。由此提出对应于各级安全格局的耕地保护措施（表3-19）。

市域耕地保护安全格局分级表 表 3-19

安全格局级别	耕地保护级别	分布区位	保护措施
低水平安全格局	基本农田保护区	广泛分布于市域西部的渭河南岸、东北部的渭河北岸，以及东南部的黄土台塬塬面上较为平缓之地	市域外围区县应严控城镇扩张、产业引进，使耕地不受侵占；同时划定基本农田保护区，确保农业生产的规模与质量
中水平安全格局	一般农田控制区	分片位于主城区外围及鄠邑、长安、临潼、高陵、阎良等城区周边；零星位于秦岭山峪水系沿线平阔地带	城镇密集区划增长边界；城乡接合部营建都市农园、绿色乡村、生态农业缓冲区；秦岭内耕地经评估后适量恢复为生态林地
高水平安全格局	牧草地及自然预留地	散布于秦岭中东部浅山峪道沿线、洪庆山中南部沟壑、骊山北麓丘塬边坡及平原中南部水系近岸地带	南部秦岭山前区、峪口，东部白鹿原、骊山北麓，有序实施自然预留地退耕还林，通过生态恢复形成人工—自然过渡带

资料来源：作者自制。

农田减少主因非农建设占用：①城乡产业结构调整及农村集体土地划入建设用地量增大；②城市人口增长“推力”与郊区开发高性价比“引力”使商业地产不断拓展；③新兴产业选址、传统工业外迁、乡镇旅游开发使城市化空间积少成多；④近年因开荒新增农田面积虽有提升（2015年为0.08万hm^2），但总闲置土地仍较稀缺（土地未利用率仅3.27%），使得宜复垦后备耕地资源杯水车薪、补不抵减。

5. 风环境安全格局

西安位处湿润—干旱气候过渡带，各盛行风向因市域方位和地理特征而有所差异（表3-20）；各盛行风频为15%左右，静风频率于秦岭山前最高（40%），中部次之（30%），东北较低（16%～17%）；年均风速在市区—临潼—阎良及秦岭为2～2.6m/s，周至—蓝田沿山区小于2m/s；季节风速变化不显著，秋冬略小于春夏（图3-31）。

市域盛行风方位及地理环境因素汇总表 表 3-20

市域方位	地理特征	所涉区县	盛行风向
北—东北部	渭河谷地沿线	临潼、高陵、主城区中北部	东北风（NE）占主导
东—东南部	灞河川道沿线	蓝田县	西北风（NW）多行
西部	渭河西去的平原收窄区（依秦岭走势）	周至县、鄠邑区	西风（W）多行
正南部	秦岭山脉占据，常受翻山偏南气流影响	长安区	东南（SE）—偏南（S）风较多

资料来源：通过实地调研及相关气象资料总结而得。

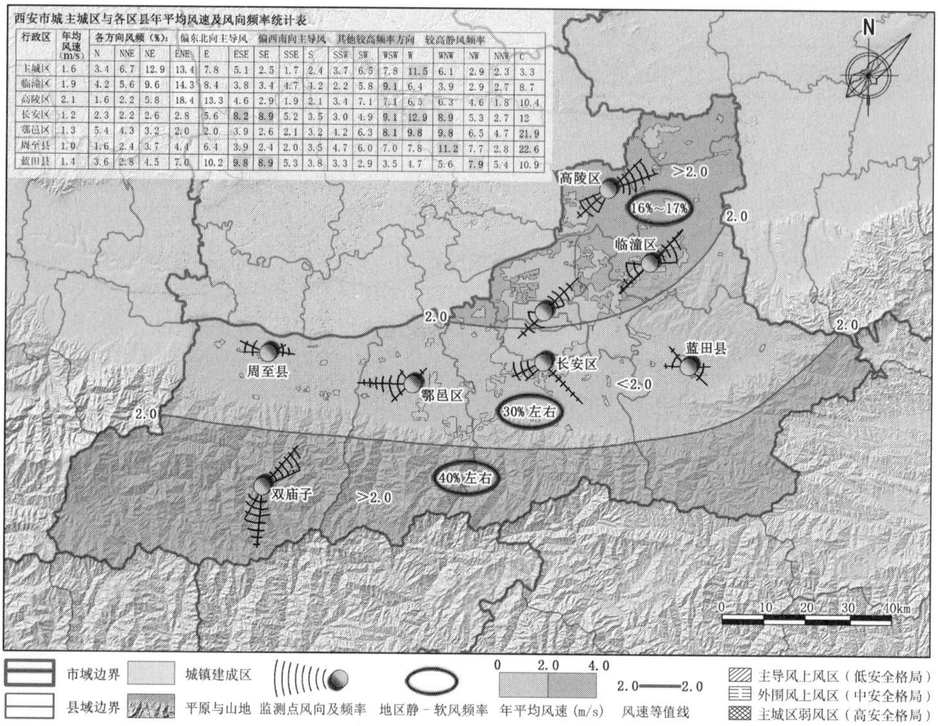
西安市城主城区与各区县年平均风速及风向频率统计表

行政区	年均风速(m/s)	N	NNE	NE	ENE	E	ESE	SE	SSE	S	SSW	SW	WSW	W	WNW	NW	NNW	C
主城区	1.6	3.4	6.7	12.9	13.4	7.8	5.1	2.5	1.7	2.4	3.7	6.5	7.8	11.5	6.1	2.9	2.3	3.3
临潼区	1.9	4.2	5.6	9.6	14.3	8.4	3.8	3.4	4.7	4.2	2.2	5.8	9.1	6.4	3.9	2.9	2.7	8.7
高陵区	2.1	1.6	2.2	5.8	18.4	13.3	4.6	2.9	1.9	2.1	3.4	7.1	7.1	6.5	6.3	4.6	1.8	10.4
长安区	1.2	2.3	2.2	2.6	2.8	5.6	8.2	8.9	5.2	3.5	3.0	4.9	9.1	12.9	8.9	5.3	2.7	12
鄠邑区	1.3	5.4	4.3	3.2	2.0	2.0	3.9	2.6	2.1	3.2	4.2	6.3	8.1	9.8	9.8	6.5	4.7	21.9
周至县	1.0	1.6	2.4	3.7	4.4	6.4	3.9	2.4	2.0	3.5	4.7	6.0	7.0	7.8	11.2	7.7	2.8	22.6
蓝田县	1.4	3.6	2.8	4.5	7.0	10.2	9.8	8.9	5.3	3.8	3.3	2.9	3.5	4.7	5.6	7.9	5.4	10.9

图3-31　市域风环境安全格局评价图（深灰色为偏东北向及西南向风速）
（资料来源：作者自绘）

近年来，西安主城区形态团聚、致密且地处半围合盆地环境，风力愈加偏弱。月均风速基本处在1.2m/s（12月）至1.9m/s（6月）间，多为2级以下软轻风。区域来风较固定，东北向为第一主导（西南次之）。当前市区秋冬雾霾有所下降，但夏季高温却仍强烈。白天地面吸热升温，风力较弱；傍晚因城郊比热不同而降温一慢一快，使周边山塬植被区易形成下山凉风，即为平日城乡间风力最大时段（图3-32）。

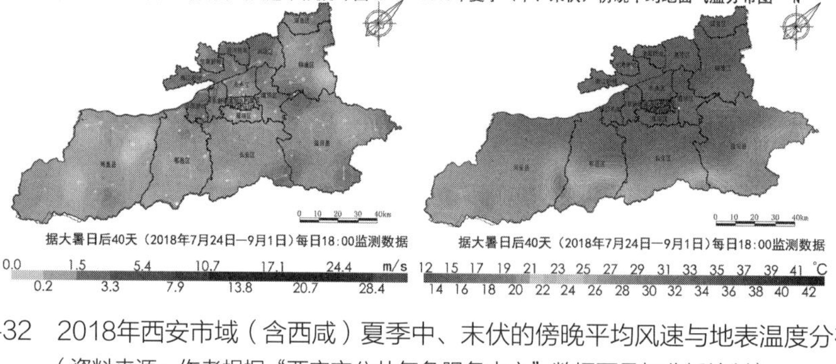

图3-32　2018年西安市域（含西咸）夏季中、末伏的傍晚平均风速与地表温度分布图
（资料来源：作者根据“西安市公共气象服务中心”数据而叠加分析绘制）

由此，夏季风的源头、路径、作用范围成为梳理城市风口及风道的关键。经长期风象监测数据可判断主要风口位于：①泾渭—沣渭河谷，②秦岭北麓各峪口，③东南丘塬地区，④西南山前乡野地带等。其中，东部洪庆山与南部秦岭浅山区是日常新鲜凉风和傍晚下山风的源头区，其风向与高程变化、地形走势也基本一致。

6. 文化遗产保护安全格局

西安文化遗产总况为：①城区及近郊数量多、分布密、等级高且多与绿地结合，保护较周全、展示效果较佳；但也常被建筑、道路围拢或覆压，与历史环境不协调。②乡村及偏远地区数量少、位置散、级别低，保护管理较弱，考古资料及文保规划缺失，出土文物被迁走；虽与自然乡土环境相融度高，但也面临着因开发利用而丧失原貌的危机。③城内历史街区及传统街坊易遭“拆旧建新”，仿古街、新古建不断涌现，使原始范围渐渐萎缩，原真风貌也在商业、旅游冲击下变得年代混杂、风格不一。④周秦汉唐四大城址型遗址涉及面积达108km^{2}之多，但位置多与现代城区重叠或紧邻，使保护—开发陷入矛盾与博弈困局。⑤丝路申遗、旧城更新、地铁建设等虽为文物发掘、保护、展示提供了机遇，但整体间却缺乏统筹部署，尤其使大遗址因地表鲜有确定遗存而易受到城市开发建设的侵占及破坏。由此依据各类古迹遗址的级别、分布及保护区划，综合得到市域文化遗产保护安全格局（图3-33）。

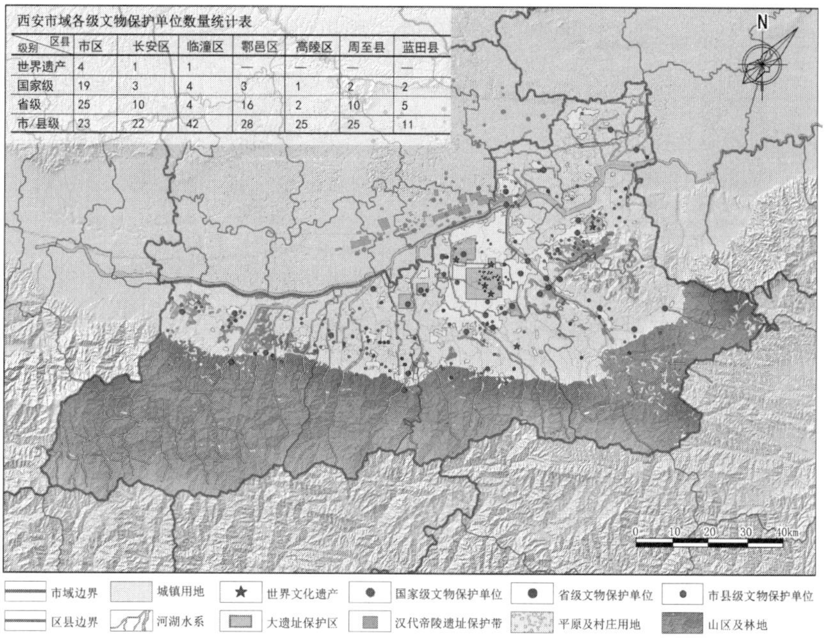

级别＼区县	市区	长安区	临潼区	鄠邑区	高陵区	周至县	蓝田县
世界遗产	4	1	1	—	—	—	—
国家级	19	3	4	3	1	2	2
省级	25	10	4	16	2	10	5
市/县级	23	22	42	28	25	25	11

图3-33　市域文化遗产保护安全格局评价图

（资料来源：作者根据陕西《省级以上文物保护单位保护管理规划》及自行逐点查询、核实西安各个“市县级文保单位”官方公布的“保护范围”而综合绘制）

7．综合生态安全格局

首先，对市域各项生态安全格局（要素层）的各下属空间构成（因子层）进行面积统计，并对应“低—中—高”级别加以归并及比例换算，得到图3-34所示结果。

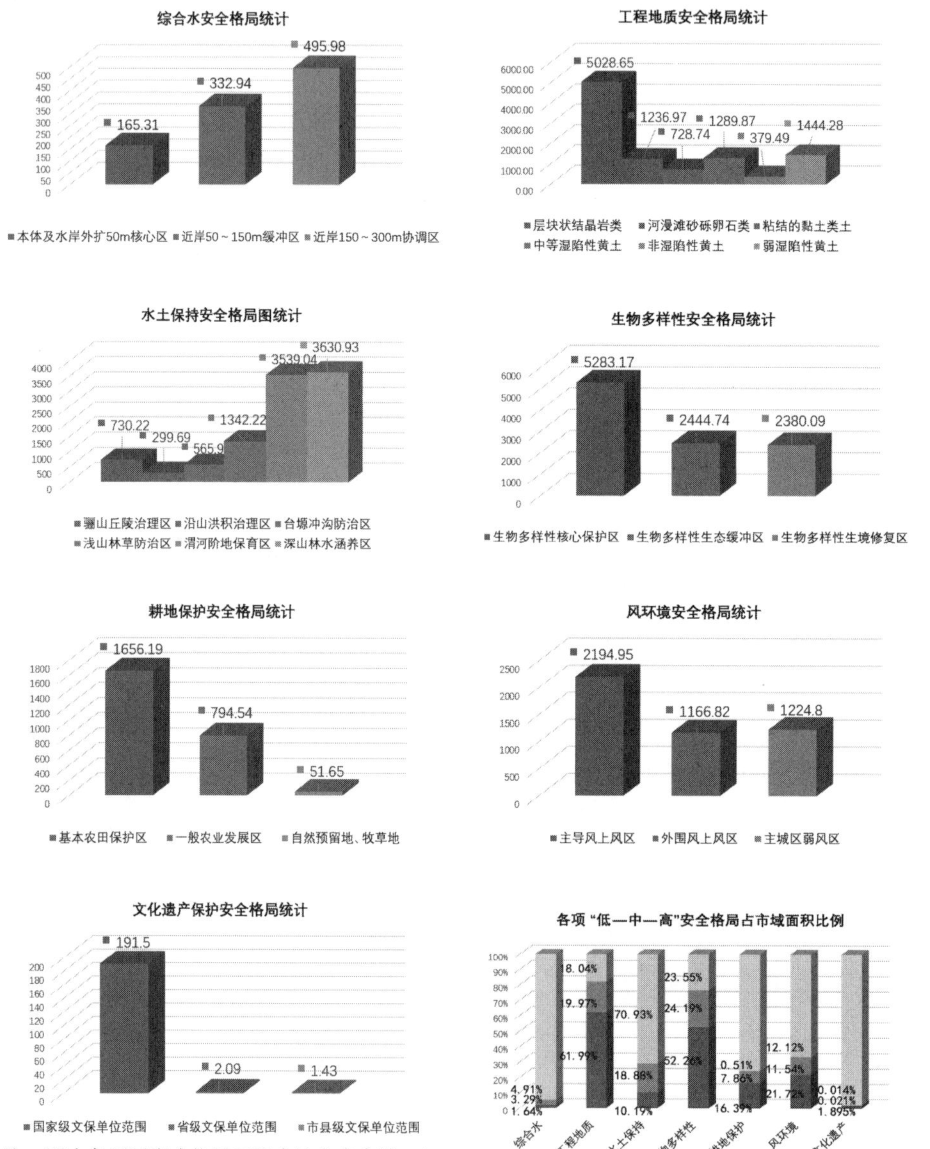

注：图中各因子安全格局面积占比自身合计，与表6-6数据一致。

图3-34 市域各项生态安全格局的空间构成及面积统计图（km^2）

（资料来源：作者自绘）

进而将各因子安全格局以统一“分级设色”标准叠加，得到市域综合生态安全格局；后根据颜色深浅而划分出低至高5个等级。经统计，低—中—高格局约呈6：3：1面积比例，总体尚为合理；生态品质则由外围山区向中心城区下降明显，城—乡—野间缺少有效生态缓冲及联系，人工—自然界限较明显，两极分化较严重（图3-35）。

西安市域各生态因子安全格局叠加过程及综合叠加结果组图（H=a+b+c+d+e+f+g）

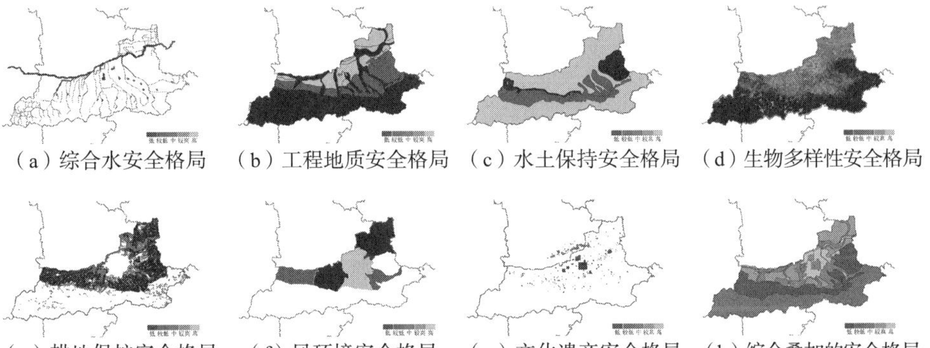

（a）综合水安全格局 （b）工程地质安全格局 （c）水土保持安全格局 （d）生物多样性安全格局

（e）耕地保护安全格局 （f）风环境安全格局 （g）文化遗产安全格局 （h）综合叠加的安全格局

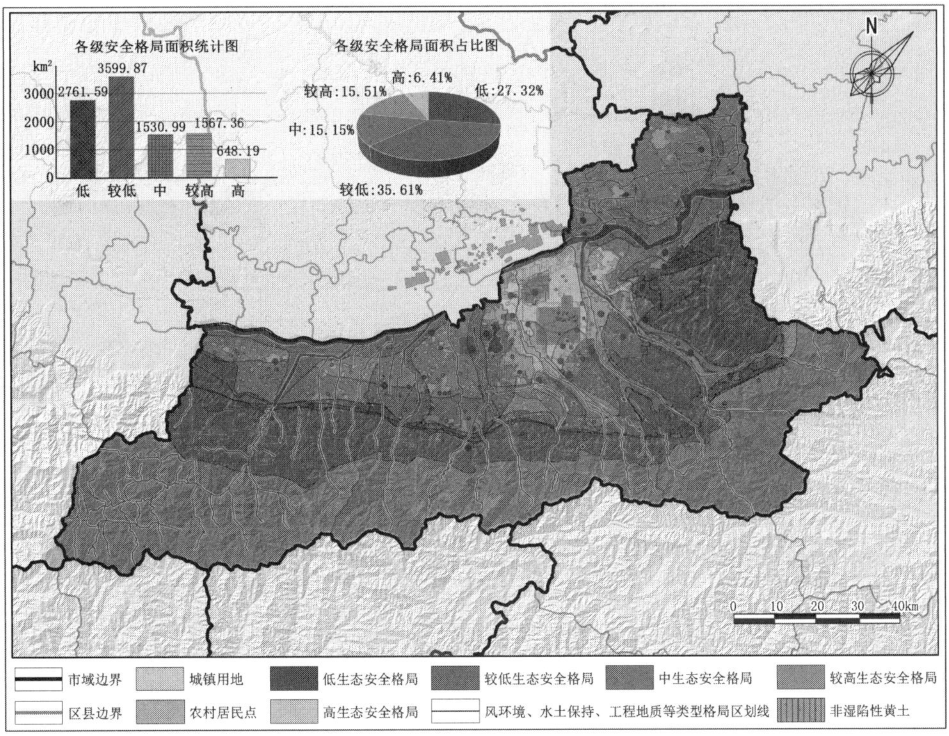

图3-35 西安市域综合生态安全格局等级分布图（由各因子格局叠加而成）
（资料来源：作者自绘）

3.4 城市生态碳汇能力

在对市域土地作以表观化“生态安全格局评价”的基础上，为进一步揭示其潜在的“生态系统服务水平”，可选取“碳汇”这一关键且前沿的指标作以补充，以呈现近年来土地利用变化对植被、土壤“碳储量”的影响。具体选取2000、2007、2016年三个年份的市域土地利用数据作为基础，进而通过公式及在GIS平台下借助InVest模块作以相关计算和绘图；同时参考我国及本省市各土地类型“碳密度”的常规值作以修正，最终得到市域碳密度及储量的高低分布动态（图3-36）。

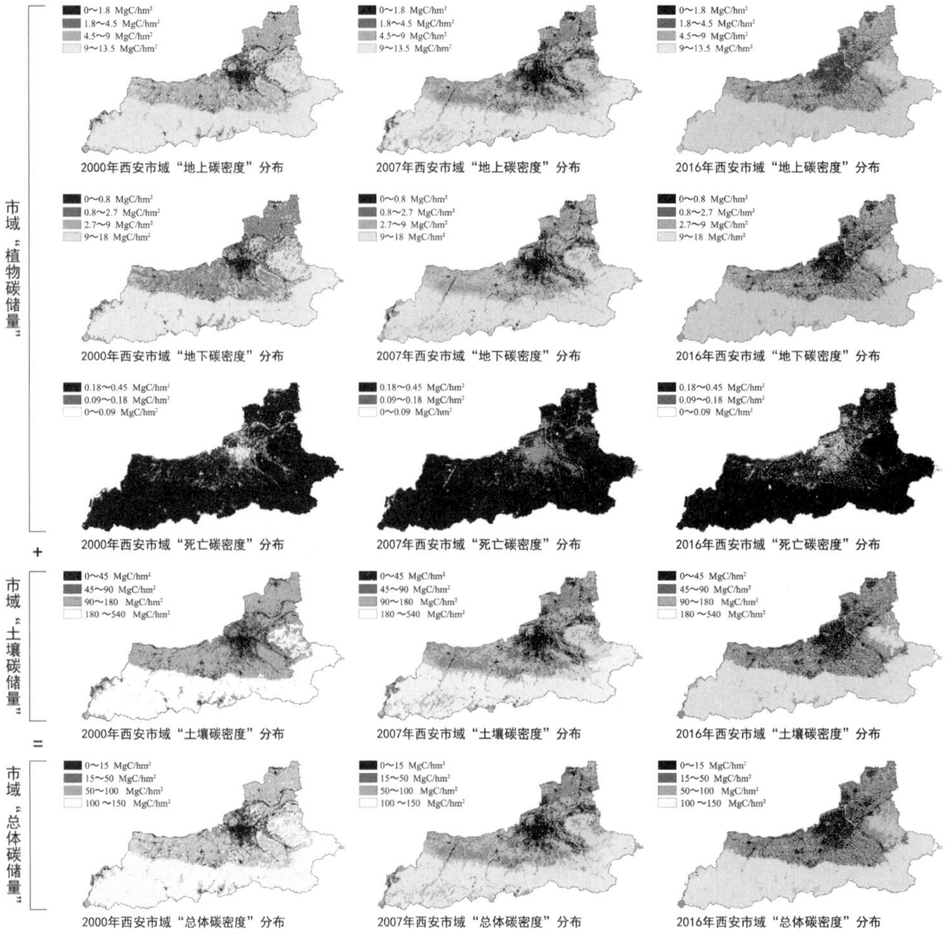

图3-36　西安市域碳密度及碳储量分布变化图（2000、2007、2016年）
（资料来源：作者自绘）

公式：$C_{总}=(C_{地上}+C_{地下}+C_{死亡})+C_{土壤}$　　　$C_i=d_i \times A_i$

式中：$C_{总}$—总碳储量，由$C_{地上}$—地上（枝叶）碳储量，$C_{地下}$—地下（根系）碳储量，$C_{死亡}$—死亡有机质（枯枝、落叶、朽木）碳储量组成；$C_{土壤}$—土壤（有机土壤、矿物质中）碳储量；C_i—某土地类型碳储量，d_i—该土地类型碳密度，A_i—该土地类型面积；C 的单位：MgC/hm^2（$1Mg=10^6g=1t$）。

由计算结果可见：西安市域2000、2007、2016年总碳密度分别为135.7、129.5及$112.5MgC/hm^2$，总体呈下降趋势。进而从碳储量看：①植物地上碳储量主要来自林地；地下及死亡碳储量则在林、耕地处较大并在建设用地处最小。由此，植物总碳储量随林地的先减后增、耕地的减少及建设用地的增大，从111.35万t略降至110.87万t，这源于秦岭山林的稳定贡献。②土壤是陆地最大的碳汇系统，其碳储量水平与气候、水文、粮产、生境等变化密切相关。然而，随着自然—人工空间的此消彼长，其已从1029.67万t降至853.24万t，降幅近20%。③总之，植物+土壤总碳储量从1141.02万t降至964.11万t，主要归因于城镇扩大、耕地减少、林地遭蚕食、绿地补充不力等共同负面影响。因此，西安市域亟须加强对农林乡野的生态保育及绿地的生态化增量、提质，尤其应开展于各类土地的边缘交错地带。

3.5 城市生态问题总结

综上，当前西安城乡整体的生态环境问题主要可总结为：①城镇扩张迅猛，大量侵占生态基质、阻断生态廊道、削蚀生态斑块；生态要素难以维持合理规模及形态，生态格局愈加难以抵御极端天气及洪涝、地质灾害。②城乡土地景观的人工化比例高、多样性低、破碎化重，碳汇能力及储量变化的两极化趋势愈加凸显；绿地分布不均、体系尚待完善，其格局既未充分弥补生态安全缺失，也未充分配合文化遗产保护。③保护与发展矛盾凸显，人口增多、用水短缺、污染超排、能耗过高，既有生态规划尚未落实到位，新旧城区生态投入及绿色低碳技术应用也差异较大。进而，将上述问题按生态要素类型加以总结，并尝试提出未来的解决方向（表3–21）。

西安市域各类生态要素现状问题及解决方向汇总表　　表 3–21

生态要素		生态概况	现状问题	解决方向
山塬	山地	秦岭山脉绵延横亘，水源富集、森林密布（占市域林地的94.59%），是关中生态之源及西安生态屏障	①原生植被覆盖由64%降至56%，林缘线后退10～20km；②干旱加剧水量蒸发，垃圾、排污使水质下降，采石挖沙及构筑占压、破坏河床；③生境破坏，威胁物种；④取石采矿，岩崖受损，地质不稳；⑤水源涵养、气候调节、能量供给等生态功能减损严重	①科学划定“保护—利用”层级，加强“边缘式”生态过渡带和“廊道式”生态联络空间的一体化建设；②重新评估，扩大现有保护区，使地貌、生境、群落“完整连续，相互交叠，形成网络集群”

续表

生态要素		生态概况	现状问题	解决方向
山塬	土塬	因河流切割、地质断裂、山体隆升牵拉而成，占市域的6.38%；是紧贴城区的自然基质及承载关中特有风土人情的典型景观	①滑坡、崩塌、泥石流偶发；②城镇扩张、乡村旅游开发侵占塬面耕地；③爬坡公路、坡脚取土、梯级农垦，使塬缘、坡崖遭破坏、改变；④原种植被移除，水土流失易发；⑤沟壑水系梯级设坝，蓄积静态水体、水流不畅，使两侧塬体的黄土湿陷性增加，同时影响生态平衡	①限制城镇、旅游开发及保护塬田、梯田；②保持村落点状分布及民居院落形制；③在陡坡区作固坡绿化，在深陷沟壑区保育天然次生林，降低地质灾害风险；④彰显城乡传统地脉形胜，控制人工干扰
水系		北有泾渭之水流经，南有秦岭七十二条峪道排布，中有浐、灞、沣河等支流贯穿，内有太平、沣惠、漕运、护城河等人工渠道交错，总体水系甚为密集、有致	①年降水量仅500～750mm，各流域天然林多遭破坏，水源涵养不足；②整体水质欠佳，沿岸人工化痕迹重，水生态脆弱；③工业用水低效、农业用水落后，水耗较大；④水利设施、防洪与景观工程干扰水体季节涨落与自然调节，丰枯水期径流量变化大；⑤天然河系多绕经城外，城内人工河渠为主、湖池稀少，水系缺乏联系，不透水地面广大，遇大雨或汛期易生内涝	①严保并提升水源地环境品质，以自然保护地形式保育生态水域；②减少非必要水利工程、构造对水体自然形态与过程的限定、影响，并去除城区段河岸的“硬质化”，还以“生态化”；③保护并彰显历史人文水景，使周围风貌与之协调；④加强海绵雨洪设施建设，辅助城市水循环系统
绿色空间	农田	成片分布于市域东北、西部的渭河两岸阶地；条带状分布于市区东南部台塬、川道；零星散置于秦岭山区中的河湾沿岸	①非农建设占耕地量大且补给不足；②人工干扰致土壤养分失调，结构稳定性、适耕性下降；③农田林网、水利建设滞后，生态防护、御灾能力弱；④灌溉水源（河、塘、潜水）受污染，化肥、农药过量，乡村环境卫生质量下降，共致农田土壤污染增大、农田生态普遍脆弱	①全方位开展用地适宜性评价，划定永久基本农田保护红线；②依水、土、气条件划定农业区划，因势利导；③将农业纳入城市、产业规划，在东西近郊结合水系发展田园组团，外围远郊建立农业示范园区
	林草生境	林地连片多处秦岭山区，少量在台塬沟谷及水系沿岸；草地仅零星分布于高海拔山坡；林、草及农田成为主要生境类型	①林地减少、草地退化、平原开发，天然群落缩至山坡、水岸；②野生动物活动范围被挤压至秦岭深山及丘陵；③自然保护区与外界生态缓冲、连通弱，动物难以跨区活动，植物难以越地生长；④城市绿地规模偏小，人工痕迹重，只适于鸟类暂栖、中转，难为多物种理想生境	①在秦岭以北缓塬阶地施行退耕还林、拆违还绿、生境过渡；②在沿河、汇水、川谷，保育现有林丛并新植多样群落，逐渐连为水生态廊道脉络；③注重城乡绿地的林草营造，使之断续形成生境“踏脚石”序列
	城市绿化	多根据遗址保护、交通伴随、亲水近林、生产防护、生活配套等需要而建设，尚未依据生态原理加以布局并发挥出理想功效	①绿化总量相对其他副省级城市较小，老旧城区“三绿”指标（绿地率、绿化覆盖率、人均公园绿地面积）明显偏低；②大乔木及林植覆盖占比不足，绿地三维绿量偏低；③整体布局未形成“互联、高效”的系统，且未充分对位、彰显生态本底，发挥生态效益	①择址建绿、拆旧补绿、道路增绿、公园透绿、屋顶覆绿、社区享绿，多途径扩充城区绿地规模；②营建各类区域绿地，增加城乡生态缓冲；③以绿道、绿带、绿楔串联人工—自然空间，构建都市绿地网络

续表

生态要素	生态概况	现状问题	解决方向
风象	受季风作用、关中山谷走势影响，主导风为东北—西南向“对倒风”，各方向频率为15%左右；主城区静风频率30%左右，风速基本处在1.2～3.5m、s的“软、轻风”级别	①各级城、镇、区扩大及建筑体量增大，使平原城乡地表粗糙度增大，行风阻力增加；②主城区呈凝聚团块状居于市域正中，道路走向与主导风向不一致且路幅宽窄不均、线形不顺，导致各向通风受阻、风力减缓；③城区缺少较大水面、较宽河流，绿地分布零散且较少形成连续空间或长跨度序列，边缘地带高大建筑增多，“风口”渐渐被“封堵”，共使城区通风性能愈加减弱	①结合主导风向、自然地形、土地利用、污染源等因素构建区域风道体系；②识别风源地（补偿空间）、风口、风道（过程空间），高密度城区、高频静风区（作用空间），建立与区域生态景区、城乡绿地、开敞空间对应关系，有效承载通风功能；③调控街区布局、建筑体量、种植形式以疏导通风
遗址	可见古迹集中于明清老城，大遗址位于历代城址，宗教及风景胜地多处郊外自然地势，史前遗址多临水分布	①遗址现行保护范围较粗略，保护规划较滞后；②建设控制地带内往往“建设超标、风格不搭、管控不严、协调不力”，使遗址当前风貌保护及后续考古工作处于不利状态；③相关各点较少形成关联、连为序列，与城市功能耦合形式单一，旅游、商业成分过重	①以绿化及遗址景观设计的方式，结合山水及城市人工要素，进一步强化遗址的保护边界，同时使其成为“外可观赏、内可参与”的遗址型生态绿地；②通过绿色线性空间（绿道）使遗址融入城市绿地系统

资料来源：作者自制。

总之，西安城市生态建设不应过于依赖外围生态资源，远水不解近渴；而应更多挖掘、激发区内潜在资源，以城带乡、以绿创生。当前，国家正在推行国土空间规划，这将使绿地更加兼顾起水土保持、通风降热、雨洪调节、人文承载、社会服务等生态功能。由此，应首先以绿地为人居环境建设的“触发点、启动项”，并对大型绿斑、生态绿廊、城乡绿楔、通风绿道、立体绿景加以多维创设，使绿地格局与生态本底达到理想耦合；进而借鉴先进城市生态建设模式并参照生态园林城市指标要求，着实将“秦岭为屏，生态控制；环廊隔离，组团发展；绿楔嵌入，引风入城；遗址串联，板块点缀；退二进三，产业进园；轨道优先，绿色出行”理念付诸实践；从而最终为西安都市区的三生空间协同发展探索出绿色引领的新路径。

第4章 西安城市绿地格局生态耦合演进

我国城市绿地通常依循自然—人文环境而建，配合各类用地拓展而增，并伴随着城市双修及更新而升级。本章通过对西安绿地发展历程的阶段化梳理，总结其生态耦合演进的经验、现状及模式，从而成为评价绿地生态耦合效益的基础（图4-1）。

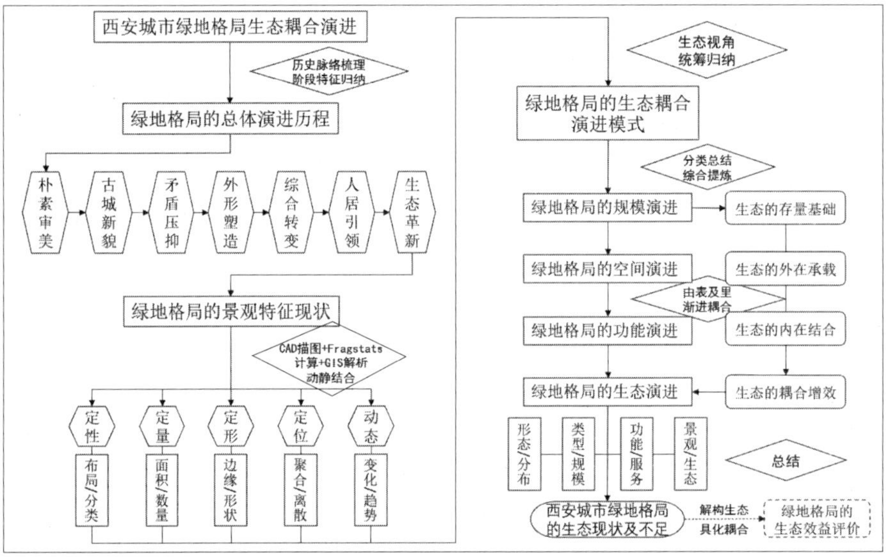

图4-1 “西安绿地格局的生态演进模式”章节技术框架图

（资料来源：作者自绘）

4.1 绿地格局的总体演进历程

我国近现代城市化进程可大致分为：1949年前的“朦胧探索”，1949—1957年的“初始建构”，1958—1960年的“大跃进”，1961—1977年的“回落逆化”，1978—1991年的“城乡体制改革助推”，1992年起至21世纪以来，社会主义市场经济确立、主导下的“高速发展”等阶段。在此宏观背景趋势下，西安作为国家历史文化名城、工业与科教重镇、西北交通门户及经济文化中心，其独特、丰富的城市空间与功能也为绿地营建创造了优厚的“培育土壤”；使之从1949年前的“公园初辟”，经新中国成立初的“新局创设”，到改革开放后的“特色升级”，直至当前的

“转型创新”，已发展100余年。据此已有学者将西安1949—2001年的绿地发展分为了集中式山水遗址公园—行道树线性绿地—传统种植环状绿带—几何式广场绿化及近郊林带四个特征阶段。由此结合西安城市规划建设历程及对各年份绿地数量、面积、代表事件等的详细梳理，重新将绿地格局演进划分为七个阶段（图4–2）。

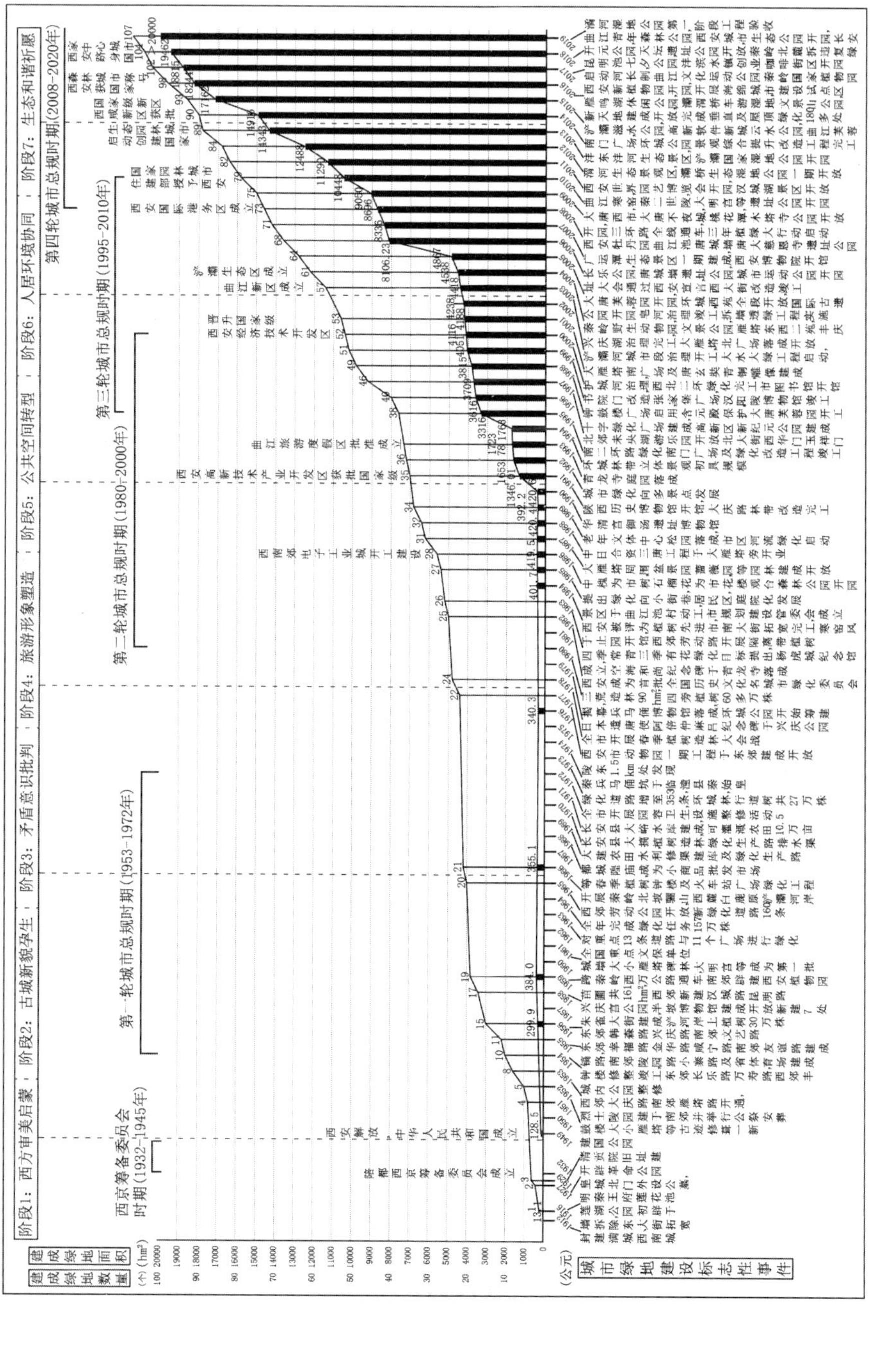

图4–2　西安城市绿地建设事件梳理及主要数据变化下的演进阶段划分图（1916—2019年）
（资料来源：作者根据西安年鉴、大事记、城建系统资料总结自绘）

4.1.1 第一阶段（1916—1948年）：西学东渐启蒙下的“朴素审美寄予”

历史背景特征：本阶段是封建统治被推翻、民主政权逐步建立，且不断遭受外来侵略、反动压迫、天灾人祸等内忧外患的“历史动荡期”。因西安地处内陆，较慢、较少受到西方列强侵扰及西方文明渗透，从而城址规模长期守于清末城—关范围。辛亥革命结束后（1912年），西风东渐（文化、教育、医疗等）遂入人心，公园绿地概念也从外埠传入，方兴未艾。

生态耦合特征：因缺乏科学布局，使其主要由“旧有官署、私家园林、废墟荒地”改建、整修、开辟而成，个别案例也利用了“洼池、高岗”地形；其余公共开敞空间则多附于街巷、行政、交易及体育等场所。

空间分布特征：绿地分布寥寥可数，多位于城北区域，空间景致也较为古朴，总体由：①莲湖公园（1916年由明代秦王府花园“莲花池”辟为公园），革命公园（1927年为纪念北洋时期冯玉祥、杨虎城击退刘镇华“围城”期间奋力守城而死难的5万军民而建）、建国公园（1929年陕西省建设厅将明清科举考场“贡院”遗址的南部花圃辟建而成）等3座公园；②位于大明宫遗址的1处苗圃；③各处杂乱树木3万株（含行道树2436株）；④杨虎城“止园”、柯氏家族“半园”、某银行家“东关花园”等3座私家花园所共同组成（图4-3）。该绿地格局后历经“土地革命—抗日战争—解放战争”等多个时期，并一直保持至1949年西安解放。

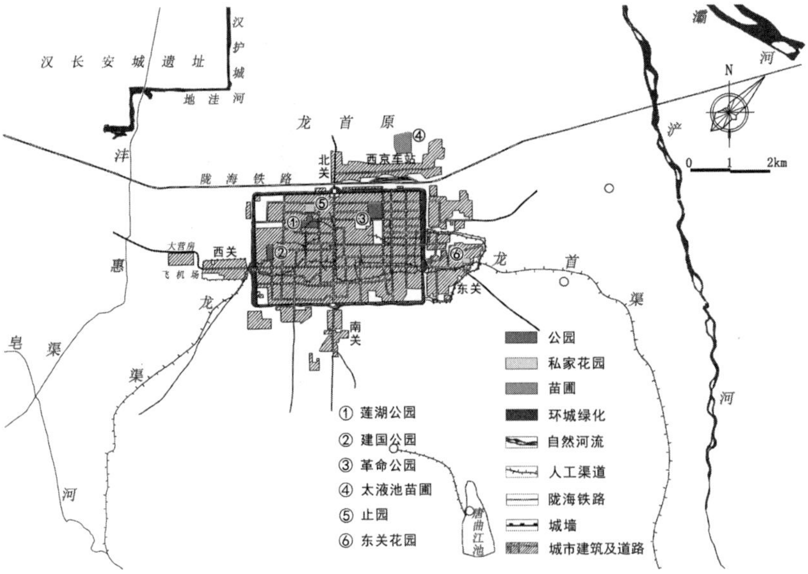

图4-3　1949年前的西安城区公园、绿地分布图（1916—1948年）
（资料来源：作者自绘）

4.1.2 第二阶段（1949—1965年）：地域人文唤醒下的“古城新貌孕生”

历史背景特征：本阶段是中华人民共和国成立之初的“生产恢复期”。1949年5月20日，人民解放军攻入西安四座城门并会师钟楼，西安从此解放；1953年起，“一五”计划实施，苏联援建的156项重点工程有17项落址西安，城市的基础工业格局由此生成。随着旧有生产的恢复、新工业职能的引入、道路的新修及基础设施的建设，原先的旧城关逐渐向郊外拓展出新四大功能片区[1]。

生态耦合特征：城区扩大也带动了绿化的配合发展，公共绿地的数量、分布、类型均有增多。古迹、遗址、寺庙[2]成为公园建设的首选地，城市历史特质被逐渐发掘和唤醒，初步形成了“旧有公园、遗址绿化、行道树及道路林带，单位、校园绿地及郊乡绿色风光”组成的基础绿化系统；同时也拓展出：①市民植树绿化，②历史公园（如兴庆宫公园）及纪念公园（如烈士陵园），③生产与防护绿带，④专类与主题公园（如植物园、儿童公园），⑤广场与街头绿地等新绿地类型（图4-4）。

景观风格特征：这一阶段，与我国大多数城市一样，西安的城市规划、工业布局、公建设计及环境绿化等方面多以“苏联模式”为蓝本，形成了“严整”的功能区划形式及“封闭、规则”的园林种植风格；进而也通过邀请南京、杭州的园林专家作以调研、指导，从而确定选取“中槐（国槐）、法国梧桐（悬铃木）、雪松、毛白杨、银杏”成为本市的五大“骨干（行道）树种”，由此取代了原有不成体系、自由散植的乡土植物。与此同时，在总体城市风貌的“规整取向”之下，个别公园、绿地的内部景观营建反而有所突破，其不仅保留、沿用了传统中式的“园林构景”手法，并以模拟自然、小中见大的“山水模式”及灵活统一、巧夺天工的“要素运用”为核心要义，而且还根据大众审美及使用需求的变化而不断改进，由此创设出了丰富的感官体验、深远的人文意境（表4-1）。

---

[1] 东郊沿浐河西岸二级阶地为“军工城”；浐河与白鹿原西北坡间建“纺织城”；西郊沿陇海铁路南侧建“电工城”，北侧为“货运仓储区”；南郊城区形态受制于台塬地形而收窄，但因历史人文资源富集而形成“文教城”。

[2] 1952年10月，鼓楼、卧龙寺、广仁寺、大雁塔、小雁塔、八仙庵、东岳庙、化觉巷清真寺、西五台等古迹名胜修葺一新；1954年5月，钟楼整修竣工；1958年4月，半坡遗址博物馆建成开放；1961年3月，大雁塔、西安城墙、小雁塔、兴教寺塔、西安碑林、半坡遗址、丰镐遗址、阿房宫遗址、秦始皇帝陵、汉长安城遗址、唐大明宫遗址被国务院宣布为第一批“全国重点文物保护单位”。

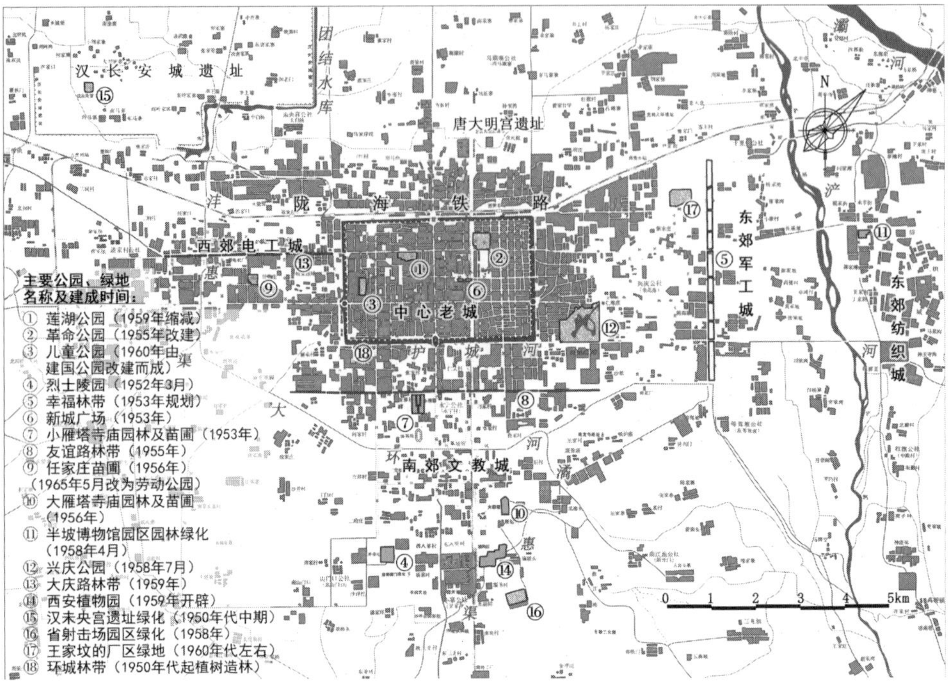

图4-4 新中国成立初期西安城区公园、绿地分布图（1949—1965年）

（资料来源：作者自绘）

西安传统中式城市绿地的“园林构景”手法汇总表　　表 4-1

构景方式	运用原则（主题、视觉、空间组织）	具体手法（要素、方式、动态）
置物造景	依自身主题、空间、意境，而合适选用园林要素，并将其“写意式、自由化”组织起来，构成景点	垒石堆山、林丛掩丘、源头活水、柳岸风荷、廊径通幽、亭桥渐次、楼榭点缀
运物组景	依不同赏景方式将不同位置景物“有关联、有层次、有主从”地搭配、统筹、排布在同一构图画面中	框景、对景、借景、障景、漏景、隔景、夹景
移步易景	依场地、空间、游线而创设“游园赏景序列”；将时间先后出现、步径相互衔接、视线不相重叠、感官有所区别的各景点以“连续、系列”形式串联而成	欲扬先抑、欲露还藏、渐入佳境、豁然开朗、高潮迭起、百转千回、环环相扣、妙趣横生、幽阔交错、旷奥俱显
代表案例	兴庆公园传统造景手法	

假山石驳岸与折桥、拱桥

亲水亭台与绿植水道

古迹建筑与几何花坛

资料来源：作者自制。

4.1.3 第三阶段（1966—1977年）：意识形态压抑下的“矛盾批判承受”

历史背景特征：本阶段是改革开放前的“被动停滞期”，绿化事业遭受严重破坏，几乎停滞；街心花坛被夷毁，树木乱砍滥伐严重，苗圃生产受到冲击，管理机构一度陷于瘫痪。

生态耦合特征：随着后期工农增产、商业回暖、行业复兴、考古发现[1]及对外交往增多等迹象的出现，绿地也迎来了新的生机：1971年全市绿化道路309条，较1965年增加48%；绿地数量虽未明显增加，但大多保留原址、功能未变，并仍主要分布于城墙内外的邻近城区，也有新类型涌现于远郊。

景观风格特征：新建绿地的代表案例有：①劳动公园，由任家庄苗圃改建而来，原有成林乔木与新建湖池假山使之成为西郊工厂生活街坊中的风景游赏核心；②纺织公园，不仅利用了坡地地形，营造了立体游赏体验，也为市民、职工在厂区与生活区间提供了绿色的“通勤路径”；③西安动物园（一期），更是开创了大众利用闲暇时光就近感受自然万物生息、接受科普意趣的“游乐绿地时代”（图4–5）。

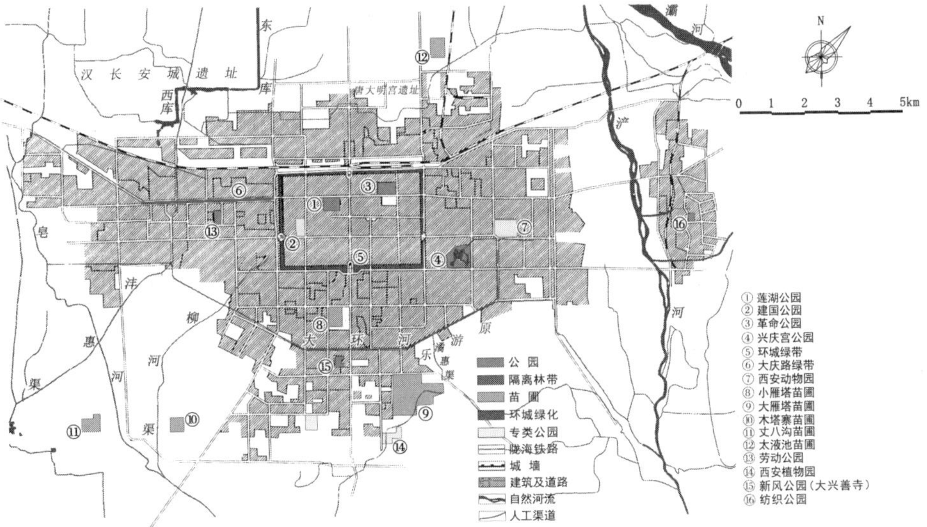

图4–5 改革开放前西安城区公园、绿地分布图（1966—1977年）
（资料来源：作者自绘）

---

[1] 1974年3月29日，临潼县晏寨公社西杨村生产队在秦始皇陵东侧1.5km处打井时发现了震撼中外的兵马俑；后经一年多的考古与保护工作，“一号坑”露出真容，内藏有真人、真马大小的陶俑、陶马6000多件。

4.1.4 第四阶段（1978—1989年）：旅游引擎催化下的“特色形象塑造”

历史背景特征：本阶段是借助改革开放大潮而自我丰富与更新的“快速提升期”。1978年12月，十一届三中全会正式作出了实行改革开放的新决策，“解放思想、实事求是”成为新的指导思想，各行各业改革进步浪潮随即迭起，城市现代化建设欣欣向荣，对外交流也空前增多。在此形势下，西安的历史文化资源在国内外游客、政要的大量造访下被逐渐“激活”，崭新的旅游业随之兴起。

生态耦合特征：绿地在传统“内向式”营园造景的基础上，日益与城区历史风貌、现代人文地标、新拓街景轴线等有机结合、相得益彰，创造了多样的外部通透景致。1984年市区绿地面积达437hm^2，绿化覆盖率29.4%。1980年代末，在主要古迹周围，遗址、苗圃原址及中轴线沿途，已形成了诸多长跨度公园与开放式景区，如：①环城公园，构建了全长13.4km，共15段绿带及1处园林（松园）所组成的“墙—林—河—路”四位一体环状、立体式遗址景观；②青龙寺景区，其遗址历经20多年的考古发掘及古建复原，终于在1985年随着1000株“中日友好樱花”的栽植而重现了唐代佛教“密宗”祖庭与长安六爻之“乐游原”地景的天然结合；③大雁塔景区，在以大慈恩寺为中心的左右邻近地块陆续建成一系列中日传统唐风园林，率先示范了绿地景群的聚拢营建模式（表4-2）；④西南郊丈八宾馆，借势于古代人工开凿的河道、湖池及曲岸幽林，1978年5月成为全市唯一的山水园林式国宾馆。

1980 年代大雁塔周边地区园林建设汇总表　　表 4-2

建成时间	园林名称	位置地点	简述及意义	之后改建情况
1983年8月	盆景园	大雁塔寺院西侧	时为西北地区唯一观赏性盆景园	陕西民俗大观园（雁塔西苑，2004年）
1987年	清流园	大雁塔西侧，盆景园的“园中园”	中日友好庭院，为中式传统园林与日式枯山水风格有机结合范例	
1987年	蔷薇园	大雁塔寺院北，雁塔路东侧	又称“玫瑰园”，时为市内唯一的蔷薇科植物园	陕西戏曲大观园（雁塔东苑，2004年）
1988年4月	三唐工程	大雁塔寺院东侧（地块呈“直角梯形”）	为中日合作项目，含唐华宾馆、唐歌舞餐厅①、唐代艺术博物馆②三部分，为建筑大师张锦秋先生所作	①唐华乐府中餐厅（2010年）；②大唐博相府酒店（2009年）
1989年4月	曲江春晓园	大雁塔寺院东部地块，唐华宾馆西侧紧邻	“三唐工程”配套园林，半开放式；唐风园林代表，以小巧自然、富有诗情画意和植栽的巧妙布局取胜	唐大慈恩寺遗址公园（2008年）

续表

建成时间	园林名称	位置地点	简述及意义	之后改建情况
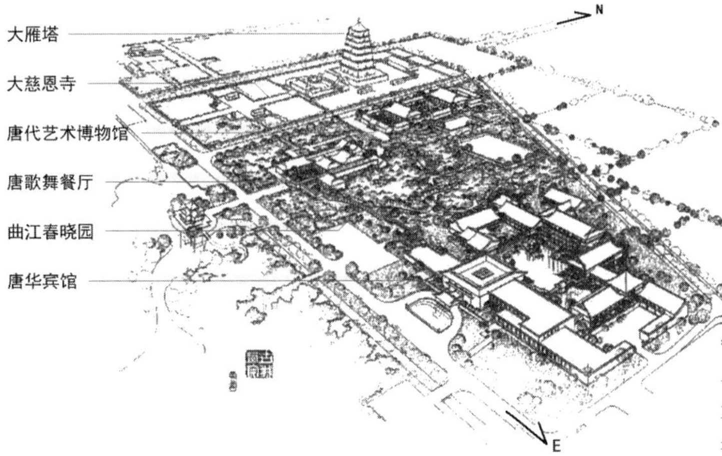				* 大雁塔（大慈恩寺）与“三唐工程”的位置关系及整体鸟瞰效果（1989年）

资料来源：作者自制。

景观风格特征：传统中式绿地的空间营造模式与园林造景风格仍为最多采用，形成了边界封闭、核心突出、景点环置、画面分层的生态—人文耦合场景（表4-3）。

西安传统中式绿地的空间营造模式汇总表　　表 4-3

空间营造模式	代表案例平面	生态—人文耦合场景
历史原貌型：历史建筑本体及环境保存较原真、完整，使现代园林布景遵从、依附于原有遗址（建筑、基址、宗教、私园、山随）的格局，并最大地保留原有种植。如：莲湖公园、环城公园、荐福寺（小雁塔）、清真大寺、碑林、敕建万寿八仙宫等	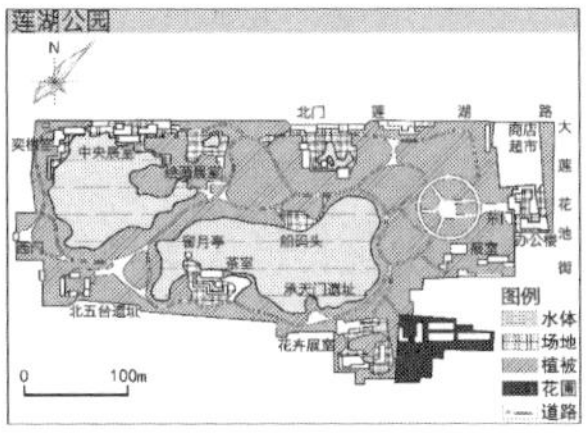	 湖面与亭岸 （引自西安曲江摄影协会微博）
中西结合型：既含传统中式园林要素，也有西方景观特征（中轴线、标志建筑、放射环路、花圃、花房等）；构成中西合璧的内景风格及布置较均质、有一定功能分区意味的平面构成。如：革命公园、止园（杨虎城将军纪念馆）、烈士陵园及北侧游园等	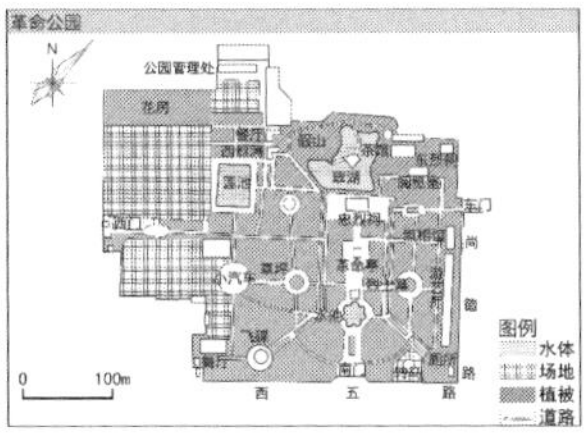	 主景与池石 （引自孔夫子旧书网，郑鸣玉拍摄）

续表

空间营造模式	代表案例平面	生态—人文耦合场景
旧址新貌型：因遗址本体早已消失或残缺不全而在原址上再造园林景观；使现代公园布局与历史格局“位置相合、形态关联”，并通过景点、景物命名来唤起历史记忆。如：兴庆宫公园、大唐芙蓉园、曲江南湖景区、唐城墙遗址公园、大明宫遗址公园等	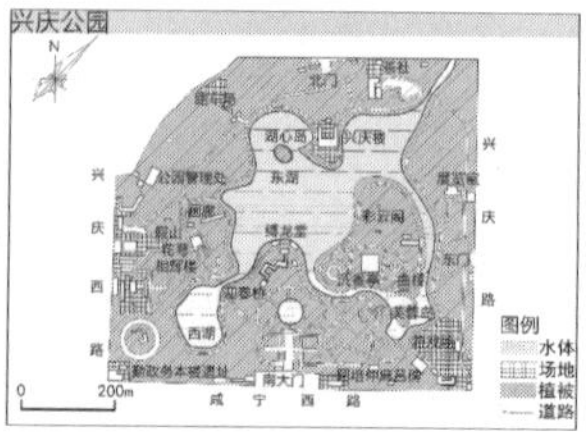	 水阁与折桥（引自西安市文旅局微博）
邻近借景型：保护历史遗迹及地标建筑原状，并在周围地块以现代仿古手法加以风貌更新和景观创设。具体在历史轴线、经典视廊之上或延伸、旁侧地带新建广场、景园或林带，扩展历史氛围，烘托主景气势。如：遗址公园（原曲江春晓园）等	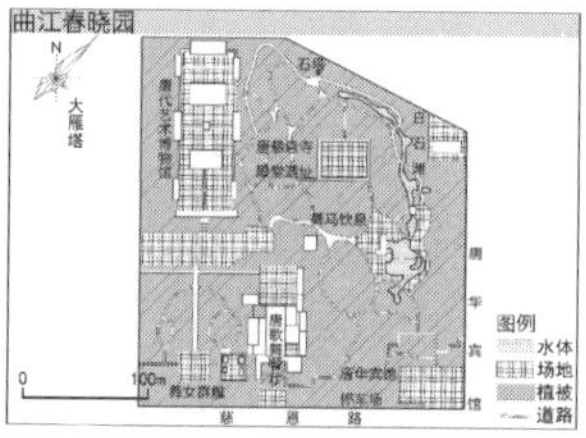	 亭台与跌瀑（引自马蜂窝西安旅游攻略）

资料来源：平面作者自绘，照片各有出处。

4.1.5 第五阶段（1990—2003年）：对外开放激发下的“传统空间转型”

历史背景特征：本阶段是经济、社会思潮更新的“世纪跨越期”。随着西方与东南亚景观设计风格及公共环境艺术形式的引入，我国沿海城市首当其冲受到影响（青岛、大连、深圳等），绿地开始向着大尺度、开阔感、图案化、象征性、多功能等特点而兴建，形象地标式的大广场、大草坪、景观大道屡屡出新、遍布城区。

景观风格特征：1990年代西安旅游地位持续提升，国际景观审美偏好与城市建设相互契合。随着新区开发、立交修通、旧街拓宽，现代住区、大型文商建筑兴建及酒店业的发展，绿地在延续历史文脉的同时，也增辟了新的样式与焦点，尤其加强了对“大型广场、宽阔街景、几何绿植”等宏大绿色开敞空间的创设（表4-4）。

2000 年前后西安新建城市广场实景及平面图　　表 4-4

广场名称及建成时间	广场建成之初的全景俯瞰	广场建成之初的平面形态
钟鼓楼广场（1998年5月建成）		
南门广场（1995年8月建成）		
大雁塔南广场（2001年年初建成）		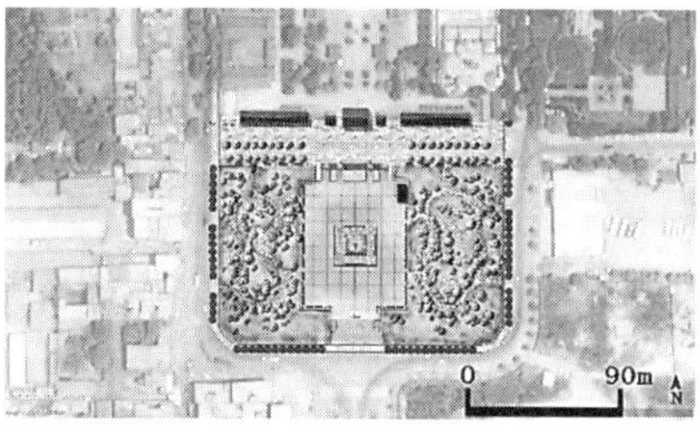
大雁塔北广场（2003年12月建成）		

资料来源：照片引自城建资料，平面自绘。

生态耦合特征：单位、校园、工厂附属绿地陆续升级，城市面貌整洁疏朗，城市肌理更加细腻，绿化语义得以扩展，古今融合的人居环境建设序幕由此开启，表现在：①时空动态绿化（古景、新景、水景、夜景、软景、硬景、地景等）；②古城风貌下的现代广场；③专类公园（老、幼）与主题游乐园；④道路绿带。

4.1.6 第六阶段（2004—2013年）：人居环境引领下的“多样风格融合”

历史背景特征： 本阶段是城市扩大、城乡融合、片区崛起的“全面发展期”。21世纪初，“西部大开发”带来了历史发展机遇，2004年“十五”计划收尾，随着绕城高速建成，城区各板块间建立起通勤纽带，主城区“边界”及“九宫格局”雏形业已显现。此后十年，老城开始经历复兴与重塑，新区建设日渐成熟，外围区县也趋向“卫星城式”发展。然而，在建成区不断扩大、建筑高度整体提升、道路网持续增密的同时，原先未被触及的乡村基质与生态本底，也渐渐受到“侵蚀”。

景观风格特征： 在城市土地资源减少、空间利用提升、复合功能增强、大众游憩升级的背景及西方现代景观与商旅文娱业态引进的趋势下，绿地的内涵与形式也不断扩展，开放、融合的建园造景模式随之兴起。绿地对内“立足遗址、服务生活”，对外“依托山水、结合生态”成为新的建设方向。然而，在“百家争鸣”中始终长盛不衰且广受欢迎的依旧是我国的传统造园风格，而西安则根据自身历史文化与地方特点，发展、创设出了“新汉唐风韵”的园林景观主题形式（表4–5）。

大雁塔景区营造模式及生态综合效益概述表　　表 4–5

名称、面积	形态关系	功能关系	社会文化效益	人居环境效益
大雁塔景区 总体：约0.58km²（576000m²） 核心区：大慈恩寺，约0.05km²（51000m²，占总面积的8.6%） 绿地：0.53 km²（占总面积的91.4%）	景区呈南北三段式，北为以寺院为核心的广场绿地集群，中为商业文化景观带大唐不夜城，南端为开元广场及唐城墙遗址公园。文物为核心，园林为绿色外环境，唐风步行街为景观延伸	大雁塔是集唐代建筑、佛寺、园林于一体的国保单位。院墙南北侧各建广场，兼具纪念、景观、商服之功能；东西为园林绿地，承载绿色、休闲、人文、民俗之意境；南部景观轴为富含商业、文旅、水景、雕塑之唐风步行街	凸显了盛世长安的人文地标并赋予其现代意义；宣扬了佛家人物玄奘的历史功绩；以大景区建设巩固了西安国际城市旅游及佛教圣地地位，提高了大众的传统礼仪素养及东西方的文化交融视野	以园林绿化为古迹遗址营建了生态保护环带；以开敞空间及景观轴疏导了参观人群压力。总体营造了和谐的过渡空间，引领了历史风貌与现代景观的共建模式，提升了地区的人文、人居、环境效益

大雁塔南广场低空俯瞰

广场中央唐僧雕像平视

登大雁塔向南俯瞰南广场与“大唐不夜城”景观轴

资料来源：作者自制。

生态耦合特征：在此期间，新建绿地多以遗址公园、滨水湿地、历史街区及创意园区景观等形式涌现，一定程度上平衡了中心区绿地的不足；新旧绿地共同聚拢、吸附于“明城内环、唐城中环、八水外环”之上，渐渐形成了“公园体系化、绿化规模化、景区融汇化、景观多效化”的“绿色圈环”，体现了面向“历史遗产保护要求、都市人居环境品质、生态城市建设标准、社会大众精神需求”的转型升级。

尤其针对“国家园林城市、森林城市”创建所要求的“指标与标准”，着力开展、广泛实施了各类公园景观、绿化工程、水生态治理等项目的规划建设；也使“八水、六爻、五塬、四大遗址”等自然与人文要素依托绿地、景区载体，实现了“文物保护、景观恢复、人居改善、产业带动”的多重效用。具体在“遗址—生态—风景”相耦合方面重点体现在：①南郊大雁塔、曲江景区的“融会贯通”；②北郊唐大明宫（图4-6）、汉长安城遗址的“宫城对望”；③东郊浐、灞河的“双龙汇水”。

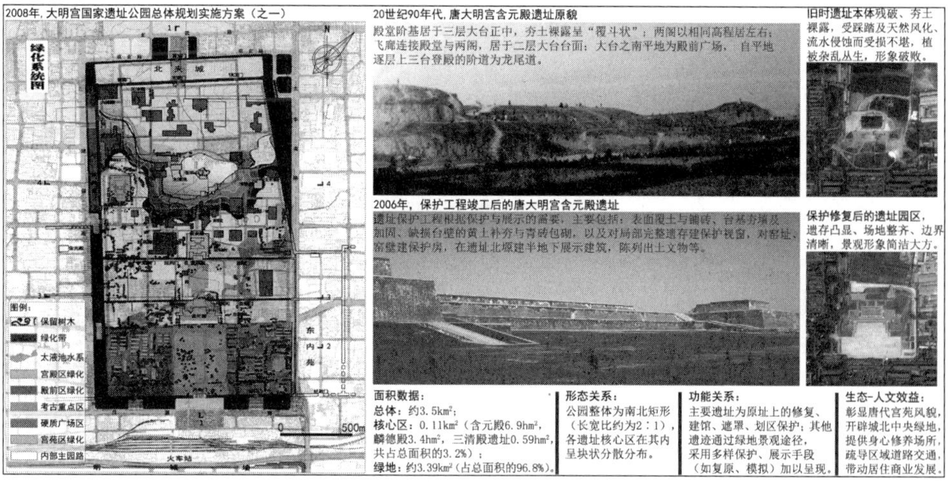

图4-6 大明宫国家遗址公园规划及含元殿遗址保护工程实施前后对比图
（资料来源：规划平面引自“西建大设计院方案”，1990年代含元殿引自“西安老照片”，2006年含元殿为作者本科期间拍摄）

4.1.7 第七阶段（2014—2019年）：生态理念革新下的“人地和谐祈愿”

历史背景特征：本阶段是生态文明理念引领下城市更新及乡村振兴的“新局开创期”。2014年西安建成区已达500km^2，城市在巨大的环境与人口压力下开始转型发展。2018年大西安新格局启动，原本疏离的卫星城镇、功能组团、产业与科教园区开始与主城区加强联系；广袤乡村也呈现出城乡一体化与田园都市化的渐变。

景观风格特征：绿地在历史语境影响外，也随经济转型、产业调整、管理更新而逐渐冲破旧模式，并在城市运营与商业运作的带动下，愈加以“文化品牌、生态理念、人居标杆”作为定位与样板，形成了新的“景观范式”。尤其是一批新建的文化广场、遗址公园、生态绿带，通过“添加历史元素，营造生态水面，采用多样绿植，复合多重功能”等做法而成为带动城市发展的“绿色引擎”（图4-7）。

生态耦合特征：在此驱动下，“生态—文化并重，保量—提质并行”成为新的建设要求。2016年，在“绿水青山就是金山银山”理念指引下，“四治一增绿”及“生态之城打造”大力推进；2017—2019年，“五路绿化、绕城林带、夜景点亮”

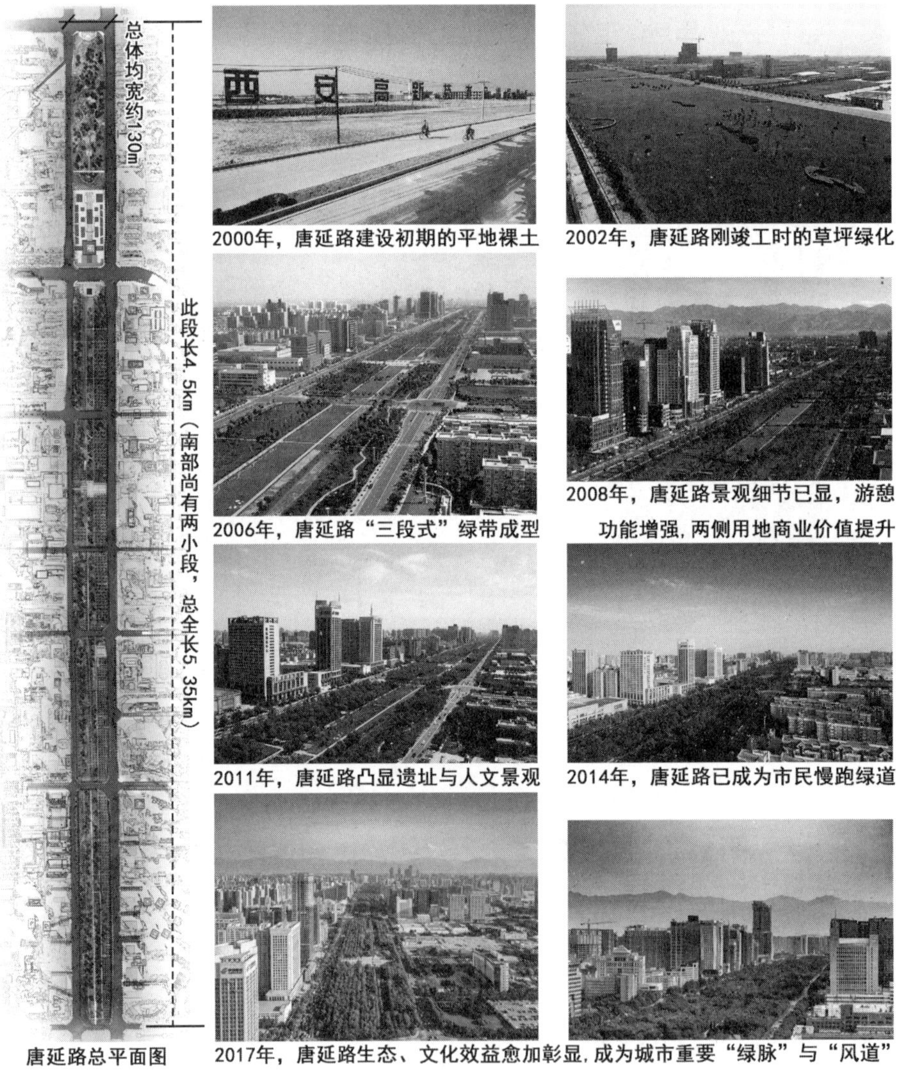
总体均宽约130m
此段长4.5km（南部尚有两小段，总全长5.35km）
2000年，唐延路建设初期的平地裸土
2002年，唐延路刚竣工时的草坪绿化
2006年，唐延路“三段式”绿带成型
2008年，唐延路景观细节已显，游憩功能增强，两侧用地商业价值提升
2011年，唐延路凸显遗址与人文景观
2014年，唐延路已成为市民慢跑绿道
唐延路总平面图
2017年，唐延路生态、文化效益愈加彰显，成为城市重要“绿脉”与“风道”

图4-7 唐延路绿带景观演变（2000—2017年）及当前平面示意图
（资料来源：平面为作者自绘；鸟瞰图及照片引自西部网、华商网及《西安六十年图志》）

工程及“铁腕治霾”行动重点实施，老旧公园、绿地、广场等向着“开敞化、品质化、特色化”标准加以改造，如：高新区中心花园改造为“咖啡街区景观”，东郊幸福林带全段开建（图4-8），多条街巷“拆违复绿”等；2020年至今，为迎接“十四届全运会”的“背街小巷景观提升工程”已在各辖区的近600条街巷实施完成，取得了一定的环境成效。这些措施共同使得城市的景观品质、生态环境得到了细致的改善。

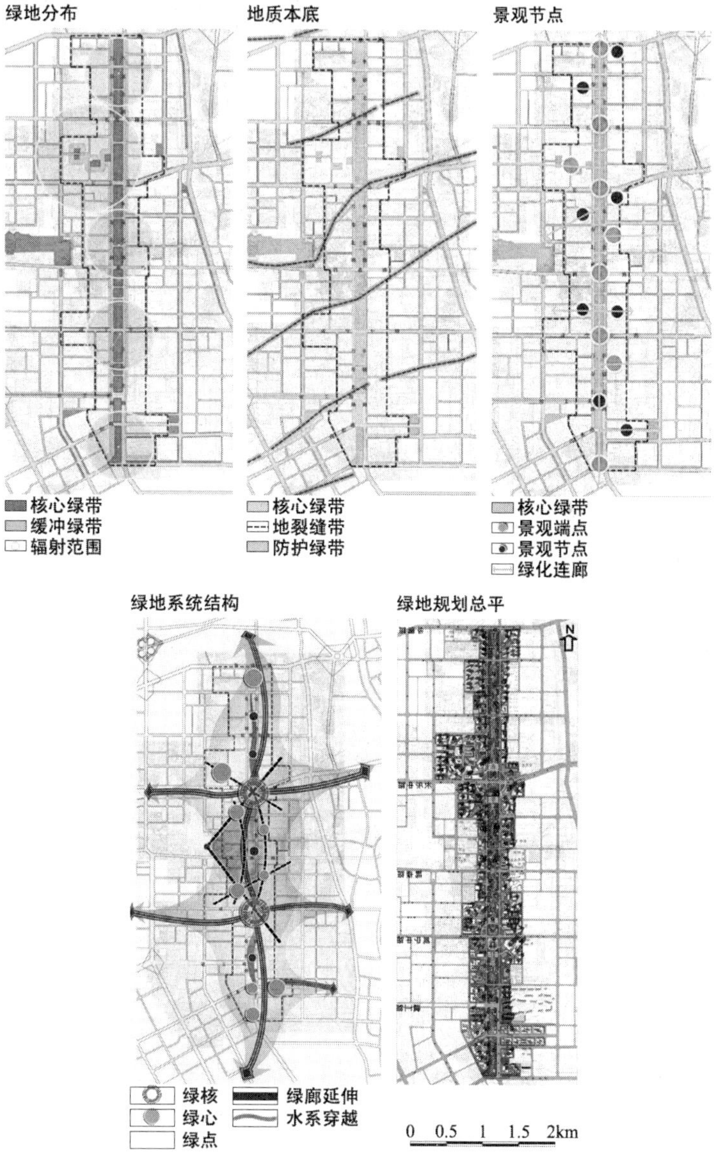

图4-8 西安东郊幸福林带的生态耦合规划结构及平面图
（资料来源：作者根据参与项目改绘）

总之，近年来的绿地建设还重点围绕“山—水—林—田—湖—草—气”等生态要素开展，已通过“绿地系统、生态隔离体系、海绵城市、田园新城、风道景区、山河绿道”等途径付诸实践，尤其体现在了：①健康人居导向下的公园设施“绿色升级”（图4-9），②商业形象引领下的街区景观“立体构建”，③传统文化挖掘下的特色小镇“主题创设”，④全域旅游带动下的乡村民俗“在地营造”等方面。

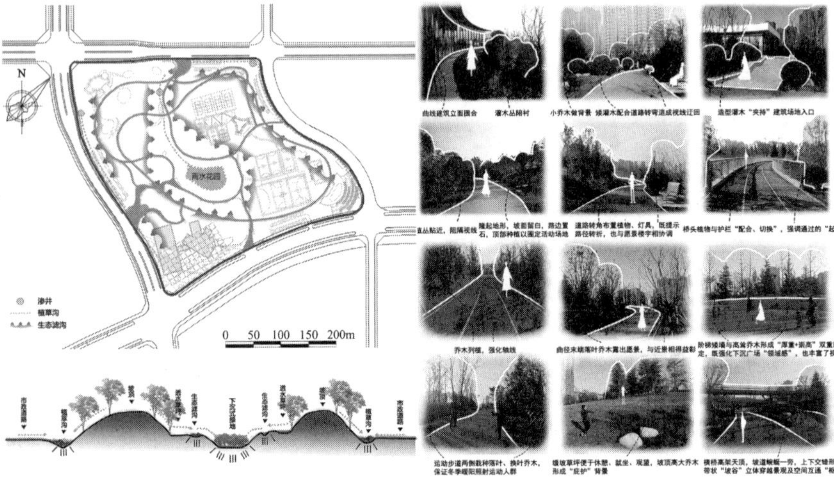

图4-9　曲江文化运动公园的“运动+生态”设计及场景分析图

（资料来源：作者自摄、自绘）

然而，当前绿地似乎仍未充分表达出：①高度凝练的“场所精神”，②明确统一的“设计初衷”，以及③反映当下困境的“生态象征意味”。由此，西安未来的绿地建设，亟须着力走出一条“历史人文—生态环境—社会服务”相复合的升级之路。

4.2　绿地格局的景观特征现状

4.2.1　定性研究——布局及类型

针对西安都市区45km×45km研究范围，截取年份较新、投射角度较正、幅面完整、云量较少的Landsat卫星影像；结合各辖区绿地最新建设动态，进行平面轮廓矢量化手工描图。进而依据《城市绿地分类标准》CJJ/T 85—2017、《城市用地分类与规划建设用地标准》GB 50137—2011，将绿地分为：公园绿地G1（含极少量广场G3[1]）、防护绿地G2、附属绿地XG、区域绿地EG及非建设用地中的农林用

[1] 市区独立广场用地G3较少，如钟鼓楼、新城广场，长安区法治、樱花、时代广场，且多已实属公园游赏性质。

地E2，由此得到绿地格局的现状构成平面图（图4-10）。

之后对各类绿地的“常见建设形式”（即绿地分类的中、小类），分布的“区位及特征”，以及选址的“地形、地貌、地物依托”作以梳理，从而初步掌握各类型绿地的空间分布规律，自然—人工占比，以及所承载的生态作用与意义（图4-11）。

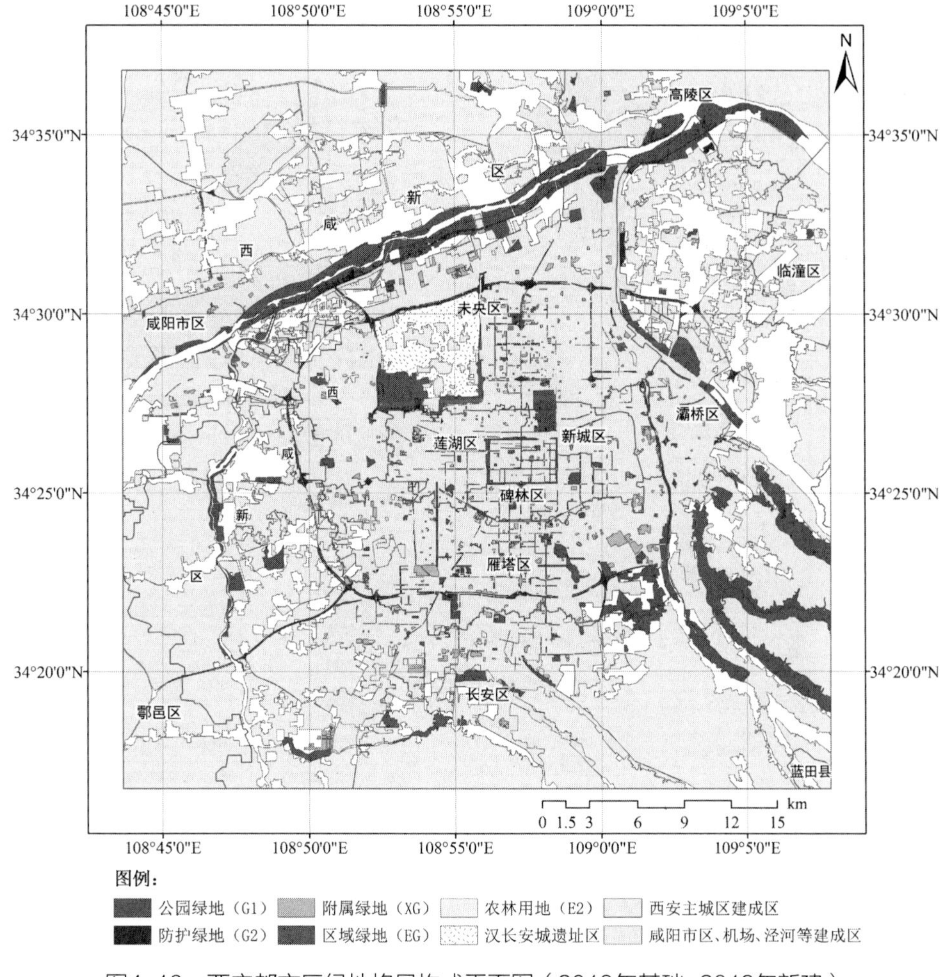

图4-10 西安都市区绿地格局构成平面图（2018年基础+2019年新建）

（资料来源：遥感识别+矢量勾绘）

（代表案例：G1-兴庆宫、环城、大明宫遗址公园，大雁塔、曲江、汉城湖、昆明池、沣河景区，唐延路绿带、幸福林带，灞桥、浐灞湿地公园、新植物园；G2-绕城高速、各对外放射高速、陇海铁路、皂河渠堤、渭河堤顶及漫滩、浐灞河岸等沿线，长安区高压走廊、东南台塬边坡及川道，汉城遗址内外绿化；XG-新旧居住区、小区绿地，各大学校园绿地、东西郊厂区绿化，快速路立交匝道间、环岛内绿化；EG-沣渭河沿岸生态带、泾渭分明湿地、汉杜陵及上林苑、白鹿原鲸鱼沟、仪祉湖、樊川八大寺景区，潏滈交汇林地、浐河少陵原湖塘林坡；E2-少陵原腹地农田，大兆街道—庞留村、潏滈南塬农田，子午大道、沣河流域农田，丰镐遗址—西汉高速、渭北咸阳原农田。）

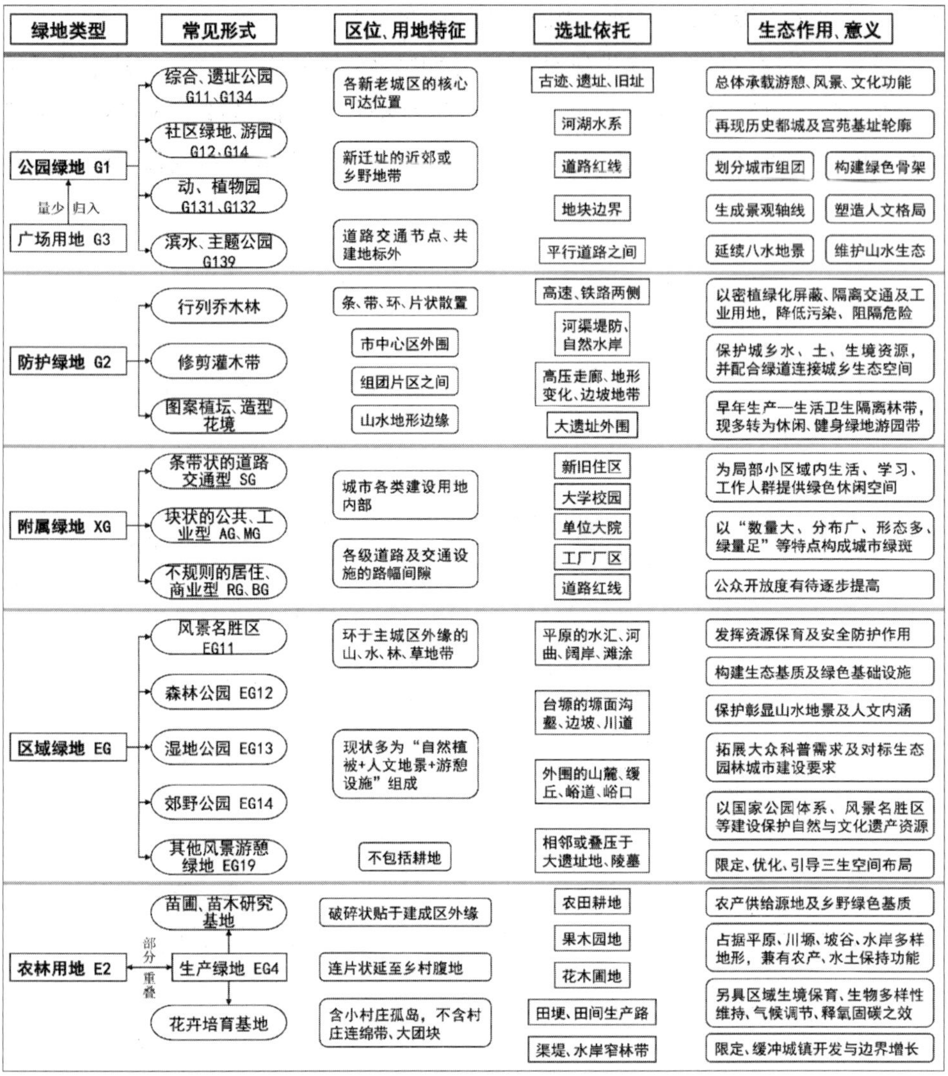

图4-11　西安都市区各类型绿地常见建设形式及选址生态依托梳理图

（资料来源：作者自制）

4.2.2　定量研究——面积及数量

采用常见的景观格局指数及Fragstats软件作分析，可较全面、直观地反映绿地的分布及构成特征（具体公式、步骤详见下文各指数计算说明）。“面积及数量”系列指数，可呈现绿地斑块最基础的数量情况。经计算可得西安都市区45km × 45km研究范围内各类型绿地斑块的“总体规模”及“量化比较关系”（表4-6）。

西安都市区绿地斑块类型的"面积及数量指数"计算结果汇总表 表4-6

绿地斑块类型指数	公园绿地 G1	防护绿地 G2	附属绿地 XG	区域绿地 EG	农林用地 E2
面积（CA，hm^2）	5944.57	1267.20	2699.47	7613.20	83230.50
斑块数（NP）	291	437	1885	94	418
斑块类型百分比（PLAND，%）	5.90	1.2577	2.6792	7.5562	82.6069
斑块密度（PD）	0.2888	0.4337	1.8709	0.0933	0.4149
斑块平均面积（AREA_MN，hm^2）	20.4281	2.8998	1.4321	80.9915	199.1160
最大斑块指数（LPI）	0.6923	0.0415	0.0756	2.0592	7.7135

资料来源：作者将绿地栅格数据导入Fragstats4.2软件计算并按照相关公式验算得到。

（1）**斑块面积（CA）**：指某类斑块总面积，单位"公顷（hm^2）"。相较于都市区2025km^2的总面积，公园绿地G1为6184.54hm^2，防护绿地G2为1277.60hm^2，附属绿地XG为2798.49hm^2（仅识别较大且完整斑块），区域绿地EG为7782.27hm^2，城市绿地面积合计18042.90hm^2。进而都市区内各行政辖区的详细绿地分类面积如图4-12所示。

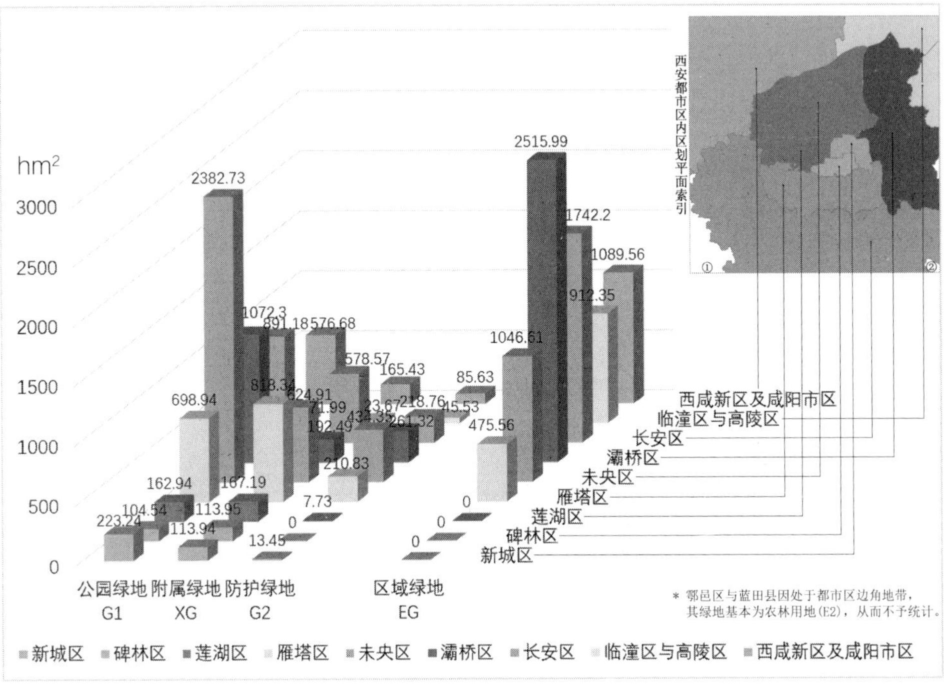

图4-12 西安都市区内各辖区的绿地类型及面积统计图
（资料来源：作者自绘）

（2）**斑块数（NP）**：指某类斑块的个数，总体算得：$NP_{XG}>>NP_{G2}>NP_{E2}>NP_{G1}>NP_{EG}$。其中，附属绿地XG因从属于各类用地而来源广、数量多；区域绿地EG数量较少，主要因自身定义为“位于建设用地之外”，从而使一些原有湿地、郊野公园、风景区随建成区扩大而被“吸纳、包裹”并转变为了公园绿地G1，目前只以东南川塬及西、北水域等地的“生态保育绿地EG2”为主体，并仍在受城市化影响、游园化改造而转型。进而以“面积—数量”关系来看，G1与G2在10hm^{2}以下的数量较多，XG在0.5hm^{2}以下的居多，EG则在10hm^{2}以上的较多；同时，城内绿地基本随面积增大而数量呈“先增后减”状态，这与城区地块单元的平均规模有关；而多数区域绿地的面积则普遍高出一个量级，这也正与郊外生态空间的尺度相匹配（图4-13）。

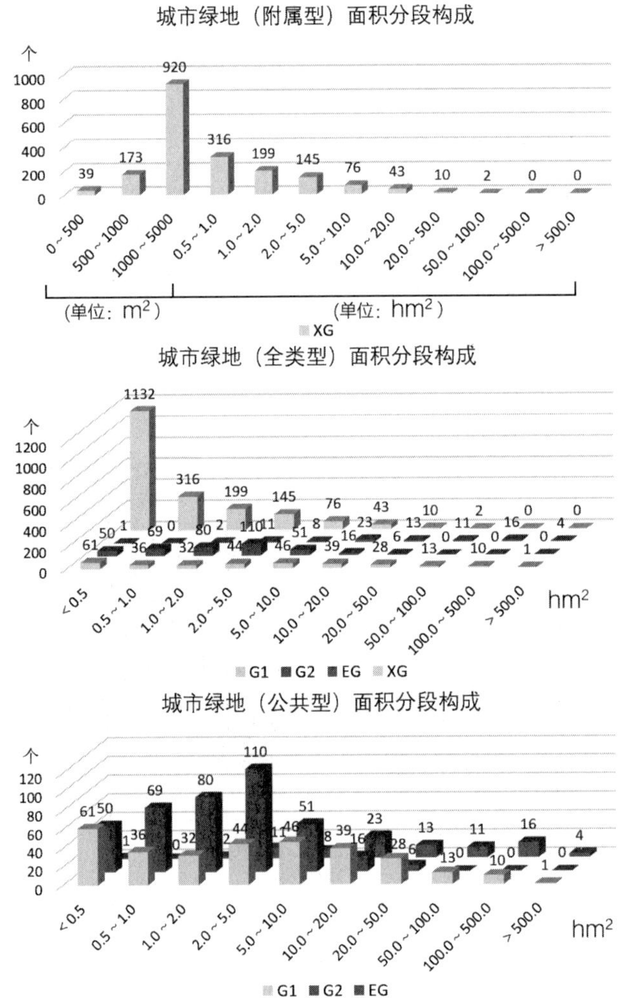

图4-13　西安都市区各类绿地（按面积分段）的数量统计图

（资料来源：作者自绘）

（3）**斑块类型百分比（PLAND）**：指某类斑块面积占所有类型斑块总面积的比例。

$$公式：P_i=\frac{\sum_{j=1}^{n}a_{ij}}{CA}\times 100\%$$

式中：a_{ij}为i类型斑块的第j个斑块的面积，CA为所有类型斑块总面积。

经算得：P_{E2}（82.11%）>>P_{EG}（7.72%）>P_{G1}（6.13%）>P_{XG}（2.77%）>P_{G2}（1.27%）。可见：①农林用地E2占有绝对面积优势（82790.78hm^2）并多分布在外围乡村地带；②作为城乡过渡斑块的区域绿地EG排第二位，其量级与第三位公园绿地G1相当；③附属及防护绿地虽斑块数量较多，但面积占比却较小，说明其形态较为“细碎”；④所有“城市及农林类绿地”总面积占“都市区地域”总面积比例为49.79%，约达“一半”占比，说明当前区域生态基础尚处在“临界可控”范畴（图4–14）。

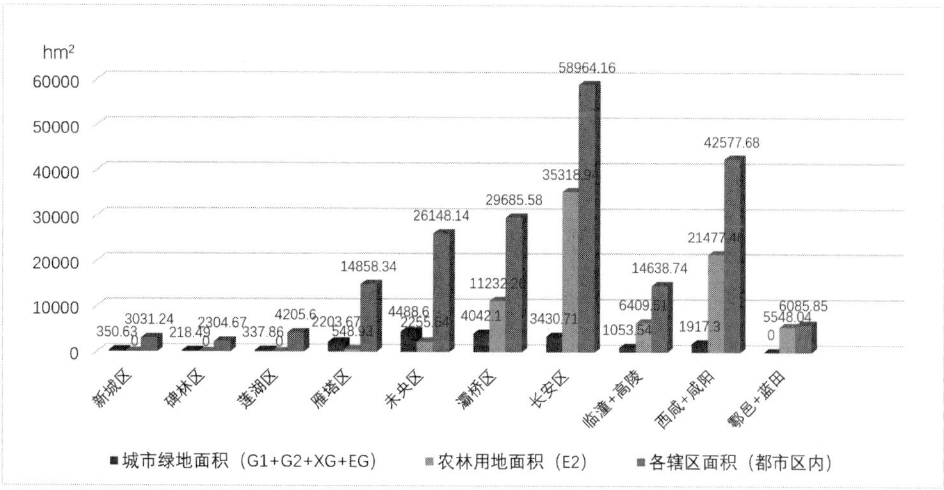

图4–14 西安都市区内各辖区的城市绿地、农林用地面积统计图
（资料来源：作者自绘）

然而，未来随着建成区的扩大，都市区研究范围内将出现“外层E2→中层EG→内层G1的逐层转化”趋势，具体为：①“农林用地”逐渐减少（转为建设用地或区域绿地）；②“公园绿地”缓慢接纳建成区外缘的“区域绿地”而有所增多；③“区域绿地”则处于不断“转入—转出”的动态变化之中。进而根据生态学“食物链10%能量传递效率”原理，所有绿地总量将在逐级转化中不断减少，直到城市建成区增长至极限边界时，才方可到达“拐点”并渐渐通过内部更新而“止跌回升”。

（4）**斑块密度（PD）**：指某类斑块在所有斑块总面域内的每公顷斑块数量。

$$公式：PD_i=NP_i/CA$$

式中：NP_i为i类型斑块的个数，CA为所有类型斑块总面积。

计算得到：附属绿地斑块密度PD_{XG}显著较大，这主要源于道路附属绿地SG的贡献，其随城市路网而遍及各处；然而其“空间分隔性”较强，“公共使用性（开放度）”较弱，加之其他附属绿地“共享度”较低，使得该类绿地的“高密度”并不与“高效益（服务）”对等，未来具有较大被改造为公共绿地的潜力（表4–7）。

西安城六区 1km² 样方街区公园与附属绿地分布密度汇总表　　表 4–7

	NP_{G1}=3 NP_{XG}=35 ----- $PD_{G1}\approx$0.1800 $PD_{XG}\approx$2.0999		NP_{G1}=2 NP_{XG}=28 ----- $PD_{G1}\approx$0.1310 $PD_{XG}\approx$1.8343	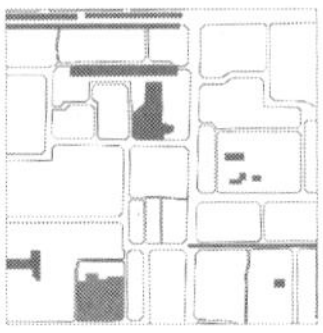	NP_{G1}=1 NP_{XG}=11 ----- $PD_{G1}\approx$0.1252 $PD_{XG}\approx$1.3777
“新城区”街区样方 （体育场—解放路）		“碑林区”街区样方 （友谊路—小雁塔）		“莲湖区”街区样方 （桥梓口—洒金桥）	
	NP_{G1}=1 NP_{XG}=11 ----- $PD_{G1}\approx$0.1193 $PD_{XG}\approx$1.3126	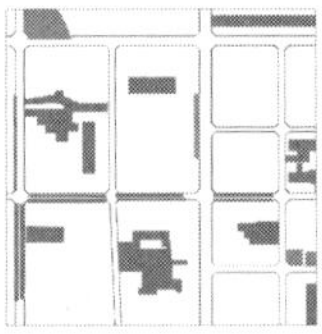	NP_{G1}=4 NP_{XG}=18 ----- $PD_{G1}\approx$0.2324 $PD_{XG}\approx$1.0459	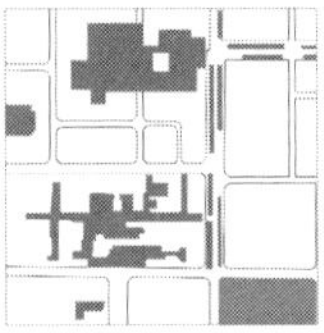	NP_{G1}=2 NP_{XG}=15 ----- $PD_{G1}\approx$0.0938 $PD_{XG}\approx$0.7035
“灞桥区”街区样方 （纺正街—纺东街）		“未央区”街区样方 （风城三路—贞观路）		“雁塔区”街区样方 （含光路—电子一路）	

说明：NP_{G1}–公园绿地数量，NP_{XG}–附属绿地数量，PD_{G1}–公园绿地斑块密度，PD_{XG}–附属绿地斑块密度。

资料来源：作者自绘。

（5）**斑块平均面积（AREA_MN）**：指某类型斑块的平均单体斑块面积。

$$公式：AREA\_MN_i=CA_i / NP_i$$

式中：CA_i为i类型斑块的总面积，NP_i为i类型斑块的个数。

计算可得：公园绿地斑块平均为20hm²量级，已超出综合公园G11“应＞10hm²”规划标准1倍，表明已建成公园可基本保障景观、生态、游憩的空间需求；区域绿地与农林用地的斑块量级相当，在80～200hm²范围，是潜在生态郊野公园或小型风景区的合适尺度；附属绿地斑块平均为1.5hm²，恰对等于社区公园G12或居住区公园“宜＞1hm²”标准限度。由此，研究范围内各类绿斑平均面积总体尚较适宜。

（6）**最大斑块指数（LPI）**：指某类斑块最大单体面积占各类斑块总面积的比例。

$$公式：LPI_i=A\_Max_i/CA\times 100\%$$

式中：A_Max_i为i类型斑块中最大单体斑块的面积，CA为所有类型斑块总面积。

计算得到：①农林用地最大单体为“少陵原斑块（杜陵—航天城一线东南）”，

其塬面平整、开阔。②区域绿地最大为“白鹿原中部峪沟+南缘坡崖人字形斑块”，其高差较大、植被茂密、水源富集。上述前者面积为后者近4倍，量级水平相同并远高于其他类型。③公园绿地最大为“未央宫前殿遗址区斑块”，其为汉城遗址2014年获评“世界文化遗产”的主要贡献区域及当前遗址内先行建设的保护展示区（遗址公园）。③其余两类绿地因斑块属性单一、形态细碎，使得最大单体不够突出。

4.2.3 定形研究——边缘及形状

“形状及边缘”系列指数，可进一步解析绿地斑块的形态特征，经计算可得西安都市区范围内各类绿地斑块的“形状不规则度”及“边缘复杂度”（表4–8）。

西安都市区绿地斑块类型的“形状及边缘指数”计算结果汇总表 表4–8

绿地斑块类型指数	公园绿地 G1	防护绿地 G2	附属绿地 XG	区域绿地 EG	农林用地 E2
边界总长度（TE）	507.5210	568.4556	1202.3967	471.9091	2674.0602
边界密度（ED）	5.0372	5.6420	11.9339	4.6837	26.5402
斑块形状指数（LSI）	16.4563	39.9222	57.8560	13.5212	23.1723
周长—面积分形维数（PAFRAC）	1.1896	1.4002	1.2717	1.2038	1.1845
平均斑块分维数（FRAC_MN）	1.0718	1.1368	1.1346	1.1062	1.0741

资料来源：同表4–6。

（1）边界总长度（TE）：指某类斑块的边界总长度（km），计算得到：$TE_{E2}>TE_{XG}>TE_{G2}>TE_{G1}>TE_{EG}$，可见农林用地因面积绝对优势而边界长度最长；附属绿地因斑块数量多、形态杂而边界长度排在第二；防护绿地虽面积最小，但因斑块多呈“长条”状，按照“相同面积长方形，长宽比越大，周长越长”的原理，于是使自身边界总长度超过了公园绿地；区域绿地多位于“水—陆、平—坡”界面等狭长地带而也多呈“条带”状，但自身斑块数量过少，从而边界总长度略不及公园绿地。

（2）边界密度（ED）：指某类斑块边界总长度在所有斑块面域内的单位面积长度。

公式：$ED_i=TE_i/CA$，**单位**：米/公顷（m/hm^2）

由于各类型均除以相同的“总面积”（分母相同），致使边界总长度的高低（分子）决定了边界密度的大小，从而得到$ED_{E2}>ED_{XG}>ED_{G2}>ED_{G1}>ED_{EG}$。

（3）斑块形状指数（LSI）：指斑块与相同面积正方形的形态偏差程度，由该类斑块总边界长度（TE_i）与相同面积正方形周长（$4\sqrt{CA_i}$）的比值而得。

$$公式：LSI_i=\frac{0.25\times TE_i}{\sqrt{CA_i}}$$

式中：TE_i为i类型斑块的边界总长度，CA_i为i类型斑块的总面积。

当LSI=1时，说明该类型仅含1个正方形斑块；LSI值越大于1，则说明该类斑块数量越多且形状越复杂（不规则）。计算得到：附属绿地斑块形状指数LSI_{XG}最大，因其数量众多且受所属用地的边界形态、内部建筑、道路及场地等空间要素的“限定、挤压、干扰”较大，由此使自身各类绿斑形态差异较大（如：道路绿地多为“线段形”，校园及工厂绿地多为“曲折镂空形”，居住绿地多为“集中多边形”等），以致总体形态十分偏离正方形；防护绿地斑块因形状多为“细长条状”而数值也较大；农林用地斑块则受村庄及地形影响而大小不一、形态有机，因此其形状指数也较偏大。区域绿地虽“延展性”较强，但数量却最少；公园绿地数量虽多，却常受制于城市路网而边缘规整，所以二者的形状指数基本相当且均较小（表4–9）。

西安都市区各类绿地“单体斑块形状指数”计算步骤及数值比较表 表 4–9

<table>
<tr><td>类型、名称</td><td>校园型附属绿地（AG）
西安建筑科技大学</td><td>住区型附属绿地（RG）
锦园小区
（北二环）</td><td>校园型附属绿地（MG）
老华山厂
（幸福路）</td><td>综合型公园绿地G11
长乐公园
（东二环）</td><td colspan="3">社区型公园绿地G12
大华社区公园
（曲江）</td></tr>
<tr><td>绿地形态、尺寸</td><td>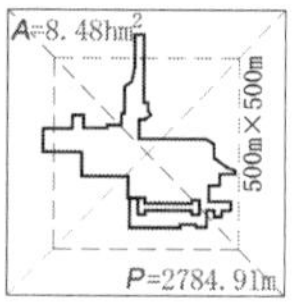</td><td>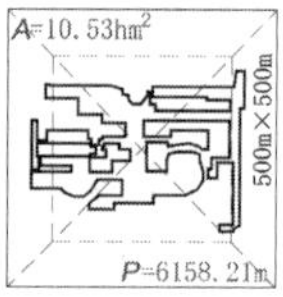</td><td>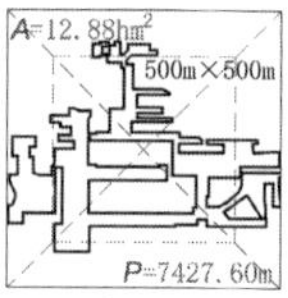</td><td></td><td colspan="3">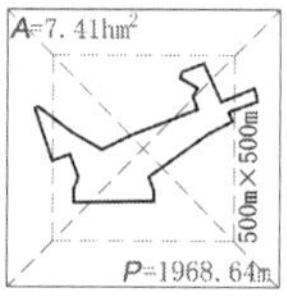</td></tr>
<tr><td>等面积正方形尺寸</td><td>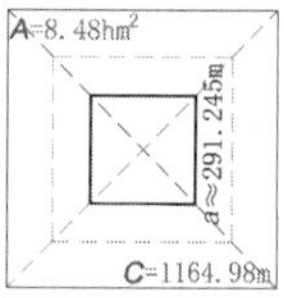</td><td>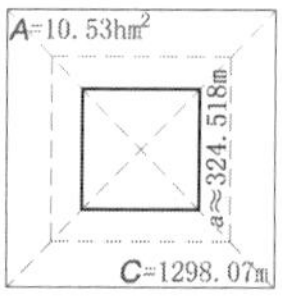</td><td>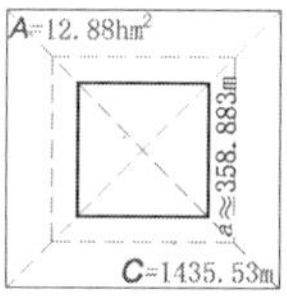</td><td>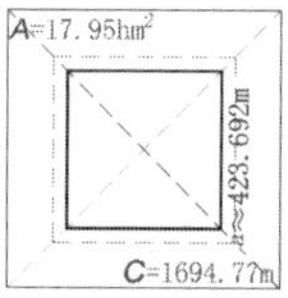</td><td colspan="3">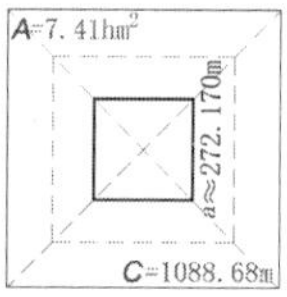</td></tr>
<tr><td>LSI值</td><td>P/C≈2.39</td><td>P/C≈4.74</td><td>P/C≈5.17</td><td>P/C≈1.31</td><td colspan="3">P/C≈1.81</td></tr>
<tr><td>类型、名称</td><td colspan="2">高速型防护绿地（G2）
朱宏路立交
（北绕城）</td><td colspan="2">滨水型区域绿地（EG2）
潏河滨水林带
（长安区神禾原—少陵原间樊川）</td><td colspan="3">城郊型农林用地（E2）
渭北二道原
（西咸新区—秦汉新城）</td></tr>
<tr><td>绿地形态、尺寸</td><td colspan="2">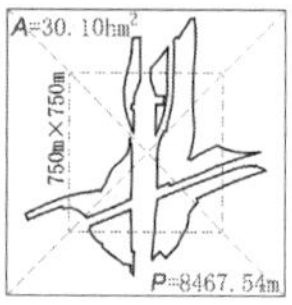</td><td colspan="2">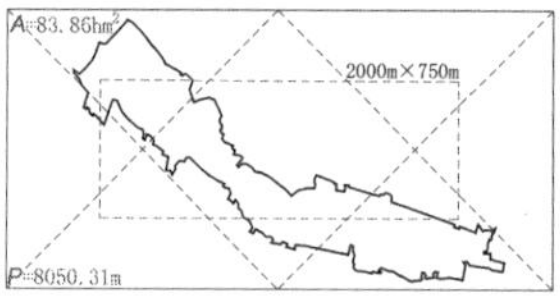</td><td colspan="3">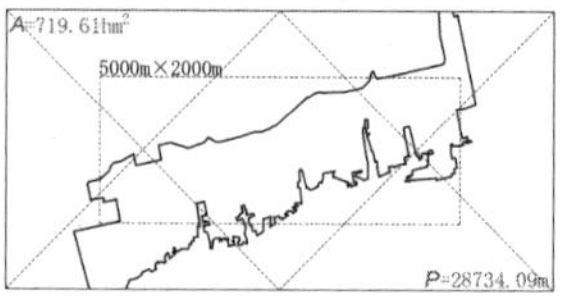</td></tr>
<tr><td>等面积正方形尺寸</td><td>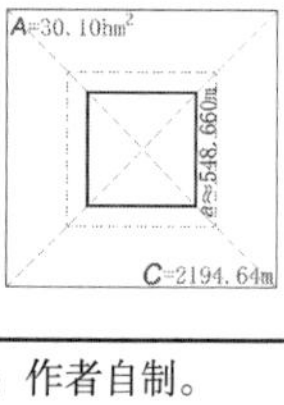</td><td>LSI值
P/C≈
3.86</td><td>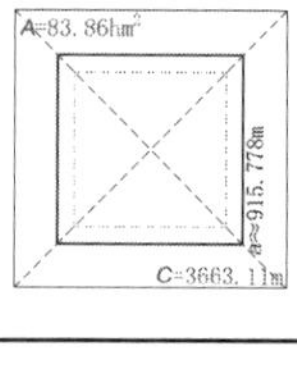</td><td>LSI值
P/C≈
2.20</td><td>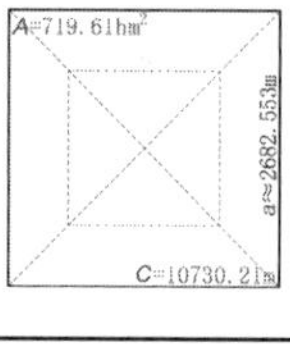</td><td colspan="2">LSI值 P/C≈2.68
P—绿地周长
A—绿地面积
C—正方形周长
a—正方形边长</td></tr>
</table>

资料来源：作者自制。

（4）**周长—面积分形维数（PAFRAC）**：指用数字2除以各类斑块面积与周长通过自然对数“降维”后的“回归直线”的斜率所得到的值。

$$\text{公式：} PAFRAC = 2 / \frac{\left[n_{ij}\sum_{j=1}^{n}\left(\ln p_{ij} - \ln a_{ij}\right)\right] - \left[\left(\sum_{j=1}^{n} p_{ij}\right) - \left(\sum_{j=1}^{n} a_{ij}\right)\right]}{\left(n_i\sum_{j=i}^{n}\ln p_{ij}^{2}\right) - \left(\sum_{j=i}^{n}\ln p_{ij}\right)^2}$$

式中：p_{ij}为i类型斑块的第j个斑块的周长，a_{ij}为i类型斑块的第j个斑块的面积。

该值通常在1～2之间：越接近1则说明斑块周长越“简明化”、斑块间形态“自相似性”越有规律，即受人工影响越大；反之越接近2则说明斑块周长的“旋绕程度”越复杂（偏离欧氏几何形状越大）、斑块间形态越无规律，即受人工影响越弱。

经计算得：防护绿地的*PAFRAC*值较大，约为1.4，主要因其防护对象多为高速（快速）路及河流（堤岸），导致形态偏狭长，但同时也未超过1.5（过半），说明其形态仍偏“人工化”，实属各类构筑、地块的“机械化外扩”；其他各类绿地的*PAFRAC*值基本处于1.2左右，说明其较明显地受到城市人工环境（路网、构筑、场地等）的干扰与限定，从而趋向于形态的“几何化”。

（5）**平均斑块分维数（FRAC_MN）**：与斑块形状指数（LSI）的计算原理相似：

$$\text{总公式：} FRAC\_MN = \frac{\sum_{i=1}^{m}\sum_{j=1}^{n}\left[\frac{2\ln\left(0.25 p_{ij}\right)}{\ln a_{ij}}\right]}{N}$$

式中：n为某类斑块的个数，m为斑块的类型数，n为参与计算的各类斑块总数；m取1，表示只算某单类斑块的平均分维数，m取总类型数时，表示计算整体景观的平均斑块分维数。

计算步骤为：首先将单个斑块作“形状转换”处理，转变为与其原周长相等的新正方形并求出“边长”；接着将“新边长”与“原面积”各自均取自然对数以作“降维”处理，之后将二者相除；进而再将所有斑块各自的“除后值”乘以2后累加（单体公式见↓），最后再除以斑块的总个数而得到一个“平均值”（总公式见↑）。

该指数（平均值）即代表了单类（或全类）斑块形态（边界）的平均复杂程度，其取值介于“1（几何化）～2（自然化）”之间；其实际计算结果与“周长—面积分形维数（PAFRAC）”基本一致，即：防护绿地G2、附属绿地XG的值较大，而农林用地E2、公园绿地G1的值较小。

$$\text{单体公式：} FRAC = \frac{2\log\left(p/k\right)}{\log\left(A\right)}$$

式中：P为斑块周长，A为面积，k以正方形为“母型”而取值为4。

由此，以规模量级相当但区位不同的公园绿地为例，计算各自的*FRAC*值，所得结果均接近1（人工化较强），且以边界与生态空间的贴合度而渐有增大（表4–10）。

西安都市区绿地“单体斑块分维数”的计算步骤及数值变化规律表　　表 4–10

（以规模、量级相当，但地处不同区位、环境的代表性公园绿地为例）

名称	劳动公园	革命公园	樊川公园	丰庆公园	滈河湿地公园	雁鸣湖休闲公园
形态/面积/规模	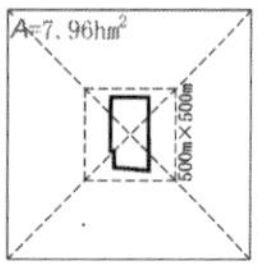	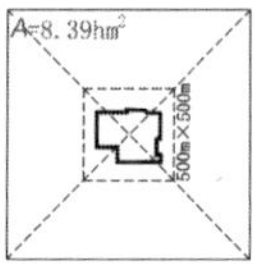	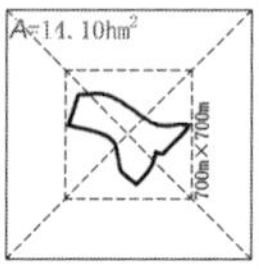	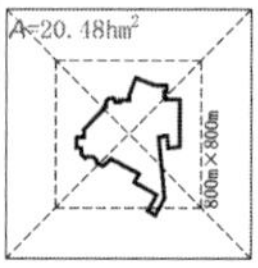	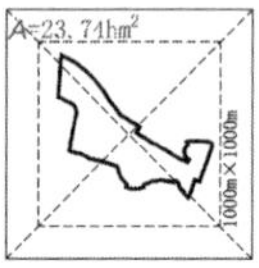	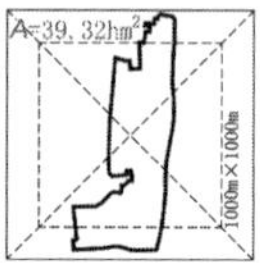
等周长正方形的边长（换算）	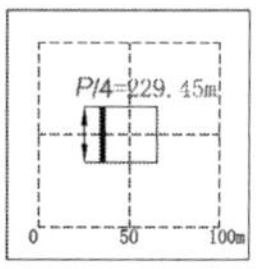	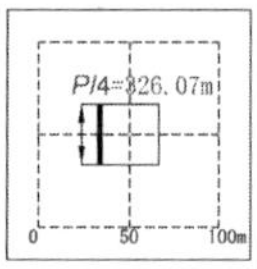	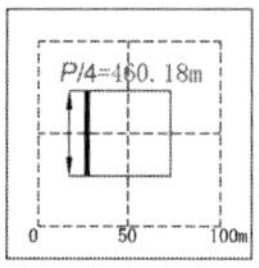	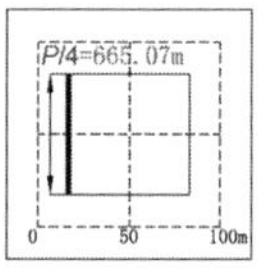	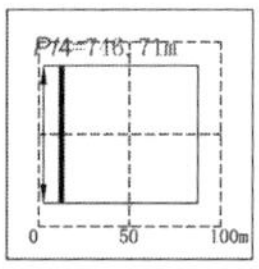	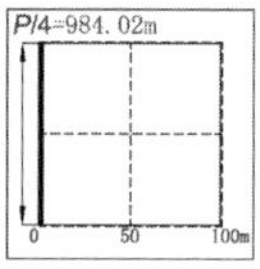
FRAC 值	*FRAC*≈1.01	*FRAC*≈1.02	*FRAC*≈1.03	*FRAC*≈1.063	*FRAC*≈1.069	*FRAC*≈1.07
所处环境因素	城市道路+现代小区+大单位所围合	道路+家属院+学校+文保单位所围合	沿河两岸，城市路桥+台塬边坡为界	旧机场形迹+小区+路+地铁构筑为界	沿顺河/堤+路桥+小区/学校+城中村	沿浐河堤外，道路+小区+塬坡+湿地

资料来源：作者自制。

4.2.4 定位研究——聚合及离散

“聚合及离散”系列指数，是归纳绿地斑块分布及混杂状态的指数，通过计算可得到西安都市区45km×45km研究范围内单一绿地斑块类型的“完整与集中程度”，以及各类型间的“邻接概率及混杂程度”（表4–11）。

西安都市区绿地斑块类型的“聚合及离散指数”计算结果汇总表　表 4–11

绿地斑块类型指数	公园绿地G1	防护绿地G2	附属绿地XG	区域绿地EG	农林用地E2
破碎度（SPLIT）	4.8952	34.4854	69.8285	1.2346	5.0221
散布与并列指数（IJI）	96.1780	88.3301	72.8855	39.3533	58.0478
聚集度（CONTIG_MN）	0.8604	0.6329	0.5558	0.7610	0.8710
分离度（DIVISION）	0.3830	0.6770	0.2233	0.5955	0.0854

资料来源：同表4–6。

（1）**破碎度（SPLIT）**：指某类型景观被分割的破碎化程度，也称“分裂度”。

公式：$SPLIT_i = NP_i / CA_i$

式中：NP_i为i类型斑块的个数，CA_i为i类型斑块的总面积。

其类似斑块密度（PD）算法，但除以的是该类斑块的总面积，反映出纯粹1km^{2}该类景观被拆碎成的斑块个数。经计算得到：附属绿地破碎度居首、防护绿地次之，原因在于所依附（防护）城乡用地的破碎化程度本就较高（被路网、河流、地形等共同切割）；其余三类绿地的数值则明显整体较小，其中，区域绿地破碎度最小，反映出其区位选址限制及建设规模化要求的特殊性；而公园绿地因“规划布局均匀性”考虑、农林用地因“大小残存悬殊性”的实际情况，而破碎度略高于区域绿地。

（2）**散布与并列指数（IJI）**：也称“混布”指数，指某类斑块与各类斑块相毗邻（边长）的总体概率大小，范围：$0 < IJI \leqslant 100$（%）。取值较小时，说明该类斑块仅与少数别类斑块相邻接；取值达100时，说明与各类斑块相邻接边长均等。通过计算得到：$IJI_{G1} > IJI_{G2} > IJI_{XG} > IJI_{E2} > IJI_{EG}$，反映出公园绿地与各类绿地相邻接的“概率均等化程度”最高且几乎达到100%；而区域绿地则更多与农林用地相接壤，相邻类型单一且相邻边长较长，从而数值最低。这说明了公园绿地选址“多样性”与“普适性”较强，而区域绿地建设向自然生态地带突破的“前沿性”特征较明显。

（3）**聚集度（CONTIG_MN）**：也称“平均邻接度”，指同一类型斑块的聚集程度，其不仅取决于随机相邻一对斑块同属一个类型的概率，也受到该类斑块总个数及均匀分布程度的影响。取值范围通常在0～1之间，数值越大说明该类斑块聚集度越高，即自身连通性越好。通过计算得到：农林用地与公园绿地的聚集度较高，体现了其分别在建成区之外和之内以数量、面积的优势而形成了聚拢相连的“空间主导”；而附属绿地则因是由许多离散的小斑块构成，从而聚集度偏低。

（4）**分离度（DIVISION）**：指同类斑块不同个体分布位置的分离程度，由该斑块自身的距离指数（D_i）与面积指数（S_i）的比值而得。

公式：$DIVISION_i = \dfrac{D_i}{S_i}$，其中：$D_i = \frac{1}{2}\sqrt{\dfrac{NP_i}{CA}}$，$S_i = CA_i / CA$

式中：NP_i为i类型斑块的个数，CA_i为i类型斑块的总面积，CA为各类型斑块的总面积。

计算得到：DV_{G2}（0.6770）$> DV_{EG}$（0.5955）$> DV_{G1}$（0.3830）$> DV_{XG}$（0.2233）$> DV_{E2}$（0.0854）。原因在于：防护及区域绿地总体绕建成区边缘（绕城高速、水系、地形边缘）呈“圈状离心”分布，许多斑块间呈“对角相望”态势，因而总体间距较大、分离度较高；公园及附属绿地相对都分布于建成区内，随城市形态呈“块状向心”态势，因而斑块间距较近、分离度较低；农林用地虽也基本位于城郊外围地带（呈“空心状”），然而其面积占比具有绝对优势，从而使得其分离度相比最低。

4.2.5 规律研究——变化及趋势

首先，汇总当前绿地格局的15项景观指数评价结果，并通过“同义项整合—梯级式赋分—类型化统计”作以生态优势化程度评判，从而得到3类共12项的小计及总计得分（表4-12）。之后以相同权重计算得到：①**农林用地**得分居首，总体生态优势突出，其余4类则相差较小；②**附属绿地**得分居次，因其“形态多样性”凸显且分布密度最大；③**公园、防护绿地**得分并列，其“分布均匀度”较好；④**防护绿地**的“形态复杂度”最高；⑤**区域绿地**排末，因其属于新绿地分类标准下位于城市—乡野之间的绿地类型，目前正在构建与转化中，从而景观生态特征尚未成型。

西安都市区绿地格局景观特征的生态优势化程度评分表　　表4-12

景观指数名称/类型（意义相同者合并为一项）	各类绿地得分（景观指数的生态优势化程度，定为“5-4-3-2-1”的梯级分值）				
	公园绿地 G1	防护绿地 G2	附属绿地 XG	区域绿地 EG	农林用地 E2
（1）面积（CA）斑块类型百分比（PLAND）	3	1	2	4	5
（2）斑块数（NP）斑块密度（PD）	2	4	5	1	3
（3）斑块平均面积（AREA_MN）	3	2	1	4	5
（4）最大斑块指数（LPI）	3	1	2	4	5
①“定量指标”小计分值	**11**	**8**	**10**	**13**	**18**
（5）边界总长度（TE），边界密度（ED）	2	3	4	1	5
（6）斑块形状指数（LSI）	2	4	5	1	3
（7）周长-面积分形维数（PAFRAC）	2	5	4	3	1
（8）平均斑块分维数（FRAC_MN）	1	5	4	3	2
②“定形指标”小计分值	**7**	**17**	**17**	**8**	**11**
（9）破碎度（SPLIT）	4	2	1	5	3
（10）散布与并列指数（IJI）	5	4	3	1	2
（11）聚集度（CONTIG_MN）	4	2	1	3	5
（12）分离度（DIVISION）	3	1	4	2	5
③“定位指标”小计分值	**16**	**9**	**9**	**11**	**15**
总合计分值（排序）	**34**（4）	**34**（4）	**36**（2）	**32**（5）	**44**（1）

资料来源：作者自制。

进而，由绿地单类的“静态视角”扩展至综合地类的“动态过程”，以呈现绿地格局变化的外部环境动因。具体对西安都市区选取自1980年代起每10年里符合条件[1]的代表年份的Landsat影像，再采用“ENVI监督分类+GIS数据符号化”等方法对各年份影像的农田、村庄、城镇、绿地、水域作以“采样—归类—极值合并”处理，从而得到其“平面形态—景观指数”的变化序列（表4-13）。

西安都市区土地利用类型分布及景观指数统计图（1986、1995、2007、2019年） 表4-13

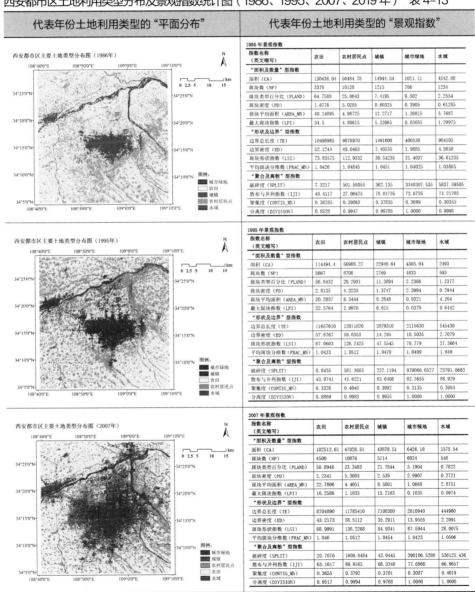

代表年份土地利用类型的“平面分布”	代表年份土地利用类型的“景观指数”

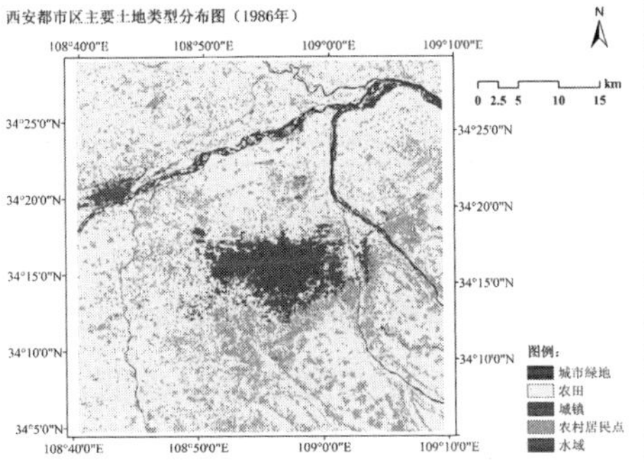

1986年景观指数

指数名称（英文缩写）	农田	农村居民点	城镇	城市绿地	水域
“面积及数量”型指数					
面积（CA）	130438.04	50484.78	14944.54	1011.11	4542.88
斑块数（NP）	3379	10128	1215	786	1234
斑块类型百分比（PLAND）	64.7588	25.0643	7.4195	0.502	2.2554
斑块密度（PD）	1.6776	5.0285	0.60325	0.3905	0.61285
斑块平均面积（AREA_MN）	40.14895	4.98725	12.2717	1.26815	3.7687
最大斑块指数（LPI）	34.5	4.80615	5.33965	0.03055	1.29975
“形状及边界”型指数					
边界总长度（TE）	10498965	9878970	1491600	400530	984105
边界密度（ED）	52.1244	49.0463	7.40535	1.9885	4.8858
斑块形状指数（LSI）	73.83575	112.9332	30.54235	31.4037	36.61235
平均斑块分维数（FRAC_MN）	1.0426	1.04845	1.0451	1.04025	1.03885
“聚合及离散”型指数					
破碎度（SPLIT）	7.3217	501.58055	362.135	3340307.535	5837.59505
散布与并列指数（IJI）	40.4117	27.06475	78.01735	72.6735	73.21705
聚集度（CONTIG_MN）	0.36285	0.39865	0.37835	0.3699	0.30355
分离度（DIVISION）	0.8528	0.9947	0.99705	1.0000	0.9998

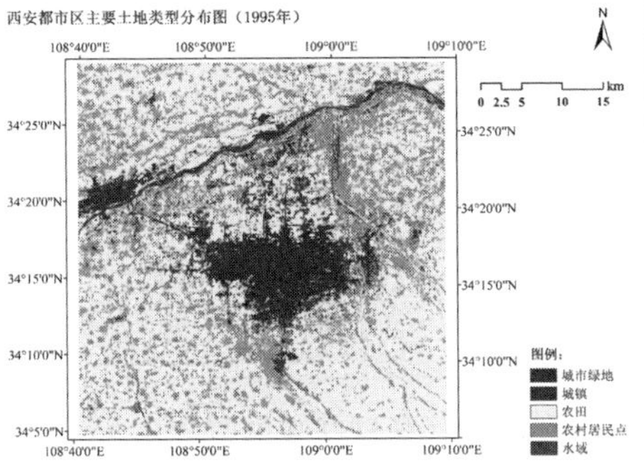

1995年景观指数

指数名称（英文缩写）	农田	农村居民点	城镇	城市绿地	水域
“面积及数量”型指数					
面积（CA）	114494.4	56988.27	22940.64	4505.04	2493
斑块数（NP）	5667	8708	2769	4833	593
斑块类型百分比（PLAND）	56.8432	28.2931	11.3894	2.2366	1.2377
斑块密度（PD）	2.8135	4.3233	1.3747	2.3994	0.2944
斑块平均面积（AREA_MN）	20.2037	6.5444	8.2848	0.9321	4.204
最大斑块指数（LPI）	32.5764	2.9976	6.615	0.0379	0.6442
“形状及边界”型指数					
边界总长度（TE）	11657610	12011820	2879310	2115630	545430
边界密度（ED）	57.8767	59.6353	14.295	10.5035	2.7079
斑块形状指数（LSI）	87.0603	126.2425	47.5545	78.779	27.3664
平均斑块分维数（FRAC_MN）	1.0433	1.0512	1.0478	1.0409	1.049
“聚合及离散”型指数					
破碎度（SPLIT）	8.8435	581.3685	222.1194	979066.6527	23791.0683
散布与并列指数（IJI）	43.9741	45.6221	83.6408	82.3655	88.929
聚集度（CONTIG_MN）	0.3328	0.4045	0.3992	0.3135	0.3984
分离度（DIVISION）	0.8869	0.9983	0.9955	1.0000	1.0000

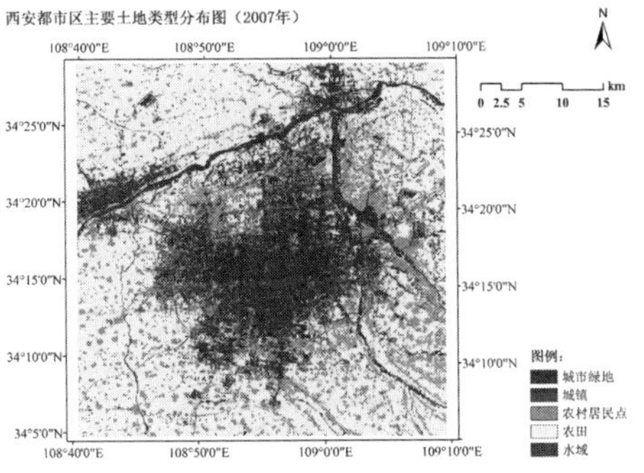

2007年景观指数

指数名称（英文缩写）	农田	农村居民点	城镇	城市绿地	水域
“面积及数量”型指数					
面积（CA）	102512.61	47028.51	43878.51	6426.18	1575.54
斑块数（NP）	4500	10676	5114	6024	548
斑块类型百分比（PLAND）	50.8946	23.3483	21.7844	3.1904	0.7822
斑块密度（PD）	2.2341	5.3003	2.539	2.9907	0.2721
斑块平均面积（AREA_MN）	22.7806	4.4051	8.5801	1.0668	2.8751
最大斑块指数（LPI）	16.2586	1.1833	15.2183	0.1035	0.0974
“形状及边界”型指数					
边界总长度（TE）	8704890	11785410	7108380	2810940	444960
边界密度（ED）	43.2173	58.5112	35.2911	13.9555	2.2091
斑块形状指数（LSI）	68.9991	136.2268	84.9341	87.5944	28.0075
平均斑块分维数（FRAC_MN）	1.046	1.0512	1.0454	1.0423	1.0506
“聚合及离散”型指数					
破碎度（SPLIT）	20.7076	1609.8484	43.0445	390106.5288	536125.436
散布与并列指数（IJI）	63.1617	69.9165	68.3348	77.6968	66.9657
聚集度（CONTIG_MN）	0.3655	0.3792	0.3701	0.3087	0.4019
分离度（DIVISION）	0.9517	0.9994	0.9768	1.0000	1.0000

[1] 云量≤3%且对研究范围无遮盖；同类植被的季节长势，农作物的“播种-收割”进程等较统一（避开冬季）。

续表

代表年份土地利用类型的“平面分布”	代表年份土地利用类型的“景观指数”
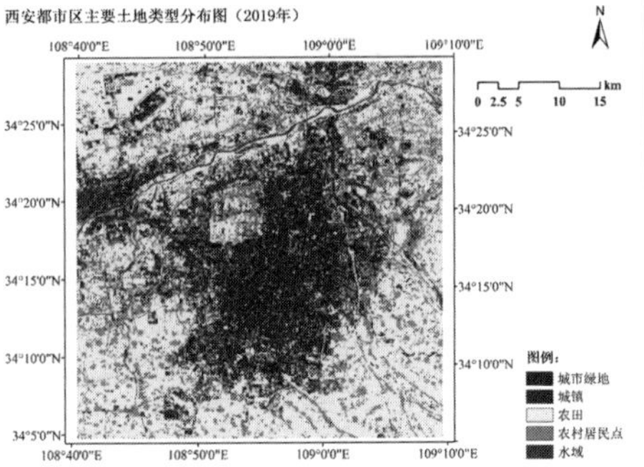	2019年景观指数（见下）

2019年景观指数

指数名称（英文缩写）	农田	农村居民点	城镇	城市绿地	水域
“面积及数量”型指数					
面积（CA）	90138.42	43318.62	55757.61	8828.19	3378.51
斑块数（NP）	6097	12683	6532	7493	1666
斑块类型百分比（PLAND）	44.7512	21.5065	27.6821	4.3829	1.6773
斑块密度（PD）	3.027	6.2968	3.243	3.7201	0.8271
斑块平均面积（AREA_MN）	14.7841	3.4155	8.5361	1.1782	2.0279
最大斑块指数（LPI）	13.2825	0.5358	15.7877	0.1091	0.4519
“形状及边界”型指数					
边界总长度（TE）	10670340	11782230	9136350	3726810	907230
边界密度（ED）	52.9752	58.4954	45.3594	18.5026	4.5041
斑块形状指数（LSI）	89.7902	141.9597	96.8781	99.1483	39.0696
平均斑块分维数（FRAC_MN）	1.0483	1.0527	1.0467	1.043	1.0353
“聚合及离散”型指数					
破碎度（SPLIT）	36.7555	6636.146	39.6388	273622.3864	39920.9612
散布与并列指数（IJI）	77.1893	68.052	78.6531	79.843	87.318
聚集度（CONTIG_MN）	0.388	0.3846	0.384	0.3402	0.2847
分离度（DIVISION）	0.9728	0.9998	0.9748	1.0000	1.0000

资料来源：作者采用ENVI5.3＋GIS10.7软件自绘。

其次，对各年份土地利用情况作以面积统计，具体通过ENVI及eCognition两种不同软件对同一年份的卫星影像加以识别、分析，并将算得的数据取平均值，从而使结果更加客观，由此得到1986—2019年5类土地的面积变化趋势（图4-15）。

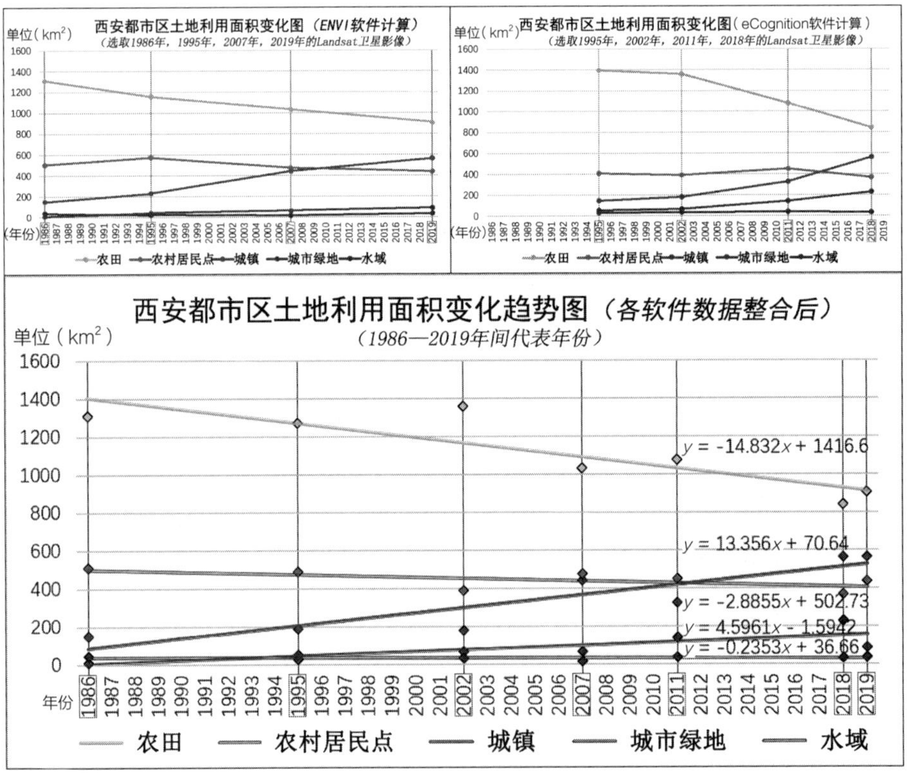

图4-15　西安都市区土地利用面积变化趋势图（1986—2019年）
（资料来源：作者自绘）

进而，对上述统计结果作进一步解析：①先由“图4–15下图”中各类土地面积变化“趋势线（一次函数）”的“k值（斜率）”的“正负性”判别可见，城镇、绿地面积呈“正增长”，而农田、村庄面积呈“负增长”，水域面积的变化幅度则不明显（因其相对难以精确识别）；②再从“k值”的绝对值，即“纯变化率”的大小可见：“$k_{农田} > k_{城镇} > k_{城市绿地} > k_{农村居民点} > k_{水域}$”且“$k_{农田} \approx k_{城镇}$”，从而补充表明了城镇用地的“迅猛增长”最主要源自对农田的“大量侵占”；③虽然城市绿地的“用地面积”及“绿化覆盖面积”也在持续增多、加密，但其速度却不及城镇的一半；④绿地格局多受限于人工路网，从而起到对已消失的生态本底在“规模量级”及“原真形态”上的“弥补”作用，总体偏弱。

同时，将绿地与其他4类用地的空间格局变化状况作以综合比对，由此分别呈现出了在“定量、定形、定态”3方面共12项“景观指数”的变化状况（图4–16）。

“面积及数量”型指数——定量变化
（“斑块数”等同于“斑块密度”，“斑块类型百分比”等同于“斑块面积”）

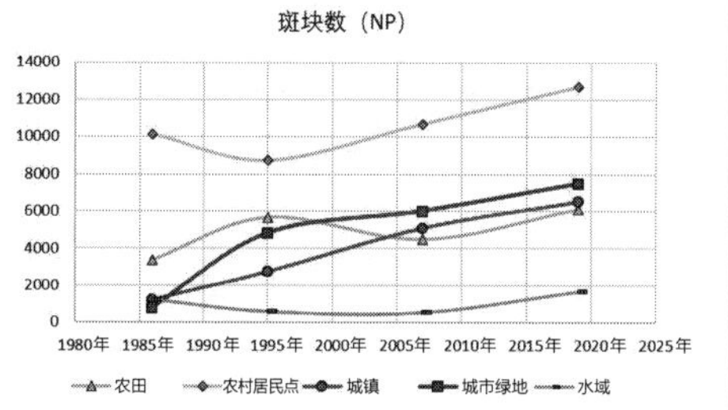

绿地、城镇、村庄的斑块数量同步增长，农田则弹性变化

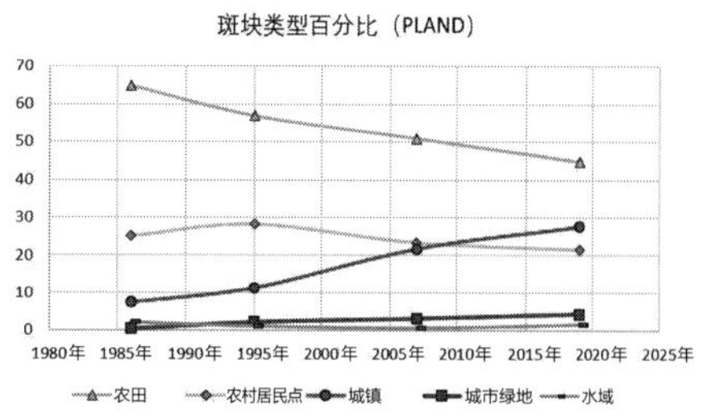

绿地占比小且增长微弱，城镇增长快，村庄、农田则下降

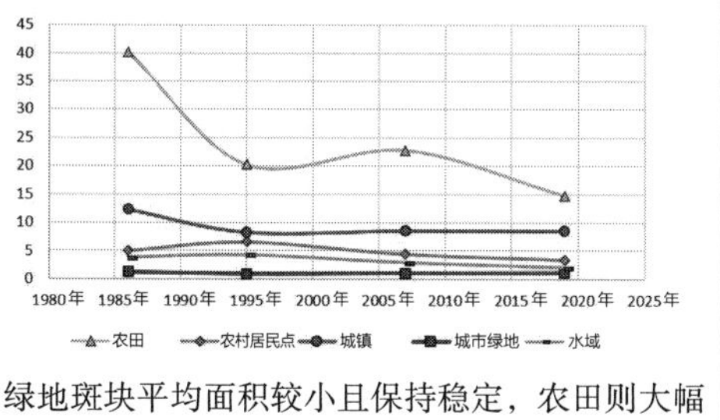

绿地斑块平均面积较小且保持稳定，农田则大幅度减小

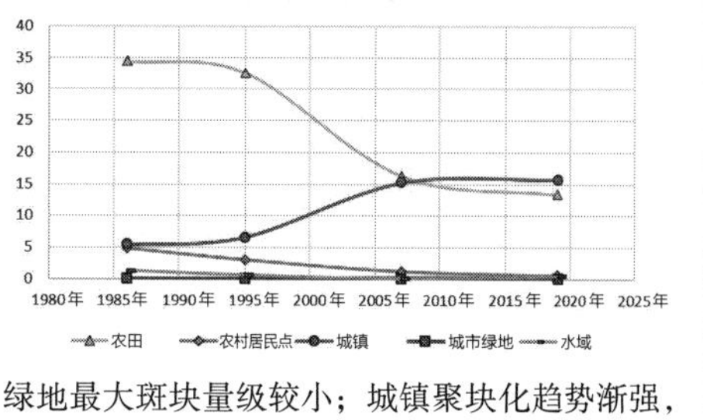

绿地最大斑块量级较小；城镇聚块化趋势渐强，农田反之

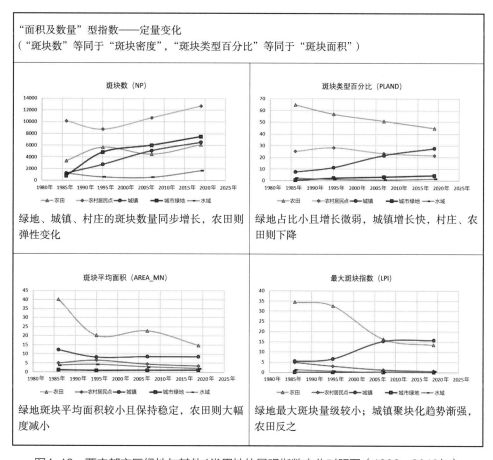

图4–16　西安都市区绿地与其他4类用地的景观指数变化对照图（1986—2019年）
（资料来源：作者自绘）

<table>
<tr><td colspan="2">“形状及边界”型指数——定形变化</td></tr>
<tr><td>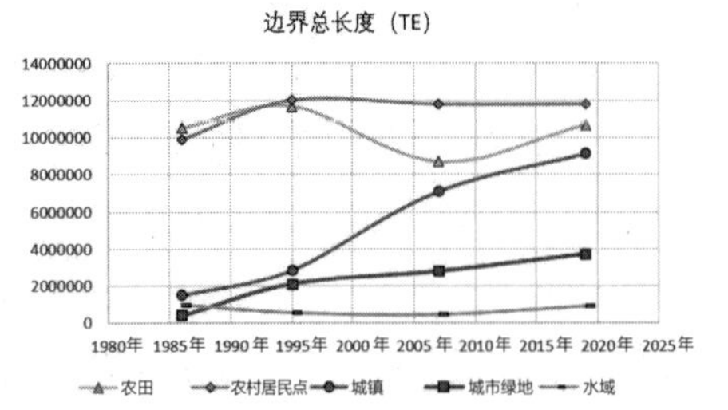

绿地边界长度增长较缓，城镇边界愈加复杂，其余相对稳定</td><td>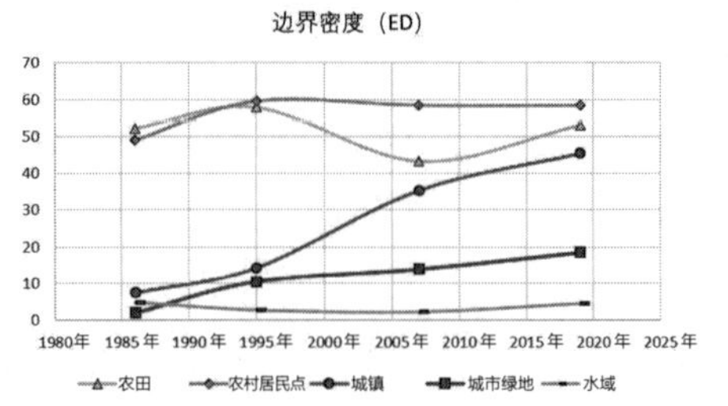

绿地斑块边界密度与斑块边界长度的变化趋势相一致</td></tr>
<tr><td>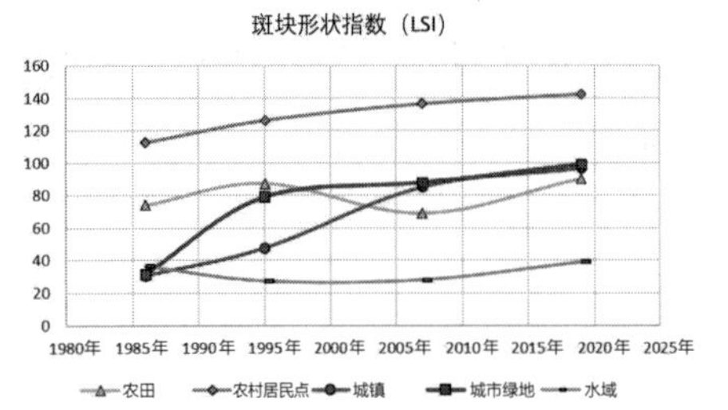

绿地斑块形状复杂度呈“凸”形增加，城镇则呈“S”形</td><td>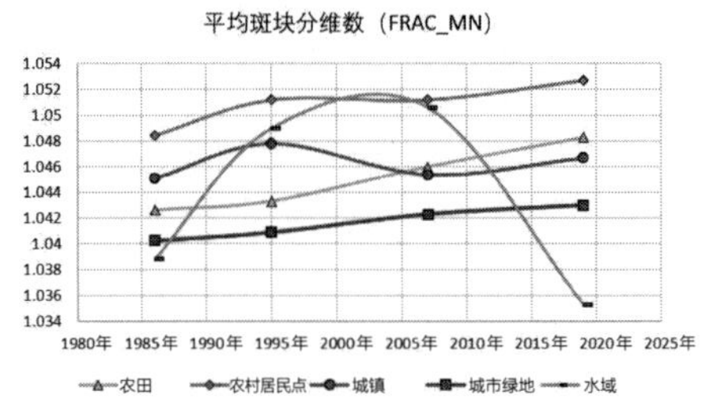

绿地平均斑块分维数与其他用地均微弱增长，且未超过1.5</td></tr>
<tr><td colspan="2">“聚合及离散”型指数——定态变化</td></tr>
<tr><td>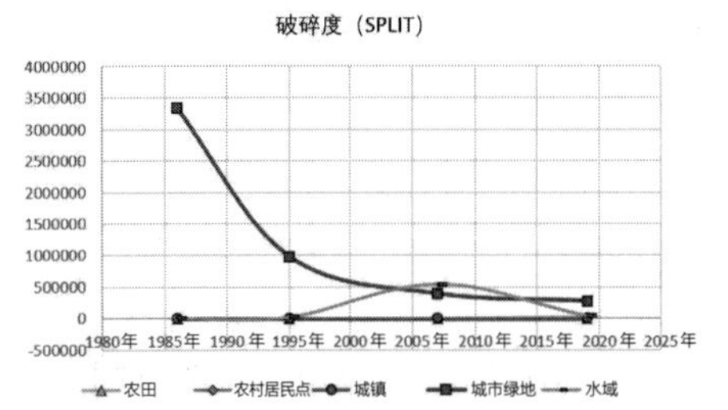

绿地破碎度呈“凹”形下降，因小型附属绿地数量增加减缓</td><td>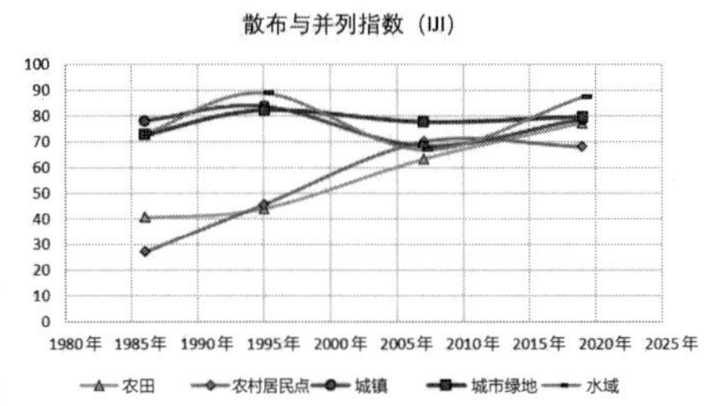

绿地、城镇、水域毗邻概率均在高位波动，村、田则由低渐增</td></tr>
<tr><td>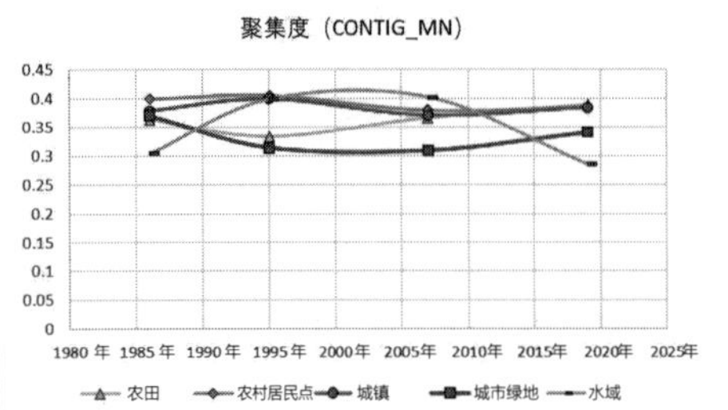

绿地聚集度先降后升，城、村则相反，说明生态渐介入人工</td><td>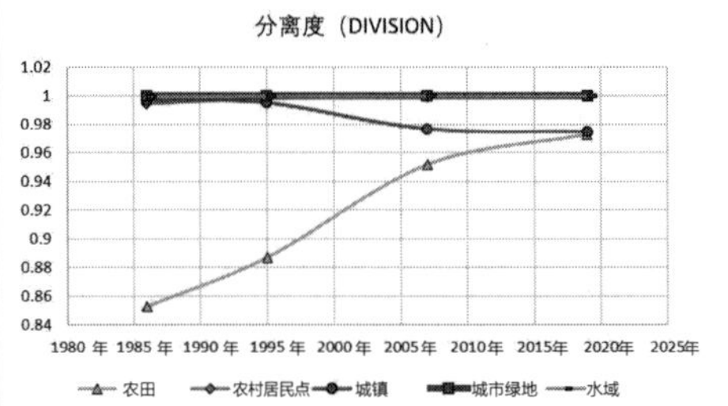

绿地分离度始终较高，城镇则渐弱，农田尤其愈加分离</td></tr>
<tr><td colspan="2">*图例：方框线条为绿地，圆圈线条为城镇，三角线条为农田，菱形线条为村庄，长方线条为水域</td></tr>
</table>

图4-16　西安都市区绿地与其他4类用地的景观指数变化对照图（1986—2019年）（续）

（资料来源：作者自绘）

通过以上逐项分析可见：①绿地在都市区中的相对规模，始终仅占据着“微小”的份额，未来可借助“乡村绿色转型”“城市有机更新”及“城乡生态基础设施的构建”等进程而寻求量级的提升。②绿地的“数量、形态、分布”等的变化，总体较大程度受到了城市发展的带动，其动因主要包括了城市的扩张趋势、更新进程，以及“多中心、多组团”“沿交通轴、TOD”等发展模式的愈加主导化。③绿地总体的景观格局变化，仅表现为一种“机械的”，在数量及范围上的“引力增扩”；而并未建构出更加升级化、体系化、有机化，且以“斑—廊—网”为主体构型的互联互通、环境呼应、地景依循的“生态耦合化”空间特征。

最后聚焦至绿地本身，选取可反映其景观格局变化的6项具有区分度的关键景观指数：①斑块密度（PD，单位面积斑块个数），②斑块形状指数（LSI，斑块偏离正方形的程度），③平均斑块分维数（FRAC_MN，斑块平均形态的人工—自然化程度），④破碎度（SPLIT，单位面积斑块被拆分成的个数），⑤散布与并列指数（IJI，与各类斑块相邻接的均好性），⑥聚集度（CONTIG_MN，本类斑块自身的聚集、连通程度），并且通过四个代表年份（1986、1995、2007、2019年）的相应数值，统计得到其历史的变化走势，并预测出未来15年（至2035年）的发展趋势（图4-17）。

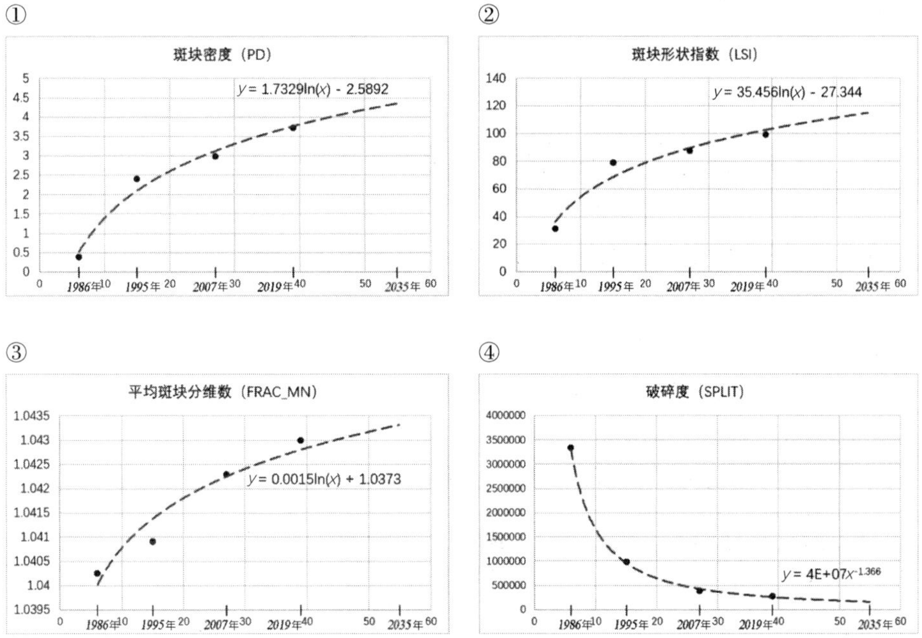

图4-17 西安都市区绿地的关键景观指数趋势及预测图（1986—2035年）
（资料来源：作者自绘）

⑤

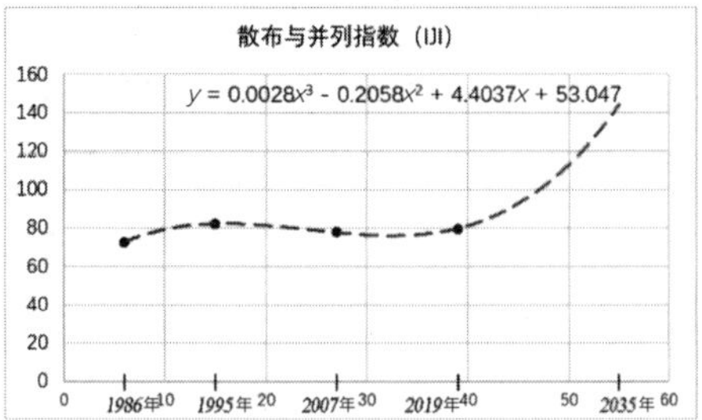

⑥

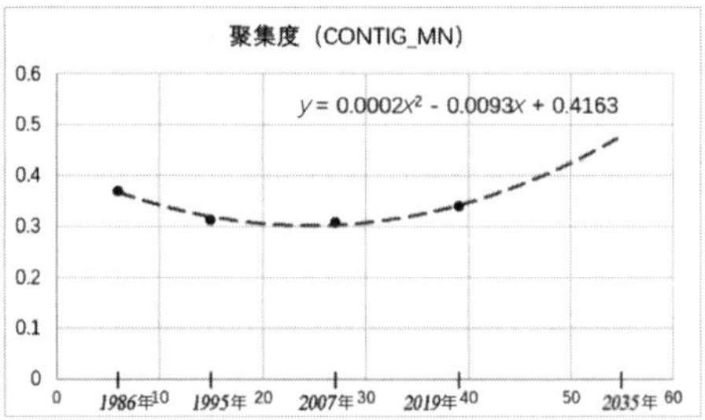

*以上各图："横轴"数字表示距1980年的年份增加值（如："10"即为"1990年"），并将有数据的年份以斜体标注；"纵轴"数字表示其具体的指数数值；现实数据截止于2019年，预测数据目标年份为2035年。

图4-17 西安都市区绿地的关键景观指数趋势及预测图（1986—2035年）（续）
（资料来源：作者自绘）

由分析可见：前3项"定量、定形"指数：①PD、②LSI、③FRAC_MN等均呈"自然对数式"增长，反映出绿地斑块数量及形状复杂度的提高态势。这与绿地建设逐渐从市区扩至郊野而更加结合自然山水形态的情况相一致，但其增长速度已渐放缓。后3项"定位"指数：④SPLIT呈"幂函数（$a<0$）"下降趋势，⑤IJI与⑥CONTIG_MN呈"多项式"的"前波动—后上扬"趋势，反映出都市区内绿地的不断"相互整合、扩散均布、总体关联"的变化态势，也一定程度上体现了绿地格局系统化的增强，并预示出在2020—2035年规划周期内仍拥有着"继续增强"的空间。

4.3 绿地格局的生态演进模式

4.3.1 绿地格局的面积规模演进

首先，对2001年以来西安城市与绿地建设"主要指标"的历年数据加以多途径收集，经比对、统计、修正、汇总后，从而得出较客观而详细的数据列表（表4-14）。

2001—2019年西安建成区绿地建设主要指标的数据统计表　表4-14

年份	建成区面积（km^2）	建成区人口（万人）	绿化覆盖面积（hm^2）	绿地面积（hm^2）	公园绿地面积（hm^2）	绿化覆盖率（%）	绿地率（%）	人均公园绿地面积（m^2）
2001年	186.97	290.24	6398	3748.68	1300.27	34.22	20.05	4.48
2002年	186.99	300.44	6556	3881.99	1367	35.06	20.76	4.55

续表

年份	建成区面积（km^2）	建成区人口（万人）	绿化覆盖面积（hm^2）	绿地面积（hm^2）	公园绿地面积（hm^2）	绿化覆盖率（%）	绿地率（%）	人均公园绿地面积（m^2）
2003年	203.79	305.04	6556	3955.61	1391	32.17	19.41	4.56
2004年	217.40	288.78	6665.50	4076	1452.56	30.66	18.75	5.03
2005年	230.74	317.66	7021.40	4867	1788.42	30.43	21.09	5.63
2006年	261.40	326.35	10408.51	8106.23	2475.79	39.82	31.00	7.59
2007年	267.91	331.25	10639	8336	2520	38.71	31.11	7.61
2008年	272.71	336.40	10999	8696	2625	40.33	31.89	7.80
2009年	283.10	341.80	11442	9050	2700	40.42	31.97	7.90
2010年	326.53	342.43	13202	10448	3253	40.43	31.99	9.50
2011年	342.60	344.00	14098	11290	3581	41.15	32.95	10.40
2012年	375.02	353.61	15750	12488	3819	42.00	33.30	10.80
2013年	424.35	391.06	17895	14343	4379.90	42.20	33.80	11.20
2014年	440.00	398.36	18700	14916	4621	42.50	33.90	11.60
2015年	500.80	417.98	21334	17162	4974	42.60	34.27	11.90
2016年	517.74	436.03	22339	18244	5176	43.15	35.24	11.87
2017年	661.08	493.12	27177	24533	5952	41.11	37.11	12.07
2018年	701.67	576.56	27192	24947	5855	38.75	35.55	10.16
2019年	714.92	624.81	27726	25483	6363	38.78	35.64	10.18

资料来源：对各年《西安年鉴》中“园林绿化、统计资料”，《陕西统计年鉴》中“城市园林绿化情况”，近年住建部《城市建设统计年鉴》中的“西安建成区人口、面积、绿地”等数据加以梳理；并结合省市政府工作报告、市国民经济和社会发展统计公报、相关部门文件、主流媒体新闻报道等的数据，作以综合校验、修正后而得。

进而通过“线性回归分析”以呈现出绿地发展各方面的过程及趋势，由表4-15分析可见：各指标总体“回归拟合效果”的R^2值[1]所示为“较好”。具体来看：①绿化覆盖、绿地、公园三项面积指标均呈“指数增长”且近期尚未有到达拐点迹象；建成区呈“平缓型”指数增长，符合“城区扩张受制地形”及“城镇增长边界正在划定”的实情。②绿化覆盖与绿地率虽有增长，但参照国内外普遍“城市绿化不超过50%或45%”的水平限度，从而均大致呈“对数增长”态势。③三项“比率类”

[1] 线性回归中的R^2意为“决定系数”，其值介于0～1间，越接近1则回归效果越显著（>0.8即达满意）。

指标因源自绿地与城区面积、人口等不同类数据的“叠加计算”，其会受到各时期政策、经济、社会环境下“统计口径与方式”差异的影响，从而出现了些许“阶梯状”的跳跃（R^2值较小）。④“人均公园、城区人口”两指标均接近“二次多项式”变化，前者为“凸函数”且已达“峰值拐点”，后者为“凹函数”且未来仍将增长。

2001—2019 年西安建成区绿地与城市主要指标变化趋势图　表 4-15

“面积类”指标图像	“比率类”指标图像

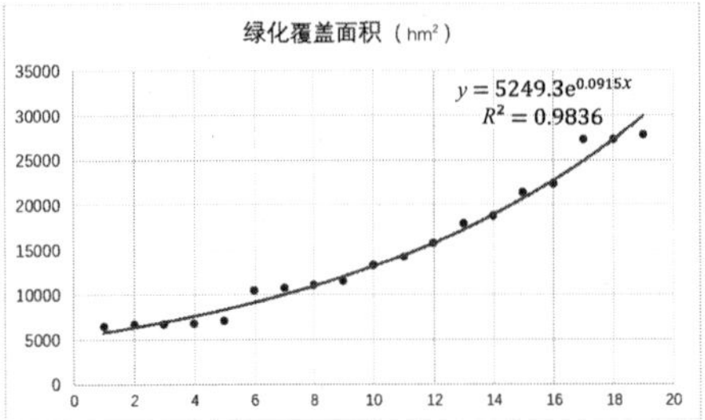

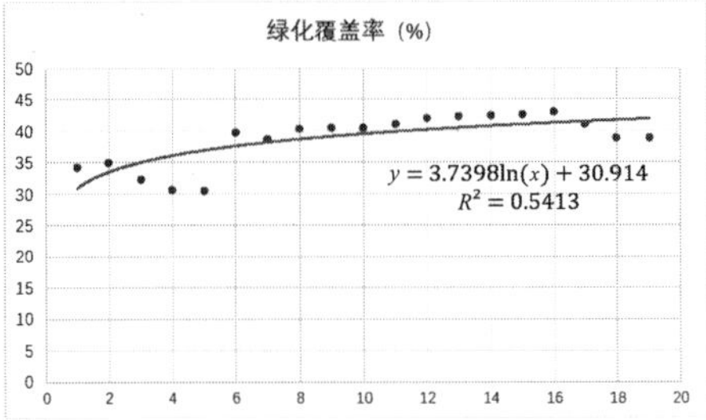

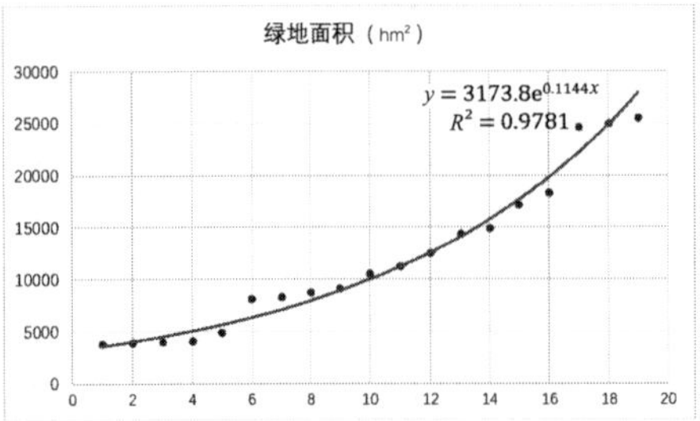

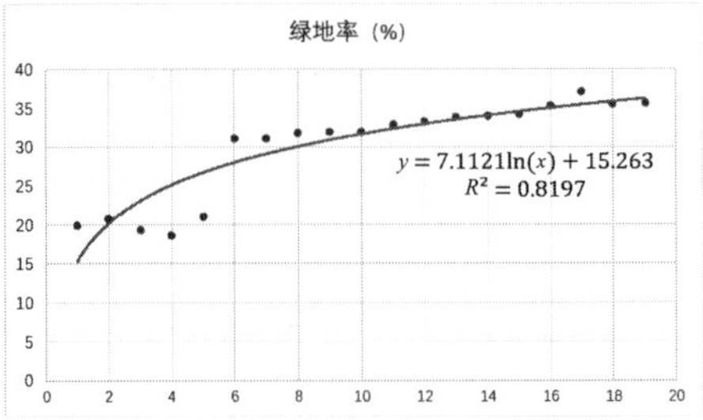

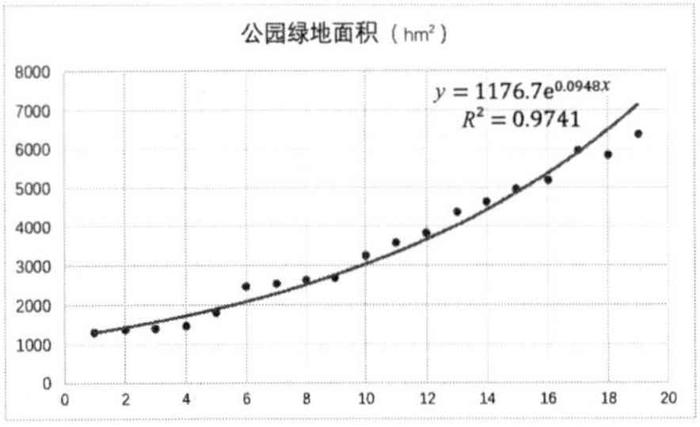

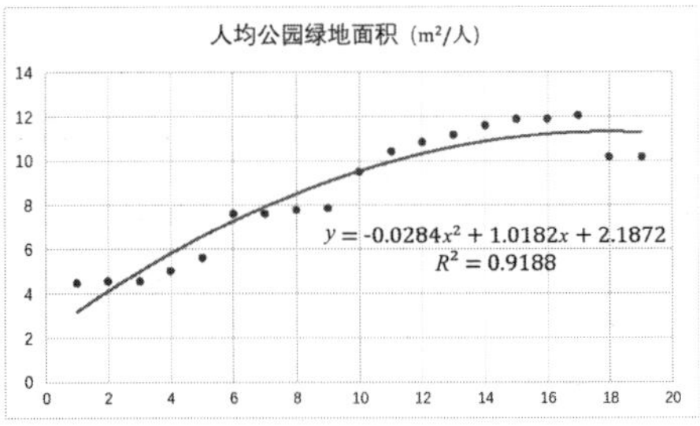

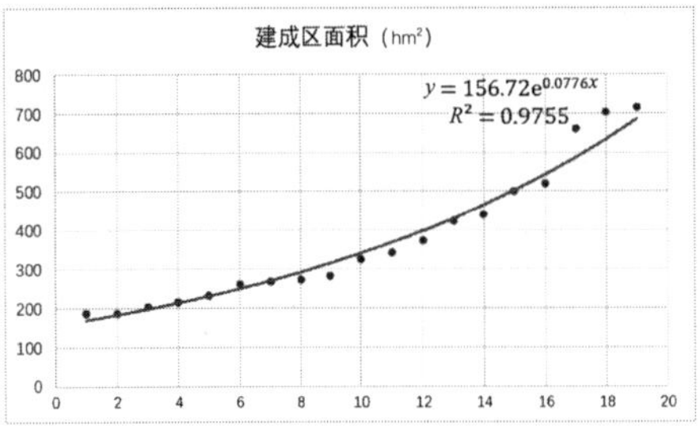

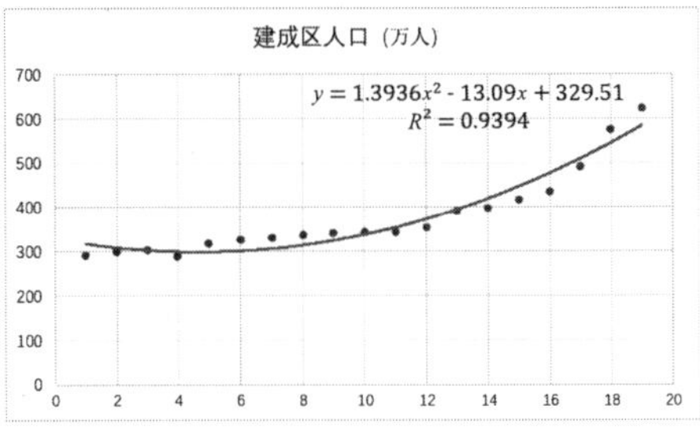

注：横轴为自2000年起的年份增量，如：“12”即代表“2012年”。

资料来源：作者自绘。

4.3.2 绿地格局的空间风格演进

其次，在前文对绿地发展阶段梳理的基础上，进一步对绿地整体的“选址分布、空间关系”及个体的“形态、风格、绿化形式、功能承载”等特征加以概括（表4-16），从而为探索绿地格局与生态耦合下的外在发展轨迹与内在变化规律作以铺垫。

西安各阶段绿地格局的空间及风格特征汇总表（1916—2019年） 表4-16

演进阶段	绿地数量	位置分布	城市空间关系	个体形态、园林景观风格	绿化形式、功能属性
第一阶段（1916—1948年）	3	位于明城墙内中北部，大体由西南向东北“斜向分置”	绿地自身边界曲折，与周边用地、建筑参差交错；居于所述地块中央，仅单边临街	个体均为“块状”形态，内部空间既有传统山水“环游式”，亦有几何对称的“轴线式”	朴素绿化+历史旧址、事件纪念+私家花园
第二阶段（1949—1965年）	20	吸附于城市主轴线，呈“十字形”稀疏聚集状态	一至两边临街，余边接壤于其他用地，自身未形成独立空间单元，且较为封闭	绿地主要为规模不等的“近矩形切块状”，亦有“长条形”行道树带、绿带、林带，中西风格兼有	灵活绿化+史迹遗址、城建项目、生产供应+生活配套
第三阶段（1966—1977年）	23	中小型绿地散布城墙内外，大绿地、苗圃分置于市郊	综合型公园、绿地与周边复杂交错；生产、卫生防护型绿地多临道路，边界较整齐	块状为主，带状道路绿化为辅；各单位附属绿地渐已成形，坊间及院落绿化较普遍，园林风格较单调	薄弱绿化+历史文化+政治因素+单位配套
第四阶段（1978—1989年）	33	绿环居中而明显，大绿块分居各方，小绿地聚拢成片	独立绿地多镶嵌于街区单元的边缘及隅角，附属绿地被围裹或限制于地块之内	矩形块、带状为主，不规则形居次。多传统中式风格，兼有中西合璧；布局以环游、几何、矩阵式为多	厚重绿化+文物保护+旅游形象+精神审美
第五阶段（1990—2003年）	57	以明城为核心聚拢，城郊以对外干道为轴，呈星芒状吸附式散置；环城公园与二环绿带自身连贯完整，呈双环相套、中心放射、块状散布的格局	城内绿地邻路少，与民房、公建接壤多，边角易被蚕食；二环外绿地多被路网包裹，用地独立。一、二环间及南郊少数公园边界规整、清晰，其余多为单位、道路附属绿地，形态随各自空间结构、建筑布局而聚散交错、灵活多样	绿地规模相差不悬殊，非规整小块居多，缺少大型集中绿地及长跨度绿带；外围绿色基质主要为乡村农田、川塬荒野、遗址地。空间渐开放，旧园林封闭感减弱，新建绿地、广场边界通透；平面形态多呈几何划分，铺装图案化，硬质场地多与建筑环境、商业空间结合紧密	多型绿化+文物保护+道路交通+商业旅游+休闲游乐+部分居住

续表

演进阶段	绿地数量	位置分布	城市空间关系	个体形态、园林景观风格	绿化形式、功能属性
第六阶段（2004—2013年）	88	明城、二环、中轴等核心区以伴随路的环带状及散置街区的块状绿地为主；外围新区沿各自主体发展趋势轴呈轴聚—放射状分布	绿地与城市空间逐渐由“分野”发展为“相融”状态；从专有、单一的绿化场所转变为一体化的绿色“三生”空间；用地已由“孤立、独处于单一地块”，演变为“突破、贯穿于多个邻里或组团”	由简单类型衍生出多样层次。布局、游线、景观依自然及人工本底特征而成。形态受城区新旧及密度、强度影响而圈层分异：小块填充于内、条带穿行中间、片面散布在外；风格仍以中式景园为主，并涌现出结合文旅商服的立体及乡土景观	升级绿化+文化遗产+游憩产业+人居环境+地价拉动+经济发展
第七阶段（2014—2019年）	106	呈内核环状+点阵，中圈轴线+延伸，外缘围拢+楔入的“环—链吸聚式”布局；凸显了明清、盛唐、西汉的城址轮廓与市井形态	新区开发以“绿芯”为主；老旧城区以“绿色织补”填充、更新，形成新颖、集约的绿色镶嵌体；外围山水乡野逐渐形成无边界、互联立的大地生态景观格局，使原有城—乡—野空间得以调整与重构	多样创新+经典改造老旧绿地，使景观形象再现光彩、生机；原有封闭边界陆续打开，既方便游人使用，也使自身绿景向外蔓延、渗透，渐渐呈现出边界“模糊化”、形态“有机化”、风格“多样化”及与邻里空间“景观一体化”的趋势	革新绿化+文化传承+国际对接+生活宜居+产业升级+经济转型+环境保护+生态文明

资料来源：作者自制。

4.3.3 绿地格局的主题功能演进

最后，从绿地与主题生态要素（功能）的耦合情况看：西安绿地从最初的“私属花园、旧式园林、临时苗圃”，既随着城市发展而逐渐数量攀升、规模增大、分布渐广、类型出新，也不断强化着与“水系、遗址、地形、构筑”等生态或人工要素的耦合趋势；并且已由“风景游赏与文物保护”的基本属性衍生出了“康体健身、商旅服务、应急避险、大众科普”等的多重功能。由此，从仅覆盖局部地区的集聚型“绿斑、绿块、绿核”逐步创设出了贯穿城区、连接乡野的蔓延式“绿带、绿廊、绿楔”。尤其积累形成了与山水、人文“相伴—相融—相生”的宫苑遗址园林、古建环境绿化、河湖滨水景观、地脉形胜景区等耦合形式，其至今都占据着绿地建设的“主线”（图4–18）。

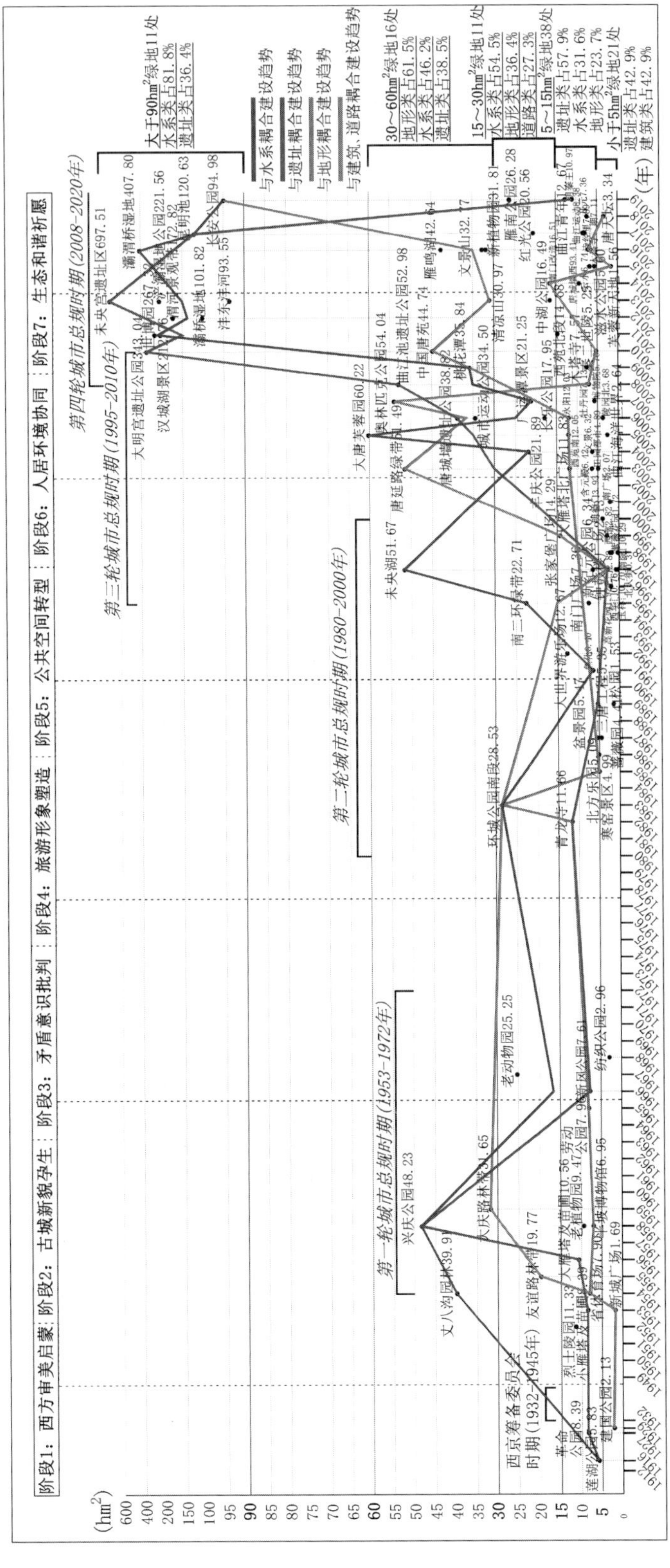

图4-18 西安各阶段代表性绿地的主题生态要素耦合类型及面积变化统计图

（资料来源：作者自绘）

4.3.4 绿地格局的生态耦合演进

综上，西安绿地格局在城市建设背景下与固有生态本底及要素的耦合状况，可汇总归纳为四个演进阶段（图4-19）。

（1）**1916—1948年**：绿地与旧城内及近郊“公署附地、园林迹地、边隅空地、市井洼地、水畔农地”的**“零散叠合”**；因分布状态及存续利用形式并非固定，从而最初格局尚未反映出依循自然地脉、呼应人文地景等“生态贴合意图及规律”。

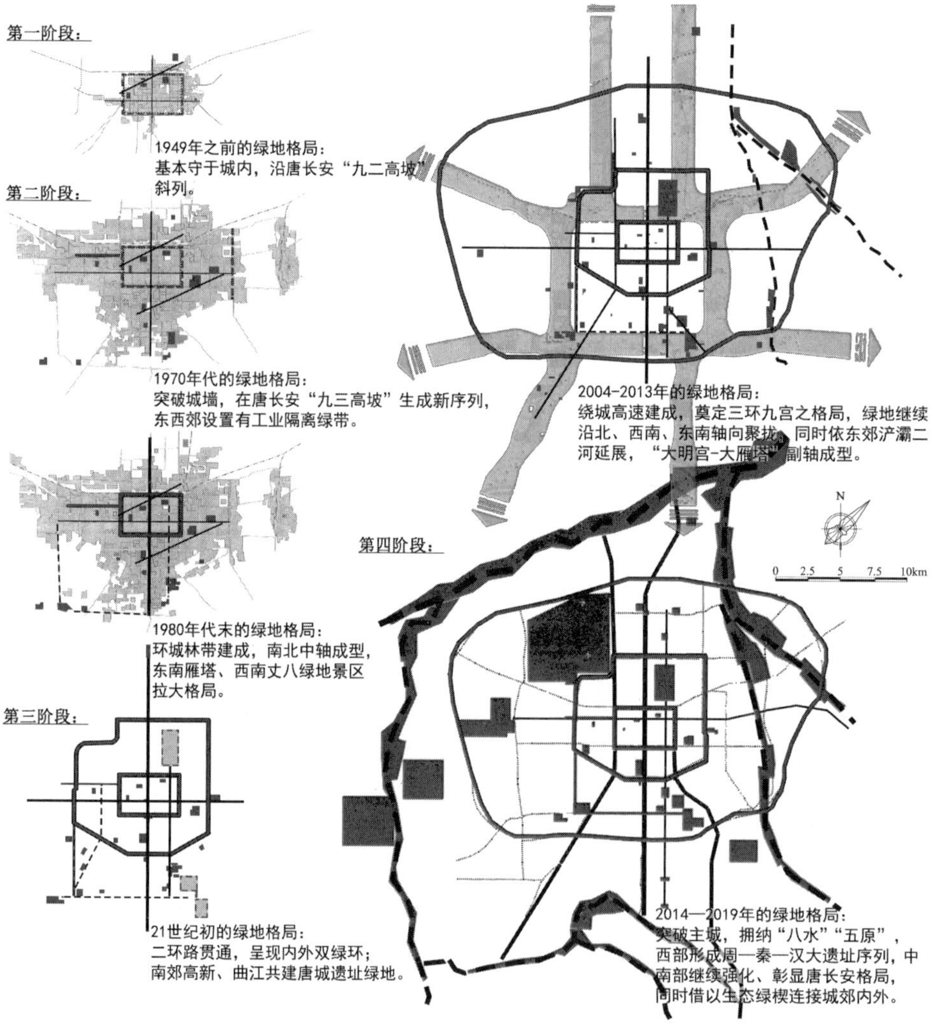

图4-19 西安绿地格局随城市结构的生态耦合演进图（1949—2019年）
（资料来源：作者自绘）

（2）1949—1989年：绿地与历史格局、工业职能、城市功能的**“对位配合”**；在一定规模与分布的累积下，新绿地格局渐渐“突破城墙”而显现并肩负起了勾勒新旧城区形态、联系外围自然山水、风景的作用。

（3）1990—2013年：绿地与城区扩展、人文造境的**“同步贴合”**；绿地、公园既是各城区主题风貌的核心承载场所，也肩负了各城区、组团间绿色联系、有机划分、文脉彰显，以及自然拥纳、生态修复的综合使命。

（4）2014—2019年：绿地趋向与人居环境、城乡生态的**“多维耦合”**。随着城市双修与更新的推进，海绵及公园城市的引领，绿地的形式也将更加多元：未来格局也将在城内与各类用地、建筑“立体复合”，在郊外与山水田园“景象融合”，并且将以更加灵活的尺度、形态与各类生态空间走向系统化、高水平的“相适耦合”。

进而从内在发展规律来看：自辛亥革命后（1912年，满城西、南城墙拆除）至2020年，西安建成区及绿地面积随年份的变化情况，总体呈“指数型”增长趋势（图4-20）；尤其在进入1990年代后，前者增长速度逐渐明显高于后者。由此，结合当前规划转型（城镇增长限定）、政策导向（生态保护优先），及国内先

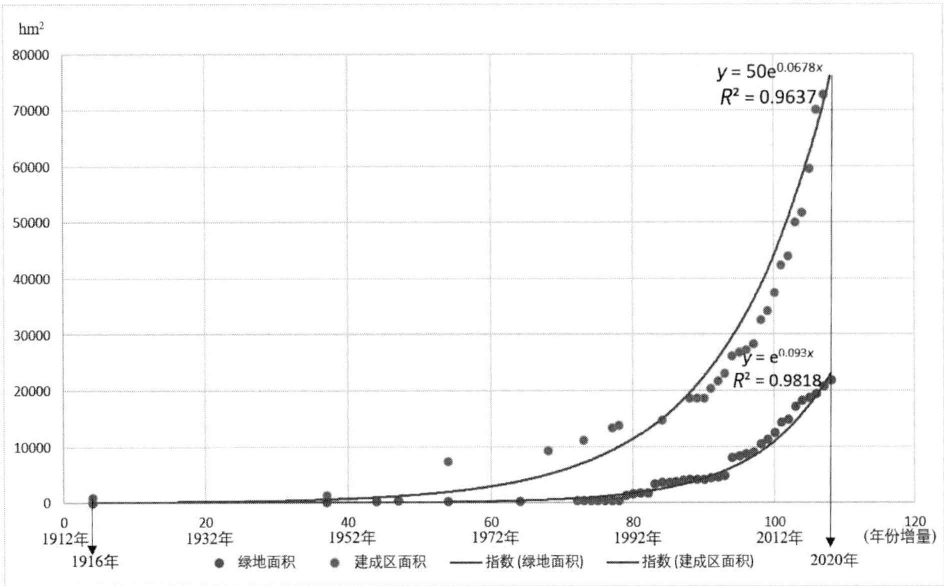

图4-20 西安建成区及绿地面积增长趋势对比图（1912—2020年）

（R^2值越接近于1，则拟合程度越高；一般>0.8即为满意）

（资料来源：作者自绘）

进城市面积增长历程与本市新区实际建设进展（西咸新区等），预计在2035年[1]左右，二者将先后达到“S形曲线”的增长拐点，且建成区面积会较先大幅放缓增长速度。

总结西安“绿地格局、城市结构、生态本底”三者间的“耦合机制”与“共进模式”可见：城市绿地格局（位置、数量、规模、形态、主题、风格及体系化程度）与区域城乡结构（地理背景、尺度层级、发展方向、建设强度等）总体在时间上呈现了“历史遗迹相配—人居空间相适—生态环境相合”的“演进过程”，同时在空间上显现出了“时代同步、圈层分异、内外连通”的“整体构架”（图4–21）。

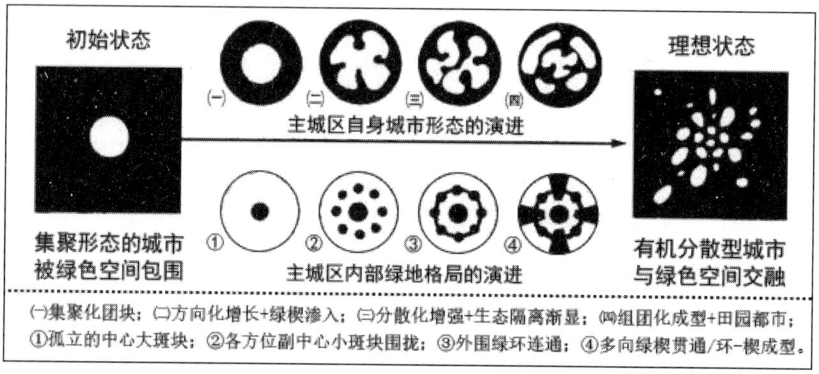

图4–21　城市与绿地格局的经典“生态化演进”示意图（黑–绿地，白–城区）
（资料来源：改绘自《城市绿地系统规划设计》第二版，刘骏，蒲蔚然，2017）

4.4　本章小结

综上，西安城市绿地经历了“数量由少到多、位置由聚到扩、空间由封闭到开放、形式由单一到纷繁、功能由纯粹到复合”的演变过程；绿地、景区、农地及自然空间组成的整体绿地格局也呈现了：外观方面“由吸聚到辐射、从孤立到联系”，内理方面“主题更迭、功能累加、效益递增”的生态演进模式。同时，绿色空间被蚕食、建设蔓延至生态、人口与交通激增、静风频率及热岛效应高、污染排放严重等现状问题，也从侧面反映出了当前绿地格局生态耦合效益的不足（表4–17）。

[1] 当前国内城市各类规划编制（国土空间、绿地系统、历史文化名城等）普遍设定的“目标远景年份”。

西安都市区绿地格局的生态耦合现状不足汇总表 表4-17

问题类型	当前状态	不足之处	不佳效果
形态与分布	总体呈“小块—散置”状态，各自孤立，“关联性、网络感、系统化”较弱，且分布不均	老城核心缺绿斑；主城缺多样绿带、绿楔；外围未连成绿圈、绿环。绿地间缺少廊道相连，城市组团、片区间缺乏绿带、绿楔的间隔、穿插	城区未受绿带、绿楔、风景地、生态廊相隔，更多呈紧实集聚布局形态。老城被新区围合、封闭，难与外部生态通过绿地廊道相连通
类型与规模	公共绿地少、附属绿地多、生态绿地偏、专类公园远；各区、方位绿地数量、面积差异大	公共绿地体系散、附属绿地开放度低、道路绿地易遭侵占、生态绿地效益弱。总体与城市品质不相称	绿地设置与周边邻近用地功能、人群使用需求匹配度较弱，导致内城缺生态、中城缺游憩、外城缺人文
功能与服务	绿地与遗址结合较密，其余多为游憩导向；见缝插绿、配套补绿已渐兴起，但围绿拓地、以绿占地仍有存在	东西部旧工业格局城区，鲜有现代综合公园提供都市游憩服务；边缘区缺乏郊野公园、自然风景地或乡村田园的“贴合”或“镶嵌”	造成当前城市空间结构较为硬化，缺乏生态环保普及化、防灾避险就近化、气候调节动态化、城乡风貌田园化的绿色功效
景观与生态	绿地斑块稀疏、廊道短窄、基质破碎；内部植物种类贫乏且相似，群落结构简单，常以人工水面、驳岸“代表”生态	城区缺乏有机、过渡型绿斑及跨区域、多方向绿廊；近郊风景区、主题园、郊野公园建设较“自闭化”，总体与生态本底的耦合效果较弱	生态人文复合序列不完整；外围林木覆盖率低，缺乏自然背景映衬、圈环绿带围绕、生态基质烘托。道路、水系线性要素发挥绿廊功能不足
总结：绿地系统较松散，缺乏景观生态规划引领；老旧城区绿地的数量、密度、人均面积、个体规模、延展度等落后于新区；城市基本生态框架尚存，但绿地与生态耦合水平较低，“环—楔—廊，核—轴—网”的融通式绿色生态格局尚未成型			

资料来源：作者自制。

第5章 西安城市绿地格局生态耦合效益

根据当前研究现状可知，绿地格局的生态耦合效益主要体现为绿地与各生态要素保持一定耦合关系及程度下所呈现的生态效益。由此对“绿地生态评价”主题作以文献检索，提取常见且适用于西安城市生态背景及绿地演进特征的评价指标，并且进行逐一评价并汇总，以此呈现出当前西安绿地格局的生态耦合效果及问题所在。具体在对涉及的指标名目作以统计及聚类后，得到“规划定量、景观定性、人文定感”三类共18项指标；进而采用AHP层次分析法对指标加以“权重分配”，后参考生态、园林、绿化等相关国家标准及先进城市经验值，划定“评分—定级标准”，并计算、统计出评价结果。评价过程通过专家评判、数据收集与校对、相关原理与经验借鉴，以及遥感处理、地形勾描、GIS分析等的数—图结合分析而推进，以保证评价的科学与客观。同时，通过挖掘指标—要素间的内涵联系，反映出绿地生态化营建的问题与瓶颈，以此为后文探讨绿地的生态耦合机制作以铺垫（图5–1）。

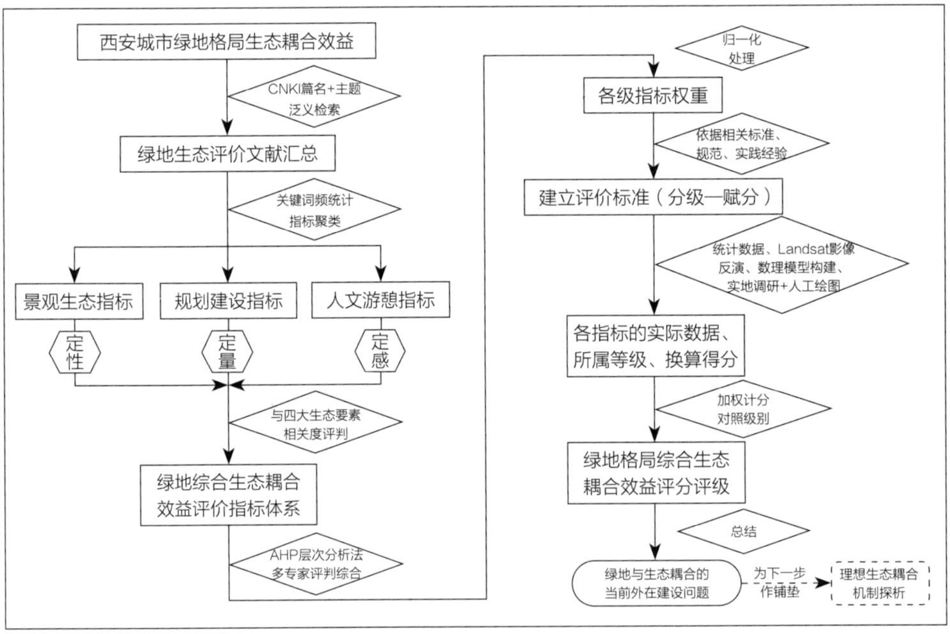

图5-1 “绿地格局生态耦合效益”章节技术框架图
（资料来源：作者自绘）

5.1 评价体系构建

合适指标的选取是构建评价体系的前提：首先通过中国知网（CNKI）以篇名“绿地”并含“评价”且主题为“生态”加以检索，得到文献485篇，其多是围绕不同尺度、地域的绿地系统、绿地类型、绿地个体等对象而作的综合、景观或生态效益评价；之后选取“下载量>100次”的文献共410篇，对各篇所围绕论述的“主要指标”加以提取、统计；进而将纷繁的指标根据“内涵、属性”而聚类为“景观生态定性、规划建设定量、园林游憩定感”三种类型并作以汇总（图5-2）。

从统计结果可见：绿地生态评价的指标设定，较多涉及了“植物配置”与“生态环境效益”两大方面，均占有“近20%”比例，从而需作进一步的针对性提取。

进而在除去以：①“较为笼统”或“过于细分”的特定景观要素（如：植物、土壤、草坪），②绿地的某一项“特定功效”（如：经济效应、灌溉影响、科普教育），③属于单一“主体用地类型”的附属绿地（如：工业、校园附属绿地）等为“研究对象”的对应文献的基础上，再一次筛选出被引次数“≥10次”且评价对象为城市绿地整体（格局）的代表文献，共有67篇。由此，对其文中涉及的所有指标

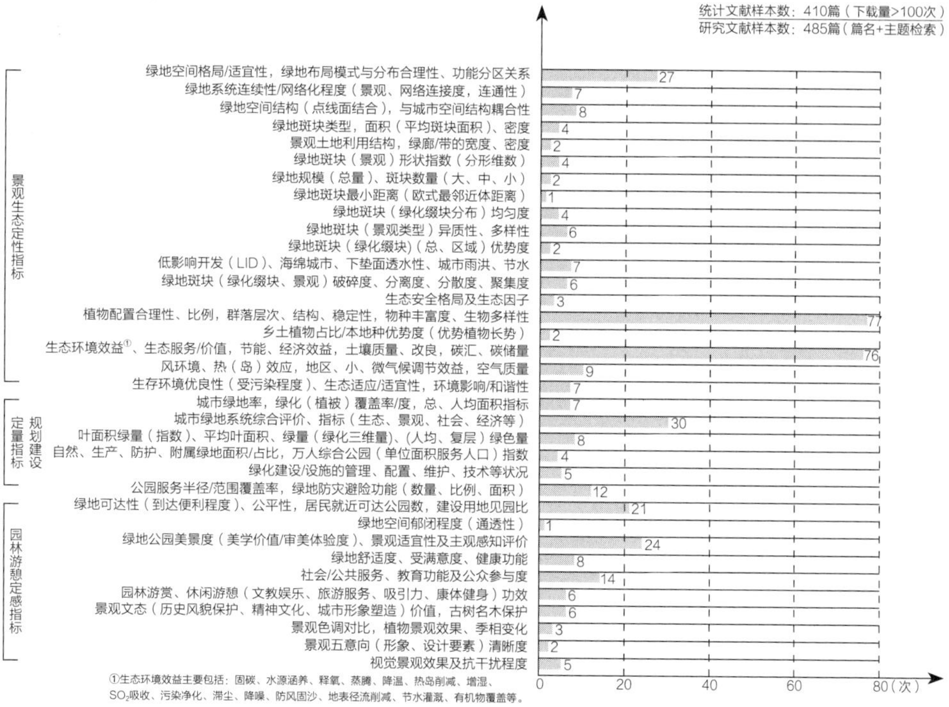

图5-2 绿地生态评价“常见指标”及出现频次的聚类统计图

（资料来源：通过CNKI检索后自绘）

（而非之前的“主要指标”）加以罗列，并且对相同意义、内涵的指标在所有文章中的出现频次加以统计，从而可得到进一步的筛选统计结果（图5-3）。

最后，结合《国家园林城市系列标准》（2016年）、《城市园林绿化评价标准》GB/T 50563—2010，及相关部门与地方政府出台的、主要学者与研究提出的“城市绿地系统、生态城市”等评价指标体系；同时借鉴国内外先进城市关于绿地生态效益提升的实践、对策，并结合西安获评国家园林城市（2010年）与国家森林城市（2016年）的既有基础；进而对标“国家生态园林城市”的“提升项”要求，且面向“推进生态文明建设，致力打造绿色之城、花园之城、宜业宜居之城”的近期目标，从而提取出具有较高“采用率”及“重要性”的指标，同时剔除那些不符合生态耦合内涵（四大要素）的指标。最终构建形成由：“①目标层——绿地格局综合生态效益”，“②准则层——规划建设定量、景观环境定性、人文游憩定感”，以及“③指标层——具有全局、现时、在地特点的18项具体指标”所组成的“绿地格局

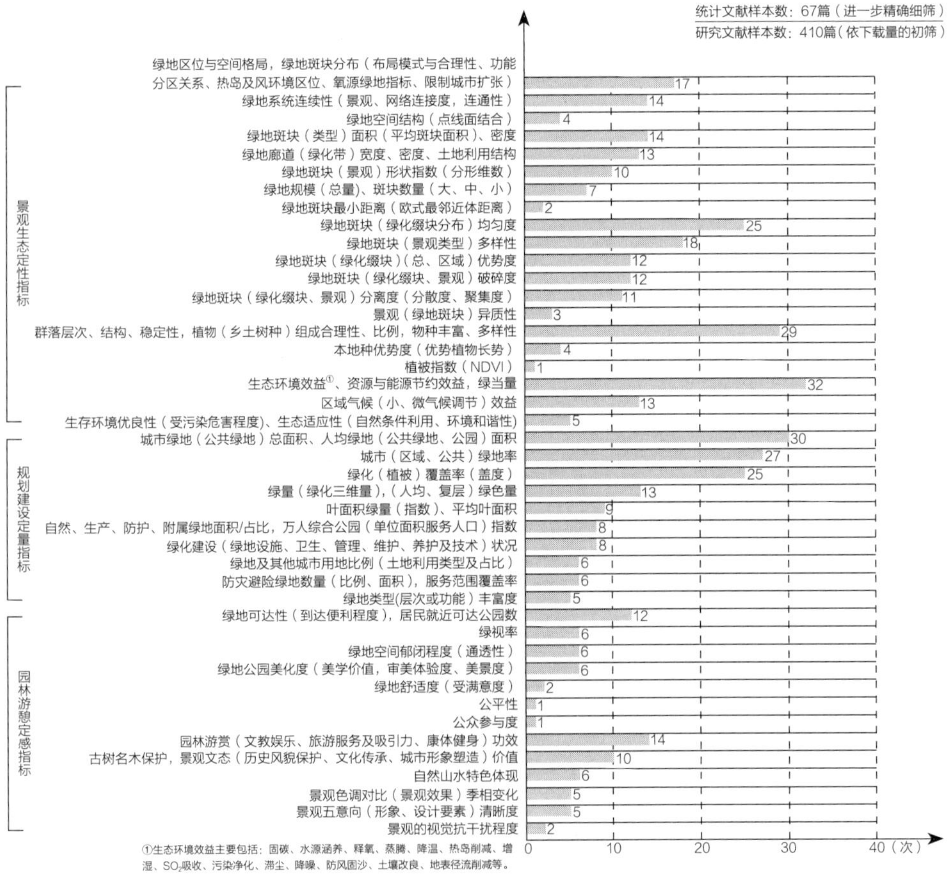

图5-3 绿地生态评价“细分指标”及出现频次的聚类统计图

（资料来源：通过逐篇文献研读后自绘）

生态耦合效益评价体系”。

同时，评判指标与各类生态要素的相关程度总体可见：①受“水（水文、水系）”与“土（地形、地质）”要素的制约、引导及影响较大；②对“风（风向、风力）”要素的干预、影响较大；③与“人文（遗址、农耕）”要素则多为相互影响（表5-1）。

绿地格局“生态耦合效益”评价指标体系表（专家评判统计见附表3） 表5-1

目标层	准则层	指标层	与四大生态要素的相关程度*
绿地格局生态耦合效益A	规划建设定量指标B_1	建成区绿化覆盖率C_1	水+++⊕ 土++++⊕ 风○○⊕ 人⊕⊕
		建成区绿地率C_2	水++++⊕ 土+++⊕ 风○○⊕ 人+⊕⊕
		人均公园绿地面积C_3	水++⊕⊕ 土+++⊕⊕ 风○⊕ 人+⊕⊕
		建成区公共绿地率C_4	水+++⊕⊕ 土++⊕⊕ 风○○ 人+⊕⊕
		城市道路绿地达标率C_5	水++○ 土○⊕ 风○○○ 人⊕⊕
		公园绿地服务半径覆盖率C_6	水○○⊕ 土○○ 风○○ 人+⊕⊕
	景观环境定性指标B_2	景观类型多样性C_7	水++++⊕ 土++++⊕ 风⊕⊕ 人++⊕
		地表热环境缓解性C_8	水+++++ 土++⊕ 风++++++ 人+
		斑块分布均匀度C_9	水++⊕ 土++++⊕ 风+++ 人+++⊕
		廊道有效连通度C_{10}	水+++++ 土++++ 风○⊕⊕⊕ 人⊕⊕
		植被构成合理性C_{11}	水++++⊕ 土+++ 风+○○⊕ 人⊕⊕
		城市风环境顺应性C_{12}	水+++ 土++○ 风+++++⊕ 人⊕⊕
	人文游憩定感指标B_3	遗产保护及展示有效性C_{13}	水++ 土+++++ 风○○ 人○○⊕⊕
		园林空间要素丰富度C_{14}	水+++++ 土++++++ 风⊕⊕ 人++○○⊕
		社会服务承载及安全性C_{15}	水+⊕⊕ 土⊕⊕ 风++ 人++++⊕
		周边建设对景观侵扰度C_{16}	水○○ 土○○⊕⊕ 风○○○○ 人+⊕⊕
		绿地边界开敞度C_{17}	水++++ 土+++⊕⊕ 风○○○○ 人⊕⊕
		游赏路径多样性C_{18}	水+++ 土+++++ 风+++ 人+++++⊕

注：*来自20位业内专家综合评判结果（四舍五入）；+：受要素影响，○：会影响要素，⊕：相互影响，符号个数：影响程度。

资料来源：作者自制。

5.2 评价指标权重

绿地生态效益评价的各指标权重，可基于专家评判，比较各指标间的相对“生态重要性”，并通过“层次分析法”计算而得出客观赋值，具体步骤如下：

第一步，分别对3个准则层构造判断矩阵，即对各层所含6项指标进行两两重要性比较，并将“重要性标度”（表5–2）列为矩阵。具体由20位业内专家分别评价并构造判断矩阵，并将评价结果作以综合修正而确定最终结果（详见附表4）。

两个指标间重要性比较的标度含义表 表5–2

标度	含义（两个指标相比）
1	具有“同样重要性”
3	前者比后者“稍微重要”
5	前者比后者“明显重要”
7	前者比后者“强烈重要”
9	前者比后者“极端重要”
2、4、6、8	上述两相邻判断的中值
倒数	若前者C_i比较后者C_j得标度C_{ij}，则后者比前者为$1/C_{ij}$

第二步，计算各准则层内所含指标的相对权重（将所有专家评判矩阵作以平均化、合理化修正）。

5.2.1 准则层 B_1 内指标权重计算

首先，构建指标层C_1 ~ C_6相对于准则层B_1的判断矩阵（综合依据20位专家的判断并作以合理化修正，详见附表4）：

$$
\begin{array}{c} \\ C_1 \\ C_2 \\ C_3 \\ C_4 \\ C_5 \\ C_6 \end{array}
\begin{array}{c} \begin{array}{cccccc} C_1 & C_2 & C_3 & C_4 & C_5 & C_6 \end{array} \\
\begin{bmatrix} 1 & 2 & 5 & 3 & 4 & 6 \\ 1/2 & 1 & 4 & 2 & 3 & 5 \\ 1/5 & 1/4 & 1 & 1/3 & 1/2 & 2 \\ 1/3 & 1/2 & 3 & 1 & 2 & 4 \\ 1/4 & 1/3 & 2 & 1/2 & 1 & 3 \\ 1/6 & 1/5 & 1/2 & 1/4 & 1/3 & 1 \end{bmatrix} \end{array}
$$

其次，计算矩阵的最大特征根λ_{MAX}（其中：AW=原矩阵×W，$\lambda_{MAX}=\frac{1}{n}\sum_{i=1}^{n}\frac{AW_i}{W_i}$）：（表5–3）

准则层 B_1 矩阵的最大特征根计算表　　表 5-3

计算步骤	计算结果
①各因素按行乘积	{720，60，0.01667，4，0.25，0.001389}
②开6次方根	ω_i = {2.9938，1.9786，0.5054，1.2599，0.7937，0.3340}
③归一化处理	W = {0.3806，0.2516，0.0642，0.1602，0.1009，0.0425}
④最大特征向量	AW = {2.3443，1.5345，0.3921，0.9774，0.6160，0.2621}
⑤最大特征根	λ_{MAX}=1/6×（6.1595+6.0990+6.1075+6.1011+6.1051+6.1671）≈6.1232

资料来源：作者自制。

再次，检验矩阵“一致性”（CR）：

根据公式：$CI=\dfrac{\lambda_{MAX}-n}{n-1}$，$CR=\dfrac{CI}{RI}$，$CR\leqslant 0.1$来检验

式中：CI为“偏离一致性指标”，RI为“平均随机一致性指标”，CR为“一致性比率”，n为“矩阵阶数”。

计算得到：CI =（6.1232–6）/（6–1）= 0.02464

根据RI值与矩阵阶数的常规对应关系（表5–4），由本矩阵阶数n=6对应查询得到：RI = 1.24。

平均随机一致性指标 RI 与矩阵阶数对应表　　表 5-4

阶数	1	2	3	4	5	6	7	8	9	10
RI	0.00	0.00	0.58	0.90	1.12	1.24	1.32	1.41	1.45	1.49

从而得到：CR = 0.02464/1.24 ≈ 0.01987，CR值<0.1，矩阵具有满意的一致性。

最终，确定各因素权重：

WB_1= {0.3806，0.2516，0.0642，0.1602，0.1009，0.0425}，即为C_1～C_6在B_1层内的“相对权重”。

由此可得，在“规划建设定量指标B_1”这一“准则层”内，6项具体指标的相对权重值：“建成区绿化覆盖率C_1”为0.3806，“建成区绿地率C_2”为0.2516，人均公园绿地面积C_3为0.0642，建成区公共绿地率C_4为0.1602，城市道路绿地达标率C_5为0.1009，公园绿地服务半径覆盖率C_6为0.0425，其合计为“1”。

5.2.2 准则层 B_2 内指标权重计算

首先，构建指标层C_7～C_{12}对于准则层B_2的判断矩阵（据20位专家判断，详见附表4）：

	C_7	C_8	C_9	C_{10}	C_{11}	C_{12}
C_7	1	1/4	1/2	1/3	3	1/4
C_8	4	1	5	3	5	3
C_9	2	1/5	1	1/3	2	1/2
C_{10}	3	1/3	3	1	4	1/3
C_{11}	1/3	1/5	1/2	1/4	1	1/2
C_{12}	4	1/3	2	3	2	1

其次，计算矩阵的最大特征根λ_{MAX}（其中：AW=原矩阵×W）：（表5-5）

准则层 B_2 矩阵的最大特征根计算表　　表 5-5

计算步骤	计算结果
①各因素按行乘积	{0.03125，900，0.13332，3.9992，0.00417，15.9984}
②开6次方根	ω_i = {0.5612, 3.1072, 0.7147, 1.2599, 0.4011, 1.5874}
③归一化处理	W = {0.0735, 0.4071, 0.0937, 0.1651, 0.0526, 0.2080}
④最大特征向量	AW = {0.4870, 2.5519, 0.5863, 1.0821, 0.3506, 1.4256}
⑤最大特征根	λ_{MAX}=1/6×（6.6259+6.2685+6.2572+6.5542+6.6654+6.8538）≈6.5375

资料来源：作者自制。

再次，检验矩阵的“一致性”（CR）：

CI（偏离一致性指标）=（6.5375−6）/（6−1）= 0.1075

根据表5-4中阶数n = 6的情况，查询得到平均随机一致性指标RI= 1.24。

CR（一致性比率）= 0.1075/1.24≈0.08669，CR值<0.1，矩阵具有满意的一致性。

最终，确定各因素权重：

WB_2= {0.0735，0.4071，0.0937，0.1651，0.0526，0.2080}，即为C_7～C_{12}在B_2层内的“相对权重”。

5.2.3 准则层 B_3 内指标权重计算

首先构建指标层C_{13}～C_{18}对于准则层B_3的判断矩阵（据20位专家判断，详见附表4）：

$$
\begin{array}{c} \\ C_{13} \\ C_{14} \\ C_{15} \\ C_{16} \\ C_{17} \\ C_{18} \end{array}
\begin{array}{c} \begin{array}{cccccc} C_{13} & C_{14} & C_{15} & C_{16} & C_{17} & C_{18} \end{array} \\
\left[\begin{array}{cccccc}
1 & 2 & 1/2 & 3 & 3 & 4 \\
1/2 & 1 & 1/3 & 1/2 & 2 & 3 \\
2 & 3 & 1 & 5 & 4 & 3 \\
1/3 & 2 & 1/5 & 1 & 2 & 2 \\
1/3 & 1/2 & 1/4 & 1/2 & 1 & 3 \\
1/4 & 1/3 & 1/3 & 1/2 & 1/3 & 1
\end{array}\right] \end{array}
$$

其次，计算矩阵的最大特征根λ_{MAX}（其中：AW=原矩阵×W）：（表5-6）

准则层 B_3 矩阵的最大特征根计算表　　表 5-6

计算步骤	计算结果
①各因素按行乘积	{36，0.5，360，0.53333，0.0625，0.00463}
②开6次方根	ω_i = {1.8171，0.8909，2.6672，0.9005，0.6300，0.4083}
③归一化处理	W = {0.2485，0.1218，0.3647，0.1231，0.0861，0.0558}
④最大特征向量	AW = {1.5253，0.7688，2.3544，0.8063，0.5500，0.3703}
⑤最大特征根	λ_{MAX}=1/6×（6.1380+6.3120+6.4557+6.9886+6.3879+6.6362）≈6.4864

资料来源：作者自制。

再次，检验矩阵的“一致性”（CR）：

CI（偏离一致性指标）=（6.4864–6）/（6–1）= 0.09728

根据表5–4中阶数n = 6的情况，查询得到平均随机一致性指标RI= 1.24。

CR（一致性比率）=0.09728/1.24≈0.07854，CR值<0.1，矩阵具有满意的一致性。

最终，得到各因素权重：

WB_3={0.2485，0.1218，0.3647，0.1231，0.0861，0.0558}，即为C_{13}～C_{18}在B_3层内的“相对权重”。

5.2.4 目标层 A 内指标权重计算

首先，构建指标层$B_1 \sim B_3$相对于目标层A的判断矩阵（据20位专家判断，详见附表4）:

$$
\begin{array}{c} \\ B_1 \\ B_2 \\ B_3 \end{array}
\begin{array}{c} \begin{array}{ccc} B_1 & B_2 & B_3 \end{array} \\ \begin{bmatrix} 1 & 2 & 3 \\ 1/2 & 1 & 2 \\ 1/3 & 1/2 & 1 \end{bmatrix} \end{array}
$$

其次，计算矩阵的最大特征根λ_{MAX}（其中：AW=原矩阵×W）:（表5-7）

总目标层 A 矩阵的最大特征根计算表　　表 5-7

计算步骤	计算结果
①各因素按行乘积	{6，1，0.1667}
②开3次方根	ω_i = {1.8171，1，0.5503}
③归一化处理	W = {0.5396，0.2970，0.1634}
④最大特征向量	AW = {1.6238，0.8936，0.4918}
⑤最大特征根	λ_{MAX}=1/3×（3.00927+3.00875+3.00979）≈3.0093

资料来源：作者自制。

再次，检验矩阵的“一致性”（CR）:

CI（偏离一致性指标）=（3.0093−3）/（3−1）= 0.00465

根据表5-4中阶数n = 3的情况，查询得到平均随机一致性指标RI=0.58。

CR（一致性比率）=0.00465/0.58≈0.00802，CR值<0.1，矩阵具有满意的一致性。

最终，得到各因素权重:

WA= {0.5396，0.2970，0.1634}，即为$B_1 \sim B_3$在A层内的“相对权重”。

5.2.5 各层指标的权重归一化

经上述指标权重计算后，汇总得到各准则层（B）下具体指标（C）间的“相对权重”；并依据各准则层（B）在目标层（A）下的权重关系，最终得到指标层（C）中所有指标在总目标（A）下的精确相对权重分配（表5-8），从而形成关于各指标所指代的绿地生态效益评价事项“重要性”的数字化参照。

西安都市区绿地格局的综合生态耦合效益指标权重表　　表5-8

目标层权重	准则层权重	指标层名称	指标层序号	指标层绝对权重	指标层相对权重	
A-1.0000	B_1-0.5396	建成区绿化覆盖率	C_1	0.20537176	0.3806	小计 1.0000
		建成区绿地率	C_2	0.13576336	0.2516	
		人均公园绿地面积	C_3	0.03464232	0.0642	
		建成区公共绿地率	C_4	0.08644392	0.1602	
		城市道路绿地达标率	C_5	0.05444564	0.1009	
		公园绿地服务半径覆盖率	C_6	0.022933	0.0425	
	B_2-0.2970	景观类型多样性	C_7	0.0218295	0.0735	小计 1.0000
		地表热环境缓解性	C_8	0.1209087	0.4071	
		斑块分布均匀度	C_9	0.0278289	0.0937	
		廊道有效连通度	C_{10}	0.0490347	0.1651	
		植被构成合理性	C_{11}	0.0156222	0.0526	
		城市风环境顺应性	C_{12}	0.061776	0.2080	
	B_3-0.1634	遗产保护及展示有效性	C_{13}	0.0406049	0.2485	小计 1.0000
		园林空间要素丰富度	C_{14}	0.01990212	0.1218	
		社会服务承载及安全性	C_{15}	0.05959198	0.3647	
		周边建设对景观侵扰度	C_{16}	0.02011454	0.1231	
		绿地边界开敞度	C_{17}	0.01406874	0.0861	
		游赏路径多样性	C_{18}	0.00911772	0.0558	
—	合计1.0000	—	合计：1.00000000		—	

资料来源：作者自制。

5.3 评价分级标准

确定指标权重后，须建立评分标准。其等级划分及分值区间主要参考“国家（生态）园林城市、园林绿化、绿地规划”等相关标准、规范、研究及代表性城市生态、绿化建设的现状水平、近期目标（值）等，由此综合建立为“五级评分制”。

5.3.1 规划建设定量标准

在推进城市人居环境建设生态转型的背景下，首先针对反映城市绿地规划建设总体状况的6项“定量指标”制定评价等级及赋分标准（表5-9）。其中：C_1 ~ C_3是绿地规划及绿化评比考核方面的“普遍首要”指标；C_4 ~ C_6则是衡量绿地之于生态承载、发挥综合效益的“精细量化”指标，其已越来越受到重视并广泛采用。

都市区绿地格局“规划建设定量指标 B_1”评分标准　表5-9

准则层指标	数值设定及参考来源＼评级、评分＼指标层指标	优 9.0~10.0		良 8.0~8.99		一般 7.0~7.99		及格 6.0~6.99		差 5.0~5.99	
规划建设定量指标B_1	建成区绿化覆盖率C_1	≥45%	Ⅷ	≥40%	Ⅱ、Ⅳ	≥36%	Ⅰ	≥34%	Ⅲ	≥30%	Ⅴ
	建成区绿地率C_2	≥38%	Ⅶ	≥35%	Ⅱ、Ⅳ	≥31%	Ⅰ	≥29%	Ⅲ	≥25%	Ⅴ
	人均公园绿地面积C_3（m^2/人）①	≥14	Ⅶ	≥12	Ⅱ	≥9.0	Ⅰ	≥7.5	Ⅲ	≥7.0	Ⅴ
	建成区公共绿地率（G1＋G2＋G3）C_4	≥15%	Ⅵ	≥13%	Ⅷ	≥12%	Ⅷ	≥11%	Ⅷ	≥10%	Ⅵ
	城市道路绿地达标率$C_5$②	≥90%	Ⅸ	≥85%	Ⅱ	≥80%	Ⅰ	≥75%	Ⅹ	≥70%	Ⅲ
	公园绿地服务半径覆盖率$C_6$③	≥90%	Ⅱ	≥80%	Ⅰ	≥70%	Ⅲ	≥60%	Ⅷ	≥50%	Ⅷ

资料来源：参考相关标准、文件自制。

指标参考来源：Ⅰ-《国家园林城市标准》；Ⅱ-《国家生态园林城市标准》；Ⅲ-《城市园林绿化评价标准》GB/T 50563—2010；Ⅳ-《国务院关于加强城市绿化建设的通知》（国发〔2001〕20号）；Ⅴ-《城市园林绿化管理暂行条例》（1982年）及《城市绿化规划建设指标的规定》（1993年）；Ⅵ-《城市用地分类与规划建设用地标准》GB 50137—2011；Ⅶ-《“十三五”生态环保规划》；Ⅷ-相关标准的“中间值、适当降低/提高值”；Ⅸ-当前国内城市（广东珠海、安徽巢湖、重庆石柱、云南曲靖等）“道路绿地达标率”已达或将达到的较高水平；Ⅹ-《城市道路绿化规划与设计规范》CJJ 75—1997。

① C_3说明：根据《国家园林城市系列标准》考核指标规定，“人均公园绿地面积”以“人均建设用地面积<105m^2/人和≥105m^2/人”而设不同标准。经测算，西安“人均建设用地面积”在2000年后最初两年尚未超过“60m^2/人”，2003—2010年提升并保持在“80m^2/人”上下，2011—2014年进入明显增长期，2015—2018年已跃升至“120m^2/人”水平（图5-4）。因此，当前西安“人均公园绿地面积”需按“≥105m^2/人”标准加以参照。

② C_5说明：虽然道路在城市总建设用地中占比一般被控制在8%~15%（小于居住、工业），但其分布“广度”和位置“均度”却属最高；随着“窄马路、密路网”的推行，城市地块将被各级各类道路“切分”得更加“细碎”。从而道路附属绿地的规模与品质便直接关系到城市“林荫道、绿道”及绿地系统中“绿带、绿廊”的建设效果，也会“积少成多”地体现在城市分区或总体能否形成规划所预期的“绿色网络”或“绿色骨架”。

③ C_6说明：服务半径覆盖率方面，既体现了公园所处位置的“可达性”与“便民性”，也反映出绿地斑块在城市用地基质中的“生态布控状态”，即发挥生态“外部效应”的波及广度。

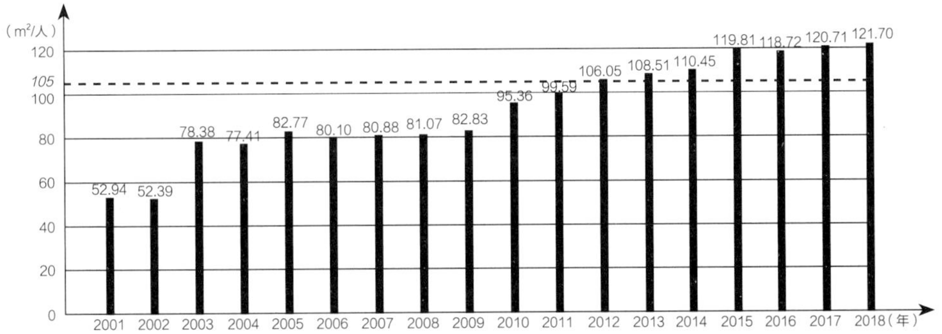

图5-4 2001—2018年西安建成区“人均建设用地面积”统计图
（资料来源：据公开数据计算）

5.3.2 景观环境定性标准

其次，针对绿地在景观、植被、风、热环境方面所呈现的“布局、规模、形态”等特征的6项“定性指标”，构建出相应的评价等级及赋分标准（表5-10）。

都市区绿地格局“景观环境定性指标 B_2”评分标准　　表5-10

准则层指标	评级、评分 / 数值设定及参考来源 / 指标层指标	评价级别及对应分值区间				
		优	良	一般	及格	差
		9.0~10.0	8.0~8.99	7.0~7.99	6.0~6.99	5.0~5.99
景观环境定性指标B_2	景观类型多样性$C_7$①	≥1.6	≥1.4	≥1.2	≥1.0	≥0.8
	地表热环境缓解性C_8	≥40%	≥35%	≥30%	≥25%	≥20%
	斑块分布均匀度C_9	≥60%	≥50%	≥40%	≥30%	≥20%
	廊道有效连通度C_{10}	≥3.00	≥2.55	≥2.1	≥1.6	≥1.0
	植被构成合理性C_{11}②	≥75%　Ⅰ	≥70%　Ⅱ、Ⅲ	≥65%　Ⅳ	≥60%　Ⅴ	≥55%　Ⅳ
	城市风环境顺应性C_{12}	≥50%	≥40%	≥30%	≥20%	≥10%

资料来源：参考相关标准、文件自制。

指标参考来源：Ⅰ-近年国内大城市（深圳、成都、宁波、合肥、重庆、郑州、洛阳、大同、昆明等）“绿化覆盖率”或中小城市（吐鲁番、介休、商丘、巢湖等）“乔灌木占比”指标的“已达值或目标值”；Ⅱ-《国家生态园林城市标准》；Ⅲ-《城市园林绿化评价标准》GB/T 50563—2010；Ⅳ-国家园林及生态园林城市标准相关指标的“中间值”或“适当降低值”（如半干旱地区、高原城市）；Ⅴ-《国家园林城市系列标准》。

① C_7说明：参考国内大城市相应指数而定级：成都6城区平均为1.61（高素萍，2005）；南京市长江以南、绕城公路以内主城区为1.47；哈尔滨主城区各圈层为1.42～1.49范围（周甜，2019）；乌鲁木齐老城区为1.35（李园园，2006）；青岛市域为1.27（高鑫，2019）；兰州市由1961年的大于1.60下降至2015年的约1.28（师满江，2016）；西安市2011年建成区内（城镇用地占比大于70%的范围）为1.10（胡忠秀等，2013）等。

② C_{11}说明：绿地生态效益研究、园林绿化实践经验表明，乔灌木种植投影面积若占总绿化覆盖面积比率达70%，方可使绿地有效形成有别于周围城区的体感生态效益（空气净化、热岛缓解、降低噪声、小气候调节等）。

5.3.3 人文游憩定感标准

另对绿地在人文、审美、社会方面的6项“定感指标”建立评分标准（表5-11）。

都市区绿地格局“人文游憩定感指标 B_3”评分标准　　表 5-11

准则层指标	评级、评分 / 数值设定及参考来源 / 指标层指标	评价级别及对应分值区间				
		优	良	一般	及格	差
		9.0~10.0	8.0~8.99	7.0~7.99	6.0~6.99	5.0~5.99
人文游憩定感指标B_3	遗产保护及展示有效性C_{13}	≥90%	≥80%	≥70%	≥60%	≥50%
	园林空间要素丰富度C_{14}	≥90%	≥80%	≥70%	≥60%	≥50%
	社会服务承载及安全性C_{15}①	A（10项）	A-（9项）	B（8项）	B-（6项）	C（4项）
	周边建设对景观侵扰度C_{16}	<5%	<10%	<20%	<30%	<40%
	绿地边界开敞度C_{17}	≥90%	≥80%	≥70%	≥60%	≥50%
	游赏路径多样性C_{18}	≥60%	≥50%	≥40%	≥30%	≥20%

资料来源：参考相关标准、文件自制。

① C_{15}说明：根据在“硬件设施、空间条件、防护水平”三方面的当前综合达标情况，设定出A（各类服务设施完善、各年龄段活动条件充足、全园开放程度高，安全性有保障）、B（有主要服务设施，活动与集散场地有限、零散，开放性一般、入口较少，安全性一般）、C（基本设施缺乏，活动场地有限、隐蔽，边界封闭度高、入口不明显，园内安保盲区较大或卫生死角较多，分时安全性差异大）等三种“基本等级”（以及介于两两之间的“过渡等级”）；同时，该等级标准也对应于主要10项指标的“达标数量（满足情况）”。

5.4 评价过程及得分

5.4.1 规划建设（生态基础）评分

1. 绿地系统主要指标 C_1 ~ C_3

该三项指标均为城市总体规划、绿地专项规划及生态园林城市评定中的首要定量指标，反映了城市园林绿化的整体水平与进程。通过资料查询及相关计算，将21世纪以来历年的城建与绿地数据加以汇总，并以最新的2018年的数据作为评价依据，得到：建成区绿化覆盖率41.52%、绿地率35.55%、人均公园绿地面积10.31m^2。由此对照标准分别得“8.304、8.183、7.437分”，评级为“良”“良”及“一般”。

2. 建成区公共绿地率 C_4

该指标比“绿地率”更进一步反映出“公共、独立”型绿地在建成区的占比，即城市总规中参与“用地平衡”的绿地类型，包括：公园绿地G1、防护绿地G2和广场用地G3。根据《城市用地分类与规划建设用地标准》GB 50137—2011相关规定，“绿地与广场用地”宜占规划建设用地比例为“10.0%～15.0%”，即指“公共绿地率”。然而，近年来城市更新不断推进，许多旧式封闭住区转变为开放社区，旧厂区改造为创意园区，原先的附属绿地也随之变得更加“开放而面向公众”，使得公共绿地占比呈“提升”趋势。此外，西方城市早在20世纪70、80年代的“公园面积占比”就已超过上述范畴，如：巴黎达20.8%、华盛顿为19.9%、日内瓦为16.3%、莫斯科为15%等。因此，现有标准的“上限值”（15%），也将转为新时期共享型城市绿地的“起评值”。由此计算，当前西安建成区公共绿地率仅为10.27%，对照标准得“5.27分”，评级为“差”。

3. 城市道路绿地达标率 C_5

该指标也称“道路绿化达标率”，系指建成区道路附属绿地的绿化断面达标长度占道路总长度的比率，《国家园林城市系列标准》（住建部，2016）对其考核要求为“≥80%”。西安近年来城区扩展速度较快，新区道路规划建设标准较高，而老旧城区道路往往因路面拓宽及市政施工，致使绿化空间较为不足；总体道路绿地达标率处于“浮动”状态（2011年报道为“96%”，2015年计划达“85%以上”）。

进而根据西安2018年路网密度为“5.49km/km^2”的数据[1]及总体为“棋盘正交”的历来形式加以估算：边长1km的方形地块内一般共形成“三纵三横”9处交叉口，每处平均宽度50m且同属于2条路，从而将出现50m×9×2=900m的未绿化道路里程。由此算得道路绿化达标率约为83.60%，对照标准评级为“一般”，得“7.72分”。

4. 公园绿地服务半径覆盖率 C_6

根据《国家园林城市系列标准》该指标可笼统指公园绿地外扩500m后可覆盖的居住用地面积百分比，这与《城市居住区规划设计标准》GB 50180—2018中“十分钟生活圈居住区步行距离为500m”的规定相对应。从而先将建成区简化为500m×500m的地块单元共2809个，后将各居住用地的真实形态加以勾绘，并叠加得到居住类地块单元1489个；进而将各个公园绿地G1（含广场用地G3）及与建成区接

[1] 数据出自2018年度《中国主要城市道路网密度监测报告》，其选取36个全国主要城市作为检测对象。

壤的区域绿地（EG）外扩500m后，得到可全部覆盖及部分叠压的居住单元共808个，从而计算出“覆盖率”为54.26%，对照标准得“5.426分”，评级为“差”（图5-5）。

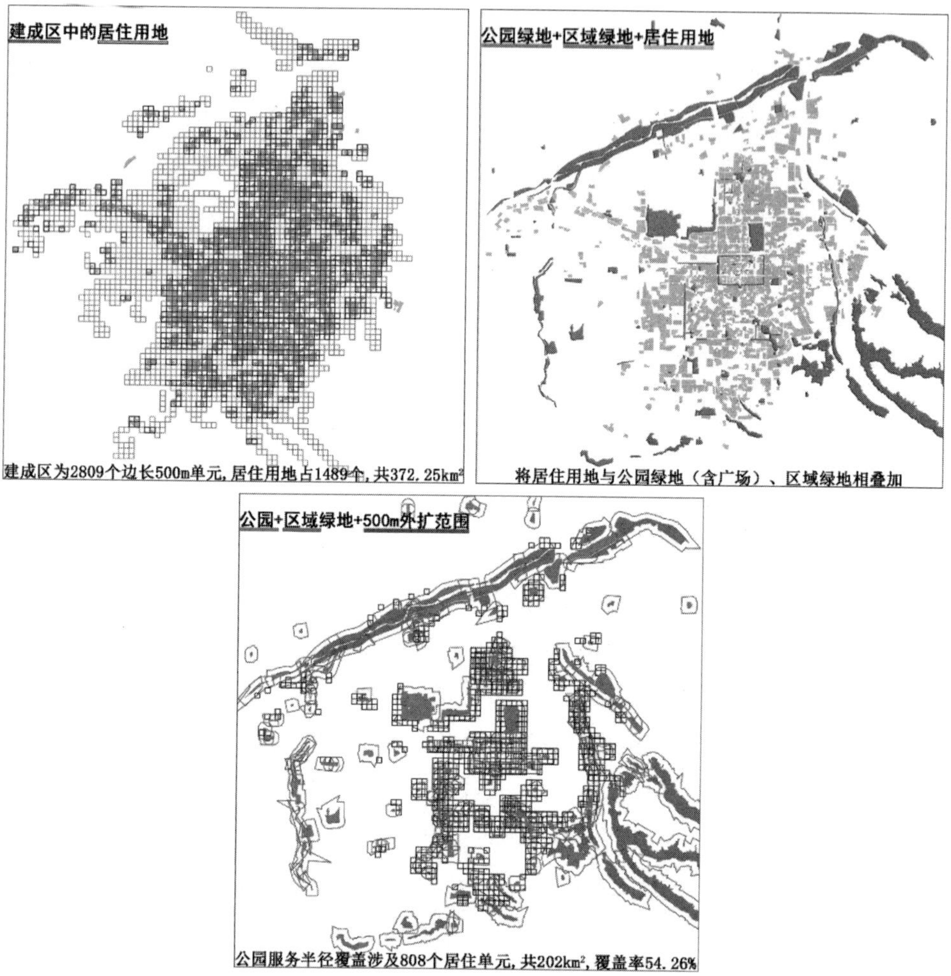
建成区中的居住用地
建成区为2809个边长500m单元，居住用地占1489个，共372.25km²
公园绿地+区域绿地+居住用地
将居住用地与公园绿地（含广场）、区域绿地相叠加
公园+区域绿地+500m外扩范围
公园服务半径覆盖涉及808个居住单元，共202km²，覆盖率54.26%

图5-5　建成区公园绿地服务半径覆盖分析图（建成区简化为边长500m单元）
（资料来源：作者自绘）

5.4.2 景观环境（生态提升）评分

1. 景观类型多样性 C_7

该指标可由景观指数（Landscape Metrics）中的“香农多样性指数（SHDI）”算得，其反映了区域内景观斑块“种类多样性、分布均衡性、形态破碎度”的综合状况，数值越大则多样性程度越高。

公式：$SHDI = -\sum_{i=1}^{m}(P_i \cdot \ln P_i)$

式中：P_i指i类斑块的类型百分比，即该类斑块面积占所有类型斑块总面积的百分比。

结合前文4.2.2节中“绿地斑块类型指数”的结果构成，计算得到西安都市区“四类绿地（G1+G2+XG+EG）”的*SHDI*值为1.2069；若以“四类绿地+农林用地”计算，则*SHDI*值将为0.6720。这说明地处建成区外围的“农林用地”在区域占比较大，但除去东南部的白鹿原、少陵原的台塬丘壑地带之外，其余方位均已开展城市新区建设（如：西北部的秦汉、空港新城，西—西南部的沣东、沣西新城，以及东北部的国际港务区），由此说明新区绿地建设相对滞后。然而本区域已形成一体化都市区，各类绿地均需兼顾，所以需将两种*SHDI*值综合考虑方可反映真实情况，从而取二者平均后得到数值约为0.94，对照前文标准换算得分为“5.7分”，评级为“差”。

2. 地表热环境缓解性 C_8

在2016—2019年选取西安地区夏季晴朗无云的Landsat影像共8幅，结合各日期的当日均温及绿地建设、温度梯度在各方位的均布情况等，最终选定日期为2019年7月28日的影像作以分析。通过地表温度反演得到当日最高温度为64.68℃、最低为9.16℃、平均为39.22℃（图5-6左）；进而，根据相关研究及实际经验可知，水体的地表温度往往为各类用地中最低，于是将均温以下段落截取中间的2/3，意在排除由较大水域（灞河下游、曲江南湖等）产生的偏低温度，从而得到12.87~32.55℃为“冷源地表”范畴（图5-6中），约占建成区面积的26.96%（约199.93km^2）；之后，再将建成区内各类绿地与冷源地表叠加，得到二者重合部分（黄色）面积约为48.78km^2（占冷源地表的24.40%）（图5-6右）。从而得到绿地的地表降温贡献率为24.40%，对照标准得“5.88分”，评级为“差”。

3. 斑块分布均匀度 C_9

首先将西安建成区简化为500m见方[1]的地块单元（2809个），共702.25km^2（与表4-14中2018年建成区面积对应），进而识别公共型绿地（公园+区域）及所有类型绿地（公园+区域+防护+附属）分别对于建成区地块单元的“叠压”状况。经计算得到公共绿地涉及618个单元，公共+专属绿地涉及1675个单元；二者分布均匀度分别为22.00%和60.20%。考虑到绿地斑块的景观环境质量水准，取前者数值

[1] 根据西安“棋盘式”方格路网，市民出行路径多为“正交式”（难以斜向穿越地块）；进而根据5min生活圈的步行距离为500m，从而划定边长为500m的地块单元。

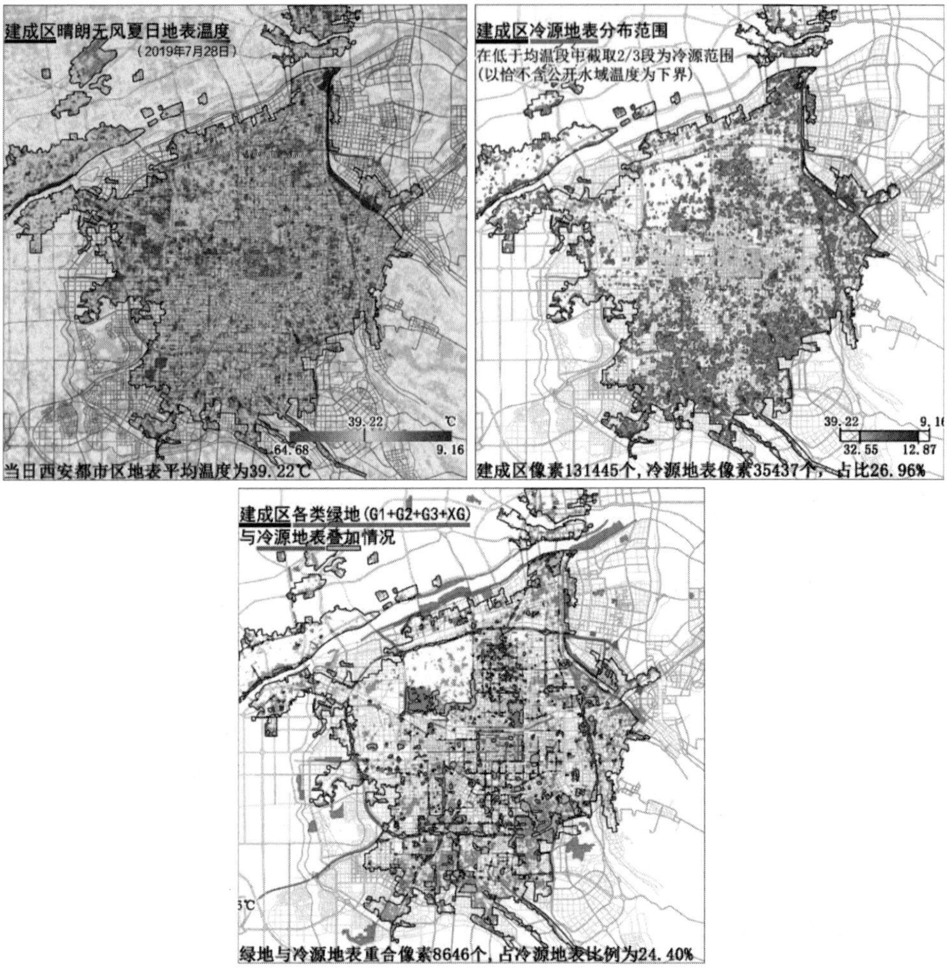

图5-6　建成区绿地对“地表热环境缓解度”（与冷源地表结合度）分析图

（资料来源：作者自绘）

作为评价数据，对照评价标准得到“5.20分”，属较“差”水平；同时也可看到，现状数量较多的附属及防护绿地分布较为广泛、均质，未来颇具被更新为“开放型绿地”而更好地服务于公众、贡献于城市公共景观的巨大潜力（图5-7）。

4. 廊道有效连通度 C_{10}

根据“景观镶嵌体最优网络”原理，即位于一个空间单元“4角点＋1中心”的五个斑块，其“高连通＋低回路”连廊方式为“首尾依次相连”，从而产生4条廊道；而“高连通＋高回路”式则为“两两就近相连”，即产生8条廊道，其极限“廊斑比”为“3条/个”（图5-8左）。据此选取主城区大致呈“相邻五点阵”的40处绿地（G1为主＋开放型XG为辅），构成边长3～5km的“空间单元”（图5-8右）。

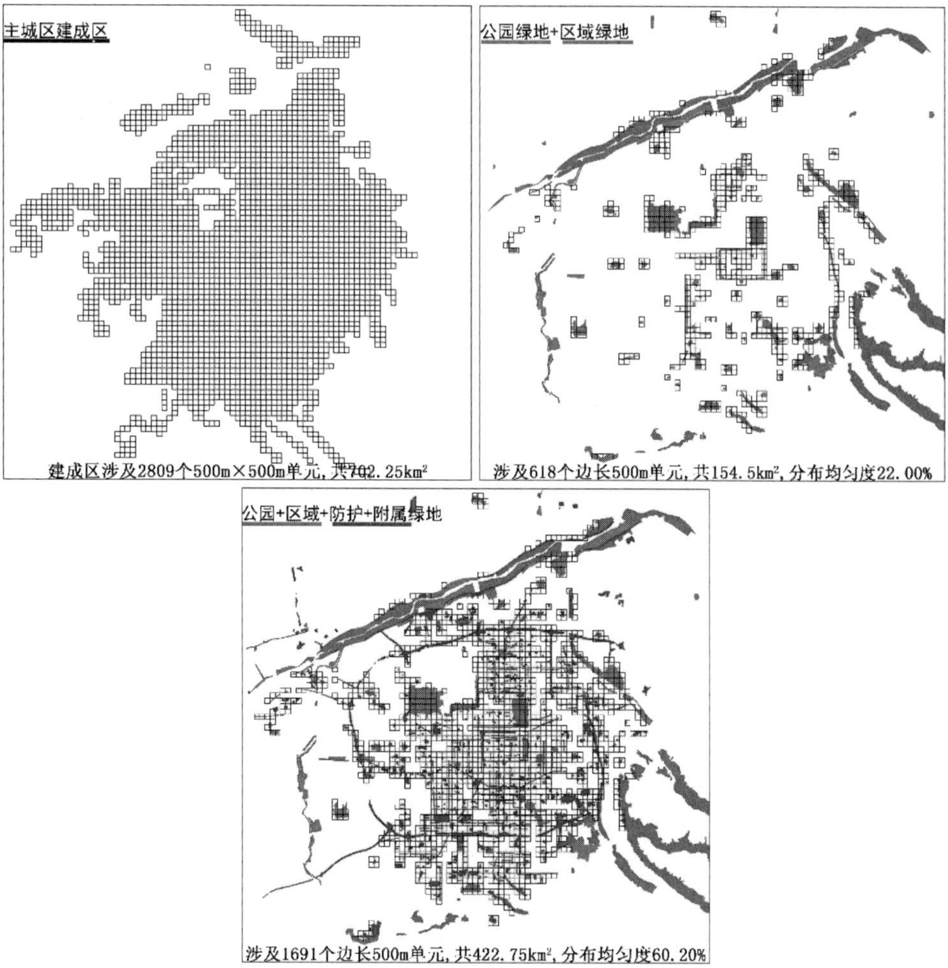

图5-7　建成区绿地斑块分布均匀度分析图（与简化后的建成区叠加）

（资料来源：作者自绘）

经统计得到，每处绿地平均向外放射有3.7条廊道，但仅有1.5条可通达邻近的另一处绿地，即“有效廊道（廊斑比）”。进而与数量、布局相近似的“理想绿斑网络模式”相对照（图5-8中），其含有41个斑块、104条有效廊道，廊斑比2.54条/个。由此可见：现状的“廊斑比”，与极限或理想的“廊斑比”（即廊道有效连通性）均存在差距，从而对照标准得“5.83分”，评级为“差”。

5. 植被构成合理性 C_{11}

选取较新春夏之交卫星影像（植被展叶适中），以地表不同波段（Band6，5，2）反演而识别建成区“乔灌木、草被地”的覆盖分布。经计算得到“乔灌木占绿化覆盖比例”为60.01%。进而将植被覆盖与绿地分布图叠加，得到三种典型情况：

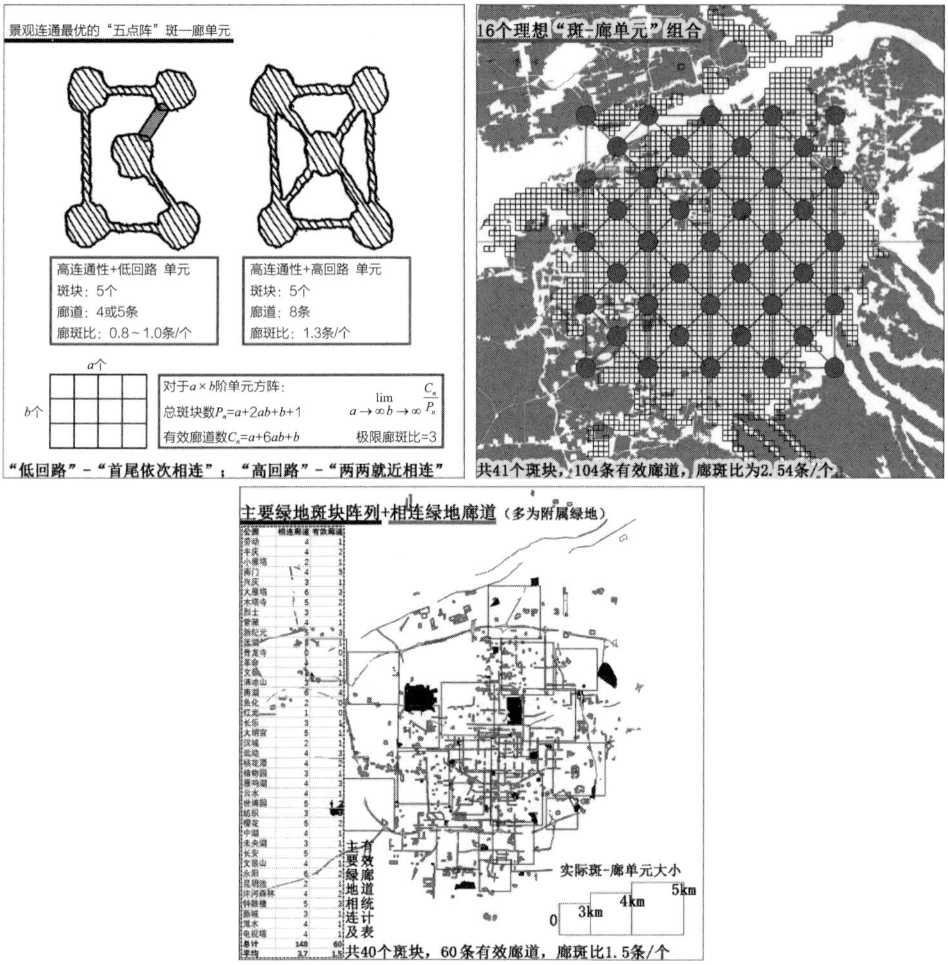

图5-8　建成区绿地廊道有效连通度分析图（依斑块最优连通模式推演）
（资料来源：作者自绘）

①综合公园景观丰富、空间多样，乔灌草多可灵活参与、搭配成景、构成合理；②滨水、带状及防护绿地林木占比较高（草地多在林冠下），常成为生态景观带或卫生隔离带，植被构成尚为合适；③大遗址一般草地覆盖比例较高（汉长安城、唐大明宫），是因乔木及高灌木根系较深，易扎入历史土层而破坏地下潜藏遗存、文物，因此不宜多植。植被构成虽显单调，但也恰凸显了遗址的空旷氛围。综上，建成区植被构成合理性归以"乔灌木占比"为代表，得"6.02分"，评为"及格"（图5-9）。

6. 城市风环境顺应性 C_{12}

西安主城区（尤其二环内）道路红线较窄，建筑布置过密，绿地也多呈小块状散布；其"单体形态"或"相邻序列"较少顺应主导风向，且未形成贯穿城区的大

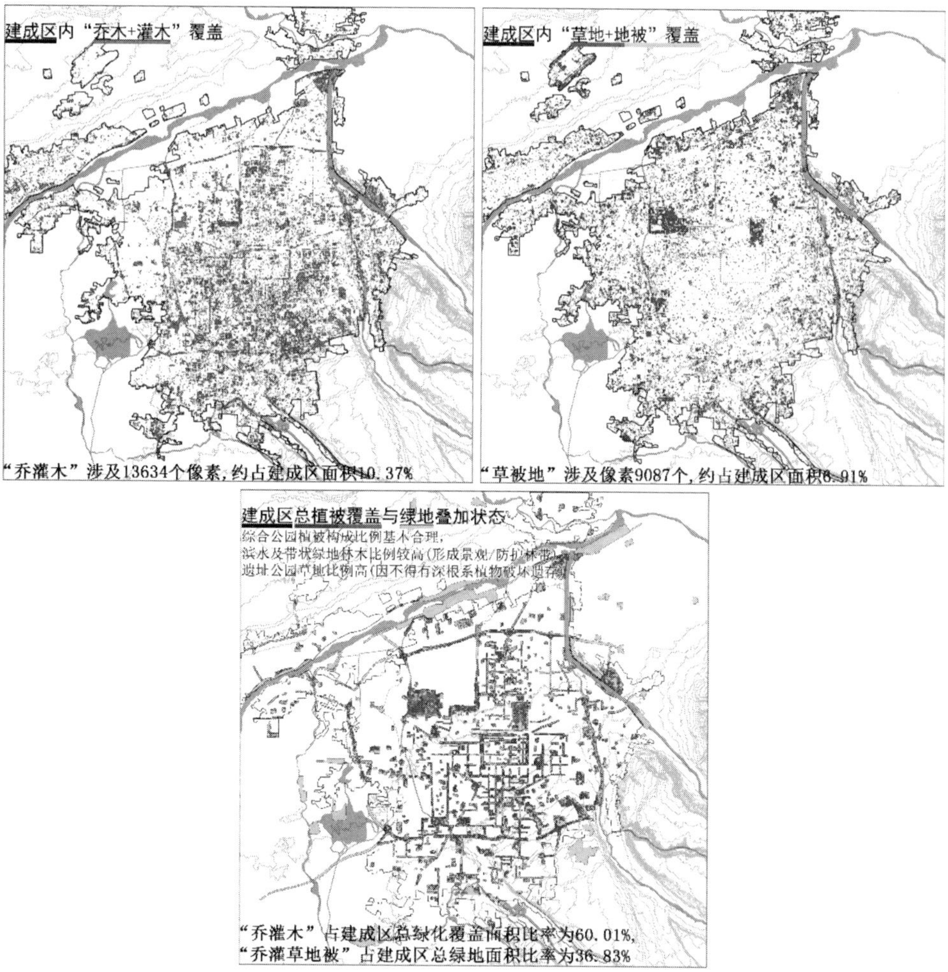

图5-9 建成区“乔-灌-草”植被构成合理性及与绿地叠加分析图
（资料来源：作者自绘）

跨度“绿廊—绿楔”体系，从而导致外围来风较难有风道依循而抵达城中心。加之许多绿地内部绿量松散、植被单薄且缺乏宽大水面，因此使蓝绿空间的净化、降温及产生热压差的能力不强，以及使局地对流型“林源风、水陆风”不易产生。

进而借助GIS“标准差椭圆”分析法，将每处绿斑理解为由其平面各角（拐）点所构成的“点集”，之后求出其总方向趋势（即椭圆长轴角度）；再将主导风向与各绿斑趋势作以“轴位叠加”，从而选出顺应“东北—西南（±15°）”方向趋势的绿斑共140处。其中，处于东—北方位的绿地数量较多，西—南方位的则较少；且性质多属外围水系、川塬地带的区域绿地EG及中心区边缘的遗址绿地G134（图5-10）。因其仅占G1+G2+EG类绿斑数量的17.79%，因此对标得到“5.779分”，评级为“差”。

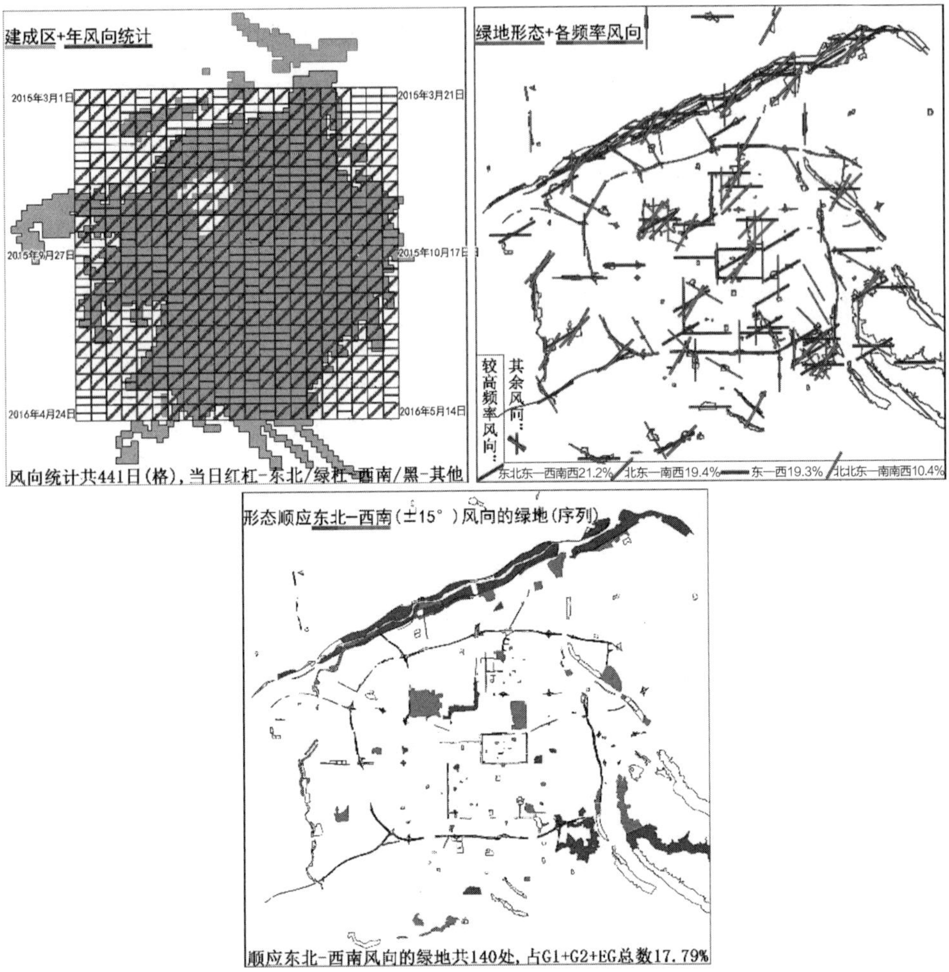

图5-10　建成区绿地“风环境顺应性”分析图（基于东北—西南主导风向）
（资料来源：作者自绘）

5.4.3　人文游憩（生态服务）评分

1. 遗产保护及展示有效性 C_{13}

当前西安都市区共有国家级文保单位33处，省级35处。其中，已建立、毗邻或身处遗址公园、寺庙园林、文化广场等绿地及对外单位园区，或地处整体性历史保护街区的共44处，占总体数量的64.7%，对照标准评级为“及格”，得“6.47分”。

2. 园林空间要素丰富度 C_{14}

常见的风景园林要素包括山石（地形）、水体（河湖）、植被（乔木）、构筑（亭、廊、台、桥、径、坡、阶）等四类，俱全则方可“构景”。由此，首先在城区内排除那些依附于道路的“窄小绿化带”及河道旁仅有通行功能的“单调滨水带”；之后遴选出具有成熟游憩属性（游路体系）的公园绿地共“217处”，并通过调研及资料核对得到：①“全要素”绿地有87处，②缺乏“水要素”的绿地有118处，③缺“其他要素”的绿地（如：地形、竖向设计薄弱或植被稀少）有12处（表5-12）。

西安城区公园绿地内风景园林要素的齐全与缺乏情况示例　　表5-12

全要素：新纪元公园（高新）	全要素：永阳公园（高新）	缺“水”要素：浐灞城市广场	缺“竖向”设计：红光公园（西郊）
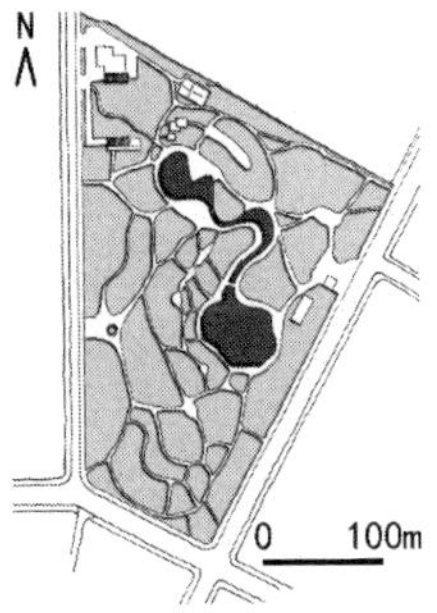	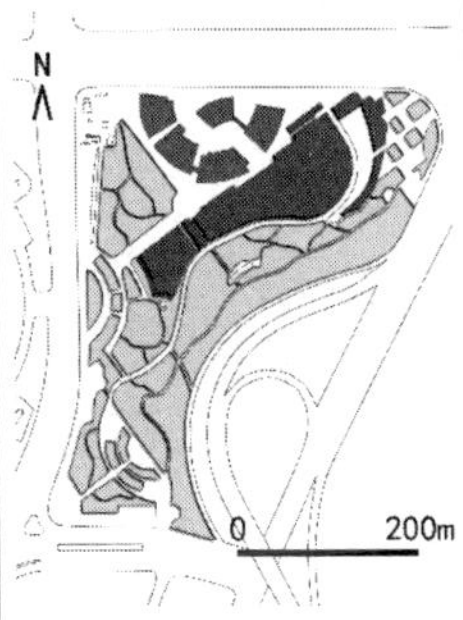	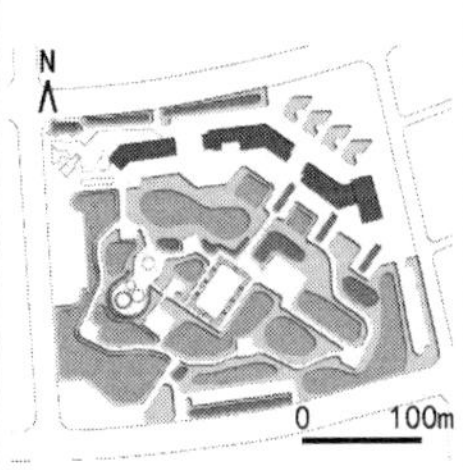	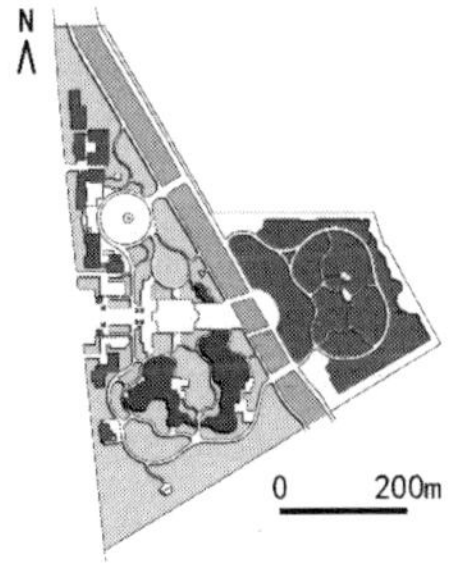

资料来源：作者自绘。

因而以全要素绿地与因文保要求而缺少个别要素的遗址公园、历史园林的总数“125处（87＋38）”为准，算得其占比为57.6%，对标评级为“差”，得“5.76分”。

3. 社会服务承载与安全性 C_{15}

当前绿地的社会功能除游憩外，还需包括：①公厕、②停车场、③健身与儿童活动区、④便民商业、⑤应急场所、⑥开放边界、⑦无障碍坡道及路灯照明、⑧重点区消防覆盖、⑨无死角监控、⑩水域、高差等危险警示等“空间”及“设施”。

由此对都市区100处主要的公园绿地G1调研可得：近年新建公园基本具备城市客厅、便民驿站、康体健身、应急避险等日常服务功能；老旧公园也通过实施拆墙透绿、免费开放、设施增添、照明亮化、安保升级、宠物提示等事项而得以更新；而地处高密度老旧街坊的社区公园、具专属功能的园林，或形态窄长的绿带，则因空间局促而多在对外停车、边界通透、公众开放、安全隐患等方面显出不足。经计算，各公园现平均满足7.44项当前标准，得“6.72分”，评级为“及格”。

4. 周边建设对景观侵扰度 C_{16}

优美的绿地景观往往会提升周围地块的环境、人气、地价；而相邻建设用地的退线距离、建筑体量、功能业态等也会极大影响甚至侵占绿地的空间。由此，以绿地所在完整地块为基准（道路围合），统计西安城区175处公共型绿地（G1＋EG）受到周边各类建设“侵扰”的6种典型情形（表5–13），包括：①边角占据型，如：丰庆公园、儿童公园等14处；②围合侵蚀型，如：长乐公园等3处；③内部突变型，如：未央湖公园等4处；④紧邻压迫型，如：纺织公园、半坡博物馆园林等7处；⑤道路切割型，如：西安牡丹园等5处；⑥硬化重塑型，如：土门广场等15处。由此合计共48处，占总数的27.4%，对照标准评级为“及格”，得“6.26分”。

西安城区绿地受周边建设侵扰的典型案例归类表 表5–13

类型	代表案例	类型	代表案例	类型	代表案例
① 边角占据型 14处	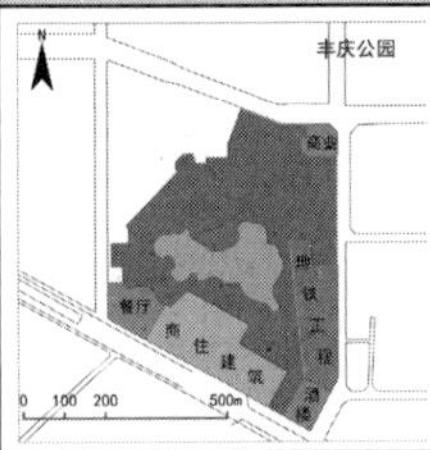	② 围合侵蚀型 3处	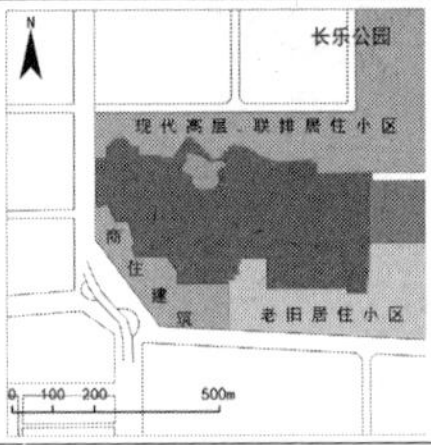	③ 内部突变型 4处	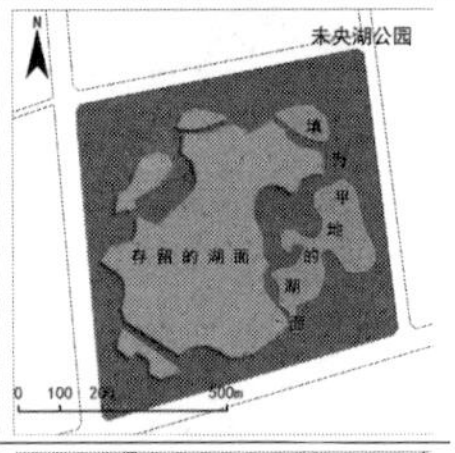
④ 紧邻压迫型 7处	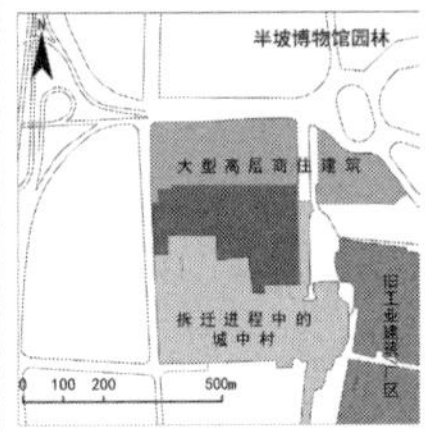	⑤ 道路切割型 5处		⑥ 硬化重塑型 15处	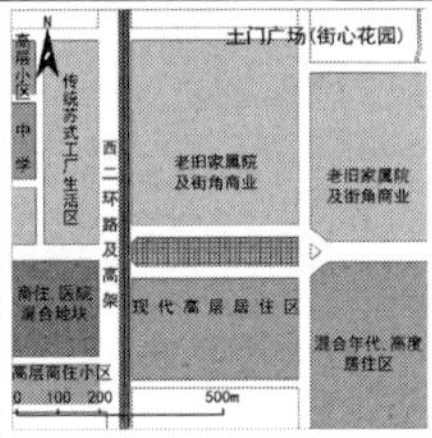

资料来源：作者自绘。

5. 绿地边界开敞度 C_{17}

绿地边界开敞度代表了绿地景观与城区风貌的融合状况，也体现了绿地的社会服务便捷程度。对都市区224处（段）公共绿地作以开敞度分类统计：①“全方位开放＋不设围墙”的有102处（唐城墙遗址公园、曲江景区等）；②“基本开放＋地形、水系、交通、构筑等外因阻隔”的有94处（环城公园、大庆路林带、汉城未央宫遗址等）；③“多个入口＋通透围墙”的有6处（兴庆公园、大唐芙蓉园等）；④“两个以下入口＋封闭边界或管理”的有22处（小雁塔—西安博物院、杜陵生态遗址公园等）。经计算，边界开敞型绿地占总体的87.5%，对照标准评级为“良”，得“8.75分”。

6. 游赏路径多样性 C_{18}

绿地游路多以环、枝、网、带状为基本形式，其中尤以环状具有“主线明确、围绕核心、贴合地形、循环各处”及“步移景异、呼应相生”的观景效果。由此，对都市区310处公园绿地G1加以辨析后得到：①环状游路型有71处，②支状型38处，③网状型24处，④带状型156处，以及⑤面域开放型21处。其中，“环、支、网状形”共计95处，占总数42.9%；由此对标评级为“一般”，得“7.29分”。

5.4.4 综合效益（生态人居）评分

将前文3类共18项指标的评分作“绝对权重”归一化换算及累加，最终得到绿地格局综合生态耦合效益合计为“6.88分”，评级为“及格”的结果（表5-14）。

西安都市区绿地格局“综合生态耦合效益”总评表 表5-14

准则层指标	指标层指标	实际数据	实际评分	实际评级	相对得分	绝对得分
规划建设定量指标B_1 分项小计：7.55分 评级“一般”	建成区绿化覆盖率C_1	41.52%	8.304分	良	3.16分	1.705407095
	建成区绿地率C_2	35.55%	8.183分	良	2.06分	1.110951575
	人均公园绿地面积C_3（m^2/人）	10.31	7.437分	一般	0.48分	0.257634934
	建成区公共绿地率（G1+G2+G3）C_4	10.27%	5.27分	差	0.84分	0.455559458
	城市道路绿地达标率C_5	83.6%	7.72分	一般	0.78分	0.420320341
	公园绿地服务半径覆盖率C_6	54.26%	5.426分	差	0.23分	0.124434458
景观环境定性指标B_2 分项小计：5.78分 评级“差”	景观类型多样性C_7	0.94	5.7分	差	0.42分	0.12442815
	地表热环境缓解性C_8	24.40%	5.88分	差	2.39分	0.710943156
	斑块分布均匀度C_9	22.00%	5.20分	差	0.49分	0.14471028
	廊道有效连通度C_{10}（条/处）	1.5	5.83分	差	0.96分	0.285872301
	植被构成合理性C_{11}	60.01%	6.02分	及格	0.32分	0.094045644
	城市风环境顺应性C_{12}	17.79%	5.779分	差	1.20分	0.357003504
人文游憩定感指标B_3 分项小计：6.69分 评级“及格”	遗产保护及展示有效性C_{13}	64.7%	6.47分	及格	1.61分	0.262713703
	园林空间要素丰富度C_{14}	57.6%	5.76	差	0.70分	0.114636211
	社会服务承载及安全性C_{15}	7.44项	6.72分	及格	2.45分	0.400458106
	周边建设对景观侵扰度C_{16}	27.4%	6.26分	及格	0.77分	0.12591702
	绿地边界开敞度C_{17}	87.5%	8.75分	良	0.75分	0.123101475
	游赏路径多样性C_{18}	42.9%	7.29分	一般	0.41分	0.066468179
总体合计：6.88分（绝对得分），评级：“及格”						

注：评级标准：优9.0～10.0分；良8.0～9.0分；一般7.0～8.0分；及格6.0～7.0分；差5.0～6.0分。
资料来源：各项评价结果加权而得。

进而从各准则层看，规划建设B_1层评级为“一般”，而景观环境B_2层与人文游憩B_3层则评级为“差”与“及格”。由此说明西安绿地建设的核心问题与诉求已从过去的“增量”转为了当前的“提质”，且从“均衡统筹”转为了“重点引导”；同时表明绿地格局也亟待从表观化的“生态结合”提升为内理化的“生态耦合”，以及从粗略化的“生态效益评述”提升为系统化的“生态耦合机制评析”。

5.5 本章小结

以上评价表明，当前西安绿地格局的综合生态耦合效益：在规划建设（生态基础）方面总体尚可，尤其在绿化覆盖、绿地率、人均公共绿地等指标上已取得一定成效；然而在景观环境（生态提升）、人文游憩（生态服务）方面却普遍较差，这主要归因于新旧城区的混合结构在“自然条件、历史积淀、旧有格局影响、三生功能侧重”及规划建设的“时序、理念、技术”等方面存在较大差异，导致了绿地“分布不均、体系不全，廊网连通度不等、景观适宜度不同、开放融合度不佳”以及“新区强于旧区，城南优于城北、城外好于城内，东郊西郊垫底”的现状。

鉴于此，未来西安城市绿地格局的发展与优化，既要遵从传统的地域人文特征，也需顺应时间长轴上的生态演进规律，更应突破旧有的用地局限与规划定式；应重点以公园G1、区域EG等公共型绿地作为空间载体和结构骨架，使其发掘、彰显固有、潜在的生态本底；尤其需加强与“水、土、风、人文”等四大类生态要素的内在耦合关联。由此通过系统化的生态“点位—线索—脉络”串联起绿地的“斑块—廊道—网络”，从而使“分异而隔阂”的人工绿地与生态环境重新凝为一个整体。

第6章 西安城市绿地格局生态耦合机制

"机制"意指事物或系统内各要素间的结构关系及运行方式。当前西安都市区绿地格局在人工—自然交互、博弈的背景下，尚未与固有水文特征、地质条件、气候规律等产生基础性、前提性的空间耦合；市域绿色空间与生态本底也在尺度—格局—过程的匹配方面效果欠佳。加之城镇扩张已大量侵占乡野空间而并未形成有效的绿色生态网络作以补充，先前的城市生态规划探索也多留于图纸而未有效落实。由此，通过评析绿地与各类生态要素、各项因子的耦合模式、程度，揭示其当前及理想的耦合机制，从而为提出科学的生态耦合规划策略作以必要支撑（图6-1）。

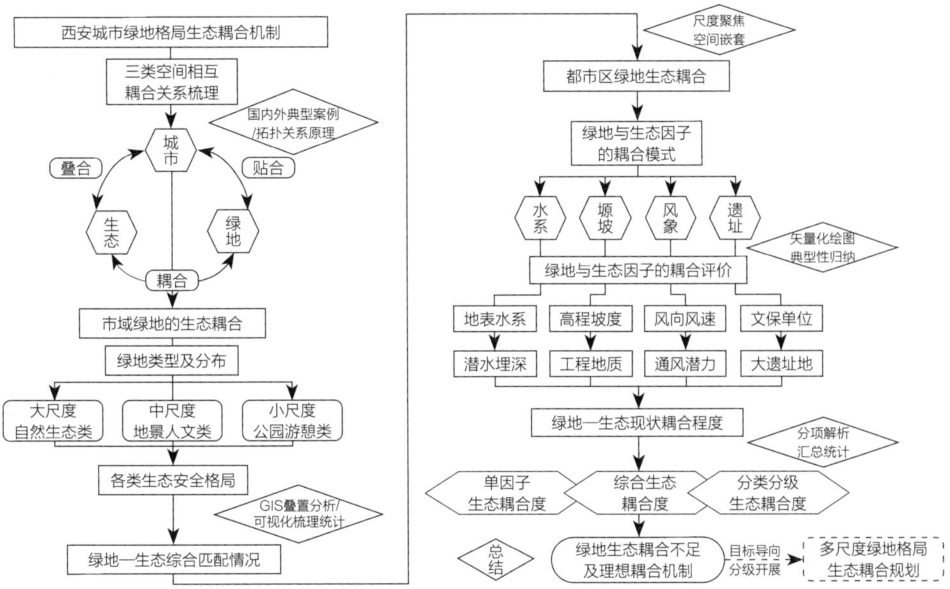

图6-1 "绿地格局生态耦合机制"章节技术框架图

（资料来源：作者自绘）

6.1 绿地格局的生态耦合关系背景

城市绿地格局与生态空间（本底+要素）的耦合互动关系，可通过"城市—生态—绿地"三者之间的"两两耦合"方式来加以阐释。

6.1.1 城市与生态的耦合

当前，为阻止城市无限制扩张及保证“城镇—生态—农业”空间有机衔接，我国许多地市已开始推进或完成了对“城镇开发边界”的划定；其核心技术路径为“以生态空间的先导与保护，反向限定建设用地的规模与布局”，具体包括：①识别对建设用地增长有导控作用的关键生态要素类型及所组成的自然基底，②综合地形地貌、高程坡度、气候规律、下垫面特性、土地利用适宜性及城市形态而确定城乡建设强度的分布范围，③依托遥感与地理信息技术判断城市拓展的适宜方向等，由此有效控制地块及路网漫延，保护农田与生态空间完整，引导城乡绿色融合式发展。

由此，美国波特兰运用“城市增长边界（UGB）”概念参与“2040年远景规划”的做法值得借鉴，其预测了3＋1种城市—生态间不同“主导优先级”与“融合方式”的未来增长情景：①**外向扩展**，居住为主，避开生态压力较大区域；②**内向填充**，以当前建成区为增长边界主体；③**内外并举**，依交通线及组团模式扩充。进而，这些模式在“新增用地高效沿交通线布置，少占用生态开敞空间，城市形态利于低碳出行，城区发展避免连绵，内部人居环境多样”等比选原则下，结合土地利用、道路骨架、商服网点、环境敏感区及不宜开发地位置等因素，并综合比较土地消耗量、景观多样性、开敞空间布局、平均通勤距离等评估结果，得到最终融合方案，即：④**沿交通廊拓展**，依建成区边缘向外适度增长，并鼓励内部社区（空地）的“回填型（infill）、混合式（mixed-use）、高密度（higher-density）”再开发，最终结合用地、道路、商业、生态等因素划定出增长边界形态（图6-2）。

此外，与美国的“限制扩张”相反，英国在20世纪中叶则陆续开展了3个阶段的“新城（New Town）”规划建设，其以疏解大城市人口及振兴偏远地区经济为目的；尤其在规划之初、建设之时及后续发展等阶段均体现了对田园城市思想的秉承，以及对生态介入与先导方法的采用（图6-3），使城镇—绿地—乡野保持了有机交错。

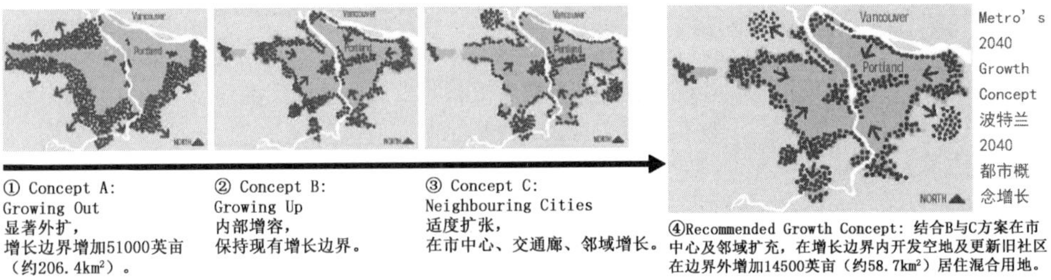
Vancouver
Portland
NORTH
① Concept A:
Growing Out
显著外扩，
增长边界增加51000英亩
（约206.4km²）。
② Concept B:
Growing Up
内部增容，
保持现有增长边界。
③ Concept C:
Neighbouring Cities
适度扩张，
在市中心、交通廊、邻域增长。
Metro’s 2040 Growth Concept
波特兰2040都市概念增长
④Recommended Growth Concept：结合B与C方案在市中心及邻域扩充，在增长边界内开发空地及更新旧社区在边界外增加14500英亩（约58.7km²）居住混合用地。

图6-2 波特兰“城市增长边界”的未来扩张情景及推荐方式示意图
（资料来源：改绘自 The Urban Growth Boundary：Analysis of a Component of Portland's 2040 Growth Concept，Lisa Poitras）

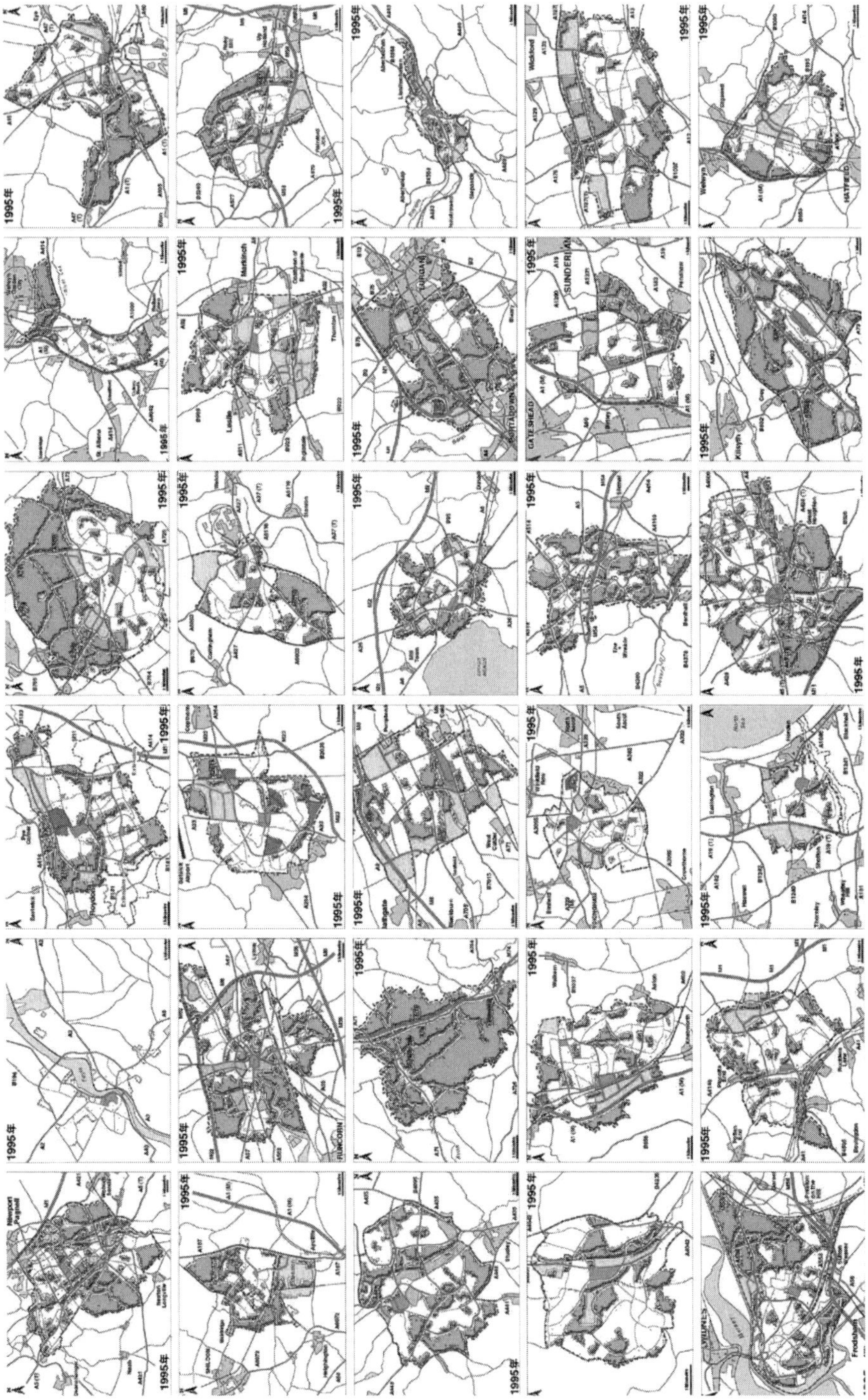

图6-3 英国代表性田园新城的绿色生态空间布局组图（1995年时）
（资料来源：改绘自原版规划图）

6.1.2 绿地与城市的耦合

城市是绿地的外部环境，绿地是城市的内部生境。绿地斑块、格局与城市形态、生态的耦合状况体现了城市建设的“自然相融、人文相契”程度；而绿地布局、类型也受制于城市结构、功能及用地，并与路网、水系、地形、建筑等呈现出融合的地表痕迹与肌理。刘滨谊（2012）将绿地与城市的耦合描述为“模式—过程—功能”三者之间的逻辑关系（图6–4），包括：①反映区位关系的“空间耦合”；②反映邻接关系的“形态耦合”；③反映功能关系的“内容耦合”。

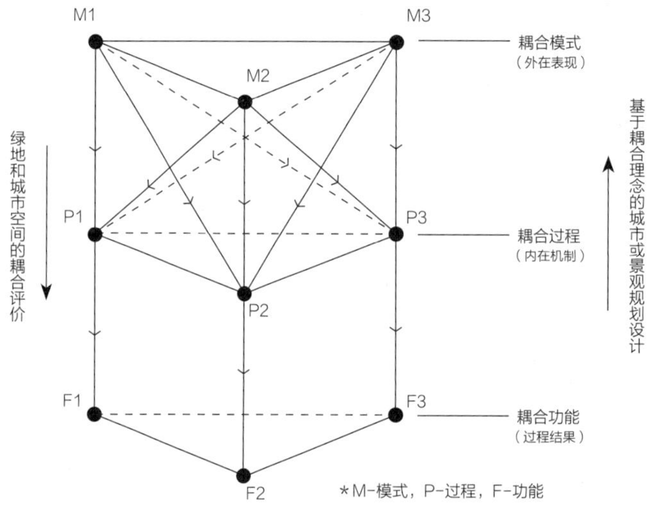

图6-4 绿地和城市空间的耦合理论框架图
（资料来源：改绘自《绿地城市耦合理论》，刘滨谊，2012）

由此，城市形态成为“外观”，生态为“内理、基底”，而绿地则为“穴位、经络”；同理，大区域环境成为起供给、限定作用的“营养来源”，而具体的规划、景观、建筑则是塑造人工环境、干预生态系统的“工具、药剂”。由此，“绿地—城市（形态）—生态”之间往往呈“三位一体、相互耦合”的表征，并依各自所占比例的“均衡程度”反映出整体人地关系的“和谐程度”。

绿地的“塑性与弹性”较强，自身易生长、扩散，也常受侵占或变更。据马强（2009）对西安50km半径都市圈景观格局的分析得出：城市化加速导致了景观、生态破碎度，组分多样化，形状复杂性的增加，1988—2005年建设用地增幅达48.6%，首要源自耕地的转化，耕地的补充又多来自水与林草，而绿地则更频繁地处在与各类用地的相互转化之中，其弹性变化十分显著。由此，绿地的变化可被归为“扩张、收缩”两种模式（表6–1、表6–2），而绿地与城市之间也实为一种“贴合”关系。

绿地格局的“扩张”模式类型及空间载体汇总表　　表6–1

<table>
<tr><th>含义</th><th>类型</th><th>方式</th><th>空间载体</th></tr>
<tr><td rowspan="3">绿地分布位置由城市中心区、建成区，向边缘区、郊野地带扩大、分散的进程</td><td>斑块（新增）</td><td>①建设人工斑块
②纳入自然斑块</td><td>各类公园绿地、防护林带与绿带、生产苗圃、居住区中心绿地、小型街头绿地、河湖库渠及其沿岸绿化等</td></tr>
<tr><td>廊道（延展）</td><td>①疏通潜在廊道
②提升既有廊道</td><td>交通干线防护绿带、生活性街道绿化、环状与带状绿地、楔形绿地、市政设施绿色走廊等</td></tr>
<tr><td>基质（恢复）</td><td>①保育重要基质
②复育受损机制</td><td>退耕还林还草：使有水土流失风险的坡级地转化为林地、草坡；使较荒芜的河滩、岸阶转变为湿地或林地</td></tr>
</table>

资料来源：作者自制。

绿地格局的“收缩”模式类型及空间表征汇总表　　表6–2

<table>
<tr><th>含义</th><th>类型</th><th>方式</th><th>空间表征</th></tr>
<tr><td rowspan="3">绿地在城市化进程、社会发展诉求、经济利益驱使下被侵蚀而面积缩小、植物减少、生物多样性降低及生态效益减弱的现象</td><td>斑块（退蚀）</td><td>①用地缩小
②形态破裂
③绿量退化</td><td>绿地与农林地受城市开发、街区围合、业态及设施建设影响，边缘受到蚕食或内部产生变异，从而表现出面积缩小、景观破碎、植被削减及边界参差化的趋势</td></tr>
<tr><td>廊道（阻断）</td><td>①流动受阻
②形态断裂
③过渡消失</td><td>受片面景观提升效果影响而使河道被截留蓄水、坑塘被填平挪移、堤岸被硬化处理，但水量不均衡、水质难更新、生态不流动、植被不连续及“生硬、突变”的水陆过渡界面，很大程度上阻断了生态廊道的存续与畅通</td></tr>
<tr><td>基质（流转）</td><td>①覆压式
②填充式
③切割式
④替代式</td><td>使原先连片的田园、水塘、滩阶，川洼、岸畔的林、灌、草地及丘塬植被、荒野等被垦、占为城镇、产业、经济种植、设施农业、商业畜牧、旅游等用地，均会不同程度地破坏原有生态本底、景观基质、气候环境，从而打乱能量流动、物质循环、生物生息、生态规律的“稳态”，使区域生态功效降低或丧失</td></tr>
</table>

资料来源：作者自制。

6.1.3　绿地与生态的耦合

绿地与生态的耦合方式较为广泛而多样：既可在市县域、都市区、中心城等尺度与气候、山水、林地及生物群落等要素建立良好的互动关联（王亚军，2007）；也可在乡村、片区、组团等尺度彰显与生境廊道、风景绿道、生态安全分区等载体的网络协同效能（刘滨谊，2015）；同时，绿地选址的生态适宜性高低，也可通过多重生态因子的评估与叠加而得到［如植被覆盖（VC）、高程（E）、坡度（S）及洪泛易受度（FPA）等］（Eshetu Gelan，2021）。由此，绿地与生态的耦合主要体现在二者的“空间叠合关系”，而“拓扑关系”便成为反映该关系的最基础表述（表6–3）。

拓扑关系的基本类型及点—线—面组合形式汇总表　　表 6-3

四种基本的拓扑关系			
相邻：A ∣ B	相离：A ‖ B	包含：A⊂B（A<B）	相交：A∩B（A×B）

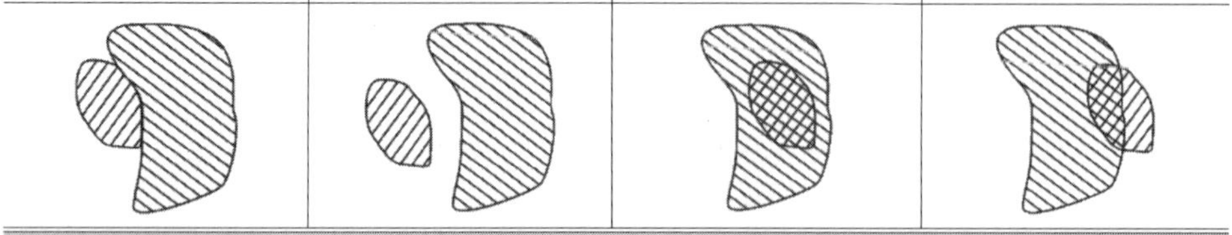

点、线、面间的拓扑关系					
点—点	点—线	点—面	线—线	线—面	面—面
相离 共位（相邻、相交、包含）	相离 相邻 相交 包含	相离 相邻 相交、包含	相离 相邻 相交 共位（包含）	相离 相邻 相交 包含	相离 相邻 相交 包含

资料来源：改绘自《空间分析》，2001。

正如我国许多城市虽不一定具备完善的“绿地系统”，但至少拥有由公园、绿带、景区及各类绿化地所构成的“绿地格局”，并往往与所在固有生态本底或某类生态要素在空间位置、形态走势、内在功能等方面有所关联、匹配，由此便成为绿地建设最基础的“立地条件”（表6-4）。正如山地城市重庆，其绿地分布多与“陡坡崖壁、消落岸线、峰顶凸位、坡脚梁沟”等地形要素结合紧密，从而形成了颇具特色的“立体绿景、堤岸绿带、高敞景区”及生态绿斑、绿廊。

城市绿地格局与各类生态要素的典型耦合方式示例　　表 6-4

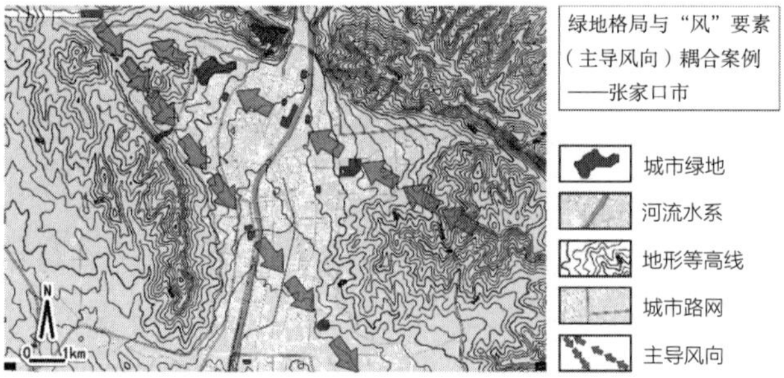

行政区位：河北省西北部。
地理环境：大环境背靠蒙古高原，处于太行山北缘与燕山西部交接之“山口”地带，属长城关塞沿线；阴山横贯，将市域分为“坝上、坝下”两部分。市区三面环山，向南开口，有清水河纵贯，后汇入南部洋河河谷。
风象特征：因四季分明及“口袋状”地形而常年“风大、风多”，以“北西北（NWN）”风向为主导，夏季时偏南、偏东风有所增加。
耦合情况：市区绿地“序列”基本与主导风向保持一致

续表

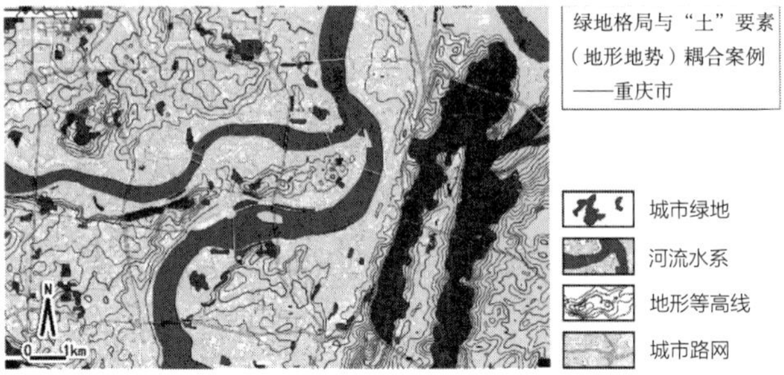 绿地格局与“土”要素（地形地势）耦合案例——重庆市	行政区位：重庆市主城区。 地理环境：位于四川盆地东部的平行岭谷地区，处于多条带状褶皱山之间及长江与嘉陵江交汇的河谷丘陵地带，呈“一岛、两江、三谷、四脉”的山水地形环境。 地形特征：海拔介于150～400m，总体高差较大、坡度较陡（平均20%～40%），用地局促。 耦合情况：市区绿地多选址于“山坡、崖顶、江岸、沟谷”等地形起伏、坡地连续之处；也利用“堡坎、梯道、岩壁及建筑立面”构建起丰富多样的立体绿化
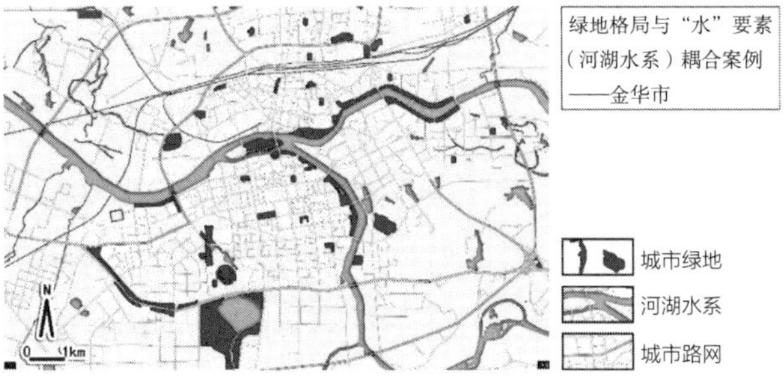 绿地格局与“水”要素（河湖水系）耦合案例——金华市	行政区位：浙江省中部偏西。 地理环境：地处浙中金衢盆地，北有金华山—赤松山为屏，南卧仙霞岭余脉，中有东阳、金华、武义三江汇流、穿城而过，属“两山夹一川”走廊地形。 水系特征：东阳江向西、武义江向北交汇于江心洲“五百滩”，后合为金华江继向西流。河岸多迂回曲转，陆上多有湖塘、水道，总体散置，偶成序列。 耦合情况：市区绿地滨水而建，特征明显，“贴江捋带、拱湾为牙、占岛攒尖、环塘成链”为多见
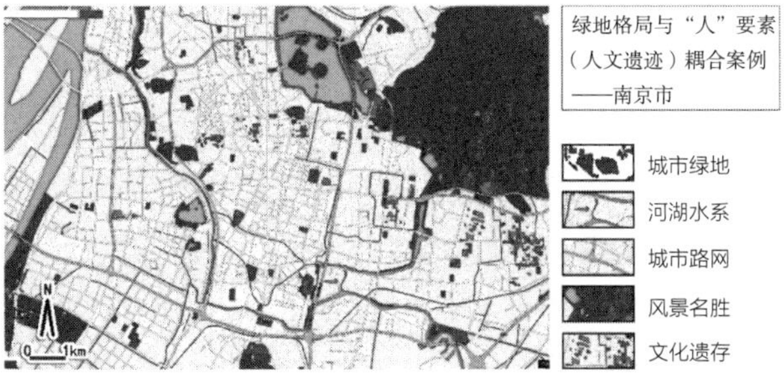 绿地格局与“人”要素（人文遗迹）耦合案例——南京市	行政区位：江苏省南部西端。 地理环境：地处长江下游流向由东北转东的“拐点”位置，外围以低山缓岗为主，近岸间有平地。市区主体位于江东，以玄武湖—钟山—秦淮河—清凉山（石头城）圈出“虎踞龙盘”之势。 人文特征：作为六朝古都，故宫与市井“东西并置”且各具“山水之轴”；古迹、景区散布全城，陵寝依山、寺庙傍水、学府渐次成排、故居与园林点缀其间。 耦合情况：市区绿地与历史遗迹、人文地景的肌理、格局贴合甚密

来源：作者根据地图自绘。

因而，绿地会依据自身的“位置、面积、形态及功能构成”与相关生态要素“就近”产生出若干常见的“耦合原型”及“耦合结果”（表6–5）；而当所有个体耦合情况均达到协调，则整体的绿地格局便将有效贡献于城市的生态园林化。

绿地与各类生态要素的耦合建设形式汇总表　　表 6–5

生态要素	具体对象	耦合原型（拓扑）	耦合（建设）结果
水	河川溪流、湖泊水洼、水库水源	相邻、包含、共位	滨水公园、湖景公园、水利风景
	河滩湿地、人工渠道、堤坝岸线	共位、相邻、相离	湿地公园、覆渠绿带、生态林带
土	自然地形、微坡缓岗、川沟坡崖	包含、共位、相交	山地公园、郊野公园、自然景区
	地层断裂带、地质灾害易发地	相交、共位、包含	地质公园、生态修复绿地
林	茂密树林、丰富植被所在地	共位、相交、包含	森林公园、植物园、花园
	自然生境、动物栖息地	包含、相交、相邻	自然保护区、动物园、各类景区
	古树名木、乡土植物、苗木	包含、共位、相交	寺观园林、历史名园、苗圃农园
人	大遗址、古迹、历史建筑及街区	共位、包含、相邻	遗址公园、博物馆园、街头游园
	城市地标、工业遗产、废弃铁路	共位、相离、相邻	文化广场、工业景观、铁路公园
	旧址、故居、纪念地、人文胜迹	包含、共位、相交	红色景区、私家园林、风景名胜
风	上风位、风口、通风廊	包含、共位、相邻	地景形胜、城市绿带、城乡绿楔

资料来源：作者自制。

6.2 市域绿色空间的生态耦合总况

6.2.1 绿色空间类型分布

西安市域绿色空间类型较多、尺度差异较大，通过参照“城市绿地”及“城乡土地利用”分类标准，并且统筹对应具有综合生态系统服务功能的风景、林田、水源、生境等性质的自然保护地体系，从而得到其总体分布范围与面积占比情况：①秦岭一般生态保护区EG2位居南部，占据市域面积的44.53%；②城镇建设用地H与城乡非建设用地E位处过渡地带，共占43.41%；③独立型城市绿地G及成熟管理型区域绿地EG则分别嵌于秦岭及主城区内部，仅占12.06%（图6–5、图6–6）。

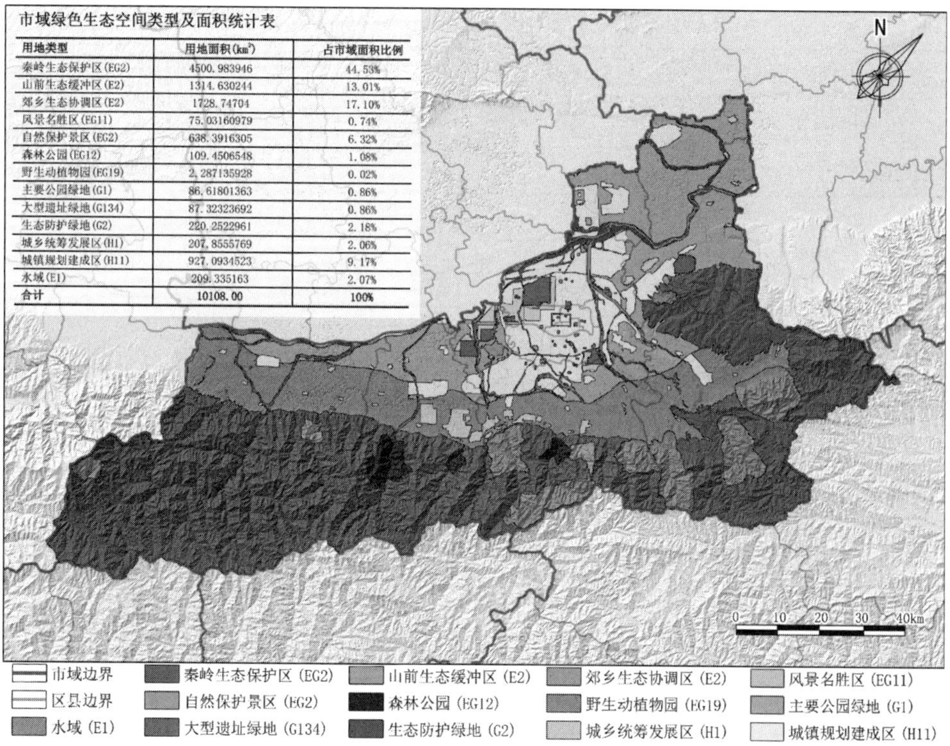
市域绿色生态空间类型及面积统计表

用地类型	用地面积(km²)	占市域面积比例
秦岭生态保护区(EG2)	4500.983946	44.53%
山前生态缓冲区(E2)	1314.630244	13.01%
郊乡生态协调区(E2)	1728.74704	17.10%
风景名胜区(EG11)	75.03160979	0.74%
自然保护景区(EG2)	638.3916305	6.32%
森林公园(EG12)	109.4506548	1.08%
野生动植物园(EG19)	2.287135928	0.02%
主要公园绿地(G1)	86.61801363	0.86%
大型遗址绿地(G134)	87.32323692	0.86%
生态防护绿地(G2)	220.2522961	2.18%
城乡统筹发展区(H1)	207.8555769	2.06%
城镇规划建成区(H11)	927.0934523	9.17%
水域(E1)	209.335163	2.07%
合计	10108.00	100%

图6-5 西安市域绿色空间的类型及分布平面图

（资料来源：作者自绘）

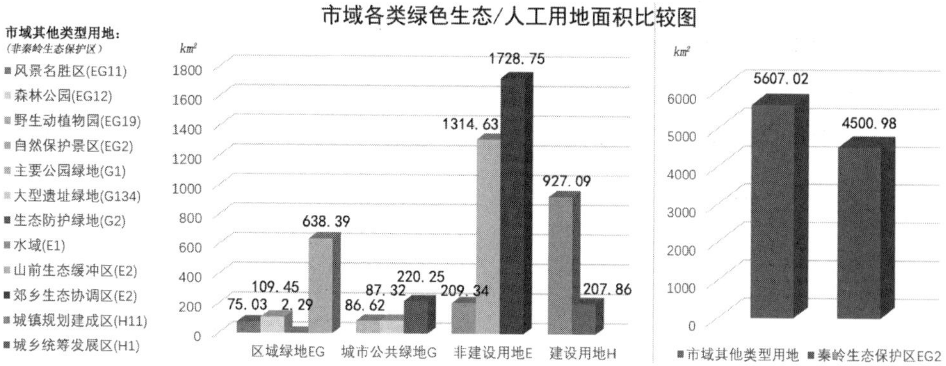

图6-6 西安市域各类绿色生态用地、人工建设用地面积统计图

（资料来源：作者自绘）

6.2.2 生态安全格局分级

将市域7项生态因子的各级安全格局的区位、面积及占比统计如表6-6所示。

西安市域各类型生态安全格局的区位及面积统计表　　表6-6

生态安全格局类型	低生态安全格局		中生态安全格局		高生态安全格局		各级格局面积比例	市域面积覆盖
	空间区位	面积（km^2）	空间区位	面积（km^2）	空间区位	面积（km^2）		
地表水域	岸线外50m	165.31	50～150m	332.94	150～300m	495.98	1：1.5：3	9.84%
工程地质	山岩、漫滩砂石	6265.62	黏土、中等湿陷	2018.61	弱、非湿陷黄土	1823.77	21：7：6	100.00%
水土保持	丘陵、洪积扇	1029.91	冲沟、浅山区	1908.12	阶地、深山区	7169.97	1：2：7	100.00%
生物多样性	秦岭、白鹿原	5283.17	平原阶地、塬面	2444.74	城镇连绵区	2380.09	2：1：1	100.00%
耕地保护	基本农田	1656.19	一般农田	794.54	预留、牧草地	51.65	32：16：1	24.76%
风环境	主导风上风区	2194.95	周至、蓝田平原	1166.82	主城区、长安区	1224.8	2：1：1	45.38%
文化遗产	国家级（34处）	约191.5	省级（72处）	约2.09	市县级（176处）	约1.43	134：1.5：1	1.93%

资料来源：作者自制。

经具体计算、分析及结合平面分布情况可见：（图6–7）

（1）**低水平安全格局**（低＋较低）占市域面积的62.93%，位于秦岭、洪庆山及其山前过渡带，代表着有一半以上的土地承载着重要的生态资源及功效；若将秦岭深山区除去，则占比将仅剩不到三成（27.32%）。这表明秦岭原始山林占据了“生态首重”的地位，而浅山—山前区也发挥着抵御人工侵扰的“生态缓冲”作用。

（2）**中水安全平格局**（中等＋较高）占市域面积的30.66%，主要分布于河流沿岸阶地、平原大部及较缓台塬的塬面，代表有三成土地仍具备发挥不同程度生态功能的潜力；但同时，其状态也十分脆弱，极易遭受城市建设或资源开发，以致丧失。

（3）**高水安全平格局**仅占6.41%，但其围绕主城区的连片扩张趋势正在快速显现。

总之，市域生态安全格局“层级清晰，比例较合理，功能—空间尚可匹配”；而都市区则“生态资源匮乏、生态要素缺位、生态容量过载”，并亟须得到系统优化。

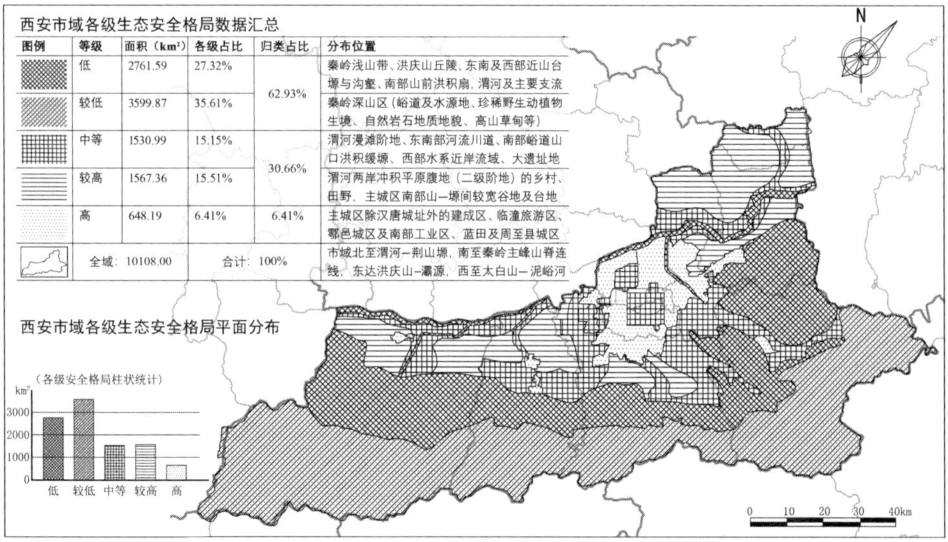

图6-7 西安市域各级生态安全格局详细分布及数据统计图
（资料来源：作者自绘）

6.2.3 绿地生态耦合状况

通过叠加，得到市域绿色空间与生态安全格局在范围、面积上的耦合状况（图6-8）：①秦岭保护区与“低＋较低”格局基本重合，其偏人文的风景名胜区及偏生境的森林公园、动植物园主要在低格局（浅山地带），而偏游憩的风景区则地跨两级格局；②“公园绿地”集中于高（主城）—中（唐城）格局内，而尚未建为公园的大遗址则位于中格局的乡野内；③生态防护绿地多沿水系，在渭、灞、涝、黑河及近岸的多属低格局，在沣、泾、浐、潏、洨、滈等河沿线的属中—较高格局（因途经城区）；④“城镇建设区”已迈入较高—中格局的台塬与平原农田区，局部已涉足低格局的骊山北麓区，亟须通过划定增长边界以严格限定；⑤“城乡统筹区”则多分布在中等以上格局，但已有一些产业片区紧邻或侵入了低格局的“浅山—山前交接带”，该趋势应立即停止并逐渐通过“生态田园与产业”加以修正和替代。

进而对低生态安全格局内各类绿色空间的面积及占比作以统计，便可更精确地呈现出市域最重要生态本底区域与绿地的耦合建设状况及程度（图6-9）。

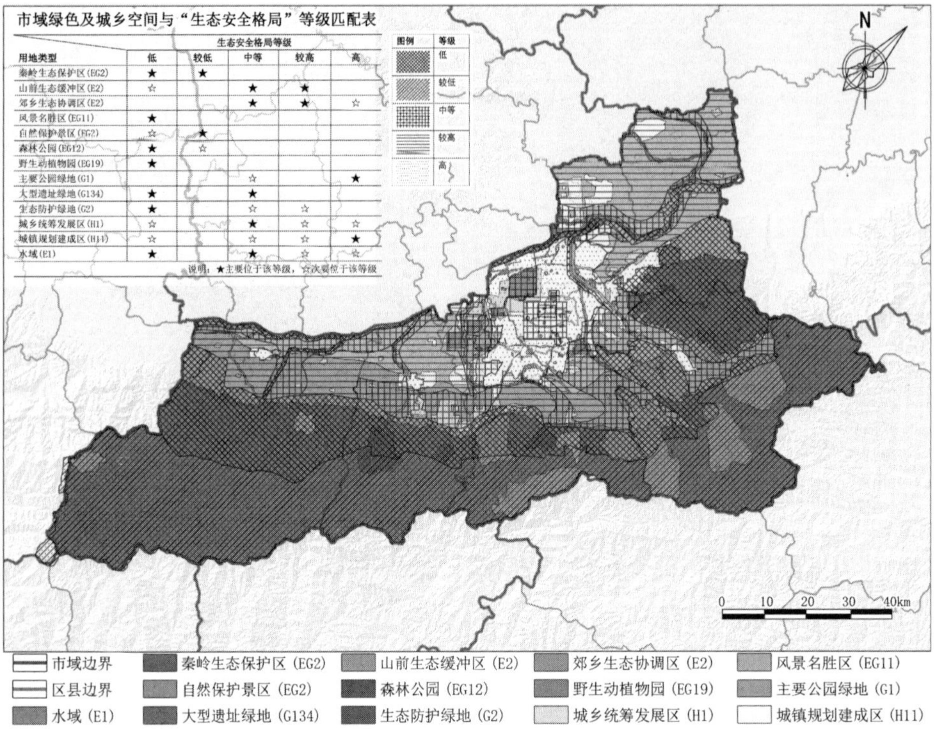

图6-8 西安市域绿色及城乡空间与“生态安全格局”等级叠加图

（资料来源：作者自绘）

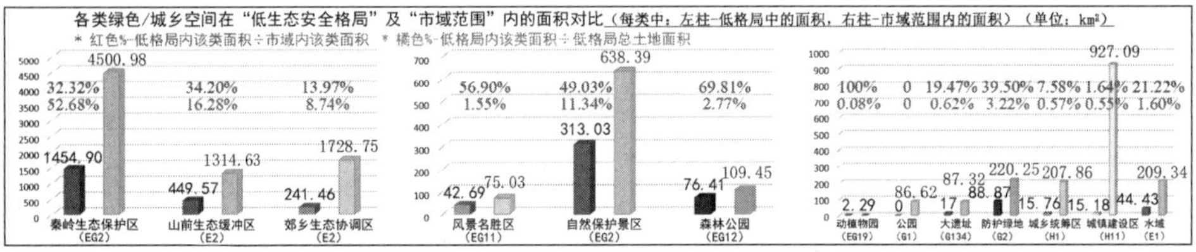

图6-9 低生态安全格局及市域范围内各类“绿色/城乡空间”面积对比图

（资料来源：作者自绘）

总之，当前市域各类绿色空间能较适宜匹配于生态安全格局的相应等级，但绿地分布及规模却尚未达到理想状态：既未在占比上“充分覆盖”，也未依循生态要素而“有序成脉、交错成网”，同时不免受到城镇、产业等建设的“侵占、切割”，从而使自然—人工格局仍处于“此消彼长，量变不断引发质变”的过程与趋势之中。

6.3 都市区绿地格局生态耦合详解

6.3.1 与生态要素的耦合模式

1. 与“水系”的耦合模式

纵观历史，历代西安无不因水而生、伴水而建、借水而兴：①周丰镐分筑沣河两岸，有隔水相望之势；②秦咸阳纵跨渭河南北，建宏伟的阿房、六国宫，呈渭水贯都之效；③汉长安移至渭河南岸龙首原西北，布局顺水依坡，城内前朝后市、南高北低、层级壮观；④唐长安选址继续南移，恰处八川环流之心，争得更充分水源。

除“以水定城”外，城郊也多兴修水利，在水运、调蓄、灌溉、军事、游赏方面担以重用，包括：①西周时象征大海、喻指帝王恩泽且可饲养水产的低洼湿地“灵沼”；②秦始皇为接近神仙而引水所筑的“兰池”；③汉长安为解决供水而开凿的运河“漕渠”及水库“昆明池”；④隋大兴城开辟的“芙蓉池”（唐长安风景胜地“曲江”）；⑤唐长安城大明宫“太液池”、兴庆宫“龙池”及供皇城、宫城、里坊、街巷生活和环境用水的“龙首渠、黄渠、永安渠、清明渠、漕渠”等人工引水沟渠等。

时至现代，水资源更承载着城市的产业供给、截洪排污、生境涵养、景观塑造等多种功能。回顾西安的城建历程，可见“绿化—营水”二者的诸多协同考量与部署，其经历了“水利—水系—水景—水生态”的耦合模式升级，从而使城市水系从“给水—排洪”单一功能，逐渐过渡为具有复合功效的“景观水面—生态水系”（表6–7）。

西安各规划时期水系建设及生态耦合情况汇总表　　表 6–7

各轮规划目标	水系建设举措	建成时间	水体建设	水体容积、长度、面积	生态耦合对象	建设形式
第一轮总规（1953—1972年）：恢复生产和加快建设	以宫苑遗址、破碎地形、可蓄水地为绿地选址；从南山引水进城，组成绿化系统（因历史原因未能完全实施）	1951年年底	污水沉淀池	东西走向段库容35万m^3	汉长安城护城河遗址	团结水库
		一五时期	引皂入城	供莲湖公园2hm^2水面用水	潏河支津，明清时通济渠	皂河
		1958年	引潏入城	供兴庆湖10hm^2水面用水	少陵原北接平原之坡地	潏惠渠
		1971年	由团结库扩建、续建出西、中、东三库	达200万m^3，承担兴庆湖、护城河、老城区和部分西北郊排污排洪任务	汉长安城护城河东南段（清明门—霸城门—覆盎门—安门）	大型水利工程

续表

各轮规划目标	水系建设举措	建成时间	水体建设	水体容积、长度、面积	生态耦合对象	建设形式
第二轮总规（1980—2000年）：保护历史文化资源和建设历史文化名城	引大峪水恢复曲江池、净化兴庆湖；引滈水入大环河，引沣惠渠水通护城河；辟东桃园湖面	1982—1990年	护城河	水面约56万m^2	明清城护城河壕沟	环城公园
		1985年	大环河及各类排水管渠	建成总长度507km	台塬与平原阶地交界带、古河道、低洼带	排水明渠（现覆盖以绿带）
		1997年	未央湖	水面积约为32万m^2	北郊草滩的滩涂地	未央湖公园
第三轮总规（1995—2010年）：调整结构、疏解增长、优化配置、巩固历史地位	扩大市区湖面，加强河湖管理，防止污染，积极寻找水源、增加水量，使城区水域得以增扩	2004年12月	金湖	湖面约4hm^2	西关机场旧址	丰庆公园
		2005年4月	芙蓉湖	水面达20hm^2	唐曲江北池所在地	大唐芙蓉园
		2007年5月	广运潭	水域面积达43hm^2	浐灞三角洲宽阔灞河河床，唐代漕运港	世博园及灞河西岸绿带
第四轮总规（2008—2020年）：抓生态环境、历史名城保护，创特色发展模式	以山、林、塬为骨架，主要河流、交通沿线绿色廊道为脉络，构成城乡一体化生态体系	2008年7月	南湖	湖面面积约70hm^2	少陵原首“下凹”地势，唐长安城郊风景胜地	曲江池遗址公园
		2011年4月	锦绣湖	水系面积达190hm^2	灞河东岸平原阶地	西安世博园
		2011年10月	汉城湖	水域面积达57hm^2	团结水库，汉城护城河	汉城湖景区
		2013年4月	蒹葭湖等	中心区水面积达2000多亩	灞河入渭河的三角洲	浐灞湿地公园

资料来源：作者自制。

近年，环城的浐、灞、沣、渭、潏河的岸、洲、湾地带陆续建成多处湿地、林带、池沼、生境等生态恢复景观；原本受纳雨污排放的皂河、太平河及用于引洪、灌溉的沣惠、幸福渠也大幅减少了污染直排，并对受损断面作以生态修复，新建了滨水景观及绿道；同时，在快速路并线段构建生态堤岸及堤顶林带，在郊野段保持与林田的缓冲接驳，维护了自然岸线。此外，随着关中水系重要组成的渼陂湖、昆明池已建成一期景区，西安都市区业已形成了“东有浐灞广运潭、西有沣河昆明池、南有唐城曲江池、北有未央汉城湖、中有明清护城河”的生态水景新格局（图6–10）。

由此，现对都市区公共绿地与地表水系的空间耦合情况加以分析，以作为绿地格局与水因子的耦合评价基础。具体依绿地所处的水生态安全格局层级（距水体距离远近）及与水的形态关联特征，可总结出常见的“三层—九种”耦合模式（表6–8）。

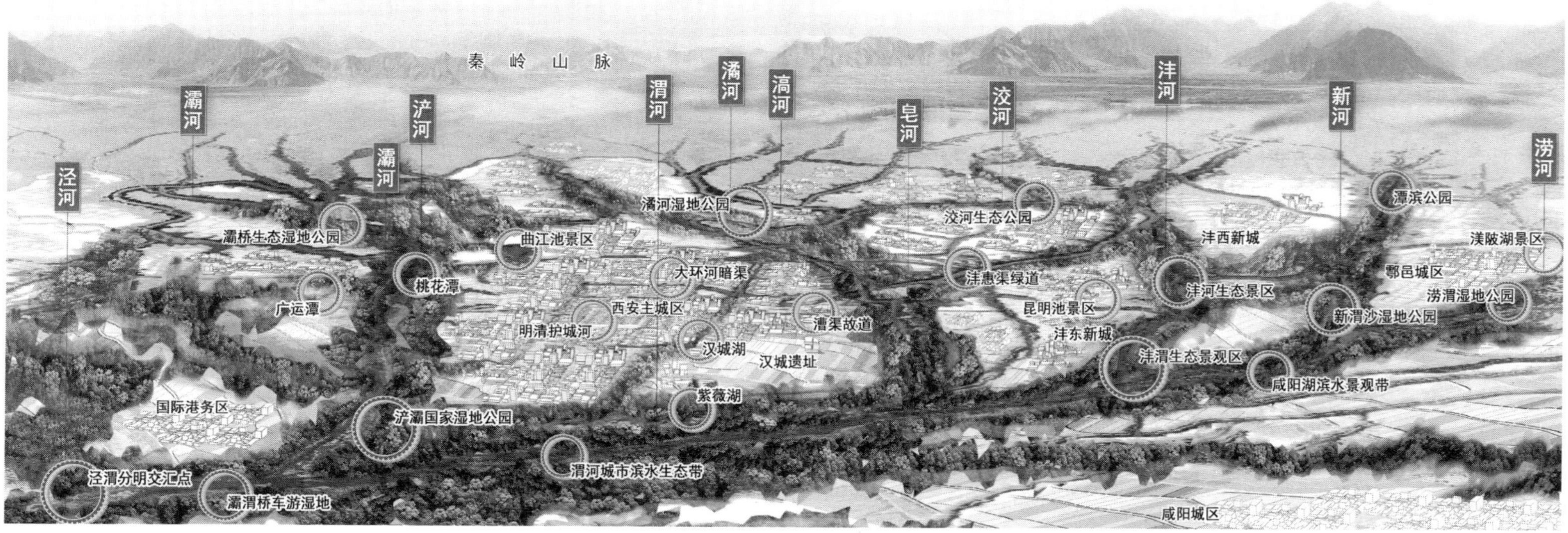

图6-10　西安都市区绿地格局与水系耦合的鸟瞰效果图（自北向南看）
（资料来源：作者自绘）

绿地与“水系各生态安全层级”的耦合模式汇总表　　表6-8

耦合层级	生态特质及保护措施	耦合模式	代表案例平面
本体及堤岸外扩50m（**高耦合**），共126处，占31.19%	为水体本体及近岸水陆交错带。水质与水生态对外界干扰较敏感，易遭破坏；应严格保护原生水生境，禁止污染排放，保持水体自然形态、流动，堤岸宜采用软质、缓坡形式	①内嵌式 共30处 ②围合式 共11处 ③并邻式 共85处	 ①兴庆公园 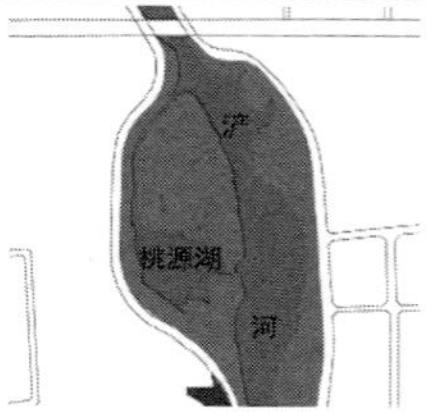 ②桃花潭公园 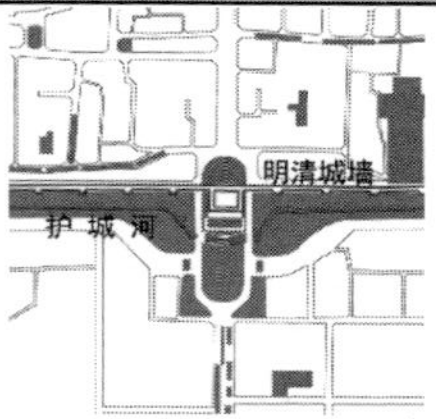 ③环城公园南门广场
堤岸外扩50～150m（**中耦合**），共30处，占7.43%	为陆地径流汇入水体的源头地带及亲水游憩景观带，对水体有间接影响；宜设置呼应岸线的种植林带、绿带，并嵌入景观场地及地形变化，营造水陆间“绿色屏障、缓冲界面”	④间隔式 共5处 ⑤桥接式 共10处 ⑥回环式 共15处	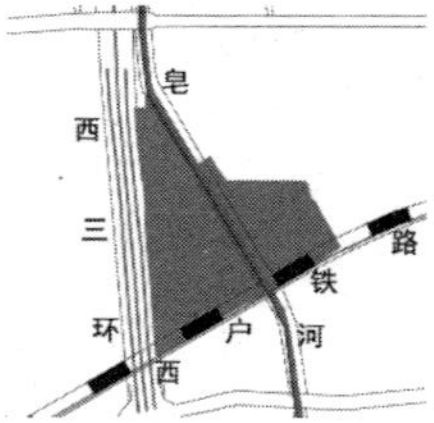 ④红光公园 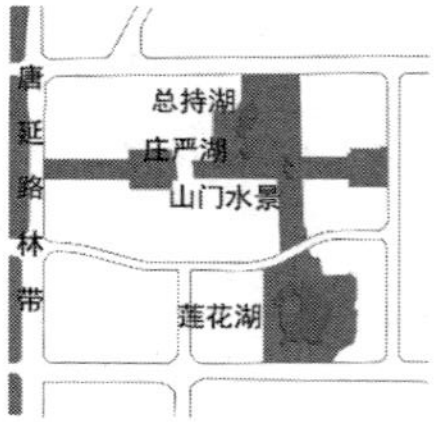 ⑤木塔寺公园一、二期  ⑥长安公园、潏河湿地
堤岸外扩150～400m（**低耦合**），共54处，占13.37	宏观影响区内土壤、地质、动植物、小气候，生态过程受人工活动影响；须明确适宜用地类型及功能，控制建设强度，留出植被扩散廊道及生物活动走廊，保持近水景观风貌	⑦飞地式 共20处 ⑧丝连式 共20处 ⑨对翼式 共14处	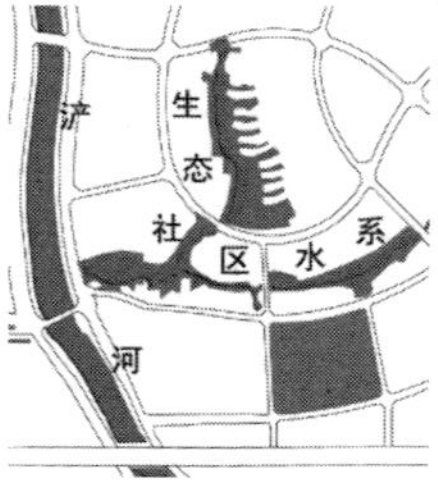 ⑦浐灞城市广场 ⑧寒窑遗址、秦二世陵遗址公园与曲江池南湖相联系 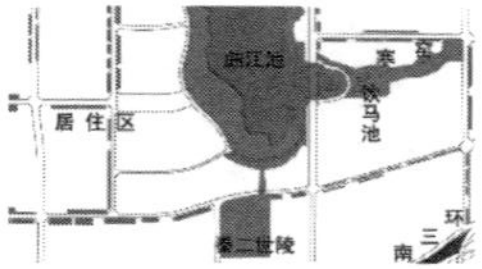 ⑨唐城墙遗址公园 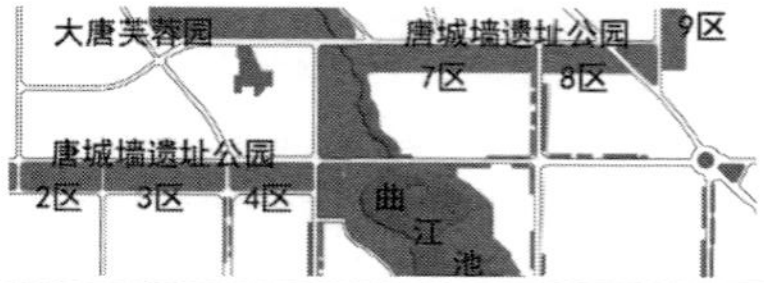
合计：高＋中＋低耦合共210处，占G1和EG绿地的52.0%			

进而，将西安都市区404处公园G1及区域绿地EG逐一对照上述9种典型的“与水系耦合模式”而作以判别，同时结合水系的三级安全格局（外扩范围）进行叠加绘图并加以统计（图6-11）。由此总结主要耦合特征为：①老城核心区以“块状绿地—内嵌湖池”模式居多，水形局限、水面稀少；②外围河流临岸多建有“并行式绿带”，其中以渭河两岸较宽、较连贯；③总体“内嵌及并邻式”居多（占总耦合情况54.8%），其他模式则出现较少、分布较散，且愈加呈现与水的“疏离”状态；④未来需充分利用人工沟渠作以水系贯通及绿地布置，从而提升整体耦合度。

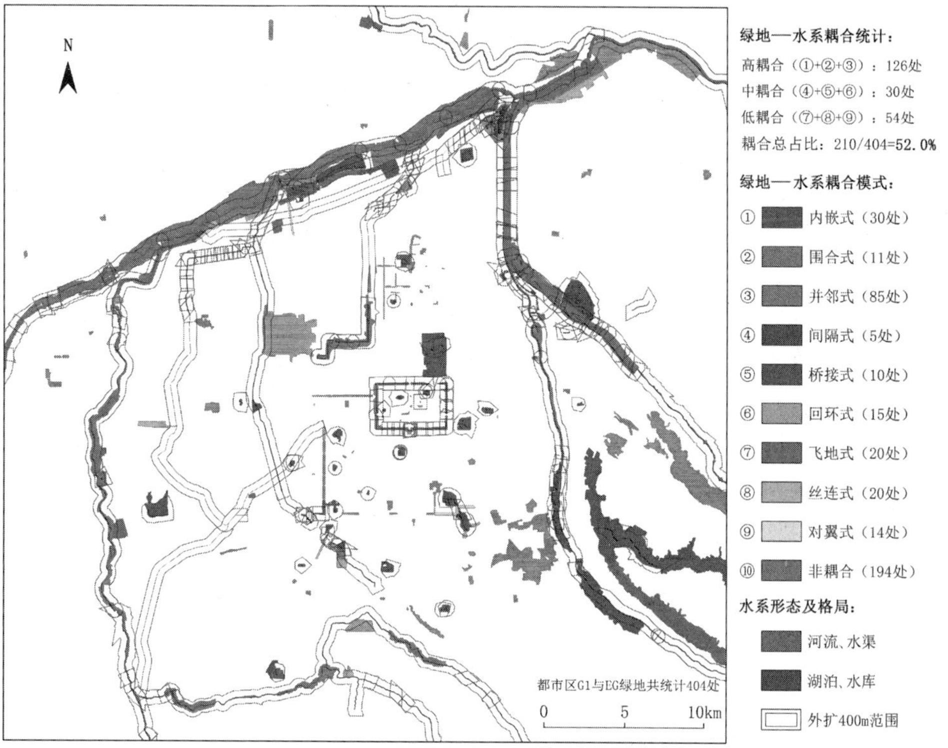

图6-11　西安都市区公共绿地与水系的耦合模式平面分布图
（资料来源：作者自绘）

2. 与“塬坡”的耦合模式

西安所处的自然地势、水陆格局、农耕基础组成了历代建都营城所依循的生态本底：从周丰镐的“隔河对称式”，激增为秦咸阳的“广野散布式”，再凝练为汉长安的“近水层递式”，进而扩大为隋唐长安的“塬冈覆压式”，最后缩减为明清西安的“平地集约式”，总体经历了分散—集中、自由—规整、宏大—精巧、分区—融合的演变过程。虽城址数次移位，规模弹性起伏，但始终以地形因素作为城市布局与形胜因借的关键。当前地形虽已潜伏于建成环境之下，但仍可通过历史地脉的延续及当代建设的依循而寻其踪迹。老城区较平缓的等高线可通过“长安六爻（六坡）”加以考证（图6-12），而外围较明显的台塬丘壑则可从公开地形数据提取而得。

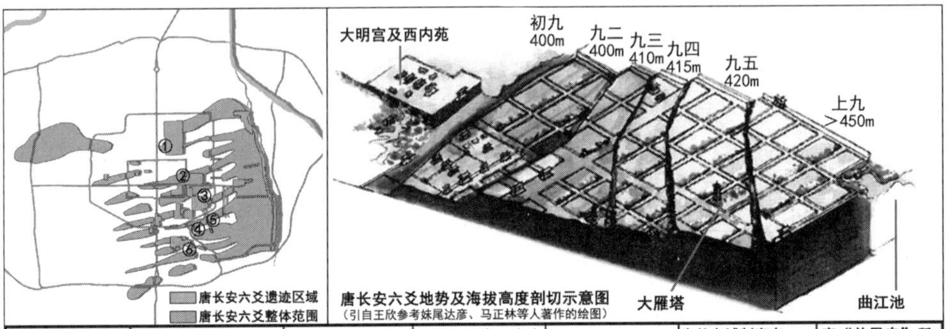

唐长安六爻地势及海拔高度剖切示意图（引自王欣参考妹尾达彦、马正林等人著作的绘图）

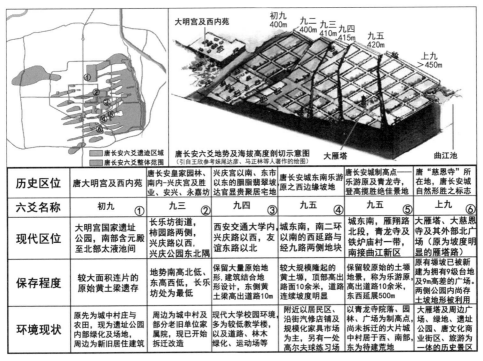

历史区位	唐大明宫及西内苑	唐长安皇家园林、南内-兴庆宫及胜业、安兴、永嘉坊	兴庆宫以南、东市以东的胭脂翡翠坡，达官显贵聚居宅地	唐长安城东南乐游原之西边缘坡地	唐长安城制高点——乐游原及青龙寺，登高揽胜绝佳景地	唐“慈恩寺”所在地，唐长安城自然形胜之标志
六爻名称	初九 ①	九三 ②	九四 ③	九五 ④	九五 ⑤	上九 ⑥
现代区位	大明宫国家遗址公园，南部含元殿至北部太液池间	长乐坊街道，柿园路两侧，兴庆路以西，兴庆公园东北隅	西安交通大学内，兴庆路以西，友谊东路以北	城东南，南二环以南的西延路与经九路两侧地块	城东南，雁翔路北段，青龙寺及铁炉庙村一带，南接曲江新区	大雁塔、大慈恩寺及其外部北广场（原为坡度明显的雁塔路）
保存程度	较大面积连片的原始黄土梁遗存	地势南高北低、东高西低，长乐坊处为最低	保留大量原始地形，建筑结合地形设计，东侧黄土梁高出道路10m	较大规模隆起的黄土塬，顶部高出路面10余米，道路连续坡度明显	保留较原始的土塬地景，称为乐游原，高出道路10余米，东西延展500m	原有塬坡已被新建为拥有9级台地及9m高差的广场。两侧公园内尚存土坡地形被利用
环境现状	原先为城中村庄与农田，现为遗址公园内部绿化及场地，周边为新旧居住建筑	周边为城中村及部分老旧单位家属院，现已开始拆迁改造	现代大学校园环境，多为较低教学楼，以及道路、林木绿化、运动场等	附近以居民区、沿街汽修店铺及规模化家具市场为主，另有一处高尔夫球练习场	以青龙寺院落、园林、广场为制高点，尚未拆迁的大片城中村居于西、南部，东为待建荒地	大雁塔及周边广场、绿地、遗址公园、唐文化商业街区、旅游为一体的历史景区

图6-12　唐长安“六爻”地形的历史范围、海拔高度及现存遗迹分布区位说明图

（资料来源：平面为作者通过现场调研及资料查阅自绘）

1949年后的西安长期将形态控制为“东西沿铁路延展，南北依中轴增长”的“T”字形特征；城市发展主要利用较平整土地而避开了周围起伏地势，塬、台、坡、崖多成为城区的天然“边界”。进而随着21世纪初棋盘、环状加放射模式干道系统的成型，西安城市骨架已突破“明清城关—唐城里坊”的限定而迈向了“六爻—五塬—八水”的大格局。同时，随着对外交通的增强，城乡空间加速融合；加之2011年起地铁线的陆续开通，共同使老旧城区所在平地，及新区、郊乡所处的塬、坡愈加通达。“地形”已愈加成为城区扩张及城乡建设所直面和应对的常见因素。

由此，现面向都市区对绿地单体、序列与地形要素的空间耦合状况加以分析，具体根据绿地与“微缓地形、明显地形、陡峭地形”的位置远近、重合情况加以归类，从而总结出较常见的“3级地形环境—9种耦合模式”（表6-9）。由此可见，在

绿地与“地形各生态安全层级”的耦合模式汇总表　　表6-9

<table>
<tr><th>耦合层级</th><th>坡度范围</th><th>潜在地质</th><th>耦合模式</th><th colspan="3">典型案例平面</th></tr>
<tr><td rowspan="3">微缓地形
（阶地、微坡、缓岗）
（低耦合）
共67处，
占16.58%</td><td rowspan="3">介于平地（0°）~8%（4.6°）之间</td><td rowspan="3">出露及隐伏地裂缝所经地带，以及湿陷沉降适中地带</td><td>①切角式
共10处</td><td rowspan="3">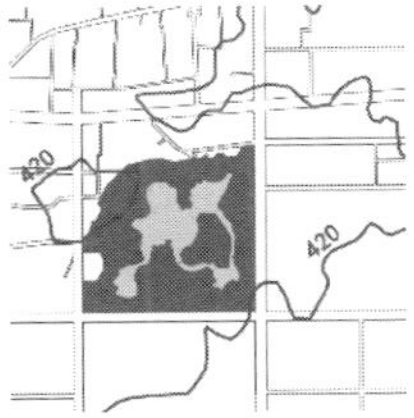
①兴庆公园</td><td rowspan="3">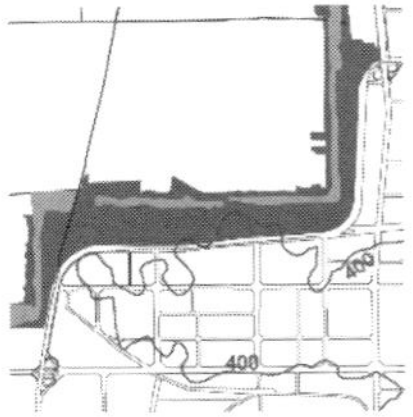
②汉城湖景区</td><td rowspan="3">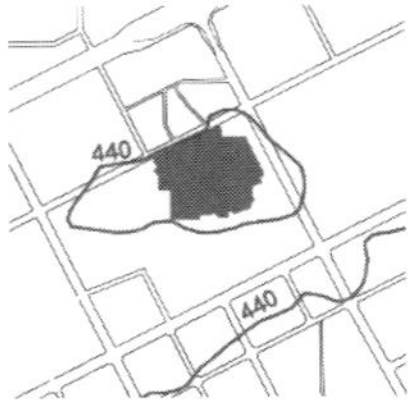
③青龙寺</td></tr>
<tr><td>②贴边式
共45处</td></tr>
<tr><td>③占顶式
共12处</td></tr>
<tr><td rowspan="3">明显地形
（凹陷、坡级、高地）
（中耦合）
共34处，
占8.42%</td><td rowspan="3">8%（4.6°）~15%（8.5°），以及15%（8.5°）~35%（19.3°）</td><td rowspan="3">地裂缝行经，以及崩塌、滑坡偶发的次重点防治区</td><td>④内嵌式
共19处</td><td rowspan="3">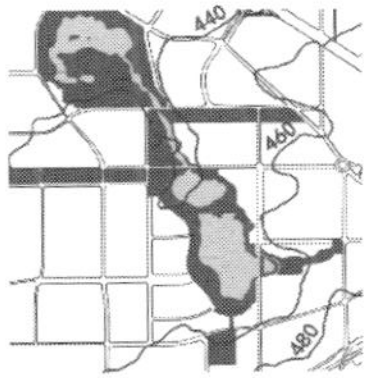
④曲江池遗址公园</td><td rowspan="3">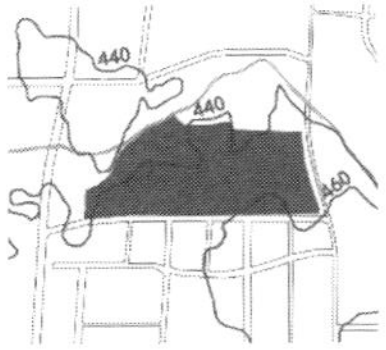
⑤长安公园、浐河湿地</td><td rowspan="3">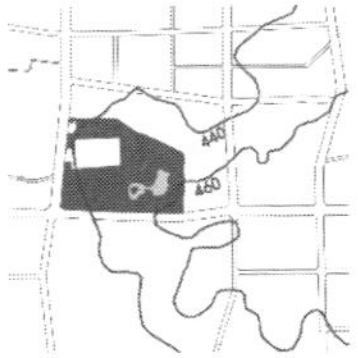
⑥清凉山森林公园</td></tr>
<tr><td>⑤层台式
共6处</td></tr>
<tr><td>⑥坡脚式
共9处</td></tr>
<tr><td rowspan="3">陡峭地形
（塬缘、坡崖、沟壑）
（高耦合）
共24处，
占5.94%</td><td rowspan="3">Ⅰ类≥35%，或更高的Ⅱ类≥25°</td><td rowspan="3">各类地质灾害、水土流失易发的重点防治区</td><td>⑦临崖式
共4处</td><td rowspan="3">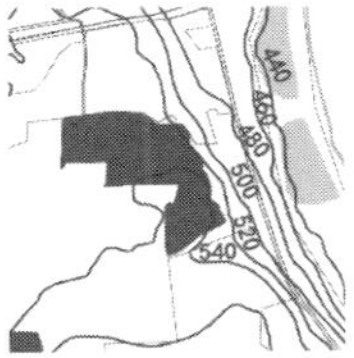
⑦中国唐苑</td><td rowspan="3">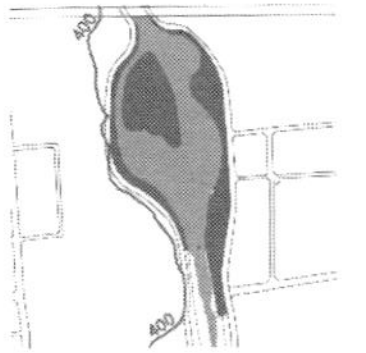
⑧桃花潭公园、米家崖</td><td rowspan="3">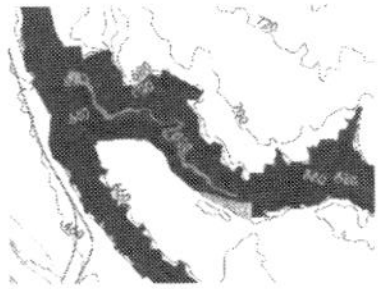
⑨鲸鱼沟景区、白鹿原南缘边坡</td></tr>
<tr><td>⑧筑底式
共10处</td></tr>
<tr><td>⑨坡沟式
共10处</td></tr>
<tr><td colspan="7">合计：高＋中＋低耦合共125处，占G1和EG绿地的30.9%</td></tr>
</table>

资料来源：作者自制。

当前“交错环套”的城市路网内，许多街道、地块的走向、长度、坡度均会受到自然地形与人文遗迹的影响，其适配程度体现了人地景观的独特与和谐性；而整体城市风貌也会愈加与“土”因子重合、交叠，若处理得当，则可形成融合地景；反之则会产生对原有地形的破坏，甚至造成水土流失、退化及生态本底的不可逆改变。

具体而言：首先通过“手工线描”方式将西安都市区公开等高线资料加以矢量化处理，得到可编辑的地形数据集。进而根据总体高差（渭河河谷最低，白鹿原—洪庆山最高）、分布态势（中心区—郊区—外围乡村及渭北）、图面效果（等高线疏密及组合形态）的“真实、适中”原则，确定出等高距为20m（相邻两等高线间的高程差值）。这样既可将西安都市区的地形特征通过等高线的“平面走势、层递态势、变化趋势”作以如实反映，也能将地形坡度以等高线的“间距大小、排布疏密”作以客观呈现。之后，将都市区404处公园G1及区域绿地EG逐一对照上述总结的9种典型的“与地形耦合模式”而判别、统计（图6-13），由此得出其主要耦合特征：

（1）城中心区高程基本处于400～480m间，其等高线“斜列”方式与“唐长安六爻”大体一致，这使域内块状绿地多以“切角、内嵌及贴边”等模式与地形耦合。

（2）东南部台塬地带起坡于460m高程，且终止于都市区边缘的600m高程。其中，台塬“塬面”的坡度及抬升趋势较缓，而“边缘、沟壑”处则坡度及地势变化较陡。因此，绿地当前对应以“层台、坡脚、占顶”等耦合模式，逐渐过渡为“临崖、坡沟、筑底”等耦合模式，且各类模式数量均衡、总体数量较少。

（3）总体而言，“贴边式”与“内嵌式”绿地占比较多（占总耦合数量的51.2%），体现出西安自古而今的园林绿地营造时对“地形因借”的重视考量及对“地景形胜”的创设追求，此类绿地实际上很多也都与寺庙、遗址、水系相互结合[1]。

（4）鉴于当前面积、跨度较大的绿地，其多属于位处陡峭地形环境下的“坡沟—筑底型”耦合模式，其实则更具“生态保育”及“水土保持”的天然功效；因而未来也更需要在城区中心地带，对原本较为“隐匿”、坡度变化不易察觉的“微地形”加以发掘，并通过更多绿地自身内部空间的“竖向设计”而将其彰显，从而借此塑造出更具“人—地互动”效果的地景文脉。

---

[1] 韩保全. 西安的名刹古寺［M］. 西安：陕西人民出版社，1990.

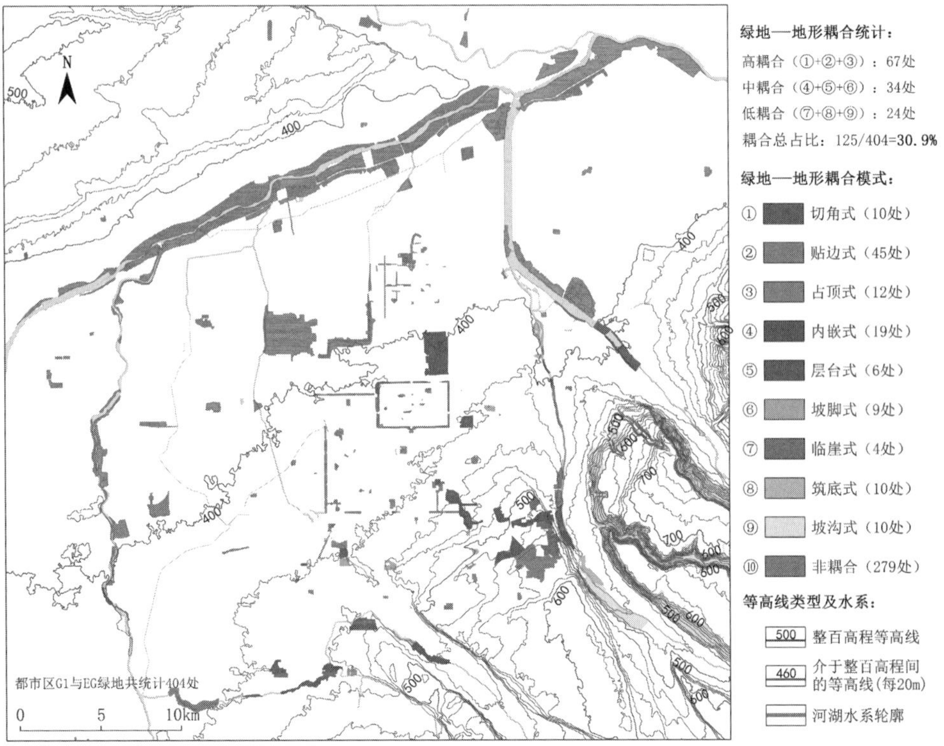

图6-13　西安都市区公共绿地与地形的耦合模式平面分布图
（资料来源：作者自绘）

3. 与“风象”的耦合模式

1）城市发展历程与风环境演变

西安在从封建旧城向现代新城演进的过程中，城市与绿地的规划建设对“风”因子的影响，既有正向的“考量、呼应”，亦有负面的“忽略、干扰”。由此近100年来，西安城乡总体呈现了“城市化加强—风环境减弱”的此长彼消趋势（表6-10）。

西安各阶段规划建设影响下的“风环境”特征演变汇总表　　表6-10

历史阶段	城市规划建设	城市风环境特征
近代时期（1928年设市建制—1932年西京筹备—1944年改为市政府）	西安设市之初便对城市规划布局中的风向因素有所考虑。1937年将西京市区拟划为“行政、古迹文化、工业、商业、农业实验、风景”六区，并先严定工业与古迹区界线	1934年2月，民间学者季平在《西京市区分划问题刍议》中针对商业、工业区认为：“东北一带为西安最频风之上方，颇不适于工场之建筑”

续表

历史阶段	城市规划建设	城市风环境特征
解放战争时期（1945—1949年）	西安城区限于明清城墙及四座关城范围，扩展受制于铁路与地形，基础设施十分落后	建筑低平，城乡距离较近，通风顺畅，污染可就近飘散至城外
中华人民共和国成立初期（1950—1970年代末）	配合“一五”国家重点工业落地，形成沿陇海线东西向主城；工业区布于两翼，基础设施、科教文卫设施持续新建	功能布局与风象结合尚可；工业区下风向多为乡野，市中心可接收清新的东北—西南主导风（图6-14）
改革开放后（1978年—1980年代末—21世纪初）	随着对外交流增多及经济发展加速，城建用地大幅向四面八方拓展；原有工业区已没入连片的新建城区之中	建筑密度、建设强度攀升，用地形态与主导风向偏差日益凸显，市中心区通风条件渐渐减弱
“十五”—“十二五”时期（2004—2013年）	九宫格局确定，中心城北临渭河、欲达泾河、南上台塬、可望秦岭、东含浐灞、即越白鹿、西跨沣河、直面涝河；结构仍沿袭聚块式，多组团尚未成型；城区内外鲜有生态带、绿楔嵌入、隔离，庞大的人工肌理和硬质下垫面产生了较大的风阻	两国家站显示2006—2013年年均风速缓慢减小，变化率为-0.08m/s和-0.04m/s每年，城区风速减小比郊区明显。另有研究显示，西安站1961—2009年风速呈“每10年一个周期的波动式下降”
生态文明新时期（2014—2019年）	建成区较改革开放初已扩大数倍，几乎已将关中平原腹地中心（渭河—东南台塬间）的地势平坦区域完全占据	年静风频率达35%~41%，自生风较弱、过境风受阻、逆温现象增多、污染堆积不散愈加凸显（图6-15）

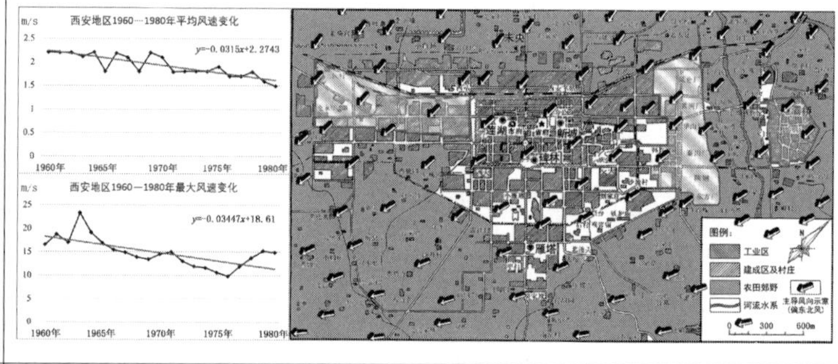

图6-14　20世纪60年代初—70年代末西安地区风速变化及城市形态、工业格局、主导风向叠加示意图［资料来源：平面图作者自绘，风速统计参考《西安大气变化》（张侠等，2009）绘制］

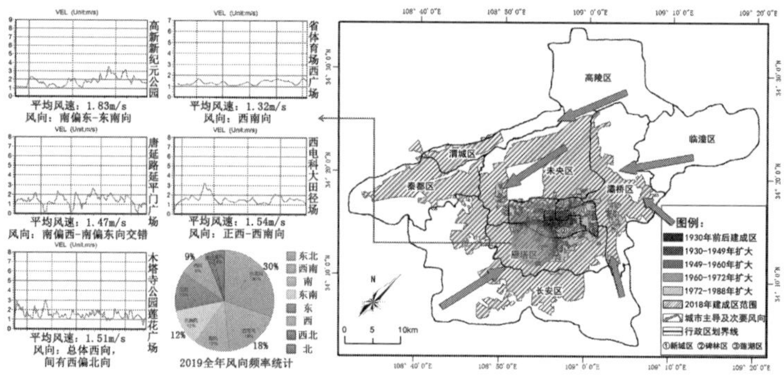

图6-15　西安建成区形态历年扩大状况及2019年风环境实测样本（西南城区）与全年风速统计图（资料来源：作者自测、自绘）

资料来源：作者自制。

2）城乡下垫面类型及通风影响

当前，城市近地面大气［即城市边界层（UBL）］运行状况愈加复杂，尤其是年主导风频、风速及日常热力对流过程等，越来越受到人工建设环境的干扰（图6-16）。

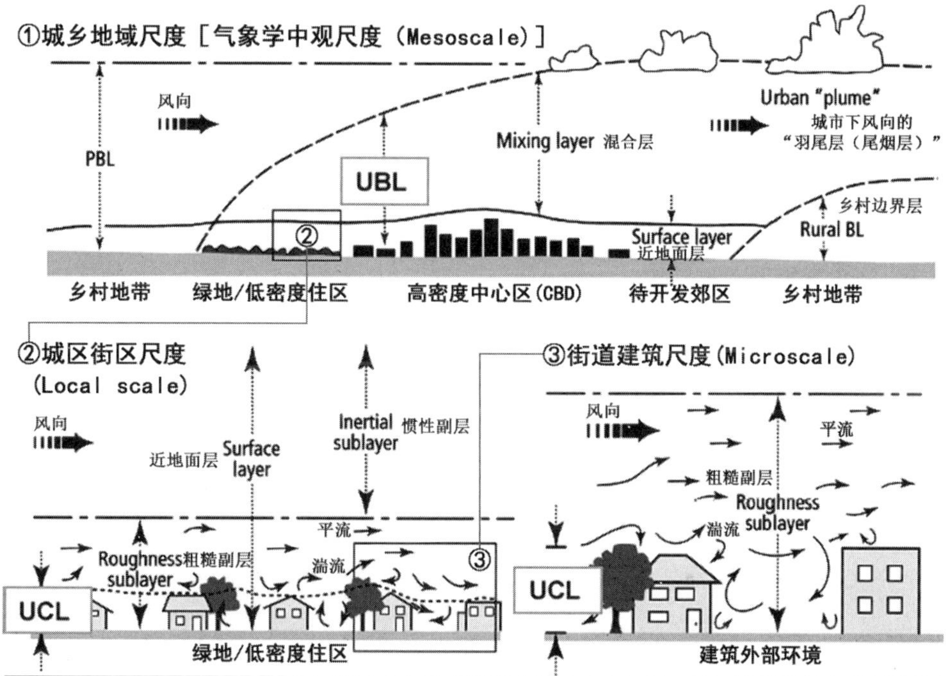

注释：PBL(Planetary Boundary Layer)：大气边界层，受地表直接影响（摩擦/热力）的低层大气，通常为地上1～2km高度。
UBL(Urban Boundary Layer)：城市边界层，受城市大气、污染物、建筑屋顶的热力、动力影响，湍流混合作用较显著，由建筑屋顶向上至距地面约1km高度。
UCL(Urban Canopy Layer)：城市冠层，从地面至建筑屋顶、树木冠顶、其他地物顶部的这层大气，深受人类活动影响。
MLH(Mixed Layer Height)：混合层，即湍流（及热对流）较强且特征连续的大气边界层，混合层高度受到气象条件与天气过程的影响，其越高则越有利于污染物在垂直方向上的扩散。

图6-16　大气边界层的构成及“区域—城市—街道”不同尺度下的风环境示意图

（资料来源：作者改绘自《A glossary for biometeorology》-Fig. 2a-c，2014）

西安都市区土地利用形式多样，“建筑、道路、场地、植被、水体”等要素的具体配比造成了不同的空间肌理及物理特性（反光率、比热容、粗糙度等）；由此，城乡“下垫面”特征便成为影响“风—热”环境的静态基础因素，其用地类型、地貌组成、空间形态、开敞度、热特性等指标综合反映了通风潜力的强弱（表6-11）。

西安都市区下垫面的类型、分布及"风—热"环境特点汇总表 表6-11

用地类型	空间特征	热特性	风影响	分布位置
农田、草地、水域（图6-17a）	包括郊野农田、建成区绿地及草坪区，形态低平、空间开敞	比热小，升降温慢，可吸收一定热量	总体利于通风，田野、水面易自生风	绕城高速外的平原、水系沿岸、台塬塬面及市内大型绿地
林木覆盖区（图6-17b）	包括山地森林、河谷丛林、乡村树林、苗圃与果园，以及城市公园、绿地中的乔木种植区。形态自然，三维绿量较大	为城市中碳汇能力最强，可有效吸热、降温	既可防风滞尘，也可导风过滤，总体通风较好	秦岭北坡与峪道、洪庆山丘壑、渭河及其他水系沿岸，大遗址、大型城市园林及绿地率较高的单位、学校、住区的附属绿地
低密度建设区（图6-17c）	建筑体量小、高度低、整体平、容积率低、肌理紧实；整体相当于小建筑码成的抬升地坪	生产、生活面源产热，平、坡屋顶热反射率高	绿化虽少，但体量低平、屋顶开阔，总体通风情况尚可	历史街区、旧住区、校园、单位，沿绕城及三环城乡接合部，沿铁路老工业区、产业新区、城中村
高密度建设区（图6-17d）	分布广，多为商住，建筑集中连片，体量高大参差，布局紧凑；成组、群、团状，总体呈"内核集聚＋星状放射"形态	能耗高、碳排大、产热强，玻璃、金属、瓷砖、抛光石材立面反射高	整体风阻大，高层建筑及街道峡谷附近易产生乱流、涡旋，风环境不宜人	老城大街沿线、二环及中轴线附近、北郊经开区、南郊雁塔—长安区北部、城市各对外交通干道沿线地带，主要为居住、商业地块

进而将各类用地叠加，得到综合下垫面分布状况（图6-17e）；再根据不同的建设密度、空间平整度及"自然—人工"界面的热物理特性等指标，并通过空间归纳与转译，最终划定出都市区城乡基础"通风潜力"的等级分布情况（图6-17f）。

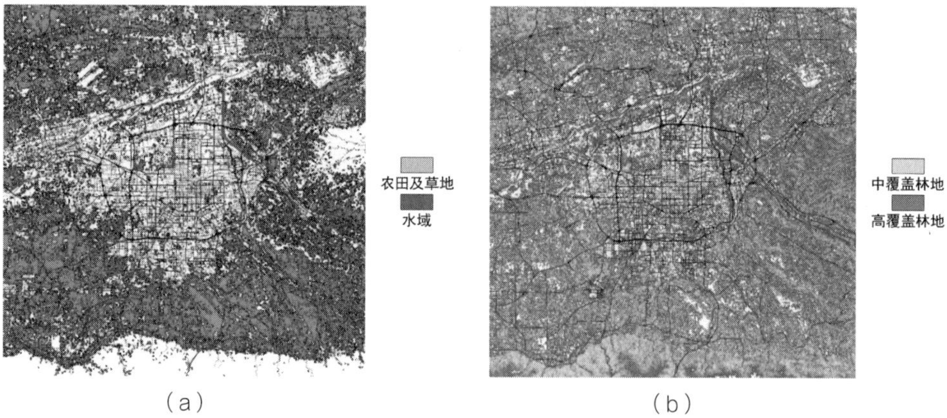

图6-17 西安都市区下垫面类型及通风潜力等级分布图
（资料来源：据Landsat影像光谱分析绘制）

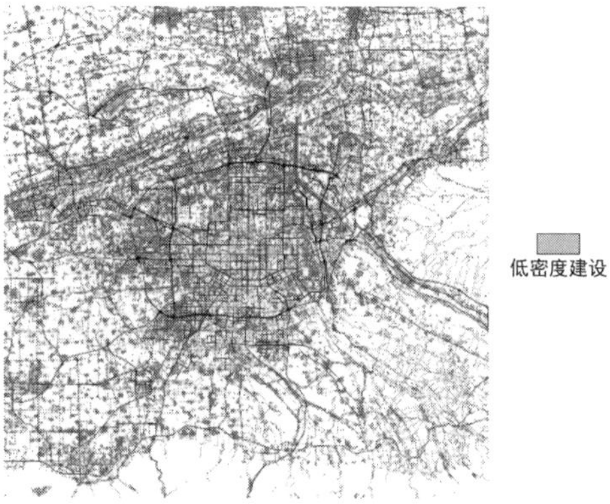

（c）

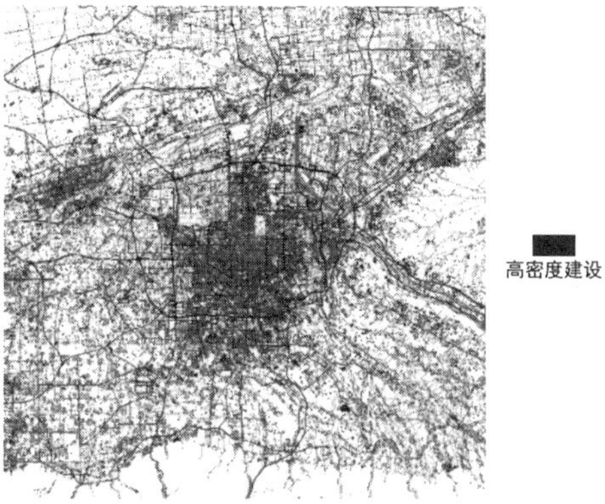

（d）

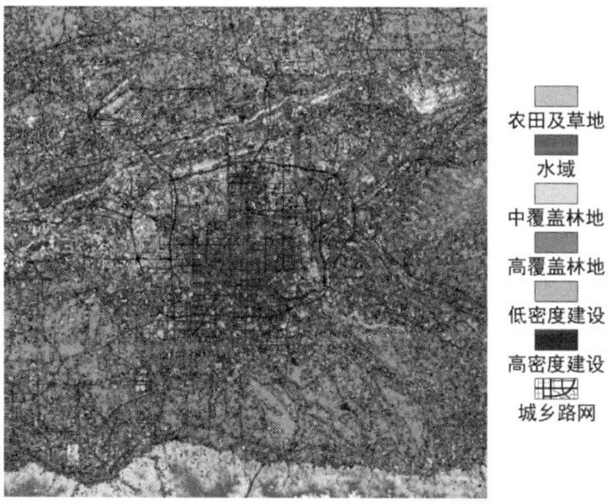

（e）

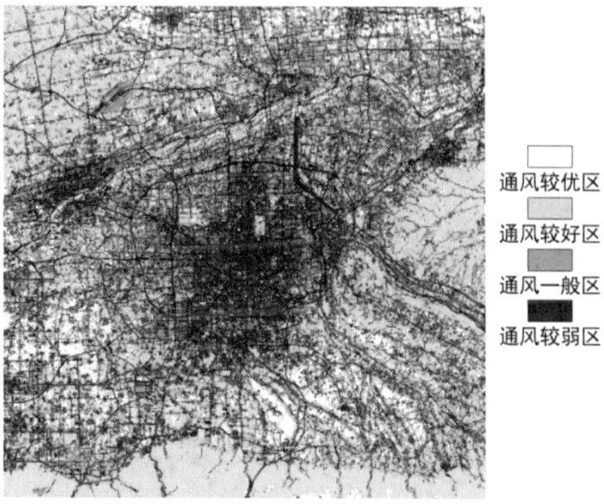

（f）

图6-17　西安都市区下垫面类型及通风潜力等级分布图（续）
（资料来源：据Landsat影像光谱分析绘制）

总之，现代建设与固有地形共同导致了城市通风的受阻；绿地与生态建设虽也在跟进，但仍不比人工硬质空间的增幅及原有乡野下垫面的锐减（表6-12）。

西安中心城区现状通风阻碍成因汇总表　　表 6-12

通风问题	实例说明	风阻示意
因城市历史格局、现代路网结构及各时期规划建设结果的限制，使中心区域（二环路内）道路红线宽度较窄，建筑物布局过密，又缺乏与大区域常年高频风向走向相一致的各类廊道，从而导致外围一级风较难集中性、有依循地吹入	现代西安在唐长安棋盘式正交路网格局基础上不断扩大、增高，从而与主导风向（*右图：东北风-深色，西南风-浅色*）产生了较大偏差，总体增大了地表通风摩擦力	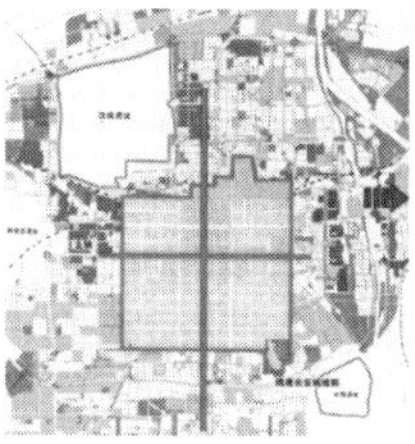 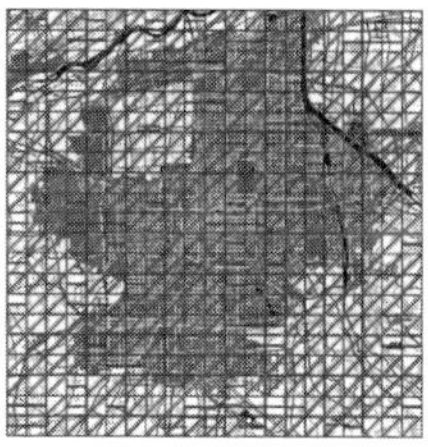 左：历史格局 右：当今形态叠加风向

续表

通风问题	实例说明	风阻示意
地形高差阻滞城市边缘外界来风。主城区外围的土塬丘陵地形在一定程度上阻碍了外界自然风向城市生活街区及开敞风景地带的流动	白鹿原宽约5km，高200～300m，阻挡了东部山丘产生的冷气流，从而“封闭”了城东郊一半以上的“受风面”；东南部少陵原东西宽约10km、南北长约20km，面积广阔，其阻碍了外围来风（*东南向*），增加了该区域的弱风与静风频率	 秦二世陵所在少陵原对郊外东南向来风阻隔后风力减弱
城市道路各段红线宽窄不均、线形不顺，及与开敞绿带对接时口径、走向不一致，使风能耗散、风向偏转、风力降解；沿街建筑体量与立面形态参差不齐，造成路网输风、导风过程中难以实现城市外缘向中心的长距离、大规模、低损耗风力输送	环城西路（含环城西苑、护城河、环城公园）宽度较宽且整体横断面层次丰富而立体，而与其南北相接的太白路和星火路则较窄且断面形式单调，加之道路走向偏转，使通风不连贯且逐段减弱。*（右图：环城西路、环城西苑与太白北路宽度不等，使风道不畅）*	
高密度建筑群及街区肌理阻挡通风。体量较大且密集的现代建筑充斥在城市的街区，无法配合成为伴随各类主要通廊与开敞空间序列的“附属带”，达到缓冲城市地表上空整体、大规模、宽范围大气流动的效果，个别大型高层建筑更是直接阻挡了城市廊道应有的通风过程	位于唐开远门遗址及周边的高大建筑组群对南向唐延路绿带—西二环，以及北部汉城遗址方向的来风均产生了阻滞与分流的负面效果。*（右图：西二环路向北望开远门的场景）*	

资料来源：作者自制。

尤其在秋冬季节，静风天气、逆温现象与面源排放相叠加，极易形成稳定笼罩在城区上空的雾霾层，若无冷空气过境则难以消散；夏季时，副热带高气压居于主导并带来“持续天数长、太阳辐射强”的晴好天气，其与城区大面积、团聚化的硬质下垫面，及反射率较高的建筑屋顶、立面共同配合，使白天太阳辐射不断被吸收，热反射与散射相伴发生，夜晚时则将已存热量持续释放，直至第二天黎明；加之各单位与家庭大量使用空调，使街区室外空间不断人为蓄积热量，由此共同导致了当前城市夏季热岛效应已呈现出“范围广大、异常猛烈、愈加严重”的趋势，并造成了城区一般情况下比郊区温度高出3～6℃、比秦岭山前区高出5～8℃的常态。

3）绿地与风环境的耦合现状

首先，结合城市用地类型及现状，梳理出城区尺度下可承载日常通风的6种带、链、组团式绿地及开敞空间：①与主干道并行的绿化林带；②相连的绿色开敞空间序列；③遗址边缘的滨水公园绿带；④穿越城区的长距离交通轴；⑤铁路及绕城高速动脉走廊；⑥多类型公共空间组合地带，其分置各处，组成了“城市级风道”，宽度为100～500m。其次，根据城郊地带的地理环境特征，梳理出利于通风的3类带状及楔形的绿色生态空间：⑦台塬川谷与边缘坡地；⑧平川河道及水岸阶地；⑨公路廊道及乡野绿楔，其构成了“区域级风道”，宽度多在200m～3km间。此外，依据城市主导风方向及频率，可在建成区边缘各方位识别出城市风口：⑩主要风口（迎主导风向）；⑪一般风口（迎次高频风向），共两类4处，均与山塬、水系等要素贴合，也与郊野公园、遗址绿地及景区、景群等重合，但同时也受到“地块开发强、建筑充斥多”等不利影响（图6-18，详见附表5～附表7，图、表中序号一致）。

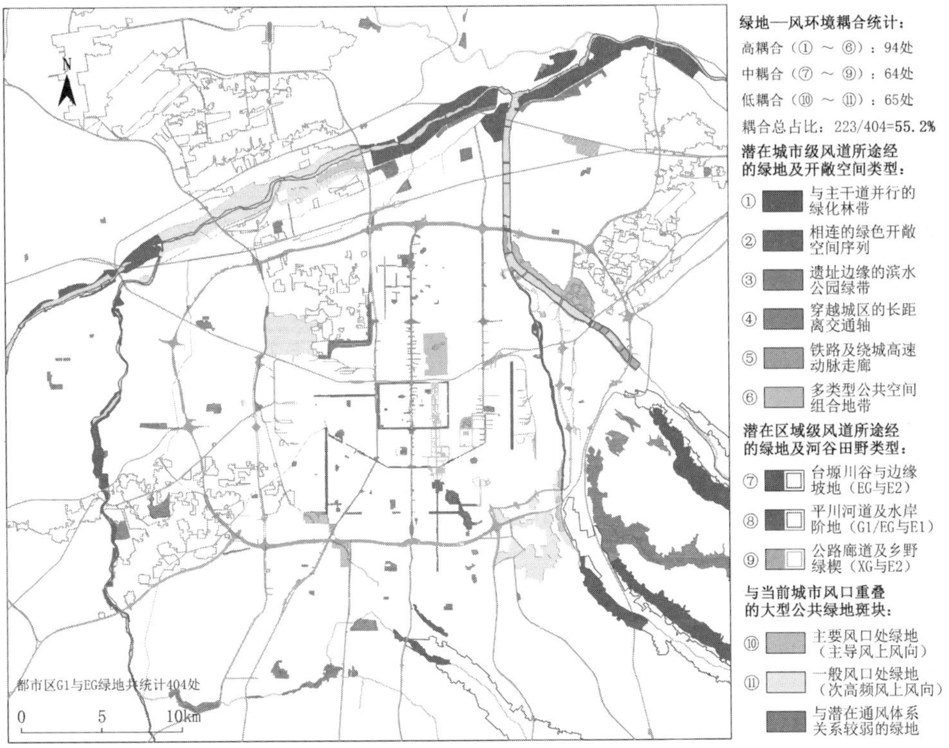

图6-18　西安都市区绿地及开敞空间与风环境耦合模式平面分布图

（资料来源：作者自绘）

4. 与“遗址”的耦合模式

遗址既影响着城市的内部路网格局，也限定着外部发展轮廓，更催生了绿地与文物古迹耦合的营建模式；二者在“时—空”维度上呈现出了显著的“圈层”特征。

1）内层：明清古城区（城墙及四关范围之内）

该层属西安核心历史城区，街巷交织、路幅较窄、用地紧凑、居住为主。绿地主要为旧式公园、宅园、寺庙古迹园林、地标广场，面积多在5hm^2量级内，分布稀疏；其次为街头绿地、花园等小型景观，贴附于道路旁侧、转角或尽端；其余多为单位、住区附属绿地。绿地总体虽与历史格局、建筑肌理贴合紧密，但封闭性强、邻里融合度弱，个体孤立而分散，多呈“见缝插针”之态；同时，缺乏对外集散场地及之间绿化走廊，因此尚未形成“整体性、关联化、层级式”传统街区型绿地系统。

2）中层：老旧城关区（城墙与二环路之间）

该层街道、地块排布规整，绿地数量与规模尚可，形态以矩形公园斑块和纵横道路绿带为主，年代跨度较长、类型形式多样、各方位较为均匀；多与遗址、寺观、文体场所、旧工业建筑等相结合，也大量散置于校园、单位、住区之中。总体呈“兴庆公园在东，丰庆公园在西，大明宫遗址公园在北，小雁塔—西安博物院在南，环城公园坐中”的“五点十字阵”格局，承载了历史人文特质，提供了综合游憩功能。然而，由于城区多被大单位地块“割据”，加之慢行交通空间不足、不畅及绿道建设滞后，从而使绿地间未建立起满意的“视觉关联、空间通达及心理感知呼应”。

3）外层：城郊开发区（二环路与三环路之间）

该层绿地总体分布较不均衡，呈“南北多、东西少，各自成体系、相互联系弱”的状态。21世纪以来，随着南北郊各新区的扩展与成型，原自然—乡村本底不断被新人工形态取代。区内绿地可依托原有河湖水系、塬洼地势、遗址林田及新建干道系统而形成位居核心且集中连片的“生态—历史复合型”景区序列，如：曲江的“大雁塔—芙蓉园—南湖景区”，高新的“牡丹园—唐延路绿带—永阳公园”，浐灞的滨河湿地及生态景观带，经开区文景公园与明光、凤城等路的带状游园等。但东西郊旧工业区则始终缺乏公共绿地，且区内较大公园的可达性、游赏度及服务化也较为落后。

4）边层：外围规划区（三环路、绕城高速以外至市域边界）

当前，城市外围郊区正试图建设“生态人居与绿色产业”定位下的田园新城，从而注重依托“河、湖、林、田、塬、坡、沟、谷、库、渠”等要素构建郊野绿带与滨水湿地，也针对占地规模大、风貌较原真的大型遗址、地貌形胜、传统农田，正以“遗址公园、文博展园、乡村景园、生态农园”等形式加以利用，总体将形成“断续散布、偶有交织、渐成序列”的“生态—地景—农业”绿色圈层。

总之，西安绿地—遗址的结合多见于明清老城及唐长安城范围，主要以历史街区、遗址公园、人文景区形式建设，由此总结出6种典型的空间耦合模式（图6-19）。

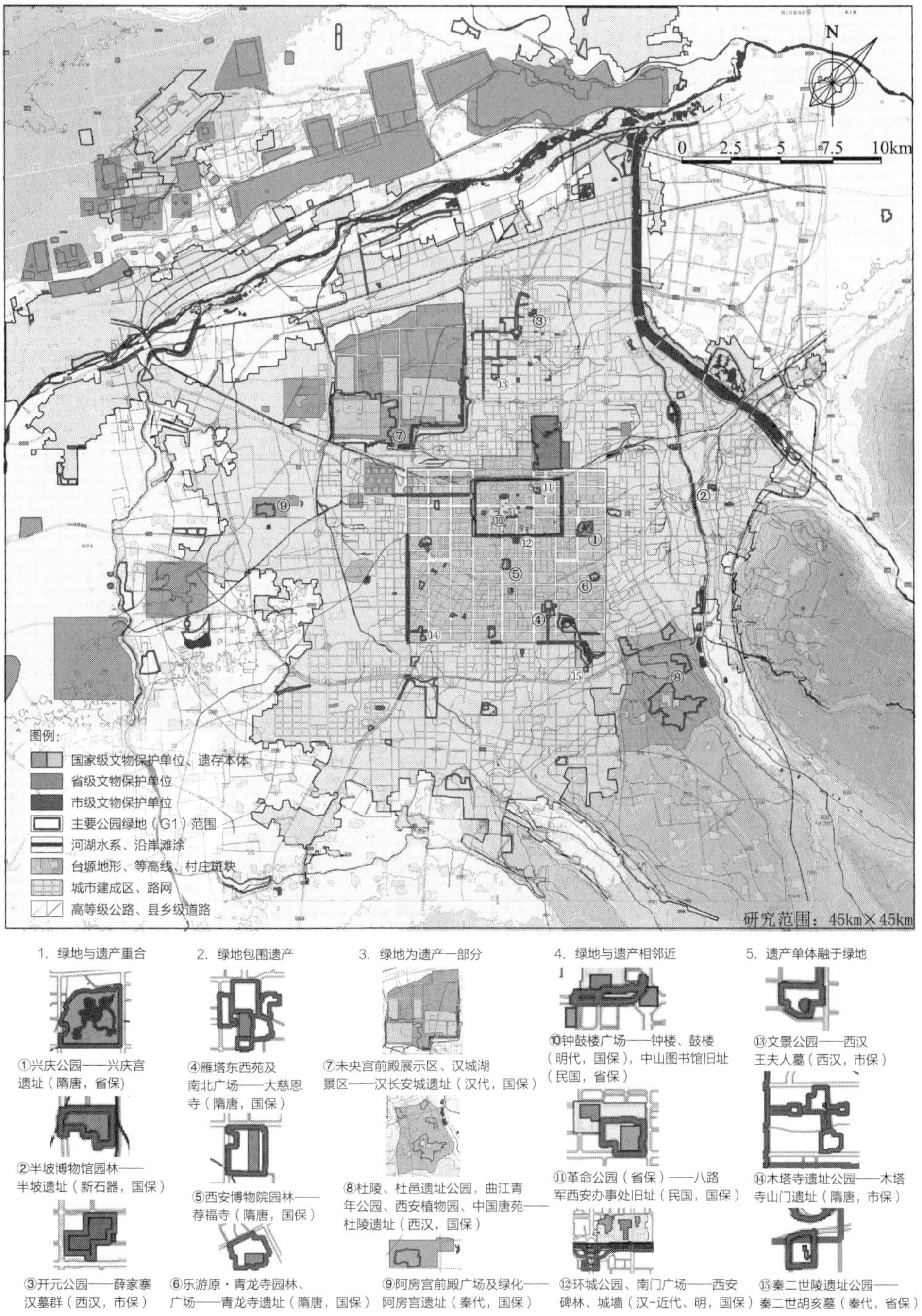

图6-19 西安都市区公共绿地与文化遗产的耦合模式及平面分布图
（资料来源：作者自绘）

6.3.2 与各项因子的耦合评析

对都市区水系、高程、坡度、遗产保护4项“显性因子”及潜水埋深、地质灾害、自重湿陷量、工程地质、风环境5项“隐性因子”划定生态安全格局，后将绿地与各因子生态安全格局叠加，分析各生态级别中的绿地数量、面积及占比，评估绿地格局与生态安全格局的总体耦合状态，为最终评价相应“耦合程度”作以铺垫。

1. 与水文因子的耦合评析

1）与“地表水系”的耦合

将都市区各类地表水体（自然河流、人工渠道、湖池水库等）根据距离水岸的远近而划分出生态安全格局层级。具体在GIS中围绕水体的矢量多边形而建立出：①本体及堤外50m、②堤外50～150m、③堤外150～400m共3层缓冲区，后将公园绿地G1、区域绿地EG及大遗址地叠加其下，从而得到绿地—水系的耦合情况（图6-20）。

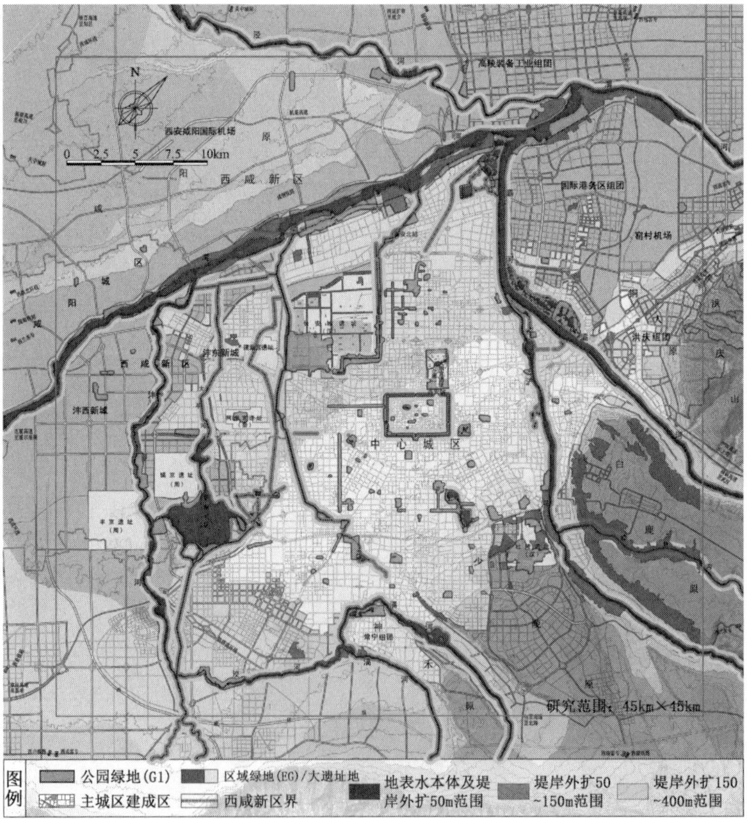

图6-20　西安都市区绿地格局与“地表水系”因子耦合平面图
（资料来源：作者通过缓冲分析自绘）

总体可见：中心城区的块状绿地大多远离自然水系；除渭河沿岸绿地分布较连续外，其余河流沿岸绿地均分布较少，且多位于“汇水、折弯”处；相关绿地的选址基本能够紧邻水系本体或近岸150m范围内，从而达到较好的水生态耦合效果。

2）与“潜水埋深”的耦合

都市区潜水埋深（浅层地下水位距地面深度）大致与高程呈正相关分布：河谷处较浅，台塬处较深，城区大部居中。城东南一少陵原因远离水系且地势渐升而成为“弱富水区”，潜水埋深较深；各河流谷地连同城中心—西南地区则因地势较低且属“黄土梁洼—冲积阶地”地貌，加之历来有护城河存在及多条河渠途经，从而共同成为“中等—较强富水区”，潜水埋深较浅。然而，随着近年雨量减少，使得地下水大量蒸发，土壤失水及盐碱化加重，从而愈加影响了植被生长及人居环境（图6–21）。

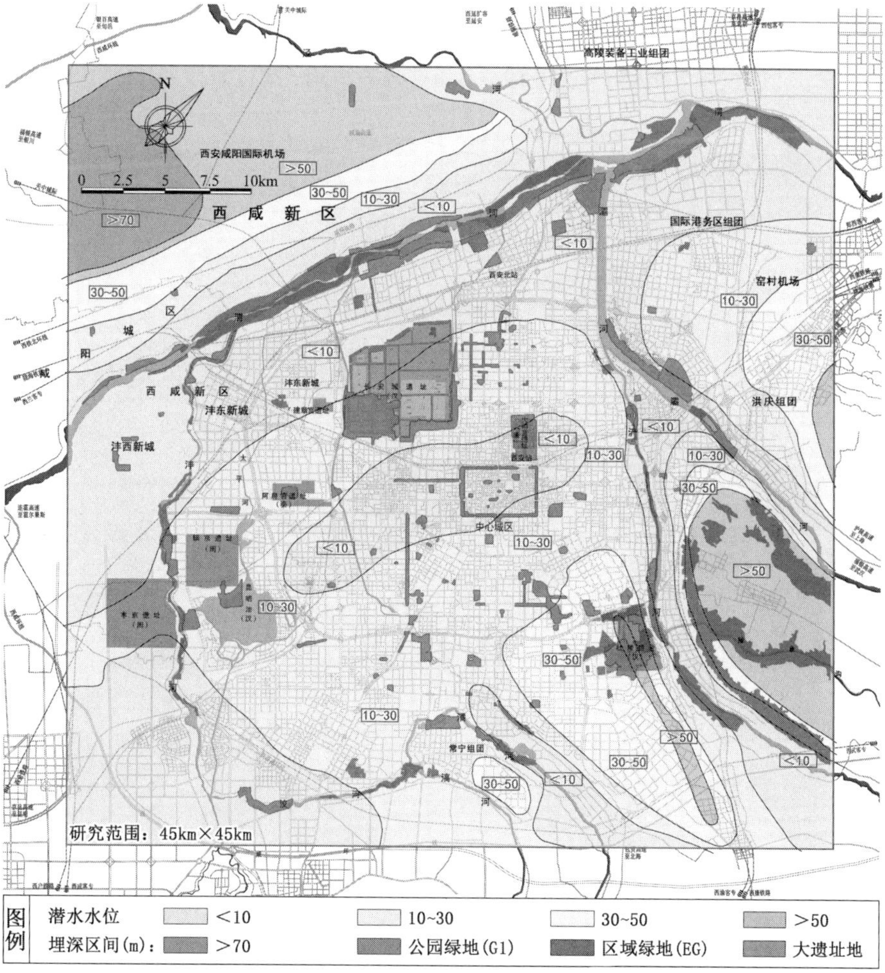

图6–21 西安都市区绿地格局与“潜水埋深”因子耦合平面图
（资料来源：作者参考地质资料自绘）

叠加绿地可见：①外围水系沿岸、台塬边缘及塬面丘壑等地，潜水位较浅，绿地耦合状况较好，水生态维护较佳，利于地下水的立体收集与持续补给。②西北郊大遗址带基本与“10～30m埋深带”重合，发挥了郊野绿地基质对地下水一定程度的“弥补与平衡”。③城中心—南郊则因地形徐缓爬升、建设强度增大（深地基、大土方），使潜水渐受排挤而较易散失、下降；而零星散置的绿地下垫面也显得杯水车薪（仅占该区面积的7.1%），从而难以系统性发挥出潜水补给及水位维持的作用。

2. 与土地因子的耦合评析

1）与“地形高程”的耦合

都市区高程总体从西北河谷向东南丘塬逐级抬升。通过将矢量等高线数据载入GIS，并通过“创建TIN（不规则三角网）—TIN转栅格”工具得到数字高程模型（DEM）数据；之后再以海拔400m为基准，且以20—40—60—80—200m为梯级递增的高差为间隔，最终划分得到6条宽度10～5km不等的斜向“高程分段条带”（图6-22）。

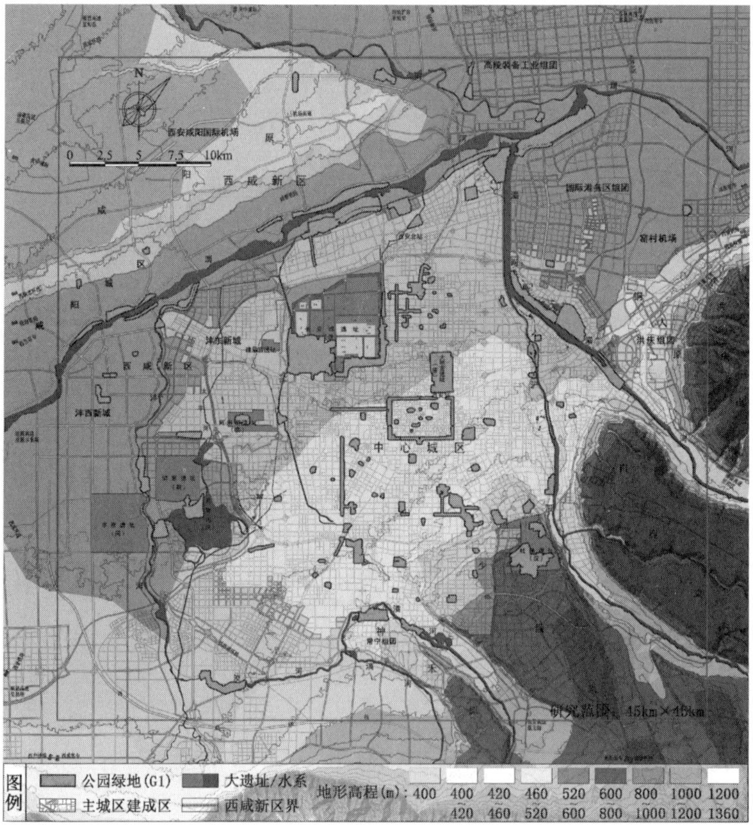

图6-22　西安都市区绿地格局与“地形高程”因子耦合平面图

（资料来源：通过GIS生成DEM自绘）

叠加绿地可见：①第一阶梯内多为滨河湿地及大遗址地；②第二阶梯多为城区带、块状公园；③第三阶梯属缓坡过渡区，历来有宗教及风景胜迹分布，现多建为山水人文景群及生态郊野公园；④第四、五阶梯坡度加大、宽度收窄，散布有植物园、遗址与湿地公园等形式；⑤第六阶梯已达塬面腹地，为城镇化较弱乡野地区，几乎未有绿地建设。总之，一、二级阶梯是建成区大部所在，前者绿地保育性较强、游憩性较弱；后者绿地数量较多，但空间不够均匀、连续；其余阶梯大体呈乡村风貌，同时受城市建设渗透而尚未形成体系化的区域绿地，以提供生态与人文承载功能。

2）与“地形坡度”的耦合

对DEM数据作坡度分段可见：都市区大部坡度较平（<2.9°或5%），微坡区（≥4.6°或8%）位于东南台塬起坡带，缓坡区（≥8.5°或15%）多见于台塬边缘及塬面沟谷位置，陡坡区（>14°或25%）则集中于东部塬丘的陡坎与深沟处（图6-23）。

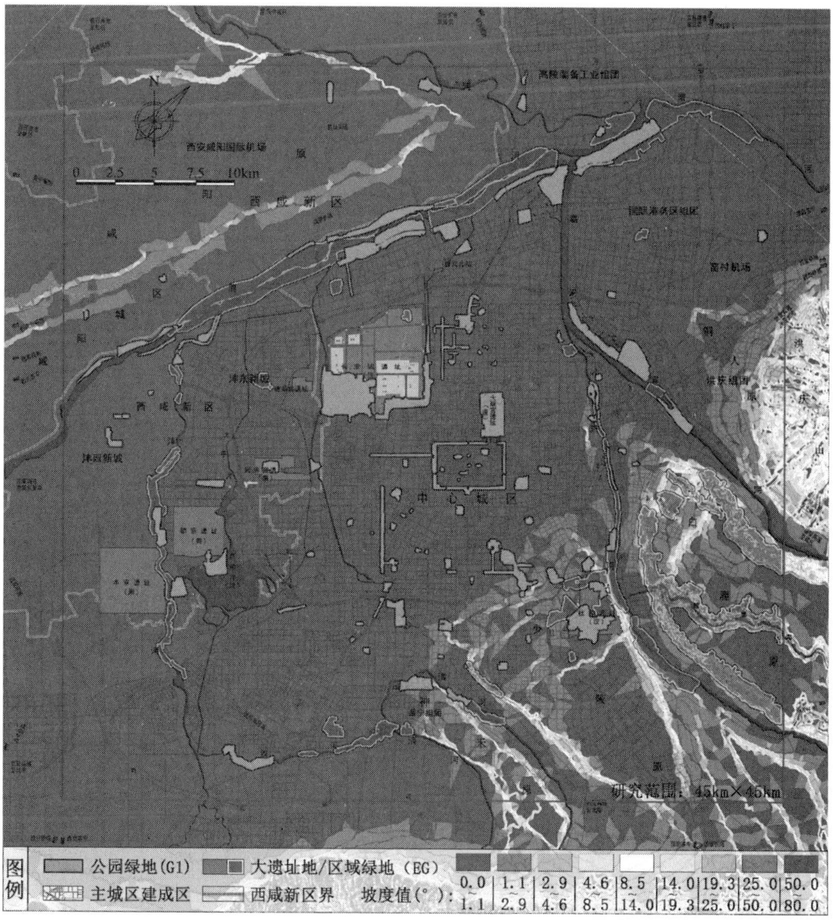

图6-23　西安都市区绿地格局与“地形坡度”因子耦合平面图
（资料来源：通过GIS坡度计算自绘）

叠加绿地可见：①城市公园绿地多位于平原腹地与水岸阶地；②近郊大遗址及风景地多处于水—陆或地形（高程）的过渡地带；③台塬边缘、坎崖及沟壑等坡度较陡地带，则多建为了“生态保育型”区域绿地或防护林地。

3）与“地质灾害”的耦合

都市区地质灾害易发地主要位于东南郊台塬边坡、沟壑及浐河下游左岸坡崖等地势变化较剧烈处。灾害种类多为滑坡与崩塌，需用生态绿化（固坡）等专业手段加以防治。目前，市区部分绿地已与灾害点、防治区的位置相叠合，但仍显不足；而地裂缝及沉降区则多位于市中心—东南部，其走势与“唐长安六爻”的“平行斜列（书斜式构造）”状态基本一致；但因被各类城市建设所覆压，使得绿地并未“连贯地”顺沿在每条带之上，而只表现为“断续、点缀”式的重叠状态（图6–24）。

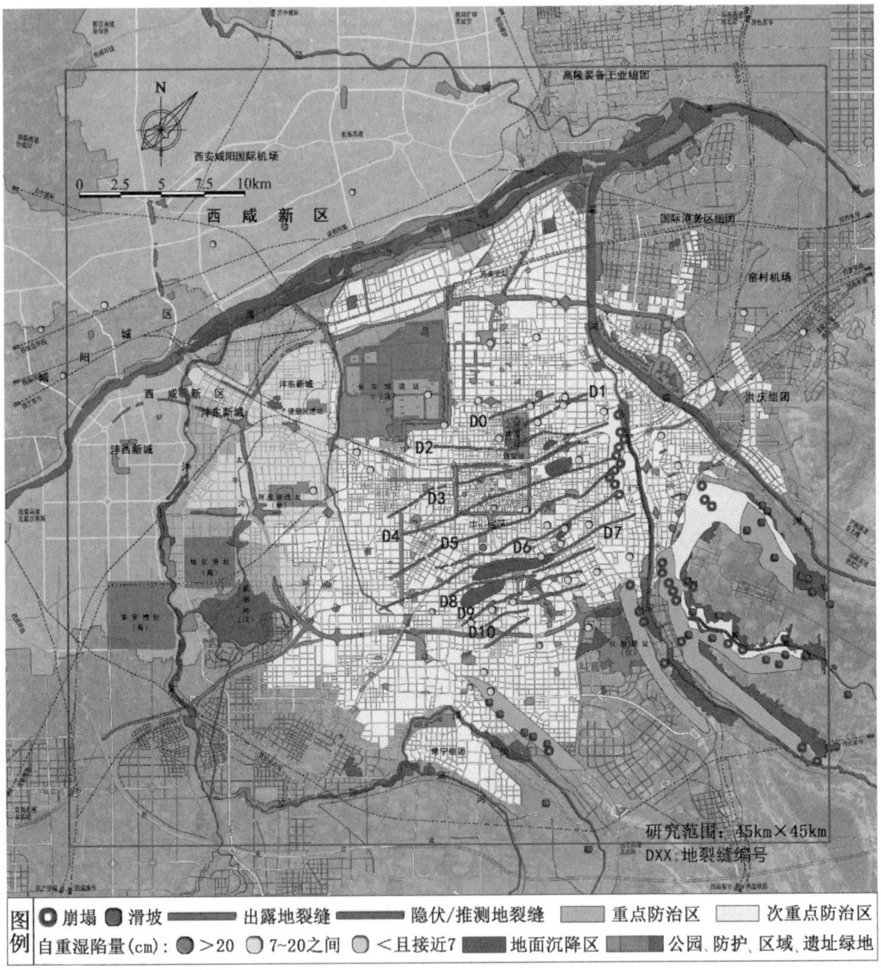

图6–24 西安都市区绿地格局与“地质灾害”因子耦合平面图
（资料来源：作者参考地质资料自绘）

具体来看：西安中心区地裂缝主要有11条，其总体处于“西起皂河，东到浐河，北至辛家庙，南达南三爻”的四至区位，东西宽19km，南北跨10.5km，面积约200km^2；平面基本呈平行的“西偏南—东偏北”斜列走向，且基本与“唐长安六爻”各条地脉（现以“今地名＋黄土梁”命名）的南侧坡脚走势重合。这些地裂缝陆续于20世纪50—80年代被发现，且于每4年观测周期内均在发生着年均“数百米加长、5m左右加宽”及“10～50mm水平与垂向活动”等变化。

由此西安城市建设历来考虑到了地裂缝的影响，并根据其位置、走势、活动强度等而因地制宜布置以较合适的用地性质、建筑体量、场地布局等（如：科教、工业、公用设施及绿地、景区等）。然而，当前的地裂缝却逐渐被“增密、加高”的城市建设所覆盖，而各类公共绿地也未能较连贯地分布在其“途经”的路径之上，由此使得当地的地质生态风险愈加存在，亟须被科学合理地对待与预防（表6-13）。

西安中心城区11条地裂缝基本情况及途经绿地汇总表　表6-13

编号	方位	地裂缝名称	长度、宽度	走向	形态特征、连通性	途经的主要绿地及地景（黄土梁）
D0	北郊	方新村—井上村	3.9km，3m	北东80°	折线状，总体连通	未央路—玄武路（大明宫西北角）—太华路立交绿化带，光大门黄土梁之上
D1	北郊	大明宫—辛家庙	4.0km，15m	北东70°	折线状，较连通	大明宫遗址公园北部（太液池），光大门黄土梁南侧
D2	城北	红庙坡—八府庄	9.9km，44～60m	北东83°	折线状，西段连通低	大明宫遗址公园中南部（含元殿—丹凤门），龙首原黄土梁南侧
D3	城西北	劳动公园—铁路材料厂	4.35km，15～45m	北东72°	弓背状，城内不连通	劳动公园（及其黄土梁南侧），环城西苑、莲湖及革命公园、东北城角，陇海铁路
D4	城西南	西北大学—西光厂	5.38km，24～55m	北东74°	折线状，总体连通	丰庆公园、大唐西市、西南城角，钟鼓楼广场、中山门、八仙庵，槐芽岭黄土梁南
D5	城南	黄雁村—和平门	10.4km，55～110m	北东67°	波状，东西交界段不显	体育学院、小雁塔寺院，兴庆宫公园、长乐公园，古迹岭黄土梁南侧
D6	南郊	沙井村—秦川厂	11.38km，35～70m	北东70°	波状，东部较连通，西段不连通	南二环绿带、草场坡、西建大、友谊—兴庆路绿化环岛、秦川厂，交大黄土梁南

续表

编号	方位	地裂缝名称	长度、宽度	走向	形态特征、连通性	途经的主要绿地及地景（黄土梁）
D7	西南郊	丈八沟—小寨路	12.8km，达55m	北东73°	波状，全线连通	唐延路绿带、木塔寺公园、紫薇花园、美院、党校、青龙寺，乐游原黄土梁南侧
D8	东南郊	大雁塔—北池头	5.12km，30m	北东85°	波状，西段连通性差	烈士陵园、交大医学院、小寨公园、大雁塔景区及黄土梁、交大理工大曲江校区
D9	正南远郊	陕师大—陆家寨	3.32km，达140m	北东63°	折线状，较连通	丈八东路绿带、陕师大—唐天坛、大唐不夜城绿带、大唐芙蓉园，植物园黄土梁
D10	正南远郊	电视塔—新开门	3.12km，5m	北东76°	折线状，多处不连通	自然博物馆、雁塔南路绿带、唐城墙遗址公园、新开门广场，南窑头黄土梁南

注：编号与图6-24中对应，D4～D7地裂缝东端均经过幸福林带，校园、厂区指其地块附属的绿地、操场、花园等。
资料来源：作者参考《地裂缝理论与应用》（王景明，2000）以及现场调研与资料更新而制。

4）与“工程地质”的耦合

首先根据地貌成因及现状土质结构，将都市区划分为低海拔的“河漫滩”、适中的“平原阶地”、过渡的“黄土梁洼及台塬”及较高的“山前丘陵与洪积扇”等7类工程地质区段；进而根据地质稳定性及工程建设适宜性高低，将各区段划归为不同等级的安全格局，并将绿地叠加其上，总体可见：①泥沙土质的“河漫滩”，与湿陷土质、起伏地形的“黄土梁洼”合为“低安全格局”，绿地以“条带状”较好地贴合于水系堤岸，但却以“大块状”少量分布在梁洼城区；②地势平坦、开阔的“各级平原阶地”成为“高安全格局”，绿地多吸聚在汉、唐长安城遗址地周围，从而出现了许多“留白区域”；③其余地势较高的山前丘塬则归为“中等安全格局”，绿地多以陵墓遗址地、川沟自然景区及塬坡生态绿化形式出现（图6–25）。

3. 与风象因子的耦合评析

首先，通过气象梳理及专业访谈，得到西安都市区行风特征：①北部，自泾渭分明处逆渭河水流行东偏北风；②西北，自草滩—汉城遗址向城西郊行东北风；③东北，沿骊山—洪庆原向浐灞三角洲行偏东风；④东部，顺洪庆—白鹿原塬间灞河谷地行西北风；⑤西南，自沣河流域、鄠邑乡野向高新区行西南风；⑥南—东南部，风带、风廊并不明显，区内多行偏南风；⑦中心城区，为外围各向来风的汇集交错区。

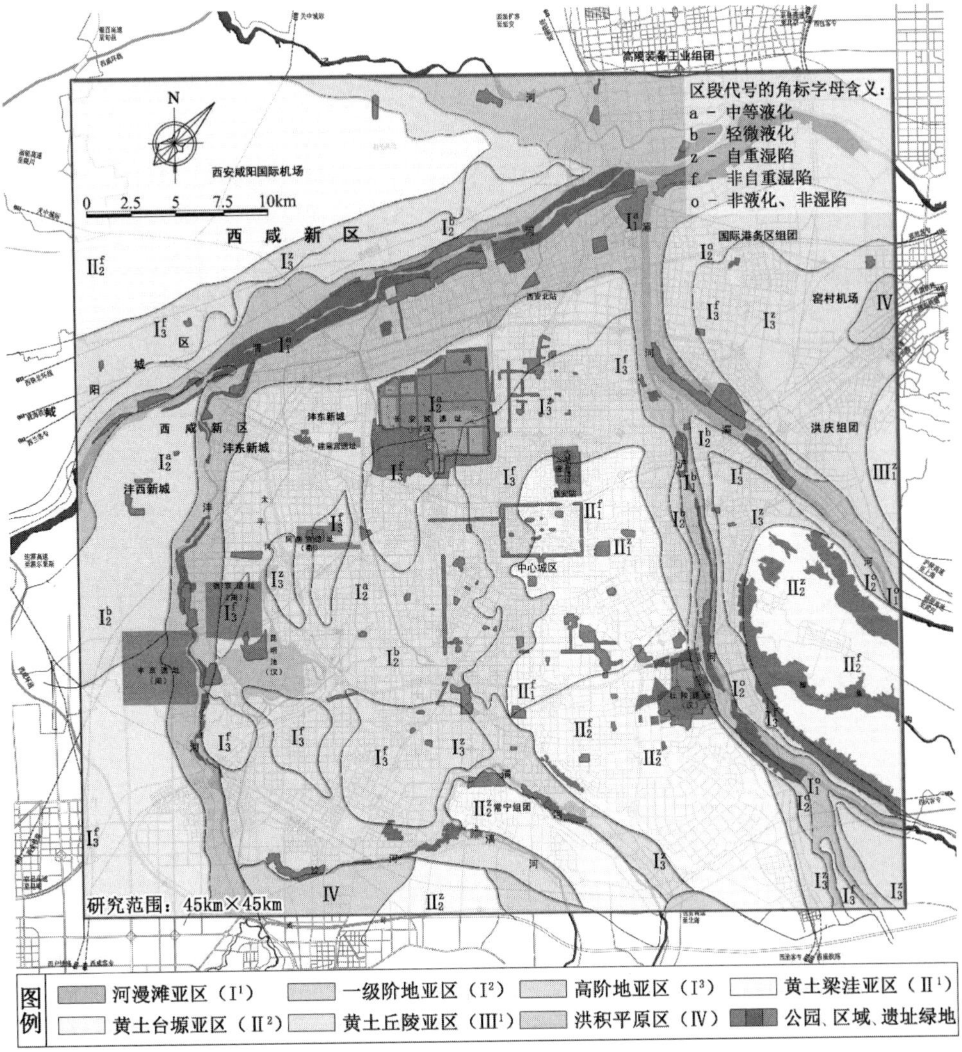

图6-25 西安都市区绿地格局与“工程地质”因子耦合平面图

（资料来源：作者参考地质资料自绘）

进而，通过开展持续、多点位风象数据实测加以佐证。具体在2015—2019年夏季（6—8月）、秋季（9—10月）及冬季（1—2月）共20余次选取晴好日期，设计出：①外围、老城“环城式”，②东北、东南、西南、西北“片区式”，③市中心至郊外“斜向放射式、正交轴线式”，④相同经纬度“平行式”等线路，对沿途代表性开敞空间、绿地、街区及节点，作以地面行人高度（1.5m）的风速与风向记录；后将所有点位、路线及数值做成图表，以不同颜色代表各自“通风区位”（图6-26）。

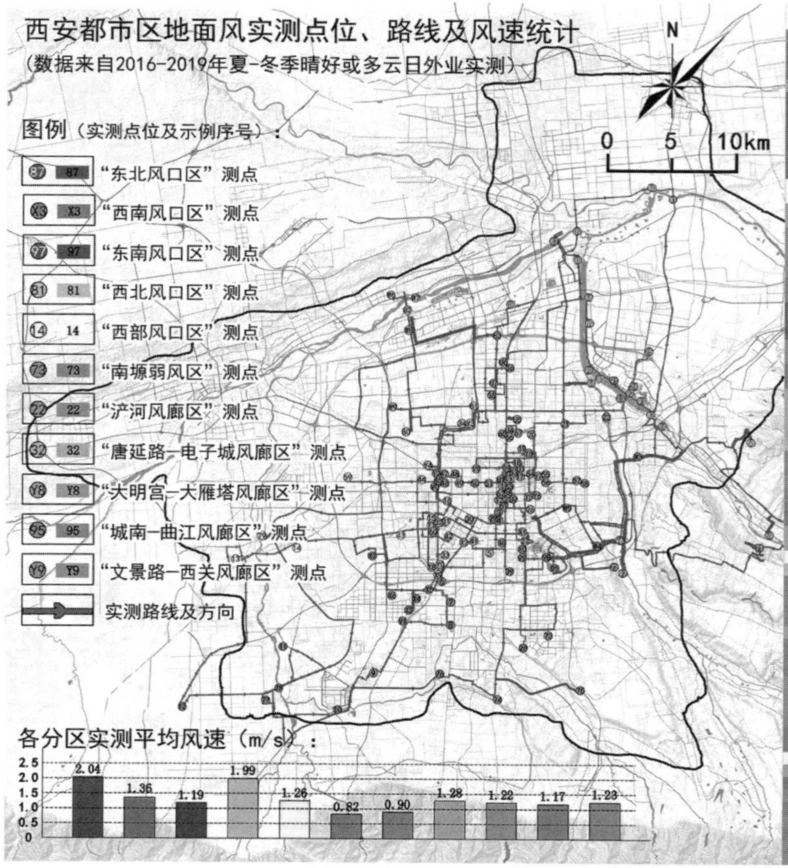

序号	测风地点	平均风速（m/s）	最大风速（m/s）
1	钟鼓楼广场（鼓楼人行环道东南段）	0.99	1.30
2	南门广场（盘道与长安北路交汇处）	0.91	1.50
3	小雁塔（西安博物院）	1.02	1.30
4	陕西省体育场-西门篮球场	1.17	2.10
5	烈士陵园（北广场绿地）	0.94	1.60
6	绕城高速-西高新立交	1.06	1.80
7	西安城市生态公园（西部大道）	1.31	1.10
8	西北大学（长安校区）	1.14	1.60
9	西安电子科技大学（南校区）	0.99	1.70
10	沣河生态公园（西太公路北侧）	1.21	2.40
11	梁家滩湿地（西安国际社区）	1.06	1.90
12	鄠邑高铁站西侧农田	1.57	2.20
13	丰镐遗址（马王街道）	1.53	2.60
14	昆明池·七夕公园	1.79	2.80
15	唐延路绿带（北科技路入口广场）	0.68	1.30
16	丰庆公园（开元殿前湖畔广场）	0.64	1.10
17	新城广场（升旗台处）	0.75	1.20
18	革命公园（革命亭）	0.82	1.40
19	大明宫遗址公园（御道广场）	1.03	1.50
20	大明宫遗址公园（东7门内绿地）	0.76	1.30
21	矿山路与金花北路十字路口	1.02	1.60
22	桃花潭公园（浐河桃花岛）	1.04	1.80
23	广运潭南岸（灞柳西路）	1.59	2.10
24	世博园西侧（香湖湾轻轨站）	0.77	1.20
25	绕城高速-谢王立交	0.91	1.20
26	西安建筑科技大学雁塔校区（田径场）	1.28	2.50
27	大雁塔南广场（唐僧雕像）	1.00	1.60
28	航天城文化生态园（揽月阁）	0.92	1.80
29	陕西省体育场-看台西侧广场	1.33	1.70
30	西安电子科技大学（北校区）田径场	1.93	4.00
31	高新区-新纪元公园湖畔	1.83	3.50
32	唐延路绿带（延平门广场）	1.47	2.60
33	木塔寺公园（二期）北入口莲花广场	1.51	3.00
34	汉城湖景区-天汉雄风浮雕广场	1.95	2.60
35	文景公园-儿童活动场	0.81	1.30
36	未央广场（邻行政中心地铁站）	1.30	1.80
37	南门广场（永宁门地铁站）	1.59	2.10
38	南门箭楼（瓮城）前吊桥	2.08	2.90
39	陕西自然博物馆（电视塔）	0.69	1.60
40	西安交大（雁塔校区）-生活区操场	1.34	2.40
41	电子城-紫薇花园广场	1.03	2.00
42	高新区-甘家寨西二门外（博文路）	0.36	1.60
43	科技四路南侧沣惠渠滞憩绿带	0.64	1.50
44	西安制药厂南门（丰镐西路西端）	0.85	1.40
45	土门广场西端（邻西二环路行道树带）	1.21	2.50
46	土门广场东端（三角形分车绿岛）	0.38	1.00
47	西电医院（团结东路与丰登路丁字口）	1.33	1.80
48	劳动公园（入口台地广场）	0.63	1.90
49	西稍门十字（开元商城西门外）	0.56	1.20
50	西门外盘道三角形绿地	0.75	1.50
51	桥梓口回民街（西大街大麦市街口）	0.79	1.70
52	钟鼓楼广场（世纪金花下沉广场）	0.95	1.80
53	新城广场（中央喷泉）	1.04	1.90
54	中山门内盘道绿化广场	0.48	1.10
55	八仙庵西墙（经九路五道什字东街口）	0.93	2.40
56	鸡市拐（柿园路与经九路十字）	1.11	2.20
57	秦庄襄王墓（韩森路北迎祥南坊）	0.53	1.30
58	幸福林带（韩森路与万寿中路交叉口）	0.80	2.30
59	阿房宫遗址广场（沣东大道）	0.90	1.30
60	泰华金茂国际（科技二路唐延路绿带）	0.97	1.40
61	南稍门中贸广场（长安北路路西）	0.51	1.20
62	南门广场（迎宾礼仪广场大道）	1.28	1.90
63	钟楼盘道东南段（开元商城正门）	0.70	1.50
64	北大街十字（西安交大口腔医院西侧）	1.40	2.40
65	龙首原十字西北角（未央区政府）	1.40	2.90
66	龙首原十字东北角（印象城南停车场）	1.51	2.40
67	大明宫遗址公园西2门	2.30	3.20

序号	测风地点	平均风速（m/s）	最大风速（m/s）
68	小寺（洪庆原坡面）	0.60	0.80
69	灞上鱼庄（华胥镇灞河川道）	2.10	2.70
70	张河湾村灞河桥（华胥镇东侧）	1.70	1.70
71	东张坡村（白鹿原东北坡）	0.18	0.30
72	中国唐苑（少陵原东侧坡崖）	0.84	1.10
73	航天城（神舟六路与航创路十字）	0.70	0.70
74	常宁宫（神禾原南侧坡崖）	0.82	0.90
75	杜曲街道（少陵原西侧边坡）	0.85	1.00
76	香积寺（滈河与潏河交汇处）	0.77	0.80
77	秦镇中学（秦渡镇西侧）	0.55	0.70
78	秦渡镇沣河大桥（县道105）	0.52	0.60
79	沣东·沣河生态景区	1.45	2.60
80	汉长安城未央宫（前殿）遗址	1.30	2.30
81	汉城湖景区-霸城门遗址	2.10	2.40
82	草滩-渭河桥桥	3.15	4.50
83	文景路跨绕城高速高架段	0.78	1.20
84	欧亚大道浐河桥	1.45	1.90
85	欧亚大道灞河桥	1.70	2.10
86	浐灞国家湿地公园（西边界）	1.75	2.40
87	渭河南岸河堤路（灞渭三角洲）	2.10	3.10
88	东风路灞河桥	2.55	3.70
89	灞河东路（广运潭段）	1.30	2.60
90	凯宾斯基酒店（浐灞半岛）	2.20	3.10
91	灞河东路（欧亚大道-东三环段）	2.00	2.80
92	灞河东路（广运大桥）	3.25	5.00
93	灞河东路（世博园段）	1.90	2.40
94	灞桥生态湿地公园（连霍高速南侧）	1.70	2.40
95	曲江池东路（黄渠桥）	1.55	1.70
96	雁鸣湖休闲公园（月登阁路南侧）	1.39	1.50
97	雁鸣湖湿地（绕城高速南浐河西岸）	1.55	2.00
98	曲江池北路（汉武泉桥）	1.10	1.10
99	唐城墙遗址公园2区（雁南二路）	0.95	1.50
X0	大唐不夜城（雁塔南路）	2.45	3.30
X1	大雁塔北广场（小寨东路）	1.00	1.30
X2	太白南路与科技二路十字	1.90	3.00
X3	锦业二路与西沣路交汇处绿带	2.36	3.10
X4	紫薇田园都市-文化广场	1.75	2.20
X5	时代广场（博士路与信息大道环岛）	3.30	4.20
X6	仓颉造字台（锦业三路恭张新村南）	1.50	1.70
X7	软件新城-天谷八路（沣惠渠畔）	1.55	2.00
X8	陕西省体育训练中心南门（丈八东路）	1.50	1.70
X9	永阳公园南入口（锦业路）	1.85	2.10
Y0	丈八东路跨唐延路高架段	1.83	1.90
Y1	唐城墙遗址公园（延平门广场）	1.55	2.10
Y2	西二环路（开远门南侧团结中路口）	1.35	1.70
Y3	汉城湖景区-大风阁	3.05	5.00
Y4	大庆路林带西端（丝路群雕）	1.50	2.00
Y5	环城南路东段（建国门东环城公园）	1.70	1.80
Y6	东南城角广场（环城南路、东路交角）	1.30	1.50
Y7	中山门外护城河桥（环城东路）	0.90	1.10
Y8	大明宫遗址公园丹凤门（自强东路）	1.90	2.80
Y9	玉祥门环岛（环城西路大庆路）	2.77	3.90
U0	西华门十字（报话大楼西侧绿地）	1.20	1.40
U1	钟鼓楼广场（草坪矩阵中央）	1.50	2.00
U2	南门广场（城堡酒店东侧草坪）	1.05	1.10
U3	西安市人民体育场-篮球场	1.25	1.50
U4	龙首原十字（未央路路中央斑马线）	1.10	1.30
U5	大明宫遗址公园西北角（重玄路）	1.60	2.10
U6	未央广场（邻西安城市运动广场）	1.55	1.20
U7	文景路与凤城五路十字（西安中学）	1.55	2.10
U8	文景山公园（元凤二路）	2.75	4.10
U9	泾渭路渭河大桥	3.05	4.30
W0	泾渭分明（泾河与渭河汇流处）	2.90	4.30
W1	鹿苑大道渭河大桥	2.50	3.70
W2	柳亭路灞河桥（老灞桥镇桥头）	1.70	2.10
W3	半坡地铁站广场（长乐东路）	1.40	1.80
W4	公园南路与南三环路交汇处	0.79	1.10
W5	建工路与东二环路交汇处（延兴门）	0.73	1.10
W6	西咸新区秦汉新城管委会入口广场	1.25	1.50
W7	渭北河堤路（秦汉文明广场南）	2.69	4.40
W8	草滩八路与尚稷路十字	2.23	3.70
W9	汉长城遗址-直城门广场（西三环）	1.84	3.20
V0	西二环路绿带（丰庆路以北）	1.73	3.60
V1	郭杜森林公园（西沣路与郭杜南街间）	1.15	1.70

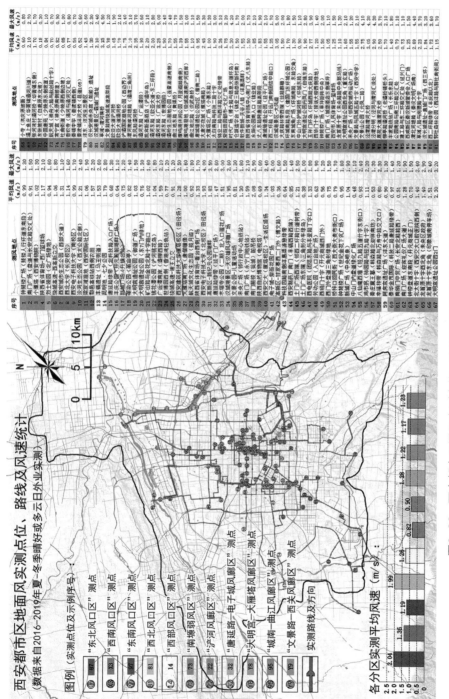

图6-26　西安都市区通风实测点位、路线及风速统计图（各色代表各分区）

（资料来源：作者自测自绘）

具体选取每日9：00—15：00进行外业测风以规避清晨、傍晚冷热空气对流的影响；同时，为保证稳定性而采取“每点多次、单次时长≥2min且每2s设置记录点”的测录频次，并以平均、最大、最小等多种取值作以记录，从而确保数据客观真实。

经汇总分析后可得，近年来西安地区日常平均风速主要处于0.5～2.0m/s区间，且在0.0～3.3m/s区间内呈正态分布状态（图6–27）；风速区位差异方面，风口＞城内，北部＞南部。

最终，综合城乡地貌、风象特征、实测数据而梳理出“通风潜力分区”；同时，将绿地格局叠加其上，由此得到都市区绿地—风环境的耦合结果（图6–28、表6–14）。

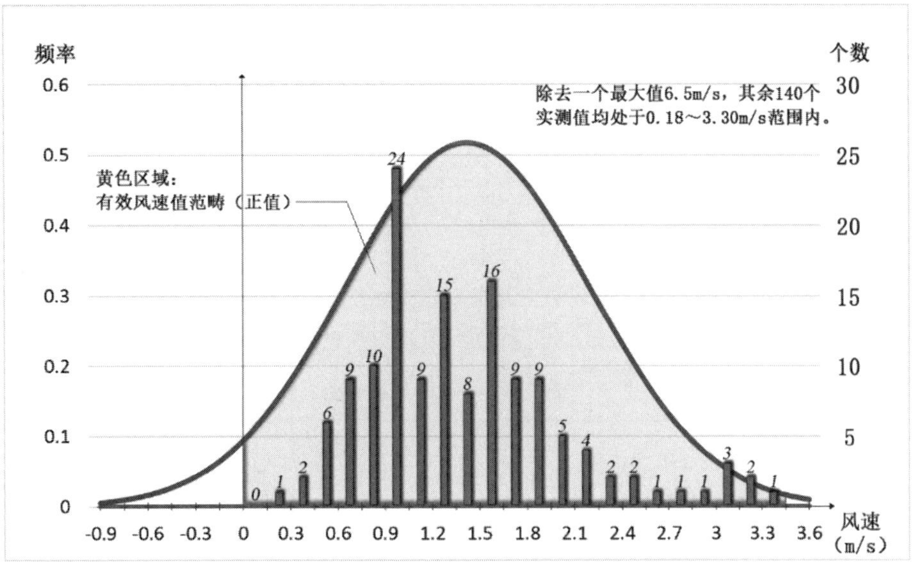

图6–27 西安都市区风速数据正态分布图
（资料来源：作者自绘）

各通风潜力分区与绿地耦合建设评价表（与图6–28中序号对应） 表6–14

所处通风分区	通风潜力级别	风速实测值	涉及城市地点、道路	所含主要绿地及类型	耦合建设评价
①东北风口区	主风口/潜力较强	$\bar{v}$=2.04m/s（19点位），与潜力对等	国际港务区、北辰—辛王路沿线、灞河下游、白鹿原首	浐灞湿地公园（G1）广运潭景区（EG）及滨水带（G1）浐灞半岛绿地（XG）	应在风口地带及主导风向沿线保证绿地规模、形态及轴向的匹配、顺应
②西南风口区	主风口/潜力尚可～一般	$\bar{v}$=1.364m/s（16点位），略弱于潜力	河池寨—里花水—丈八立交、京昆—三星—西沣公路三角区	陕西宾馆园林（XG）、奥林匹克公园（XG）、云水公园（G1）、绕城高速绿带（G2）	应将建成及待建地绿地顺主导风向连成序列，并维持周边农田规模形态

续表

所处通风分区	通风潜力级别	风速实测值	涉及城市地点、道路	所含主要绿地及类型	耦合建设评价
③东南风口区	次风口/潜力较强	$\bar{v}$=1.194m/s（7点位），弱于潜力	马腾空、浐河城郊段、长鸣路沿线、少陵原畔	雁鸣湖休闲公园（G1）、中国唐苑（G1）、西安植物园（G13）、杜陵遗址区（EG）	应保证自然地势、生态空间不被城市建设侵占，同时建设风景绿地
④西北风口区	次风口/潜力较强	$\bar{v}$=1.994m/s（11点位），与潜力对等	渭沣河及堤岸、汉城遗址、西三环北段、北绕城—高铁线	沣渭生态景观区（EG）、未央宫遗址保护展示区（G13）、汉城湖景区（G13）	应加强遗址保护区及建控地带环境整治，提升绿化占比及适宜林草覆盖
⑤西部风口区	次风口/潜力尚可	$\bar{v}$=1.264m/s（5点位），略弱于潜力	阿房宫遗址、斗门街道、沣东新城、咸阳南	阿房宫遗址（G13）、红光公园（G1）、昆明池景区（G1）、沣河生态景区（EG）	应避免滨水、遗址景区过度人工化及周边成规模开发，保护现有绿廊
⑥南塬弱风区	静风区/潜力尚可~一般	$\bar{v}$=0.824m/s（4点位），弱于潜力	曲江二期、航天城、常宁宫、少陵原及神禾原腹地、樊川	曲江运动公园（G1）、中湖公园（G1）、世子公园（G1）、揽月阁文化生态园（G5）	应以块状厂区、园区绿地加强局地对流风，并提升川道、塬坡的生态绿化
⑦浐河风廊区	水系型风道/潜力尚可	$\bar{v}$=0.904m/s（7点位），弱于潜力	欧亚大道—米家崖—长乐坡—田家湾—月登阁一线	桃花潭公园（G1）、浐河滨水景观带（G1、G2）、沿线大学校园绿地（XG）	应保持河川谷地生态断面的高占比及绿量，并以多条绿道横向联系城区
⑧唐延路—电子城风廊区	绿地型风道/潜力较弱	$\bar{v}$=1.284m/s（16点位），强于潜力	高新区核心区及二期、木塔寨、昆明路—大寨路、电子城	唐延路绿带、木塔寺公园（G13）、永阳公园、丰庆公园、新纪元公园（G1）	应保持现有绿带、绿斑规模，并沿主导风向形成支线绿廊，总体连通成网
⑨大明宫—大雁塔风廊区	复合型风道/潜力一般	$\bar{v}$=1.224m/s（24点位），与潜力对等	龙首村、大明宫、火车站、大差市、雁塔路沿线、大雁塔	大明宫遗址（G13）、大雁塔景区（G1、G3）、环城公园（G1）、各高校绿地（XG）	应保证主景观轴视线通畅，逐步开放校园、单位等附属绿地，形成体系
⑩城南—曲江风廊区	复合型风道/潜力一般	$\bar{v}$=1.174m/s（12点位），与潜力对等	边家村、南稍门、小寨、翠华路、电视塔、曲江一期	小雁塔、兴善寺、南湖、唐城墙、天坛遗址（G13），老植物园、射击场（XG）	应使主要文物绿地、寺庙园林及风景名胜发挥绿化外扩、生态外溢效益
⑪文景路—西关风廊区	道路型风道/潜力较弱	$\bar{v}$=1.234m/s（20点位），略强于潜力	张家堡、明光—文景路、大兴—大庆路、土门—西关—西门	城市运动公园（G1）、文景公园（G1）、环城西苑（G13）、劳动公园（G1）	应打通纵横向绿带、游园，并与汉、唐、明、清历史风貌区内格局交织成绿网

资料来源：作者自制。

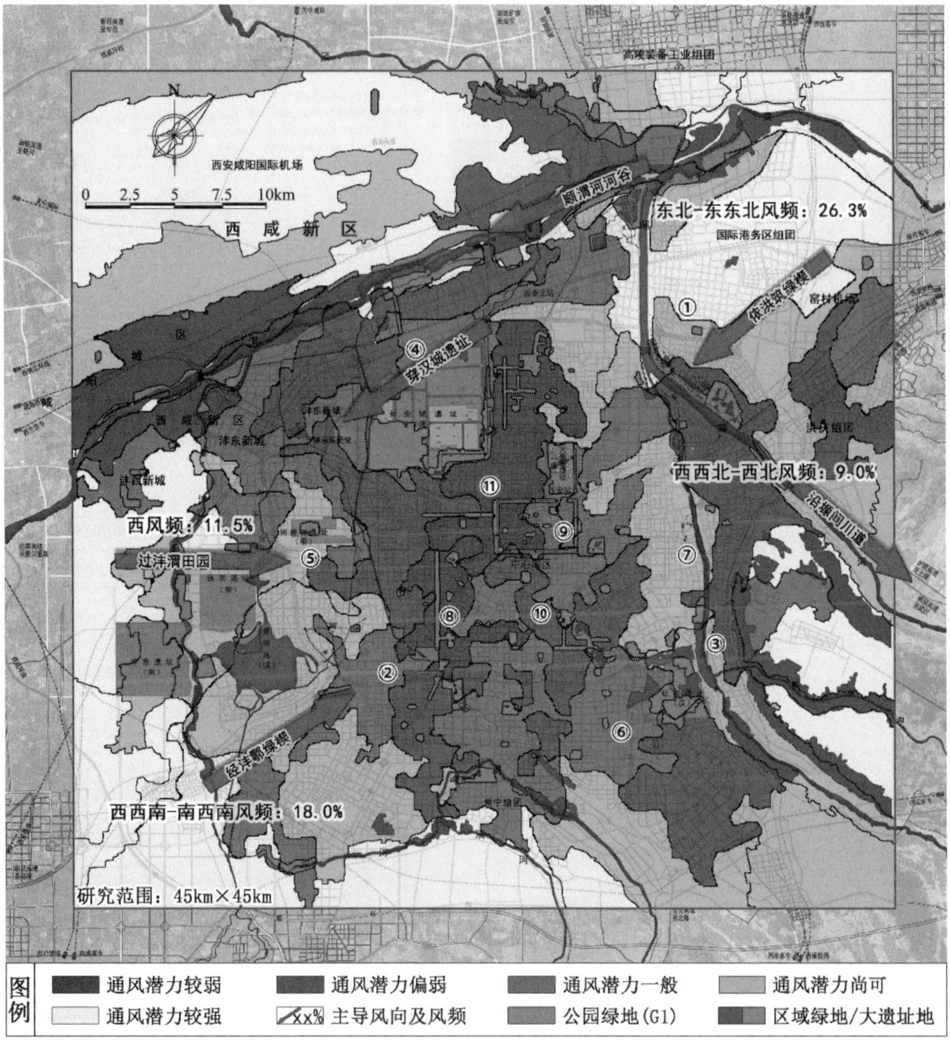

图6-28 西安都市区绿地格局与“风环境（通风潜力）”因子耦合平面图

（资料来源：作者自绘）

4. 与人文因子的耦合评析

以都市区内国—省—市县级文物保护单位为对象（含部分咸阳市），并根据“省级以上文保单位保护管理规划（2017年6月）”颁布实施的保护红线为基准，将现有绿地与其叠加得到6种空间耦合模式（见6.3.1节第4条）；进而概括为“高—中—低—无”4级耦合程度并作以统计（图6-29），可见保护级别与耦合度的高低基本呈正相关性。

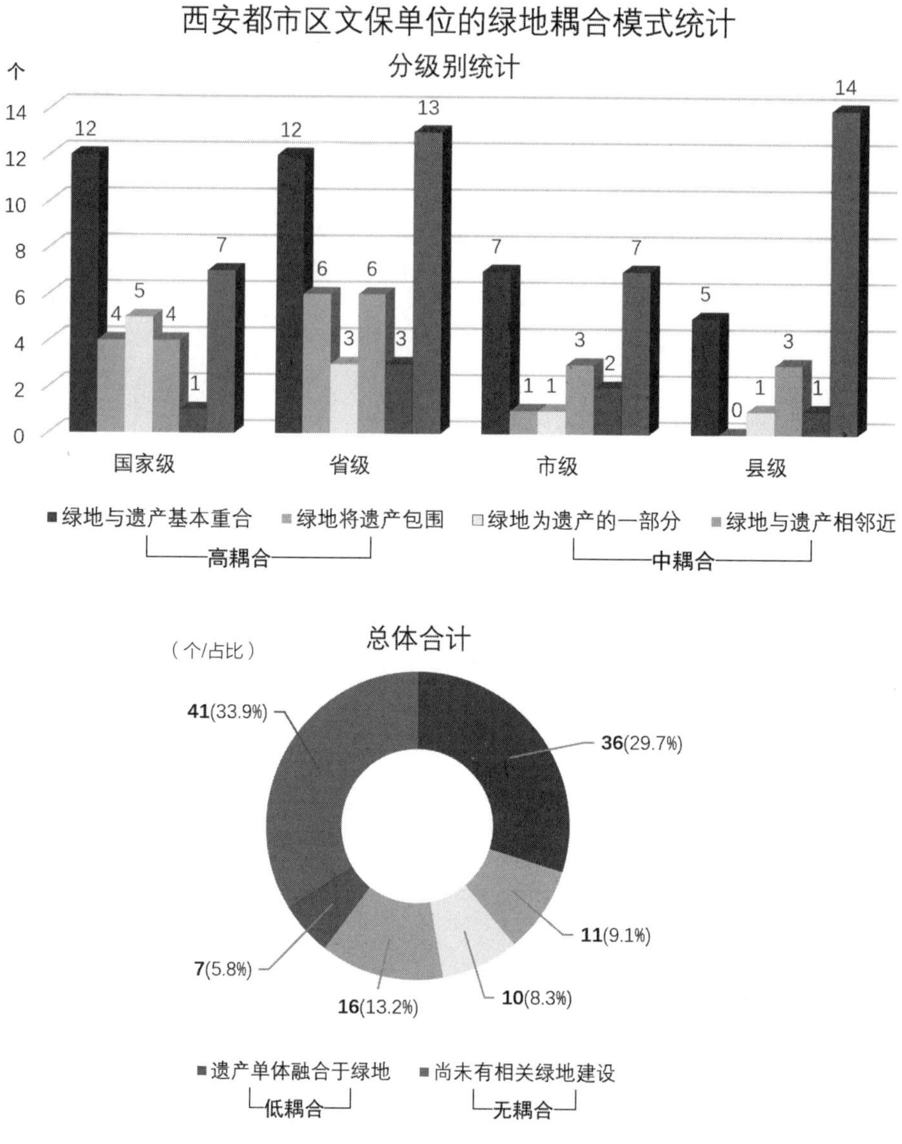

图6-29　西安都市区绿地格局与“遗产保护”因子耦合统计图（详见附表8）
（资料来源：作者自绘）

6.3.3　绿地格局的生态耦合度

1. 单项因子的生态耦合度

将都市区404处公园绿地G1、区域绿地EG与9类生态因子的“低—中—高”安全格局叠加，从而得到绿地与该因子的“较高—一般—较低”耦合度分布情况（图6-30）。

进而对绿地与9类生态因子的耦合度进行量化统计可见（表6–15）：①绿地格局与高程因子耦合度最高，达80%以上。说明绿地建设基本处在适宜的高程环境。②与风环境、工程地质因子耦合度较高，为50%左右。说明绿地的风环境区位与顺风形态，及与较不适宜作其他建设的地质环境的结合情况尚好。③与坡度、地质灾害、自重湿陷性、遗产保护等因子耦合度较低，均在20%以下，这主要源于区内"坡度较陡、地质灾害易发、湿陷性较强，及具明确保护区划的文保单位"的空间本就较少；且从分布态势看，绿地尚不足以"较小的间距、契合的形态"与各类地裂缝、地质灾害易发、水土流失防治带及文保单位的保护红线范围等充分耦合。④与地表水系、潜水埋深因子的耦合度居于中等偏弱：对于前者，虽主要河流岸线基本断续

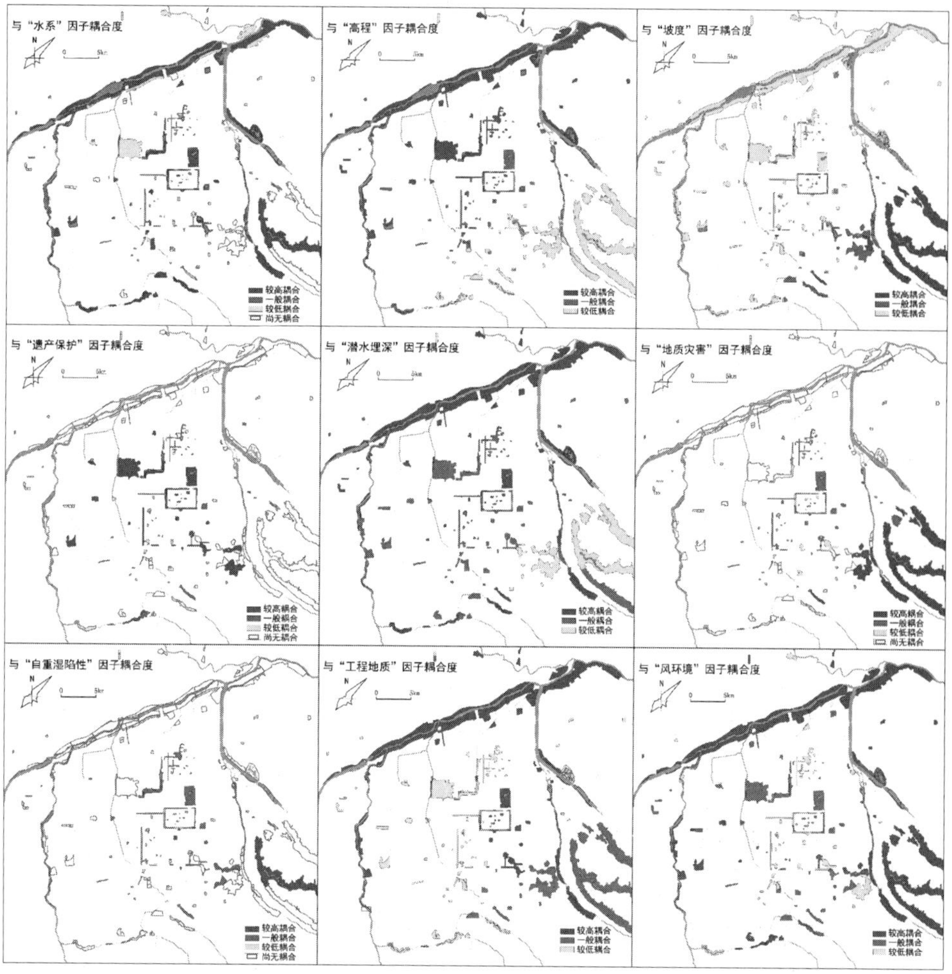

图6-30　西安都市区绿地格局与9类生态因子各级安全格局的耦合度评价分布图
（深灰：较高，中灰：一般，浅灰：较低，白色：无耦合）
（资料来源：作者自绘）

建有滨水绿带、湿地公园，但这些水系多在外围，距城市中心较远；城内人工河渠、湖体虽多被绿地“包裹”，但却数量稀少，从而总体仍表现出水量不足、水生态建设水平较低的短板。对于后者，绿地与潜水埋深较浅的老城中心、西郊，及沿渭河南岸的港务区、经开区、沣东与沣西新城等城区仍有较大的耦合提升空间。

西安都市区绿地格局与 9 类生态因子的耦合度量化统计表　　表 6–15

<table>
<tr><th colspan="3">生态因子</th><th>较高耦合状况</th><th>数量</th><th>一般耦合状况</th><th>数量</th><th colspan="2">较低耦合状况</th><th>数量</th><th>总耦合度</th></tr>
<tr><td rowspan="4">显性因子</td><td colspan="2">地表水系</td><td>水本体及堤岸外扩50m核心区</td><td>116</td><td>堤岸外扩50～150m缓冲区</td><td>38</td><td colspan="2">堤岸外扩150～400m协调区</td><td>30</td><td>154/404 ≈38.12%</td></tr>
<tr><td rowspan="2">地形</td><td>高程</td><td><400m</td><td>230</td><td>400～420m</td><td>96</td><td colspan="2">420～600m</td><td>72</td><td>326/404 ≈80.69%</td></tr>
<tr><td>坡度</td><td>14°～25°（25%～46.6%），水土易流失、需加以防治的区</td><td>11</td><td>2.9°～14°（5%～25%），水土轻度侵蚀、需采取一定措施区</td><td>32</td><td colspan="2">0.0°～1.1°～2.9°（0～2%～5%）水土较稳定区</td><td>355</td><td>43/404 ≈10.64%</td></tr>
<tr><td colspan="2">遗产保护</td><td>绿地与遗址地重合，绿地将遗址地包围</td><td>47</td><td>绿地为遗址部分，绿地与遗址邻近</td><td>26</td><td colspan="2">遗址孤点、遗产建筑单体融于较大绿地内</td><td>7</td><td>80/404 ≈19.80%</td></tr>
<tr><td rowspan="5">隐性因子</td><td colspan="2">潜水埋深</td><td><10m</td><td>179</td><td>10～30m</td><td>194</td><td>30～50m</td><td>>50m</td><td>25</td><td>179/404 =44.31%</td></tr>
<tr><td colspan="2">地质灾害</td><td>重点防治区，崩塌、滑坡点</td><td>20</td><td>次重点防治区，出露地裂缝带</td><td>20</td><td colspan="2">地面沉降区，隐伏、推测地裂缝带</td><td>19</td><td>59/404 ≈14.60%</td></tr>
<tr><td colspan="2">自重湿陷性</td><td>大于20cm</td><td>2</td><td>7～20cm之间</td><td>28</td><td colspan="2">小于且接近7cm</td><td>6</td><td>36/404 ≈8.91%</td></tr>
<tr><td colspan="2">工程地质</td><td>河漫滩、黄土梁洼</td><td>174</td><td>黄土台塬、丘陵、洪积平原</td><td>24</td><td colspan="2">一级阶地、高阶地</td><td>200</td><td>198/404 ≈49.01%</td></tr>
<tr><td colspan="2">风环境</td><td>通风潜力较强、尚可区</td><td>130</td><td>通风潜力一般区</td><td>85</td><td colspan="2">通风潜力偏弱、较弱区</td><td>183</td><td>215/404 ≈53.22%</td></tr>
</table>

资料来源：作者自制。

2. 综合叠加的生态耦合度

将上述各单项因子的生态安全格局加以“定级统筹”及“图色统一”，并根据安全级别的“由低到高”而设定颜色的“由深到浅”（或为透明度的“由实到透”），从而便于相互叠合（图6–31）；由此，得到都市区综合生态安全格局，再将公园、防护及区域绿地叠加其上，从而形成“绿地—生态耦合”的综合结果（图6–32）。

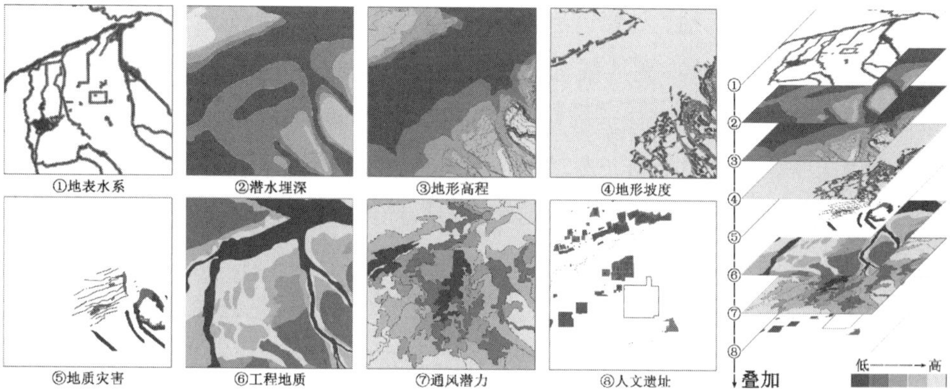

图6-31 西安都市区各类生态因子安全格局的统筹叠加示意图
（资料来源：作者自绘）

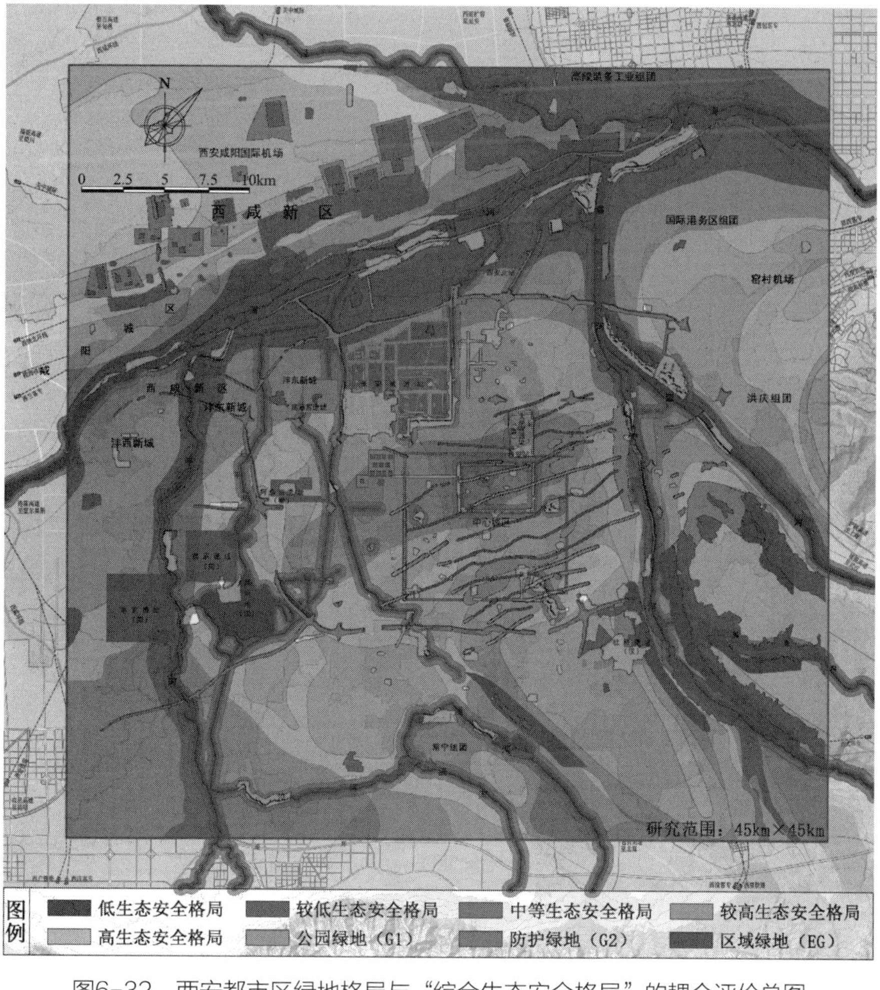

图6-32 西安都市区绿地格局与“综合生态安全格局”的耦合评价总图
（资料来源：作者自绘）

进而通过分级识别、计算得到：①“底线（低+较低）安全格局”占都市区总面积的30.71%（<50%警戒线），主要分布在河湖水系及近岸，台塬边坡及沟谷，出露地裂缝，大遗址保护区，及水文与地质较敏感、通风潜力较弱等地带；②“满意（中等）安全格局”占25.87%，主要位于高程较低的平原阶地、滨水缓冲区、台塬端部及较窄塬面、隐伏地裂缝、历史城区与文保建控地带，及地下水埋深较浅，地质有液化、湿陷现象的地区；③“理想（较高+高）安全格局”占43.42%，主要为城市的连片建成区，河岸与平原腹地的规划在建区，以及较大台塬宽阔塬面上的农田与乡村地带（图6-33）。这反映出城市化进程已将明清老城四周原有的自然乡野化地表改造成了集中连片的硬质化人工空间，并增加了区域整体景观的“破碎化程度”。如此粗放的土地利用方式已使区域生态空间占比迫近到了“临界点”。

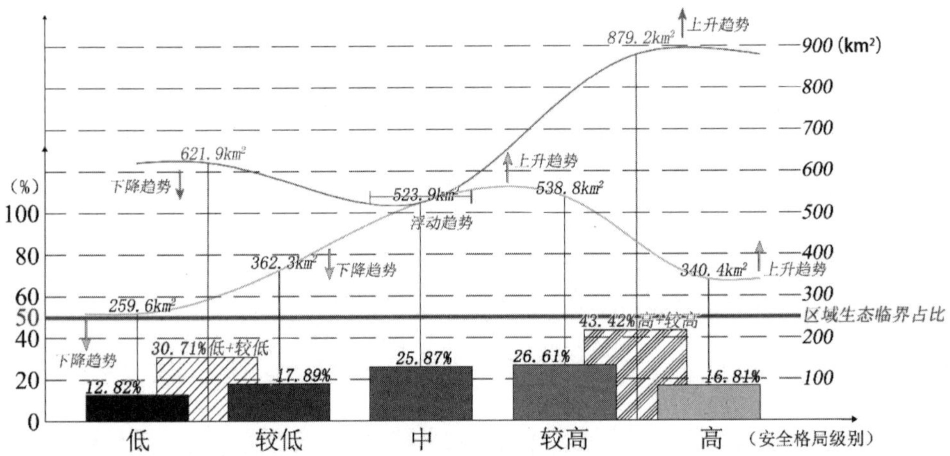

图6-33　西安都市区各级生态安全格局面积、占比及发展趋势统计图
（资料来源：作者自绘）

3. 分类分级的生态耦合度

最后，将不同类型绿地的分布状况与各级别的生态安全格局作以“平面叠加”及“量化统计”，由此综合判断二者的“耦合特征”及“耦合程度”（表6-16）。

西安都市区各类绿地格局与各级生态安全格局的耦合评价汇总表　表6-16

生态安全格局各级形态及范围	公园绿地与其耦合状况	防护、附属绿地与其耦合状况	区域、农林绿地与其耦合状况
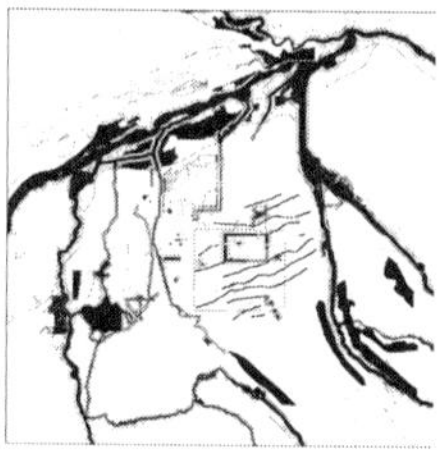 低水平安全格局（底线），面积：259.6050km^2（占12.82%）	 外围耦合度较高，内部一般；内部沿地裂缝呈较大间隔分布	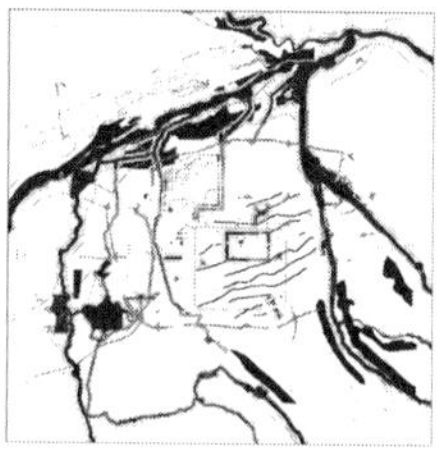 总体耦合度较低；北、西部沿河大体平行耦合	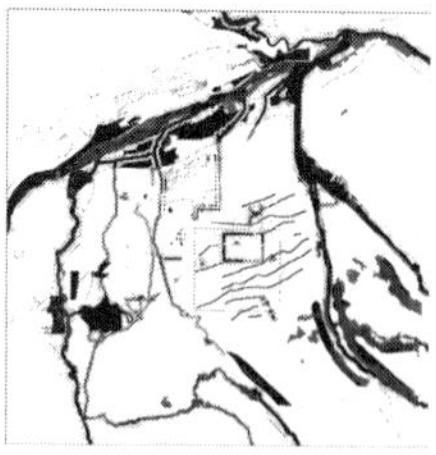 总体耦合度较高；主要沿八水及台塬沟壑相叠加
 较低水平安全格局（近底线），面积：362.2725km^2（占17.89%）	 内、外耦合度总体一般；多与历史遗址、滨水地带重叠	 总体耦合度一般；沿水系及绕城地带耦合度较高	 总体耦合度较低；形态走势相符，但重叠度低
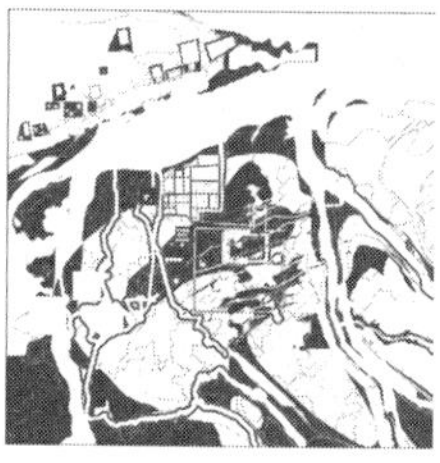 中水平安全格局（满意），面积：523.8675km^2（占25.87%）	 外围耦合较低，内部适中；多与地形、史迹相贴合	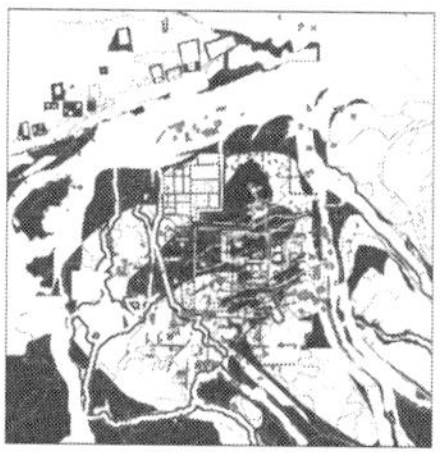 总体耦合度较高；老城区的北、西、南外圈较明显	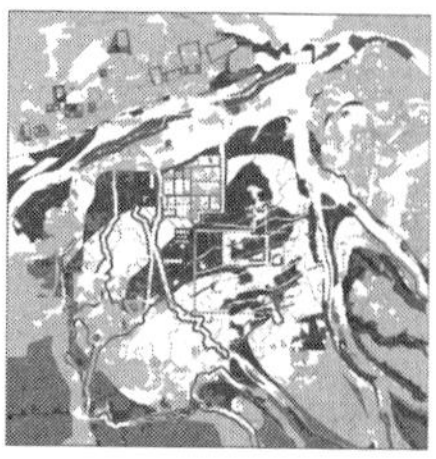 总体耦合度较高；多与外围生态基质及廊道重合
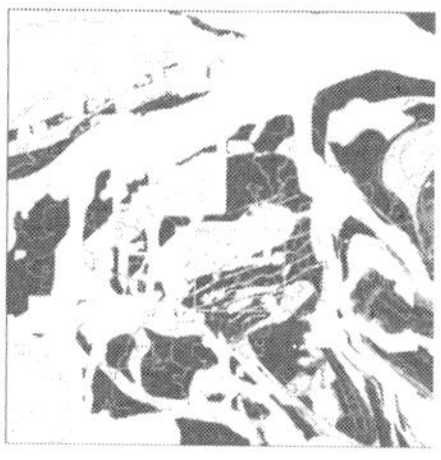 较高水平安全格局（较理想），面积：538.8525km^2（占26.61%）	 总体耦合度较低；个别长绿带有所穿越	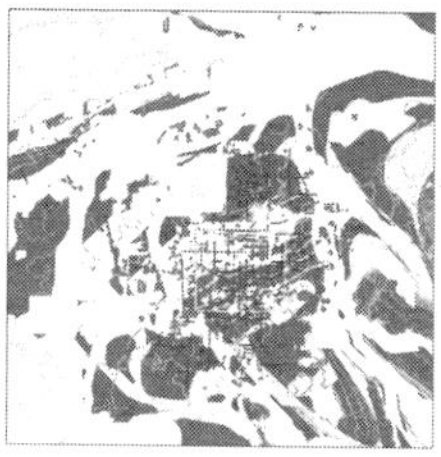 总体耦合度较高；长安六爻及高新、长安区较明显	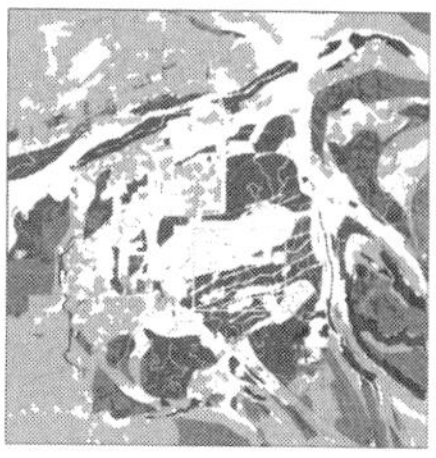 总体耦合度一般；在港务区、沣西、白鹿原较明显

续表

生态安全格局各级形态及范围	公园绿地与其耦合状况	防护、附属绿地与其耦合状况	区域、农林绿地与其耦合状况
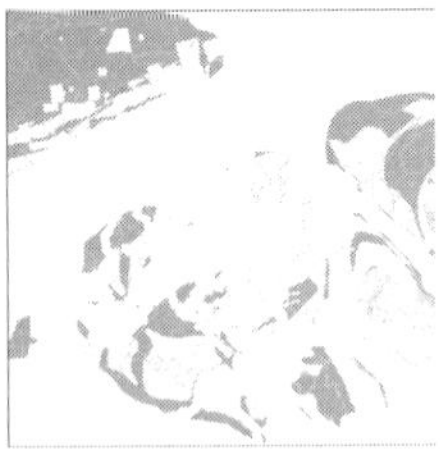		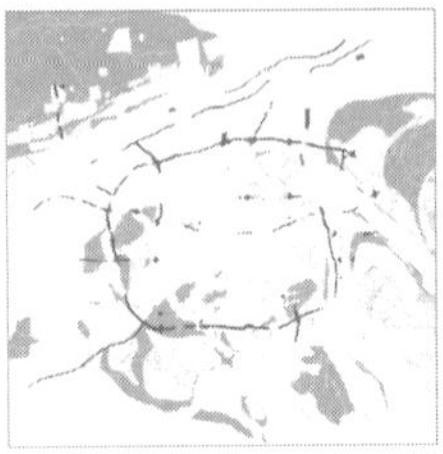	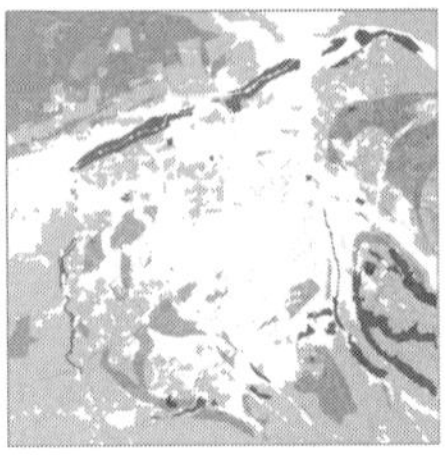
高水平安全格局（理想），面积：340.4025km^2（占16.81%）	总体耦合度极低；零星出现边缘交叠	总体耦合度一般；沿西、南绕城地带较明显	总体耦合度一般；多在洪庆山北麓及渭北咸阳原

注：各级生态安全格局的面积总和，即等于都市区范围的面积（2025km^2）。
资料来源：作者自制。

通过以上叠加结果可见：①绿地格局总体的生态耦合度呈“郊外—市内”递减状态。②市区的外围水系、边缘大遗址、内部历史街区及潜在地形脉络成为绿地较多耦合的生态要素。③都市区“低＋较低”水平生态安全格局多呈条带状分布于城乡接合部，可与滨水、湿地、遗址及郊野公园实现形态耦合，也能与绕城防护绿环大体走向一致。④“高＋较高”格局多呈块面状，可在城内与道路绿网、附属绿地重叠，在郊外与农林绿斑、基质重叠，但整体与公园绿地交集甚少。⑤“中等”格局处于过渡、均好层面，其多与城内中北部“公园＋附属”绿地系统及城外西南郊“农林＋区域”绿地体系均有叠合；而在内外之间地带则出现了明显的“留白圈层”。

进而配合上述图表，将都市区各级生态安全格局被各类绿地“单类”及所有绿地“总体”所叠合的各项“面积占比”加以量化统计（图6-34），从而由图可知：

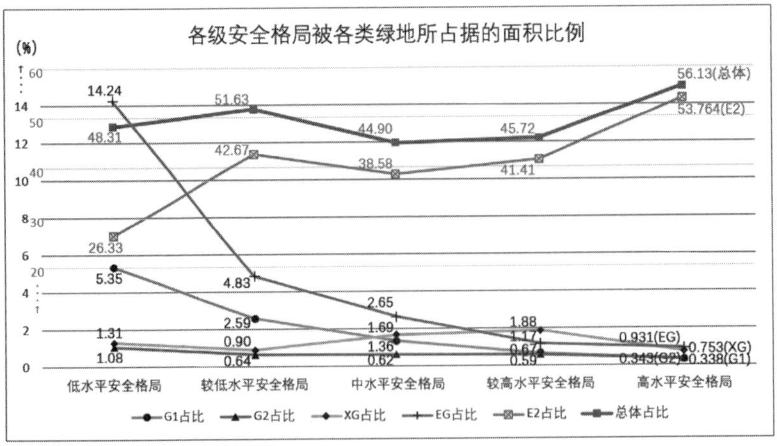

图6-34 西安都市区各级生态安全格局被各类绿地所占据的面积比例统计图
（每列黑色数字为各类绿地情况，灰色数字为农林及总体情况）
（资料来源：作者自绘）

①各级安全格局被总体绿地的占据比例基本处于50%量级（红线），说明都市区绿地的生态耦合度尚可（仅从“量”看），并且仍有较大提升空间。②位于城区内部的公园绿地G1（含广场）、防护绿地G2、附属绿地XG，及近郊的区域绿地EG，均基本随着安全格局级别的增高而占据其面积的比例呈下降态势，可见城市绿地较易建设在生态环境本身较好，或生态要素本就较为彰显的地区，而难以开辟于城市建设较密集或人工化占比较高的地区。③农林用地E2占据各级生态安全格局的比例（浅绿线）明显高于其他4类绿地，其自身平均耦合度约为40.55%，占据绝对优势并支撑起了都市区整体绿色空间的生态耦合占比。由此折射出当前城市型绿地（经规划、设计且具综合功能）整体的生态耦合度仍处于较低水平，其拉通的平均耦合度仅约8.79%。④同时，农林用地也一反常态随安全格局级别的增高而面积占比也呈上升趋势，但这并不说明农田、林木与城市核心人工空间有着较好结合；实则是与那些地形较平整、生态要素不甚凸显的外围城乡接合部郊野多有重合。而这些地带却极易遭受城市开发建设侵占，是新区拓展、都市连绵首当其冲地区。由此综合说明当前农林用地与生态空间的“高比例耦合”仅是处于不稳定状态的“虚高耦合”。

之后，将叠加分析的主—客体相调换并以各类绿地为对象，分析其与各级生态安全格局相耦合的“面积分配占比”情况，由此依统计结果可见（图6-35、图6-36）：

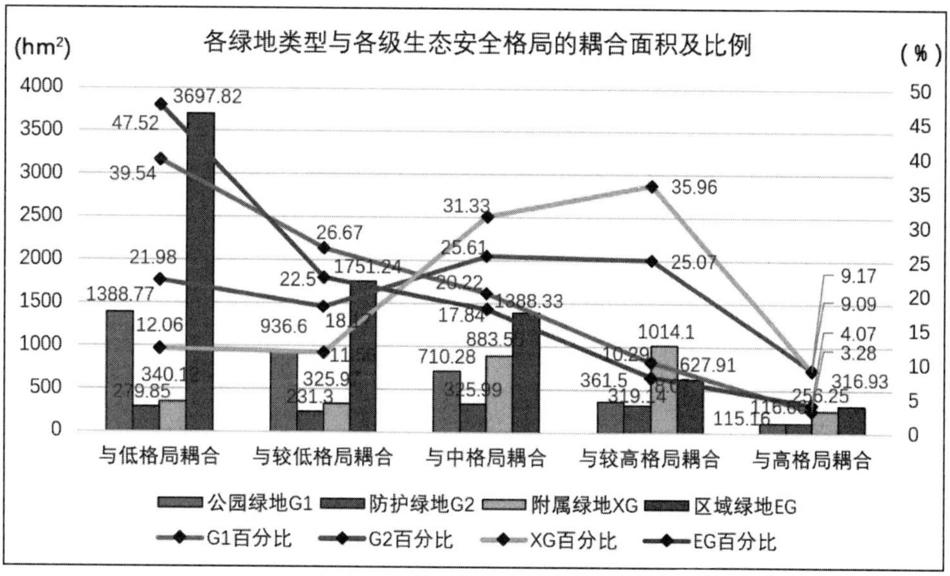

图6-35 西安都市区各类绿地与各级生态安全格局耦合的量化统计图

（资料来源：作者自绘）

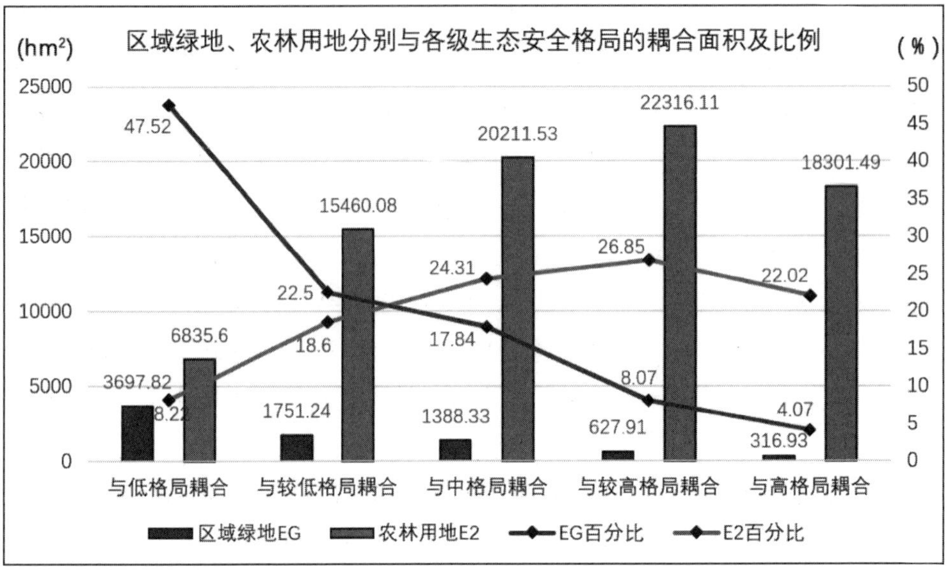

图6-36　西安都市区区域绿地、农林用地与各级生态安全格局耦合的量化统计图
（资料来源：作者自绘）

①公园、防护、附属及区域这4类绿地的面积量级相当，具有可比性；而属“非建设用地”的农林用地，因规模较大，从而只与区域绿地作比。②公园与区域绿地均随生态安全格局级别的增高而耦合面积逐渐减少，说明二者在规划选址时更多地倾向于与生态较关键区结合。③公园与附属绿地与“中—较高”级格局耦合较多，说明其更多受制并服务于较成熟的人工建成空间。④农林用地因本身所处地势较平整、生态特征较不显著，从而不免更多地与城市外扩方位相一致，且随着城市化建设的推进而加速减少（尤其在当前主城区的东北、西—西南方向）。⑤综合以上量化统计结果及占比构成，未来应使各类绿地均要：固守与“低格局”的底线耦合，努力发掘、提升与“较低—中格局”的弹性耦合，同时调整、优化与“高格局”的精准耦合，由此方可形成并维系出较为理想的“梯级＋流动”的综合生态耦合趋势。

6.4　绿地格局的理想生态耦合机制

综上，西安城市绿地格局的生态耦合机制主要包括了各尺度层级下：①生态要素类型的划分，②生态耦合模式与程度的评析，及③理想生态耦合机制的总结及未来规划愿景的提出（图6–37）。

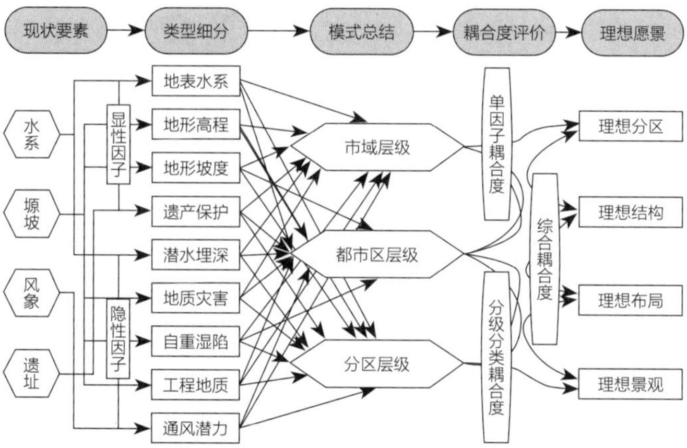

图6-37　绿地格局生态耦合机制构成解析图
（资料来源：作者自绘）

得出理想的生态耦合机制：①背景与基础在于“城市环境—生态本底—绿地格局”三者的互动关系；②目标与重点在于绿地格局与“水—土—风—人文”四大要素的空间叠合、形态匹配、功能协调；③任务与路径在于市域层面守住“生态底线”，都市层面达到“生态满意”，分区层面落实“生态理想”。由此，各层级间上下传导并释放“正向影响—负面警示”双重作用，绿地—生态间发挥“主动引领—被动限定”交互功效，最终在当前国土空间规划体系建构及绿地系统规划转型进程中呈现出绿地建设—生态保护间“良性共生—协同共进—多维共荣”的耦合增益效果（图6–38）。

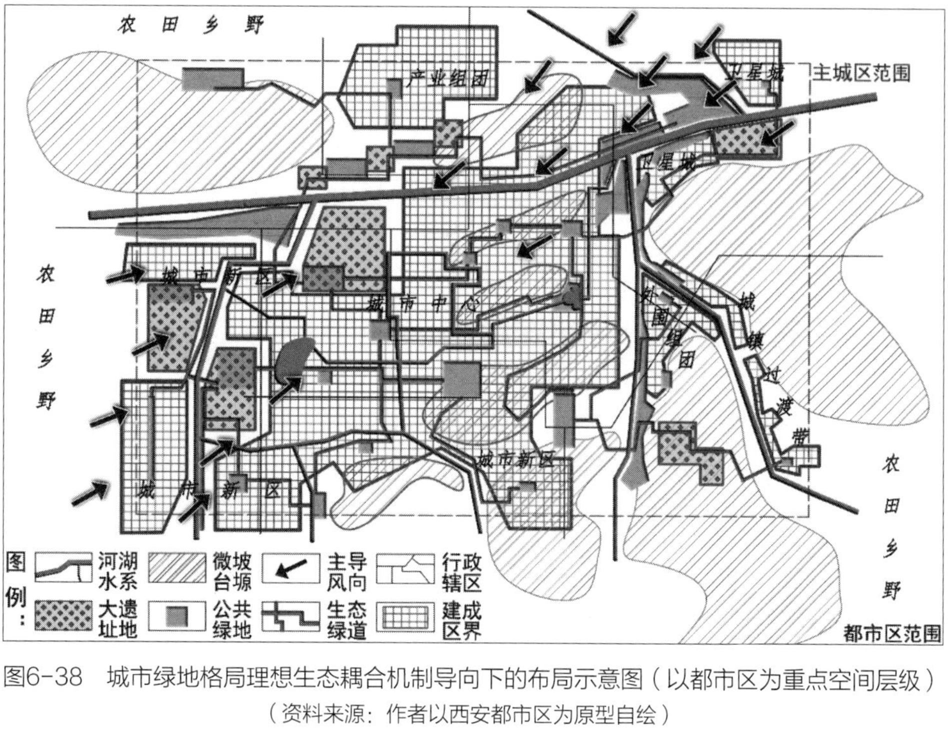

图6-38　城市绿地格局理想生态耦合机制导向下的布局示意图（以都市区为重点空间层级）
（资料来源：作者以西安都市区为原型自绘）

第7章 西安城市绿地格局生态耦合规划策略

"绿地格局生态耦合规划"章节技术框架见图7-1。

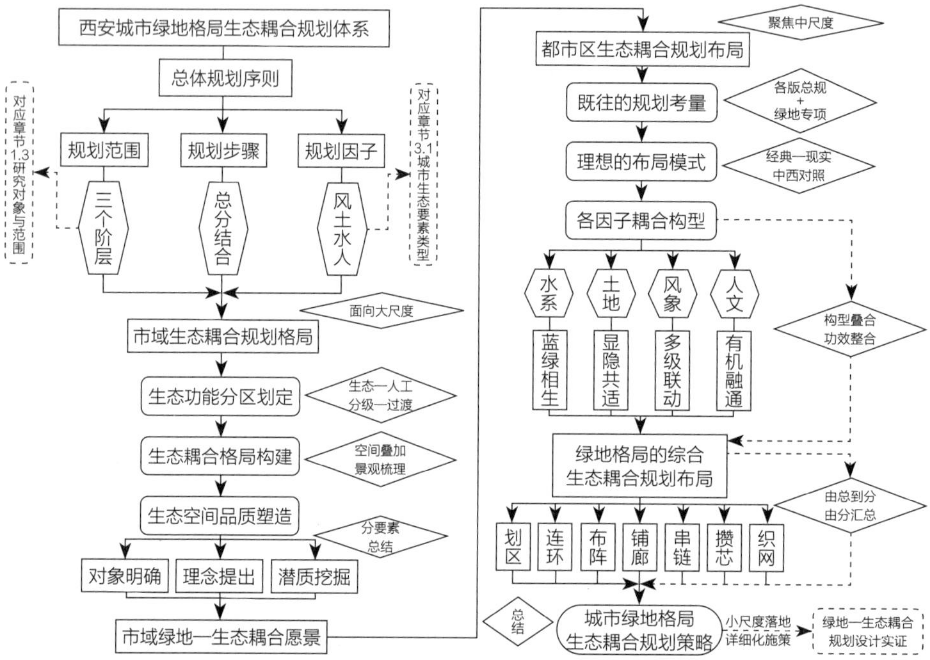

图7-1 "绿地格局生态耦合规划"章节技术框架图
（资料来源：作者自绘）

7.1 总体生态耦合规划序则

（1）**规划范围**：西安绿地格局生态耦合规划核心范围与前文"都市区"范围一致，即："北达泾一渭一灞三河交汇之洲，南至滈一潏两水环抱神禾原之首，东抵洪庆山西麓铜人原之丘，西含沣河两岸丰一镐二京之址"的区域；同时兼顾市域与分区尺度。

（2）**规划因子**：参照西安近期提出的生态城市目标"恢复秦岭山区植被，实现塬丘林草覆盖，构建平原绿网体系，水系污染普遍治理，空气优良天数占据大多"，由此沿用前文的4类生态要素"水一土一风一人文"作为生态耦合规划因子（表7-1）。

生态耦合规划因子的内涵及规划侧重汇总表　　表7-1

因子类型	内涵指代	对应城市问题	对应规划内容
“水”因子：水系与水文	天然水系的存在形式、环境功能、变化规律；人工水体的雨洪、景观作用	水系连通弱、循环差、形态萎缩，河床裸露；硬化岸线比例高、雨季洪涝、旱季缺水、湿地脆弱、水质难以自净等现象	城市水系统、水环境、水生态、水文化的梳理与塑造，以及雨洪调蓄、水汽循环、亲水宜居功效的“提升要求”
“土”因子：地形与地质	城市总地势、分区地貌、微地形及高程变化、高差限制、竖向设计要求等	集聚式用地布局及人工建设覆盖，割裂原有生态脉络、地景风貌，并产生环境恶化、景观丧失、地灾风险加大等问题	城市立体空间架构、特色地形风貌、自然—人文地景形胜，以及现代城市天际线、高差竖向景观等的“营造目标”
“风”因子：气候与风象	城市气候条件、风环境特征及通风要求等	雾霾频发、污染物扩散不力、夏季高温、热岛效应显著、风力较弱、通风不畅等	城市空间形态、绿地结构、建筑肌理及风道体系的“规划原则”与“建设标准”
“人”因子：遗产与人文	文化遗产保护、旧工业遗产利用，及市民精神生活与文化活动的场所营建	古迹遗址保护范围不清、管理不力、体系不全、易受侵占，或主要发挥参观游憩功能而生态环保作用受忽略等现象	遗址范围划定、价值评估、保护管理、环境整治；古迹、旧址、历史建筑及环境，历史街区绿化、景观、传统风貌营造等的实施

资料来源：作者自制。

（3）**规划步骤**：参照常规生态规划步骤“生态调查—生态适宜性评价—生态区划—生态格局优化”，首先基于前文的市域生态安全格局评价结果及结合最新总规中的生态隔离体系规划，从而划定出市域的“生态耦合功能分区”；其次将现状绿地叠加于分区之上，并根据景观生态学原理及生态建设目标而形成市域的“生态耦合规划总体结构”；之后在都市区层面根据前文的生态耦合机制评析，并参考国内外代表案例城市的绿地生态化布局方式，及西安历版绿地系统规划中的生态考量，从而建立起绿地格局与单项及综合因子的“生态耦合规划构型与空间布控”。

7.2　市域生态耦合规划结构

7.2.1　市域生态功能分区划定

根据王如松“社会—经济—自然”复合生态系统论可知，生态耦合规划的关键在于生态分区。由此，基于市域综合生态安全格局，以“本底完整、要素联动、城乡统筹、空间过渡”为原则，结合既有地貌特征及地景分布，将市域划为“保育—缓冲—影响—参与”四大生态功能分区；同时结合主体功能区规划常设的“优化—重点—限制—禁止”四级开发强度，对应得到“秦山渭水禁止建设区、农林田野

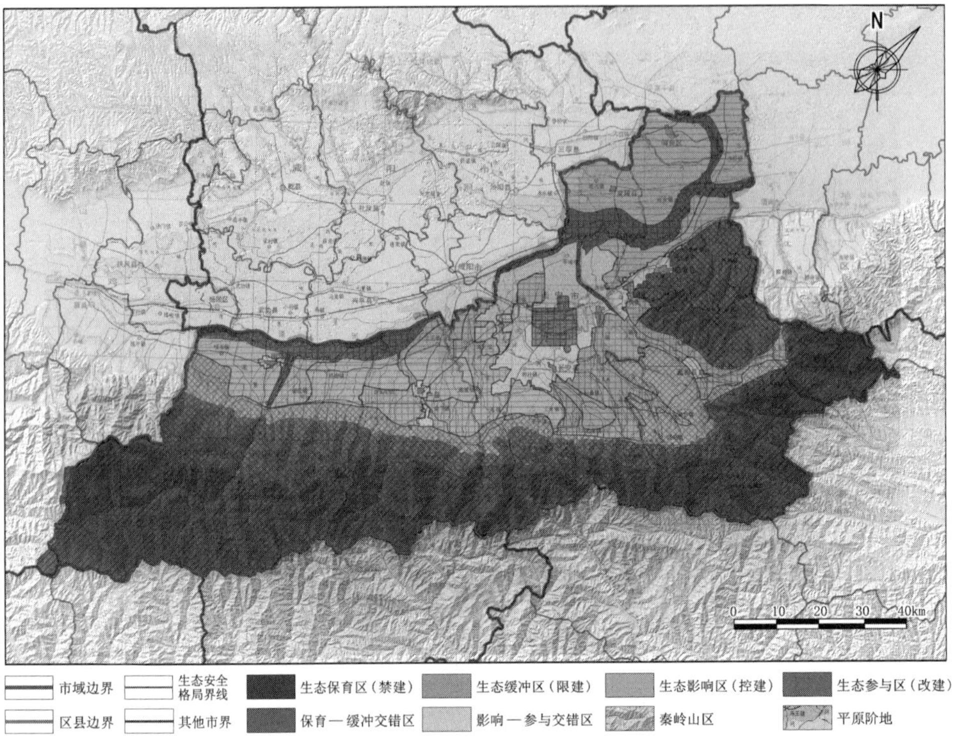

图7-2 西安市域生态功能及建设强度分区图
（资料来源：作者自绘）

限制建设区、新区发展控制建设区、旧城更新改造建设区”等四级建设强度分区（图7-2）。

进而聚焦绿地现状，在结合山水地景、遗址保护、园林绿化等分系统空间特征的基础上，重点围绕“秦山渭水保育、八水五塬修复、风热环境疏导”三方面制定“法则”，构建起“生态基质—绿色廊道—绿地斑块复合叠加的生态绿地系统格局”，从而实现市域生态“可控化”、人地关系“有机化”的规划目标（表7-2）。

西安市域“绿地—生态”耦合规划区划及对应策略汇总表　　表7-2

生态区划	范围及现状条件	规划及保护目标	绿地耦合对策
生态保育区（原生自然区，秦山渭水禁止建设区）	秦岭北麓25°坡线以上深、浅山区，渭河河道、堤内滩涂、近岸阶地；其生物富集，生态体系健全，地貌独特、完整，人类影响微小	坚守生态之源，确立自然保护体系。遵从山水格局，保护风景及气候资源，划定生态系统核心区，严禁除环保、科研外任何人工建设介入；构建生态屏障，实行综合保育措施	结合秦山渭水的生物、气候、景观资源，构建综合自然保护地体系：①尊崇秦岭“中华龙脉”、气候分界、生态屏障、中央公园地位，划定重要植被群落、动物生境、饮用水源地及特殊地质地貌保护界线；②提升渭河关中母亲河地位，识别河床、滩涂、湿地、驳岸等水陆界面要素，划定核心保育区段；③充分稳固、彰显山—城—水传统地景关系

续表

生态区划	范围及现状条件	规划及保护目标	绿地耦合对策
生态缓冲区（自然边缘区，农林田野限制建设区）	秦岭北麓25°坡线—山前5km内川塬、田野；主城区周边景区、保护区、大遗址、≥10hm^{2}绿地、≥1km绿带；重要市政管线、交通设施外500m；军事、农业、水利设施外1000m。空间复杂、界面曲折、种群多样，有人工痕迹介入	彰显生态本底，重塑城乡景观格局。充分维护自然地貌、地域风貌原真性；管控城镇、产业建设只减不增；确保重大设施外部生态防护、隔离功能纯粹性；科学引导、调整农产、灌溉、林木培育、水土保持、地质安全、遗产保护、风景营造等规模与形态，并嵌入生态缓冲带，最大程度地降低影响、提升融合	梳理构建蓝（河湖水系）、绿（乡野林田）、灰（交通干线）、紫（大遗址地）四类生态特征空间，形成人与生物共享的“单线＋放射＋圈环”绿地格局：①顺应关中平原“塬隰交错、山水共养”自然本底，依水连通秦岭生态之源与渭河生态之汇，形成纵向“水网”。②注重田野基质—村庄斑块间边界处理，使之“有机互渗”，并沿川壑、塬坡、山脚、林缘、田埂等地形加强城乡联系，形成横向“地脉”。③依循“源于自然、回归自然”生态规律，重视水文与气候环境功效；确立“秦岭生态本源、景区生态活化、农田生态烘托、遗址生态缓冲、水系生态贯穿”的生态耦合体系
生态影响区（人工渗透区，新区发展控制建设区）	邻近、跨越绕城高速内外的各方位城市新区、功能片区。自然环境受到明显人工渗透、掺杂，原生态得到“斑块化、断续化、隐伏化”保留，生态在二者博弈下较“被动”	疏通生态走廊，开辟人地互通脉络。识别延续自然、人文、乡土生态要素，结合城市四线划定保护范围，各类工业、商服不得侵占，其他建设需依环评，景观、生境及生物多样性保育等因素而作退让或减量，并制订先导措施和应急预案	在主城区东北、西南、东南构建“渭禹、白鹿、沣户”三条生态绿楔，承载绿道及风道功能：①尊重城市山环水抱、川塬起伏地势，融入古代营城象天法地、天人合一规划智慧；②以主要方向3条绿楔“外引内延”，引导外界水、风、林进入城区绿地系统，注入生态活力；③依托各类线性空间打造18条生态廊道，保证空间畅通、形态延展、相互间多点交错与有效链接，并在旁侧建立过渡带与衬托区，形成人与自然、城市与乡村联系的动态生态脉络
生态参与区（人工主导区，旧城更新引导建设区）	唐长安城址、二环路及1980年代城区范围（东西郊及道北），建设密度大，硬质空间占主导；绿植覆盖较少，整体生态原貌受覆压而隐匿、改变；绿地自身游憩性较强、生态性不足	构建生态网络，打造绿色基础设施。围绕历史建筑、古树名木、记忆场所、特色街巷营造绿色环境；结合名城保护、小气候优化、建筑节能及各类污染控制，限定建设强度、密度；用低影响绿色更新方法实现空间适宜、功能适用、景观适生	升级公共绿地系统，明晰绿色空间层级，并与邻近生态要素、人文遗迹的形态、肌理、过程相贴合，落实城区生态修复及补偿：①串联古迹遗址、彰显历史格局、激活文化线路，形成“多维绿脉”；②伴随城市干道、环线、街巷，建设海绵绿带、健身绿道、生活绿圈；③激活公园三维空间、复合邻地的居住、办公、通勤、文娱功能，形成一体化绿色社区；④多元系统叠加、周边地块带动，共同形成复合型、互动化、循环感的“人居绿色网络”

资料来源：作者自制。

7.2.2 市域生态耦合结构构建

我国自古有《道德经》“人法地，地法天，天法道，道法自然”及《管子·五行》“人与天调，然后天地之美生”的传统生态哲学思想；西方近现代亦有强调人与自然依存共生及可持续发展的生态发展观念。因此，市域生态耦合格局的构建应以遵从自然规律、坚守生态本源为原则，以基本生态过程维护、多样生态功能修缮、整体生态安全优化为重点；进而面向未来，既需结合区域自然条件及产业发展趋势，建立点线面结合的多层次、多类型绿色开敞空间系统（汪晓茜，2003），更应充分彰显生态本底特征，保障生态要素完整，明确生态保育区划，形成绿色生态基础设施。

由此，基于绿地与生态的空间叠加，参照生态功能分区，秉持生态源地、景观基质、生境斑块“得到承载”，城镇建设、人工干扰“受到限定”的原则，遵循“尺度相适—结构相配—过程相伴—格局相融”的路径；同时，结合景观生态原理，构建起“一屏障—三绿楔—数廊道—多专区—众节点”的绿地景观格局。由此使市域绿地格局趋向达到与生态空间“有序关联、分形补充、多维契合”，与生态过程“时序同步、内因相适、外象相配”，与生态功能“机理同构、作用叠加、效用增益”的目标，并最终形成“南源北流、点网相生、汇济共荣”的有机生态耦合结构（图7–3）。

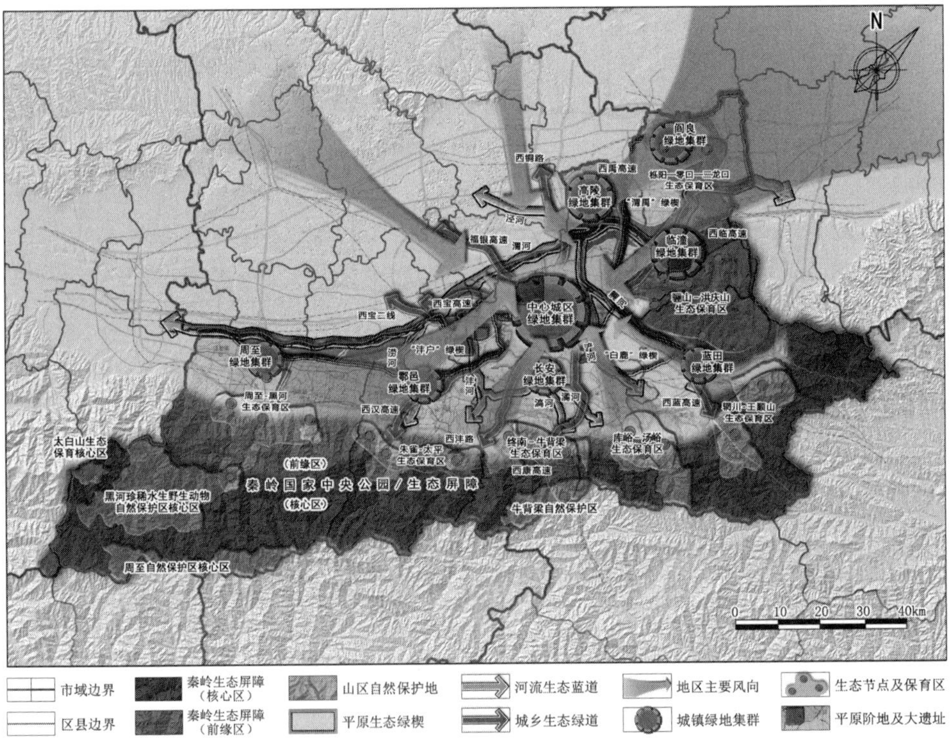

图7-3　西安市域“绿地—生态”耦合规划理想空间结构图

（资料来源：作者自绘）

具体来看："一屏障"是指"秦岭生态屏障"，其当前主要由山区内部众多的"自然保护区、风景名胜区、森林公园、旅游景区、水库库区、动植物园及湿地公园"等空间形式所组成；未来，它们将统一纳入以"秦岭国家中央公园"为主体的自然保护地体系，并重新划分形成若干个"生态保育区"，即"多专区"所指（表7-3）。

西安市域生态保育专区绿色空间组成汇总表　　表7-3

保育专区名称	面积（km^2）	所在区县	绿色空间组成
周至—黑河水源生态保育区	350.85	周至	周至自然保护区、黑河珍稀水生野生动物自然保护区、楼观台风景名胜区、秦岭国家植物园、黑河金盆水库、西骆峪水库
朱雀—太平森林生态保育区	188.43	鄠邑	朱雀森林公园、太平森林公园、甘峪水库、高冠峪景区
终南—牛背梁高山生态保育区	199.55	长安	翠华山—南五台风景名胜区、终南山地质公园、牛背梁自然保护区、青华山、九龙潭景区、祥峪森林公园、秦岭野生动物园、石砭峪水库
库峪—汤峪川塬生态保育区	142.55	长安—蓝田	库峪—太兴山景区、汤峪湖森林公园、小峪水库、大峪水库、杨庄美丽乡村、鲍旗寨写生基地
辋川—王顺山山麓生态保育区	248.43	蓝田	辋川景区（辋川溶洞）、王顺山森林公园、蓝田猿人遗址、莲花山森林公园、玉山蓝河景区、葛牌古镇
骊山—洪庆山风景生态保育区	531.17	临潼—灞桥—蓝田	骊山风景名胜区、洪庆山森林公园、芷阳湖景区、簸箕掌景区、仁宗庙，韩峪、胜利、侯家河、三岔河、白马河、龙河、玉川等水库
武屯—栎阳—零口河原生态保育区	238.13	临潼—阎良	石川河湿地公园、清河生态湿地廊道、栎阳城遗址、零河水库、二龙口水库，以及渭河、石川河两岸平原阶地

资料来源：根据调研及资料整理而得。

进而，"三绿楔"则是指根据西安主城区所在市域及关中平原中的"地形环境限定、气候通风条件"及"建成区形态缺口方位"，综合得出宜在城市的东北、西南、东南部构建三条楔形绿地。

这些楔形绿地总体具有较长的"距离延展程度"与"城乡空间跨度"，且均发源于较为自然的"水系、田野、台塬"地带，并多依循着较为清晰的地形脉络，如：山麓与河流所夹成的天然阶地，河岸与洼地所合成的平行台地，以及坡崖与川道所组成的塬间谷地等；同时，它们还以逐渐收窄的宽度对接起城区尺度下的各类绿地、林带、水体或遗址，因此已完全具备了"生态化"的内涵与本底特征，成为了三条汇聚型的"生态绿楔"（表7-4）。

西安市域主要三条“生态绿楔”规划详情表　　表 7-4

方位	名称	形态	长度	建设方式
东北部	渭禹绿楔：渭河—骊山间，沿西禹高速走向	起于骊山—临潼城区东北新丰原与渭河间“窄口”处，依塬—河间阶地通廊向西南延伸，经斜口后地势开阔并以5～3km宽度逐渐收窄，直至浐灞半岛核心区	约29.6km	该绿楔与西安国际港务区部分重合，需协同规划建设
西南部	沣户绿楔：鄠邑乡野—沣河，沿西汉高速走向	始于涝峪河西岸平阔乡田，在G108与西汉高速间以6～12km宽度向东北逐渐收窄，跨越沣河两岸丰镐遗址、昆明池景区后进入绕城内的鱼化寨城乡接合部	达31.5km	该绿楔横穿西咸—高新多个片区而应注重统筹衔接并留足连贯的通风型生态绿廊
东南部	白鹿绿楔：以白鹿—少陵两原间浐河开阔河谷为核心通道，附带两侧塬缘坡级地带及上部一定宽度塬面	起于长安区东部库峪—浐河交汇之鸣犊镇，以约3km宽度直向西北，经马腾空的两塬开口处进入绕城内月登阁—雁鸣湖地带。由此绿楔分支：右支沿浐河城市段北上，宽度渐窄（1.9～2.5km），直至纺织城南；左支则紧贴少陵原边坡继续延向西北，经西安新植物园后，以长鸣路与公园南路间0.5～0.8km带状暂空地到达等驾坡村，最终与在建的幸福林带相接	南支约11.5km、北右支约5.3km、北左支约4.8km，总长16km	该绿楔未在城乡发展主轴，主要途经川塬地势的农田、遗址、风景地。须保持风貌原真，控制、限定城建漫延或建筑压占绿地；并做好遗址保护、水土保持、植被保育等生态工程，确保生态流动无阻

资料来源：作者自制。

再者，“数廊道”主要包括围绕中心城区的“河流水系廊道”，以及沿国省公路向四周放射，途经并贴合于各类建设用地、农田、林草地环境的“城乡绿道”，其总体起到了连接城区人工绿地与乡野生态源地（即：多专区、众节点）的作用。

7.2.3 市域生态空间品质塑造

识别生态要素是基础工作，划定生态分区是推进工作，挖掘生态潜质是提升工作，而活化生态品质则是创新工作。未来西安市域的生态建设方向，应立足本质、研判现状、修补弱项、发挥优势，同时以各类绿色空间为先行载体，从而使既有自然空间、城乡地带得以释放出生态潜力并塑造出生态品质（表7-5）。

西安市域生态要素保护及绿地耦合愿景汇总表

表 7-5

生态要素	具体对象	规划理念	基础保障及潜质挖掘	绿地耦合愿景	控制指标
山地、土塬	秦岭原生态山水与生境资源，洪庆山低山丘陵	建立以国家公园、天然动植物园为主体的自然保护地体系	严肃纠正违法建设及人为破坏，既按照“国家公园”理念建设和管理，也发挥生态资源“外延”、生态效益“外溢”作用；形成“山川相连、林水相依、乡土相融”的自然景观	构建“山岳生态景源”，并使植被群落、生物生境沿峪道、河流、公路、地形、田间蔓延形成“绿廊、绿道”而“活力注入”城乡空间	地貌特征、地形高程、地景视觉、地质灾害
	东南郊白鹿、少陵、神禾、洪庆原等	城市发展的天然屏障，乡村振兴的绿色高地	保护完整塬体风貌，对侵占塬面建设加以集约优化，缩减占地，降低密度、体量，提高地表绿化、园林化占比，并划定城镇增长边界	建设台塬郊野公园、坡崖沟壑生态绿带、塬面大遗址保护区，并使乡村聚落有机镶嵌于田野本底之中	地形高程、地质条件、土壤湿陷性
	乐游、龙首、凤栖原等	城市肌理中的“地景斑块”	逐渐清除违建、提升绿化，保持自然天际线并以公共风景、胜迹、宗教、文化主题加以打造	形成城中依天然地形、边坡、制高点的风景地、史迹公园、通风绿地	地形、坡势、建筑风格
河湖、水系	建成区内“河、湖、池、渠”	形成“历史踪迹的映照”以及“现代景观的衬底”	恢复已整体消失、局部断流、掩于地下、仅剩干枯洼地、仅留名称而不见其形的历史河渠、水泊；配合道路、遗址、工业绿化构建海绵基础设施，发挥风景意义、人居功能、环境效益	用明沟暗渠连通、盘活护城河内外公园湖池水系，让市井水流重见天日、交互穿梭；在城郊水岸及汇水地带打造“滨水绿带、三角绿洲”	生态岸线占比、水网密度、水面自然形态指数
	城郊八水、峪道（口）、湖库、湿地滩涂等	以“蓝色生态框架”实现水城乡野的互补、互渗、互动、互融	遵循水生态过程、规律，修复受损、过度人工化水陆断面，提升净化水质；将山塬、城乡、遗址、田园的水系、水景统一营建形成“一屏一带、三区多核、蓝绿织网”的多维水循环系统	围绕水岸、流域建设形态柔顺、层次有致、动静有序、寓教于景的湿地公园、水利景区、滨水林带、亲水社区；重塑八水润城之景	水域开敞度及视距、近岸建筑控高、水坝间距
田园、遗址	都市区大型综合公园、带状绿地，边缘区的大遗址地、农田与林地	构建城乡绿色空间体系；以斑廊基模式理顺形态、建立层级、连成网络	①增扩遗址保护区划，加快唐城绿带、幸福林带、遗产绿道网建设；②精确划定永久基本农田红线，保证农耕土地的规模化与连续性，使之成为城乡最重要的生态本底；③保护乡土原有地景风貌，使“形如其名”（白鹿原牛角尖村、鄠邑区秦渡镇、樊川寺坡村等）	①以遗址绿地体系实现文保与环保的融合发展；②打造美丽乡村原生态景区，统筹乡间野趣、自然风光及生态体验；③构建公园城市绿色游憩体系及田园都市的“生态农业—林草复育—水土保持”新格局	森林覆盖率、农田林网密度、绿道公里数、遗址绿化覆盖率
气候、风象	大区域生态空间格局，中心城区绿地及开敞空间系统	依托多部门协作与跨学科研究，开展城市风道系统及冷源绿地格局建设	①将风因子纳入城市规划体系及层级；②关注风环境，分别针对地区主导风、秦岭下山风、局地对流风而识别、保护、开辟绿色开敞空间；③保证城市风道通风顺畅所需的“方位、长度与宽度”要求，同时让公众在日常通勤、生活、休闲中感受到适宜的风与温度的调节	①提升绿地为风道景区、冷岛公园、氧源林带、净气绿屏，营造“主导风契合、小气候调和、多功能耦合”的生态基础设施；②梳理、更新顺应风环境的跨区绿色空间序列，使与游憩、民生、生态功效相耦合	街道的主导风向偏角、地表粗糙度、天空开敞度、绿植降温指数

资料来源：作者自制。

7.3 都市区生态耦合规划布局

7.3.1 既往的生态规划考量

回顾西安历版总体规划中的绿地布局形态，提炼、总结其在生态耦合方面的既有考量及演进特点，从而为当前的生态耦合规划作以必要的经验铺垫（表7–6）。

西安历版总规中的绿地布局及生态耦合策略汇总表　　表 7–6

规划年代	规划名称	生态耦合策略	规划图示
1950年	西安都市计划蓝图	城市在西郊拓展新区，绿地以“带状”出现在河渠两岸、地形边坡，以“环形”布置于城墙沿线、外环路及机场外围，与原有古迹外环境绿化共同形成了绿地的规划格局	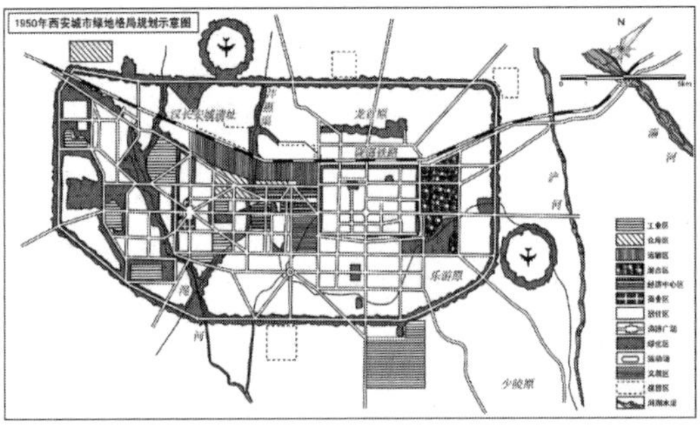
1951年	西安都市计划蓝图（修编）	城市绿地除了在水系、地形、遗址、机场处布置之外，更多体现了与工业区的“结合”，或穿插其间，或边缘隔离，从而使厂区与生活区得以“交错有间”	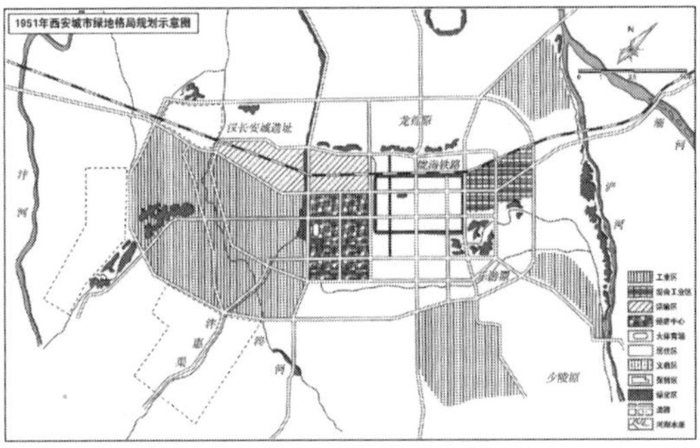
1952年	西安都市计划蓝图（新编）	城区由“新旧分隔式”回归“旧城扩展式”。由此，绿地与防护林更加体现了以水系“串连”各类公园的“环绕式”布局，并与北部遗址绿地共同“围拢”起明清旧城	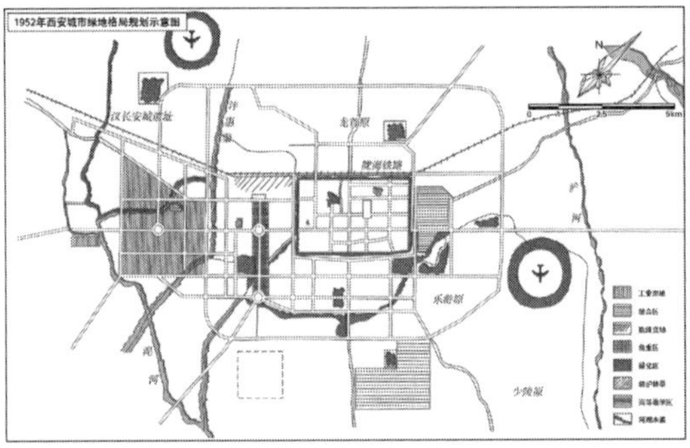

续表

规划年代	规划名称	生态耦合策略	规划图示
1953—1972年	西安市总体规划图	城区整体向东、西、南扩展，南郊“八卦形”路网出现；外缘为工业、仓储区，内部为居住、办公、文教、商业、公共服务等生活区，绿地总体为“块状”均匀分布，其选址主要位于：历史宫苑、起伏地形、低洼水泽、自然林地、厂区边缘及道路沿线等特征地带，逐渐形成了“贯通城乡、连系街坊”的“绿地系统”雏形	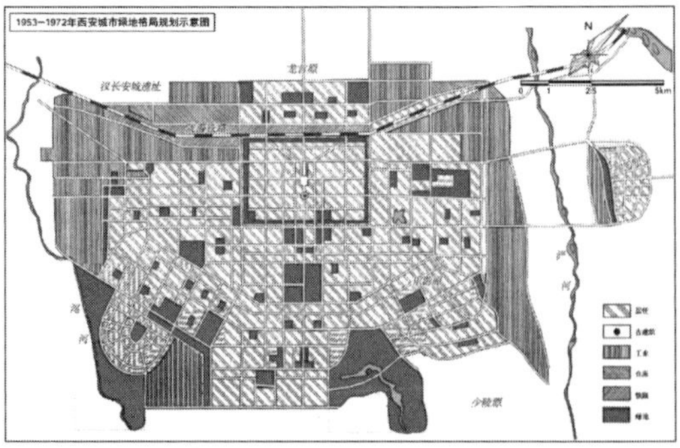
1958年	“大西安”城市总平面	北郊原“发展备用地”启用为新区，城市格局得以扩大，绿地在块状分布的基础上更加注重道路绿带的“轴线感”与“放射感”，并在铁路南北城区形成了各具形态的“绿地网络”	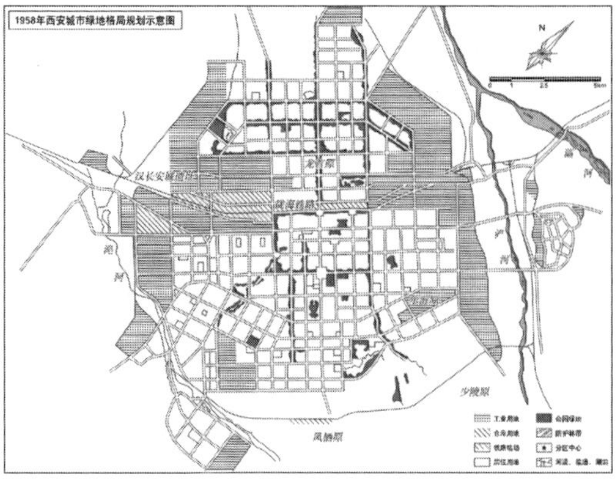
	西安市城市规划设计总图（拟修改）	城区规模得到控制，南郊优先发展，绿地等级规模有所拉开，“重点地块”更加突出（如：大、小雁塔及城墙南门），东郊“军工城”与居住区间设立“卫生隔离林带”；但绿地总体多受限于路网，边缘较“规整”、形态更偏“几何化”，未明显体现与自然要素的结合	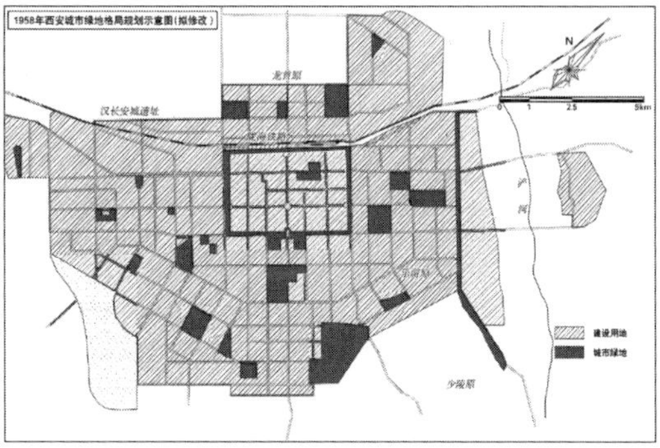

续表

规划年代	规划名称	生态耦合策略	规划图示
1980—2000年	西安市总体规划图	城区用地布局更加“有机”，绿地类型更加丰富，城区“边缘”地带多利用大遗址地、黄土台塬与丘陵，以及河湖水系等构建起大型公园和风景区。绿地总体体现了“护水入城”及“联结人文—生态”（如：半坡博物馆与浐河）的作用	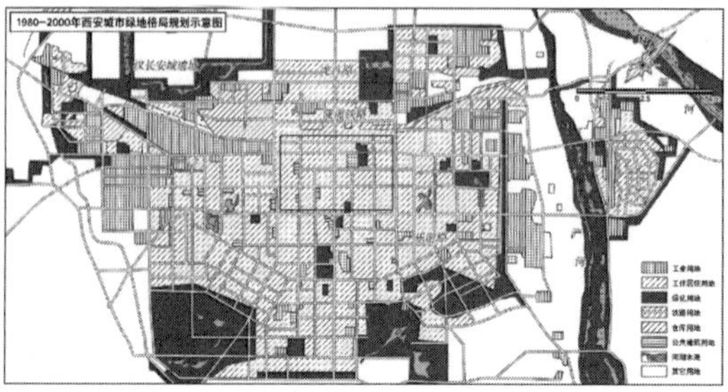
1987年	西安市城市总体规划图（拟修改）	棋盘式街区总体成型。东南郊顺应乐游、少陵原高地而改变路网走向；西郊沿唐长安西城墙（金光门）增加南北干道。绿地整体遵循路网：北部汉城与大明宫遗址绿地“并峙”，中部公园围绕城墙呈“环聚”之势，南部将郊野乡村、人文胜迹及天然地景有机“纳入”，总体愈加勾勒出城市的历史格局与自然基底	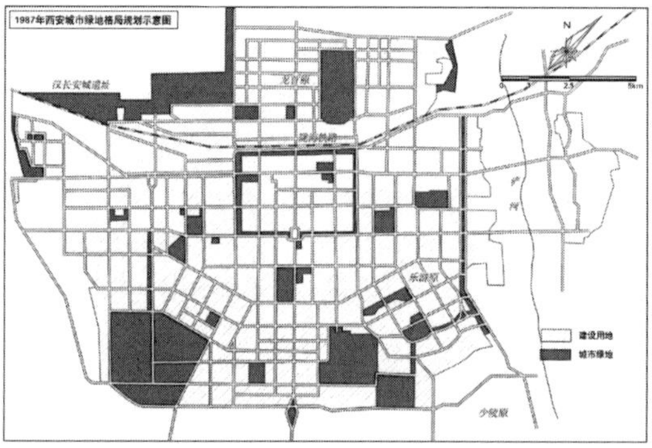
2008年	西安城市绿地系统规划（2008—2020年）	建成区已随城区扩张而突破原有“二环＋中轴”格局。城市绿地面向“山水宜居”及“大园林”目标，以外围大遗址、山地、河川、塬坡等为生态保护区，并结合《城市绿地分类标准》CJJ/T 85—2002，分别规划“遗址型、防护型、生态保护及风景游憩型”绿地；尺度较原有公园绿地增大许多，并且借助“八水绕城”先天条件构建城郊“绿地大环带”，紧密联系城与自然	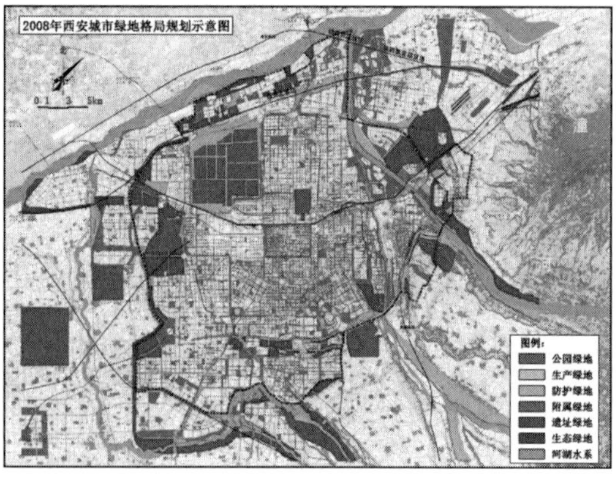

资料来源：改绘于西安市城建系统志。

经上述发展，当前西安中心城区的城市形态总体呈现“圈层+放射式”结构，具体以明清老城为核心并通过“快速环路、放射干道”所架构的“条—块状”用地单元向外扩展。城市绿地也据此形成了匹配新老不同城区的“圈层分异+轴向递进”的整体空间特征。然而，该格局却仍与2008年版城市总规提出的“外围山水基质+组团绿化隔离+主城区三环—八带—十廊道”的绿地主骨架存在着一定差距（图7-4）。

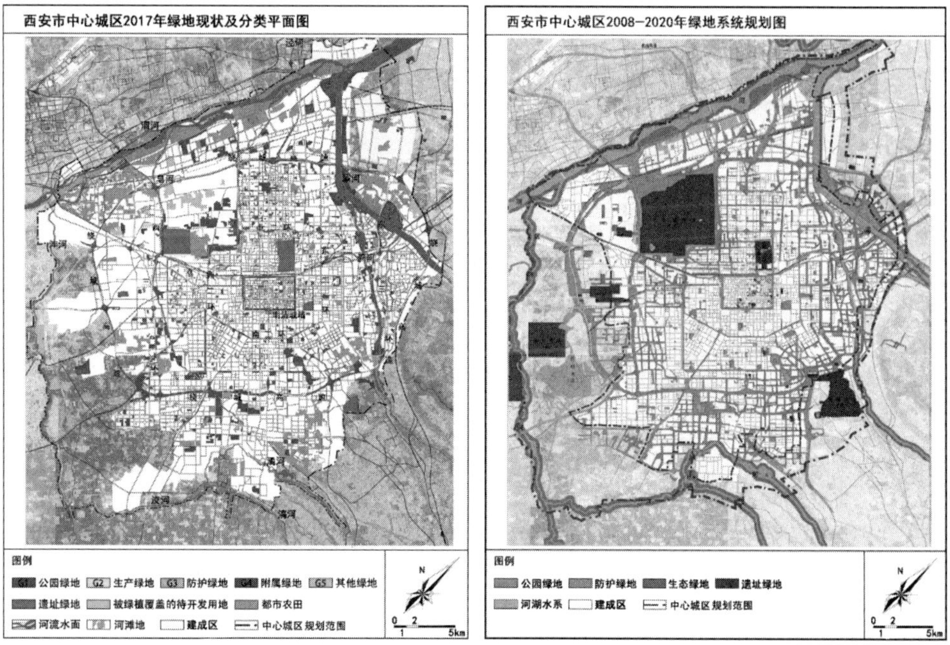

图7-4　西安市中心城区绿地现状（2017年）及上轮绿地系统规划（2008年版）对比图
（资料来源：左：现状图作者自绘，右：上轮规划图根据“2008年版绿地规划”图改绘）

7.3.2　理想的生态布局模式

哈佛景观生态学教授福尔曼在其著作《土地镶嵌：景观与区域的生态》（1995年）中提出：土地利用的普适性理想空间格局，应以景观或区域总体布局的“集中与分散相结合原则”为基础，并采取“①整体集中化分布，②小自然斑块和廊道分散化分布，③人类活动沿较大斑块边界分布”的最优生态配置模式而加以建构。

同理，要使城市空间达到最优生态格局，便需：①严格保育大型“自然植被斑块”（森林、湿地、景园等）并逐渐扩大其面积与绿量，从而提升生态外溢效益；②在高密度人工环境（居住社区、商业街区、工农产区等）内部或组团、片区之间，也集中布置、散置一些中小型生态斑块，或建设一些起“隔离、引导”作用且具一定长、宽度的生态廊道；③另在沿自然斑块与生态廊道的边缘地带，设计一些规模、形态各异的“半绿色”人工镶嵌体（如：生态居住区、绿色办公区、景观游憩场、都市农业园）及健康绿道网络等。由此，大斑块受到完整保存并正常发挥生态作用，小斑块与廊道也均布于广域空间；人工与自然得以充分贴合、多样镶嵌、有机过渡，且形成丰富而蔓延交织的“市民绿道”与“生物通道”；最终共同构成大集中—小分散的“最优景观格局”，并直至形成人地交融的理想“绿地生态网络”（表7–7）。

西安都市区绿地格局的理想生态耦合布局模式汇总表　　表 7–7

生态构成	依托空间	绿地现状	布局模式
生态斑块	大遗址，公园、景区，河湖水面，山林及丘塬农田等	平面形态、空间划分、景观与植被构成等各具特征，相互呼应弱、差异性大	“内嵌外扩、就近整合”，划定生态红线，形成“大型核心斑块”
生态绿楔	都市区“圈—环状放射型”道路交通体系间隙的绿色开敞空间	被各类交通线网切割而连贯性差、边缘参差，也被众多镇村斑块镶嵌，使林田基质破洞化，使绿色旷野破碎化	引导城区、组团以“轴向、指状”形式发展，并在各轴间形成“生态留白、生态绿楔”
生态廊道	天然水系、岸线、人工沟渠，地势、高差，城区工业格局、历史肌理	多为城区尽头的“生硬阻挡”，水陆分界的“单薄镶边”，产居之间的“卫生隔离”，遗址及坡崖的“视线围挡”	改“隔离带”为“融合带”，改变单一贴合道路的绿化方式，开辟穿越型轴线绿带、曲线林带、折线绿道
生态节点	小尺度集中绿地及各类用地单元内部附属绿地（居住、工业、商业、科教等）	数量多、形态杂，以建筑庭园、道路游园、社区公园形式为主；多深居街区、地块内部，呈林植成荫的“绿色孤岛”	随“窄马路—密路网”更新进程而加大空间开放度，并通过绿量增扩、空间整理、邻地对接实现“绿芯激活”
生态链条	绿斑、绿廊、人文极核、文化路线的外延面域	大绿斑相距较远，联系弱，易受阻断；中小绿地守于自身边界而未有外延	单体外向辐射、蔓延，群体双向连接；绿地—乡野间串接“断续绿斑”
生态网络	城乡绿色基础设施，生态及遗产廊道，及人工绿色开敞空间（点—线—面状）	城区人工绿斑各自孤立，乡野生态廊道（河渠、川道、林缘）少有关联，自然、农田基质与大遗址地缺乏发散绿道	绿地依城区结构、山水脉络而系统关联，形成多维、高效、循环的生态耦合网络

资料来源：作者自制。

进而将西安城市绿地的现状格局（片区＋整体）与国内外代表城市的经典绿地生态耦合布局形式逐一作以对照分析，由此面向未来而提炼出西安都市区绿地格局实现与固有生态本底相耦合的“适宜空间对象”，即“关键生态因子”（表7–8）。

西安现状绿地格局与国内外经典绿地生态耦合布局形式对照表　表 7-8

经典布局模式	国内外代表案例	生态耦合对象	西安绿地现状（分区/总体）
 ①环状	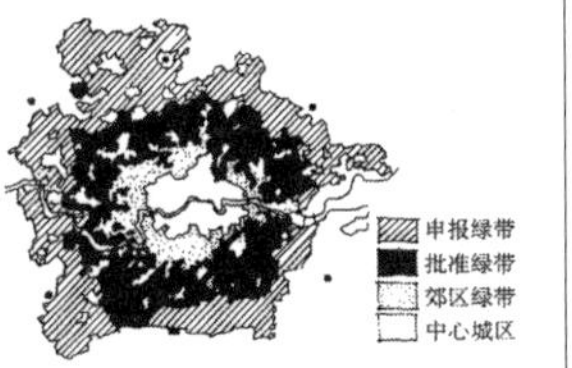 英国大伦敦区域规划（1944年）	外环以农田、森林、乡村景观为主体，附带辟以高尔夫球场等休憩娱乐空间；内环依历史建筑、街道、公地而建	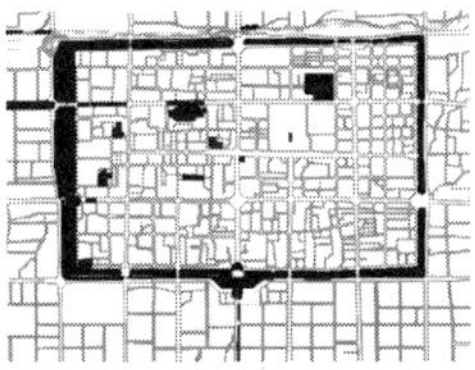 明清城墙区域
 ②带状	 中国兰州	主要依托黄河两岸的滨水廊道、滩涂湿地，及南北两山的带状坡、脊而建	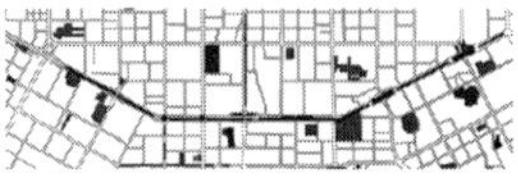 南二环区域
 ③枝状	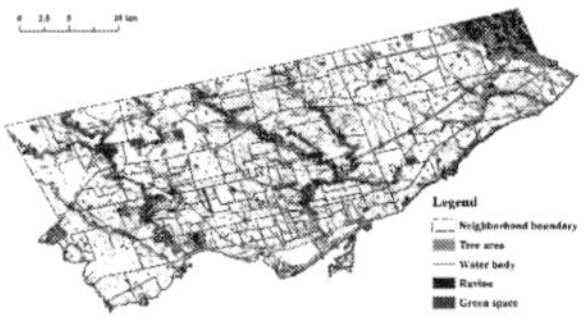 加拿大多伦多	在众水系构成的枝状流域基底上，依托蜿蜒的溪谷沟壑（ravine）、小片树林（woodlot）、原始地脉、河湖岸线而营建	 西咸核心区（沣渭三角洲）
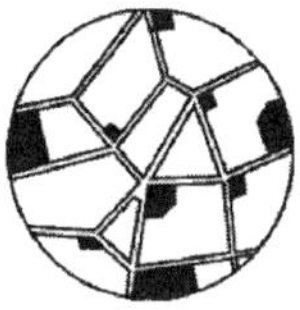 ④点状 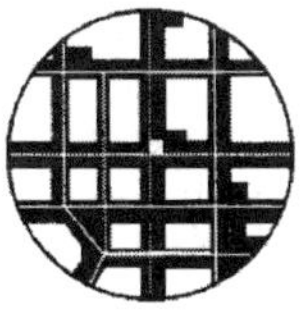 ⑤网状	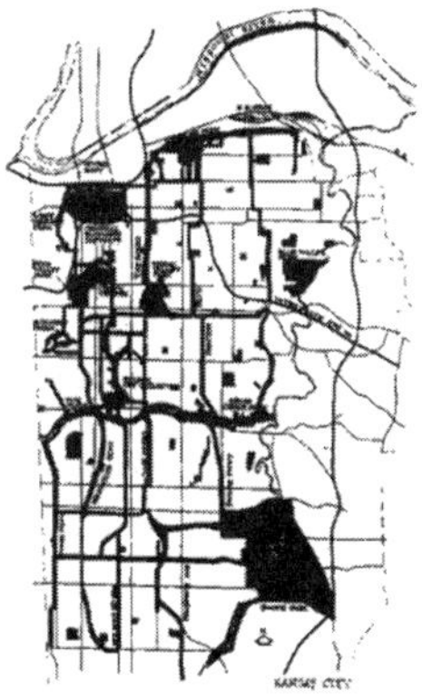 美国堪萨斯城	矩形城区内有多条纵、斜向河溪流经并逐级汇入城北密苏里、堪萨斯河；东南部布鲁河水流曲折，形成地形起伏的河谷地，绿地在此建为斯沃普公园，之间多依河流、林荫路而纵横成网	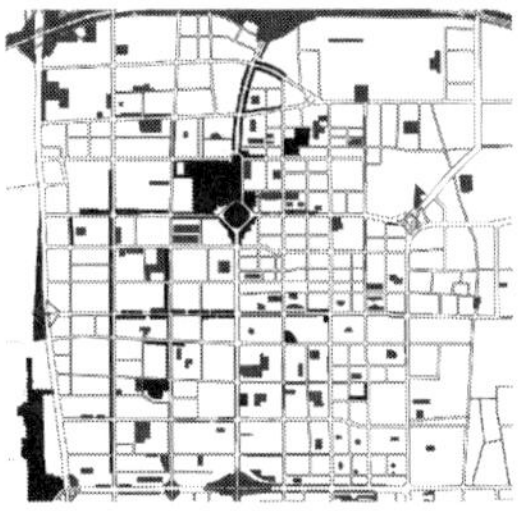 北郊未央路区域（经开区）
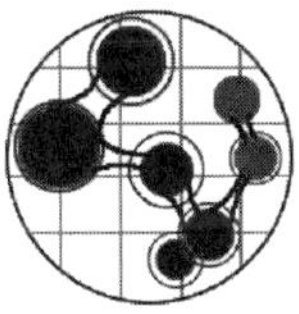 ⑥链式	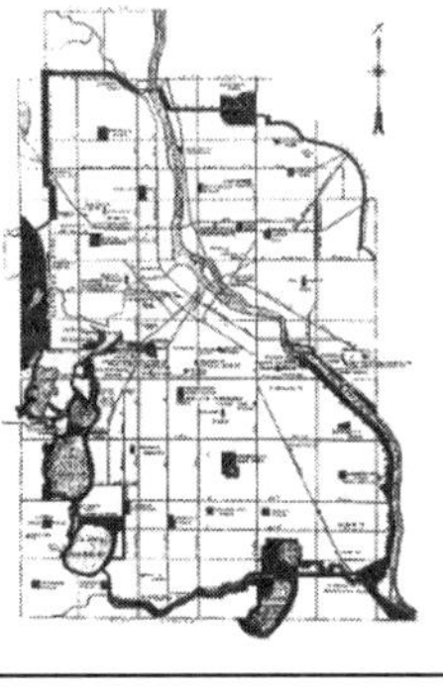 美国明尼阿波利斯	绿地自城西北角依次逆时针沿胜利纪念道—Wirth湖及周围丘谷—链式湖泊带—明尼哈哈瀑布溪流—密西西比河绕回，市区中心则多沿主路、铁道线	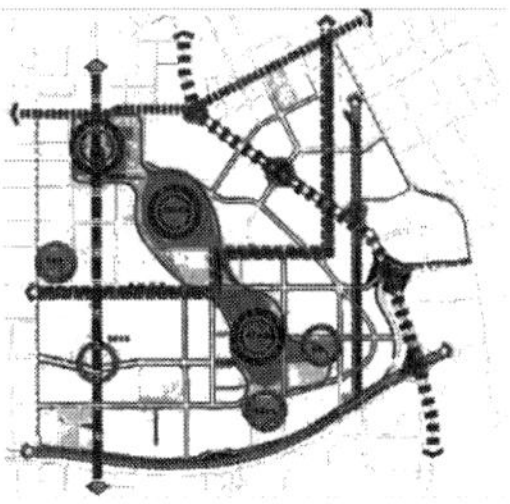 大雁塔—曲江景区

续表

经典布局模式	国内外代表案例	生态耦合对象	西安绿地现状（分区/总体）
 ⑦放射状	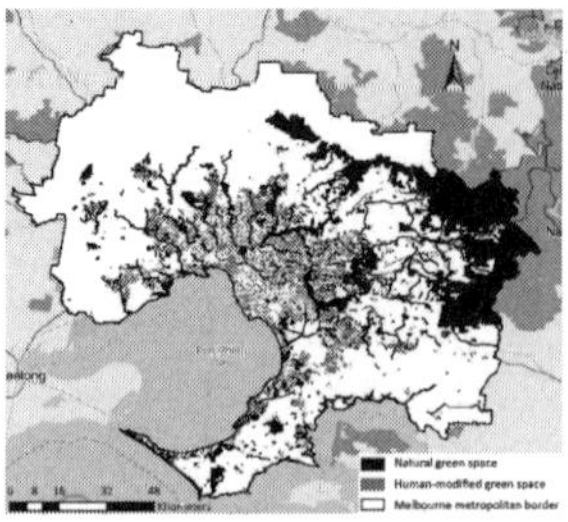 澳大利亚墨尔本	城建于环菲利普港湾近岸陆地，多条河流呈放射状汇于以亚拉河为主的入海口附近；绿地主要沿各条水廊及其迂回谷地、折弯高岸而布置，也铺展于开敞轴线、陆海通风道之上	 高新区（锦业路街区）
 ⑧环状＋楔形	 俄罗斯莫斯科	城—郊莫斯科河及多条支流分隔出多条向心丘陵地形，其上森林成片。由此绿地以林地为斑、地形为楔、绿道为环而呈“围拱”之势	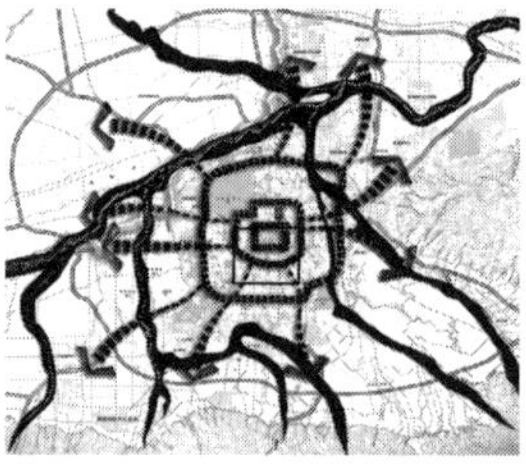 西安都市区整体

资料来源：作者自绘。

进而，通过梳理、总结国内外城市绿地规划的理论发展与实践积累可得，理想的绿地生态耦合布局应呈现出一种“多形态要素”综合组织下的“网络化”空间模式。由此，为使西安未来绿色空间的规划：①前提上更具“生态初衷”，②路径上更获“生态导引”，③方法上更偏“生态特色”，④结果上更显“生态效益”，于是便需要将现状绿地格局与四大类关键生态因子相结合，并在都市区自身圈层结构的基础上，构建出“内应人居＋外合山水”的绿地—生态耦合空间模式（图7–5）。

由此，该模式可具体开展于“老城区绿色更新、建成区绿圈限定、都市区绿楔解构、大区域绿网构建”等总体事项，也尤其适用于“风—热”因子耦合下的“气候（风道）规划”及“水—土”因子耦合下的“地景（山水）规划”等专项内容；从而，以往浅表化的绿地规划将得到“立体化、纵深化”的拓展，既有宽泛化的人居建设也将被聚焦至“寄生态之无形、喻空间之有形”的“天人耦合”新阶段。

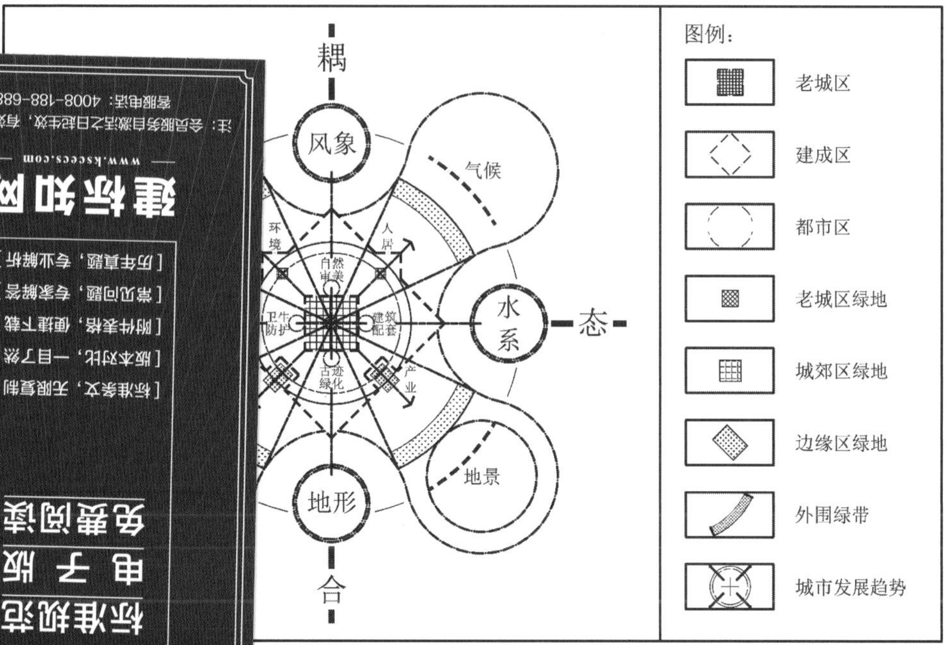

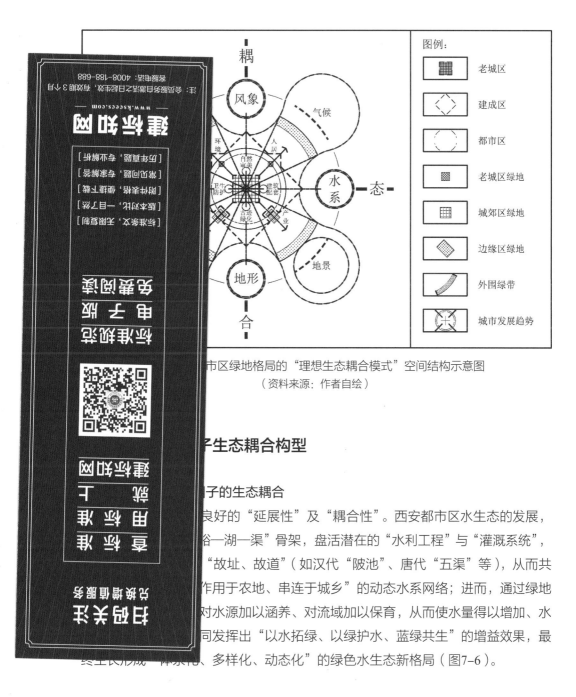

市区绿地格局的“理想生态耦合模式”空间结构示意图
（资料来源：作者自绘）

子生态耦合构型

因子的生态耦合

良好的“延展性”及“耦合性”。西安都市区水生态的发展，浴—湖—渠”骨架，盘活潜在的“水利工程”与“灌溉系统”，“故址、故道”（如汉代“陂池”、唐代“五渠”等），从而共作用于农地、串连于城乡”的动态水系网络；进而，通过绿地对水源加以涵养、对流域加以保育，从而使水量得以增加、水同发挥出“以水拓绿、以绿护水、蓝绿共生”的增益效果，最体系化、多样化、动态化”的绿色水生态新格局（图7-6）。

2. 与“地形”因子的生态耦合

西安自古具有“外部山塬围拢，内部微坡起伏”的“地蕴龙脉”，而现代城市建设却将其有所“排斥、淹没”，使得从路网街区、建筑肌理、绿地景观等方面都很难看出其固有的“地形踪迹”。由此，结合“土”因子的生态耦合规划，核心是对“地形及竖向”条件的景观化考量，具体结合绿地及景区营建，使之得以彰显。

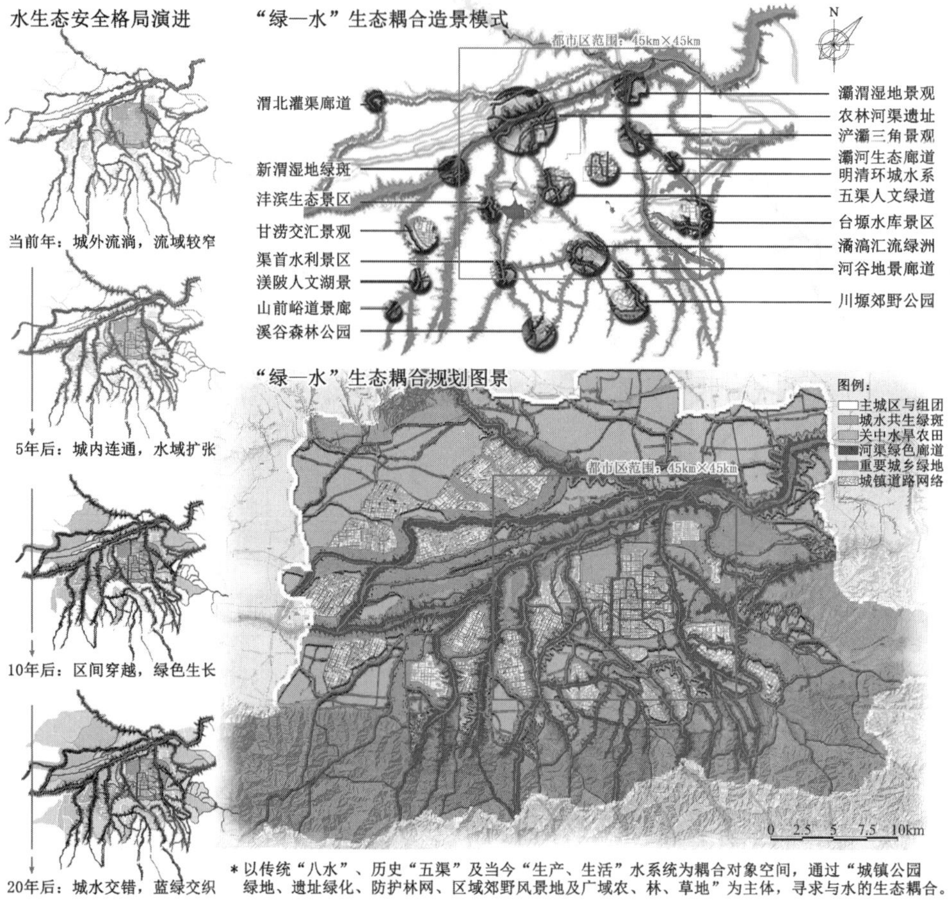

图7-6　西安都市区绿地格局与"水系"因子生态耦合规划图
（资料来源：作者自绘）

首先，应结合城市既有"九宫格局"及外围"山水地景"，保护人地的"天然因借"关系，以"绿地、景区"来恢复与彰显"八水—六冈—五塬"的传统地理形势。

其次，使城市分区、组团在"生态屏障、绿色廊道"的有机间隔下，各自占据地势较完整、高程较统一的区域，制定各自特色及主题的规划目标，从而形成新型的"田园组团式"发展模式，使地形与城区烘托有致、相得益彰。

再次，城市新建及改造项目，应严格规避地质"断裂带与地裂缝"，经科学评估而慎重选址或靠近"地面沉降区"；并尽量减少在"中度及以上湿陷性黄土、河漫滩（砂砾、卵石）、粘结的黏土类近岸及古河道洼地"等工程地质复杂区域的高密度、强度开发。由此使用地布局及工程选址最大程度避开各类潜在地质薄弱与危险地区，远离自然过程（侵蚀、滑坡等）活跃地带，并通过绿地营建加以属性替代、对位修复及防灾服务，从而达到"适地—避害"的双重功效（图7-7）。

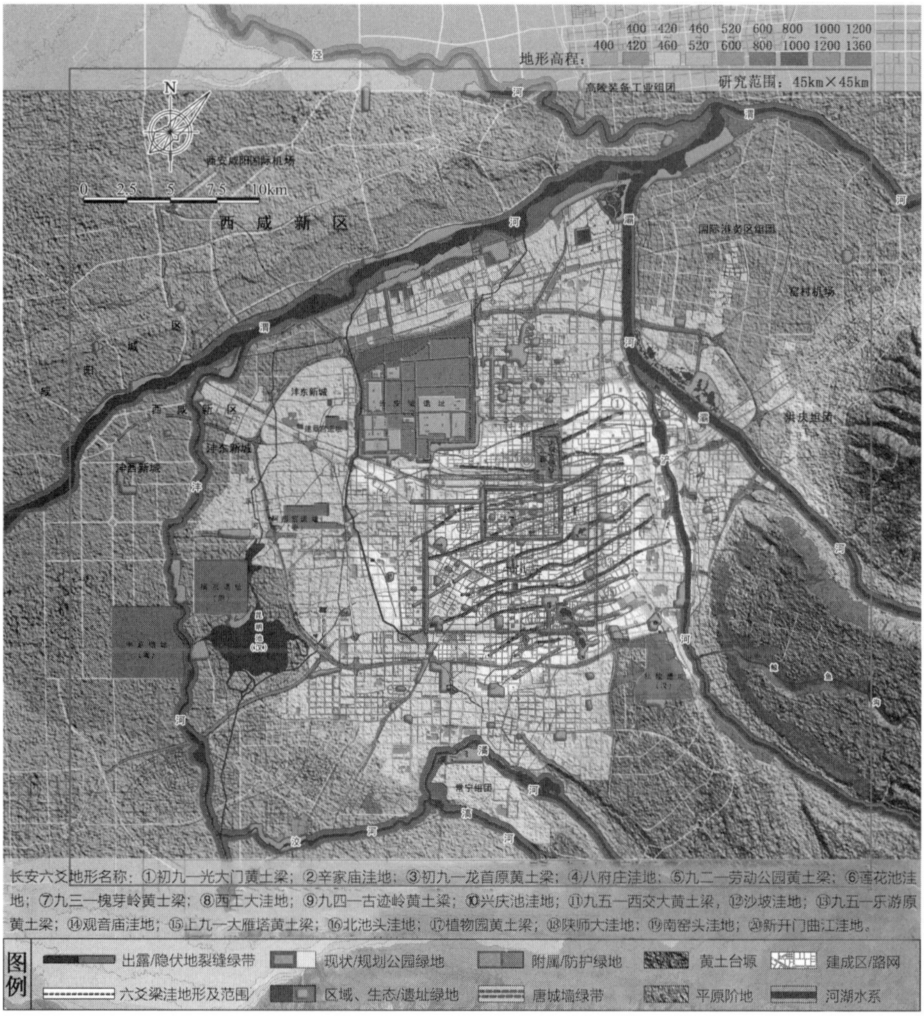

图7-7　西安都市区绿地格局与“地形”因子生态耦合规划图

（资料来源：作者自绘）

最后，城市不应再继续平面化扩大及侵吞更多土地资源，而应在现有占地规模的基础上谋求建成空间的“立体塑造”，从而在创造出“线面交叠、多维互通”的同时，既保留土地原有地形与生态过程，也创造出人工构筑与竖向变化协同的大地景观；尤其应将“土”与“木”因子紧密结合，开展立体绿化实践探索，从而最终营造出城乡绿地系统与区域显性地形、地势，隐性地质、地脉的“融合地景”。

3. 与“风象”因子的生态耦合

1）城市整体层面

在当前规划建设的转型背景下，构建西安城市整体层面的“绿地—通风”耦合体系，便需要首先梳理出不同方位“城—乡—野”区域的空间形态特征，及由此产生的风环境承载基本条件，从而明确出各自“通风协同优化”的侧重之处（表7–9）。

西安各类型城乡区域的“风环境”协同优化侧重内容汇总表　　表 7–9

区域类型	主要通风载体	协同优化侧重
①老旧城区	街巷网络、社区构型、建筑外部环境	更新理想通风宽度，改善地表平整度
②外围新区	道路体系、用地结构、绿色开敞空间	以通、输、导、生风为原则，动态协调用地拓展轴—主导上风向关系，合理控制、引导建设布局、强度
③城郊空间	城乡绿地系统，农、林、水域类绿色开敞空间，乡村及农田斑块	顺应城乡间通风特征、规律，梳理、重构绿地、景区、开敞空间的序列关系，划定主导上风向途经的楔形绿地，确保风力较少衰减地到达城区中心
④农村与乡野地带	天然地形、河湖水系、农田耕作及经济种植区，自然植被覆盖地带	制订生态保育、地景维护及影响风环境的大地下垫面梳理等措施
⑤产业组团与功能片区	内外交通廊道，铁路沿线及工业用地周围防护绿地，专有生态隔离、环境防护绿带	调整产业构成，淘汰非清洁能源及高污染排放工业；推广绿色建筑，提升附属、防护绿地占比，并使用地总体布局与地区风象条件、通风规律相适
⑥一般城区及生活街区	一般车道及人行空间，多层建筑间隙及高层建筑街道峡谷，社区及街头绿地、带状游园	在主导风路径及一定夹角范围内保持地块较低容积率，管控新增建设并避免“高强度、密集型”更新而增加风阻；有序增辟绿地、水体、绿道、开敞空间，形成“局部对流型”用地搭配及冷源绿核

资料来源：作者自绘。

进而，在都市区层面提取各类有助于“通风换气”的绿地及开敞空间，并按照地区风环境规律与路径，具体“将城市绿地、郊区农田、荒野等多层面景观要素进行连接，在城乡宏观范围内建立生态联系；并将城市内各个景观要素进行网络性连接，构筑社区微观视野下的生态循环过程”，由此共同建立起一种“有机连网”的“通风型”绿色基础设施，即“风道体系”，以改善城市的气候问题。

（1）风道体系构成

根据宏观地理气候背景下的风环境特征，结合城市绿地、水系、道路等开敞空间、开敞廊道的分布与走向，识别并构建出由“一级（区域级）、二级（城区级）风道，以及各处风口地带（主要风口＋一般风口）”所组成的风道体系，从而使在静风频发的盆地条件下，也能促进空气局地环流。

其中，一级风道是指将大区域自然风导向主城区的楔形生态空间；二级风道是指将城市风口汇集的外来风输入市中心的廊带形开敞空间，以绿地、水系及交通动脉为主。由此，为保障风口充分承接区域来风，风道有效顺应主导风向及日常对流，从而规划出“绿带贯穿、水廊环绕、路网交错”的“耦合呼吸系统”（图7–8）。

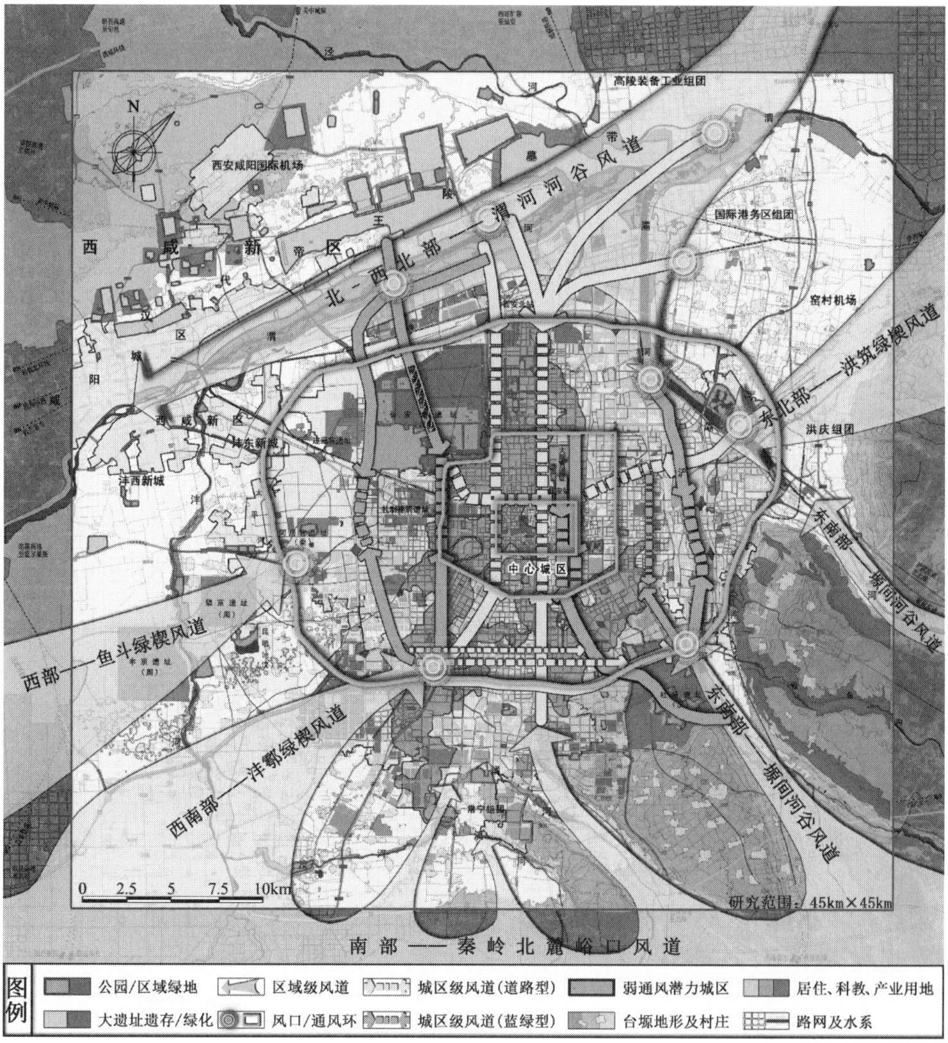

图7-8　西安都市区绿地格局与“风象”因子生态耦合规划图
（资料来源：作者自绘）

（2）空间承载类型

根据城市各高频风向的来源方位与通过路径，结合绿地、水系、道路三类开敞空间的建设现状，遴选出具有“走向一贯、延伸较远、面域较宽”等形态特征及送风潜力的具体空间对象，并将其归结为“绿色序列、蓝色廊道、灰色动脉”三种类型，进而纵横搭接成网，由此共同构成城区级风道建设的空间承载（表7-10）。

西安城区级风道的类型、选线及绿地协同营建措施汇总表 表 7-10

风道类型		具体线路	营建措施	风道空间形态
绿带型风道：“串珠成链、斑廊渐次、曲折向前”	空间序列型	①西线：从北塬汉安陵及秦咸阳城遗址，经横桥跨渭河，到南堤景观带、汉城遗址、大庆路及西二环林带、唐延路遗址绿带，达高新区永阳公园，并继续沿西沣路绿带，至“大学城”西端的樱花广场—工商学院绿地—郭杜公园—时代广场一线为止；②东线：从大明宫遗址公园，经火车站广场（环城公园）、解放路—和平路—雁塔路（南二环）绿化带，至大雁塔周围园林集群，再沿大唐不夜城景观带、唐城墙遗址公园与大唐芙蓉园“双路径”，达曲江池景区、曲江青年公园，止于中国唐苑与杜陵遗址生态公园	①控制绿地周边建筑高度；②绿地与景观生态系统结合，形成以大规模绿地景观斑块为基础支撑、长距离绿色廊道为联系纽带、散布式点状公园与广场为终端渗透的绿地风道系统	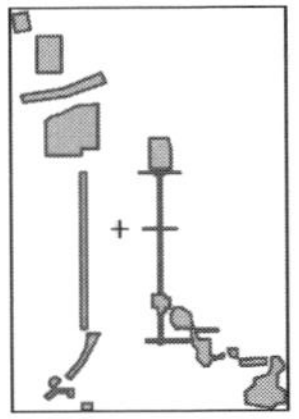
水系型风道：“内穿外切、首尾相接、蓝绿复合”	主城穿越型	①东线：自浐河上游（杜陵旁）向北经雁鸣湖—浐河中游（纺织城）—半坡遗址—桃花潭景区—浐灞半岛—灞河下游（广运潭），直到浐灞湿地公园后汇入渭河；②中线：由渭河（秦咸阳城段）沿皂河南下，经汉长安城西缘，过西郊城区，遇沣惠渠后抵达丈八沟，再继续沿皂河上游，穿长安区大学城、城关区，最终汇入神禾原首之潏河	①严禁在范围内作与防洪、水文监测、水土与生境保育无关的建设；②推进滨水生态修复、湿地涵养、水体净化，建设自然堤岸与层次景林；③蓝绿复合，提升滨水带生风、循环、降温能力	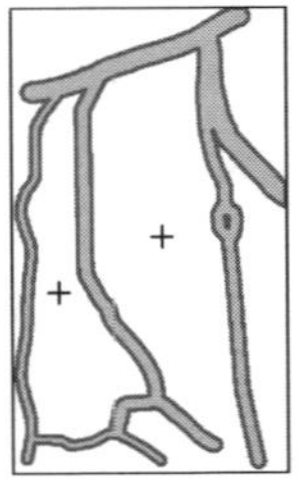
	组团切分型	③西线：随着大西安的不断向西拓展，以及西咸新区的不断建设成熟，沣河将很快成为一条纵贯南北、连通秦山—渭水、滋养两岸田园新城的水生态主轴及通风廊道		
道路型风道：“三纵三横、接通南北、贯穿东西”	东西向	①北线：从骊山经柳亭路—东城大道—华清东路—陇海线—环城北路到汉城遗址；②南线：从昆明池—南三环、绕城高速—唐苑到浐河郊区河谷；③南副线：从丈八沟—纬零街、丈八东路—明德门遗址、电视塔—雁展、雁南路，终达曲江池	①对道路红线宽度、连续绿带长宽及植物配置作出利于通风的规定；②以绿带与开敞空间加强各道路纵横连通，形成风道“渠网”；③对沿街两侧建筑的布局、高度、体量、材质等作出不碍于通风的要求	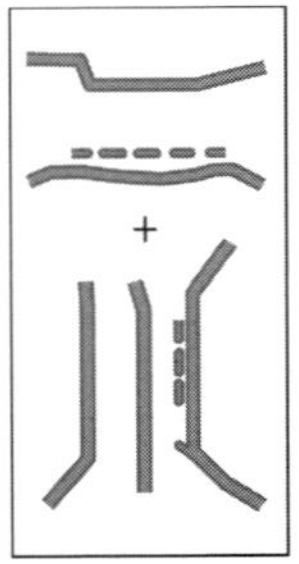
	南北向	①西线：从渭河经机场高速—朱宏路—环城西路—太白路—西沣路到秦岭沣峪口；②中线：从泾渭三角洲沿包茂、延西高速，过渭河、草滩，接中轴线直至凤栖原；③东主线：从泾渭分明经灞渭三角洲—辛王公路—北辰路—东二环—雁翔路到杜陵原；④东副线：从大明宫经太华路—环城东路—太乙路—西延路—曲江大道—南三环，直到五典坡与杜陵原		

资料来源：作者自制。

（3）绿地通风模拟

根据西安地区东北—西南的“对倒型”主导风向，以及西安建成区的“五角聚块式”的城市形态，从而选取三个不同方位的较成熟、成规模片区（西南的高新区，东南的曲江新区，正北的经开区）作以常年平均风速范畴内的通风模拟。具体以0.6、1.2、2.4m/s三种风速及相应的外围上风方向加以模拟，从而检验现有各类绿地、开敞空间及潜在规划更新绿地相对于邻近建筑（群）地块的风速差异情况（图7–9～图7–11）；由此为城市风道体系规划路径的科学合理性作以必要的数据支撑。

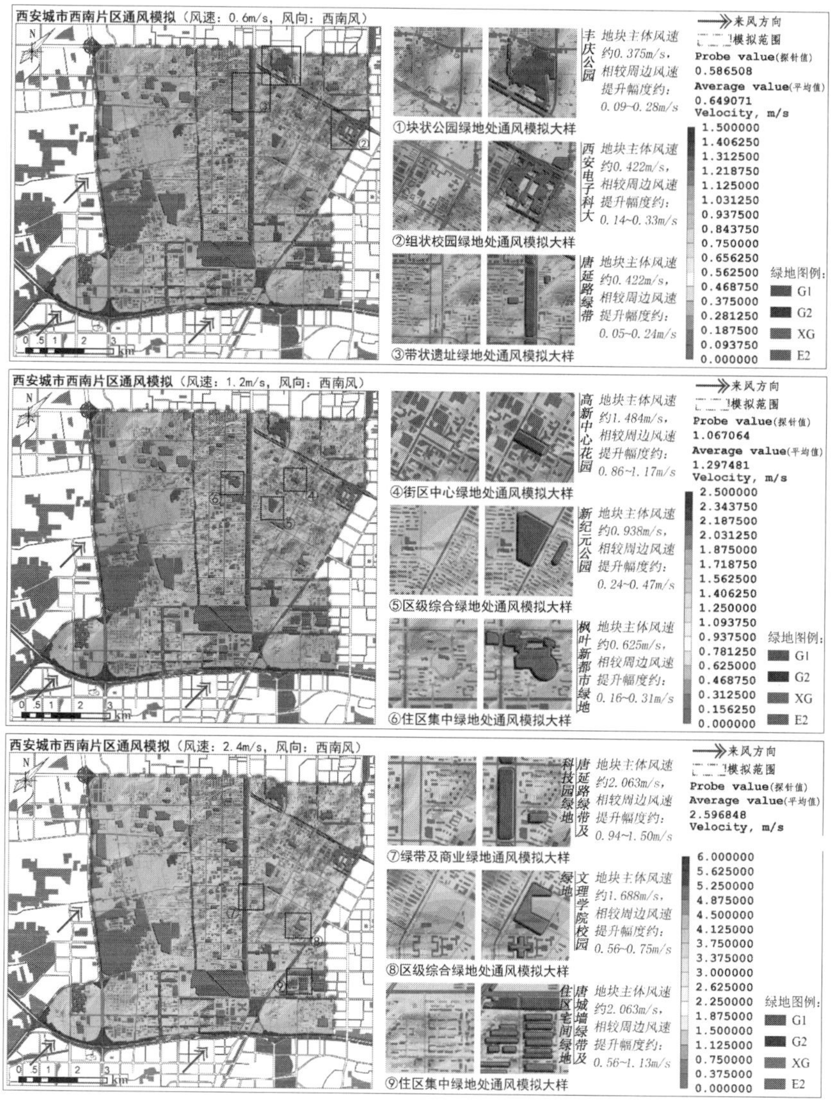

图7-9　西安城市“西南片区”结合绿地格局的通风模拟分析组图
（资料来源：作者自绘）

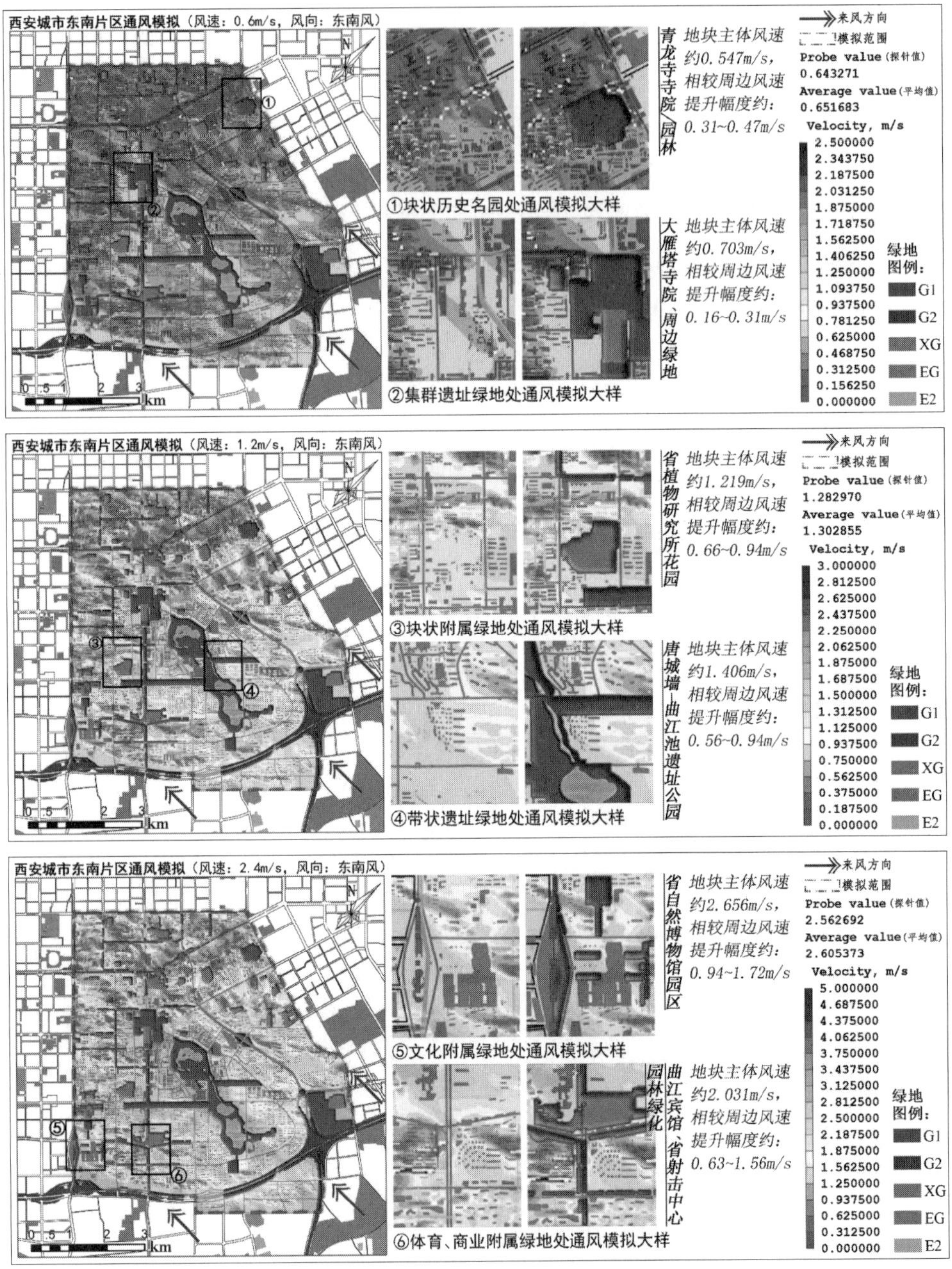

图7-10　西安城市“东南片区”结合绿地格局的通风模拟分析组图

（资料来源：作者自绘）

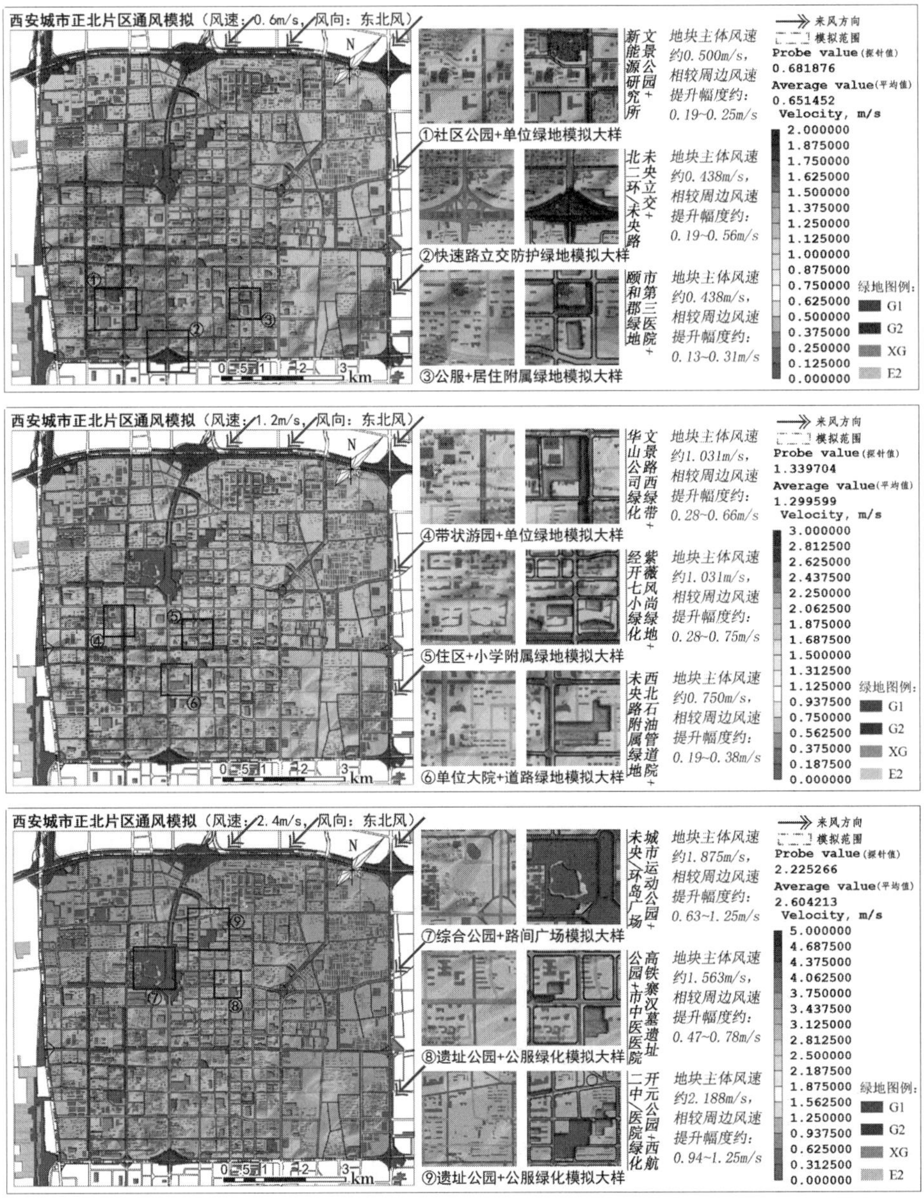

图7-11　西安城市“正北片区”结合绿地格局的通风模拟分析组图
（资料来源：作者自绘）

从以上城市片区通风模拟可见，在主导风向和常年平均风速（软~轻风）范围内，各类绿地可基本比周围建筑密集区风速高出50%左右。由此放大至西安都市区，采取“网格法”将整体范围划为2.5km×2.5km的地块单元，进而针对“绿地—风道体系耦合规划”实施前后的空间状况作以“东北—西南”主导风向、风速为2.0m/s的通风模拟，由此得到西安都市区整体及各部的通风模拟变化对比详情（图7-12）。

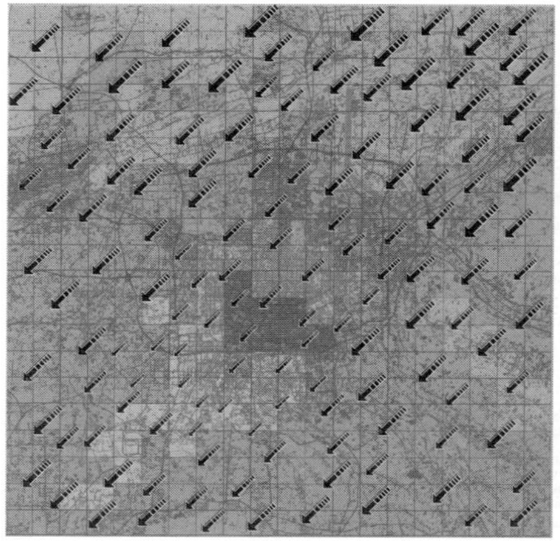

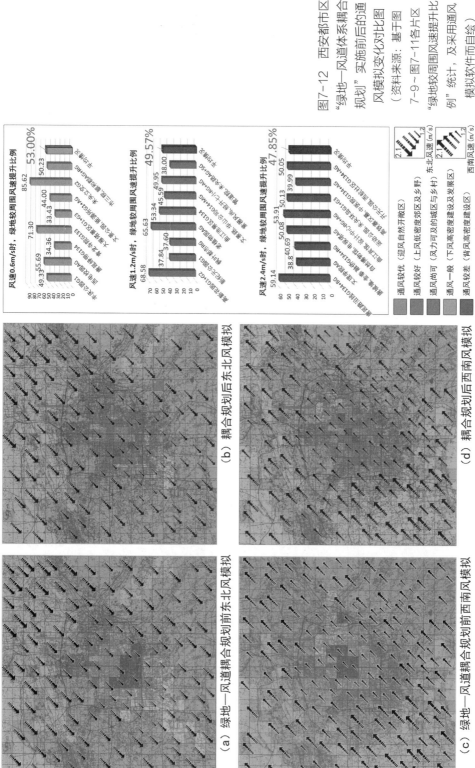

（a）绿地—风道耦合规划前东北风模拟

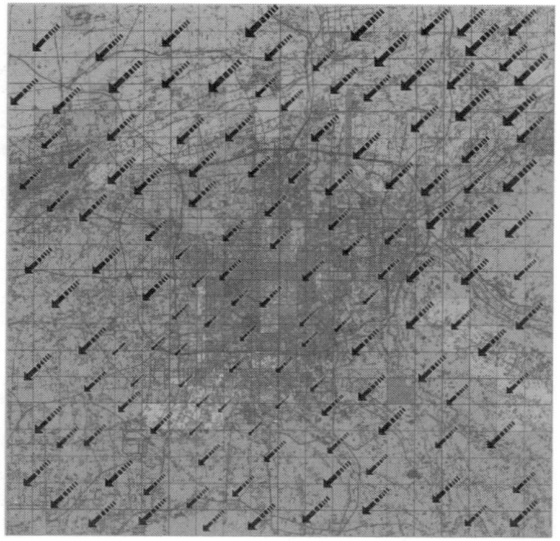

（b）耦合规划后东北风模拟

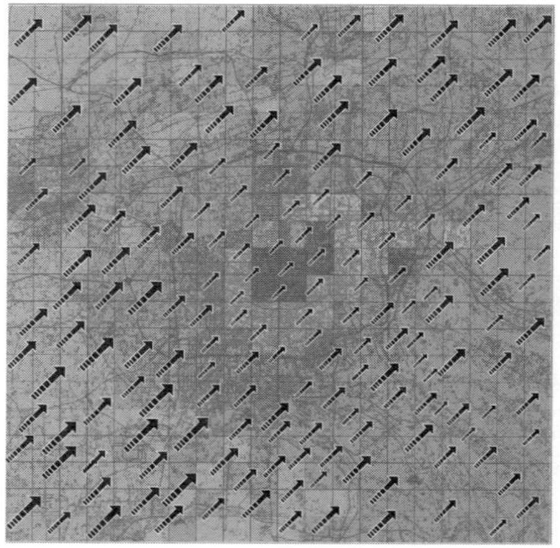

（c）绿地—风道耦合规划前西南风模拟

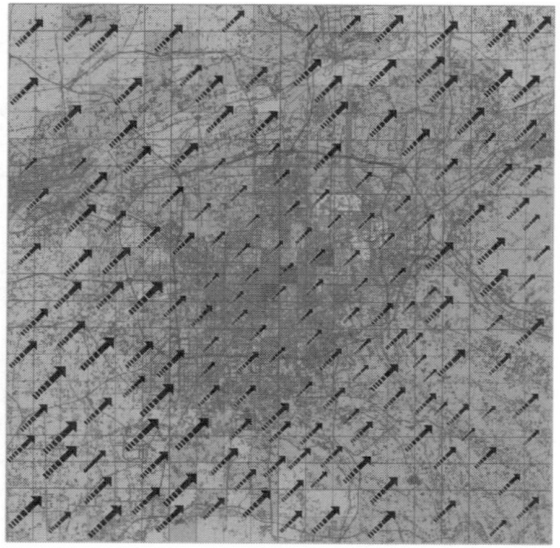

（d）耦合规划后西南风模拟

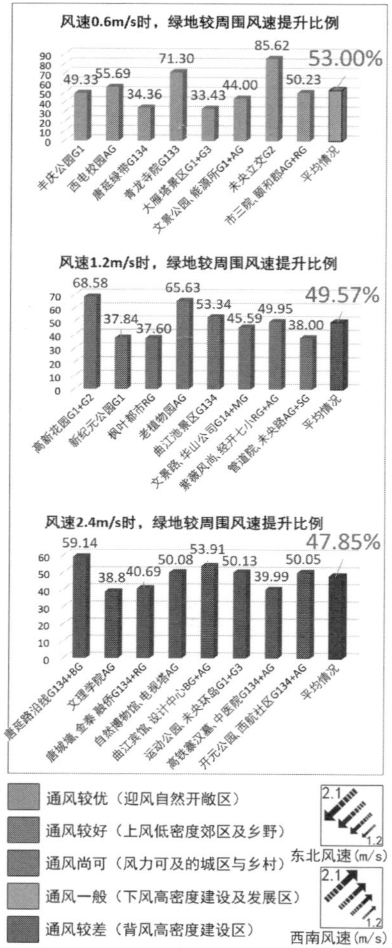

图7-12 西安都市区“绿地—风道体系耦合规划”实施前后的通风模拟变化对比图（资料来源：基于图7-9～图7-11各片区“绿地较周围风速提升比例”统计，及采用通风模拟软件而自绘）

通过模拟可见：由于西安地区常年风力较弱，静风频率较高（约为30%），同时东部、南部有山地、丘陵及台塬围阻，加之建成区呈“团块聚拢＋星形放射”，从而使得主导风经过城区后风力会有所减缓（从2.1m/s减为1.2m/s左右），并且城区的下风方向会形成一定延伸范围的“风影区”（图7–12a左下方浅＋深色，及c右上方灰色）。而经过以建成区为主的城市级风道（二级风道）的规划疏通（串连绿地、控制建设）之后，市中心地带会依据纵横交错的道路、水系、绿地及低密度建设区等，形成主导风途经建成区的“穿梭通道”和“外渗影响区”，由此不仅使城市中心的“通风尚可”区域有所增加、“通风一般及较差”区域相应建设，同时也可使建成区下风方向的“风影、风尾”区域有所收敛。

2）城市分区层面

当前老城区外围的诸多开发区、新区，以其设立的先后时序、距市中心的位置远近、规划实施的进程阶段、建成环境的成熟程度等，可归为较成熟的“高新、经开、曲江”三区，基本成型的“浐灞、航天”两区，及正在分步建设的“西咸、港务”两区。各分区均处在城市内外“通风换气”及城乡间“山—水—林—田”生态关联的关键区段，因而需结合其不同的生态空间特征与规划建设进程，根据“城市风道体系”及“生态耦合布局”的要求与标准提出具体的规划管控措施（表7–11）。

西安外围分区的绿地与“风”因子耦合规划策略汇总表　　表7–11

分区位置、名称（结合风道体系）	规划控制对策	概念规划示意
东北部，浐灞生态区 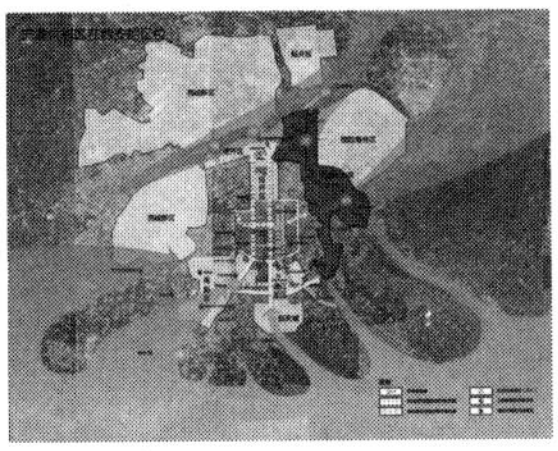	①保证浐、灞河河流廊道的控制宽度（含河流及两岸护堤、河堤外两侧防护绿带以及傍河地下水源地保护区的宽度），二者分别为300～1000m、400～1000m；②建筑布局预留出东北—西南方向的通风廊道，并加强廊道的绿化建设；③世园公园容积率控制在0.1，绿地率大于75%，建筑密度小于5%，并完善休闲游憩设施配置；④浐灞国家湿地公园、灞渭湿地严格按照《湿地保护管理规定》的要求进行控制，保护局地风源地；⑤加强内部主要开敞空间建设，更好发挥风道功能；⑥建设连接浐河、灞河的绿带，将河川风引入区域内部	（一） 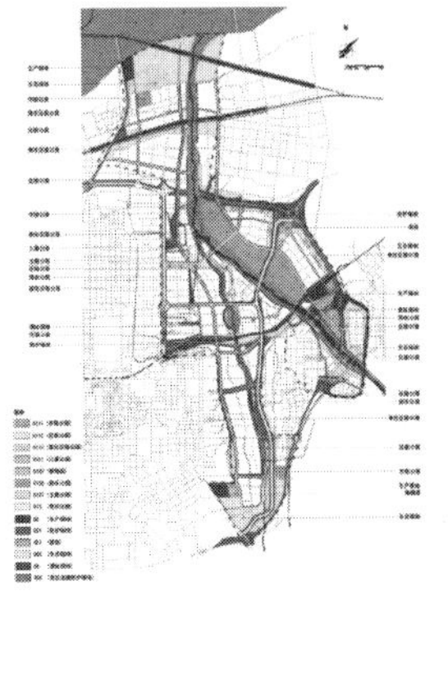

续表

分区位置、名称（结合风道体系）	规划控制对策	概念规划示意
正北部，西安经济技术开发区 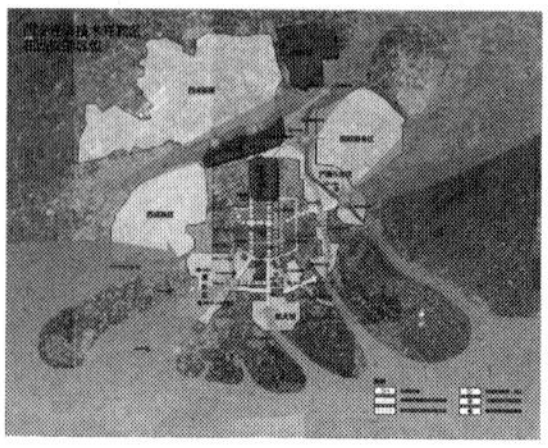	①草滩片区应保证渭河河流廊道的控制宽度（含河流及两岸护堤、河堤外两侧防护绿带以及傍河地下水源地保护区的宽度）为400～1800m（计算理由同上）；②加强未央路（多条风道的通道）、朱宏路、文景路等城市干道的绿地建设，加强引导渭河河川风的能力；③吕小寨立交为多条风道汇聚之地，加强四周绿地建设，沿未央路以绿带连接张家堡广场与城市运动公园；④加强内部主要开敞空间建设，更好发挥风道功能；⑤泾渭新城（多未建区）在用地与建筑布局上预留出东北—西南方向的通风廊道，并加强廊道的绿化建设；⑥加强泾渭新城城中村的立体绿化建设	（二） 
东北外围，西安国际港务区 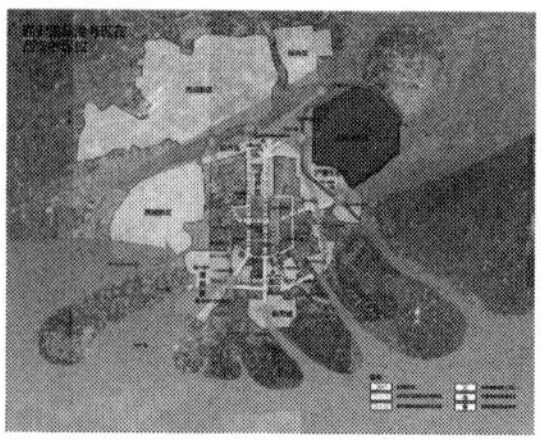	①西北侧应保证渭河河流廊道的控制宽度（含河流及两岸护堤、河堤外两侧防护绿带以及傍河地下水源地保护区的宽度）为400～1800m（理由同上）；②预留东北—西南方向的绿带以形成通风廊道，宽度最好达到200m，将渭河河川风和洪庆台塬地形风引入内部；③未建区域的建筑布局规划应顺应东北—西南方向，以减小通风阻碍；④保证铁路控制宽度（铁路及路旁防护绿带）为50～150m；⑤规划建设组团“绿心”，规模达到20hm^{2}以上；⑥严格控制港务区东区建设开发，避免建、构筑物布局阻挡洪庆山脉下山风；⑦正在建设的西安体育中心应为风的通行预留足够空间	（三） 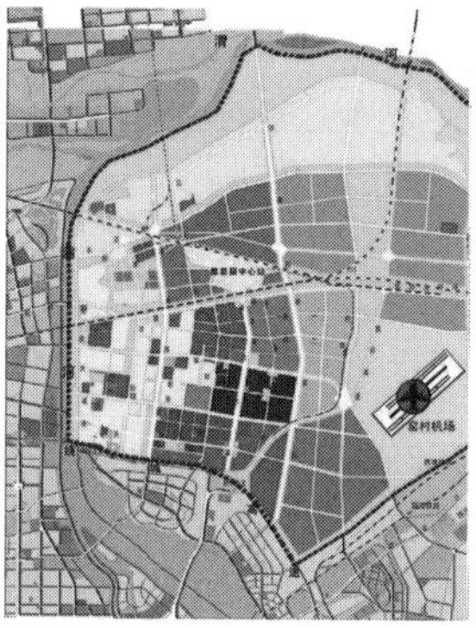

续表

分区位置、名称（结合风道体系）	规划控制对策	概念规划示意
西北外围，西咸新区 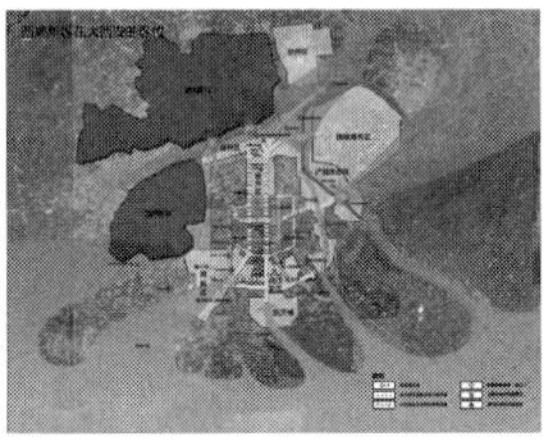	①保证渭河廊道控制宽度（含河道及两岸护堤、堤外两侧防护绿带及傍河水源地保护区）为400～1800m（渭河“城区段”南北岸堤内基准宽度1500m+堤外防护绿带各150m）；②以风口为起点，预留绿色通风廊道，将渭河河川风引入城内；③加强新城内部“田园化、有机穿插型”绿地建设，在提供游憩场所的同时形成局地风环流系统；④保证铁路廊道控制宽度（铁轨及两旁防护带）为50～150m；⑤在各新城内部建设“绿心”，规模达50hm²量级；⑥将沣东昆明池建为大水面＋大绿地＋大田园构成的“复合型风口景区”；⑦建筑布局预留东北—西南向风道，并加强廊道的绿化建设	（四） 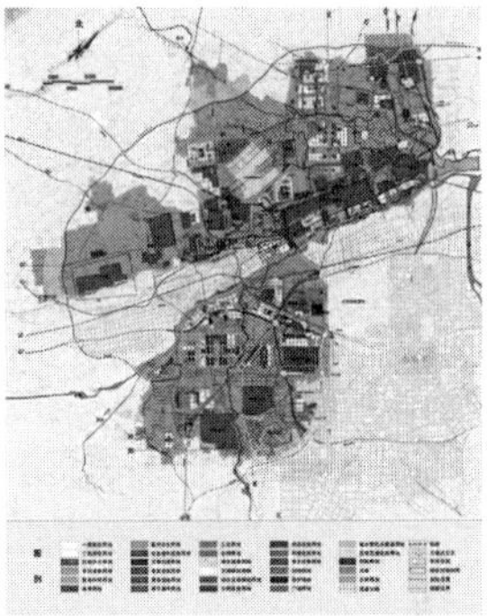
西南部，高新技术产业开发区 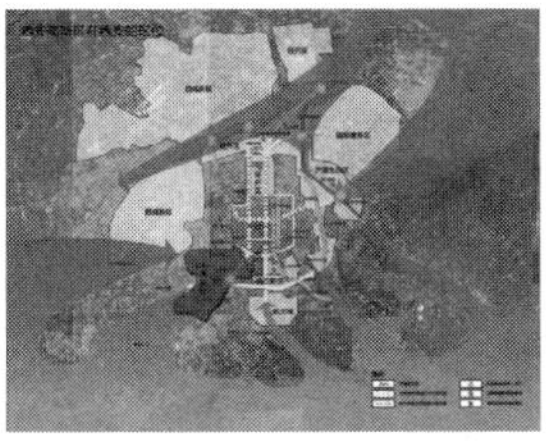	①加强各级道路绿化以连通并汇集至唐延路绿带，将主体绿轴的来风通过构建分支绿道以引入两侧街区内部；②加强开发区西部横向道路绿化建设，将西面来风更好地引进开发区内部；③绿带衔接，将唐延路绿带延伸至永阳公园并接上西沣路绿带，形成更为连续的通风廊道；④重点打造沣惠渠、木塔寺遗址、周穆王陵、仓颉造字台等“带状”或“连续块状”生态开敞空间；⑤待建区的建筑布局顺应西南主导风向；⑥将陕西省体育中心（奥林匹克公园）与陕西宾馆园区（丈八沟园林）融合建设成为区域首位“绿核型自生风源地”	（五） 
东南部，曲江新区 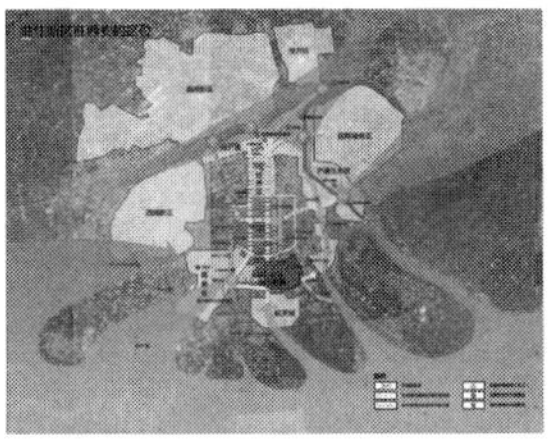	①加强绕城高速、曲江路及县道113道路绿化建设，以更好地引进少陵原、浐河及白鹿原方向“外来风”；②加强雁塔南路、芙蓉东路、曲江池北路绿化建设，形成明显环带；③串通不夜城、大雁塔、芙蓉园及曲江池四个生态开敞空间，形成新区“环状绿心”；④保护杜陵原与曲江新区间生态联系通道（杜陵遗址至曲江大道），禁止布局大型建构筑物，保障70%的空间“开敞度”；	（六） 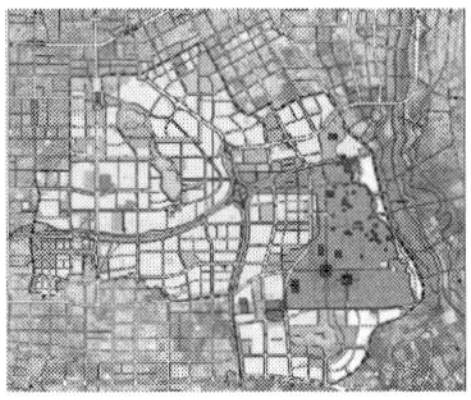

续表

分区位置、名称（结合风道体系）	规划控制对策	概念规划示意
东南部，曲江新区 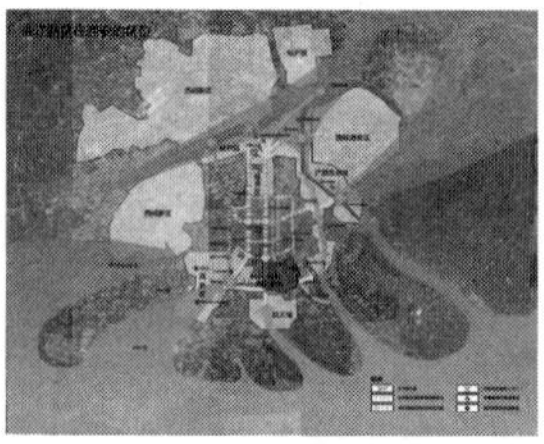	⑤建设联系三环内芙蓉园、曲江南湖，三环绕城间西安新植物园、曲江青年森林公园，及绕城外曲江文化运动公园、杜陵文化生态景区等大型绿地间及与周边社区公园间的绿带“纵横联结”（结合道路及地形），将“湖陆风、地形风”引入高密度街区；⑥保护并加强东南郊乡野村庄的立体绿化及传统农业景观风貌建设	（六） 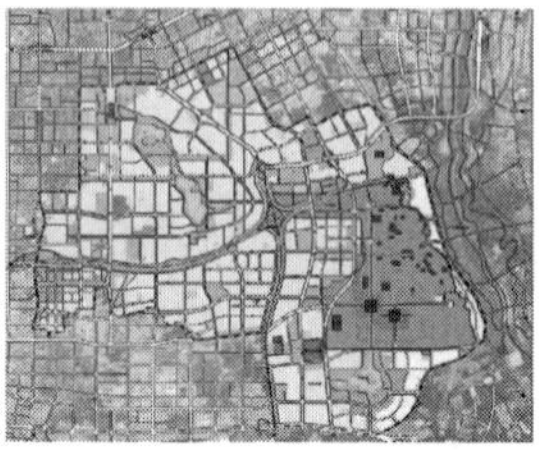
南部，航天城 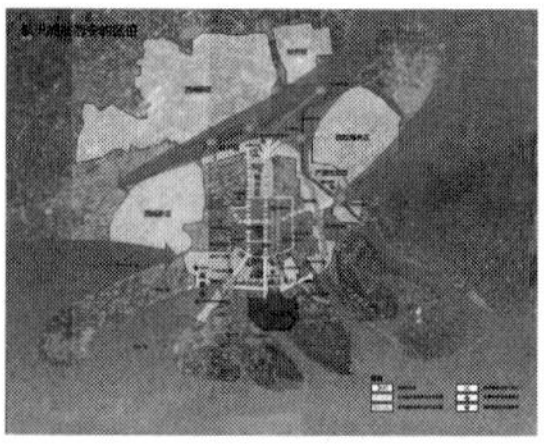	①加强樊川路北侧（航天城南界）土塬边坡绿化景观建设，使神禾—少陵原间“谷风”散至城区；②对区内工业建、构筑物采用屋顶、立面绿化以增加绿量、吸收热量，增强生风换气能力；③保障长安街绿化断面宽度，引塬隰来风入城，打通中轴风道；④结合城中村改造，横向连通同纬度的清凉山森林公园、欧亚学院绿地、新建的雁南公园一期，及大学城各校园附属绿地（草坪、树林、湖池）等，共同构成城南超大型“中央绿地序列”，使之成为汇聚浐、皂、滈河及樊川等生态廊道的“绿核”，亦成为秦岭北麓“下山风”沿水系、川道至此后的“梯级加速、迎来送往”之地；⑤建设与各块状公园、绿地的“辐射式”绿色通廊，共同连接成为“曲折绿道”，从而将“绿源风”就近输送至邻近的生活、办公街区	（七） 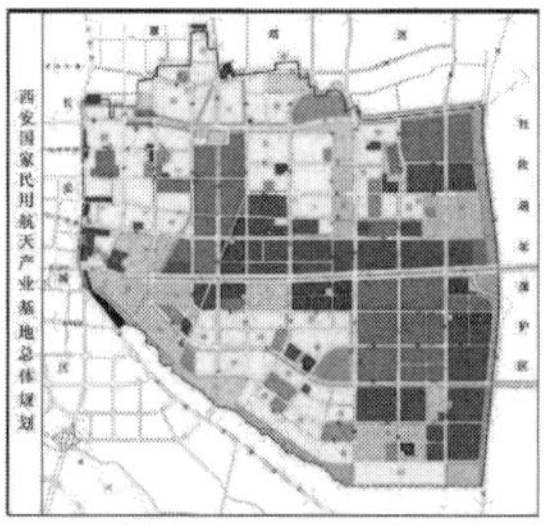

注：规划图名：（一）浐灞生态区绿地系统规划；（二）经开区用地规划；（三）港务区总体布局；（四）西咸田园城市总体规划；（五）高新区主城区（一期＋二期）总体规划；（六）曲江新区（一期＋二期）绿地系统规划愿景；（七）航天城用地规划。

资料来源：自绘、自制及引借。

3）绿地系统层面

根据绿地的外在风向区位，自身面积、形态与景观结构，及相互的位置关系、规模配比、空间连续度、轴向一致性等因素；同时，结合都市区通风潜力的等级与区划，将地上气象系统无形的“风”与地面城乡系统有形的“绿”相结合，创设出“风道＋绿地，风口＋景区”的生态耦合规划构想；并通过“主动引导＋被动优化”，提出7种绿地与风因子的空间耦合模式（图7-13）及规划应用策略（表7-12）。

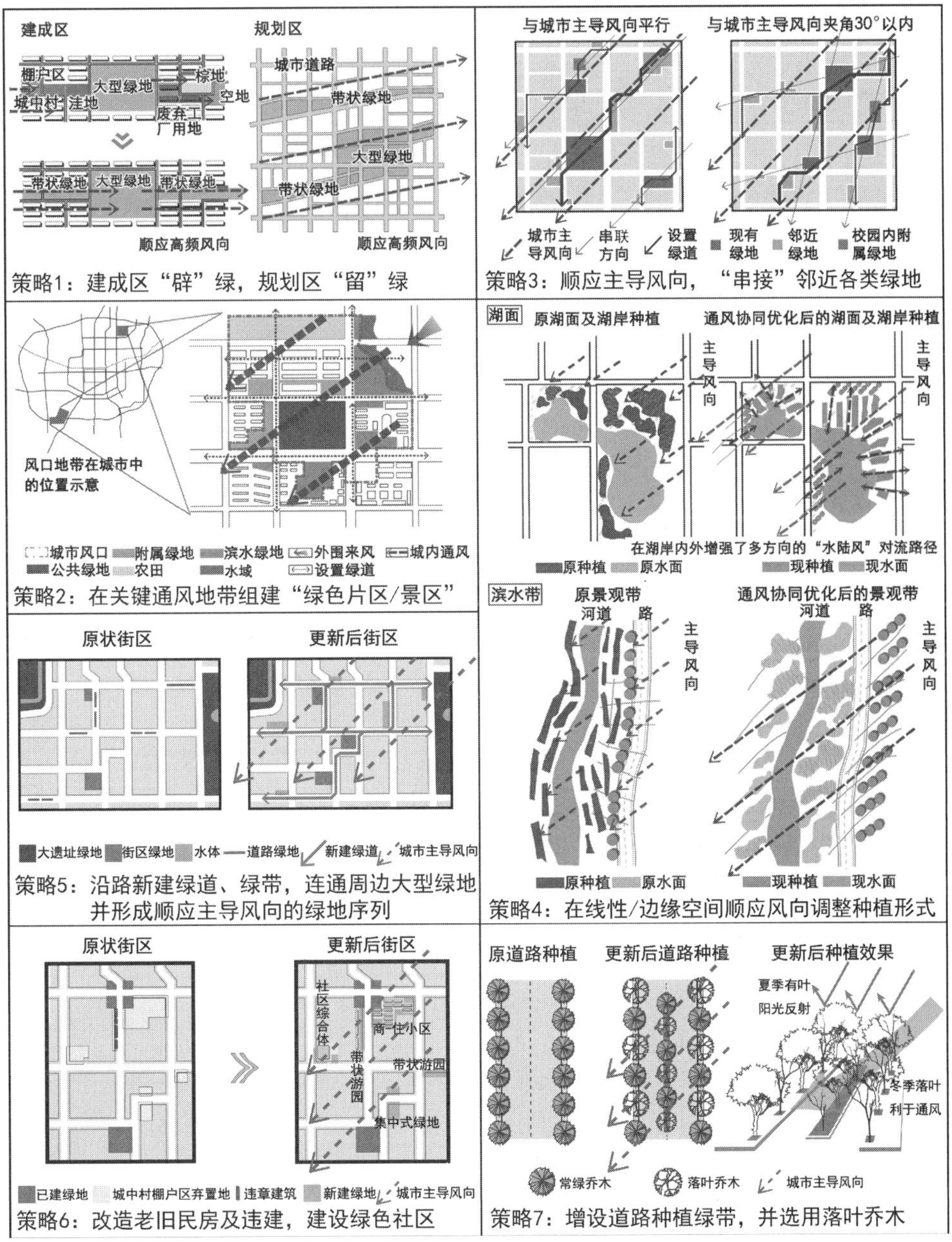

图7-13 西安都市区绿地格局与“风”因子的耦合规划策略及模式图

（资料来源：作者自绘）

绿地格局与“风”因子耦合规划策略的实地应用汇总表　　表 7-12

序号	绿地类型	规划手法	适用通风空间	规划效果/目标	应用案例
策略1	针对带状绿地、大型块状绿地	对新区规划先导，对旧区梳理更新，科学预留与开辟	潜力较强、实测风速较大且面临城市开发的“风口区”	使城区出现贯穿中心、连通内外的“通风绿廊”与“导风绿楔”	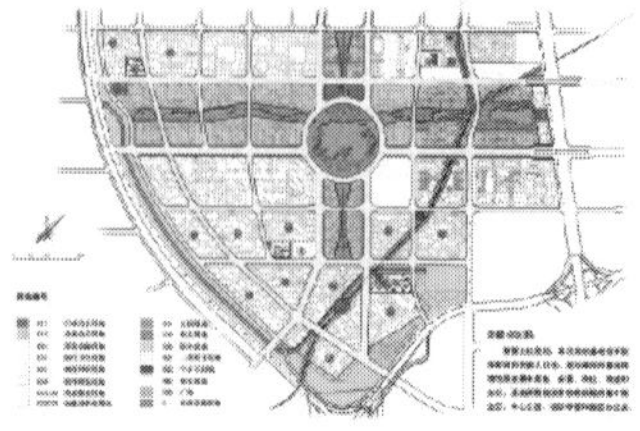 软件新城十字绿廊
策略2	围绕城市边缘上风地带较大绿地核心	激活、联合各类公共、滨水、郊野、附属绿地及农田、水域、低密度混合街区与城乡社区等	潜力尚可、实测风速一般且已建成的“风口区”	形成通风较强、绿道密度较大的“绿色街区及公园体系”；严格控制邻近地块的开发建设	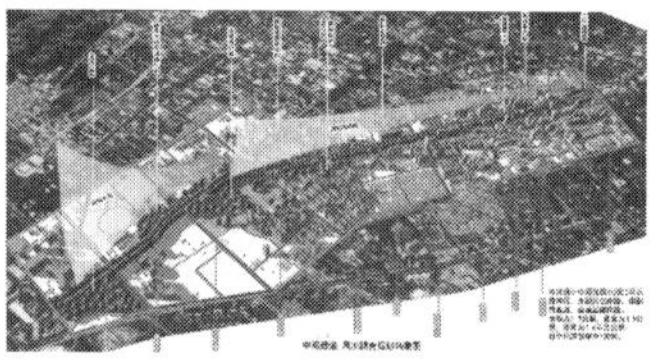 高新区唐延路绿带两侧街区
策略3	立足街区内现有的各类公共及附属绿地	沿主导风平行方向（或呈夹角≤30°）串接邻近绿地并以绿道相连	潜力及实测风速均一般的“偏弱风区”	形成突破既有街区结构及建筑肌理，且顺应主导风向的“绿色空间序列”	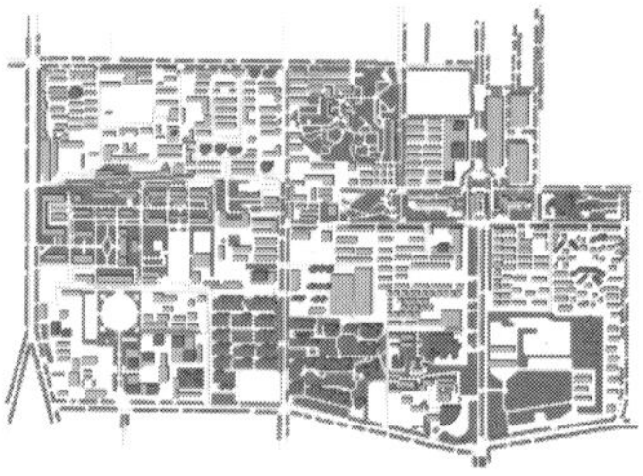 电视塔、雁南路片区
策略4	滨水绿地（滨水型道路绿地、景观游憩带、遗址公园）	按照主导风向或局地“地形、水陆风向”及规律，调整现有种植形式及群落斑块形态	潜力强但实测风速较小的依地形或水体的“风廊区”	使其“顺应风向、面向水域”开辟“绿色间隙与路径”，从而增强对流风的穿透效率	 雁鸣湖及浐河滨河景区
策略5	大型绿地之间街区内的街头绿地、带状游园	在相距较近的大型绿地间的街区，沿现有街道、地块、建筑的外边缘辟建	潜力较弱但实测风速尚可（距主风口较近）的“风廊区”	使大型绿地间的小型绿斑形成“绿色街网”，较小阻碍外来主导风或局地风的“过境与渗透”	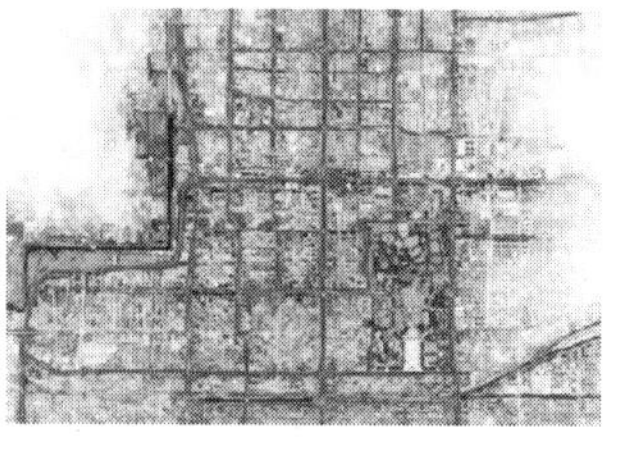 唐大明宫与汉城间片区

续表

序号	绿地类型	规划手法	适用通风空间	规划效果/目标	应用案例
策略6	街头游园、转角绿地及沿街绿带	借“旧改、拆违”，沿主导风向，利用部分腾退、拆后街角空间进行复绿	潜力尚可、实测风速较弱的待改建“弱风区”	使该地提升为较之前通风良好的“绿色新社区”	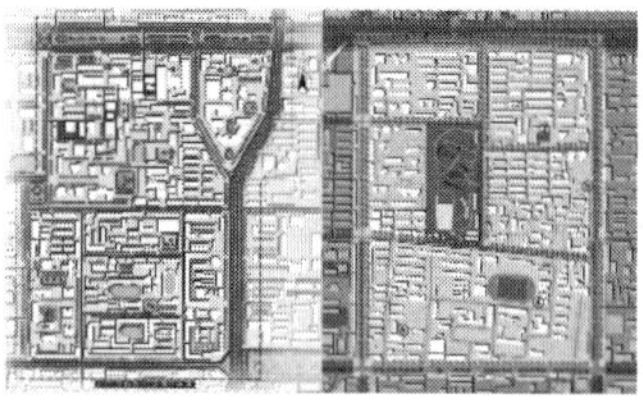 土门、大庆路片区
策略7	城市主要“长跨度”道路的附属绿地	对原有行道树种类进行调整和增设，使常绿与落叶乔木“间次”种植	各类通风特征分区中的道路空间	既保证夏季遮荫、冬季采光，也可形成“透风绿带”（如冬季落叶乔木行列的斜向通风间隙）	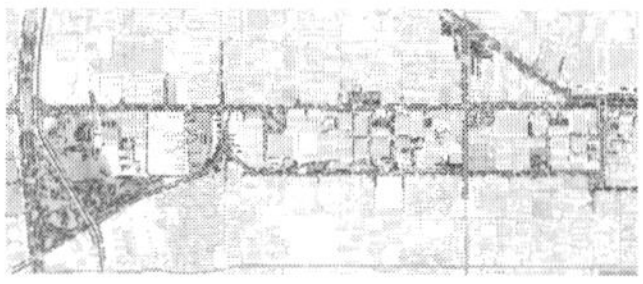 西三环、大庆、汉城等道路绿化

资料来源：作者自制、自绘。

由此，通过依顺主导风向连系邻近绿地，形成有别于棋盘格局的“斜向”序列；营建以大绿斑为核心、长绿道为纽带、散点式游园与广场为渗透终端的“透风、导风”绿脉；控制邻地建设强度，使局地易产生对流风等途径，共同使优化后的绿色开敞空间体系既具有承载公众游憩的社会功能，又可发挥“通风换气”的生态效用。

4）绿地景区层面

充足的绿地面积及合理的绿地布局可有效缓解城市的热岛效应及通风不畅，有理论研究表明“若城区绿地率从8%增至60%，则分散式绿地布局可使城市日平均风速增大36%，而采用集中式布局也可使风速增大26%”。由此，基于西安都市区的“风道规划布局”及“绿地现状格局”，提出两系统“多点耦合”的“风道＋景区”建设模式，从而打造以“顺应整体风环境”为功能、“优化局地小气候”为主题的生态型城市风景游憩地体系。具体通过识别位于风道规划路径之上或邻近地带之内的公园绿地、开敞景观、文化场所，对其采取多要素协同化设计，营建出新的复合型绿色空间，从而形成多种类、分级别、体系化的“风道景区”。

进而，众多的风道景区可依据其在城市风道体系中的“位置相关度、功能贴合度”及自身的“风貌和谐度、景观美誉度”等因素而归为三类（详见附表9）。例如：大明宫国家遗址公园，即属于符合上述“二类风道景区”条件的绿地实例。

大明宫遗址具体位于城市核心地带（明城北偏东），南邻陇海线（火车站），是“解放路—雁塔路，环城东路—太乙路”两条道路型、城区级风道的共同北端

（大雁塔—曲江景区为南端）。该绿地景区自2010年被建为国家遗址公园开放以来，不仅增添了大唐风韵，提升了绿化品质，带动了周边发展，以及控制了市中心的高密度增长；也尤其以实景再现了古人“象天法地”的规划理念，唤醒了原有“山—城对位”的视觉轴线（自含元殿向南经大雁塔直指南五台）；加之当前又肩负起了城市通风理气的重要作用，因此在未来势必会发展成为西安的“历史人文高地、绿色空间核心、生态气场枢纽”（图7-14）。

图7-14　大明宫风道景区俯瞰及向城市、秦岭的远眺场景图
（资料来源：作者自摄、自绘）

4. 与“人文”因子的生态耦合

2005年10月，国际古遗址理事会（ICOMOS）通过《西安宣言》，标志着古迹遗址及其周边环境、景观、风貌将共同成为受保护对象。由此，单纯的文物本体保护逐渐发展为“遗址公园、大遗址片区及文化遗产线路”等综合规划形式。随着2018年2月南郊电视塔旁隋唐天坛遗址公园的建成，西安中心区已拥有大明宫、曲江池、唐城墙、大慈恩寺、寒窑、秦二世陵、木塔寺、未央宫、杜陵等10处“遗址公园”；同时还包括第一批公布的汉阳陵、秦始皇陵、大明宫3处，及已立项的汉长安城、秦咸阳城两处“国家考古遗址公园”。这种将园林景观与遗产保护相结合的绿色空间新类型，既可扩大保护、丰富展示，也能改善环境、服务社会；既释放了城市历史空间的“外部效益”，使原本的“纪念性”场所得以“绿色再生”，也以规模不等、形态多样、分布广泛的绿地形式为城市人工环境增添了一定占比的“生态构成”（图7-15）。

随着2018年7月“第七批陕西省文物保护单位”的公布，西安市域内现有各级文物保护单位280余处，其中位于中心城区的占据了近一半数量（约130处）；进而再除去规模较小的“古墓葬、单体古建筑、石窟寺与石刻、近现代史迹”之后，得到占地规模较大的“古遗址、建筑群、寺观、园苑、地景形胜”等类型，则占据了总数量的1/4（约70处），可见“遗址型绿地”的未来建设潜力巨大。

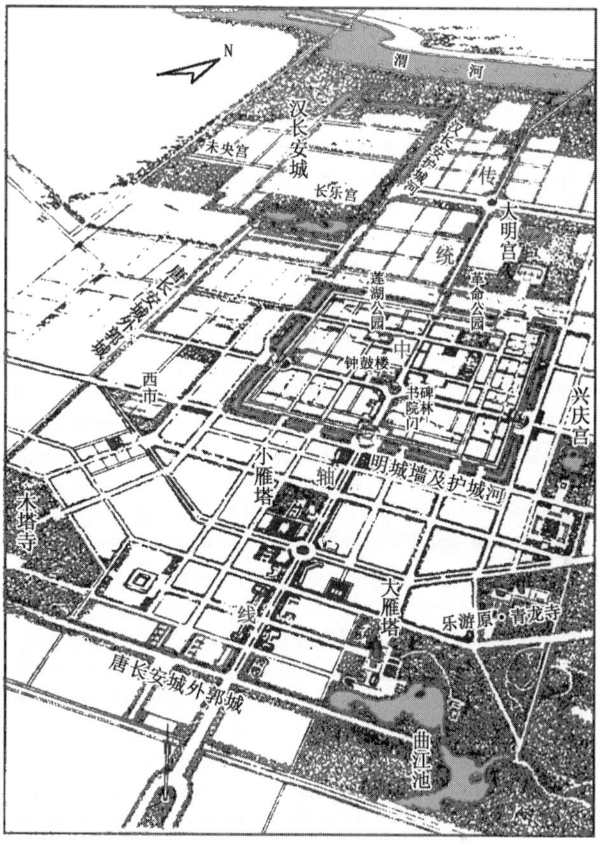

图7-15　西安中心区绿地与人文因子生态耦合规划布局示意图
（资料来源：改绘自《论西安城市特色》中的“西安古城保护”，韩骥，2006）

由此可知，当前可围绕西安市域及都市区继续挖掘现有及潜在的历史遗产资源，不断营建新的并提升既有的遗址型绿地品质；同时，结合各时期历史风貌分布，串接形成多条贯穿城区内外的“文化遗产线路与生态人文廊道”（表7-13），从而使城市建设根据遗产保护而受到控制，使历史底蕴与现代生活、生态文明协调发展。

西安都市区文化遗产线路、廊道的构成及保护对策汇总表　　表 7-13

（与图 7-16 中序号、路线对应）

遗产线路、廊道名称	串连的古迹、遗址、绿地、寺观、景点及街巷	风貌保护范围、建设（高度）控制要求
①大唐盛世人文地标遗产线路	唐长安城门遗址（含光门）—朱雀门—小雁塔（西安博物院）—大兴善寺—陕西历史博物馆—大雁塔—曲江—唐城墙遗址—天坛遗址—明德门遗址	大、小雁塔院墙外围50m内新建建筑高度≤9m，50m外园林建筑高度≤12m；南门—大雁塔文物古迹通视走廊宽度为100m

续表

遗产线路、廊道名称	串连的古迹、遗址、绿地、寺观、景点及街巷	风貌保护范围、建设（高度）控制要求
②明清古城风貌遗产线路	都城隍庙（西大街）—鼓楼—钟楼—南门广场—三学街历史文化街区（书院门）—碑林博物馆—文昌门—下马陵（董仲舒墓）—西安城墙（东南城角）	钟鼓楼广场及钟楼盘道外50m范围内建筑高度≤24m；城墙内侧100m范围内建筑高度≤9m，城门外环城路外侧50m范围建筑高度从24、36m逐渐以每60m距离过渡递增至≤50m；老城传统民居保护区（碑林、回坊、七贤庄）规划区内建筑高度≤9m，且采用传统形式；绿地周围建筑高度由9m依次递升，其他史迹、文物点外30～70m范围内建筑高度≤9m；西大街通视走廊宽度为100m，东大街为50m
③回坊宗教民俗遗产线路	广济街—化觉巷清真大寺—西羊市—北院门—大皮院清真寺—庙后街—大学习巷清真寺—西仓—洒金桥	
④近现代革命史迹遗产线路	西安事变纪念馆（杨虎城止园别墅）—八路军办事处（七贤庄）—革命公园—市体育场—人民大厦—新城广场—东大街—西安事变纪念馆（张学良公馆）	
⑤老东关传统巷坊遗产线路	东岳庙—东门—炮房街—罔极寺—长乐坊—东新巷礼拜堂—敕建万寿八仙宫—五道什字—中山门—永兴坊	
⑥周秦汉唐城址宫苑遗产廊道	周丰京镐京遗址—汉昆明池文化生态景区—秦阿房宫遗址—汉长安城遗址（未央宫前殿）—汉城湖旅游风景区（团结水库、大风阁）—唐大明宫国家遗址公园（太液池、含元殿、丹凤门）—明清城墙（环城公园）—唐兴庆宫遗址（兴庆公园）	周秦汉唐宫苑型大遗址法定保护范围外—建设控制地带内建筑高度由平房向9m递升，之外的建筑高度由9m递升；其他绿地、景区、古建筑、遗址周围依城市规划建设，建筑高度以9m递升

资料来源：线路及选点由作者自创，建设控制要求参照《西安市控制市区建筑高度的规定》统筹确定。

进而在都市区层面：

（1）沿顺“周—秦—汉—唐”历史脉络与天然序列，依次将“尚未大规模考古发掘的原貌型大遗址（丰镐京），已进行部分考古工作并建有展示场地及游憩设施的遗址区（阿房宫、未央宫），及文物保护工程与现代园林景观耦合而成的遗址公园（大明宫）”加以连系；进而扩大各自的外围生态防护及农业耕种圈层而达到“链式相融”效果，并依托放射型城乡公路、曲折型乡村游路及跨区型河渠水系来营建多维“遗产绿道”，从而迈向“有机相连”的趋势。

（2）以大明宫为中转，将上述大遗址带与明清老城风貌区、唐长安城旅游景群加以衔接，形成“旷奥地景”与“繁盛市景”的对话；同时，以汉长安城为枢纽，向北跨越渭河、登临北原，与同属汉代的帝王陵墓带建立“多线对接”，从而以遗址间的“收束”关系来增强主城与新区的有机联系。

（3）最终，回归自然水韵，以西南部昆明池代表的“古代水利辉煌”与东北部浐灞河展现的“当代水生态文明”作为端点，使众多人文痕迹通过绿色空间的线索，最终到达依水而兴的“彼岸”（图7-16）。

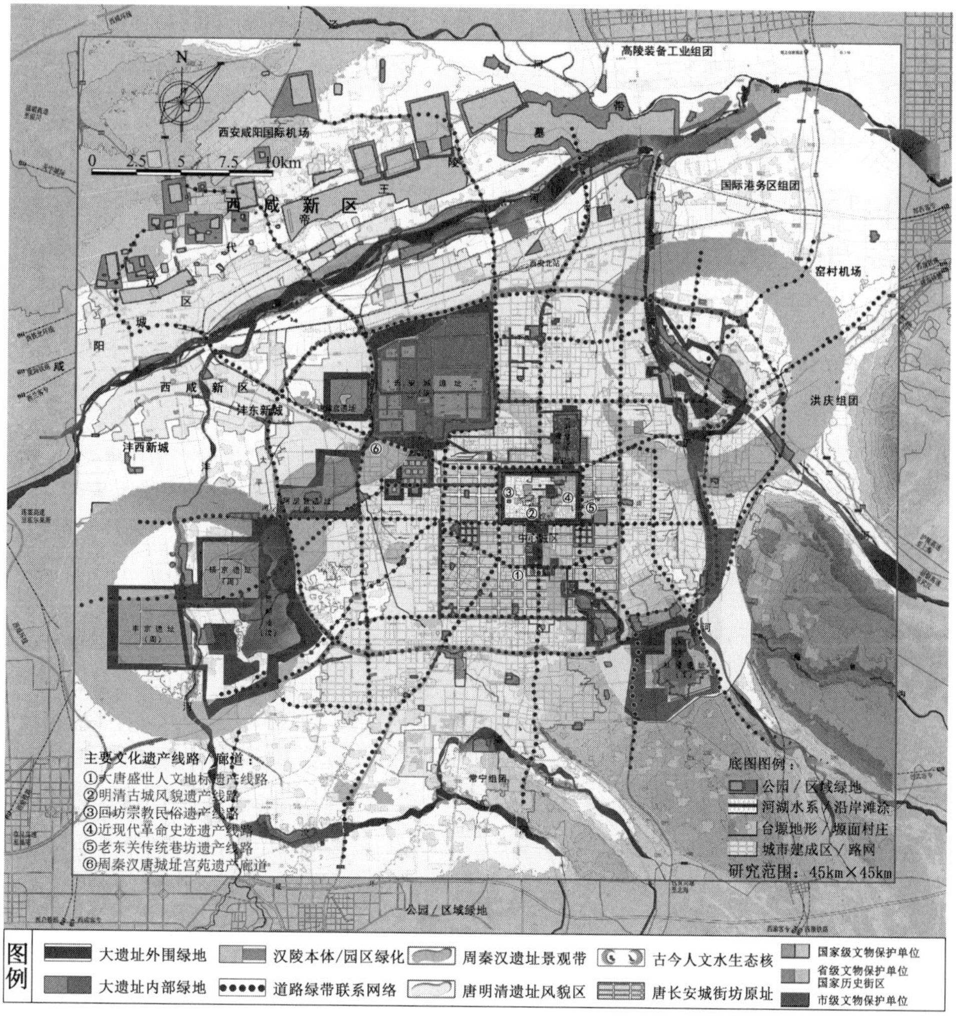

图7-16　西安都市区绿地格局与“人文”因子生态耦合规划图
（资料来源：作者自绘）

总之，通过“保护大遗址、营造大绿化、形成大生态”，不断扩大绿斑、延长绿廊、带动绿点、拓展绿楔、连成绿脉、结成绿网；最终以“遗址重生—地景重塑”模式，将都市区“人文生态耦合规划”落到实处，形成古今协调的特色绿地格局。

7.3.4　综合的生态耦合布控

1. 绿地布局及生态结构

首先，将各因子生态耦合构型叠加，使绿地充分依循生态线索而建立生态联系，发掘生态潜质；同时以内外兼修思路作以“现有整合＋潜在激活”：①由外向内——维护山塬丘壑的生态底蕴与屏障作用，复兴“八水环城—进城—润城”水生态格局，保证农田的适宜生态区位及充足生产面积，疏通各方向生态绿楔、绿廊并连为外部“生态环拱”；②自内而外——以“点—轴—网，块—链—环”层级递推，充分调动水、林、草、田、遗址等开敞空间，并以地形为脉、水系为廊、道路为架、视景为导，建立起内部互联、内外相通、景城一体的绿色网络；③多元对位——将绿道与风道，绿斑、绿带与遗址，防护林与游园、避险地，堤岸、滩涂与湿地等协同营建。最终使点—线—面绿色空间与斑—廊—基景观单元相适配并反馈至总体层面，从而形成（划）区—（连）环—（布）阵—（铺）廊—（串）链—（攒）芯—（织）网的生态耦合空间体系（图7-17）。

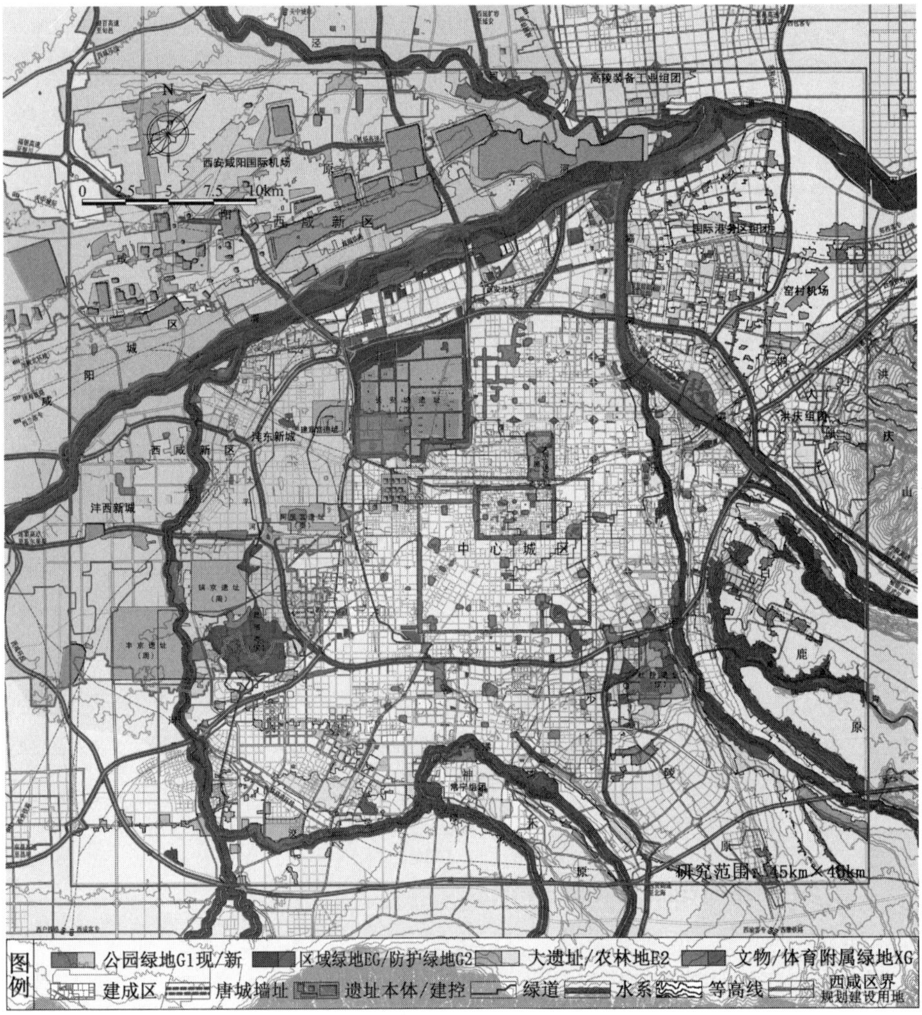

图7-17　西安都市区绿地格局生态耦合规划的综合叠加总平面图

（资料来源：作者自绘）

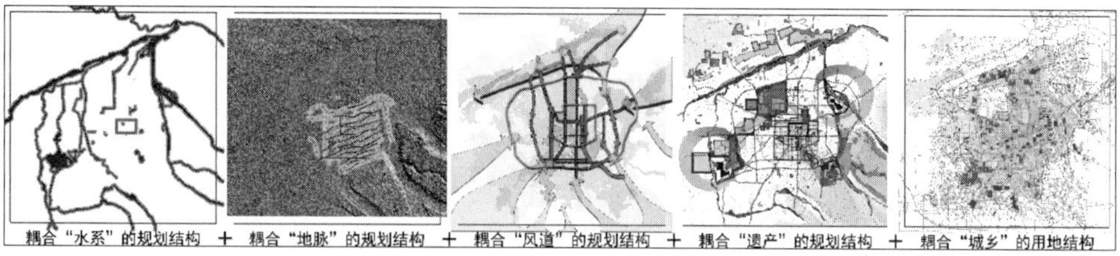

图7-17 西安都市区绿地格局生态耦合规划的综合叠加总平面图（续）
（资料来源：作者自绘）

进而，在上述绿地与各生态因子的耦合规划布局下，综合近年来西安城市总体层面的相关规划，如：生态隔离体系规划（2014年）、第四轮总规修改（2016年）、西咸新区总规（2017年）、大西安都市圈规划（2019年）等，以及结合国土空间“三区三线”划定的要求与方法，从而面向目标年限“2035年”，对西安未来15年的规划建设用地、路网扩展形态等加以预测，并由此计算出相关绿地指标的变化情况（图7-18）。

据计算可得，未来15年西安都市区内的建设用地将由当前的700km^{2}增长64.90%至近1150km^2；主要增长方位为沣河下游两岸、机场周边、港务区内及泾河以北等地，总体已呈“组团式”发展态势。基于此，经绿地生态耦合规划后，城区绿地（G1、G2、XG）及区域绿地（EG）均有不同程度的“成倍”增长，分别为：

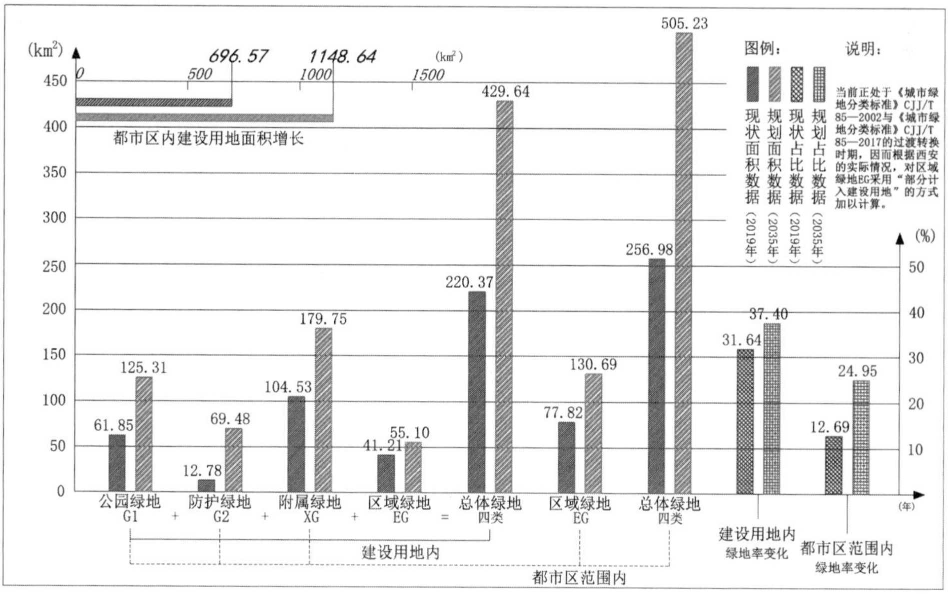

图7-18 西安都市区生态耦合规划前后绿地主要数据对比图
（资料来源：数据来源为作者据现状卫星图及相关最新规划自行描绘并计算而得，从而与官方统计数据略有差异，并不影响变化幅度的客观反映）

102.60%、443.66%、71.96%及67.94%。建成区、都市区内总绿地面积增长率（环比）也将达到94.96%和96.60%（几乎各翻一倍）；绿地率也相应增加，并几乎达到了国家生态园林城市所设定的“建成区绿地率38%”的标准（若按常规统计口径则会超过该标准）。

再者，关于城市生态骨架与绿地格局的“共建模式”，已有冯娴慧（2006）总结出由“城郊环城森林，组团隔离绿带，居住社区绿心”所共同构成；又有吴雪萍（2012）以生态城市视角提出：①在建设层面形成“城郊一体大环境绿化格局”，②在保护层面注重“自然历史环境、植物生物多样性及古树名木”，③在规划层面演进出“层次化、类型化、分区化的城市绿地系统”。由此可见，城市绿地格局的“整体生态耦合”是由不同形态、功能绿地空间的“分类生态耦合”所构成的。

此外，基于总体布局，还需进一步拆解出各类“绿地结构要素”，从而以“区—环—阵—廊—链—芯—网”等形式有效落实生态耦合的空间构成与作用加成（表7-14）。

西安都市区“绿地—生态”耦合规划的结构要素体系表　　表 7-14

结构要素	主体结构	地域组成	生态空间构成	生态作用加成
区 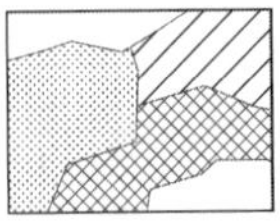	四大生态耦合分区	生态涵养、生态协调、生态发展、生态保育四分区	分别主要为：廊道型（河流、湿地）；斑块型（大遗址、历史人文古迹）；网络型（绿地斑块、公园环带、生态廊道）；基质型（台塬、河谷、川道、乡野）	结合行政区划现状，体现生态本底差异，优化绿地生态功效，提升生态环境承载能力
环 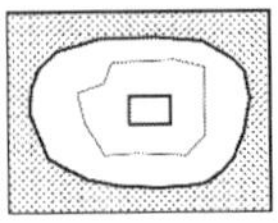	基于城市历史格局、现代路网、用地形态而构建的“绿带双环”	老城核心区内环绿带	逐段连通唐长安外郭城墙遗址林带，构成“主环”；提升/恢复大庆路—劳动路、南二环—友谊路、建工路—幸福路、环城北路—陇海铁路等交通型绿带，形成“分支”	在城市中心区外缘形成人文耦合型绿色圈环，并在城区内部搭建长距离绿色通廊
		都市主城区外环绿圈	依托三环、绕城、八水首尾相连、交叉环流之势，重点以卫生防护、耐阴耐旱型绿植，营建成倍于路面宽度的道路附属绿带及等同于河道宽度的多功能水岸景观带	防控交通污染，保育河湖水质，控制城区外扩，汇聚乡野生物资源，构建气候调节圈层

续表

结构要素	主体结构	地域组成	生态空间构成	生态作用加成
阵 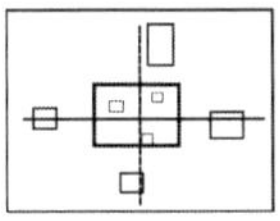	由城市九宫格局四个角格所成方阵	四大城郊“绿阵”	构建：东南（大雁塔曲江历史景区）、西南（高新区公园绿道网络）、西北（汉城遗址绿化基质）、东北（浐灞水系生态景观），共同组成大规模、高标准、特色化绿色城郊阵列	对应上水、上风、形胜区位，确保外部气、水、生物流汇入城市内部并产生良好生态循环
廊 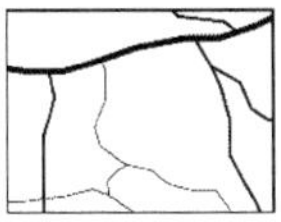	局部穿越城区、总体中心放射的长跨度绿色带状空间	水系山塬型廊道	依托八水五塬自然要素及河湖库渠人工要素，构建城郊水圈、都市林环、城乡田园纽带等“山水绿廊体系”	兼顾防洪排涝、水土保持、生态缓冲、景观游憩复合作用
		交通设施型廊道	依托城区棋盘干路、跨区快速干道、城乡高等级公路、国省道；围绕中心区呈“米”字形放射的高速公路，及过境的铁路线、高铁线、高压线走廊、高压输气管道等	建设形式为道路附属绿地、卫生防护绿化带与林带、景观绿带或慢行绿道等
链 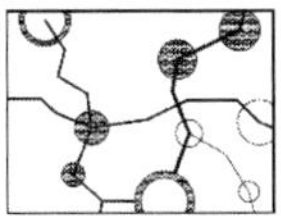	将邻近绿地以地脉、水廊、绿道、绿斑踏脚石连合而成的绿地“链条”	景园绿链	东南郊“大雁塔—芙蓉园—曲江南湖—周边系列历史主题广场、绿地、遗址公园、步行景观带”等风景游憩序列	将遗址绿地解构为“保护范围（绿核），建控地带（绿带），环境协调（绿景）”层次；遵循川塬地貌以“人文绿廊”形式相融通，并发挥出“遗址群、链”的生态、文化空间集聚效应
		城址绿链	西北郊“周丰京镐京—秦阿房宫—汉长安城—唐大明宫”等大型“城—宫”型遗址序列	
		陵园绿链	渭北平、延、康、渭、义、安、长、阳陵，少陵原杜陵、白鹿原薄太后陵、文帝霸陵、窦皇后陵等汉代帝后陵址序列	
芯 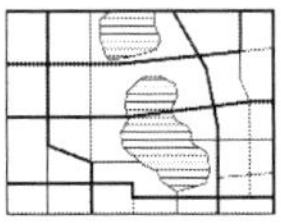	建设密度高、路网较复杂的城中心及副中心的综合公园	城东兴庆、城西丰庆、城南小雁塔、城内莲湖、北郊运动、高新永阳、曲江南湖公园等	往往位于分区核心地带，肩负着服务周边、辐射与吸引整个城市的作用。可立足其人文传统深厚、景观特色显著等优势，逐步破解共有的可达性差、车位少、游憩设施落后、与周边地块隔绝等问题与不足，重点升级打造成为西安城市各个方位的“内源绿芯”	在分区强化综合绿地的绿色芯源地位，使之成为全城绿地骨架的交织枢纽；在局地吸聚、激活小型公园、社区绿地、街旁游园，形成邻里绿地体系

续表

结构要素	主体结构	地域组成	生态空间构成	生态作用加成
网 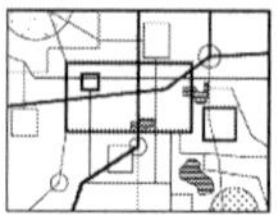	由纵横城区的绿带、绿道、绿色节点共同在人工—自然基底上交织而成的绿色生态网络	古城人文型绿道	依托城市历史格局及现代布局而建设：明清环城林带、唐城墙绿带、大庆路林带、幸福路林带、二环路绿带等	坚持整体、多样、可达、高绿量原则，串联绿地、通达山水、区分组团、编织城乡、描绘地景；使现有绿化框架逐渐增密，形成层级清晰、主题丰富、功能完善、方便快捷的复合绿道网络，实现畅步古城、乐游山水、绿行无阻的愿景
		自然滨水型绿道	依托八水而多位于新区、郊乡地带，如：浐灞“两河、四岸、一半岛”，沣东“昆明池、沣河湿地”，沣西“中央绿廊”等，其均围绕水岸建有滨水绿道及湿地公园带	
		园林景观化道路	年代较久、绿化较好、行道树遮荫较好的城市干道、街巷、林荫路等，主要分布于：城南友谊路、城西劳动路、西南郊丈八路、东郊韩森路，及纵贯南北的中轴线等	

资料来源：作者自绘。

归纳而言：①在“区”中践行生态区划理念，②在“环”中采用多元配合模式，③在“阵”中体现天人合一思想，④在“廊”中遵循景观生态原理，⑤在“链”中凸显地域文脉特色，⑥在“芯”中紧扣核心辐射功能，⑦在“网”中强化生态复合功能，从而共同使生态耦合规划体系切实发挥出象天法地、宜居宜人的绿色功效。

2. 绿地分级及生态方向

首先是“斑块型”公共绿地，其往往占据面积较大，是落实都市区绿地—生态耦合规划的首要绿地类型；主要由公园绿地（G1）充当，承载了“游憩、生态、社会、文化、经济”等综合功能。当前西安都市区主要公园绿地已超过100处（总斑块数310），单块面积在5～20hm^{2}的数量较多（占27.4%），进而除去面积小于0.5hm^{2}的斑块（占19.7%）后，其余面积段数量呈正态分布减少。由此，公园绿地的“层级体系”也正在变得愈加清晰而明确。具体通过回顾《城市绿地分类标准》CJJ/T 85—2002的既有施行常态及参照《城市绿地分类标准》CJJ/T 85—2017的最新整合方向，可将西安现有公园绿地根据“面积、位置、形态、功能”等因素加以综合考量与梳理，从而归纳、划分出“市级综合公园、区域中心公园、开敞社区绿地、街头小游园”四个“层级”（表7-15）。

西安都市区"公园绿地"的分级及生态耦合建设方向汇总表　表7-15

《城市绿地分类标准》CJJ/T 85—2002	《城市绿地分类标准》CJJ/T 85—2017	生态耦合建设需求、方向及指标	生态分级及代表案例
全市性公园（G111） 面积不宜小于10hm²①； 面积10～100hm²②	综合公园（G11） 规模宜大于10hm²	确保：①面积较大，占地规整，交通可达性高；②景源空间丰富、功能设施齐全、环境优美，且可作为城市名片；③根据规模量级10～100hm²，对应绿地率达70%～85%	市级综合公园 代表案例：兴庆宫公园； 面积：780亩（约52hm²）
区域性公园（G112） 面积5～10hm² 或5～8hm²②	因出行和休闲方式已变，"全市和区域"已难区分。可结合用地条件将下限降至5hm²	位于新老城区、各片区核心，交通便利，主要服务区内居民。虽整体形象及吸引力不及市级综合公园，但具有较明确的风格特色、丰富的游赏内容、健全的基础设施条件，以及作为应急避险之用的场地与通道	区域中心公园 代表案例：新纪元公园（高新区一期中心地带）； 面积：约6.7hm²
居住区公园（G121） 宜在5～10hm²间①， 最小规模1hm²③； 面积2～5hm²②	社区公园（G12） 规模宜大于1hm²	①提升现有成熟社区公园；②发掘、激活住区中心绿地、商业街心花园、公建外部园林等；③共同形成点阵分布、辐射周边、覆盖均匀、贴近生活的开敞型社区、街区绿地体系；④依规模量级0.1～5hm²，对应绿地率达60%～70%	开敞社区绿地 代表案例：紫薇田园都市小区中心绿地（城郊新区）； 面积：约5.2hm²
小区游园（G122） 面积宜大于0.5hm²①； 最小规模③： 小游园：0.4hm²， 组团绿地：0.04hm²	游园（G14） 新标准"游园"用地独立，替代了原标准"街旁绿地"且非附属性质的"小区游园"。块状游园规模无下限，带状游园宽度宜大于12m	基于路网，在中心区、密集区、长路段确保0.3～0.5km服务半径均匀覆盖。依道路级别及红线、人行道宽度、建筑退线距离、街区人口密度、公交站位置等，配置游园规模、数量。拆旧建新项目应发掘空间潜力，补划临街绿地或营造天井庭园；提升硬质场地绿化占比至35%～65%并增设林荫、水景、生境。总以见缝插绿、拓地造绿、拆旧补绿、除硬还绿、立体添绿等方式，切实发挥绿胞、绿肺功效	街头小游园 常见类型：街心花园，路口、转角游园，路旁绿带； 代表案例：西华门绿化广场（城内中心）； 面　积：0.44hm²（除人行道外，路东0.28hm²，路西0.16hm²）

注：①源自《公园设计规范》CJJ 48—1992中的"内容和规模"；②其他"城乡绿地（系统）规划、公园与广场设计资料集"；③《城市居住区规划设计规范》GB 50180—1993中的"表7.0.4-1 各级中心绿地设置规定"。
资料来源：作者自制。

其次是"廊带型"公共绿地，未来可以人工化的"道路绿带"和自然化的"郊野绿带"为主要建设形式；其不仅承载着物质、交通、信息流的日常运输，也是生物活动、群落蔓延、人地融通所依赖的"长跨度、多受面、通路型"开敞空间。具体以环状公园带（G1）、道路绿化带（XG+G1）、河流滨水带（G1+G2）等为主要类型，宽度为80～200m左右（表7-16）。由此，在生态耦合规划中通过合理布局、相互搭配而连成网络，从而最大程度地发挥出生态调节、气候疏导、绿色低碳等复合功效。

西安都市区“带状绿地”的类型及生态耦合建设尺度汇总表　表 7-16

带状绿地类型	代表案例名称	生态耦合建设空间形式及尺度
环状公园绿带	明城墙环城公园	含护城河两岸，大多为80m左右；其中，环城西苑较宽，为150～230m
快速环路绿带	二、三环路、绕城高速防护绿带	南、北段绿化较好，基本为130～170m；东、西段用地复杂，绿带断续明显，50m以下占多，间有80～100m
交通及设施防护带	公路、南控线、河堤路、铁路、高压走廊	保证城乡间大跨度干线两侧的生态防护与隔离绿带宽度：道路绿带50～80m、干线绿带80～120m、滨水绿带200～500m
职住分隔绿带	大庆路林带、幸福林带	大庆路林带间隔西郊电工厂区与生活区，基本宽90～100m（含行道树荫路面）；幸福林带间隔东郊军工厂区与生活街坊，宽140m左右
大型路间绿带	唐延路林带、长鸣路绿带	唐延—沣惠南路林带均宽130m（含行道树冠投影），较窄段120～127m，最宽处达135m；长鸣—公园南路间地形带分隔曲江与浐河地区，宽500～700m
堤内生态水带	浐河城区段滨水生态景观带	浐河东、西路（人工堤岸）间，常见120～140m，桥头或有湖心岛处达180～210m，下游桃花潭景区整体加宽，水面最宽处超630m（两头收口亦达300m）
河岸景观绿带	灞河城区段生态湿地公园及广运潭景区绿带	除中央蓄水面，单侧陆地景观带为30～50～90m不等，附带近岸湿地为80～120～180m不等；广运潭与世园公园接壤的灞河右岸（堤两侧一体化绿带）为110～270m，广运潭三环以西的灞河右岸（含陆地水系）为350～540m不等
线性遗址绿带	汉唐城墙基址及护城河两岸绿带	唐城墙遗址公园105m（少部分>110m），汉城湖景区（河渠两岸绿化景观及土城墙遗址）南北段150～180～240m，东西段300～400～500m不等
一般道路绿带	路中分隔型、路旁游憩型绿带	南二环绿化分隔带24～27m，西部—航天大道中央绿带20～25m，建工路高架下游憩绿带15～20m，长安路绿化带10～15m，友谊路林下空间带42～55m

资料来源：作者自制。

由此，西安都市区总体以遗址绿带固为“内环”，水系与林带连为“外圈”，放射干线—棋盘道路构成“绿网”；具体以城乡绿道、公园序列、绿斑链条、遗产线路“穿梭迂回”，梳理形成多条融贯式“绿廊”；同时在组团、片区间依托道路与水系，建设绿化景观带或生态防护带，并加入慢行绿道，从而起到“防止建设连片、构建组团隔离、有机关联城乡”的效果；进而各类环—带要素相互交织成都市区“构架完整、层级清晰、衔接适当、动态蔓生、邻里耦合”的生态廊道网络体系。

3. 绿地外延及生态路径

除了绿地自身建设之外，还需外延、辐射至“三生空间”而作以因地制宜的产业结构调整及空间内涵重塑。传统农业依赖土地、老旧工业依靠资源，而与生态品质强相关的则是第三产业的GDP占比；当前发达国家城市多在80%以上，国内一线城市也处于70%水平，西安2020年则仅为63.7%，提升空间巨大。由此，根据大西安“北跨、南控、西进、东拓、中优”的发展格局，结合地区生态条件加以“一产环城、二产离城、三产入城”的空间重构，由此建立起新时期西安都市区“一核多心、三带围拢、片区簇拥”的“绿色功能外溢、三生效益协同”的新格局（附表10）。

7.4 本章小结

本章以由总到分的顺序在市域、都市区提出了生态耦合的规划格局与布局。具体在确定“规划范围、因子、步骤”的基础上，首先在市域层面综合考量生态本底保护与城镇发展需求，探讨了未来划定生态保护红线、都市增长边界的前置理论及上位规划依据，从而初步划定了“市域生态分区”及相应的“绿地耦合规划对策”。

其次聚焦西安核心都市区，通过总结以往的“城市绿地专项规划”做法与经验，并结合景观生态学理论，对绿地与各生态要素及功能产业的“协同布局模式”“耦合规划愿景”加以梳理，进而针对“公共、遗址、廊带、楔形、圈环”等主要绿地规划载体，制订了相应的规划对策。

进而针对“水系、土地、风象、人文”四类“生态耦合规划因子”，依据其各自的生态特性、现状条件及前文所述的耦合机制与发展潜力，分别结合各类绿色空间构建了“绿地生态耦合规划布局”；尤其在“风”因子方面还分别构建了“城市整体风道分级体系”“绿地系统风环境优化布局模式”“分区绿地及生态空间规划控制对策”及“街区景观的通风适宜性设计模式”等详细的导则与方法。

总之，西安坐拥“南山北水、气象分明”的自然条件，又盛纳着“川塬交错、乡野连绵、遗址遍布、生境多样”的地理基础，生态资源禀赋较为突出。未来开展都市区生态规划建设，应以风景园林为牵头、多学科交叉为视角，首先通过将各类绿地与生态空间相叠加、相连系，积极“面向秦岭、拥纳八水、串连遗址、对接乡村”，在形态上有机嵌套、在功能上兼容互补；进而坚持“绿色连成网络、生态流入城市、自然融入生活”的理念，使绿地引领城市焕发出固有的“山水特色、人文渊源、生态本底”，承载起“上可调节气候、下可梳理水土，古可弘扬历史、今可服务民生”的时代重任，同时兼顾起“绿地系统完善、生物多样性保护、人居环境品质提升、城乡地景风貌彰显”等目标，从而发挥出生态系统运行顺畅，自然与人文“有机共生、和谐交融”的效果与价值；并最终形成与城市风貌充分协调、与生态功能协同增效、与人居环境有机融合的“全尺度、多维度”绿地生态耦合新格局。

第8章 西安城市绿地格局生态耦合规划实证

8.1 都市分区的生态耦合愿景构思

本章主要在生态耦合总体规划下分别作以“都市分区—重点片区—典型景区”三个层面的绿地格局生态耦合“愿景设定—布局引导—景观营造”（图8-1区划+索引）。

8.1.1 生态耦合分区及结构

首先，根据西安都市区总体的生态本底特征及生态耦合规划布局，在保障各类生态要素“分布有规律、形态较完整”的特征下，参照西安城乡的固有历史格局、多年规划形态、现行行政区划，并且结合当前绿地格局与前述生态安全格局的叠加结果，从而自北到南划分出主题化的四大生态耦合分区及整体空间结构（见图8-1）。

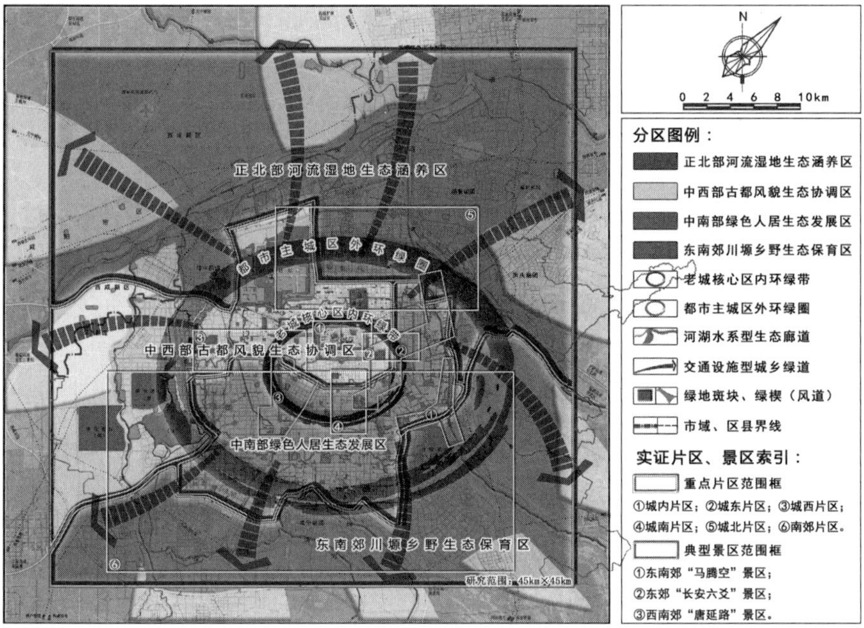

图8-1　西安都市区的生态耦合分区、空间结构及实证范围索引平面图

（资料来源：作者自制）

进而，基于各类绿地的生态化分布及有机化关联来构建具体的生态耦合结构，使区内及区间达到“生态本底彰显、生态绿量补充、生态流动加强、生态风貌重塑”的功效。因此，各生态耦合分区需根据自身特点而遵循适合的景观生态原理，并且依托区内主要现状绿地及农林开敞空间而作以适宜的增扩或优化，从而达到理想的生态耦合格局，以及达到对总体层面生态耦合结构的细化与落实（表8-1）。

西安生态耦合分区层级下“绿地—生态”理想耦合格局汇总表　表 8-1

<table>
<tr><th>区位</th><th>景观特征</th><th>区内绿色空间类型</th><th colspan="5">跨区蓝、绿廊道</th><th>生态耦合方式</th><th>理想生态耦合格局</th></tr>
<tr><td>正北区</td><td>交错缓冲界面（a）</td><td>大型河道、近岸湿地、交通绿廊、滨水绿道</td><td rowspan="4">灞
↓
×
×
×
×
河
↓</td><td rowspan="4">浐
↓
×
×
↓
河
↓
↓</td><td rowspan="4">皂
↓
↓
↓
↓
↓
潏
河</td><td rowspan="4">沣
↓
↓
↓
×
×
河
↓</td><td rowspan="4">×
×
唐
城
绿
带
×
×</td><td>构建水岸过渡景观，堤内培育湿地，堤外营建绿道</td><td>水系为框，湿地镶嵌；绿道为网，公园填充</td></tr>
<tr><td>中西区</td><td>集聚间有离析（b）</td><td>大遗址地、遗址公园、历史街区、道路绿化</td><td>自然斑块为主，人工斑块为辅，各级廊道穿插相连</td><td>遗址为脉，绿线连廊，绿斑凝核，交织成网</td></tr>
<tr><td>中南区</td><td>领状景观渐变（c）</td><td>遗址绿带、路间林带、滨水绿廊、公园景群</td><td>保持现有主廊，连通断续支廊，激活邻近“踏脚石”</td><td>蓝绿交错，林带纵横，圈层外扩，点轴放射</td></tr>
<tr><td>东南区</td><td>生态流动网络（d）</td><td>台塬地貌、渠溪廊道、水岸湿地、平原林田</td><td>乡野为基、川塬为廊，串接城镇绿斑，形成弹性边界</td><td>林田为源，川谷为流，湿地为汇，城乡为纳</td></tr>
</table>

景观生态学原理下的理想生态耦合模式（对应原理a、b、c、d）

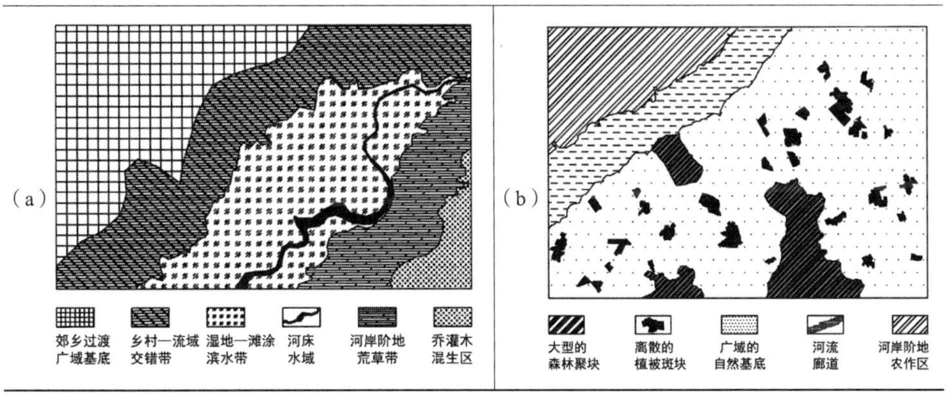

续表

区位	景观特征	区内绿色空间类型	跨区蓝、绿廊道	生态耦合方式	理想生态耦合格局

（c）

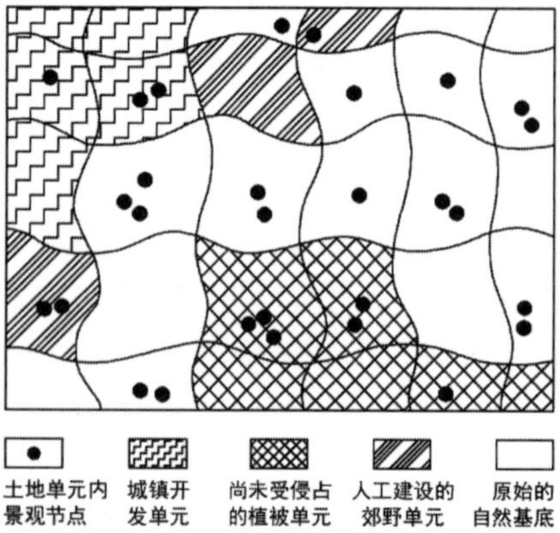

（d）

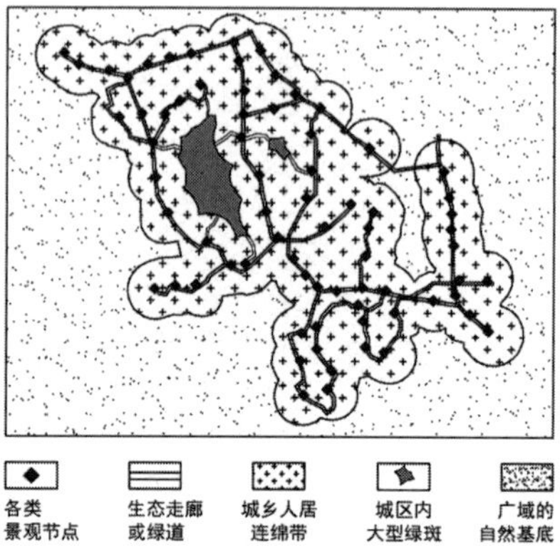

资料来源：作者自制、自绘。

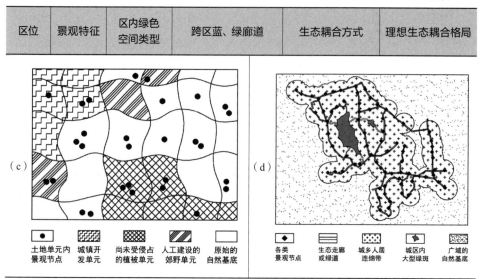

此外，各区也兼顾了较长生态廊道的跨区存在（上表↓表示穿越该区，×表示未途经该区），包括：①灞河，地跨两区，需处理好堤岸的层次过渡，营建连贯滨水绿带与分段湿地生境；②浐河，贯穿三区，需根据城乡地貌、风貌渐变而适地增添生态—游憩相融型景观廊带；③皂—潏河，环拱全区，需以沿线景园序列削弱水陆硬边界及加强邻地弥合感；④沣河，穿越三区，可分设水利—遗址—田园—湿地型主题景观带，使生态—人居有机交错；⑤唐城绿带，位处中部两区，可依托遗址林带、历史游园、地标广场而加强断点接通、节点塑造，从而彰显人文绿环的完整格局。

8.1.2 正北区生态耦合愿景（水系＋通风）

该分区地跨未央、灞桥两辖区，主要包括渭河南岸（草滩、六村堡），灞河西岸（经开区）、东岸（港务区），及北郊中轴线（未央路）等地。浐灞三角洲成为水生态核心，灞河东岸为奥体中心绿轴，外围环以农田基质。现状绿地多为斑块及廊道形态，未来可充分依托区内丰富的河道、明渠、铁路及道路网，建设绿道及景观带，从而串连滨水湿地与内陆公园，建立起“蓝绿交织”的正北区水生态绿地格局（图8-2、表8-2）。

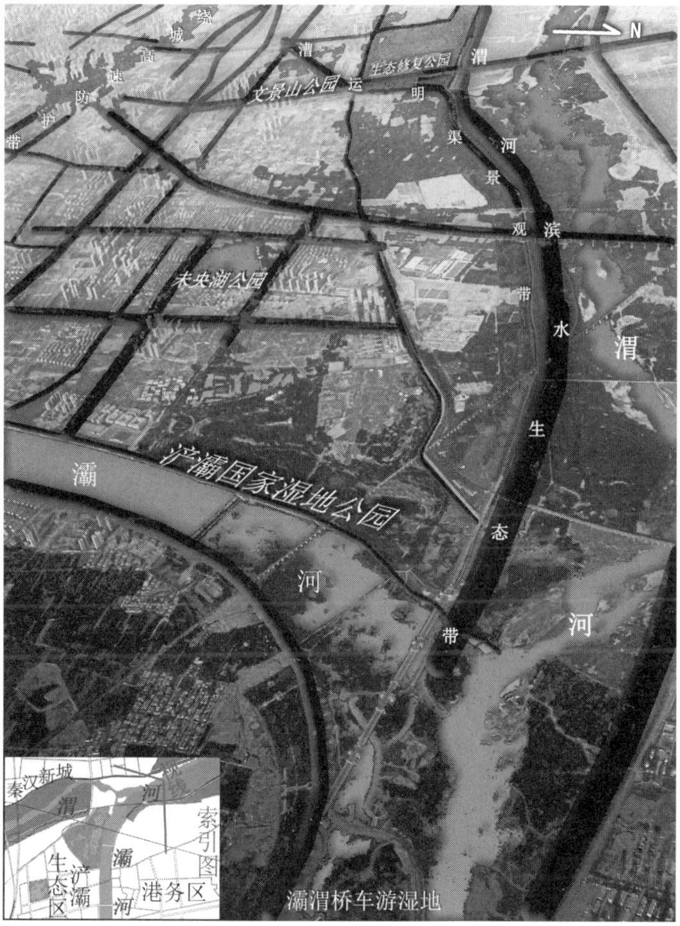

图8-2　正北区“绿地—生态”耦合代表地区规划示意图：“灞河入渭河口”水系生态绿地网络

（资料来源：作者自绘）

正北区“绿地—生态”耦合建设类型及愿景汇总表　　表 8-2

生态要素形态	用地/空间类型		绿地—生态耦合建设愿景（水+风为主题）
斑块	绿地	公园绿地	①构建运动公园—未央广场—开元公园绿核集群；②打造未央湖—文景山—国际高尔夫球场—紫薇湖—渭河运动公园—秦汉文明园绿道系统；③形成世博园—桃花潭—浐灞半岛水景防护带；④在未央路（凤城五路—市图书馆）两侧街区以文景公园为核，联结补建社区公园、转角绿地、口袋公园、道路绿带并激活相关附属绿地，形成绿色生活圈
		附属绿地	将草滩各大学新校区及港务区的西安奥体中心、全运村等文体类用地的附属绿地，与邻近区域的公园、滨水景观以文化绿道相连、相融
	水域	湖池	①将雁鸣湖作为浐河左岸拓展地，实现“梯—台—坡”渐次跌落的水陆缓冲区；②将西安湖建为渭河堤旁具有“生态净化”功用的活水公园

续表

生态要素形态	用地/空间类型		绿地—生态耦合建设愿景（水+风为主题）
斑块	水域	湿地	①参照浐灞湿地逐段在河湾、汇水处营建泾渭、太渭、皂渭、沣渭、新渭湿地并形成降温型城市风口；②在桃花潭、雁鸣湖、浐河下游营建滨水湿地并形成过滤型城市风道
	遗址、工业遗产		开展半坡遗址南区考古工作，扩建为保护—展示—体验的多功能遗址园区，并与铁路公园（在建）、半坡国际艺术区、纺织公园连为区域绿芯
廊道	河流明渠廊道		①修复浐、灞、皂、渭河及幸福渠生态堤岸断面，将沿岸绿带连接为连贯绿廊及融贯水景；②提升灞河、广运潭生态景观层次，优化水陆界面及植被生境，从而改善小气候
	道路交通廊道		①优化主要生活型道路（未央、文景、明光、凤城、浐灞、欧亚、世博等）与快速路（北二环、北辰、朱宏、广安等）的沿线景观；②提升各高速路、铁路两侧的防护绿带生态功效

资料来源：作者自制。

8.1.3 中西区生态耦合愿景（古迹＋地景）

该分区地处城市核心地带，由西到东依次为周秦汉唐“城—宫型”大遗址区及明清“城—关型”历史文化风貌区，是西安人文史迹最富集的区域。区内的绿地、公园可大致划分成不同的形态与风格，即：“圈环型”历史游园、“斑块型”山水公园、“廊带型”道路林带及“基底型”大遗址农林绿地等；与此同时，城市路网体系也基本呈“横平竖直，棋盘交错”形式。由此，该区整体绿地格局便表现出了与道路、地块等人工化空间最为“贴合”的形态特征。

未来需在立足文化遗产保护、古城历史风貌彰显的前提下，更多与“古今水系、潜在地形、主导风向”等其他相关生态因子在“外在空间”与“内在机理”上相适应、相耦合，并由此彰显出都市核心人文环境下的生态脉络（表8-3）。

尤其对于“东城—东关—东二环”地带，其与“唐长安六爻”地形龙脉之“较凸显”区段正好重叠。未来需充分提示、强化现有公园、绿地的整体或局部所利用的固有“高隆”或“凹陷”地势；同时也应以新建或更新旧有绿地、绿道、建筑肌理等来“勾勒、延续”出所在岗塬微坡的“趋势感”及“领域感”。由此使表观平直、规整的老城区重新塑造出具有古典韵律及深邃意境的人文地景脉络（图8-3）。

中西区“绿地—生态”耦合建设类型及愿景汇总表　　表 8-3

生态要素形态	用地/空间类型		绿地—生态耦合建设愿景（人文+土为主题）
斑块	绿地	公园绿地	①以明清环城公园为核心，分别与东兴庆、西丰庆、南小雁塔、北大明宫共联形成十字圈环形景园系统，进而吸纳、带动周边其他绿地、广场；②提升社区、街区老旧公园、游园、小广场的景观品质及园林意趣，融入海绵等生态设施；③加强西郊各公园间绿道连系，与沣河两岸田园新城多线融汇
		附属绿地	①适当开放友谊路—东二环片区各大学校园绿地，使其融入街道绿网、对接邻近公园，激活环校业态；②将省市级主要文体场所、院校内的环境绿化、开敞景观、步行环线等，统筹升级为多功能运动公园及康体绿道系统
		广场用地	针对主要广场（钟鼓楼、南门、新城、大明宫御道、汉城湖浮雕等广场），优化其开敞及种植区空间关系，使融入周边城市肌理并凸显标志性景观
	水域	湖池	①确保公园湖池水体常新、水岸常绿；②使昆明池与周边沣河、太平河、沣惠渠连为水网且形态顺应西南主导风向，成为城郊最大气候调节型水域
	大遗址、地景、古迹		①整体构建“周—秦—汉—唐—明清”大遗址绿色空间序列；②重新以大地景观、绿地景区塑造唐“长安六爻”微地形脉络；③将其他古建筑外环境、遗址绿化扩充为复合型绿色轮廓与面域，并形成有机的生态缓冲空间
廊道	河流沟渠廊道		围绕沣河、皂河、沣惠渠、漕运明渠、太平河、汉城湖、护城河，通过岸线及种植设计，形成“自然河流—人工水渠—历史水道”的氛围过渡，同时增添亲水设施与竖向设计，发挥出流动、立体的蓝绿双廊并行互动作用
	道路交通廊道		①优化“中分林带型”道路（大庆、友谊、长安、含光、二环、未央、长缨路等）的内景层次及外连效果，形成人文绿廊；②打造“侧分绿带型”道路（南、朱雀大街，劳动、丰镐、兴庆、咸宁、东西五路等）为连贯交叉的遮荫绿道；③整改陇海铁路旁凌乱建筑，添补防护绿带，形成贯通城—郊的生态通道

资料来源：作者自制。

8.1.4 中南区生态耦合愿景（遗址＋湖渠）

该分区主要与雁塔区（除杜陵遗址外）的大部分界域相重叠，同时包括了浐河（城区段）西岸的老东郊工业区，以及长安区潏河以北的城市连片地区。区内绿地种类齐全、数量较多、形态多样，尤其以围绕唐长安城南部城墙、史迹、地景的遗址型公园序列最为显著（图8–4）。

图8-3　中西区“绿地—生态”耦合代表地区规划示意图：“大明宫（龙首原）—大雁塔（乐游原）”结合六爻地景的绿地网络

（资料来源：作者自绘）

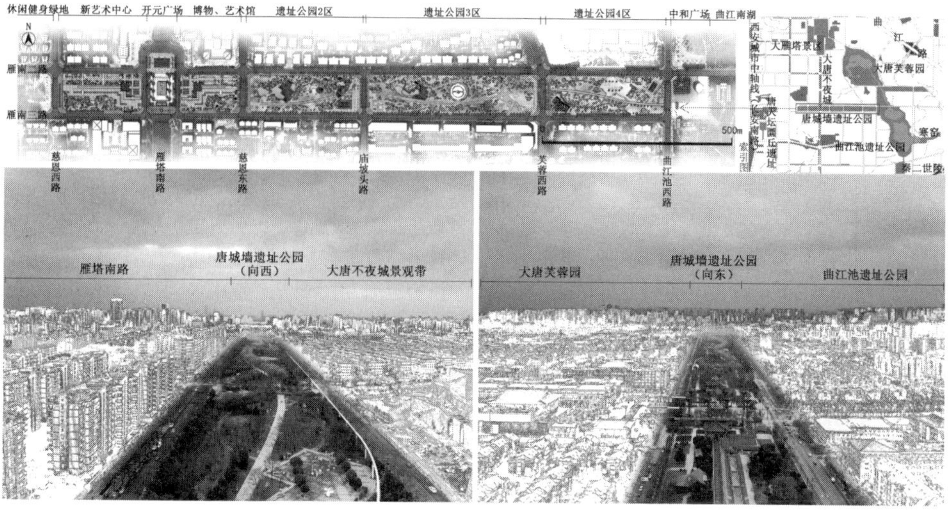

图8-4　中南区“绿地—生态”耦合代表地区规划示意图：“曲江—唐城墙遗址”人文绿地景区
（资料来源：作者自摄、自绘）

这些绿地多具有“游园赏景、咏史怀古、精神陶冶、康体健身”等人文功能，同时，其生态环境作用也已渗透至周边居住、商业街区的社会生活之中。然而，其“空间关联效果”及“生态外溢效益”却并未充分发挥，“生态位重叠现象”[1]也较为明显。因此，需要增添生态廊道，将分散的绿地相互串联、形成网络，从而扩大生境类型及物种活动范围，并使生态效益得以最大释放。具体做法如表8-4所示。

中南区“绿地—生态”耦合建设类型及愿景汇总表　　表8-4

生态要素形态	用地/空间类型		绿地—生态耦合建设愿景（人文+水为主题）
斑块	绿地	公园绿地	①在东南部外扩、延伸“大雁塔—芙蓉园—曲江南湖”绿色空间体系，与绕城以南城区绿地及少陵原遗址、林田相贯通；②在西南部围绕凤栖原—皂河生态脉络，实现“清凉山—雁南—城市生态—永阳公园—丈八沟园林—唐延路绿带”的跨辖区绿地系统联结，从而为南部山塬水系与北部现代人文城区作以关键支撑；③其余层级绿地应配合慢行、健康绿道在道路交叉口、地块出入口，以及生活社区中心地带加以设置
		附属绿地	①合理开放电视塔周边、长安大学城各高校附属绿地，激活隐匿的生态群落资源；②使以电子城为代表的单位大院绿化，及以高新区为代表的现代住区绿地，通过拆墙透绿、楼间渗绿、步道连绿、内外补绿等途径，作以街区绿化氛围加强及绿地系统连通

❶ 两种生存环境偏好相似的物种占据同一空间（资源）范围而导致的“竞争、排斥”现象。

续表

生态要素形态	用地/空间类型		绿地—生态耦合建设愿景（人文+水为主题）
斑块	绿地	广场用地	改造硬化度较高的电子、电视塔、长安、时代等广场，增扩乔木遮荫占比
	水域	湖池	①维护景区水系、地形、岸线的形态与视觉连贯（如芙蓉湖—南湖），去除人工阻隔，还以生态流通；②规避公园湖池（如永阳、木塔寺、中湖公园）的生硬岸线并还以近水湿地、生态堤岸、滨水林丛，形成水岸的多重有机边缘
	大遗址、文保单位		①依托唐明德门、天坛遗址的保护—展示一体化公园建设，强化带动唐长安南城墙遗址绿带的贯通；②对唐青龙寺遗址、米家崖新石器遗址，结合所在地势以"顺应等高线—延伸遗迹边线"相融方式覆以园林种植，并形成绿化隔离以防止外部建设对文物保护区造成侵占、破坏；③明确周穆王陵、仓颉造字台保护范围，打造西南城郊的工业区—居住区之间的遗址型绿色斑块，同时成为西南主导风风口开敞空间
廊道	河流沟渠廊道		①浐河应保持两岸堤顶及沿河路外一定宽度的绿化断面，使廊道整体发挥湿地生境缓冲带及城市风道功效；②皂河、沣惠渠，应在城区段两岸开辟带、块状滨水公园与景观游园，开辟垂直河道外延至周边街区，形成人居环境与水—风要素体系的耦合
	交通道路廊道		构建①高、快速路（绕城、京昆、包茂、三环、曲江、太白—西沣）为绿屏通廊，②主干路（长安、小寨、丈八、雁塔西部—航天）为林荫大道，③其他生活型街道为园景绿道
	带状绿地廊道		①向南连通唐延路林带与西沣路绿带；②恢复幸福林带以带动老东郊工业—生活区产业转型与环境提升；③接通唐城墙南段绿带诸多断点，丰富西段绿带景致并在北、东段辟建断续绿地，从而呈现唐城完整绿色轮廓；④按规划实施软件新城十字绿廊
基质	台塬、阶地		①对东南部乐游原（六爻之一）、东北部米家崖（浐河西岸坡崖高地）实施台塬地景原貌保护，清除破坏塬坡地形的临时、低质建筑，显露自然地势的生态本底；②弥补少陵原已受占压地貌，需对曲江二期、雁翔路片区、航天城的公园绿地排布、道路绿化走势加以梳理，形成沿顺坡级等高线的分布态势，从而还原并复现台塬缓坡基质

资料来源：作者自制。

8.1.5 东南区生态耦合愿景（导风+形胜）

该分区田林基质较多，地形起伏较大，亦有多条河流川道穿行，构成了"塬隰交错"的特征地势，总体生态本底保持较原真、完整。然而，其西南部地势平坦，使高新区连片拓展趋势明显；东南部幸有台塬阻隔，使航天城仅限于少陵原上，而塬下则是城乡结合带并沿樊川（潏河）谷地向东南延至秦岭山脚。由此可与城乡间通风路径较好耦合并营建成为"风道景区走廊"。此外，另有"揽月阁"新修于塬畔，既支撑了大雁塔轴线南延，也成为东南郊川塬地景形胜的控制标志（图8–5）。

图8-5　东南区“绿地—生态”耦合代表地区规划示意图：少陵—神禾原间“樊川谷地”风道地景

（资料来源：作者自摄、自绘）

因此，该分区需重点加强现有郊野农田生态空间的保护，尤其是西部山前沣—洨河流域平原农田与东部神禾—少陵—白鹿原塬面农田基质；同时，培育各类河湖水系与湿地的水生态系统，塑造以区域绿地及人文地景为主体的生态耦合风貌（表8-5）。

东南区“绿地—生态”耦合建设类型及愿景汇总表　　表8-5

生态要素形态	用地/空间类型		绿地—生态耦合建设愿景（风+土为主题）
斑块	绿地	公园绿地	①在西、中、东分别以“梁家滩湿地—洨河生态公园，长安公园（潏河湿地），杜陵—杜邑遗址公园”为郊野游憩绿地，使其连线与川塬坡线及河流岸线相吻合，从而呼应生态本底；②围绕各方位城市开发边界，结合规划路网及现有生态要素，构建由“界内防护绿地—界外区域绿地”相加持的城乡生态边界
		防护绿地	在规划建成区内的城乡公路与河堤旁侧，地形坡崖之上，以及工业区、高压线外部，营建密植防护林带，形成区域整体“外框内隔”的绿色防护体系
	水域	湖池	①围绕樊川、长安、洨河公园建设沿潏河系列生态湖池，增加水岸有机形态，形成以鸟类栖息为主的生境单元；②在沣河、浐河沿岸保留并开辟洼地、水泊，将湿生植物与水田作物共生，形成特色关中水乡田园风光带
		湿地	①在水系转弯及交汇的滩涂、近岸地带，恢复开辟天然水洼、池沼、湖泊并建设湿地公园，如沣—洨河交汇处梁家滩湿地、潏河“北拱”处湿地、浐河乡村段旁雁鸣湖自然湿地等；②在示范美丽乡村的村口、宅旁营造湿地景观

续表

生态要素形态	用地/空间类型	绿地—生态耦合建设愿景（风+土为主题）
斑块	大遗址、文保单位	①打造汉宣帝杜陵“公园—台塬一体”“文保—农业—经济兼顾”的“泛生态遗址园区”，同时吸纳周边明秦藩王陵、中国唐苑、西安新植物园及雁鸣湖湿地成为杜陵原整体地景风貌保护区；②以“樊川八大寺”（香积寺、华严寺等）为主体，连同杜公祠与杨虎城陵园，形成东南郊塬畔人文谷地，并借此形成水土保持及山风入城的综合生态连廊；③在常宁宫、香积寺等地打造山水形胜景观保护地及视觉通廊控制带，从而“以赏景保生态、以乡土荟人文”
廊道	河流沟渠廊道	对沣、潏、滈、浐、灞等河进行生态综合治理：①确保水源供给充足，加强上游水质维护，提升水涵养能力；②避免人工梯级拦水及硬质渠化驳岸；③适地营建湿地、林带并通过“引水通渠、农业灌溉”形式加强水系连通、水体循环及水分给养；④形成“岸线宽厚，水陆交错，植丛立体”的绿色水网
	交通道路廊道	①提升南横线（终南大道）“城市增长边界”地位，沿途以层次林带、农田风光、水岸湿地及坡崖地形围拢，形成优美的田园乡村观光路；②自西向东依托京昆高速、西太路、西沣路、子午大道、长安大道、樊川路、包茂高速、雁引路、长鸣路及关中环线，形成“扇形放射状”城乡—秦岭间的风景绿道
基质	台塬、平原农田	①加强秦岭山前广袤农田风光与起伏川塬地貌的生态保育绿地建设，严禁以城市开发、村镇扩张等占压、缩减白鹿、少陵、神禾原塬面及沣、洨、潏、滈河流域、浐河河谷的现有农田规模；②逐步搬迁、清除零散小工厂与环保不达标企业，将破败、闲置的园区恢复为农用地、苗木花草生产绿地，并以“低密度—影响—耗能”原则引导现有产业、设施的生态可持续化更新改造；③在台塬边坡及水系交汇近岸地带恢复自然林植，成为基质中的生境镶嵌体

资料来源：作者自制。

8.2 重点片区的生态耦合布局引导

结合前述生态分区及惯常城市区位，选择公共绿地较集中且未来更新较有潜力的6处重点片区，提出与“在地生态要素”耦合的规划布局策略（图8-6~图8-11）。

8.2.1 城内片区（属生态耦合中西区）

西安明清老城区属于前文所述“中西部古都风貌生态协调区”的核心地带。城内主要现有3处公园、2处广场及2处历史街区，其均位于东西大街以北区域；同时又被多条固有地形脉络、地裂缝及地势沉降线所斜向贯穿，从而一定程度形成了与“土”生态因子的耦合基础。未来随着城市更新的推进，明城墙内北部区域可依托自身历史、文化类用地及其附属绿地而建设更多的专类公园（G13），如：将陈旧、杂乱的市体育场改造为“体育公园”（G139），将中心区的大清真寺、城隍庙，西北隅的广仁寺、云居寺及东门内的东岳庙升级为“历史名园”（G133），以及更加明确儿童公园的爱国与文艺教育主题（G139），更加塑造革命公园的近现代重要文物遗址属性（G134）等。由此不仅可使老旧城区利用现有资源而拓展出更多的公园绿地（G1），同时也能将原本隐匿的“历史地脉”加以绿色化彰显，并且将潜在的“地质风险”与低强度、高韧性的植被景观实现适宜的空间叠加及功能耦合（图8-6）。

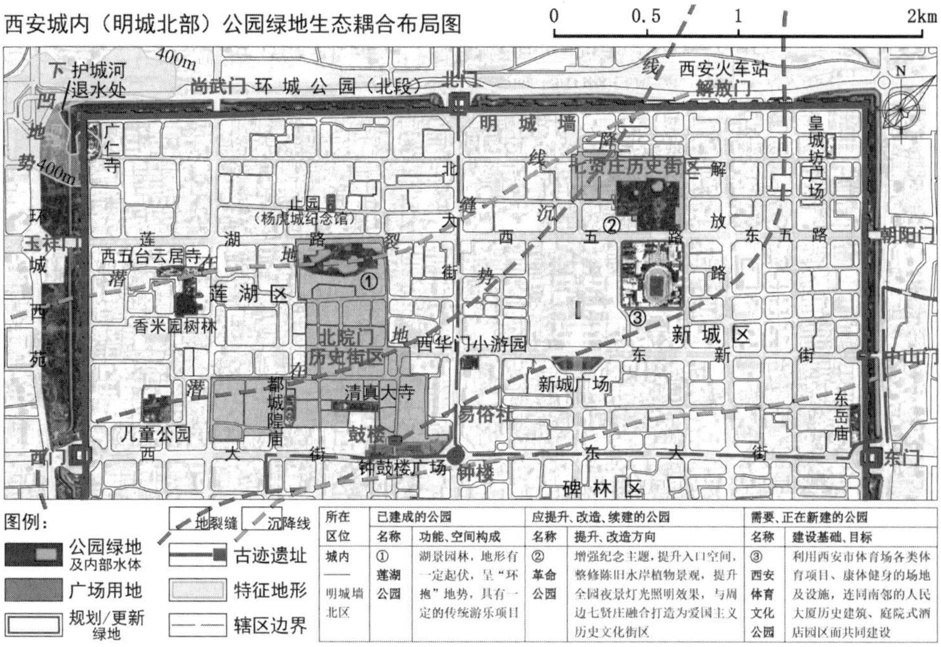

所在区位	已建成的公园		应提升、改造、续建的公园		需要、正在新建的公园	
	名称	功能、空间构成	名称	提升、改造方向	名称	建设基础、目标
城内——明城墙北区	①莲湖公园	湖景园林，地形有一定起伏，呈“环抱”地势，具有一定的传统游乐项目	②革命公园	增强纪念主题，提升入口空间，整修陈旧水岸植物景观，提升全园夜景灯光照明效果，与周边七贤庄融合打造为爱国主义历史文化街区	③西安体育文化公园	利用西安市体育场各类体育项目、康体健身的场地及设施，连同南邻的人民大厦历史建筑、庭院式酒店园区而共同建设

图8-6　西安城内（明城北部）公园绿地生态耦合布局图（现状＋规划）
（资料来源：作者自绘）

8.2.2　城东片区（跨生态耦合中西—中南区）

西安明清老城以东（城东）片区地跨前文所述的“生态耦合中西区—中南区”之间，其内当前4处主要公园绿地（G1）总体呈由西到东的“层次化”分布：①环城东路内侧的环城公园，②老东关（兴庆路）范畴的兴庆宫公园，③东二环沿线的长乐公园以及④幸福路—万寿路间的幸福林带。这些绿地的位置、形态与“土”因子的历史地脉（唐长安“九四—九五之爻”）及“人文”因子的明清西安东部“城—郭”具有一定的耦合基础。未来可在老城更新的进程中，着重依据本片区丰富的生态—人文本底作以公园体系的梳理、补充，具体以兴庆宫公园北缘为“起始”，建立“新郭门—互助路”游园廊道（G14）与长乐公园相连；进而改造长乐花卉园为小型植物展园（G132），打造韩森冢为秦庄襄王陵遗址公园（G134）并通过老军工生活区社区公园（G12）、街头口袋公园（G14）等，最终多线汇聚至幸福林带成为“归拢”。同时，将老东关八仙庵（北宋）与罔极寺（唐神龙元年）提升为历史名园（G133），以及在中山门、南郭门、五道什字等处开辟广场型绿地节点（G3），从而共同强化出老东关的外郭轮廓及内部肌理，使明清西安的人文地景得以东延（图8-7）。

所在区位	已建成的公园		应提升、改造、续建的公园		需要、正在新建的公园	
	名称	功能、空间构成	名称	提升、改造方向	名称	建设基础、目标
城东（二环内外）	①兴庆公园，二环路内	于唐长安兴庆宫原址兴建的现代中式山水公园，兼具法式轴线对称格局，水系形态丰富、疏聚有致且相互贯通，堆土、假山，地形起伏、空间渐变，功能分区绕湖设置，具有动植物园中园、游乐设备区等。是市民全天候的游赏、文化、健身活动聚集地	②长乐公园，二环路外	原市动物园，林木茂密，地形南高北低，动物分区犹存；近年来受地产开发侵蚀及服务业态侵入，水体萎缩、空间混乱。需提升场地、设施，梳理空间、视线、游路，拆除商业临建，添加园艺景观，并在四周开辟立体线性入口，与韩森冢遗址联合	③幸福林带，浐河以内	1950年代规划保留的工业卫生隔离带，南北跨度较长，为多条主干路穿越，与周边旧厂区、生活区邻接面较大。现建为多功能立体林带并带动周边产业转型、社区更新
					④韩森冢	考古为战国秦王墓，圆形封土高22m，方土基高12m，可建为社区级综合遗址公园

图8-7　西安城东（东关—幸福路）公园绿地生态耦合布局图（现状＋规划）

（资料来源：作者自绘）

8.2.3　城西片区（属生态耦合中西区）

西安的城西片区位处周秦汉唐四大城址之间，属于前文所述的“生态耦合中西区”，也是连接老西郊电工城与西南部高新区的衔接之地；其由东向西可归为西关—土门—汉城路—西三环—阿房宫等空间层次。目前，绿地主要集中于“土门（西二环）、阿房宫（西三环）”两个片区，前者包括：劳动公园（G12）、丰庆公园（G11）、牡丹园（G13）及大庆路林带（XG）；后者含：红光公园（G11）和阿房宫前殿景观广场（G3）。未来可充分依托区内丰富的“水系、人文”因子作以绿地生态耦合布局：

①皂河古为南郊潏河向北引出的人工渠，主供汉长安城用水及漕运之用，当前纵贯城西多条东西向交通动脉（昆明、红光、大庆路），具有营造滨水景观带（G2）及道路节点绿地（G1）的优势，并形成汉城遗址南延的绿色水廊；②唐长安城西墙基址由北至南紧贴西二环—唐延路西侧，可打造遗址绿道（G134）并依次激活形成“丝路群雕纪念园（G13）”（现大庆路林带最西端，为附属绿地）、“开远门人文广场（G3）”（为唐长安出西域的通衢大门，即丝绸之路起点）、土门街心花园（G12社区公园+BG商业附属绿地）、金光门水景广场（G134）（唐长安潏水分流之“漕渠”入城之门，现亦为沣惠渠与大环河防洪渠交汇之处）；③利用西户铁路打造康体绿道，连接“大庆路—汉城路”的生活社区与红光公园。同时，根据考古推进而扩展营建出完整的阿房宫前殿及上天台遗址，从而形成秦汉上林苑考古遗址公园序列（图8-8）。

所在区位	已建成的公园		已建成的公园		应提升、改造、续建的公园		需要、正在新建的公园	
	名称	功能、空间构成	名称	功能、空间构成	名称	提升、改造方向	名称	建设基础、目标
城西及西郊（含西关、大庆路、土门—桃园路及西郊远郊的红光—昆明路等地区）	①丰庆公园，属西郊南部土门—桃园地区	原址为西安“老机场”，现为独立且四边设入口的综合公园。以山水布局、中式园林、唐风建筑为主要特征；内部以湖岛为主景，丘溪环绕，殿宇楼阁掩映林中；另设有游人码头、游乐场、文学园地、健身会馆、临街商业与对外餐饮。当前应加强边界地带的空间与景观整理	②红光公园，属西郊远郊三环内地区	位于西郊红光路西端北侧，是利用皂河、西三环、西户铁路间三角地建设的秦汉文化主题公园。硬质空间序列为东西主轴，直跨皂河至东岸山林。主景水陆环抱、岸线平阔、步道舒缓、动静有致；秦楼汉阙位列边缘，树阵丛林充斥中央，草坪花卉占据大部，垂柳依依植于河岸，服务设施分布合理，共融为山水呼应、步移景异、生态人文的综合公园	③劳动公园，属于西郊北大庆路沿线地区	在中心湖区清理水中、岸边、假山游乐设施、人造景观；以水生植丛、置石缓堤柔化生硬岸线，从而恢复、优化公园山水基底的自然面貌。对于整体水系应加强各水体连通部分的可视感，流动性，去除人为划分的游乐水域并整体以生态手法改造池底与湖岸，使之具有一定自净与亲民效果。提升现有南、东侧入口景观风格，整治边缘空间死角，以垂直绿化掩饰沿街联排建筑。园内进一步梳理、设定多处主题植物群落园中园	④阿房宫考古遗址公园，属西郊远郊三环路外地区	以全国重点文物保护单位“阿房宫遗址”的“前殿”与“上天台”遗址的保护范围为核心，连同周边5km²建设控制地带内城市空间，整体规划建设为集遗址本体展示、城郊森林公园、现代音乐喷泉广场、雕塑景观、仿古街区、城中村改造与环境整治，以及文保管理、创意产业、游客服务、社会停车等功能于一体的国际级考古遗址公园和市民绿地

图8-8 西安城西（土门—阿房宫）公园绿地生态耦合布局图（现状+规划）
（资料来源：作者自绘）

8.2.4 城南片区（跨生态耦合中西—中南区）

西安的城南片区纵跨碑林、雁塔两区，主体位于“朱雀路（唐长安中轴）—长安路（今西安中轴）—雁塔路（六爻地脉中轴）”三条古今轴线之间，亦受到“小雁塔—大雁塔—电视塔”三座古今地标的景观场域限定，是城中心最富人文与科教的区域。当前区内绿地类型多样，分布呈“点—轴”形式，主要包括：①环大雁塔的广场绿地集群（G3+G1），②小雁塔—兴善寺园林序列（G13+AG），③唐城墙—天坛遗址公园带（G134＋AG），④散置的高校附属绿地（AG）等。未来发展可：①充分立足现状路网，加强各类绿地斑块向景观主轴的“对接、吸附、融通”，如：小雁塔寺园通过西安博物院的绿地、广场而实现与唐朱雀大街遗址的并合，各校园绿地与道路绿带实现“边界融合”及“路径连通”；②适当通过增辟带状、节点化、口袋与转角式绿地，以强化遗址廊道、景观主轴的贯通，如：将明德门广场与唐城墙遗址公园接通，将大雁塔北广场向北作以景观带延伸，使长安路沿线主要路口多建有开敞景园（如新建的小寨公园）等；③巧妙结合六爻历史地脉及当前旅游路线，构建“斜向迂回”的人文绿道网络，将历史地标、潜在地景与现代文化场所（图书馆、美术馆、博物馆等）相串连，从而激活更多绿色空间并形成公园景观系统（图8-9）。

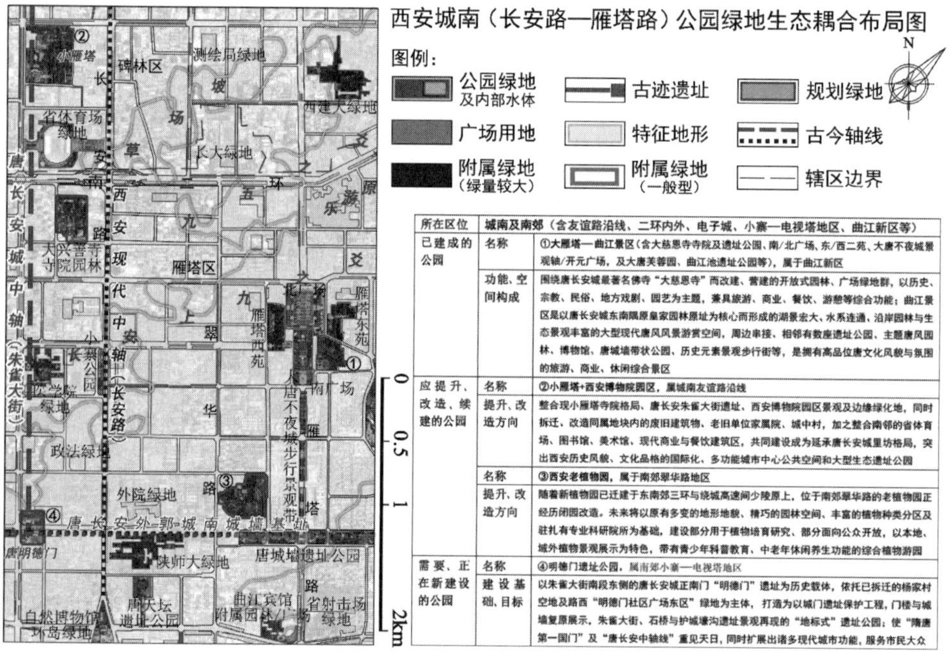

所在区位	城南及南郊（含友谊路沿线、二环内外、电子城、小寨—电视塔地区、曲江新区等）	
已建成的公园	名称	①大雁塔—曲江景区（含大慈恩寺寺院及遗址公园、南/北广场、东/西二苑、大唐不夜城景观轴/开元广场，及大唐芙蓉园、曲江池遗址公园等），属于曲江新区
	功能、空间构成	围绕唐长安城最著名佛寺“大慈恩寺”而改建、营建的开放式园林、广场绿地群，以历史、宗教、民俗、地方戏剧、园艺为主题，兼具旅游、商业、餐饮、游憩等综合功能；曲江景区是以唐长安城东南隅原皇家园林原址为核心而形成的湖景宏大、水系连通、沿岸园林与生态景观丰富的大型现代唐风风景游赏空间，周边串接、相邻有数座遗址公园、主题唐风园林、博物馆、唐城墙带状公园、历史元素景观步行街等，是拥有高品位唐文化风貌与氛围的旅游、商业、休闲综合景区
应提升、改造、续建的公园	名称	②小雁塔+西安博物院园区，属城南友谊路沿线
	提升、改造方向	整合现小雁塔寺院格局、唐长安朱雀大街遗址、西安博物院园区景观及边缘绿化地，同时拆迁、改造同属地块内的废旧建筑物、老旧单位家属院、城中村，加之整合南邻的省体育场、图书馆、美术馆、现代商业与餐饮建筑区，共同建设成为延承唐长安城里坊格局，突出西安历史风貌、文化品格的国际化、多功能城市中心公共空间和大型生态遗址公园
	名称	③西安老植物园，属于南郊翠华路地区
	提升、改造方向	随着新植物园已迁建于东南郊三环与绕城高速间少陵原上，位于南郊翠华路的老植物园正经历闭园改造。未来将以原有多变的地形地貌、精巧的园林空间、丰富的植物种类分区及驻扎有专业科研院所为基础，建设部分用于植物培育研究、部分面向公众开放，以本地、域外植物景观展示为特色，带有青少年科普教育、中老年休闲养生功能的综合植物游园
需要、正在新建设的公园	名称	④明德门遗址公园，属南郊小寨—电视塔地区
	建设基础、目标	以朱雀大街南段东侧的唐长安城正南门“明德门”遗址为历史载体，依托已拆迁的杨家村空地及路西“明德门社区广场东区”绿地为主体，打造为以城门遗址保护工程，门楼与城墙复原展示，朱雀大街、石桥与护城壕沟遗址景观再现的“地标式”遗址公园；使“隋唐第一国门”及“唐长安中轴线”重见天日，同时扩展出诸多现代城市功能，服务市民大众

图8-9　西安城南（长安路—雁塔路）公园绿地生态耦合布局图（现状＋规划）

（资料来源：作者自绘）

8.2.5　城北片区（跨生态耦合中西—正北区）

西安的城北片区位于汉长安城遗址与浐灞水系之间，主体属前述的“生态耦合正北区”，1990年代起在经开区带动下沿中轴线北拓，形态南北狭长；近年则随太华—北辰路沿线的开发而向东与浐灞生态区逐渐对接，形态得以加宽。当前绿地格局：西有汉城湖遗址风景带（G1），东有浐灞滨水景观带（G1＋G2），南有大明宫遗址公园（G134），北有绕城高速绿带（G2）；但内部较大，绿斑则较稀少，仅有未央路附近运动公园（G139）、文景及开元公园（G134）几处。未来可依托区内道路“新、宽、直”的特点，加强沿路带状游园（G14，如文景、明光、凤城等路）的建设并形成绿带网络，从而加强汉唐遗址人文绿境与浐灞生态绿源的融通；同时，可遵循龙首原（九一之爻）脉络，营建大明宫（太液池）外延的“蓝绿地景”序列（图8-10）。

所在区位	已建成的公园		应提升、改造、续建的公园		需要、正在新建的公园	
	名称	功能、空间构成	名称	提升、改造方向	名称	建设基础、目标
城北—北郊（含北二环内、经开区、汉城遗址保护区、浐河西岸、浐灞生态区等地）	①大明宫国家遗址公园，属北二环内	由大型唐代宫苑格局复原而成，主为唐宫殿遗址保护工程、展示博物馆、大型绿地与开敞空间功能，兼有市民休闲、运动、健身空间，科普教育、儿童游乐及文化、文艺活动场地、影剧、观演及旅游配套商业设施	④汉长安城国家考古遗址公园（含：汉城湖—未央宫—长乐宫），属城西北郊	依汉长安城布局规制，立足未央宫前殿遗址及汉城湖景区，逐步向遗址北部纵深推进村庄搬迁、考古发掘、环境整治，使长乐、明光、建章、桂宫及城墙、主要街道得以原址、原貌保护；恢复太液池、沧池、护城河、人工渠等城内外古水体并疏浚连为水系；另对文保总规划定的南郊礼制建筑区（社稷、宗庙、明堂辟雍）范围内诸旧厂区进行综合评估，为古遗址发掘与旧工业遗产利用做好“生产搬迁、功能融创”的铺垫	⑥开元公园，属于北郊经开区	立足市级重点文物保护单位“薛家寨汉墓群”而建，其地处北郊徐家湾街道薛家寨村以东、西航公司以西，汉代漕渠遗址北岸，俗名“乱冢湾”。对内部现存7座汉代墓冢实施外环境绿化保护，并以环形游线串接多处植被地景（银杏林、梅花谷、樱花坡、紫荆道等）、大草坪、林下广场及锻炼场地，目前已建设成为集“遗迹近观、生态营造、休闲健身”于一体，古今风格相调和、地域传统较凸显的地区级综合公园
	②西安城市运动公园，属北郊经开区	属运动健身主题综合公园，拥有各种球类运动场馆、环湖慢跑道、儿童游戏区及配套餐厅与社会停车场，园林以环状水系、生态水陆界面、饲养水禽、多片乔木密林、硬质广场及观景平台、多级游园路为主要构成				
	③桃花潭公园，属浐灞—浐河下游地区	位于浐河下游河道放宽处，早先为西岸米家崖下的荒滩垃圾倾倒处，后进行生态恢复，于近岸河床营造人工岛，其上栽植树林，南部依托半岛围拢形成静态湖面，东部隔河营造湿地景观。当前已形成湖岛咬合，动静分流，林丛漫生，桃花遍植，栈道穿梭，堤岸、台地层级错落的滨水风景公园	⑤西安世园公园，属浐灞—灞河右岸地区	进行后世园评估，在保留水陆格局及现有植被前提下，合理划定“永久保护区、景观提升区、项目改建区”，保证长安塔、各展馆、园中园及核心景区的视觉环境品质，明确各类商服业态、游乐设施聚集区的划分（酒店、餐饮、摄影），总体达到生态凸显、特色鲜明、尺度宜人、魅力重塑的效果	⑦广运潭公园及滨水景区，属浐灞—灞河下游地区	地处浐灞交汇后灞河下游，借助橡胶坝蓄水后的平阔水面、河道旁原有滩涂湿地及植丛，进行百年洪水位以下的荒滩生态治理，并设置供市民休闲赏景、运动健身的多功能滨水景观空间，同时也能延续、提升上游已成形的广运潭生态景区绿带，并与之融为灞河两岸一体化的生态绿色廊道

图8-10 西安城北（汉城—浐灞）公园绿地生态耦合布局图（现状+规划）
（资料来源：作者自绘）

8.2.6 南郊片区（跨生态耦合中南—东南区）

西安的南郊片区主要位于“绕城以南—沣河以东—杜陵以西”的长安区北部，地跨前述的“生态耦合中南—东南区”，同时具有“北连中心城区、南接川塬田野”的城乡过渡特点，因此其当前绿地种类与形态均较丰富，主要包括：①地处规则路网内的中湖公园（G11）、大华社区公园（G12）、曲江运动公园（G139），②依托塬坡地形而建的清凉山森林公园（G139），③伴水而建的樊川公园与洨河生态公园（G139），④建于帝王陵墓之上的杜陵遗址、世子公园（G134），⑤各条高速公路两侧的防护林带（G2），⑥沣河流域的昆明池景区（EG1）和生态湿地景区（EG2），以及各大校园内部的集中绿地与草坪（XG）等。未来可主要依托河渠水系、地形脉络、城市路网，将现有各类绿地斑块通过绿道、绿带而相互串连；同时可重点发掘诸多川塬地势环境中的风景形胜、佛寺道观等人文景观资源而建设历史名园、宗教景区，如：沿神禾—少陵两原间潏河川道及塬崖边坡而依次分布的“樊川八大寺”，其以牛头禅寺为首、华严寺居中、兴教寺为尾，地势“踞坡临下”、风水“负阴抱阳”；另有潏—滈两河交汇处的香积寺及河洲—水岸上自然生长的茂密林丛等。由此，该片区未来将总体呈现：由人工绿地斑块向自然林园风景过渡，并且通过山水、人文等多种绿色廊道而衔接起“城市—乡村—川塬—秦岭”的绿地生态耦合格局（图8–11）。

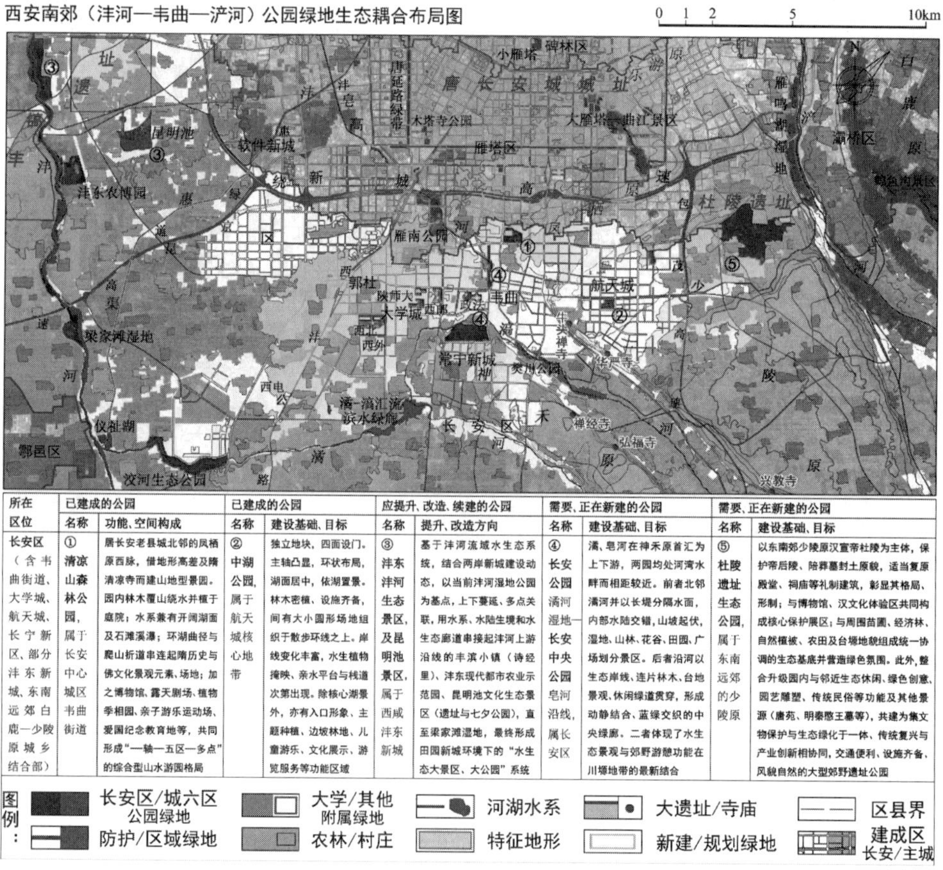

所在区位	已建成的公园		已建成的公园		应提升、改造、续建的公园		需要、正在新建的公园		需要、正在新建的公园	
	名称	功能、空间构成	名称	建设基础、目标	名称	提升、改造方向	名称	建设基础、目标	名称	建设基础、目标
长安区（含韦曲街道、大学城、航天城、长宁新区、部分沣东新城、东南远郊白鹿—少陵原城乡结合部）	①清凉山森林公园，属于长安中心城区韦曲街道	居长安老县城北邻的凤栖原西脉，借地形高差及隋清凉寺而建山地型景园。园内林木覆山绕水并植于庭院；水系兼有开阔湖面及石滩溪瀑；环湖曲径与爬山折道串连起隋历史与佛文化景观元素、场地；加之博物馆、露天剧场、植物季相园、亲子游乐运动场、爱国纪念教育地等，共同形成“一轴一五区一多点”的综合型山水游园格局	②中湖公园，属于航天城核心地带	独立地块，四面设门。主轴凸显，环状布局，湖面居中，依湖置景。林木密植、设施齐备，间有大小圆形场地组织于散步环线之上。岸线变化丰富，水生植物掩映、亲水平台与栈道次第出现。除核心湖景外，亦有入口形象、主题种植、边坡林地、儿童游乐、文化展示、游览服务等功能区域	③沣东沣河生态景区，及昆明池景区，属于西咸沣东新城	基于沣河流域水生态系统，结合两岸新城建设动态，以当前沣河湿地公园为基点，上下蔓延、多点关联，用水系、水陆生境和水生态廊道串接起沣河上游沿线的丰滨小镇（诗经里）、沣东现代都市农业示范园、昆明池文化生态景区（遗址与七夕公园），直至梁家滩湿地，最终形成田园新城环境下的“水生态大景区、大公园”系统	④长安公园潏河湿地—长安中央公园皂河沿线，属长安区	潏、皂河在神禾原首汇为上下游，两园均处河湾水畔而相距较近。前者北邻潏河并以长堤分隔水面，内部水陆交错，山坡起伏，湿地、山林、花谷、田园、广场划分景区。后者沿河以生态岸线、连片林木、台地景观、休闲绿道贯穿，形成动静结合、蓝绿交织的中央绿廊。二者体现了水生态景观与郊野游憩功能在川塬地带的最新结合	⑤杜陵遗址生态公园，属于东南远郊的少陵原	以东南郊少陵原汉宣帝杜陵为主体，保护帝后陵、陪葬墓封土原貌，适当复原殿堂、祠庙等礼制建筑，彰显其格局、形制；与博物馆、汉文化体验区共同构成核心保护展区；与周围苗圃、经济林、自然植被、农田及台塬地貌组成统一协调的生态基底并营造绿色氛围。此外，整合升级园内与邻近生态休闲、绿色创意、园艺雕塑、传统民俗等功能及其他景源（唐苑、明秦愍王墓等），共建为集文物保护与生态绿化于一体、传统复兴与产业创新相协同，交通便利、设施齐备、风貌自然的大型郊野遗址公园

图8–11 西安南郊（沣河—韦曲—浐河）公园绿地生态耦合布局图（现状＋规划）

（资料来源：作者自绘）

8.3 典型景区的生态耦合景观营造

在都市区生态耦合规划总体布局及多类型规划要素、手法解构的基础上，于各生态耦合分区的核心区段选取四处典型景区（节点），并分别对应结合“水、土、风、人文”四大类关键生态因子，作以绿地—生态耦合规划设计的实施探讨及实证支撑。

8.3.1 东南郊“马腾空”景区——川塬绿景形胜

“马腾空”景区位于西安绕城高速东南角两侧，即少陵原东北缘与白鹿原西缘间的浐河河谷地带，在生态耦合分区中属于“东南郊川塬乡野生态保育区”的东北部。具体来看，该区属于浐河由南郊的川塬乡野向北进入开阔平原阶地及城市东郊建成区的“衔接地带”，也是河道由细变宽的天然“开口”之地；因有“唐太宗李世民骑马打猎行至土塬坡崖，骏马受惊后腾空而起”的传说而得名（图8-12）。

此外，该区在风环境区位中也与城市“东南风口区”（杜陵—曲江风口）相重合，既向南承接了浐河郊区段塬间的“一级风道”，也向北延续了浐河城区段河谷阶地的“二级风道”。由于坐拥“一谷、两塬、三岸、多阶、众河湖”的地势条件，目前周边已建设有“西安新植物园、雁鸣湖湿地、中国唐苑（唐风园林）、汉宣帝杜陵遗址保护区（杜陵生态遗址公园＋杜邑遗址公园）”等绿地、景点（图8-13）。

图8-12　马腾空景区的城市绿地格局区位及生态耦合规划示意图
（资料来源：作者自绘）

图8-13 马腾空景区地势环境及绿地景区构成分析图
（资料来源：作者自摄、自绘）

未来总体需根据现状“风＋水＋土”因子的特征而严控新建城市建筑，逐步恢复、保育生态绿化，尤其使植被种植形式、地形等高线与主导风向、水体岸线在形势上相耦合；进而加强各类绿地、景观的“集群化”建设，形成统一的城郊生态景区。

具体在设计层面，可首先根据景区所在的自然地理与人工建设现状条件，分别以景观要素（建筑、地形、植物、交通）、水陆界面（驳岸、土壤、水文、生境）及竖向设计（坡度、构筑、场地、设施）等三个方面作为“切入点”，并且围绕风环境（风向频率＋风速统计）而探讨、提出适于川塬郊野地带下“风景空间”与“风因子”生态耦合的“建筑布局模式、地形结合形式、植物种植方式”（图8–14）。

（1）建筑布局模式：建、构筑物会影响城市的地表粗糙与通透度，高密度、大体量的建筑会阻碍空气流动并增加地表热负荷：一方面，高大联排建筑犹如一道墙，容易引起“屏风效应”；另一方面，相距较近的建筑群则相互遮挡，降低了天空的开阔度，也限制了地表长波辐射的散逸，从而加剧了“热岛效应”。因此，建筑间若能顺应主导风向而留有一定间隙，则可促进空气流动。

（2）地形结合形式：城市中的山地、丘陵、微坡等地形会对气流的运行造成影响（如改变风速、风温、湿度等），尤其在山谷地形中，空气对外交换受阻、逆温现象显著，从而使污染物堆积谷中不断积累且难以排出。因此，应严格控制不利地形环境中的污染源头，同时更要顺应坡度与“上—下山风”的路径与物理特性而布置“较稀疏”的小体量建筑及“通透性、疏导性”较好的种植形式。

（3）植物种植方式：增加绿地面积可有助于缩减城市的“静、弱风区”（平均风速小于1m/s），当分散布置的绿地增加一倍面积时，静风区便可缩小30%；当

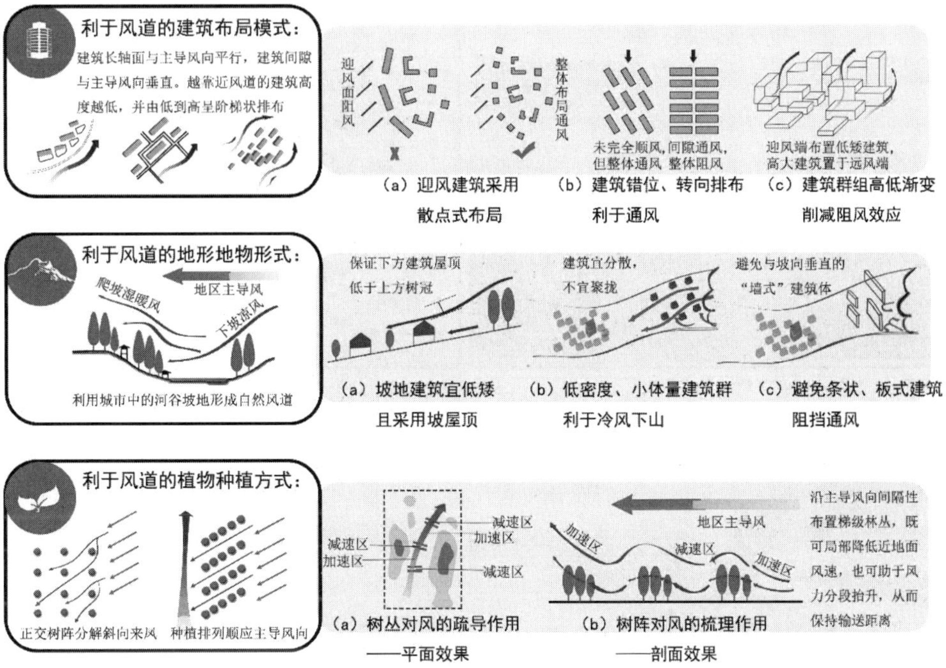

图8-14 川塬郊野地带“风景空间”与“风因子”的生态耦合模式图

（资料来源：作者自绘）

单体绿地面积增大到一定量时（约10hm^{2}量级），绿地的“冷岛效应”便可显现，从而产生相对周边城区较低的冷空气，并由温度差形成与周围城区的局地空气对流。因此，绿地的边缘区及与其相连的城市公共空间应注重植丛绿化的布置形式，在种植斑块之间留出通道、让行列走向顺应风象，同时以不同种类与高度的植物相搭配，形成具有一定“间距”和“节奏”的阵列，从而形成对风的“梯级加速”。

最终，通过代表性景观节点的选取，具体设计出利于风—热环境、空气对流及小气候改善，水—土—气物质与能量循环增强，人—地—动植物和谐互动的“通风主题景观序列”。从而使整体景区在尊重原有风貌的基础上，形成若干“风源可望、风行可感、风物调和”的与风环境耦合下的城郊川塬风水形胜景区（图8–15）。

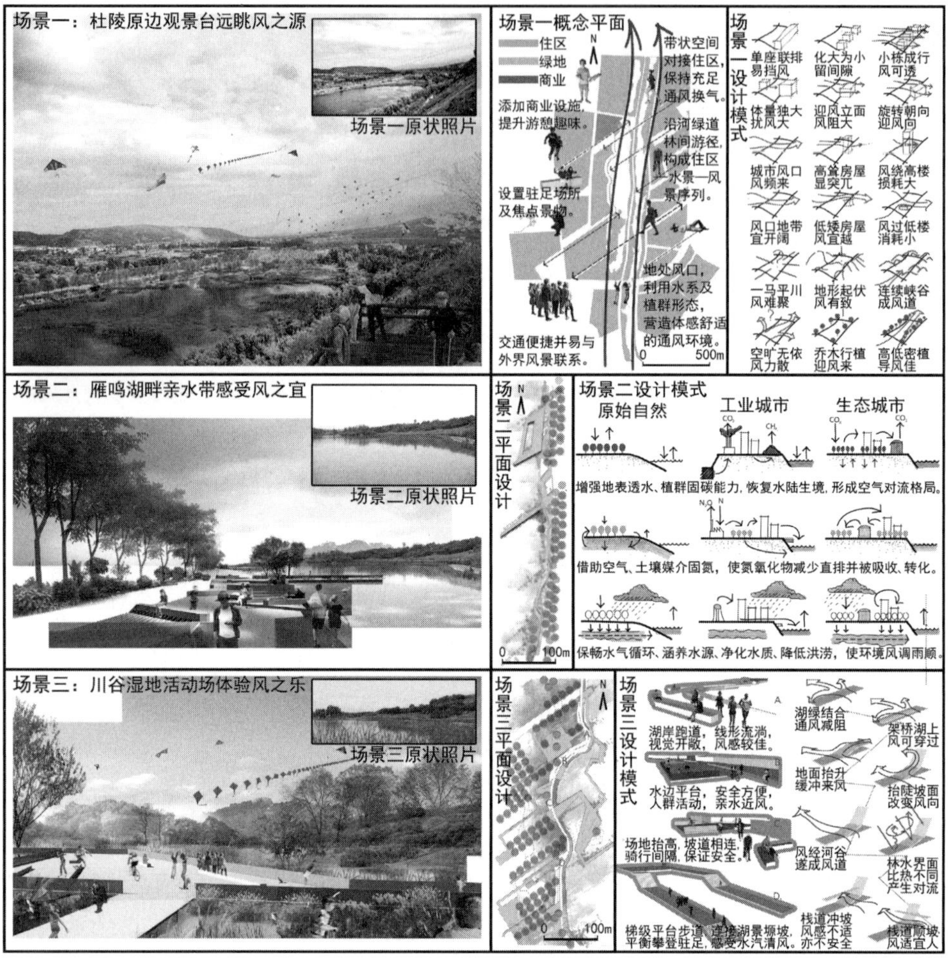

图8-15　马腾空景区“绿地—生态”耦合规划模式及场景设计效果图

（资料来源：作者自绘）

8.3.2　东郊“长安六爻”景区——古迹绿脉地景

“长安六爻”景区在前文生态耦合分区中属于“中西部古都风貌生态协调区”，具体与东关—东郊城区大部重合，且因处于“长安六爻”由北至南的“梯级微坡”地形上而得名；同时也位于自西向东从“较平坦明清老城”向“较低凹浐灞河谷”的渐变地势之中。现主要以“土 + 人文”因子为重点耦合要素开展规划实证设计。

表面上看，该区内部现有公园、绿地、滨水绿带等主要受制于“纵横路网 + 规整地块”的城市结构；而若将它们“曲折相连”，则可发现其绿地空间“走势”与六爻地脉“形势”大体一致，即“西南—东北”走向。由此，该区城市绿地的现状分布，便与所在的固有地形本底、地景脉络具备了“相契合”的空间基础（图8-16）。

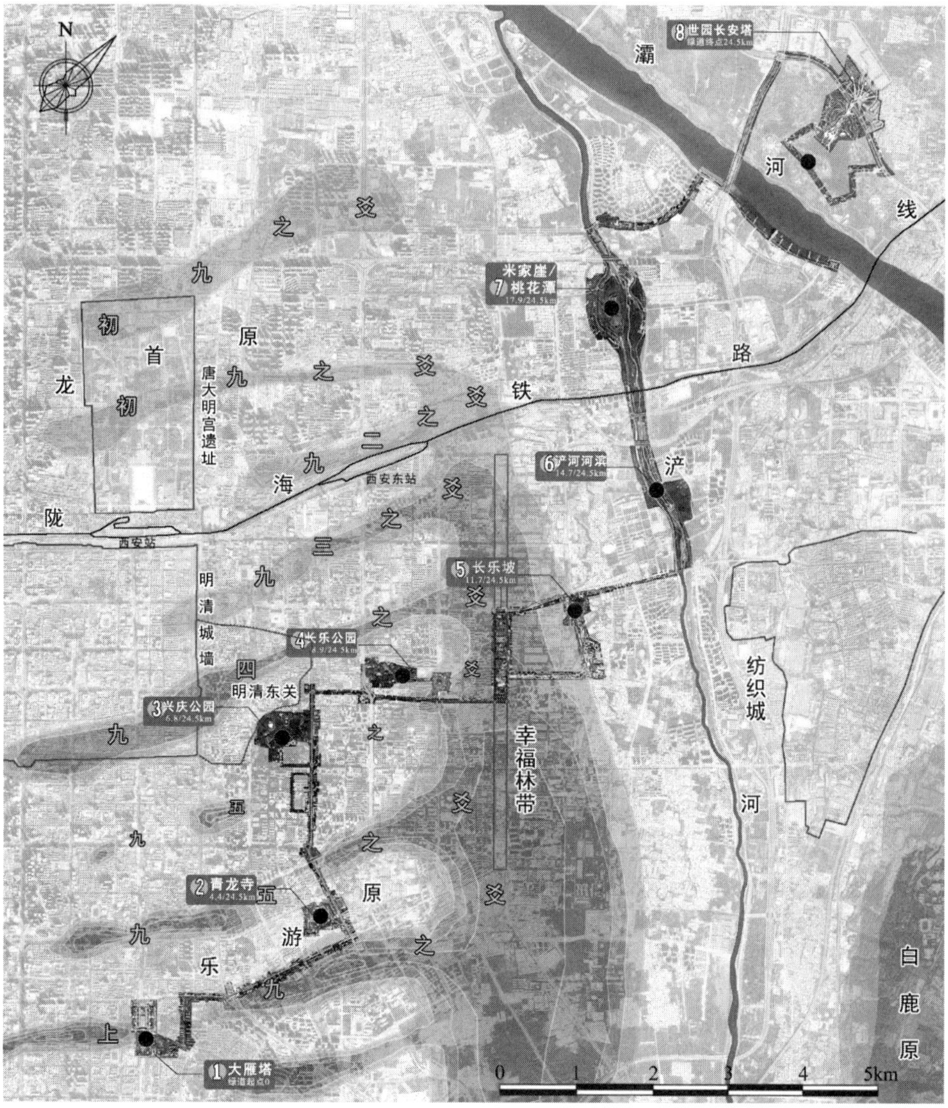

图8-16　西安东郊绿地、遗址与“唐长安六爻”地形的生态耦合布局图

（生态耦合绿道总长24.5km，途经主要绿地、地景：①大雁塔景区、②青龙寺、③兴庆公园与老东关、④长乐公园与秦襄王陵、⑤幸福林带与长乐坡、⑥浐河滨河绿带、⑦米家崖遗址及桃花潭景区、⑧世园公园及广运潭景区）

（资料来源：作者自绘）

基于以上分析，西安东郊地区未来可打造以“主题绿道、道路绿带、滨水绿廊”为组成的“多维绿网”，贯穿不同功能片区与用地，强化孤立公园、绿地间的连系，同时彰显固有历史地脉，并最终通向自然郊野。其绿地设计应以“空间营造、内涵增添、功能植入、设施配置”等形成生态保障体系，发挥最大生态效益；绿地系统规划则应以人居环境与大众使用为根本出发点，注重街道景观特色和小气

候生态过程，营造舒适宜人、和谐宜居的绿色游赏空间、步行通道及交往场所。

此外，尤其是东关至东郊的老旧城区（东门—兴庆路—东二环—幸福路），其历史悠久、人文荟萃，既有古代的寺观宗教文化，也有中华人民共和国成立后的军事工业格局，还聚集着自改革开放兴盛至今的商贸批发、交通物流及军民医疗产业。然而，当前却由于绿地与开敞空间的缺乏，使这些文化符号、特色业态始终未能相互串联、融合及使环境得到提升。因此，未来可充分立足现状较落后或待开发的绿地、古迹、遗址而营造“人文绿核”；依托各级道路、废弃铁路及河流廊道而创建“人文绿道”；同时将各类产业园区、商贸街区、生活住区更新为具有浓郁时代主题、文化符号、城市记忆的“绿色社区”，共同构成老东郊的绿地生态耦合新风貌（图8-17）。

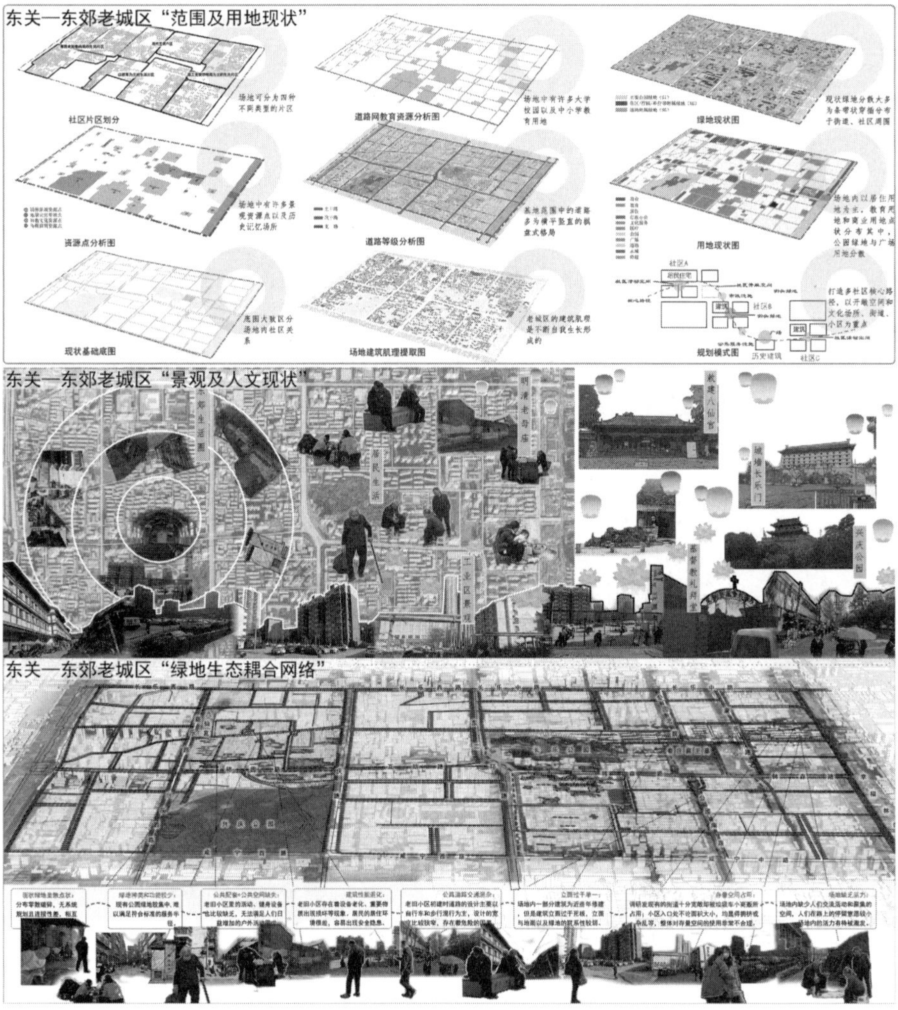

图8-17 西安老东郊地区用地现状及“绿地—人文地景”的生态耦合规划图
（资料来源：作者自绘）

8.3.3 西南郊“唐延路”景区——复合绿廊系统

“唐延路”景区位于城市西南部，在前文生态耦合分区中属于“中南部绿色人居生态发展区”，具体以唐延路—沣惠南路间的“130m宽绿地林带”为主轴（即唐长安城外郭城的西城墙基址），并向东、西两侧拓展至高新区的一期与二期街区。与此同时，由于地处城市西南主导风向的“上风区”，因此该区未来将主要以“风”因子为关键生态耦合要素而开展“通风绿廊体系”的规划设计实证。

当前，该景区既包含了西安城市风道体系中的西南部“丈八—太白主风口”及唐延路130m林带宽、60m路面宽的“复合绿带型主风道”，也附带了周边街区内由南到北的“永阳、木塔寺、新纪元、丰庆”等“公园绿斑型通风节点”。上述绿带、绿斑的绿化覆盖率、绿量较高，形成了整体化的绿色覆被下垫面，其如同经过长期冲刷的河床之中随水流飘摆的水草，对风的阻碍较小，并起到了梳理、过滤的积极作用。虽然唐延路绿带依循古代城墙基址而建，走向正南正北，并与其南端“丈八—太白风口”所来的西南主导风向存在约45°的交角，但已有相关研究显示：当风向与廊道、风口呈30°～60°夹角时，通风最为顺畅且风速均匀。因此，唐延路“主风道”东侧，与其交角呈30°的高新路街区及内部的诸多绿地、绿道，便同时构成了配合疏导主线及外围来风进入城市中心地带的“支线风道”系统（图8-18）。

该支线风道系统以高新路为主轴，高新二路、四路、博文路为副轴，并与唐延路主风道在南端交汇于木塔寺公园；街区内部又串接起多处公园、广场、游园及低密度＋高绿化居住区。由此提出主要开敞空间节点的景观—通风耦合优化措施：①确保主要道路起讫点、交叉点空间开敞且与主风道连通；②利用低平建筑肌理

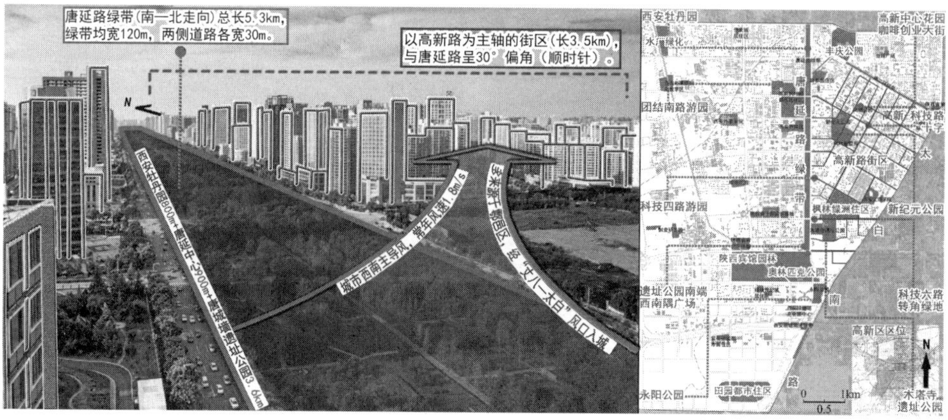

图8-18　高新区唐延路绿带—高新路街区的“风道＋绿地”系统现状图

（资料来源：作者自摄、自绘）

及中高层建筑行列，梳理出顺接主导风通行、渗透的条带空间；③道路绿化种植应与两侧建筑立面共同构成“U形曲线”横断面，从而形成利于通风的街道峡谷（图8-19）。

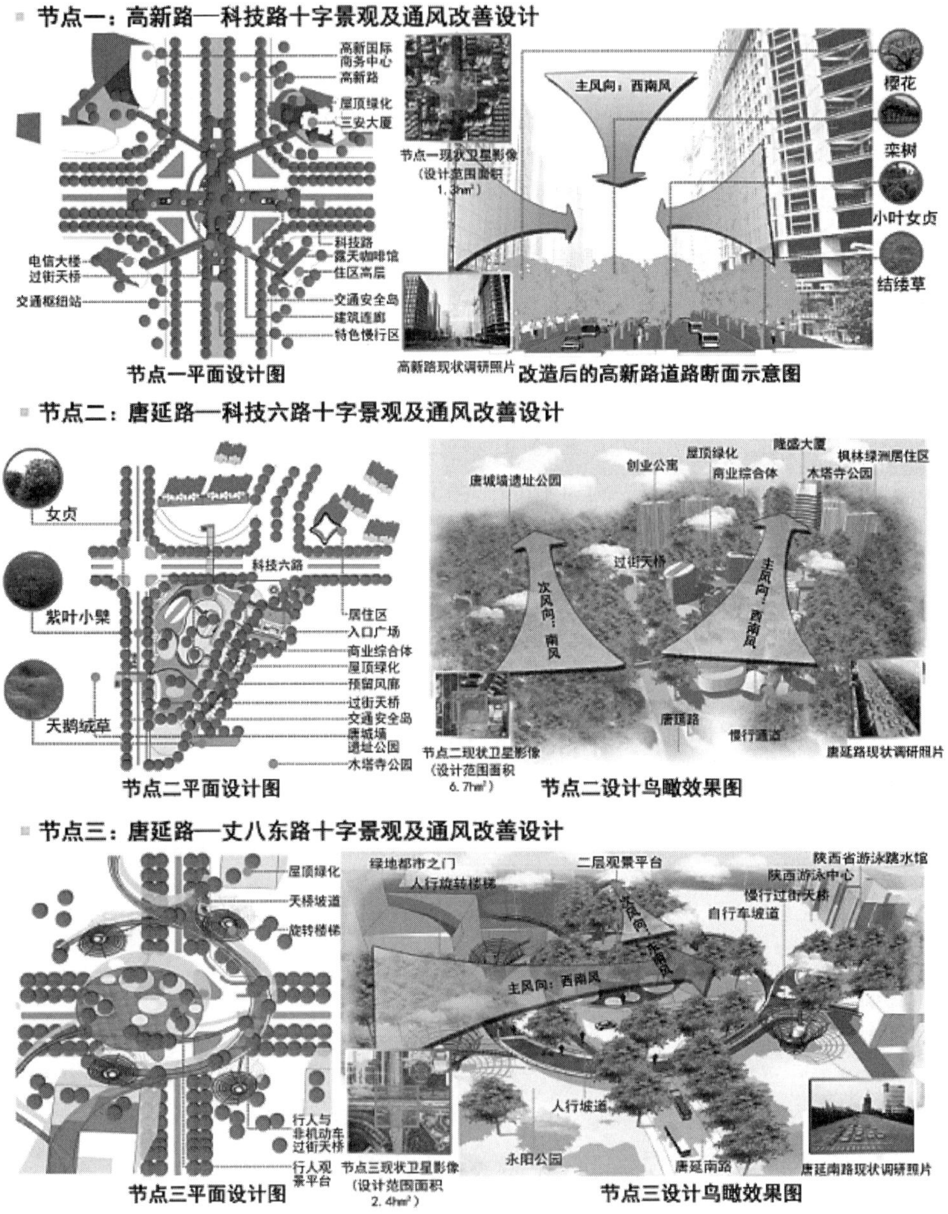

图8-19　高新区主要开敞空间节点的景观—通风耦合优化设计组图
（各节点均含现状卫星图与街景，设计后平面图与场景；另，设计前后的平面视野、透视角度均大致相同）
（资料来源：作者自绘）

此外，为配合“低碳慢行”要求而设置体系化的骑行道、步道、慢跑道及无障碍设施，并沿路营造连续化的转角绿地、带状游园、立体绿化，构建起“顺风而行、绿行无阻”的健康绿道系统。从而使该区在满足日常工作、生活通勤的同时，也让人们在“行—停”之间感受到城市的“呼吸”与生态的“律动”。

8.4 本章小结

本章以西安都市区生态耦合总体规划策略及空间结构为基础，具体面向中尺度都市分区及中小尺度的重点片区、典型景区，结合水系、地景、通风、遗址等4大类生态要素及其组合搭配，进行符合各区“在地化”特征及诉求的生态耦合规划愿景、布局及实证的探索，得出以下总结：①在城市中小尺度层面，需因地制宜选取适当的生态因子，重点激活关键地带的现有及潜在绿色空间而开展生态耦合规划设计，如：在“风”因子引导下，充分利用水体、河道、较大园林与遗址地等自然资源，以及整合现有路网、基础设施用地、空旷与开敞空间等人工资源，从而连通、盘活、优化现有及潜在绿地空间序列，并通过多专业、多部门协同的设计方法、经验取值、政策保障而加以实施落地。②应根据城市中小尺度空间的生态区位及生态要素现状特征而作以绿地数量、规模及形态的选配，如：都市分区以“绿地系统（类型、尺度、形态）”为耦合主体，重点片区以“绿地序列（脉络、廊道、线路）”为耦合主体，典型景区则以“绿地集群（用地属性、独立程度、景源特征、建设时序等）”为耦合主体。③详细的生态耦合设计实证，应依循地区特质而采取不同的营建策略，如：老旧城区应采取被动式优化与更新策略，不破坏原有历史格局、传统建筑肌理；新开发区则采取主动式控制与引导策略，从种植形式、道路走向、楼宇排布、视线景观等方面顺应“水土过程、通风规律、文保要求及景观意向”。

第9章 结论与展望

9.1 研究结论

本书通过对西安市域、都市区生态本底、绿地建设状况梳理，绿地—生态耦合效益评价、耦合模式总结、耦合机制提炼，以及多尺度、多层级绿地格局的生态耦合规划策略的制订、实证设计的提出，得出了以下主要结论：

（1）西安城市生态要素由“水系、山塬、绿地、风象、遗址”5大类构成，既符合常规视角下生态要素普遍特征，也体现了立足“关中平原—秦山渭水”地理环境下的在地化特色。其中，绿地与其他4类要素均有着较高的关联性。

“生态”一词定义多广。在我国现阶段城乡建设转型发展背景下，面向大城市用地布局及绿地格局的新一轮“转型式、更新式”规划设计，生态内涵便需从“生态学体系、景观学范畴、政策管理语境、城市形态构成”等多个领域、角度加以解读。从而归纳出共通之处在于“生态要素”的构成及“生态本底”的特征，包括：①综合生态系统中“生物—非生物—人工”3种基本要素类型；②景观生态学中“斑块—廊道—基质”三种空间模式；③生态文明建设相关政策中“山—水—林—田—湖—草—气”7种典型环境因子；④城市形态研究及城市规划实践中“等高线—水体—农林地—建成区—大遗址—主导风”六种地表构型。由此将城市生态要素凝练为“水体、地形、植被、气候、人文”五种普适类型；进而针对西安，则根据城市自身历史、地理、规划、社会等特征而具化为“水系（八水绕长安）、山塬（秦岭与黄土台塬）、绿地（公园、林地、农田）、风象（季风及主导风）、遗址（周秦汉唐文物古迹）”等5大类代表性、特色化“生态要素”。其中，绿地作为城市生态规划的“启动项”“落脚点”，需与其他4项要素加以“耦合考量”，从而使绿地设置更加与各类生态要素的形态、功能相契合，也使绿地格局更加与综合生态本底的原真、完整特征相呼应，最终使城乡绿地系统更加与区域土地生态效益的承载及释放相得益彰。

（2）西安都市区生态本底自20世纪80年代起受到快速城市化建设的影响而消失、隐匿大半，从原有的92.05%降至当前的47.74%，使得近郊乡野的自然地景风貌逐渐丧失；中心城区与外围山水间也愈加缺乏生态过渡。

生态本底方面，古代西安城市选址与布局主要受水源、地势、资源、防灾、军事、天象、礼教等自然与人文因素制约、主导，现代城市规划建设中的生态因素考量则地位靠后、效力较弱、有所隐匿。城市动态演进过程与阶段风貌特征均来自“外在人工形态干预”与“内在生态本底衬托”的“新旧叠合”。然而，在城市快速发展的近40年里，这种“叠合”更多地呈现出“你进—我退、侵占—消亡”的截然不相容局面，人工与自然要素叠合常造成“人地矛盾”现象，而非“人地和谐”效果。由此，根据西安城市古代演进、近现代发展、当代建设、未来增长，同时结合相关上位规划的“核心区、边缘区、外围地带”范围层级，以及总体表现出较强城乡一体化趋势的地域范围，选取介于市域—主城区之间的“都市区”尺度作以深入研究。即以明清老城为中心，边长45km、面积2025km^{2}的正方形区域。在此范围界定下，西安虽已形成一定程度的城市风貌、人居环境及现代复合功能，但高密度、高强度的人工化地表空间却愈加掩盖天然地脉、传统风景，以及充裕且适宜的生境景观。

其中有绿地建设不足的因素：①市域尺度，在当前土地利用构成中，城镇及农村居民点建设用地已占超过13%比例，且在适宜建设的“平原阶地”“台塬塬面”地形中更已超出1/3占比。②都市区尺度，生态本底占比已由1980年代的92.05%降至当前（2017年）的47.74%；即根据“景观渗透理论”，确已超过地区生态难以修复的“50%警戒线”。③分区尺度，除中心“老城三区”外，其余郊区、新区均已较1980年代末、1990年代初失去了原有生态本底，如：高新区的“河渠纵横”、经开区的“牧草鱼塘”、曲江新区的“微坡缓塬”、浐灞生态区的“水岸滩涂”、港务区的“上风沃土”及西咸新区的“遗址林田”等。由此，当前对西安都市区的整体人居环境提升而言，开展生态规划、保护生态要素、修复生态本底、建立生态耦合已十分必要，尤其在：①道路交通网络与地形地貌基底的“遵从程度”，②地块建设强度与地质条件较差区段的“避让程度”，③历史、工业遗址与现代绿色产业、城市服务功能的“结合程度”，④绿地形态、绿色开敞空间体系与风—热环境改善的“协调程度”等方面，则更显得十分紧迫。西安传统的“秦岭为屏、塬隰起伏、头枕渭水、八川环流、端景形胜、遗址星布、林园镶嵌、乡野围拢、季相分明、主风相对”等生态本底特征正在渐渐消损，探索将绿色空间格局与生态安全格局作以系统化、多维度的耦合，则已成为改善城市生态面貌及功能的新规划途径。

（3）当前西安市域综合生态安全格局由水文、地质、生物、农业、风环境、文化遗产等单项生态因子的安全格局叠加而成，低（底线）—中（满意）—高（理想）格局面积约呈“6∶3∶1”比例，都市区则呈“3∶2.5∶4.5”比例。西安整体生态安全状况呈现两极分化状态，多年绿地建设并未起到充足、理想生态损失弥补作用。

当前西安市域生态安全格局总体状态基本正常：①“低＋较低”格局占市域面积的62.93%，位于秦岭山区、山前洪积区及渭河主、支流；②“中等＋较高”格局占30.66%，位于渭河近岸阶地、塬间川谷、平原腹地及大遗址地；③“高”水平安全格局占6.41%，则集中位于主城区、各区县城镇区及较大的产业组团。各单项生态因子间的规模及比例差异则较显著：①从市域面积占比看，工程地质、水土保持、生物多样性3类安全格局可覆盖市域土地100%面积；②综合水、文化遗产安全格局因本体空间较小而仅占市域面积的9.84%和1.93%；③耕地保护、风环境安全格局占比相对居中，分别为24.76%和45.38%。可见，自身附着于土地的安全格局类型，均有着广泛的分布优势，未来通过绿地“量”的机械增加，即可与之较好耦合；而依托水、风、遗址、农地的安全格局，则十分受限于本体面积规模及空间位置，未来需通过绿地“质”的精准提升，才可产生较好的生态耦合效果。

都市区生态环境状况直接关系到城市人居环境品质及“三生”空间协调程度。当前西安建成区及近郊，因生态与绿色空间总量较少、不成体系，人工开发建设严重侵占自然与土地资源，从而面临生态承载力下降、生态功能退化、生态系统紊乱的困境。都市区综合生态安全格局中：①“底线（低＋较低）”格局面积占比为30.71%；②“满意（中等）”格局占25.87%；③“理想（较高＋高）”格局占43.42%。都市区生态安全状况已几乎降至“生态安全预警线”（50%）以下，亟须对山地、土塬、水系、农田、气候等关键生态要素采取保育及优化措施：①应全面阻止秦岭自然资源退化与人为侵扰，采取分段严格管理措施，提升水生态系统涵养能力；②严格规避新增城镇用地选址于地质灾害隐患及水土流失风险地区，并逐步腾退处于滨水湿地滩涂、潜在地质问题、传统地景风貌、主导通风路径等地区内的建设量；③通过生境营造、栖息地保护，维持生物多样性，科学划定基本农田及大遗址保护红线以阻挡城区无序拓展等。因此，能够有效实施以上措施的重要空间载体和土地类型，正在于城市各类绿地及其整体的绿色空间格局。对绿地格局的“生态耦合化”重构、优化和提升，成为西安都市区实现生态化转型规划、发展的主导路径。

（4）西安城市绿地格局演进历程集中发生于都市区范围（市域则体现为大尺度风景区、保护区的建设），其随着时代变迁、城市发展及园林绿化建设大事件等因素，经历了从老城“人工园林化布局”渐扩至新城“自然山水化格局”的7个生态化演进阶段。尤其自2000年以来，都市区绿地总体、绿化覆盖、公园绿地面积均呈“指数型”增长，且与建成区面积、人口增长呈“正相关”；而绿化覆盖率、绿地率、人均公园绿地面积三大指标则呈“对数型”增长，体现了城市开发趋于饱和下绿地占比的阶段性“趋缓”。绿地格局已形成了一定水平的景观特征，也积累

了一定程度、模式化的生态耦合建设经验，但面向未来仍具有较大的提升空间。

绿地作为建设用地及建成环境中稀缺的生态载体和显露的生态本底，占据着城市生态建设关键的“先导、主控”地位。西安城市绿地经历了“数量由少到多、位置由集中到广阔、空间由封闭到开放、形式由单一到纷繁、功能由纯粹到复合、建设由平面到立体”的发展过程；绿地格局呈现出：空间上“由吸聚到辐射、从孤立到联系”，内涵上“主题更迭、功能累加、空间增效”的生态演进模式。与此同时，通过对绿地格局与其他4种主要土地利用类型（城镇、村庄、农田、水域）的15项景观指数的“对照分析”可见，绿地格局“增扩”主要受到城市化进程的“牵引”影响，但却始终不及城市开发、用地增长的速度与幅度；实则并未足量、对等、高效地“弥补”城市扩张所侵占的原有自然生态空间。

通过对2000—2019年数据统计可得：①城市建成区面积从186.97km^{2}增至714.92km^2（3.8倍），常住人口从291.24万人增至624.81万人（2.1倍）。②建成区绿地面积从3748.68hm^{2}增至25483hm^2（6.8倍），绿化覆盖及公园绿地面积也从6398hm^2、1300.27hm^{2}增加到27726hm^{2}和6363hm^2（4.3倍和4.9倍），说明21世纪20年来，西安城市绿地建设增速已超城市总体规模扩大速度，园林绿化事业促进、带动了城市人居环境发展。③建成区绿地率由20.05%升至35.64%，绿化覆盖率由34.22%升至38.78%，人均公园绿地面积也由4.48m^{2}增至10.18m^2；三大绿地指标均已超过“国家园林城市”相应标准，但仍与“国家生态园林城市”所规定的“绿地率≥38%”“绿化覆盖率≥45%”“人均公园绿地面积≥12m^2”标准存在一定差距。由此说明当前西安城市绿地建设已达到“量的保障”，未来更需面向“形的优化、感的扩容、质的提升”作以生态耦合式营建。西安传统的“对风、三山、八水、五塬、六爻、四都、多陵、众村”等自然、人文生态要素将更加成为绿地的关键载体；原本自成体系的人文脉络、现代肌理与生态本底也将更加关联与整合，从而最终使绿地格局发展成为更加延展化、多维化、系统化的“绿色生态耦合空间体系”。

（5）通过“定量—定性—定感”评价指标体系的层级构建、权重赋值、评分标准设定，得到西安都市区绿地格局综合生态耦合效益评价结果为6.88分（满分10分），为“及格”水平。各项具体指标得分高低均或多或少与“水、土、风、人文”4大类生态要素具有直接或潜在关联，更加明确了未来绿地格局获得理想生态耦合机制的关键耦合对象和主要耦合方式。

当前，都市区绿地格局综合生态耦合效益总评为“及格”，其在“规划建设”宏观定量方面已取得较好“数据成绩”，但在反映质量的“景观环境”“人文游憩”方面却暴露诸多不足。通过“评价体系构建、指标权重赋值、评分标准制定、专家打分汇总”等，得出当前绿地在“绿化覆盖率、绿地率、人均公园绿地面积”等整体定量指标上表现“尚可”，但在“景观构成、廊道连通、游憩体验、社会服务与安全保障”等方面表现“中下”。分析来看，前者主因与近年“创园、创森”工作有关；后者则源于绿地建设“片面追求数据、过于强调整体、人工痕迹偏重”等不足。由此，未来绿地生态化建设应在“公共绿化占比、三维种植绿量、分布均匀度、空间连续度、可达便捷度”等方面作以提升，尤其需重点结合“水（水系）、土（地景）、风（气候）、人（遗产）”等重要生态要素作以“水土环境保育、风热环境优化、人文环境升级”等方面的绿地空间营造探索与尝试；绿地格局的规划策略则需通过层级化的生态要素叠加评价及系统化的生态耦合机制参照，去作研判和制定。

（6）西安市域绿色空间生态耦合状况基本符合绿地类型、尺度与生态安全格局相应层级的匹配；但破碎度却较剧烈，层级过渡趋势也渐模糊。都市区中仅较新公共绿地及外围农林地易与“低”生态安全格局结合较好，反映出绿地格局并未充分耦合于中心城区内更加隐匿的生态要素。理想生态耦合机制的核心主要在于提升绿地格局与关键生态要素的“空间叠合程度、形态匹配程度，以及功能协调程度”。

当前市域绿色空间主要分为3大类型：①涉及广泛土地范畴的大尺度生态农林空间，包括秦岭生态保护区（EG2）、山前生态缓冲区（E2）、郊乡生态协调区（E2）；②专属风景区、保护区管理维护模式的自然景观区域，包括风景名胜区（EG11）、自然保护景区（EG2）、森林公园（EG12）；③偏人工化营建的城市公共绿地，包括公园绿地（G1）、防护绿地（G2）、大遗址（G134）、动植物园（EG19）及部分水域（E1）。上述各类绿色空间与市域“低”水平生态安全格局的空间叠合状况反映了绿地的生态耦合程度：①秦岭生态保护区占据了市域面积的44.5%，其落入低生态安全格局的面积又占据了自身面积的1/3，并占据了市域该格局总面积的一半以上，充分说明秦岭山林水系对于市域生态保护的重要基础作用；同时因与低生态安全格局叠合区位多在浅山地带，从而较易受到平原地带人工建设、介入的干扰，以致具有退化、消减的潜在不利因素。②各专属类景区与低生态安全格局重叠的自身面积占比相较其他类绿地最高，基本均在50%以上，其先天选址已高度结合了生态要素较丰富、生物多样性较高、生态系统运行较稳定的自然地带；然而，其面积占市域低生态安全格局面积的总量、比例却很低（甚至不到5%），说明该格局内广大的山林、水系及自然地貌区域仍具有被升级为专属风景区、自然保护地的巨大潜力。③农林（E2）及水域（E1）用地的生态区位多位于“山—塬过渡，城—乡结合”地带，其弹性变化频率及幅度均较大；山前区、郊乡区均在低生态安全格局中占比较低，约为10%水平，而水域则更低，为1%水平。④城市公共绿地及主题公园则基本与低生态安全格局没有交集，多为1%以下水平；仅防护绿地（G2）

因随公路等长跨度线性要素而建，与低生态安全格局有一定程度重叠，未来需通过完善自身的连贯廊道、高密度网络以使各类绿地更加与低生态安全格局地区产生空间联系及能流贯通。⑤城乡建设及统筹区共有30余平方公里面积跨入低生态安全格局界域，未来需通过精准识别、科学研判使其有序退出，或通过提高绿地建设占比而有所融合、缓和。

都市区绿地格局在城市形态的“漫溢、吸纳”进程下，主要呈现“扩张、收缩”2种变化方式，其与生态的耦合关系则可通过“空间拓扑模型”总结为“相邻、相离、包含、相交”四种基本关系。在此基础上，绿地分别与“水、土、风、人文”4类生态要素产生不同的耦合模式：与水系的“外邻内包”模式，与地形的“内嵌外合”模式，与风环境的“体系对位”模式，与遗址保护的“层级匹配”模式等。进而通过将都市区主要404处公共绿地（G1＋EG）的格局与各生态因子安全格局叠加，得到处在各因子“低—中—高”安全格局的绿地数量、规模，从而判定绿地格局与该因子的生态耦合度。具体以绿地与该因子“低＋中”（或全部）水平安全格局相耦合的数量占总绿地数量的比例，代表其与该因子的“生态耦合度”（较高——般—较低），得出当前绿地格局：①与高程、工程地质、风环境的生态耦合度较高，为：80.69%、49.01%、53.22%；②与地表水、潜水埋深、遗产保护的耦合度适中，为：38.12%、44.31%、19.80%；③与坡度、地质灾害、土壤湿陷性则耦合度较低，为：10.64%、14.60%、8.91%。再者从绿地类型看：①公园绿地与“中—高安全格局”的耦合度一般；②防护、附属绿地则因“外贴于绕城水系框架、内嵌于城内各类地块”而与“中—高安全格局”耦合度较高；③“城区型”绿地（G1＋G2＋XG）均与“低安全格局”耦合度较低，反映出自身生态重要性不足；④“区域型”绿地（EG）虽与“低安全格局”耦合度较高，但数量较少；⑤农林用地（E2）因多在外围，从而与“低安全格局”几乎不发生耦合，但与“中—高安全格局”耦合适中；⑥总体看，绿地较易建设在生态环境本身较好或生态要素本就较为彰显的地带，而难以开辟于城市建设较密集或人工化程度较高的地区。

（7）西安城市绿地格局生态耦合规划，首先基于常规步骤而作出“层级确定、范围划定、因子选定、步骤设定”等规划纲领与序则；其次面向宏观市域提出符合“绿地类型分布现状—生态安全格局等级”叠加结果的生态耦合分区、结构及规划愿景；进而针对中观都市区，通过参照既往生态考量、理想生态模式，以及分别做出与水系、土地、风象、人文类因子的生态耦合构型，最终建立都市区绿地格局生态耦合规划的结构、方向与路径。

绿地格局生态耦合规划体系旨在以“市域—都市区—都市分区—重点片区—典型景区”5个层级的绿地生态耦合化“规划结构—规划布局—规划愿景—规划布控—

规划营造”为主线，结合各类关键生态因子在绿地格局优化提升中的“单独＋搭配”式参与，共同制订出绿地生态耦合下关于空间、形态、景观、功能等方面的规划策略。市域层面，根据绿色空间分布与生态安全格局叠加，划定了“生态保育—生态协调—生态影响—生态参与”的生态耦合分区，形成了“一屏障—三绿楔—数廊道—多区块—众节点”的生态耦合结构，以及明晰了“源—流—汇—济”的生态耦合过程；都市区层面，通过：①与“水”因子（河湖与水文）在城市生境拓展、人居优化方面的耦合，②与“土”因子（地形与竖向）在城市地景彰显、地质维护方面的耦合，③与“风”因子（风象与气候）在城市形态优化、体量控制方面的耦合，④与“人文”因子（史迹与遗址）在城市内涵挖掘、风貌塑造方面的耦合，从而综合得到了绿地格局生态耦合的总体布局方案；分区层面，分别针对：①正北区（围绕水系及通风）、②中西区（挖掘古迹及地景）、③中南区（结合遗址及湖渠）、④东南区（导风及形胜），结合4大生态要素的不同组合搭配形式，作出了各类绿地系统化、绿地集群主题化的“生态耦合”规划策略制订，以及代表性绿地景观的规划目标引导。

（8）根据绿地格局与生态要素安全格局的耦合状况，未来需面向“市域—都市区—分区”等全尺度，以“层级化、尺度化、区块化”的传导，使绿地生态耦合规划策略及效力落到实处；更应针对“都市分区—重点片区—典型景区”三级中小尺度空间对象制订详细的“耦合愿景、耦合布局、耦合景观”，提炼出规划设计实证导则。

都市生态耦合规划分区，首先依据：①城市生态要素的属性、形态及地理区位，②城市绿地单体、群体的类型、功能及分布规律，③行政辖区及各类区划的界线等因素，且④在都市区总体生态耦合规划布局的前瞻导向下，综合划定得到“正北部（生态涵养）—中西部（生态协调）—中南部（生态发展）—东南部（生态保育）”的结构与主题。进而，针对各分区绿地现状，通过借鉴相适的景观生态学原理及“斑—廊—基”空间模式，系统化提出了各区绿地的理想生态耦合格局。最终，在分区内的“重点片区—典型景区”层面，分别作出了绿地—生态相耦合的“宏观建设愿景、详细平面布控、具体景观设计”。由此共同呈现出西安都市区绿地格局与“水、土、风、人文”4类生态要素及其组合、搭配的生态耦合规划实证应用及在地效果。

9.2 研究创新点

创新点一：通过“抽象化生态要素构成”向“图式化生态安全格局评级”的转

化，建立了对“城市生态本底特征”及“城市空间生态重要性”的系统分析流程与评价方法。具体以多学科视角梳理我国北方及西部地区平原型大中城市所处的自然地理特征与生态环境条件，归纳出“水体、地形、植被、气候、人文”为常规普适化的城市生态要素类型；进而聚焦案例城市西安（位于关中平原），通过对其“古代城市营建—现代城市规划”过程中的生态耦合方式、经验作以总结，对应提炼出“水系、山塬、绿地、风象、遗址”成为“在地化”的城市生态要素构成。之后将生态要素融入“生态安全格局评价指标体系”，并从原始要素细化扩展出“地表水与水文、工程地质与水土保持、生物（景观）多样性、耕地保护、城市风环境及文化遗产保护”等生态因子；由此在市域尺度下对各单项因子的生态安全格局分别作以数据收集、等级划区及图式绘制，之后经过统一叠加而得到“综合生态安全格局”，从而最终呼应并量化了西安城市的生态本底特征，总结了当前的生态问题，也为绿地格局的生态演进历程、生态耦合机制研究铺垫了宏观的“区域生态背景”（第3章）。

创新点二：“动态—静态”相结合地归纳、总结了西安都市区绿地格局的生态耦合演进历程与模式，并针对现状建立了绿地格局的生态耦合效益评价指标体系。具体进行了7个演进阶段的“历史梳理”，以及15项景观特征指数的“现状解析”。其中，对于“景观特征”主要从“布局与类型的定性研究”“面积与数量的定量研究”“边缘与形状的定形研究”“聚合与离散的定位研究”以及“变化与趋势的规律研究”等方面作以详细的“数据＋图式”解析（第4章）。进而通过相关文献“主题及关键词”聚类，归纳建立了由“规划建设（定量）—景观环境（定性）—人文游憩（定感）”3类共18项指标所构成的“绿地格局综合生态耦合效益评价体系”，并根据“影像图式化分析、数据标准化比对、专家科学化研判”等步骤，评价了当前西安城市绿地格局所承载、发挥生态耦合效益的分项情况与综合水平，同时也找寻了与4大类在地化生态要素的潜在关联，并总结了绿地生态耦合的问题短板所在（第5章）。

创新点三：在市域—都市区—分区等多尺度层级下通过建立绿地格局与单项—综合生态安全格局的空间叠加，对典型生态耦合模式的总结及对综合生态耦合度的评价，总结了绿地格局的理想生态耦合机制并提出了相适宜的生态耦合规划策略。具体以城市—绿地—生态三者间的互动耦合关系为基础，在西安市域层面归纳式评析、统计了“绿色空间分布类型”与“生态安全格局等级”间的叠加状态；在都市区层面系统评析了绿地格局与“水、土、风、人文”4大类生态要素的“生态耦合模式”，以及与细分的9项“显性—隐性”生态因子的“生态耦合程度”。由此总结得出了绿地格局的“生态耦合机制”（第6章）。进而面向未来西安都市区生态人居环境提升愿景，分别在市域层面提出了绿色空间体系的“生态耦合规划结构”，在都市区层面制定了绿地格局与各因子及综合生态安全格局叠加的“生态耦合规划布局”（第7章），以及在都市分区、重点片区、典型景区等详细层面围绕“水、土、风、人文”要素及其搭配，提出了关于绿地系统、绿地类型、绿地集群的生态耦合规划“愿景构思、布局引导、景观营造”，由此共同组成了西安都市区绿地格局的“生态耦合规划策略与实证设计方案”（第8章）。

9.3 不足与展望

基于以上研究进展，审视当前研究的不足之处，总结如下：

（1）应进一步在都市区绿地格局演进的各个阶段，呈现出与各类生态要素的耦合程度、耦合特点、耦合状态（虽然目前以“折线数据图”形式呈现了绿地数量增加、面积增长下，与不同生态要素相结合的趋势变化），从而在时间动态发展上更加明示出绿地格局与生态要素、生态本底的耦合方式、耦合程度、耦合效果。

（2）应进一步在绿地格局的“综合生态耦合效益评析”中，将4大类生态要素与各指标的“相关性”或“参与度”加以量化、明示，从而使“表征化、综合化”的绿地生态效益更加向“内理化、聚焦化”的绿地生态耦合机制靠拢；也能为之后提出绿地格局与各类生态要素及其组合搭配的耦合规划策略制订作以铺垫和引导。

（3）应在绿地格局的生态耦合机制解析中，不仅将“单类生态要素、单项生态因子”作为“耦合模式”及“耦合程度”的评析重点，而也应将相关的“两两要素、多项因子、综合本底”等组合搭配情况同时纳入评析范畴，从而更进一步地揭示出各生态要素之间的“联合增效机制”。

（4）应在绿地格局的生态耦合规划策略中，进一步强化“市域—都市区—城市分区”间的“上下传导”关系，从而让各个地域层级的绿地—生态耦合机制及规划方法显现出更加明确的“逻辑呼应”与“尺度嵌套”。

此外，结合专业及社会发展动态，对未来的研究推进及城市发展提出以下展望：

随着现阶段国土空间规划理论体系、评价方法及编制流程的日渐成熟，风景园林学科也遇到了“多学科融合、多尺度贯通”的机遇和挑战。本书在未来将继续立足本学科的既有知识体系，以及在“城乡绿地系统、区域地景规划”方面的理论与经验积淀，同时对接当前国土空间“双评价”体系及区域生态规划的实践前沿，着重将城市绿地的“生态耦合化”评价与规划方法，应用于西安当前正在进行的总体及各区县“国土空间规划”编制过程之中。希望最大程度地建立起以绿色风景空间体系为基础承载的市域“国土生态空间保护格局”，及以绿色开敞空间体系为核心引领的都市区“城市生活空间宜居环境”。由此使西安都市区在不远的未来，既能够达到“国家生态园林城市”所规定的主要绿化建设指标，也能够符合“国家公园城市建设”关于城市绿地切实便利于人居生活、高效提供全方位生态服务的主旨内涵，最终建立起“山—水—人—城—古—今—风—景”相协、共荣的现代化绿色大都市。

同时，通过对研究的进一步理论梳理、方法凝练，希望未来能够总结形成针对“城市绿地生态化布局建设”的相关规划规范与技术标准；更加拓展、更新风景园林、城乡规划学科与地理、生态、遥测、环境、水文、地质、气象、考古、经济、管理等相关学科的对接内容及融贯方法，从而为我国同类型大中城市的绿色生态空间更新作以推广应用，提供一定程度的理论方法参考及实践经验借鉴。

总之，本书力求在未来阶段，通过继续完善方法体系、升级分析工具、对接前沿技术、扩展实证对象，从而能够更加有效地服务于城市群、都市圈的国土空间规划体系、自然保护地及国家公园建设体系，以及城乡绿色生活空间更新体系；尤其在“生态本底与要素普查、生态资源与环境承载力评价、生态安全格局评级”，以及“生态保护分区、红线划定”“绿地生态耦合化布局模式”等方面制定出科学的方法、流程与标准，最终助力于新时期我国绿色生态人居环境建设的高质量发展。

附录

西安“都市区（圈）”相关研究的范围及内容侧重汇总表　　附表1

区域名词	范围界定（代表文章/相关规划）	区域半径	研究角度/规划侧重
西安＋大都市区（检索到14篇较切题文献）	1．核心区（四至）：三原—长安—咸阳—临潼；紧密区：铜川—柞水—杨凌—渭南（熊雪如，2009）。 2．西安、咸阳市域＋杨凌区；主城：西安、咸阳主城区＋沣渭新区（段禄峰，2010）。 3．西安市辖的10区2县，咸阳市秦都、渭城2区及三原、泾阳2县（景甜，2015）	1．核心区30～50km；紧密区80～100km。 2．约80～120km（主城20～30km）。 3．60～90km	1．空间管制，城镇体系及布局协调。 2．城乡空间一体化发展，经济、产业及管理。 3．城乡经济社会发展一体化，开发区、产业及农业
西安＋都市区（共检索到5篇/部切题文献）	1．西安市域＋咸阳市区及6县＋杨凌区；核心区：西安及咸阳市区（李颖，2003）。 2．西安市除周至＋咸阳秦都、渭城、泾阳、三原，面积9036km^2（《西安国际化大都市城市发展战略规划（2009—2020年）》，2010年6月）	1．60～100km（核心区20～40km）。 2．30～50km	1．都市区范围，发展模式及问题（交通、空间、生态、产业、区划等）。 2．城镇体系结构、等级、规模、产业，主城区发展方向、结构、布局、文旅、生态、交通等支撑体系宏观规划
西安＋大都市圈（共检索到8篇切题文献）	1．核心区：西安（除周至）＋咸阳4区县；紧密区：西安＋咸阳（除北五县）＋杨凌＋商洛柞水＋渭南临渭、华县、富平＋铜川三区（李宏志，2006）。 2．核心区：东到临潼、西到咸阳茂陵、南到长安韦曲、北到三原，半径30～50km，共含16个区县，总面积8911km^2（王圣学，2005）	1．核心区30～50km；紧密区约80～100km。 2．核心区30～50km；紧密区80～100km；辐射区为100km以上	1．“点—轴”理论作用与指导下的都市圈空间结构演变过程分析。 2．以大城市交通工具与设施（高速、轨道）计算通勤半径及时间：半小时内（核心区），1h左右（紧密区）

续表

区域名词	范围界定（代表文章/相关规划）	区域半径	研究角度/规划侧重
西安＋都市圈（共检索到69篇切题文献）	1. 自西安至咸阳彬县、铜川印台、渭南韩城、商洛商南、宝鸡陈仓等28地（陈大鹏，2012）。 2. 西安市域＋咸阳、渭南、铜川、宝鸡等市较邻近的共35个区县级行政单元（范晓鹏，2021）。 3. 东到临潼、西至咸阳（茂陵）、北到三原、南抵秦岭的西咸共20个区市县（施文鑫，2009）。 4. 包括西安市域＋咸阳2区1市5县＋杨凌示范区共22个区县（杨卫丽，2017）。 5. 西咸部分、杨凌、铜川渭南市区（张沛，2005）。 6. 西咸铜宝渭商等市28个县区（孙飞，2013）。 7. 西安为心的1h车程半径区域（马强，2009）。 8. 西咸一体化城市区为核心（西安9区4县＋咸阳2区1市4县）（张定青，2013）。 9. 西安市域＋咸阳2区1市4县（张定青，2010）。 10. 据省城镇体系规划，包括西安9区4县及咸阳2区1市5县（冯晓刚，2011）	1. 110～210km。 2. 120km。 3. 50～80km。 4. 60～90km。 5. 60～110km。 6. 110～210km。 7. 50km。 8. 60～90km。 9. 50～100km。 10. 50～100km	1. 都市圈空间范围界定。 2. 都市圈一体化圈层划定及与高质量发展的耦合评价、机制、策略。 3. 小城镇发展及产业集聚特征、关系、互动影响。 4. 都市农业发展（产业、结构）与农业空间布局（圈层、轴带）。 5. 区域产业、布局结构与城镇发展。 6. 交通系统与都市圈发展规划。 7. 城市景观格局的时空演变特征。 8. 水系生态廊道（泾渭）结构特征及建构方法，城镇生态化发展策略。 9. 气候环境因素优势及城镇引导。 10. 典型城镇热环境、热岛效应的分析、模拟与对策

资料来源：作者通过文献检索及内容提取而制。

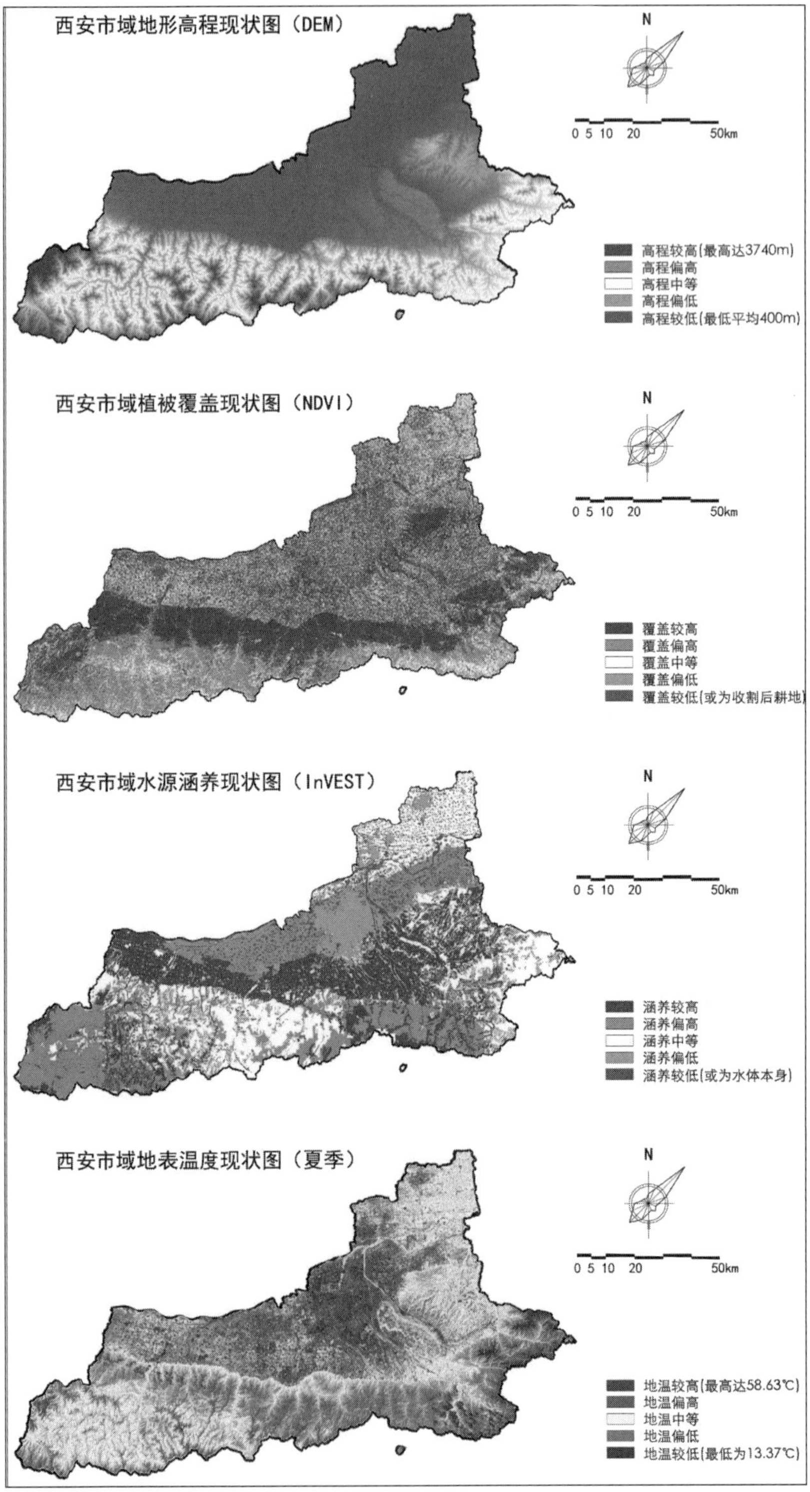

附图1　西安市域基础数据的地理信息分析图（地形、植被、水源、地温）
（资料来源：作者根据矢量等高线、土地利用数据、遥感影像、公式算法并通过GIS及ENVI软件绘制）

附表 2

西安城市主要绿地及生态建设事件的分阶段梳理、对照表

城市绿地发展阶段	主要绿地数量	具体绿地名称，建成/开放时间及情况说明	同时期其他生态、绿化建设事件
第一阶段（初始）1916—1948年 绿地寄予朴素审美	3	莲湖公园（1916年）、革命公园（1927年3月）、建国公园（1929年6月）	①城内三大公园建设：于城内西北明代莲花池基础上历经毁弃庵寺、引水植木、积土为丘、设馆立碑而陆续建成莲湖公园；在新城东北择址空旷乱坟荒地，规划园林、堆冢修亭以纪念守城战事牺牲军民，建成革命公园；于城西利用废弃的明清“贡院”旧址加以“植木培花、攒阜掘池、建场筑路”而建成建国公园。②城内南部碑林、南院门民教馆等公共文教场所的园林化修整。③城关内外散置的私家花园与名人、要员的公馆园林等的涌现。④郊外自然山水地形环境下分布的寺观、古迹、陵冢等的风景营造。⑤城内街巷的行道树栽植，近郊地势的苗圃辟建。⑥城乡之间若干以蓄池、造景、灌溉、排雨等景观、生态功效为考量的“通渠引水”工程
第二阶段（筑基）1949—1965年绿地孕生 古城新貌	20（新增17，改造3）	木塔寨苗圃（1951年）、烈士陵园（1952年3月）、幸福林带（1953年规划）、新城广场（1953年）、小雁塔苗圃（1953年）、丈八沟苗圃（1954年）、省体育场（1954年12月）、革命公园（1955年改建）、友谊路林带（1955年）、兴庆池/任家庄/韩森寨/大雁塔苗圃（1956年）、半坡博物馆（1958年4月）、兴庆公园（1958年7月）、莲湖公园（1959年缩减）、大庆路林带（1959年）、西安植物园（1959年）、儿童公园（1960年建国公园更名）、劳动公园（1965年5月）	修整革命、莲湖、建国公园（1953年）；浐河岸上植树30万株（1956年）；新建$20hm^2$的植物园和总面积$161hm^2$的7个苗圃（1958年）；掀起春季植树造林及街坊、庭院绿化运动，成立市园林管理局（1959年）；栽植树木1.3万株（1961年）；绿化城区重点13条道路、11个广场花坛，补栽行道树1.5万株，发动群众植树33余株（1963年）；全年绿化植树156.64万株（1964年）；新增绿化道路160条（1965年）
第三阶段（沉淀）1966—1977年 绿地承受矛盾批判	23（新增3）	新风公园（1966年5月）、西安动物园（1977年5月1日由革命公园内迁建于东郊金花北路韩森寨苗圃）、纺织公园（1978年7月1日）	在200多条街道植树6万余株，在秦岭北坡、骊山西麓、白鹿原、浐灞渭河岸的荒山、坡、滩开展春季植树造林，开展钟楼、车站广场绿化及环城林带改建工程（1966年）；在河滩育苗造林$53hm^2$（1972年）；全市绿化道路增至353条、超400km，环城林、行道树增至27万株（1973年）

续表

城市绿地发展阶段	主要绿地数量	具体绿地名称，建成/开放时间及情况说明	同时期其他生态、绿化建设事件
第四阶段（复兴）1978—1989年 绿地塑造对外形象	33（新增10）	陕西宾馆（1978年正式更名）、青龙寺（1982年5月开放）、环城公园（1983年7月南半段初具规模）、寒窑遗址（1985年2月28日）、北方乐园（1986年十一）、秦二世胡亥墓（1987年修复开放）、盆景园（1987年建成）、蔷薇园（1987年建成）、三唐工程及附属庭院（1988年4月）、曲江春晓园（三唐工程配套园林工程，1989年4月）、松园（南门西侧护城河外，原为老年人活动园，1989年10月）	在荒山、坡、滩造林90hm^2，四旁植树60多万株，育苗9.33hm^2（1980年）；提出市区大力植树、养花、种树，农村逐现大地园林化，抓好普遍绿化，提高绿化覆盖，空地尽可能植树、种草、栽花（1982年）；提出美化西安，三五年建成四季长春、三季有花目标；整治环城公园，开展冬季绿化植树，在西郊劳动路两侧30多个隔离带植树（1983年）；提出由主要街道向背街小巷，由厂区、机关单位向家属区、居民小区，由单一种树向栽花种草、修建庭院发展绿化、美化（1985年）；开展城乡绿化，植树64万株，楼观台森林公园开园，周至自然保护区建立（1986年）；西安被评为全国绿化先进单位（1987年）；用10年时间绿化绕、穿城的8河2路，形成城乡多层次、多效益绿化结构和大范围良性生态环境（8河：护城河、大环河、浐河、灞河、皂河、沣河、沣惠渠、滈惠渠；2路：三桥—临潼东西向百里风景路，渭河大桥—长安子午镇南北向中轴通道）（1989年）
第五阶段（累积）1990—2003年 绿地转变生活方式	57（新增24，改造4）	青龙寺（1988—1991年建纪念堂、馆、碑及庭院，遍植樱花）、友谊路林荫大道（1990年代法桐参天）、大庆路林带（1991年林带改建为休闲绿带）、鱼化乐园（1991年）、大世界游乐场（1992年六一节）、新城广场（1991年4月—1993年改造）、南二环路绿化带（1995年4月）、南门广场（1995年8月广场、绿化完工）、高新区中心花园（光华路街心花园，1996年）、亚童梦国（1996年改建而成）、土门广场街心公园（1997年3月）、北大街十字绿化广场（1997年5月）、未央湖游乐园（1997年5月14日）、西华门绿化广场（1997年6月）、新纪元公园（1997年6月）、玉祥门转盘广场（1997年8月道路拓宽及环境改造完工）、紫薇花园广场（1998年4月8日）、钟鼓楼广场（1998年5月18日）、南院门广场（1998年8月）、张家堡广场（1999年9月一期完成）、西部电子广场（1999年9月）、明德门社区广场（2000年）、大雁塔南广场（2001年年初建成）、紫薇田园都市中心绿地（2003年10月1日）、唐延路绿化带（1997年5月起建设—2003年年底格局初显）、含元殿遗址园区（1998年5月开工—2003年12月19日二期验收）、大雁塔北广场（2003年12月31日）	复垦造地2000hm^2（1990年）；开展兴庆湖治理，完工大庆林带改造（1991年）；新栽12条、补栽24条路行道树，播种草皮15579.2m^2（1992年）；绿化主干道，栽植树木花草20万株，草坪4000m^2（1993年）；开建曲江、未央湖、草堂旅游度假区，确定新建路、花坛绿化，整治原行道树、绿化带；环城绿带完工（1994年）；南门广场、南二环、兴庆路、长乐路等绿化竣工；引水大峪水库入环城河，水质改善（1995年）；农村计划造、育林各20万亩，育苗500hm^2（1996年）；长乐中路隔离绿带改造完工（1997年）；栽植草皮253000m^2、行道树2028株、灌木34万株、花草16000m^2，新增市级园林绿化单位34个（1998年）；护城河清淤完工，完成环城公园改造、乐游原绿化，市级园林化单位总数达193个；朱雀森林公园晋升国家级，西安被评为全国园林绿化先进城市，骊山滑坡治理竣工（1999年）；绿地新增124hm^2、整改33.2hm^2，创园林单位50个；建西铜、西蓝、西临、西万、西宝5条主干公路两侧113km绿化经济林带；市秦岭森林旅游总体规划评审通过，提出至2010年建成秦岭北麓六大生态旅游区；完成西二环、北二环东段、张家堡广场绿化任务，新栽行道树2500株（2000年）；新增耕地1060.87hm^2、绿化17.35hm^2，王顺山森林公园被授予国家级（2001年）；兴庆湖综合治理完工，泾渭湿地保护区获批建立（2002年）；皂河（一、二期）、浐灞河城市段综合治理开工，启动实施广场绿化、鲜花大道、大水大绿工程，营建森林；西郊公园开工（2003年）

续表

城市绿地发展阶段	主要绿地数量	具体绿地名称，建成/开放时间及情况说明	同时期其他生态、绿化建设事件
第六阶段（转型）2004—2013年绿地协同快步发展	89（新增32，改续建3）	文景公园（2004年9月27日）、陕西民俗大观园（雁塔西苑）（2004年9月30日）、陕西戏曲大观园（雁塔东苑）（2004年）、丰庆公园（2004年12月1日）、曲江海洋世界（2005年2月5日）、大唐芙蓉园（2005年4月11日）、环城西苑南段（2005年5月21日）、长乐公园（原西安动物园，2006年1月26日）、唐长安城墙遗址公园（2006年6月6日）、永阳公园（2006年6月）、西安城市运动公园（2006年6月23日）、烈士陵园北广场（2006年下半年）、奥林匹克公园（2006—2007年）、广运潭生态景观区一期（2007年5月10日）、西安博物院（通小雁塔）（2007年5月18日）、西安牡丹园（2008年4月13日）、曲江池遗址公园（2008年7月1日）、唐城墙遗址公园（唐延路全段，2008年7月1日）、唐大慈恩寺遗址公园（原曲江春晓园，2008年7月1日）、桃花潭公园（2009年5月1日）、木塔寺公园一期（2009年11月）、寒窑遗址公园（2010年5月1日）、秦二世陵遗址公园（2010年9月28日）、中国唐苑（2010年9月28日）、大明宫国家遗址公园（2010年10月1日）、西安世界园艺博览会园区（世博园）（2011年4月28日）、环城西苑北段（2011年9月28日）、汉城湖景区（2011年10月1日）、渭河生态景观区（2012年5月1日）、灞桥生态湿地公园一期（2012年6月6日）、航天城中湖公园（2013年2月28日）、沣东·沣河生态景区（2013年4月28日）、浐灞国家湿地公园（2013年4月29日）、清凉山森林公园（2013年10月1日）、汉长安城未央宫遗址保护展示区（2013年10月28日）	开展拆墙透绿、浐河治理、灞河入渭生态建设工程；皂河综合治理四期主体工程完工（2004年）；新增绿地365.31hm^2、绿化覆盖355.9hm^2、公共绿地239.57hm^2；整治道路123条，增加乔木14000株，补栽绿篱7.1万m^2（2005年）；新增绿化112326m^2、行道树6114株、绿篱15hm^2、绿地小广场74个（2006年）；创省级园林城市，建48条道路绿化、93个绿地小广场（2007年）；新增公共绿地105hm^2、园林绿化456.3hm^2，完成互助路、南新街、未央立交、环北路等49条道路绿化及三环路增绿工作，建成小绿地广场72个，开工渭河城市段综合治理工程（2008年）；积极创建国家园林城市，新增绿化486hm^2，增强原有绿地224hm^2（2009年）；开展三年植绿大行动，新建绿地780hm^2、公园12个、小广场55个、街头绿地225个，完成玉祥门盘道、科技路西延伸段、大庆西路、机场线等25条及沣惠南、红光、纺渭、桃园路二期等24条道路绿化工程，莲湖、长乐、革命公园提升改造完工（2011年）；新增绿地374.36hm^2，栽植15cm以上规格乔木45140株，完成屋顶绿化16.8hm^2、拆墙透绿1.4万余米，建筑立面绿化12.3万余米；建成三环路林带近52hm^2；北、东南、西三环，北辰大道，北二环等区域约146 hm^{2}绿地增绿；推进文景山、阿房宫公园建设，加快兴庆宫公园改造、红光公园建设；建成绿地小广场122个、20.4hm^2；对电子正街南延伸段等40条新建路、北客站周边5条主要道路进行绿化（2012年）；市秦岭生态环境保护条例批准实施；新增屋顶绿化18.2hm^2、垂直绿化5.7万m，新建绿地小广场65个，绿化新安路、西沣一路、秦汉大道等24条新建路，完成北客站周边尚新、文景、明光、尚贤、尚苑路、西铜辅道等6条道路绿化（2013年）

续表

城市绿地发展阶段	主要绿地数量	具体绿地名称，建成/开放时间及情况说明	同时期其他生态、绿化建设事件
第七阶段（升级）2014—2019年 绿地祈愿 生态和谐	107（新增18，升级改造4）	环城公园景观提升改造工程（建国门—文昌门—朱雀门段，2014年5月1日）、南门松园／榴园改造工程（2014年7月1日）、南门广场综合提升改造工程（2014年9月6日）、唐遗址公园（太白南路—电子西街）（约2014年年底）、浐灞滋水公园（2015年5月1日）、高新软件新城云水公园（2015年9月）、芙蓉新天地中央水景（2015年10月）、木塔寺公园二期（约2016年5月）、雁鸣湖休闲公园（2016年7月1日）、灞渭桥车游湿地（2016年8月19日）、文景山公园（2016年9月29日）、西安新植物园（2016年10月1日）、红光公园（2017年4月27日）、曲江文化运动公园（2017年4月28日）、秦岭国家植物园（2017年9月27日）、昆明池一期·七夕公园（2017年9月28日）、沣滨水镇·诗经里（2017年9月28日）、渼陂湖一期·萯阳湖（2017年10月1日）、开元公园（2018年2月13日）、天坛遗址公园（2018年2月16日）、曲江青年森林公园（2019年5月26日）、西安浐河湿地公园（2019年5月27日，第一阶段工程顺利验收）、西安城市生态公园（2019年十一开园）、灞河左岸生态公园（2020年十一对外开放）	开创国家生态园林城市，实施屋顶、立体、城改边角绿化，提高绿量；新增绿地450hm²，桃花潭、洨河、高新湖公园完工，浐河一期、新植物园、汉城遗址公园启动绿化，完成60个绿地小广场及东门立交、纬一、畤森冢二、公园北路、纬三十一街、东大街西段、凤城八、环城南、长沣、高新六、新安等40条新建路及北客站周边6条道路绿化（2014年）；开展秦岭北麓矿山、水源地、采石矿、建设项目、自然保护区、湿地等环保检查，加强生态环保工作；完成太平河河道部分拦水坝、耿峪河7km、潭峪河3.7km河道治理及沣河提升改造方案；周至县2个废弃矿生态恢复4.67hm²，植树12600株（2015年）；开展美丽西安·绿色家园行动，起草市海绵城市规划设计导则及建设技术规程，选取常宁、曲江、浐灞、洪庆、高新等5个新区为海绵城市建设试点，实施了提升人居环境的公园、道路绿化、园林景观等民生项目（2016年）；铁腕治霾使空气污染好转，实施河、湖长制，推进9个生态示范河、湖建设，新增生态水面3088亩、湿地6017亩，通过国家水生态文明城市建设试点验收；开展五路两侧增绿美化，建成3个主题公园、62个绿地广场、86条绿化示范路，新增绿地571hm²、绿化造林4.27万亩（2017年）；严格开展沿山六区县秦岭北麓违建拆除及复耕复绿行动，切实贯彻省市秦岭保护条例及相关生态环境保护规划（2018年）；开展背街小巷提升改造及街景绿化工作，计划于2021年6月完成主城区599条背街小巷提升改造任务；有序分段推进“三河一山绿道”的规划建设，计划于2021年4月，灞、渭、沣河74km无障碍骑行段及205km核心环线绿道全线贯通（2019年至今）

注：有下划线的表示该绿地最初建成于前阶段，而在本阶段则作了更新、改造或更名。

资料来源：根据对“西安市志、西安年鉴、西安统计年鉴，各年度省、市政府工作报告”，各类期刊与硕博论文等资料相关内容的提取、核实，以及作者长期的绿地调查研究等，共同总结而制。

附表 3

20 位业内专家对于“绿地生态效益指标”与“4 类生态要素”关联程度评判统计表

指标层	各指标分别与“水、土、风、人（文）”四大生态要素的相互关系评判（+：受要素影响，○：会影响要素，⊕：相互影响，数量：影响程度）				
	专家1的评判	专家2的评判	专家3的评判	专家4的评判	专家5的评判
C_1	水++⊕ 土++ 风○ 人文⊕	水+⊕ 土++ 风⊕ 人文⊕	水++ 土+++ 风○ 人文⊕⊕	水+ 土++ 风○ 人文⊕⊕	水+++ 土++ 风○ 人文⊕⊕
C_2	水++ 土+ 风○ 人文+⊕	水++ 土++ 风○ 人文+⊕	水++ 土+++ 风○ 人文⊕	水++⊕土+ 风○ 人文+⊕	水++ 土++ 风○ 人文⊕⊕
C_3	水+⊕ 土+⊕ 风⊕ 人文⊕	水+⊕ 土+⊕ 风⊕ 人文+⊕	水++ 土++ 风○ 人文⊕	水++⊕土+⊕风⊕ 人文+⊕	水++ 土++ 风○ 人文++⊕
C_4	水++⊕土+⊕ 风○ 人文+⊕	水++⊕土+⊕ 风○ 人文⊕	水++⊕土+⊕ 风○ 人文⊕	水++⊕土+⊕风○ 人文+⊕	水+⊕ 土+⊕ 风○ 人文++⊕
C_5	水+ 土○ 风○○人文⊕	水+ 土○⊕风○ 人文⊕	水+ 土○ 风○○ 人文⊕⊕	水++ 土○ 风○○ 人文⊕	水+○ 土○○ 风○○ 人文⊕⊕
C_6	水○ 土⊕ 风○○人文++⊕	水○⊕土○ 风○○人文⊕	水○ 土○ 风○○ 人文⊕⊕	水○ 土○ 风○○人文⊕+	水○ 土○ 风○○ 人文+⊕
C_7	水++ 土++ 风⊕ 人文+	水+++ 土++ 风⊕ 人文+	水+++ 土++ 风○ 人文+	水++⊕土++ 风⊕ 人文+	水+++ 土+++ 风○○ 人文○⊕
C_8	水++ 土+ 风+++ 人文+⊕	水+++ 土+ 风+++ 人文+	水+++ 土+ 风+++ 人文+	水++ 土+ 风+++ 人文+	水+++ 土+ 风+++ 人文○
C_9	水+ 土++ 风++ 人文++	水+ 土+++ 风++ 人文++	水+ 土++ 风++ 人文+++	水+⊕ 土++⊕风++ 人文++⊕	水++ 土++ 风○⊕ 人文++
C_{10}	水+++ 土++ 风⊕⊕人文⊕	水+++ 土++ 风⊕⊕人文⊕⊕	水+++ 土++ 风⊕⊕ 人文⊕	水+++ 土++ 风⊕⊕人文⊕+	水+++ 土++ 风○○ 人文⊕
C_{11}	水++ 土++⊕风○ 人文⊕	水++ 土++ 风○⊕ 人文⊕	水++ 土+ 风○ ○ 人文⊕	水++ 土++ 风++ 人文⊕	水++ 土++ 风○○⊕人文⊕
C_{12}	水++ 土+ 风+++ 人文⊕	水++ 土+ 风+++ 人文⊕	水++ 土+ 风+++ 人文⊕	水++ 土○ 风+++ 人文⊕	水++ 土+ 风+++ 人文⊕
C_{13}	水+ 土+++ 风○ 人文○⊕	水+ 土++ 风○ 人文○⊕	水+ 土++ 风○ 人文+⊕	水+ 土+++ 风○ 人文⊕	水+ 土++ 风○ 人文+⊕⊕
C_{14}	水+++ 土+++ 风⊕ 人文+	水+++ 土+++ 风⊕ 人文+⊕	水+++ 土+++ 风⊕ 人文++⊕	水+++ 土+++ 风⊕ 人文+	水+++ 土+++ 风⊕ 人文++⊕
C_{15}	水⊕ 土⊕ 风+ 人文++	水⊕ 土⊕ 风+ 人文++	水⊕ 土⊕ 风+ 人文+++	水⊕ 土⊕ 风+ 人文++	水○ 土○ 风○ 人文+++
C_{16}	水○ 土○⊕风○○人文⊕	水○ 土○⊕风○○人文⊕	水○○土○○⊕风○○人文⊕	水○ 土⊕ 风○○ 人文⊕	水○○土○○⊕风○○人文++⊕
C_{17}	水++ 土+⊕风○○人文⊕⊕	水++ 土++⊕风○○人文⊕	水++ 土⊕⊕风○○人文⊕⊕	水+++ 土+⊕ 风○○ 人文⊕	水++ 土++ 风○○ 人文⊕⊕
C_{18}	水++ 土+++ 风++ 人文+++	水++ 土+++ 风++ 人文+++⊕	水++ 土+++ 风++ 人文⊕⊕	水○ 土+++ 风++ 人文+++	水+⊕ 土+⊕ 风+ 人文+⊕⊕

续表

指标层	各指标分别与“水、土、风、人（文）”四大生态要素的相互关系评判（+：受要素影响，○：会影响要素，⊕：相互影响，数量：影响程度）				
	专家6的评判	专家7的评判	专家8的评判	专家9的评判	专家10的评判
C_2	水++ 土++ 风⊕ 人文+⊕	水++ 土+++ 风○ 人文+⊕	水++ 土++ 风○ 人文⊕	水++⊕土+ 风○ 人文+⊕	水+⊕ 土+⊕ 风○⊕ 人文⊕
C_3	水++ 土+⊕ 风⊕ 人文+⊕	水+⊕ 土+⊕ 风⊕ 人文+⊕	水+⊕ 土+⊕ 风○ 人文+⊕	水++⊕土+⊕ 风⊕ 人文+⊕	水+⊕ 土+⊕ 风○ 人文⊕
C_4	水++⊕土⊕ 风+⊕人文+⊕	水+⊕ 土+⊕ 风○ 人文⊕	水+⊕ 土+⊕ 风○ 人文+⊕	水++⊕土+⊕ 风○ 人文+⊕	水+⊕ 土+⊕ 风○⊕ 人文⊕
C_5	水+ 土⊕⊕风○ 人文+⊕	水+ 土○⊕风○ 人文⊕	水○ 土⊕ 风○○ 人文⊕	水++ 土○ 风○○ 人文⊕	水+⊕ 土+⊕ 风○⊕ 人文⊕
C_6	水+⊕ 土++ 风○ 人文+⊕	水○⊕土○ 风○ 人文⊕	水○ 土○ 风○○ 人文+⊕	水+ 土○ 风○○人文⊕+	水+⊕ 土+⊕ 风○⊕ 人文⊕
C_7	水+++ 土+⊕ 风⊕ 人文+⊕	水++ 土++ 风⊕ 人文+	水+⊕ 土+⊕ 风+ 人文⊕	水++⊕土++ 风⊕ 人文+	水++⊕土++⊕ 风+⊕ 人文+⊕
C_8	水+++ 土++ 风++ 人文+⊕	水+++ 土+ 风+++ 人文+	水⊕ 土⊕ 风+++ 人文+	水+++ 土+ 风+++ 人文+	水+++⊕土++⊕风+++⊕ 人文⊕
C_9	水++⊕土+⊕ 风+ 人文+⊕	水+ 土++ 风++ 人文++	水+ 土++ 风++ 人文⊕	水+⊕ 土++⊕风++ 人文++⊕	水+ 土++⊕⊕风++⊕ 人文⊕
C_{10}	水+++ 土+ 风⊕ 人文+⊕	水++ 土++ 风⊕⊕ 人文⊕	水⊕ 土++ 风⊕⊕人文⊕	水+++ 土++ 风⊕⊕人文+⊕	水+⊕ 土++⊕⊕风○○ 人文⊕
C_{11}	水+⊕ 土++⊕风○ 人文+⊕	水++ 土++ 风○⊕ 人文⊕	水++ 土++ 风⊕ 人文⊕	水++ 土++ 风++ 人文⊕	水++⊕土++⊕ 风○⊕ 人文⊕
C_{12}	水+ 土+ 风+++人文⊕⊕	水++ 土+ 风+++ 人文⊕	水++ 土+ 风+⊕ 人文⊕	水++ 土+ 风+++ 人文⊕	水○○土○○ 风+++ 人文⊕
C_{13}	水+ 土+⊕ 风○ 人文+⊕	水+ 土++ 风○ 人文○⊕	水++ 土++ 风○ 人文○⊕	水+ 土+++ 风○ 人文⊕	水+⊕ 土+++⊕风○人文○○⊕
C_{14}	水+⊕土++⊕ 风○ 人文+⊕	水++ 土+++ 风⊕ 人文+⊕	水+++ 土+++ 风⊕ 人文+⊕	水+++ 土+++ 风⊕ 人文+	水+++⊕土+++⊕风+ 人文+⊕
C_{15}	水⊕ 土○⊕ 风+ 人文++⊕	水⊕ 土⊕ 风+ 人文++	水⊕ 土⊕ 风+ 人文+⊕	水⊕ 土⊕ 风+ 人文+++	水⊕ 土⊕ 风+ 人文++⊕
C_{16}	水⊕ 土+⊕ 风○○人文+⊕	水○ 土○⊕风○○人文⊕	水○ 土○⊕ 风○○ 人文⊕	水○ 土⊕ 风○○人文⊕	水○○土○○⊕风○○ 人文⊕
C_{17}	水+ 土++⊕ 风○ 人文+⊕	水++ 土++⊕风○○人文⊕	水+⊕ 土+⊕ 风○○ 人文⊕	水+++ 土+⊕ 风○○人文⊕	水++⊕土++⊕ 风○○⊕人文⊕
C_{18}	水+ 土+ 风+ 人文++⊕	水++ 土++ 风++ 人文++⊕	水++ 土+++ 风++ 人文+⊕	水++ 土+++ 风++ 人文+++	水++ 土+++ 风○+人文+++⊕

续表

指标层	各指标分别与“水、土、风、人（文）”四大生态要素的相互关系评判（+：受要素影响，○：会影响要素，⊕：相互影响，数量：影响程度）				
	专家11的评判	专家12的评判	专家13的评判	专家14的评判	专家15的评判
C_1	水++ 土++⊕ 风○ 人文⊕	水⊕⊕土⊕⊕风○⊕人文⊕	水++ 土++ 风○ 人文⊕	水++ 土+++ 风○ 人文⊕	水++ 土+++ 风○ 人文⊕
C_2	水++ 土+ 风○ 人文+⊕	水⊕⊕土⊕⊕风○⊕人文⊕	水++⊕土+⊕ 风○ 人文+⊕	水++ 土++ 风○ 人文+⊕	水++ 土++ 风○ 人文+⊕
C_3	水+⊕ 土+⊕ 风⊕ 人文⊕	水⊕⊕土⊕⊕风○ 人文⊕	水+⊕ 土+⊕ 风⊕ 人文⊕	水+⊕ 土+⊕ 风⊕ 人文⊕	水+⊕ 土+⊕ 风⊕ 人文⊕
C_4	水++⊕土+⊕ 风○ 人文⊕	水⊕⊕土⊕⊕风○⊕人文⊕	水++⊕土+⊕ 风○ 人文⊕	水++⊕土+⊕ 风○ 人文⊕	水++⊕土+⊕ 风○ 人文⊕
C_5	水+ 土○ 风○○ 人文⊕	水⊕⊕土⊕⊕风○⊕人文⊕	水+ 土○ 风○○ 人文⊕	水+○ 土+ 风○○ 人文⊕	水+○ 土+ 风○⊕ 人文⊕
C_6	水○ 土○ 风○○ 人文⊕	水⊕⊕土⊕⊕风○⊕人文⊕	水+○ 土○ 风○○ 人文⊕	水○ 土○ 风○○ 人文⊕	水○ 土+ 风○ 人文⊕
C_7	水++ 土++ 风⊕ 人文+⊕	水++⊕土++⊕ 风+⊕人文+⊕	水++⊕土++⊕风⊕ 人文+⊕	水++⊕土++ 风⊕ 人文+	水++⊕土++ 风⊕ 人文+
C_8	水++ 土+ 风+++ 人文+	水+++⊕土++⊕风+++⊕ 人文⊕	水+++ 土+ 风+++ 人文○	水++ 土+○ 风+++ 人文+	水++ 土+○ 风+++ 人文+
C_9	水+ 土++ 风++ 人文++	水+ 土++⊕ 风++⊕人文⊕	水+ 土++ 风++ 人文++	水+⊕ 土++ 风++ 人文++	水+⊕ 土++ 风++ 人文++
C_{10}	水+++ 土++ 风⊕⊕人文⊕	水+⊕ 土++⊕风○○ 人文⊕	水+++ 土++ 风⊕⊕人文⊕	水+++ 土++ 风⊕⊕人文⊕	水+++ 土+++ 风++⊕ 人文⊕
C_{11}	水++ 土++ 风○ 人文⊕	水++⊕土++⊕风○⊕ 人文⊕	水+++ 土+++ 风○ 人文⊕⊕	水++⊕土++ 风○ 人文⊕	水++⊕土++ 风○ 人文⊕
C_{12}	水++ 土+ 风+++ 人文⊕	水○○土○○ 风+++ 人文⊕	水++ 土+ 风+++ 人文⊕	水+ 土+ 风+++ 人文⊕	水+ 土+ 风+++ 人文⊕
C_{13}	水+ 土+++ 风○ 人文○⊕	水+⊕土+++⊕风○人文○○⊕	水+ 土+++ 风○ 人文○⊕	水+ 土+ 风○ 人文○⊕	水+ 土+ 风○ 人文○⊕
C_{14}	水+++ 土+++ 风⊕ 人文+	水+++⊕土+++⊕风+人文+⊕	水+++ 土+++ 风⊕ 人文++	水+++ 土+++ 风+⊕ 人文+⊕	水+++ 土+++ 风+⊕ 人文+⊕
C_{15}	水⊕ 土⊕ 风+ 人文++	水⊕ 土⊕ 风+ 人文++⊕	水⊕ 土⊕ 风+ 人文++	水⊕ 土⊕ 风++ 人文++	水++ 土○ 风++ 人文++
C_{16}	水○ 土○⊕风○○人文⊕	水○○土○○⊕风○○人文⊕	水○ 土○⊕风○○人文⊕	水○ 土○⊕风○○人文+⊕	水○ 土○⊕ 风○○ 人文+⊕
C_{17}	水++ 土+⊕ 风○○人文⊕	水++⊕土++⊕风⊕○○人文⊕	水++ 土+ 风○○人文⊕	水++ 土+⊕ 风○⊕人文⊕	水++ 土+⊕ 风○⊕ 人文⊕
C_{18}	水++ 土+++ 风++ 人文+++	水++ 土+++ 风+○人文+++⊕	水++ 土+++ 风++ 人文++⊕	水+ 土+ 风++ 人文+++	水+ 土+ 风++ 人文+++

续表

指标层	各指标分别与“水、土、风、人（文）”四大生态要素的相互关系评判（+：受要素影响，○：会影响要素，⊕：相互影响，数量：影响程度）				
	专家16的评判	专家17的评判	专家18的评判	专家19的评判	专家20的评判
C_{2}	水++ 土+++ 风⊕ 人文+⊕	水++ 土++ 风⊕ 人文+⊕	水+ 土++ 风○ 人文+⊕	水++ 土+ 风○ 人文⊕	水++⊕ 土+⊕ 风○ 人文+⊕
C_{3}	水+⊕土+++⊕风⊕ 人文⊕	水+⊕ 土++⊕风⊕ 人文⊕	水⊕ 土++ 风⊕ 人文⊕	水+⊕ 土+⊕ 风○ 人文+⊕	水+⊕ 土+⊕ 风⊕ 人文⊕
C_{4}	水+⊕土++⊕ 风○ 人文⊕	水+⊕ 土++⊕风○ 人文⊕	水+⊕ 土+⊕ 风⊕ 人文+⊕	水+⊕ 土+⊕ 风○ 人文+⊕	水++⊕ 土+⊕ 风○ 人文⊕
C_{5}	水++ 土⊕ 风○○ 人文⊕	水++ 土○ 风○○ 人文⊕	水+ 土⊕ 风○○人文+	水○ 土⊕ 风○ 人文+⊕	水+ 土○ 风○○ 人文⊕
C_{6}	水+○ 土○ 风○ 人文⊕	水○ 土○ 风○ 人文⊕	水⊕ 土○ 风○ 人文⊕⊕	水○ 土○ 风○○ 人文⊕	水+○ 土○ 风○○ 人文⊕
C_{7}	水+++ 土++ 风⊕ 人文++	水+++ 土+++ 风⊕ 人文+	水++⊕土++⊕ 风⊕ 人文⊕	水⊕ 土+⊕ 风+ 人文⊕	水++⊕ 土++⊕ 风⊕ 人文+⊕
C_{8}	水+++ 土++ 风+++ 人文+	水+++ 土++ 风+++ 人文+	水+++ 土⊕ 风+++ 人文+	水⊕ 土⊕ 风+++ 人文+	水+++ 土+ 风+++ 人文○
C_{9}	水++ 土+++ 风⊕ 人文+	水+ 土+++ 风+ 人文+	水+ 土++⊕ 风++ 人文+	水++ 土+ 风++ 人文⊕	水+ 土++ 风++ 人文++
C_{10}	水++ 土+++ 风⊕⊕人文⊕	水++ 土++++风⊕⊕人文⊕	水++ 土+++ 风⊕ 人文⊕	水⊕ 土+ 风⊕⊕人文⊕	水+++ 土++ 风⊕⊕人文⊕
C_{11}	水++ 土+++ 风++ 人文⊕	水++ 土+++ 风+⊕ 人文⊕	水++ 土+++ 风○ 人文⊕	水+ 土+ 风⊕ 人文⊕	水+++ 土+++ 风○ 人文⊕⊕
C_{12}	水+ 土++ 风+++ 人文○	水+ 土++ 风+++ 人文⊕	水+ 土+ 风+++ 人文⊕	水++ 土+ 风+⊕ 人文+⊕	水++ 土+ 风+++ 人文⊕
C_{13}	水⊕ 土+++ 风○ 人文○⊕	水⊕ 土+++ 风○ 人文○⊕	水+ 土+++ 风○ 人文⊕⊕	水+ 土++ 风○ 人文○⊕	水+ 土+++ 风○ 人文○⊕
C_{14}	水++ 土+++ 风⊕ 人文++	水+++ 土+++ 风⊕ 人文+	水+++ 土+++ 风○ 人文⊕⊕	水++ 土++ 风⊕ 人文+⊕	水+++ 土+++ 风⊕ 人文++
C_{15}	水++ 土+⊕ 风+ 人文+++	水+ 土⊕ 风+ 人文++	水○ 土○⊕ 风++ 人文++	水⊕ 土⊕ 风+ 人文+⊕	水⊕ 土⊕ 风+ 人文++
C_{16}	水○ 土⊕⊕风○○人文+⊕	水○ 土+○⊕风○○人文⊕	水○○土○⊕ 风○○人文⊕	水○ 土○⊕风○○人文+⊕	水○ 土○⊕ 风○○ 人文⊕
C_{17}	水++ 土+++⊕风○○人文⊕	水++ 土+++⊕风○○人文⊕	水++ 土+⊕ 风○○人文⊕⊕	水⊕ 土⊕ 风○○人文+⊕	水++ 土+ 风○○ 人文⊕
C_{18}	水++ 土+++ 风○ 人文++++	水++ 土+++ 风○ 人文+++	水++ 土++ 风+ 人文+++	水++ 土++ 风++ 人文+⊕	水++ 土+++ 风++ 人文+++

合计：C_{1}水32+6⊕ 土37+6⊕ 风16○7⊕ 人24⊕；C_{2}水36+7⊕ 土33+5⊕ 风17○5⊕ 人14+21⊕；C_{3}水23+18⊕ 土25+18⊕ 风6○14⊕ 人9+20⊕；C_{4}水30+21⊕ 土20+21⊕ 风1+18○4⊕ 人9+20⊕；C_{5}水21+5○3⊕ 土3+12○11⊕ 风33○ 人3+21⊕；C_{6}水4+15○7⊕ 土4+15○3⊕ 风24○2⊕ 人7+22⊕；C_{7}水43+11⊕ 土39+8⊕ 风4+3○16⊕ 人17+1○10⊕；C_{8}水52+4⊕ 土22+2○5⊕ 风59+2⊕ 人15+3○4⊕；C_{9}水24+5⊕ 土41+7⊕ 风34+1○4⊕ 人29+7⊕；C_{10}水46+4⊕ 土43+3⊕ 风6○31⊕ 人2+18⊕；C_{11}水40+5⊕ 土34+4⊕ 风7+16○8⊕ 人1+22⊕；C_{12}水30+4○ 土19+5○ 风56+1⊕ 人1+1○20⊕；C_{13}水19+4⊕ 土48+3⊕ 风16○ 人3+16○22⊕；C_{14}水45+3⊕ 土58+3⊕ 风4+2○16⊕ 人24+16○10⊕；C_{15}水5+2○15⊕ 土1+4○18⊕ 风22+1○ 人42+5⊕；C_{16}水24○1⊕ 土1+20○21⊕ 风40○ 人7+20⊕；C_{17}水38+4⊕ 土28+18⊕ 风37○4⊕ 人1+24⊕；C_{18}水34+1○1⊕土49+1⊕风31+4○人49+12⊕。

注：20位专家分别邀请来自西安、北京、上海、广州四市的建筑/农林类高校的风景园林学、城乡规划学的硕/博研究生，以及一线设计院、规划院的从业者。

资料来源：作者自制。

附表 4

20位业内专家对绿地格局生态耦合效益“准则层 B_1、B_2、B_3”及“目标层 A”构造的“判断矩阵”汇总表

第1组

所评的层：各专家构造的具体评价矩阵

B_1层

专家1

	C_1	C_2	C_3	C_4	C_5	C_6
C_1	1	3	2	2	3	1/4
C_2	1/3	1	1/5	1/2	1	1/5
C_3	1/2	5	1	2	5	1/2
C_4	1/2	2	1/2	1	2	1/4
C_5	1/3	1	1/5	1/2	1	1/5
C_6	4	5	2	4	5	1

专家2

	C_1	C_2	C_3	C_4	C_5	C_6
C_1	1	2	5	3	3	6
C_2	1/2	1	6	1	5	5
C_3	1/5	1/6	1	1/3	1	2
C_4	1/3	1	3	1	5	4
C_5	1/3	1/5	1	1/5	1	3
C_6	1/6	1/5	1/2	1/4	1/3	1

专家3

	C_1	C_2	C_3	C_4	C_5	C_6
C_1	1	2	3	5	4	5
C_2	1/2	1	4	2	3	4
C_3	1/3	1/4	1	1/3	1/2	3
C_4	1/5	1/2	3	1	2	5
C_5	1/4	1/3	2	1/2	1	4
C_6	1/5	1/4	1/3	1/5	1/4	1

专家4

	C_1	C_2	C_3	C_4	C_5	C_6
C_1	1	1/2	1/3	1/3	2	3
C_2	2	1	1/2	1/4	2	1/5
C_3	3	2	1	2	4	1/3
C_4	3	4	1/2	1	2	1/2
C_5	1/2	1/2	1/4	1/2	1	1/2
C_6	1/3	5	3	2	2	1

B_2层

专家1

	C_7	C_8	C_9	C_{10}	C_{11}	C_{12}
C_7	1	1/3	1/5	1/4	1/2	1/3
C_8	3	1	1/3	1/2	3	2
C_9	5	3	1	3	7	4
C_{10}	4	2	1/3	1	5	3
C_{11}	2	1/3	1/7	1/5	1	1/2
C_{12}	3	1/2	1/4	1/3	2	1

专家2

	C_7	C_8	C_9	C_{10}	C_{11}	C_{12}
C_7	1	1/5	1/3	2	1/3	1/5
C_8	5	1	3	3	3	1/4
C_9	3	1/3	1	1/2	2	1/3
C_{10}	1/2	1/3	2	1	1/4	1/3
C_{11}	3	1/3	1/2	4	1	1/2
C_{12}	5	4	3	3	2	1

专家3

	C_7	C_8	C_9	C_{10}	C_{11}	C_{12}
C_7	1	1/6	1/3	3	1/3	1/6
C_8	6	1	5	3	1/2	1/4
C_9	3	1/5	1	1/3	1/2	1/3
C_{10}	1/3	1/3	3	1	1/5	1/3
C_{11}	3	2	2	5	1	1/3
C_{12}	6	4	3	3	3	1

专家4

	C_7	C_8	C_9	C_{10}	C_{11}	C_{12}
C_7	1	6	2	1/4	3	2
C_8	1/6	1	1/2	1/3	1/7	1/2
C_9	1/2	2	1	2	1/3	1/4
C_{10}	4	3	1/2	1	3	2
C_{11}	1/3	7	3	1/3	1	2
C_{12}	1/2	2	4	1/2	1/2	1

B_3层

专家1

	C_{13}	C_{14}	C_{15}	C_{16}	C_{17}	C_{18}
C_{13}	1	5	1/3	3	5	2
C_{14}	1/5	1	1/7	1/3	2	1/3
C_{15}	3	7	1	5	7	4
C_{16}	1/3	3	1/5	1	3	2
C_{17}	1/5	1/2	1/7	1/3	1	4
C_{18}	1/2	3	1/4	1/2	1/4	1

专家2

	C_{13}	C_{14}	C_{15}	C_{16}	C_{17}	C_{18}
C_{13}	1	2	1/3	3	3	1
C_{14}	1/2	1	3	1/2	1	3
C_{15}	3	1/3	1	5	2	3
C_{16}	1/3	2	1/5	1	2	2
C_{17}	1/3	1	1/2	1/2	1	3
C_{18}	1	1/3	1/3	1/2	1/3	1

专家3

	C_{13}	C_{14}	C_{15}	C_{16}	C_{17}	C_{18}
C_{13}	1	2	1/3	2	3	4
C_{14}	1/2	1	1/2	1/3	2	3
C_{15}	3	2	1	5	3	2
C_{16}	1/2	3	1/5	1	2	3
C_{17}	1/3	1/2	1/3	1/2	1	2
C_{18}	1/4	1/3	1/2	1/3	1/2	1

专家4

	C_{13}	C_{14}	C_{15}	C_{16}	C_{17}	C_{18}
C_{13}	1	2	1/2	2	6	1/4
C_{14}	1/2	1	1/5	1/2	2	1/2
C_{15}	2	5	1	4	1/3	1/6
C_{16}	1/2	2	1/4	1	3	2
C_{17}	1/6	1/2	3	1/3	1	1/2
C_{18}	4	2	6	1/2	2	1

第2组

所评的层 / 各专家构造的具体评价矩阵

B₁层

专家5

	C_1	C_2	C_3	C_4	C_5	C_6
C_1	1	1/3	5	2	2	3
C_2	3	1	3	3	5	3
C_3	5	1/3	1	1/2	4	1/4
C_4	1/2	1/3	2	1	1/5	1/4
C_5	1/2	1/5	1/4	5	1	1/2
C_6	1/3	1/3	4	4	2	1

专家6

	C_1	C_2	C_3	C_4	C_5	C_6
C_1	1	3	3	5	4	6
C_2	1/3	1	5	2	4	2
C_3	1/5	1/5	1	1/2	1/2	2
C_4	1/5	1/2	2	1	2	3
C_5	1/4	1/4	2	1/2	1	2
C_6	1/6	1/2	1/2	1/3	1/2	1

专家7

	C_1	C_2	C_3	C_4	C_5	C_6
C_1	1	2	3	5	5	1
C_2	1/2	1	2	3	3	5
C_3	1/3	1/2	1	1/2	1/3	3
C_4	1/5	1/3	2	1	2	4
C_5	1/5	1/3	3	1/2	1	2
C_6	1	1/5	1/3	1/4	1/2	1

专家8

	C_1	C_2	C_3	C_4	C_5	C_6
C_1	1	4	2	3	5	3
C_2	1/4	1	1/6	1/4	2	1/3
C_3	1/2	6	1	3	5	4
C_4	1/3	4	1/3	1	3	1/3
C_5	1/5	1/2	1/5	1/3	1	1/4
C_6	1/3	3	1/4	3	4	1

B₂层

专家5

	C_7	C_8	C_9	C_{10}	C_{11}	C_{12}
C_7	1	1/4	1/5	3	1/2	1/5
C_8	4	1	2	4	1/3	1/2
C_9	5	1/2	1	1/2	1/3	1/4
C_{10}	1/3	1/4	2	1	1/4	1/2
C_{11}	2	3	3	4	1	1/2
C_{12}	5	2	4	2	2	1

专家6

	C_7	C_8	C_9	C_{10}	C_{11}	C_{12}
C_7	1	1/5	1/3	3	1/4	1/6
C_8	5	1	4	3	1/2	1/4
C_9	3	1/4	1	1/2	1/3	1/3
C_{10}	1/3	1/3	2	1	1/3	1/4
C_{11}	4	2	3	3	1	1/2
C_{12}	6	4	3	4	2	1

专家7

	C_7	C_8	C_9	C_{10}	C_{11}	C_{12}
C_7	1	1/5	1/4	3	1/2	1/5
C_8	5	1	3	3	1/3	1/4
C_9	4	1/3	1	1/2	1/3	1/3
C_{10}	1/3	1/3	2	1	1/4	1/4
C_{11}	2	3	3	4	1	1/3
C_{12}	5	4	3	4	3	1

专家8

	C_7	C_8	C_9	C_{10}	C_{11}	C_{12}
C_7	1	1/4	1/2	1/3	3	1/4
C_8	4	1	5	3	5	3
C_9	2	1/5	1	1/3	2	1/2
C_{10}	3	1/3	3	1	4	1/3
C_{11}	1/3	1/5	1/2	1/4	1	1/2
C_{12}	4	1/3	2	3	2	1

B₃层

专家5

	C_{13}	C_{14}	C_{15}	C_{16}	C_{17}	C_{18}
C_{13}	1	3	1/3	2	3	5
C_{14}	1/3	1	1/3	1/3	3	3
C_{15}	3	3	1	5	4	3
C_{16}	1/2	3	1/5	1	2	2
C_{17}	1/3	1/3	1/4	1/2	1	4
C_{18}	1/5	1/3	1/3	1/2	1/4	1

专家6

	C_{13}	C_{14}	C_{15}	C_{16}	C_{17}	C_{18}
C_{13}	1	3	1/3	4	3	4
C_{14}	1/3	1	1/3	1/2	4	2
C_{15}	3	3	1	5	3	3
C_{16}	1/4	2	1/5	1	3	3
C_{17}	1/3	1/4	1/3	1/3	1	4
C_{18}	1/4	1/2	1/3	1/3	1/4	1

专家7

	C_{13}	C_{14}	C_{15}	C_{16}	C_{17}	C_{18}
C_{13}	1	3	1/3	2	3	4
C_{14}	1/3	1	1/2	1/3	2	3
C_{15}	3	2	1	4	3	2
C_{16}	1/2	3	1/4	1	2	3
C_{17}	1/3	1/2	1/3	1/2	1	3
C_{18}	1/4	1/3	1/2	1/3	1/3	1

专家8

	C_{13}	C_{14}	C_{15}	C_{16}	C_{17}	C_{18}
C_{13}	1	4	1/3	3	5	2
C_{14}	1/4	1	1/5	1/3	2	1/3
C_{15}	3	5	1	3	7	3
C_{16}	1/3	3	1/3	1	4	1/4
C_{17}	1/5	1/2	1/7	1/4	1	1/3
C_{18}	1/2	2	1/3	4	3	1

第 3 组

所评的层	各专家构造的具体评价矩阵			
	专家9	专家10	专家11	专家12
B_1层	$\begin{array}{ccccccc} & C_1 & C_2 & C_3 & C_4 & C_5 & C_6 \\ C_1 & 1 & 2 & 6 & 5 & 4 & 3 \\ C_2 & 1/2 & 1 & 5 & 2 & 3 & 4 \\ C_3 & 1/6 & 1/5 & 1 & 1/4 & 1/2 & 3 \\ C_4 & 1/5 & 1/2 & 4 & 1 & 2 & 4 \\ C_5 & 1/4 & 1/3 & 2 & 1/2 & 1 & 3 \\ C_6 & 1/3 & 1/4 & 1/3 & 1/4 & 1/3 & 1 \end{array}$	$\begin{array}{ccccccc} & C_1 & C_2 & C_3 & C_4 & C_5 & C_6 \\ C_1 & 1 & 4 & 2 & 2 & 3 & 1/5 \\ C_2 & 1/4 & 1 & 1/5 & 1/2 & 1 & 1/3 \\ C_3 & 1/2 & 5 & 1 & 2 & 5 & 1/2 \\ C_4 & 1/2 & 2 & 1/2 & 1 & 2 & 1/3 \\ C_5 & 1/3 & 1 & 1/5 & 1/2 & 1 & 1/5 \\ C_6 & 5 & 3 & 2 & 3 & 5 & 1 \end{array}$	$\begin{array}{ccccccc} & C_1 & C_2 & C_3 & C_4 & C_5 & C_6 \\ C_1 & 1 & 2 & 6 & 4 & 3 & 5 \\ C_2 & 1/2 & 1 & 6 & 2 & 4 & 5 \\ C_3 & 1/6 & 1/6 & 1 & 1/3 & 1 & 2 \\ C_4 & 1/4 & 1/2 & 3 & 1 & 5 & 4 \\ C_5 & 1/3 & 1/4 & 1 & 1/5 & 1 & 3 \\ C_6 & 1/5 & 1/5 & 1/2 & 1/4 & 1/3 & 1 \end{array}$	$\begin{array}{ccccccc} & C_1 & C_2 & C_3 & C_4 & C_5 & C_6 \\ C_1 & 1 & 2 & 2 & 4 & 4 & 5 \\ C_2 & 1/2 & 1 & 3 & 2 & 4 & 5 \\ C_3 & 1/2 & 1/3 & 1 & 1/3 & 1/2 & 2 \\ C_4 & 1/4 & 1/2 & 3 & 1 & 2 & 4 \\ C_5 & 1/4 & 1/4 & 2 & 1/2 & 1 & 3 \\ C_6 & 1/5 & 1/5 & 1/2 & 1/4 & 1/3 & 1 \end{array}$
B_2层	$\begin{array}{ccccccc} & C_7 & C_8 & C_9 & C_{10} & C_{11} & C_{12} \\ C_7 & 1 & 1/6 & 1/3 & 3 & 1/5 & 1/4 \\ C_8 & 6 & 1 & 5 & 3 & 1/2 & 1/3 \\ C_9 & 3 & 1/5 & 1 & 1/3 & 1/2 & 1/3 \\ C_{10} & 1/3 & 1/3 & 3 & 1 & 1/5 & 1/2 \\ C_{11} & 5 & 2 & 2 & 5 & 1 & 1/2 \\ C_{12} & 4 & 3 & 3 & 2 & 2 & 1 \end{array}$	$\begin{array}{ccccccc} & C_7 & C_8 & C_9 & C_{10} & C_{11} & C_{12} \\ C_7 & 1 & 1/3 & 1/5 & 1/4 & 1/2 & 1/4 \\ C_8 & 3 & 1 & 1/3 & 1/2 & 4 & 2 \\ C_9 & 5 & 3 & 1 & 3 & 6 & 4 \\ C_{10} & 4 & 2 & 1/3 & 1 & 5 & 3 \\ C_{11} & 2 & 1/4 & 1/6 & 1/5 & 1 & 1/2 \\ C_{12} & 4 & 1/2 & 1/4 & 1/3 & 2 & 1 \end{array}$	$\begin{array}{ccccccc} & C_7 & C_8 & C_9 & C_{10} & C_{11} & C_{12} \\ C_7 & 1 & 1/5 & 1/2 & 3 & 1/3 & 1/5 \\ C_8 & 5 & 1 & 3 & 2 & 3 & 1/4 \\ C_9 & 2 & 1/3 & 1 & 1/2 & 2 & 1/4 \\ C_{10} & 1/3 & 1/2 & 2 & 1 & 1/4 & 1/3 \\ C_{11} & 3 & 1/3 & 1/2 & 4 & 1 & 1 \\ C_{12} & 5 & 4 & 4 & 3 & 1 & 1 \end{array}$	$\begin{array}{ccccccc} & C_7 & C_8 & C_9 & C_{10} & C_{11} & C_{12} \\ C_7 & 1 & 1/6 & 1/4 & 3 & 1/4 & 1/6 \\ C_8 & 6 & 1 & 1/2 & 1/3 & 2 & 2 \\ C_9 & 4 & 2 & 1 & 1/2 & 1/3 & 1/3 \\ C_{10} & 1/3 & 3 & 2 & 1 & 1/5 & 1/3 \\ C_{11} & 4 & 1/2 & 3 & 5 & 1 & 1/2 \\ C_{12} & 6 & 1/2 & 3 & 3 & 2 & 1 \end{array}$
B_3层	$\begin{array}{ccccccc} & C_{13} & C_{14} & C_{15} & C_{16} & C_{17} & C_{18} \\ C_{13} & 1 & 2 & 1/3 & 4 & 3 & 6 \\ C_{14} & 1/2 & 1 & 1/2 & 1/2 & 2 & 3 \\ C_{15} & 3 & 2 & 1 & 6 & 3 & 2 \\ C_{16} & 1/4 & 2 & 1/6 & 1 & 2 & 3 \\ C_{17} & 1/3 & 1/2 & 1/3 & 1/2 & 1 & 2 \\ C_{18} & 1/6 & 1/3 & 1/2 & 1/3 & 1/2 & 1 \end{array}$	$\begin{array}{ccccccc} & C_{13} & C_{14} & C_{15} & C_{16} & C_{17} & C_{18} \\ C_{13} & 1 & 5 & 1/3 & 3 & 5 & 2 \\ C_{14} & 1/5 & 1 & 1/7 & 1/3 & 2 & 1/3 \\ C_{15} & 3 & 7 & 1 & 5 & 6 & 4 \\ C_{16} & 1/3 & 3 & 1/5 & 1 & 3 & 2 \\ C_{17} & 1/5 & 1/2 & 1/6 & 1/3 & 1 & 5 \\ C_{18} & 1/2 & 3 & 1/4 & 1/2 & 1/5 & 1 \end{array}$	$\begin{array}{ccccccc} & C_{13} & C_{14} & C_{15} & C_{16} & C_{17} & C_{18} \\ C_{13} & 1 & 3 & 1/3 & 4 & 3 & 1 \\ C_{14} & 1/3 & 1 & 3 & 1/2 & 1 & 2 \\ C_{15} & 3 & 1/3 & 1 & 4 & 3 & 3 \\ C_{16} & 1/4 & 2 & 1/4 & 1 & 2 & 2 \\ C_{17} & 1/3 & 1 & 1/2 & 1/2 & 1 & 3 \\ C_{18} & 1 & 1/2 & 1/3 & 1/2 & 1/3 & 1 \end{array}$	$\begin{array}{ccccccc} & C_{13} & C_{14} & C_{15} & C_{16} & C_{17} & C_{18} \\ C_{13} & 1 & 1/2 & 1/2 & 2 & 3 & 4 \\ C_{14} & 2 & 1 & 1/2 & 1/2 & 3 & 3 \\ C_{15} & 2 & 2 & 1 & 4 & 4 & 3 \\ C_{16} & 1/2 & 2 & 1/4 & 1 & 1/4 & 1/4 \\ C_{17} & 1/3 & 1/3 & 1/4 & 4 & 1 & 1/2 \\ C_{18} & 1/4 & 1/3 & 1/3 & 4 & 2 & 1 \end{array}$

第 4 组

所评的层	各专家构造的具体评价矩阵			
	专家13	专家14	专家15	专家16
B_1层	$\begin{array}{ccccccc} & C_1 & C_2 & C_3 & C_4 & C_5 & C_6 \\ C_1 & 1 & 1/3 & 1/4 & 1/3 & 2 & 1/7 \\ C_2 & 3 & 1 & 1/5 & 1/2 & 2 & 1/6 \\ C_3 & 4 & 5 & 1 & 3 & 2 & 1/5 \\ C_4 & 3 & 2 & 1/3 & 1 & 3 & 1/2 \\ C_5 & 1/2 & 1/2 & 1/2 & 1/3 & 1 & 1/4 \\ C_6 & 7 & 6 & 5 & 2 & 4 & 1 \end{array}$	$\begin{array}{ccccccc} & C_1 & C_2 & C_3 & C_4 & C_5 & C_6 \\ C_1 & 1 & 2 & 5 & 4 & 4 & 5 \\ C_2 & 1/2 & 1 & 4 & 5 & 3 & 4 \\ C_3 & 1/5 & 1/4 & 1 & 1/3 & 1/4 & 4 \\ C_4 & 1/4 & 1/5 & 3 & 1 & 2 & 4 \\ C_5 & 1/4 & 1/3 & 4 & 1/2 & 1 & 4 \\ C_6 & 1/5 & 1/4 & 1/4 & 1/4 & 1/4 & 1 \end{array}$	$\begin{array}{ccccccc} & C_1 & C_2 & C_3 & C_4 & C_5 & C_6 \\ C_1 & 1 & 2 & 2 & 4 & 4 & 5 \\ C_2 & 1/2 & 1 & 3 & 2 & 4 & 6 \\ C_3 & 1/2 & 1/3 & 1 & 1/3 & 1/2 & 3 \\ C_4 & 1/4 & 1/2 & 3 & 1 & 2 & 4 \\ C_5 & 1/4 & 1/4 & 2 & 1/2 & 1 & 2 \\ C_6 & 1/5 & 1/6 & 1/3 & 1/4 & 1/2 & 1 \end{array}$	$\begin{array}{ccccccc} & C_1 & C_2 & C_3 & C_4 & C_5 & C_6 \\ C_1 & 1 & 1/3 & 4 & 2 & 2 & 3 \\ C_2 & 3 & 1 & 3 & 3 & 5 & 3 \\ C_3 & 1/4 & 1/3 & 1 & 1/3 & 4 & 1/4 \\ C_4 & 1/2 & 1/3 & 3 & 1 & 1/5 & 1/3 \\ C_5 & 1/2 & 1/5 & 1/4 & 5 & 1 & 1/2 \\ C_6 & 1/3 & 1/3 & 4 & 3 & 2 & 1 \end{array}$
B_2层	$\begin{array}{ccccccc} & C_7 & C_8 & C_9 & C_{10} & C_{11} & C_{12} \\ C_7 & 1 & 5 & 1/2 & 1/2 & 4 & 2 \\ C_8 & 1/5 & 1 & 1/3 & 1/4 & 1/5 & 1/2 \\ C_9 & 2 & 3 & 1 & 2 & 3 & 1/3 \\ C_{10} & 2 & 4 & 1/2 & 1 & 3 & 4 \\ C_{11} & 1/4 & 5 & 3 & 1/3 & 1 & 2 \\ C_{12} & 1/2 & 2 & 1/3 & 1/4 & 1/2 & 1 \end{array}$	$\begin{array}{ccccccc} & C_7 & C_8 & C_9 & C_{10} & C_{11} & C_{12} \\ C_7 & 1 & 1/3 & 1/6 & 3 & 1/3 & 1/4 \\ C_8 & 3 & 1 & 4 & 4 & 1/3 & 1/5 \\ C_9 & 6 & 1/4 & 1 & 1/3 & 1/4 & 1/2 \\ C_{10} & 1/3 & 1/4 & 3 & 1 & 1/5 & 1/4 \\ C_{11} & 3 & 3 & 4 & 5 & 1 & 1/3 \\ C_{12} & 4 & 5 & 2 & 4 & 3 & 1 \end{array}$	$\begin{array}{ccccccc} & C_7 & C_8 & C_9 & C_{10} & C_{11} & C_{12} \\ C_7 & 1 & 1/5 & 1/4 & 3 & 1/4 & 1/5 \\ C_8 & 5 & 1 & 1/2 & 1/3 & 2 & 2 \\ C_9 & 4 & 2 & 1 & 1/2 & 1/4 & 1/3 \\ C_{10} & 1/3 & 3 & 2 & 1 & 1/5 & 1/3 \\ C_{11} & 4 & 1/2 & 4 & 5 & 1 & 1/3 \\ C_{12} & 5 & 1/2 & 3 & 3 & 3 & 1 \end{array}$	$\begin{array}{ccccccc} & C_7 & C_8 & C_9 & C_{10} & C_{11} & C_{12} \\ C_7 & 1 & 1/5 & 1/5 & 3 & 1/2 & 1/5 \\ C_8 & 5 & 1 & 2 & 3 & 1/3 & 1/2 \\ C_9 & 5 & 1/2 & 1 & 1/2 & 1/3 & 1/4 \\ C_{10} & 1/3 & 1/3 & 2 & 1 & 1/4 & 1/2 \\ C_{11} & 2 & 3 & 3 & 4 & 1 & 1/2 \\ C_{12} & 5 & 2 & 4 & 2 & 2 & 1 \end{array}$
B_3层	$\begin{array}{ccccccc} & C_{13} & C_{14} & C_{15} & C_{16} & C_{17} & C_{18} \\ C_{13} & 1 & 3 & 1/4 & 1/5 & 3 & 1/2 \\ C_{14} & 1/3 & 1 & 1/3 & 1/4 & 2 & 3 \\ C_{15} & 4 & 3 & 1 & 5 & 7 & 3 \\ C_{16} & 5 & 4 & 1/5 & 1 & 3 & 1/2 \\ C_{17} & 1/3 & 1/2 & 1/7 & 1/3 & 1 & 1/4 \\ C_{18} & 2 & 1/3 & 1/3 & 2 & 4 & 1 \end{array}$	$\begin{array}{ccccccc} & C_{13} & C_{14} & C_{15} & C_{16} & C_{17} & C_{18} \\ C_{13} & 1 & 4 & 1/4 & 5 & 2 & 4 \\ C_{14} & 1/4 & 1 & 1/3 & 1/2 & 4 & 3 \\ C_{15} & 4 & 3 & 1 & 5 & 3 & 4 \\ C_{16} & 1/5 & 2 & 1/5 & 1 & 4 & 2 \\ C_{17} & 1/2 & 1/4 & 1/3 & 1/4 & 1 & 5 \\ C_{18} & 1/4 & 1/3 & 1/4 & 1/2 & 1/5 & 1 \end{array}$	$\begin{array}{ccccccc} & C_{13} & C_{14} & C_{15} & C_{16} & C_{17} & C_{18} \\ C_{13} & 1 & 1/3 & 1/2 & 2 & 3 & 5 \\ C_{14} & 3 & 1 & 1/2 & 1/2 & 3 & 3 \\ C_{15} & 2 & 2 & 1 & 5 & 4 & 3 \\ C_{16} & 1/2 & 2 & 1/5 & 1 & 1/4 & 1/5 \\ C_{17} & 1/3 & 1/3 & 1/4 & 4 & 1 & 2 \\ C_{18} & 1/5 & 1/3 & 1/3 & 5 & 1/2 & 1 \end{array}$	$\begin{array}{ccccccc} & C_{13} & C_{14} & C_{15} & C_{16} & C_{17} & C_{18} \\ C_{13} & 1 & 3 & 1/3 & 2 & 3 & 5 \\ C_{14} & 1/3 & 1 & 1/3 & 1/3 & 3 & 3 \\ C_{15} & 3 & 3 & 1 & 4 & 4 & 3 \\ C_{16} & 1/2 & 3 & 1/4 & 1 & 2 & 2 \\ C_{17} & 1/3 & 1/3 & 1/4 & 1/2 & 1 & 4 \\ C_{18} & 1/5 & 1/3 & 1/3 & 1/2 & 1/4 & 1 \end{array}$

第 5 组

所评的层	各专家构造的具体评价矩阵			
	专家17	专家18	专家19	专家20
B_1层	$\begin{array}{ccccccc} & C_1 & C_2 & C_3 & C_4 & C_5 & C_6 \\ C_1 & 1 & 3 & 5 & 3 & 4 & 6 \\ C_2 & 1/3 & 1 & 4 & 2 & 3 & 5 \\ C_3 & 1/4 & 1/4 & 1 & 1/3 & 1/2 & 2 \\ C_4 & 1/3 & 1/2 & 3 & 1 & 2 & 3 \\ C_5 & 1/4 & 1/3 & 2 & 1/2 & 1 & 3 \\ C_6 & 1/6 & 1/5 & 1/2 & 1/3 & 1/3 & 1 \end{array}$	$\begin{array}{ccccccc} & C_1 & C_2 & C_3 & C_4 & C_5 & C_6 \\ C_1 & 1 & 2 & 3 & 4 & 5 & 1 \\ C_2 & 1/2 & 1 & 2 & 4 & 3 & 5 \\ C_3 & 1/3 & 1/2 & 1 & 1/2 & 1/3 & 4 \\ C_4 & 1/4 & 1/4 & 2 & 1 & 2 & 4 \\ C_5 & 1/5 & 1/3 & 3 & 1/2 & 1 & 2 \\ C_6 & 1 & 1/5 & 1/4 & 1/4 & 1/2 & 1 \end{array}$	$\begin{array}{ccccccc} & C_1 & C_2 & C_3 & C_4 & C_5 & C_6 \\ C_1 & 1 & 2 & 1/5 & 1/2 & 3 & 1/3 \\ C_2 & 1/2 & 1 & 1/6 & 1/4 & 2 & 1/3 \\ C_3 & 5 & 6 & 1 & 3 & 5 & 4 \\ C_4 & 2 & 4 & 1/3 & 1 & 3 & 1/3 \\ C_5 & 1/3 & 1/2 & 1/5 & 1/3 & 1 & 1/4 \\ C_6 & 3 & 3 & 1/4 & 3 & 4 & 1 \end{array}$	$\begin{array}{ccccccc} & C_1 & C_2 & C_3 & C_4 & C_5 & C_6 \\ C_1 & 1 & 3 & 6 & 4 & 5 & 6 \\ C_2 & 1/3 & 1 & 5 & 3 & 4 & 5 \\ C_3 & 1/6 & 1/5 & 1 & 1/4 & 1/3 & 3 \\ C_4 & 1/4 & 1/3 & 4 & 1 & 3 & 4 \\ C_5 & 1/5 & 1/4 & 3 & 1/3 & 1 & 3 \\ C_6 & 1/6 & 1/5 & 1/3 & 1/4 & 1/3 & 1 \end{array}$
B_2层	$\begin{array}{ccccccc} & C_7 & C_8 & C_9 & C_{10} & C_{11} & C_{12} \\ C_7 & 1 & 1/5 & 1/5 & 3 & 1/3 & 1/4 \\ C_8 & 5 & 1 & 3 & 3 & 1/2 & 1/3 \\ C_9 & 5 & 1/3 & 1 & 1/2 & 1/2 & 1/3 \\ C_{10} & 1/3 & 1/3 & 2 & 1 & 1/3 & 1/4 \\ C_{11} & 3 & 2 & 2 & 3 & 1 & 1/2 \\ C_{12} & 4 & 3 & 3 & 4 & 2 & 1 \end{array}$	$\begin{array}{ccccccc} & C_7 & C_8 & C_9 & C_{10} & C_{11} & C_{12} \\ C_7 & 1 & 1/5 & 1/4 & 3 & 1/2 & 1/5 \\ C_8 & 5 & 1 & 3 & 3 & 1/3 & 1/4 \\ C_9 & 4 & 1/3 & 1 & 1/2 & 1/3 & 1/3 \\ C_{10} & 1/3 & 1/3 & 2 & 1 & 1/4 & 1/4 \\ C_{11} & 2 & 3 & 3 & 4 & 1 & 1/3 \\ C_{12} & 5 & 4 & 3 & 4 & 3 & 1 \end{array}$	$\begin{array}{ccccccc} & C_7 & C_8 & C_9 & C_{10} & C_{11} & C_{12} \\ C_7 & 1 & 1/4 & 1/2 & 1/3 & 3 & 2 \\ C_8 & 4 & 1 & 5 & 3 & 5 & 4 \\ C_9 & 2 & 1/5 & 1 & 1/3 & 2 & 1/3 \\ C_{10} & 3 & 1/3 & 3 & 1 & 4 & 3 \\ C_{11} & 1/3 & 1/5 & 1/2 & 1/4 & 1 & 2 \\ C_{12} & 1/2 & 1/4 & 1/2 & 1/3 & 1/2 & 1 \end{array}$	$\begin{array}{ccccccc} & C_7 & C_8 & C_9 & C_{10} & C_{11} & C_{12} \\ C_7 & 1 & 1/5 & 1/3 & 3 & 1/4 & 1/6 \\ C_8 & 5 & 1 & 4 & 3 & 1/3 & 1/2 \\ C_9 & 3 & 1/4 & 1 & 1/3 & 1/2 & 1/4 \\ C_{10} & 1/3 & 1/3 & 3 & 1 & 1/5 & 1/2 \\ C_{11} & 4 & 3 & 2 & 5 & 1 & 1/3 \\ C_{12} & 6 & 2 & 4 & 2 & 3 & 1 \end{array}$
B_3层	$\begin{array}{ccccccc} & C_{13} & C_{14} & C_{15} & C_{16} & C_{17} & C_{18} \\ C_{13} & 1 & 2 & 1/3 & 3 & 3 & 5 \\ C_{14} & 1/2 & 1 & 1/3 & 1/2 & 2 & 4 \\ C_{15} & 3 & 3 & 1 & 5 & 3 & 3 \\ C_{16} & 1/3 & 2 & 1/5 & 1 & 2 & 2 \\ C_{17} & 1/3 & 1/2 & 1/3 & 1/2 & 1 & 4 \\ C_{18} & 1/5 & 1/4 & 1/3 & 1/2 & 1/4 & 1 \end{array}$	$\begin{array}{ccccccc} & C_{13} & C_{14} & C_{15} & C_{16} & C_{17} & C_{18} \\ C_{13} & 1 & 3 & 1/4 & 2 & 3 & 4 \\ C_{14} & 1/3 & 1 & 1/2 & 1/3 & 2 & 3 \\ C_{15} & 4 & 2 & 1 & 4 & 3 & 2 \\ C_{16} & 1/2 & 3 & 1/4 & 1 & 2 & 3 \\ C_{17} & 1/3 & 1/2 & 1/3 & 1/2 & 1 & 3 \\ C_{18} & 1/4 & 1/3 & 1/2 & 1/3 & 1/3 & 1 \end{array}$	$\begin{array}{ccccccc} & C_{13} & C_{14} & C_{15} & C_{16} & C_{17} & C_{18} \\ C_{13} & 1 & 4 & 1/3 & 3 & 5 & 2 \\ C_{14} & 1/4 & 1 & 1/5 & 1/3 & 2 & 1/3 \\ C_{15} & 3 & 5 & 1 & 3 & 7 & 3 \\ C_{16} & 1/3 & 3 & 1/3 & 1 & 4 & 1/4 \\ C_{17} & 1/5 & 1/2 & 1/7 & 1/4 & 1 & 1/3 \\ C_{18} & 1/2 & 3 & 1/3 & 4 & 3 & 1 \end{array}$	$\begin{array}{ccccccc} & C_{13} & C_{14} & C_{15} & C_{16} & C_{17} & C_{18} \\ C_{13} & 1 & 3 & 1/3 & 4 & 3 & 5 \\ C_{14} & 1/3 & 1 & 1/2 & 1/3 & 3 & 4 \\ C_{15} & 3 & 2 & 1 & 6 & 4 & 4 \\ C_{16} & 1/4 & 3 & 1/6 & 1 & 3 & 2 \\ C_{17} & 1/3 & 1/3 & 1/4 & 1/3 & 1 & 4 \\ C_{18} & 1/5 & 1/4 & 1/4 & 1/2 & 1/4 & 1 \end{array}$

第6组

所评的层	各专家构造的具体评价矩阵				
	专家1	专家2	专家3	专家4	专家5
	$\begin{matrix} & B_1 & B_2 & B_3 \\ B_1 & 1 & 2 & 3 \\ B_2 & 1/2 & 1 & 2 \\ B_3 & 1/3 & 1/2 & 1 \end{matrix}$	$\begin{matrix} & B_1 & B_2 & B_3 \\ B_1 & 1 & 2 & 4 \\ B_2 & 1/2 & 1 & 4 \\ B_3 & 1/4 & 1/4 & 1 \end{matrix}$	$\begin{matrix} & B_1 & B_2 & B_3 \\ B_1 & 1 & 4 & 2 \\ B_2 & 1/4 & 1 & 3 \\ B_3 & 1/2 & 1/3 & 1 \end{matrix}$	$\begin{matrix} & B_1 & B_2 & B_3 \\ B_1 & 1 & 2 & 3 \\ B_2 & 1/2 & 1 & 2 \\ B_3 & 1/3 & 1/2 & 1 \end{matrix}$	$\begin{matrix} & B_1 & B_2 & B_3 \\ B_1 & 1 & 2 & 3 \\ B_2 & 1/2 & 1 & 2 \\ B_3 & 1/3 & 1/2 & 1 \end{matrix}$
	专家6	专家7	专家8	专家9	专家10
	$\begin{matrix} & B_1 & B_2 & B_3 \\ B_1 & 1 & 3 & 2 \\ B_2 & 1/3 & 1 & 2 \\ B_3 & 1/2 & 1/2 & 1 \end{matrix}$	$\begin{matrix} & B_1 & B_2 & B_3 \\ B_1 & 1 & 2 & 2 \\ B_2 & 1/2 & 1 & 2 \\ B_3 & 1/2 & 1/2 & 1 \end{matrix}$	$\begin{matrix} & B_1 & B_2 & B_3 \\ B_1 & 1 & 2 & 3 \\ B_2 & 1/2 & 1 & 2 \\ B_3 & 1/3 & 1/2 & 1 \end{matrix}$	$\begin{matrix} & B_1 & B_2 & B_3 \\ B_1 & 1 & 2 & 3 \\ B_2 & 1/2 & 1 & 2 \\ B_3 & 1/3 & 1/2 & 1 \end{matrix}$	$\begin{matrix} & B_1 & B_2 & B_3 \\ B_1 & 1 & 2 & 3 \\ B_2 & 1/2 & 1 & 4 \\ B_3 & 1/3 & 1/4 & 1 \end{matrix}$
A层	专家11	专家12	专家13	专家14	专家15
	$\begin{matrix} & B_1 & B_2 & B_3 \\ B_1 & 1 & 2 & 1/3 \\ B_2 & 1/2 & 1 & 2 \\ B_3 & 3 & 1/2 & 1 \end{matrix}$	$\begin{matrix} & B_1 & B_2 & B_3 \\ B_1 & 1 & 3 & 3 \\ B_2 & 1/3 & 1 & 2 \\ B_3 & 1/3 & 1/2 & 1 \end{matrix}$	$\begin{matrix} & B_1 & B_2 & B_3 \\ B_1 & 1 & 2 & 3 \\ B_2 & 1/2 & 1 & 2 \\ B_3 & 1/3 & 1/2 & 1 \end{matrix}$	$\begin{matrix} & B_1 & B_2 & B_3 \\ B_1 & 1 & 2 & 2 \\ B_2 & 1/2 & 1 & 3 \\ B_3 & 1/2 & 1/3 & 1 \end{matrix}$	$\begin{matrix} & B_1 & B_2 & B_3 \\ B_1 & 1 & 2 & 3 \\ B_2 & 1/2 & 1 & 3 \\ B_3 & 1/3 & 1/3 & 1 \end{matrix}$
	专家16	专家17	专家18	专家19	专家20
	$\begin{matrix} & B_1 & B_2 & B_3 \\ B_1 & 1 & 2 & 4 \\ B_2 & 1/2 & 1 & 4 \\ B_3 & 1/4 & 1/4 & 1 \end{matrix}$	$\begin{matrix} & B_1 & B_2 & B_3 \\ B_1 & 1 & 3 & 5 \\ B_2 & 1/3 & 1 & 3 \\ B_3 & 1/5 & 1/3 & 1 \end{matrix}$	$\begin{matrix} & B_1 & B_2 & B_3 \\ B_1 & 1 & 3 & 3 \\ B_2 & 1/3 & 1 & 2 \\ B_3 & 1/3 & 1/2 & 1 \end{matrix}$	$\begin{matrix} & B_1 & B_2 & B_3 \\ B_1 & 1 & 1 & 4 \\ B_2 & 1 & 1 & 3 \\ B_3 & 1/4 & 1/3 & 1 \end{matrix}$	$\begin{matrix} & B_1 & B_2 & B_3 \\ B_1 & 1 & 1/3 & 2 \\ B_2 & 3 & 1 & 4 \\ B_3 & 1/2 & 1/4 & 1 \end{matrix}$

资料来源：作者自制。

西安主城区风口类型及内部主要绿地分布表 附表 5

风口类型	风口方位	风向频率	主要生态空间	主要绿地空间
⑩城市主要风口	东北方："新筑—浐灞"地区	东东北：13.4% 东北向：12.9%	（一）浐灞三角洲 （二）洪庆原坡脚	广运潭景区、世博园、灞桥生态湿地公园
	西南方："丈八—太白"地区	西西南：7.8% 西南向：6.5%	（一）沣惠渠—太平河 （二）皂河沿线平原农田	昆明池—雁南公园—永阳公园—奥体公园—陕西宾馆园林一线
⑪城市一般风口	正北方："草滩—汉城"地区	正北向：3.4% 北西北：2.3%	（一）灞沣河入渭口及渭河谷 （二）汉长安城遗址	浐灞湿地—西安/紫薇湖—渭河运动公园—沣河金湾，汉城遗址
	东南方："杜陵—曲江"地区	东东南：5.1% 东南向：2.5%	（一）浐河川道 （二）少陵原塬面	雁鸣湖—新植物园—中国唐苑—杜陵遗址等景群

西安主城区主要风口地带分布示意

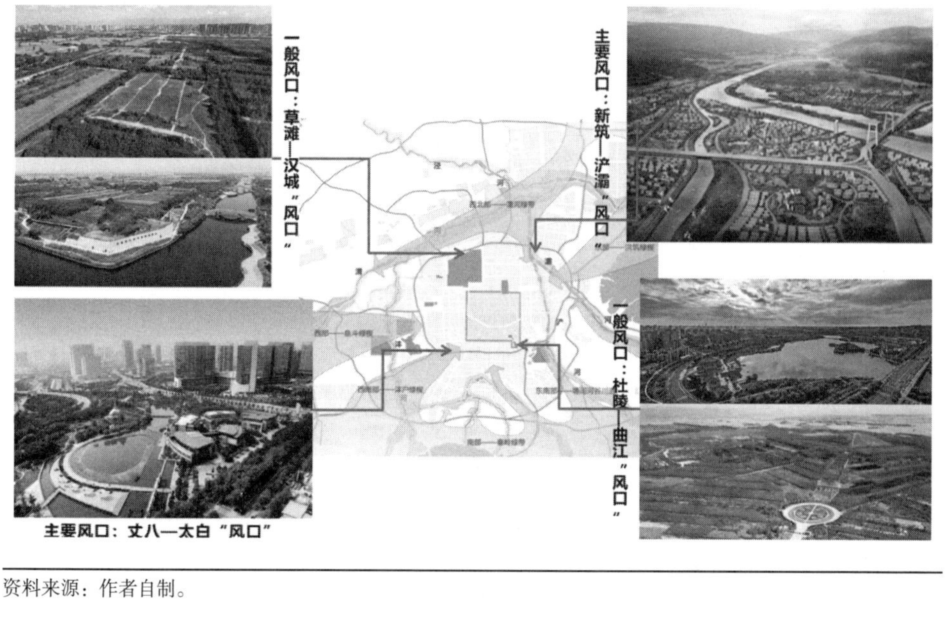

资料来源：作者自制。

西安都市区“城市级风道”的空间类型及建设宽度　　附表 6

空间类型	典型实景	生态本底及要素	风道位置及绿地空间	宽度范围
⑦台塬川谷与边缘坡地		平川峪道、黄土台塬等地形起伏、交错、相间而形成的峪道、谷地、沟壑等“嵌道式”空间	秦岭北麓各较大峪口内外的纵向峪道；秦岭山坡与平原台地交接的横向过渡带，洪庆、白鹿、少陵、神禾原等黄土台塬两两之间的狭长、宽平沟谷地带	200 ~ 2.5km
⑧平川河道及水岸阶地		围绕主城区平原地带的河流水系所形成的河谷与河道	渭河过境主城区的河道段落，及两侧一级阶地（北至二道塬，南至滨河路河堤）；灞河河道（北至浐灞国家湿地公园，南至灞桥），浐河城区段河谷（北至米家崖，南至马腾空），沣河河道	400 ~ 1.8km
⑨公路廊道及乡野绿楔		对外交通干道间的田野、林地化绿带	西汉、西禹、西康高速；西沣、西太路，长安、子午大道，雁引路	80 ~ 220m
		交通干道间、楔入中心城区的较为平坦的乡野农田带	G108—西汉高速间从新河—沣镐至丈八沟的乡野绿楔；福银高速—西三环与机场高速—朱宏路间从泾河至汉城南缘的川塬绿楔；西禹—西临高速间从高陵至浐灞的骊山北缘古河道洼地绿楔	2.5 ~ 6.5km

资料来源：作者自制。

西安都市区“城区级风道”的空间类型及建设宽度 附表 7

空间类型	典型实景	城市用地形态	风道线位及相关绿地	宽度范围
①与主干道并行的绿化林带		建成区内大跨度、长距离的，伴随于两条城市道路之间或处于单条城市道路红线之内的带状绿地	唐城墙遗址公园（唐延路绿带）、大庆路林带、南二环路绿化带、大雁塔南广场—大唐不夜城景观带—雁塔南路绿化带、曲江唐城墙遗址公园—开元广场、东郊幸福林带	50 ~ 200m
②相连的绿色开敞空间序列		建成区内首尾相连的较大规模的城市公园与开放绿地所组成的风景绿带序列	曲江池遗址公园（南湖）—大唐芙蓉园（北湖）—唐大慈恩寺遗址公园（曲江春晓园）—雁塔东苑—大雁塔北广场所形成的绿带序列	250 ~ 800m
③遗址边缘的滨水公园绿带		西安市历朝历代所遗留的大型遗址地或历史遗迹边缘地带的城市公园带	明清西安城墙之环城公园及护城河（特别是环城西苑），汉长安城遗址之汉城湖旅游风景区	120 ~ 400m

续表

空间类型	典型实景	城市用地形态	风道线位及相关绿地	宽度范围
④穿越城区的长距离交通轴		具有一定宽度、延展较长、较为平顺的，穿越城市高密度建设区的主要道路及其附属绿地所形成的通廊空间	传统中轴线（未央路—北关正街—北大街—南大街—南关正街—长安路）及其道路附属绿地，对外交通要道（北辰路—东二环—南二环东段，朱宏路—星火路—环城西路—太白路—西沣一级公路）及附属绿带	50～120m
⑤铁路及绕城高速动脉走廊		城市对外联系与运输的专有交通干线	陇海铁路线、西户铁路线、东郊工业区废弃铁路线、绕城高速公路、东西三环路等及其旁侧的防护绿带、林带	50～200m
⑥多类型公共空间与绿地的复合地带		城市重要交通、商业开敞空间及校园附属绿地等，与城市大型公园绿地、低密度街区的连接整体	大明宫御道广场（丹凤门）—西安火车站南北广场—解放路、和平路为主轴的低密度街区，西安交通大学（及校园附属绿地）—兴庆公园，唐城墙遗址公园（9区）—西安理工大学（及校园附属绿地）	广场＋街区型：300～500m；公园＋校园型：150～800m

资料来源：作者自制。

西安都市区内各级文物保护单位的绿地耦合模式统计详表 附表8

说明：文保单位名称后编号表示与绿地的空间耦合模式类型：①绿地与遗产基本重合；②绿地将遗产包围；③绿地为遗产一部分；④绿地与遗产相邻近；⑤遗产单体融没于绿地；⑥尚未有相关绿地建设。

国家级文物保护单位，共33处（①12处，②4处，③5处，④4处，⑤1处，⑥7处）			
西安市（22）	1．阿房宫遗址③	2．汉长安城遗址③	3．大明宫遗址①
4．半坡遗址①	5．老牛坡遗址⑥	6．西汉帝陵（霸陵）⑥	7．灞桥遗址⑤
8．杜陵③	9．西安清真寺①	10．西安钟楼、鼓楼④	11．西安城隍庙①
12．西安碑林①	13．小雁塔②	14．隋大兴、唐长安城③	15．西安城墙④
16．西安事变旧址①	17．八路军办事处④	18．大雁塔②	19．东渭桥遗址⑥
20．丰镐遗址⑥	21．兴教寺塔②	22．香积寺导善塔②	
咸阳市（11）	1．秦咸阳城遗址③	2．西汉高祖长陵①	3．西汉惠帝安陵①
4．西汉景帝阳陵①	5．西汉昭帝平陵⑥	6．西汉元帝渭陵⑥	7．西汉成帝延陵④
8．西汉哀帝义陵①	9．西汉平帝康陵⑥	10．武则天母杨氏顺陵①	11．咸阳文庙①
省级文物保护单位，共43处（①12处，②6处，③3处，④6处，⑤3处，⑥13处）			
西安市（34）	1．太液池遗址②	2．建章宫前殿遗址①	3．薄太后陵①
4．窦皇后陵⑥	5．斡尔垛遗址⑥	6．新寺遗址④	7．小皮院清真寺①
8．大学习巷清真寺①	9．雷神庙万阁楼⑥	10．董仲舒墓⑤	11．兴庆宫遗址①
12．卧龙寺石像和铁钟②	13．宝庆寺塔②	14．关中书院③	15．中山图书馆旧址③
16．高培支旧居③	17．秦庄襄王墓⑥	18．东岳庙①	19．八仙庵②
20．明秦王府城墙遗址④	21．易俗社剧场④	22．革命公园①	23．秦二世胡亥墓⑤
24．天坛遗址①	25．大兴善寺①	26．滹沱村遗址⑥	27．秦东陵⑥
28．周穆王陵⑥	29．牛郎织女石刻⑤	30．华严寺塔②	31．杜公祠①
32．大仁遗址④	33．明秦藩王家族墓地⑥	34．长安郭氏民宅⑥	
咸阳市（9）	1．沙河古桥遗址④	2．周陵①	3．李晒墓⑥
4．北周武帝孝陵⑥	5．胡登州墓⑥	6．刘古愚墓⑥	7．凤凰台①
8．咸阳古渡遗址②	9．新兴油店④		
市级文物保护单位，共21处（①7处，②1处，③1处，④3处，⑤2处，⑥7处）			
1．刘进夫妇墓④	2．薛家寨汉墓群①	3．高铁寨汉墓①	4．感业寺遗址⑥
5．敦煌寺塔⑥	6．小寨汉墓⑥	7．洪庆古墓⑥	8．清代灞桥⑤
9．孙蔚如旧居⑥	10．大皮院清真寺①	11．北院门144号民居⑥	12．五星街天主教堂①
13．广仁寺①	14．奎星阁④	15．芦荡巷39、40号民居⑥	16．英浸礼会礼拜堂③

17．东北大学礼堂旧址⑤	18．西安交大汉壁画墓②	19．万寿寺塔④	20．罔极寺①	21．杨武庄公墓及祠①

续表

县级文物保护单位，共24处（①5处，②0处，③1处，④3处，⑤1处，⑥14处）			
1. 马南遗址⑥	2. 米家崖遗址④	3. 唐鹿苑县城遗址⑥	4. 阳陵陪葬墓④
5. 秋官尚书李晦墓⑥	6. 杨恭懿墓⑥	7. 杨恭懿碑⑥	8. 白文范烈士墓①
9. 罗汉寺①	10. 圣水观常住记碑⑥	11. 西丰盛菩萨像⑥	12. 井深沟遗址⑥
13. 坑儒遗址⑥	14. 灵感寺①	15. 牛头寺③	16. 杨虎城将军陵园①
17. 嘴头遗址⑥	18. 普贤寺遗址⑥	19. 丙吉墓⑥	20. 少陵许后墓⑥
21. 张勇墓⑥	22. 法幢寺④	23. 文王灵台遗址⑤	24. 常宁宫①

注：咸阳市位于都市区西北角，根据其遗产分布、规模及实际保护利用状况，本次只分析统计“国家级、省级”文保单位。

资料来源：作者自制。

西安都市区“风道景区”建设类型及生态耦合模式汇总表　　附表9

景区类型	空间关系	形态特征	生态耦合	景区实例
一类风道景区	多处于城市各方位的风口地带，或位于主要城区级风道的关键区段之上	通常面积较大、跨度较长	以山形地势，河湖水系，大型遗址、绿地/带、园林为主，生态保育及气候调节作用较为显著	①北部“泾渭分明”景区、灞渭三角洲（浐灞湿地公园）；②东北部广运潭景区（世博园区）；③西北部汉长安城遗址（汉城湖景区）；④东南部曲江景区、马腾空景区；⑤中部唐大明宫遗址、明城墙景区（环城公园）；⑥西南部唐延路绿带；⑦西部大庆路林带；⑧东北外围的骊山风景名胜区、洪庆山森林公园；⑨西南外围的沣东·沣河生态景区等
二类风道景区	多位于各级风道途经的一般区段之上，或周边邻近地区	一般规模较小、跨度较短	以公园、景区、广场、寺观园区为主。远距送风能力较弱，自身生风、对流作用较显著，亦承载休闲游憩功能	①北郊城市运动公园及未央广场；②南郊大雁塔景区；③东北郊桃花潭景区；④西南郊木塔寺公园；⑤城东的兴庆宫公园；⑥城南的南门广场；⑦城西南的丰庆公园与大唐西市；⑧城内的钟鼓楼广场、新城广场；⑨城市南部外围位于土塬丘壑环境下地势变化明显之处的鲸鱼沟、常宁宫、兴教寺、香积寺、揽月阁、秦渡镇等景点
三类风道景区	多位于城区级风道周边或通风作用终端区域内；当前开发建设、保护利用程度不足（多有其名，未见其形）	面貌落后、卫生恶劣、交通不便、周边用地混杂等	以荒地、弃置地、农田、不利地形为主；其空间对风道疏导、生态感知、文化彰显、地景展现具有潜在重要作用	需针对性重点打造、恢复、整治或提升：①北郊的文景山公园与未央湖游乐园；②南郊的烈士陵园与原西安植物园；③东郊的幸福林带与秦襄王陵（韩森冢）；④西郊的阿房宫遗址、开远门遗址与土门环岛；⑤西南部沣惠渠与昆明池、周穆王陵与仓颉造字台；⑥东南部青龙寺与乐游原；⑦东北部的元斡尔垛遗址与米家崖遗址等

资料来源：作者自制。

附表 10

西安都市区绿地与三生空间协同方式汇总表

方向	限定	生态规划原则	主打产业	主要片区及发展目标	生态协同方式
北跨	渭河	留出渭河水生态廊道及泾河生态岸线，建设两岸现代化滨水生态游憩景观带。带动渭北“空港—泾河”新城、“富平—阎良”板块升级为新城市组团	装备制造业	渭北高陵组团与国际港务区隔河相对，交运便利。市区老军工业迁址于此，与既有汽车零部件制造，规划新能源、新材料等形成产业集群	位于泾渭汇流岸线以北之平展地势及东北主导风向一侧，污染飘散影响城市概率较小
			临空经济全产业链	空港新城团聚在不断扩建的咸阳机场周围，将形成枢纽保障、航空物流、临空制造、商服办公、生态休闲等产业集群	位于泾渭河间三角台塬地带，北控山塬、南瞰主城，地势高亢、人文深厚
南控	秦岭	秦岭北麓为生态保育区；北延的台塬、川道、田园为生态缓冲区，保持乡土地景风貌；以山脚线向北8～10km为城建增长边界，即洨—滈—潏三河与“南横线—神禾二路—安哑路”一线	先进制造业	东北阎良区“国家航空高技术产业基地”和南部长安区“国家民用航天产业基地”均位于远郊，受城市影响较小；同时距对外交通干道较近，利于航空航天产业的精密研发与试验	①北依富平县荆山塬与石川河，地形平整、风象稳定；②处长安区少陵原腹地，地势开平、风象静稳
			生态产业	背靠山水、面向人居，严格保护秦岭生态，各峪口、浅山区禁止旅游开发；在环山路—南横线间适当发展特色农产、林果种植、乡村民俗产业	以山为屏、水为脉，其间川塬起伏，农耕传统久远，为西安传统郊乡地景形胜绝佳之地
西进	沣河、汉城遗址、丰镐遗址	以沣河为大西安向西拓展新轴线，建设两岸“田园新城”并在北端沣渭三角洲形成城市中心；同时进一步对接咸阳中心城区，构建未来西安双核心格局	科技创新产业	沣西新城北邻咸阳城区，东接西咸动脉，依田园新城模式打造电子信息、大数据平台、科创园区、人工智能及新材料、新能源产城融合示范区	北起沣渭湿地—咸阳湖“黄金水岸”，南沿沣、新河间狭长岸带延展，呈“水绿漫生”之境
			文博及文化创意产业	汉城遗址+秦汉新城，丰镐遗址（昆明池）+沣东新城，建设遗产保护历史风貌片区及博物馆群、文创产业、田园生活带，发挥集聚—联动潜力	属沣渭流域+周秦汉大遗址区，于外在地貌、内在人文显出地脉相连+文脉相承特质

续表

方向	限定	生态规划原则	主打产业	主要片区及发展目标	生态协同方式
东拓	白鹿原—灞河—洪庆、骊山一线的自然山水	遵从地形特征，规避连片扩张，沿河道、交通线串联纺织城、浐灞区、灞河新城、洪庆街道、斜口—凤凰大道、港务区，并连通临潼、蓝田城区，形成西安东人口的“国际旅游—地域民俗—新兴产业”组团序列	物流运输业	国际港务区位于灞河城市段东岸大部，被陇海铁路及高铁线来路贯穿，是城市人口及对外交通枢纽地带	渭河北拱，灞河东折，水抱陆岸，地形平阔饱满，是物流货运天然陆港
			国际金融业	浐灞生态区借助西安“交通东大门”及天然丰富水系环境的地理优势，发展金融商服、国际文旅、人工智能、领事馆区等产业的绿色升级	兼具浐灞三角洲城市“水门户”及东北主导风“通风口”的风水俱佳区位
			文旅产业	临潼旅游度假区、曲江新区业已成熟且历史内涵相通，目前呈融合发展趋势	显出依山（骊山、洪庆）—傍塬（白鹿、少陵）之势
中优	唐长安城址	以明清城墙及唐长安城址为核心，延承古城肌理，保护遗址景观，构建绿地网络，凝聚九宫格局；同时，应重点提升基础与服务设施、优化人居及营商环境，塑造出历史文化名城风貌与国际化大都市品质“古今交融”的核心功能区	国际旅游及现代综合商贸业	明清老城区（唐皇城）将以古迹遗址保护、历史街区复兴、传统文化体验、现代文明塑造为主题，统一规划、分片打造成古城核心人文旅游产业集中区	城墙及四关区域是长期人地共生形成的历史风貌、古城肌理、民族交融、人文荟萃空间
				①钟楼—南门—小寨商圈串成综合商务黄金轴；②高新唐延路—锦业路、北郊张家堡发展为CBD副中心；③三桥、土门、长乐路传统小商品批发地依托东西动脉，复兴、升级为特色商贸中心；④各大医院依地铁网形成就医、医疗产业集群	①立足传统龙脉；②常享西南主导风（源自秦岭）；③依托旧防护绿化隔离带（西郊大庆路林带，东郊幸福林带），共同引领绿色商贸业更新发展

资料来源：作者据会议精神及实际情况自创。

参考文献

[1] Research in regional economic growth [Z]. National Bureau of Economic Research, Inc., 1949.

[2] 李王鸣，应云仙. 生态伦理：城市规划视角纳新 [J]. 城市规划，2007 (6): 28-31.

[3] 潘青. 旧城镇化推动下的农民工市民化与新时期农民工市民化推动下的新城镇化分析研究 [J]. 吉林省教育学院学报（下旬），2015，31 (10): 143-144.

[4] 刘辉. 城市群城镇化空间格局、环境效应及优化：以兰西城市群为例 [M]. 北京：中国建筑工业出版社，2017：93-96.

[5] 张兵，赵星烁，胡若函. 国家空间治理与风景园林：国土空间规划开展之际的点滴思考 [J]. 中国园林，2021，37 (302): 6-11.

[6] 邓翔宇. 城市控制性详细规划的生态优化研究：以建德市桥东区块控规为例 [C] //中国城市规划学会. 城乡治理与规划改革：2014中国城市规划年会论文集（06城市设计与详细规划）. 北京：中国建筑工业出版社，2014：13.

[7] 李浩. 基于"生态城市"理念的城市规划工作改进研究 [D]. 北京：中国城市规划设计研究院，2012.

[8] 焦曼文. 关中地区土地利用趋势评价研究 [D]. 西安：西安理工大学，2021.

[9] 王娟. 基于遥感和GIS的成都平原地区土地利用变化与生态安全评价研究 [D]. 成都：四川师范大学，2018.

[10] 刘海龙，王跃飞，谢亚林，等. 太原城市群三生空间时空演变特征及功能 [J]. 水土保持通报，2020，40 (5): 310-318，327.

[11] 王杰. 洛阳市土地利用变化及其生态系统服务价值响应研究 [D]. 开封：河南大学，2017.

[12] 毛鸿欣，贾科利，高曦文，等. 1980—2018年银川平原土地利用变化时空格局分析 [J]. 科学技术与工程，2020，20 (20): 8008-8018.

[13] 刘晖，许博文，邹子辰，等. 以水定绿：西北地区城市绿地生态设计方法探索 [J]. 中国园林，2021，37 (7): 25-30.

[14] 西安市环境保护局．西安市“十一五”生态城市建设专项规划［Z］，2005.
[15] 盛学良，王华．生态城市建设的基本思路及其指标体系的评价标准［J］．环境导报，2001（1）：5-8.
[16] 张永春．西安提升人民生活品质调研报告［J］．西部学刊，2016（10）：59-63.
[17] 吴介军，张秋花，蔡琳，等．1995—2004年西安市生态足迹动态分析［J］．陕西科技大学学报，2006（6）：128-133.
[18] 袁钟，赵牡丹，刘蕊娟，等．西安市生态足迹与生态承载力动态变化与预测［J］．未来与发展，2016，40（7）：107-112.
[19] 高全成，徐经贵，邹博．基于生态足迹方法的西安市可持续发展研究［J］．长安大学学报（社会科学版），2012，14（3）：60-64.
[20] 曹梅，杨珍，王斌．西安城区与郊区风向风速差异分析［J］．陕西气象，2016（2）：19-23.
[21] 雷晓英．城市绿化对城市气候环境的影响［J］．陕西气象，2019（2）：60-62.
[22] 狄育慧，郑治中，张博轩，等．西安市城市热岛环境动态演化规律研究［J］．西安建筑科技大学学报（自然科学版），2016，48（4）：551-555.
[23] 刘颂，刘滨谊．城市绿地空间与城市发展的耦合研究：以无锡市区为例［J］．中国园林，2010，26（3）：14-18.
[24] 王华．西安市生态环境建设的经验与启示［J］．广东科技，2014，23（16）：126，201.
[25] 陈雅珺．基于生态耦合的苏南乡村聚落空间格局优化研究［D］．苏州：苏州科技大学，2016.
[26] 谢婧，李文．1990—2017年哈尔滨市城乡生态耦合及其安全格局构建［J］．水土保持通报，2021，41（1）：317-326.
[27] 许达，刘艺杰．基于LID理念的灰绿基础设施生态耦合设计实证研究［J］．环境科学与管理，2017，42（10）：159-162.
[28] 张云路，关海莉，李雄．从园林城市到生态园林城市的城市绿地系统规划响应［J］．中国园林，2017，33（2）：71-77.
[29] 周海波，郭行方．国土空间规划体系下的绿地系统规划创新趋势［J］．中国园林，2020，36（2）：17-22.

[30] 谢守红. 大都市区的概念及其对我国城市发展的启示 [J]. 城市，2004（2）：6-9.

[31] 沈丽珍，顾朝林，甄锋. 流动空间结构模式研究 [J]. 城市规划学刊，2010（5）：26-32.

[32] 阿瑟·格蒂斯，朱迪丝·格蒂斯，杰尔姆·D. 费尔曼. 地理学与生活 [M]. 黄润华，韩慕康，孙颖，译. 北京：北京联合出版公司，2018：472.

[33] 田中磊. 基于西咸新区总体规划对“田园城市”理论的再思考 [D]. 西安：西安建筑科技大学，2015.

[34] DUANY A, PLATER-ZYBERK E. Lexicon of the New Urbanism [M]. Time-saver standard for urban design, 1998（5）: 11-12.

[35] 康盈，桑东升，李献忠. 大都市区范围与空间圈层界定方法与技术路线探讨：以重庆市大都市区空间发展研究为例 [J]. 城市发展研究，2015，22（1）：22-27.

[36] 岳邦瑞，刘臻阳. 从生态的尺度转向空间的尺度：尺度效应在风景园林规划设计中的应用 [J]. 中国园林，2017，33（8）：77-81.

[37] 车生泉，王洪轮. 城市绿地研究综述 [J]. 上海交通大学学报（农业科学版），2001（3）：229-234.

[38] 汪磊，曹幸琪. 基于主成分：聚类分析的土地生态安全评价：以江苏省为例 [J]. 农村经济与科技，2018，29（15）：40-44.

[39] 贾冰，李升峰，贾克敬，等. 中国土地利用规划环境影响评价研究评述 [J]. 中国土地科学，2009，23（5）：76-80.

[40] 谢花林，李波. 城市生态安全评价指标体系与评价方法研究 [J]. 北京师范大学学报（自然科学版），2004（5）：705-710.

[41] 张蕾. 国外城市形态学研究及其启示 [J]. 人文地理，2010，25（3）：90-95.

[42] 熊国平. 90年代以来中国城市形态演变研究 [D]. 南京：南京大学，2005.

[43] 谷凯. 城市形态的理论与方法：探索全面与理性的研究框架 [J]. 城市规划，2001（12）：36-42.

[44] 段进. 城市形态研究与空间战略规划 [J]. 城市规划，2003（2）：45-48.

[45] 郑莘，林琳. 1990年以来国内城市形态研究述评 [J]. 城市规划，2002

（7）：59-64，92.
[46] 段进，邱国潮. 国外城市形态学研究的兴起与发展［J］. 城市规划学刊，2008（5）：34-42.
[47] 姚圣，陈锦棠，田银生. 康泽恩城市形态区域化理论在中国应用的困境及破解［J］. 城市发展研究，2013，20（3）：1-4.
[48] 王慧芳，周恺. 2003-2013年中国城市形态研究评述［J］. 地理科学进展，2014，33（5）：689-701.
[49] 段进. 城市形态研究与空间战略规划［J］. 城市规划，2003（2）：45-48.
[50] 陈爽，王进，詹志勇. 生态景观与城市形态整合研究［J］. 地理科学进展，2004（5）：67-77.
[51] 田银生，谷凯，陶伟. 城市形态研究与城市历史保护规划［J］. 城市规划，2010，34（4）：21-26.
[52] 龙瀛，毛其智，杨东峰，等. 城市形态、交通能耗和环境影响集成的多智能体模型［J］. 地理学报，2011，66（8）：1033-1044.
[53] 丁沃沃，胡友培，窦平平. 城市形态与城市微气候的关联性研究［J］. 建筑学报，2012（7）：16-21.
[54] 刘志林，秦波. 城市形态与低碳城市：研究进展与规划策略［J］. 国际城市规划，2013，28（2）：4-11.
[55] 冯健. 杭州城市形态和土地利用结构的时空演化［J］. 地理学报，2003（3）：343-353.
[56] 汪坚强. 近现代济南城市形态的演变与发展研究［D］. 北京：清华大学，2004.
[57] 任云英. 近代西安城市空间结构演变研究（1840-1949）［D］. 西安：陕西师范大学，2005.
[58] 姚燕华，陈清. 近代广州城市形态特征及其演化机制［J］. 现代城市研究，2005（7）：32-39.
[59] 陈群元，尹长林，陈光辉. 长沙城市形态与用地类型的时空演化特征［J］. 地理科学，2007（2）：273-280.
[60] 唐崭. 近现代重庆市渝中半岛城市形态演进研究［D］. 重庆：重庆大学，2012.
[61] 黄玉琴. 基于SAR图像的城市形态时空变化的研究［D］. 北京：中国科学院研究生院（遥感应用研究所），2006.

[62] 龙瀛，沈振江，毛其智，等. 基于约束性CA方法的北京城市形态情景分析[J]. 地理学报，2010，65(6)：643-655.

[63] 王洁晶，汪芳，刘锐. 基于空间句法的城市形态对比研究[J]. 规划师，2012，28(6)：96-101.

[64] 张毅. 城市形态的几何表征及量化方法研究[D]. 西安：西安建筑科技大学，2016.

[65] 成实，成玉宁. 从园林城市到公园城市设计：城市生态与形态辩证[J]. 中国园林，2018，34(12)：41-45.

[66] 张萍，双静如. 民国《西京市区》图的数字化、数据提取和应用价值[J]. 图书馆论坛，2021，41(11)：90-98.

[67] 梁江，沈娜. 西安满城区城市形态演变的启示[J]. 城市规划，2005(2)：59-65.

[68] 郑炜. 西安明城区城市肌理初探[D]. 西安：西安建筑科技大学，2005.

[69] 宋颖. 西安水域空间总体构架与城市形态规划研究[D]. 西安：西安建筑科技大学，2008.

[70] 张鑫. 西安城市空间形态演进与渭河水系关系研究[D]. 西安：西安建筑科技大学，2006.

[71] 李立. 大遗址对西安城市形态影响研究[D]. 西安：西北大学，2011.

[72] 刘晖，薛立尧，王芳. 西安城市公园绿地形态演变：语境与模式[J]. 风景园林，2012(2)：22-27.

[73] 潘雨晨. 建国以来西安遗址型绿地空间周边环境形态演变的实证研究[D]. 西安：西安建筑科技大学，2016.

[74] 刘恺希，黄磊. 景观文化形态引导下的西安城市景观空间演进：以书院门文化街区为例[J]. 建筑与文化，2015(5)：41-44.

[75] 李晓倩. 西安城市广场形态的类型化基础研究[D]. 西安：西安建筑科技大学，2012.

[76] 薛立尧，张沛，刘晖，等. 城市形态演变绘图方法研究：以90年代以来西安为例[J]. 西安建筑科技大学学报(自然科学版)，2016，48(3)：424-430.

[77] 符锦. 基于Mapping的90年代以来西安城市形态演变过程中要素分析[D]. 西安：西安建筑科技大学，2015.

[78] 王娟，卓静，何慧娟. 基于GIS和RS的西安、咸阳城市扩展特征研究[J]. 陕西气象，2015(1)：6-10.

[79] 王琳. 西安市城市中心区空间结构变迁以及动力机制研究 [D]. 西安: 西北大学, 2011.
[80] 冯文兰. 成都市景观格局分析与景观生态规划 [D]. 成都: 四川大学, 2004.
[81] 谭春华. 生态城市规划理论回溯 [J]. 城市问题, 2007 (11): 84-90.
[82] CARLS. A framework for theory and practice in landscape planning [J]. Ekistics, 1994, 61 (364/365) : 4 - 9.
[83] 马世骏, 王如松. 社会-经济-自然复合生态系统 [J]. 生态学报, 1984 (1): 1-9.
[84] 陈蓓. 生态城市: 21世纪人居环境的理想模式之一 [J]. 苏州城建环保学院学报, 2002 (4): 54-57.
[85] 刘哲, 马俊杰. 生态城市建设理论与实践研究综述 [J]. 环境科学与管理, 2013, 38 (2): 159-164.
[86] 张炜, 蒲丽娟. 武汉城市圈经济一体化发展现状与策略分析 [J]. 长江论坛, 2013 (3): 18-26.
[87] 王云才, 彭震伟. 景观与区域生态规划方法 [M]. 北京: 中国建筑工业出版社, 2019.
[88] 蔡志昶. 生态城市整体规划与设计 [M]. 南京: 东南大学出版社, 2014: 36-37.
[89] 郭向宇, 吴珠, 李艳. 基于循环经济下的生态城市建设: 以长沙市生态城市建设为例 [J]. 吉林农业, 2010 (11): 191-193.
[90] YANISKY O N. Cities and human ecology [M] // Social problems of man's environment: where we live and work [M]. Moscow: Progress Publishes, 1981.
[91] 王如松. 高效·和谐: 城市生态调控原则和方法 [M]. 长沙: 湖南教育出版社, 1988.
[92] 沈清基. 城市生态与城市环境 [M]. 上海: 同济大学出版社, 1998.
[93] 宋永昌, 戚仁海, 由文辉, 等. 生态城市的指标体系与评价方法 [J]. 城市环境与城市生态, 1999 (5): 16-19.
[94] 王如松. 城市规划与管理的生态整合方法 [C] //中国生态学学会. 复合生态与循环经济: 全国首届产业生态与循环经济学术讨论会论文集. [出版地不详], 2003: 14.
[95] 吴琼, 王如松, 李宏卿, 等. 生态城市指标体系与评价方法 [J]. 生态学

报，2005（8）：2090-2095.

[96] 吕斌，佘高红．城市规划生态化探讨：论生态规划与城市规划的融合［J］．城市规划学刊，2006（4）：15-19.

[97] 沈清基，安超，刘昌寿．低碳生态城市的内涵、特征及规划建设的基本原理探讨［J］．城市规划学刊，2010（5）：48-57.

[98] 李浩．基于"生态城市"理念的城市规划工作改进研究［D］．北京：中国城市规划设计研究院，2012.

[99] 郭秀锐，杨居荣，毛显强，等．生态城市建设及其指标体系［J］．城市发展研究，2001（6）：54-58.

[100] 张伟，张宏业，王丽娟，等．生态城市建设评价指标体系构建的新方法：组合式动态评价法［J］．生态学报，2014，34（16）：4766-4774.

[101] 周鹏．基于自然生态视角的西安城市空间结构形态发展研究［D］．西安：西安建筑科技大学，2006.

[102] 王婷．西安生态城市建设研究［D］．西安：西安建筑科技大学，2007.

[103] 于佳．西安城市生态环境变迁：自然生态环境研究［D］．西安：西安建筑科技大学，2010.

[104] 沈丽娜．基于物能代谢视角的城市生态化建设研究［D］．西安：西北大学，2013.

[105] 韩西丽，彼特・斯约斯特洛姆．风景园林介入可持续城市新区开发：瑞典马尔默市西港Bo01生态示范社区经验借鉴［J］．风景园林，2011（4）：86-91.

[106] 低碳生态城市案例介绍（十七）：澳大利亚哈利法克斯：提出"社区驱动"的生态开发模式（上）［J］．城市规划通讯，2012（22）：17.

[107] 张超，侯薇．浅谈生态住区的设计：以芬兰维基区生态社区为例［J］．科学之友，2011（6）：126-127.

[108] 于萍．瑞典的哈马碧滨水新城［J］．城市住宅，2011（11）：86-90.

[109] 荣玥芳，范金龙．哈马碧湖城生态规划策略解读［J］．建筑与文化，2017（9）：191-192.

[110] 黄肇义，杨东援．国外生态城市建设实例［J］．国外城市规划，2001（3）：1，35-38.

[111] 谭英．瑞典斯德哥尔摩的可持续发展之路（三）［J］．建设科技，2018（19）：88-94.

[112] 傅伯杰，陈利顶，马克明．黄土丘陵区小流域土地利用变化对生态环境的

影响：以延安市羊圈沟流域为例［J］. 地理学报，1999（3）：3-5.
［113］吕昌河，贾克敬，冉圣宏，等. 土地利用规划环境影响评价指标与案例［J］. 地理研究，2007（2）：249-257.
［114］任偲，赵言文，施毅超. 长江三角洲区域土地利用规划环境影响评价研究［J］. 江西农业大学学报，2008（4）：746-750.
［115］吴克宁，赵珂，赵举水，等. 基于生态系统服务功能价值理论的土地利用规划环境影响评价：以安阳市为例［J］. 中国土地科学，2008（2）：23-28.
［116］马克明，傅伯杰，黎晓亚，等. 区域生态安全格局：概念与理论基础［J］. 生态学报，2004（4）：761-768.
［117］黎晓亚，马克明，傅伯杰，等. 区域生态安全格局：设计原则与方法［J］. 生态学报，2004（5）：1055-1062.
［118］俞孔坚，王思思，李迪华，等. 北京市生态安全格局及城市增长预景［J］. 生态学报，2009，29（3）：1189-1204.
［119］倪永薇，刘阳，阎姝伊，等. 基于区域生态系统健康评估的土地利用规划研究：以北京市为例［J］. 中国园林，2020，36（9）：110-115.
［120］蔡云楠，刘琛义. 生态城市建设的环境绩效评估探索［J］. 南方建筑，2015（1）：97-101.
［121］蔡云楠，李晓晖，吴丽娟. 广州生态城市规划建设的困境与创新［J］. 规划师，2015，31（8）：87-92.
［122］汪光焘. 城市生态建设环境绩效评估导则技术指南［M］. 北京：中国建筑工业出版社，2016.
［123］王云才，申佳可，象伟宁. 基于生态系统服务的景观空间绩效评价体系［J］. 风景园林，2017（1）：35-44.
［124］柴舟跃，谢晓萍，尤利安・韦克尔. 德国大都市绿带规划建设与管理研究：以科隆与法兰克福为例［J］. 城市规划，2016，40（5）：99-104.
［125］吴妍，赵志强，周蕴薇. 莫斯科绿地系统规划建设经验研究［J］. 中国园林，2012，28（5）：54-57.
［126］许浩. 国外城市绿地系统规划［M］. 北京：中国建筑工业出版社，2003.
［127］黄槟铭，李方正，李雄. 耦合空间规划体系的区域绿地规划思路［J］. 规划师，2020，36（2）：5-11.
［128］金云峰，李涛，周聪惠，等. 国标《城市绿地规划标准》实施背景下绿地系统规划编制内容及方法解读［J］. 风景园林，2020，27（10）：

80-84.

[129] HERNANDEZ J G V，PALLAGSTK，HAMMERP. Urban green spaces as a component of an ecosystem functions，services，users，community involvement，initiatives and actions [J]. International journal of environmental sciences & natural resources，2018，8.

[130] SEMERARO T，SCARANO A，BUCCOLIERI R，et al. Planning of urban green spaces：an ecological perspective on human benefits [J]. Land，2021 (10)：105.

[131] LOURDES K T，HAMEL P，et al. Planning for green infrastructure using multiple urban ecosystem service models and multicriteria analysis [J]. Landscape and urban planning，2022 (6).

[132] 晏海，董丽. 城市公园绿地对周围城市环境的降温效应及其影响因子研究 [C] //中国风景园林学会. 中国风景园林学会2017年会论文集. 北京：中国建筑工业出版社，2017：8.

[133] 严晓，王希华，刘丽正，等. 城市绿地系统生态效益评价指标体系初报 [J]. 浙江林业科技，2003 (2)：69-73.

[134] 张利华，邹波，黄宝荣. 城市绿地生态功能综合评价体系研究的新视角 [J]. 中国人口·资源与环境，2012，22 (4)：67-71.

[135] 陈弘，姚悦思，李鑫. “城市绿地生态修复”模式探索与思考：以丽水市城市绿地生态修复专项规划为例 [J]. 中国园林，2020，36 (S2)：63-66.

[136] 闫水玉，唐俊. 城市绿色空间生态系统服务供需匹配评估方法：研究进展与启示 [J]. 城市规划学刊，2022 (2)：62-68.

[137] 周自翔，袁梦雨，姚顽强. 西安市绿地景观格局分析 [J]. 技术与创新管理，2019，40 (5)：618-625.

[138] 刘兴坡，李璟，周亦昀，等. 上海城市景观生态格局演变与生态网络结构优化分析 [J]. 长江流域资源与环境，2019，28 (10)：2340-2352.

[139] 周甜. 哈尔滨城市绿地景观格局分析研究 [D]. 哈尔滨：东北林业大学，2018.

[140] 高鑫. 青岛市城市绿地景观格局分析与生态网络构建 [D]. 济南：山东建筑大学，2019.

[141] 肖笃宁，李秀珍，高峻，等. 景观生态学 [M]. 北京：科学出版社，

2003.
[142] 郭晋平. 景观生态学 [M]. (2版) 北京：中国林业出版社，2016.
[143] 王云才. 风景园林生态规划方法的发展历程与趋势 [J]. 中国园林，2013，29 (11)：46-51.
[144] 李娟娟. 上海城市景观格局演变及其生态安全影响研究 [D]. 上海：复旦大学，2007.
[145] 何小玲，彭培好，王玉宽，等. 成都市主城区绿地景观格局动态变化研究 [J]. 西部林业科学，2014，43 (5)：30-35.
[146] 孙逊. 基于绿地生态网络构建的北京市绿地体系发展战略研究 [D]. 北京：北京林业大学，2014.
[147] 孙恺，杨延征，赵鹏祥，等. 基于遥感技术的西安城市景观格局时空演变及分析 [J]. 西北林学院学报，2015，30 (2)：180-185.
[148] 赵迪. 天津市中心城区绿地格局演变概述 [J]. 重庆建筑，2012，11 (7)：5-7.
[149] 吕琳，周庆华，李榜晏. 西安遗址公园空间演进与评述 [J]. 风景园林，2012 (2)：28-32.
[150] 陈利顶，孙然好，刘海莲. 城市景观格局演变的生态环境效应研究进展 [J]. 生态学报，2013，33 (4)：1042-1050.
[151] 李莹莹. 城镇绿色空间时空演变及其生态环境效应研究 [D]. 上海：复旦大学，2012.
[152] 邵大伟. 城市开放空间格局的演变、机制及优化研究 [D]. 南京：南京师范大学，2011.
[153] 吴思琦. 北京城市绿地格局演变机制研究：以大型绿地斑块演变为例 [C] //中国风景园林学会. 中国风景园林学会2016年会论文集. 北京：中国建筑工业出版社，2016：7.
[154] 张云，黄键艳. 南宁市绿色空间演变特征及原因研究 [J]. 规划师，2012：110-112.
[155] 陶宇，李锋，王如松，等. 城市绿色空间格局的定量化方法研究进展 [J]. 生态学报，2013，33 (8)：2330-2342.
[156] 肖荣波，周志翔，王鹏程，等. 武钢工业区绿地景观格局分析及综合评价 [J]. 生态学报，2004 (9)：1924-1930.
[157] 申卫博，王国栋，张社奇，等. 景观生态学及熵模型在城市绿地空间格局分析中的应用 [J]. 西北林学院学报，2006 (2)：161-163.

[158] 饶芬芳. 基于GIS的芜湖城市绿地空间格局特征分析 [J]. 资源开发与市场，2009，25 (4): 317-318，352.
[159] 蔡彦庭，文雅，程炯，等. 广州中心城区公园绿地空间格局及可达性分析 [J]. 生态环境学报，2011，20 (11): 1647-1652.
[160] 桑丽杰，舒永钢，祝炜平，等. 杭州城市休闲绿地可达性分析 [J]. 地理科学进展，2013，32 (6): 950-957.
[161] 桂昆鹏，徐建刚，张翔. 基于供需分析的城市绿地空间布局优化：以南京市为例 [J]. 应用生态学报，2013，24 (5): 1215-1223.
[162] 陈涛，李志刚，车生泉. 上海市社区绿地空间格局调查及对比分析：以瑞金社区、莘城社区、方松社区为例 [J]. 上海交通大学学报 (农业科学版)，2014，32 (6): 52-57.
[163] 陈玉娜，费小睿. 基于RS与GIS的城市绿地空间格局分析：以汕头市建成区为例 [J]. 城市勘测，2016 (3): 41-45.
[164] 赵晓燕，刘康，秦耀民. 基于GIS的西安市城市景观格局 [J]. 生态学杂志，2007 (5): 706-711.
[165] 闫颖. 西安市绿地系统分析研究 [D]. 西安：长安大学，2008.
[166] 邱茜. 西安城市绿地系统规划变迁与发展研究 [D]. 西安：长安大学，2009.
[167] 冯静. 西安市都市区绿地系统规划研究 [D]. 西安：西北大学，2011.
[168] 高淼. 抓住大西安建设历史机遇，推进西安大园林建设 [D]. 西安：西安建筑科技大学，2011.
[169] 刘佳. 基于城市空间结构的西安市城市绿地系统规划研究 [D]. 西安：长安大学，2013.
[170] XIUN，MARIA I，CECIL K B，et al. Applying a socio-ecological green network framework to Xi'an city，China [J]. Landscape and ecological engineering，2020，16 (2): 135-150.
[171] 李园. 西安都市生态绿地格局与发展策略研究 [D]. 西安：西安建筑科技大学，2014.
[172] 徐恒. 生态园林城市导向下西安市园林绿地建设研究 [D]. 西安：西安建筑科技大学，2013.
[173] 王蕾. 西安城市公园体系空间布局研究 [D]. 西安：西北大学，2010.
[174] 全磊. 西安城市公园实态研究1949-2013 [D]. 西安：西安建筑科技大学，2014.

[175] 秦耀民，刘康，王永军. 西安城市绿地生态功能研究 [J]. 生态学杂志，2006 (2)：135-139.

[176] 胡忠秀，周忠学. 西安市绿地生态系统服务功能测算及其空间格局研究 [J]. 干旱区地理，2013，36 (3)：553-561.

[177] 李艳. 欠发达地区金融支持系统耦合与动态调整 [J]. 经济问题探索，2010 (12)：154-159.

[178] 王建国. 现代城市设计理论和方法 [M]. 南京：东南大学出版社，1991.

[179] 黄晓军. 现代城市物质与社会空间的耦合：以长春市为例 [M]. 北京：社会科学文献出版社，2014.

[180] 王向荣，林箐. 西方现代景观设计的理论与实践 [M]. 北京：中国建筑工业出版社，2002.

[181] JARI N. Ecology and urban planning [J]. Biodiversity & conservation, 1999, 8 (1): 119-131.

[182] PIERFRANCESCA R, ANGELC P, VITTORIO A, et al. Coupling indicators of ecological value and ecological sensitivity with indicators of demographic pressure in the demarcation of new areas to be protected: the case of the Oltrepò Pavese and the Ligurian-Emilian Apennine area (Italy) [J]. Landscape and urban planning, 2008, 85 (1): 12-26.

[183] LOVELL S T, TAYLOR J R. Supplying urban ecosystem services through multifunctional green infrastructure in the United States [J]. Landscape ecology, 2013, 28 (8): 1447-1463.

[184] MEEROW S. The politics of multifunctional green infrastructure planning in New York City [J]. Cities, 2020 (10).

[185] HOF A, WOLF N. Estimating potential outdoor water consumption in private urban landscapes by coupling high-resolution image analysis, irrigation water needs and evaporation estimation in Spain [J]. Landscape & urban planning, 2014, 123: 61-72.

[186] BYRD K B, KREITLER J, LABIOSA W. Coupling urban growth scenarios with nearshore biophysical change models to inform coastal restoration planning in Puget Sound, Washington [C] // AGU fall meeting. [s.l]: AGU fall meeting abstracts, 2010.

[187] 李梦一欣. 德国城市自然整体规划研究与启示 [J]. 风景园林，2022，

29（6）：70-75.

[188] KASSIM P S J，LATIP N S A，FAUZI M K B M. Coupling thermal mass and water system as urban passive design in hot climates[C]// International Conference on Architecture and Civil Engineering，2017.

[189] 黄金川，方创琳. 城市化与生态环境交互耦合机制与规律性分析[J]. 地理研究，2003（2）：211-220.

[190] 赵珂. 城乡空间规划的生态耦合理论与方法研究[D]. 重庆：重庆大学，2007.

[191] 王如松. 绿韵红脉的交响曲：城市共轭生态规划方法探讨[J]. 城市规划学刊，2008（1）：8-17.

[192] 王如松，欧阳志云. 社会—经济—自然复合生态系统与可持续发展[J]. 中国科学院院刊，2012，27（3）：254，337-345，403-404.

[193] 王如松，李锋，韩宝龙，等. 城市复合生态及生态空间管理[J]. 生态学报，2014，34（1）：1-11.

[194] CUI X F, YANG S, ZHANG G H，et al. An exploration of a synthetic construction land use quality evaluation based on economic-social-ecological coupling perspective：a case study in major Chinese cities[J]. International journal of environmental research and public health, 2020, 17（10）.

[195] 张军民，唐亚平. 基于能值分析的MODS生态耦合机理研究：以玛纳斯河流域为例[J]. 人文地理，2009，24（3）：122-124.

[196] 熊建新，陈端吕，彭保发，等. 洞庭湖区生态承载力系统耦合协调度时空分异[J]. 地理科学，2014，34（9）：1108-1116.

[197] 王介勇，吴建寨. 黄河三角洲区域生态经济系统动态耦合过程及趋势[J]. 生态学报，2012，32（15）：4861-4868.

[198] 蔡晶晶. 环境与资源的"持续性科学"：国外"社会—生态"耦合分析的兴起、途径和意义[J]. 国外社会科学，2011（3）：42-49.

[199] 易平，方世明. 地质公园社会经济与生态环境效益耦合协调度研究：以嵩山世界地质公园为例[J]. 资源科学，2014，36（1）：206-216.

[200] 舒小林，高应蓓，张元霞，等. 旅游产业与生态文明城市耦合关系及协调发展研究[J]. 中国人口·资源与环境，2015，25（3）：82-90.

[201] 于贵瑞，高扬，王秋凤，等. 陆地生态系统碳氮水循环的关键耦合过程及

其生物调控机制探讨［J］. 中国生态农业学报，2013，21（1）：1-13.
［202］董沛武，张雪舟. 林业产业与森林生态系统耦合度测度研究［J］. 中国软科学，2013（11）：178-184.
［203］胡伏湘. 长沙市宜居城市建设与城市生态系统耦合研究［D］. 长沙：中南林业科技大学，2012.
［204］李杰铭，张晓瑞，李涛. 城市规划与生态规划的耦合机制与方法［J］. 湖北文理学院学报，2016，37（11）：71-74.
［205］郑荣宝，倪少春，王龙. 广州市土地利用总体规划与生态脆弱性的耦合分析［J］. 中国人口・资源与环境，2007（3）：70-74.
［206］李真真. 海绵城市体系与城市绿地系统的耦合共生辩证关系［J］. 工程技术研究，2017（7）：246，256.
［207］孙梦琪. "格局—过程—功能"视角下城市绿地系统规划理论研究［D］. 重庆：重庆大学，2017.
［208］马涛. 基于"绿地与城市空间耦合理论"的新城区园林绿地系统规划设计模型研究［J］. 现代城市研究，2013（9）：80-85.
［209］肖丹. 城市绿地系统结构与城市形态的耦合关系［D］. 郑州：河南农业大学，2014.
［210］渠立权，张庆利，苏楠. 徐州城市绿地空间结构优化及价值耦合［J］. 安徽农业科学，2008，36（32）：14067-14070，14104.
［211］邹泉. 南阳市河流与绿地耦合的绿地网络规划方法探讨［D］. 郑州：河南农业大学，2014.
［212］王依瑶，王静宇，杨定海. 街旁绿地与社会性活动的耦合研究［J］. 中外建筑，2011（2）：52-54.
［213］李涛. 基于协同论的城市绿地系统布局调适：以上海市为例［J］. 中国园林，2021，37（10）：66-70.
［214］郭春华，李宏彬，肖冰，等. 城市绿地系统多功能协同布局模式研究［J］. 中国园林，2013，29（6）：101-105.
［215］刘敏. 基于协同理论的城市公园绿地空间格局生成机制研究［D］. 合肥：安徽农业大学，2018.
［216］杨帆，郑伯红，陶蕴哲，等. 城市绿地系统规划与雨洪管理协同的实现机理［J］. 中南大学学报（自然科学版），2016，47（9）：3273-3279.
［217］吴亮，庞磊，樊佳奇，等. 绿地系统与防震减灾协同规划：以昆明市嵩明县城为例［J］. 住宅与房地产，2016（15）：215-216.

[218] 陈涛，王玉阁．城镇化与城市绿地生态环境耦合协调状况研究：以中国西部典型城市为例 [J]．城市学刊，2021，42（2）：1-8.

[219] 金云峰，李涛，王俊祺，等．基于协同度量化模型的城乡绿地系统布局调适方法 [J]．中国园林，2019，35（5）：59-62.

[220] 刘颂，刘滨谊．城市绿地空间与城市发展的耦合研究：以无锡市区为例 [J]．中国园林，2010，26（3）：14-18.

[221] 吴岩，王忠杰，杨玲，等．中国生态空间类规划的回顾、反思与展望：基于国土空间规划体系的背景 [J]．中国园林，2020，36（2）：29-34.

[222] 周一星．城市总体规划中的风象原则 [J]．地理科学，1988（2）：156-164，199.

[223] 邓生文，高铭鸿，陈亮，等．四川省总规禁建区划定存在的不足及对策浅析 [J]．四川建筑，2018，38（4）：4-7，11.

[224] 梁伟．控制性详细规划中建设环境宜居度控制研究：以北京中心城为例 [J]．城市规划，2006（5）：27-31，43.

[225] 刘姝宇，沈济黄．基于局地环流的城市通风道规划方法：以德国斯图加特市为例 [J]．浙江大学学报（工学版），2010，44（10）：1985-1991.

[226] 任超，袁超，何正军，等．城市通风廊道研究及其规划应用 [J]．城市规划学刊，2014（3）：52-60.

[227] 任超，吴恩融，叶颂文，等．高密度城市气候空间规划与设计：香港空气流通评估实践与经验 [J]．城市建筑，2017（1）：20-23.

[228] REN C，LIU S，LEE A，et al. Urban ventilation assessment and wind corridor plan：creating breathing cities [M]. [s. l]：[s. n]，2016.

[229] 李鹍，余庄．基于气候调节的城市通风道探析 [J]．自然资源学报，2006（6）：991-997.

[230] 薛立尧，张沛，黄清明，等．城市风道规划建设创新对策研究：以西安城市风道景区为例 [J]．城市发展研究，2016，23（11）：17-24.

[231] 李军，荣颖．城市风道及其建设控制设计指引 [J]．城市问题，2014（9）：42-47.

[232] 国家发展改革委关于印发国家应对气候变化规划（2014-2020年）的通知 [Z]，2014-09-19.

[233] 佚名．城市适应气候变化行动方案发布 [J]．工程建设，2016，14（1）：24.

[234] 邱烨珊，车生泉. 基于生态审美的城市生态绿地构建对策［J］. 风景园林，2022，29（7）：37-43.
[235] 李浩. 历史视角的城市规划实施问题探讨：以新中国成立初期的八大重点城市规划为例［J］. 城市规划，2017，41（4）：55-61，113.
[236] 牛文元. 自然资源开发原理［M］. 开封：河南大学出版社，1989.
[237] 苏畅.《管子》城市思想研究［M］. 北京：中国建筑工业出版社，2010.
[238] DAUBENMIRE R F. Book reviews：plants and environment：a textbook of plant autecology［J］. Science，1948，108（5）：21-22.
[239] 吴采丹. 城市生态环境与城市绿地系统［J］. 中国资源综合利用，2013，31（5）：42-43.
[240] 于冰沁，田舒，车生泉. 生态主义思想的理论与实践［M］. 北京：中国文史出版社，2013.
[241] 罗巧灵，马杰，郑振华，等. 国土空间规划背景下市县生态保护重要性评价实践探索：以武汉市江夏区为例［J］. 中国园林，2022，38（6）：97-102.
[242] 张忠国. 区域研究理论与区域规划编制［M］. 北京：中国建筑工业出版社，2017.
[243] 黄承梁，杨开忠，高世楫. 党的百年生态文明建设基本历程及其人民观［J］. 管理世界，2022，38（5）：6-19.
[244] 郑莘，林琳. 1990年以来国内城市形态研究述评［J］. 城市规划，2002（7）：59-64，92.
[245] 门周生，刘永祥. 大西安生态绿色空间体系规划探析［J］. 规划师，2021，37（5）：45-51.
[246] 张丽红，李树华. 城市水体对周边绿地水平方向温湿度影响的研究［C］//北京园林学会，北京市园林绿化局，北京市公园管理中心. 北京市“建设节约型园林绿化”论文集.［出版地不详］:［出版社不详］，2007：399-408.
[247] 蒋志杰，张捷，王慧麟，等. 小尺度环境地形相对高度认知及影响因素：以南京大学浦口校区为例［J］. 地理研究，2012，31（12）：2270-2282.
[248] 吕琳. 西安大遗址周边空间环境保护与营建研究［D］. 西安：西安建筑科技大学，2016.
[249] 何云玲，张一平. 城市生态环境与绿化植被相互作用研究［J］. 高原气象，2004（3）：297-304.

[250] 霍飞，陈海山．大尺度环境风场对城市热岛效应影响的数值模拟试验［J］．气候与环境研究，2011，16（6）：679-689.

[251] 王凯．城市绿色开放空间风环境设计和风造景策略研究［D］．北京：北京林业大学，2016.

[252] 王浩，王亚军．城市绿地系统规划塑造城市特色［J］．中国园林，2007（9）：90-94.

[253] 王云才，石忆邵，陈田．传统地域文化景观研究进展与展望［J］．同济大学学报（社会科学版），2009，20（1）：18-24，51.

[254] 朱镱妮，程昊，孟祥彬，等．国土空间规划体系下城市绿地系统专项规划转型策略［J］．规划师，2020，36（22）：32-39.

[255] 王树声．中国城市山水风景"基因"及其现代传承：以古都西安为例［J］．城市发展研究，2016，23（12）：1-4，28.

[256] 刘晖，李莉华，徐鼎黄．自然环境条件影响下的西北城市绿地生境营造途径［J］．西安建筑科技大学学报（自然科学版），2016，48（4）：556-561，567.

[257] 王文华．西安市城建系统志［M］．2000.

[258] 付仲杨，王迪，徐良高．丰镐遗址近年考古工作收获与思考［J］．三代考古，2018：68-74.

[259] 杜忠潮．试论秦咸阳都城建设发展与规划设计思想［J］．咸阳师专学报，1997（6）：29-37.

[260] 王吉伟，刘晓明．结合自然山水格局的隋唐长安都城区域景观营造研究［J］．中国园林，2020，36（4）：134-138.

[261] ARUNP, JASON S, et al. Urban flood risk and green infrastructure: who is exposed to risk and who benefits from investment? A case study of three U. S. cities［J］. Landscape and urban planning, 2022（7）.

[262] 郑皓，吴颖岷，邓华．苏南地区"三生"空间时空格局特征及机制研究［J］．规划师，2022，38（4）：127-133.

[263] 程磊，朱查松，罗震东．基于生态敏感性评价的城市非建设用地规划探讨：以南京市江宁区大连山—青龙山片区概念规划为例［J］．规划师，2009，25（4）：63-66，94.

[264] 杨培峰．城乡空间生态规划理论与方法研究［D］．重庆：重庆大学，2002.

[265] 李令福．隋唐长安城六爻地形及其对城市建设的影响［J］．陕西师范大学

学报（哲学社会科学版），2010，39（4）：120-128.
[266] 惠西鲁，陈道麟，宋颖，等．西安国际港务区规划探析［J］．规划师，2013，29（1）：38-44.
[267] 李涛．上海城市绿地系统空间复杂性研究［J］．风景园林，2021，28（9）：103-108.
[268] 俞孔坚，袁弘．区域生态安全格局：北京案例［C］//全国环境艺术设计大展暨论坛，2012.
[269] 赵义华，刘安生，唐淑慧，等．基于生态敏感性分析的湿地保护开发利用规划：以常州市宋剑湖地区为例［J］．城市规划，2009，33（4）：84-87.
[270] 官宝红，李君，曾爱斌，等．杭州市城市土地利用对河流水质的影响［J］．资源科学，2008（6）：857-863.
[271] 张慧．基于生态服务功能的南京市生态安全格局研究［D］．南京：南京师范大学，2016.
[272] 刘伟毅．城市滨水缓冲区划定及其空间调控策略研究［D］．武汉：华中科技大学，2016.
[273] 林波．湿地生态系统健康评价方法及其应用［D］．北京：中国林业科学研究院，2010.
[274] 张爱平，钟林生，徐勇，等．基于适宜性分析的黄河首曲地区生态旅游功能区划研究［J］．生态学报，2015，35（20）：6838-6847.
[275] 栾庆祖，叶彩华，刘勇洪，等．城市绿地对周边热环境影响遥感研究：以北京为例［J］．生态环境学报，2014，23（2）：252-261.
[276] 刘选利，张小平，马丁．西安市水资源状况分析［J］．给水排水，2012，48（S2）：28-29.
[277] 西安市水务志编纂委员会．西安市水务志（1991—2010年）［M］．西安：三秦出版社，2017.
[278] 马钟彦．西安市水利志［M］．西安：陕西人民出版社，1999.
[279] 苏惠敏，张学宝，薛亮．基于GIS的西安市工程地质环境评价研究［J］．干旱区资源与环境，2006（3）：43-47.
[280] 刘国昌．西安的地裂缝［J］．长安大学学报（地球科学版），1986（4）：9-22.
[281] 刘红卫，李忠明，吕雪漫．西安城市建设中的工程地质问题探讨［J］．山西建筑，2012，38（3）：72-73.

[282] 王宝峰，樊丽萍．西安地区黄土的湿陷性及其处理方法［ J ］．工程勘察，2006（ S1 ）：216-219.
[283] 陕西省地质矿产厅，陕西省计划委员会．西安地区环境地质图集［ M ］．西安：西安地图出版社，1999.
[284] 西安市城市规划管理局，西安市勘察测绘院．西安城市工程地质图集［ M ］．西安：西安地图出版社，1999.
[285] 陕西省地质矿产厅，陕西省计划委员会．西安地区环境地质图集［ M ］．西安：西安地图出版社，1999.
[286] 刘刚，李鹏，张旭，等．西安市水土流失空间分布特征与管控空间划分［ J ］．水土保持学报，2020，34（ 3 ）：91-97.
[287] 侯雷，吴发启，吴秉校，等．陕西省西安市水土保持区划研究［ J ］．水土保持通报，2017，37（ 1 ）：315-318，324，349.
[288] 王建强．浅谈西安市水土流失现状及存在问题［ J ］．地下水，2021，43（ 6 ）：268-269.
[289] 西安市地图集编纂委员会．西安市地图集［ M ］．西安：西安地图出版社，1989.
[290] 杨学军，韩崇选，张宏利，等．陕北与关中林区草兔危害及发生规律分析［ J ］．西北农林科技大学学报（ 自然科学版 ），2005（ 3 ）：85-89，94.
[291] 雷颖虎，肖红，于晓平，等．陕西省湿地鸟类特征与分布［ J ］．陕西师范大学学报（ 自然科学版 ），2007（ S1 ）：81-86.
[292] 麻应太，王西峰．秦岭羚牛资源现状与保护［ J ］．陕西林业科技，2008（ 2 ）：80-83.
[293] 王燕．基于生态适宜性分析的秦岭北麓西安段绿道选线方法研究［ D ］．西安：西安建筑科技大学，2020.
[294] 李艳平．国土空间规划背景下秦岭北麓鄠邑段生态环境保护边界划定研究［ D ］．西安：西安建筑科技大学，2020.
[295] 西安市人民政府．西安市土地利用总体规划（ 2006—2020年 ）2014年调整完善方案［ Z ］，1998.
[296] 陕西省农牧厅，陕西省农业区划委员会．陕西省种植业资源与区划［ M ］．西安：陕西科学技术出版社，1998.
[297] 陈雪华．西安大遗址保护理念与城市文化创新［ J ］．唐都学刊，2010，26（ 2 ）：47-49.
[298] 黄卉．基于InVEST模型的土地利用变化与碳储量研究［ D ］．北京：中国

地质大学（北京），2015.
[299] 徐丽，于贵瑞，何念鹏. 1980s—2010s中国陆地生态系统土壤碳储量的变化［J］. 地理学报，2018，73（11）：2150-2167.
[300] 张萌萌，刘梦云，常庆瑞，等. 陕西黄土台塬近三十年耕地动态变化的表层土壤有机碳效应［J］. 生态学报，2019，39（18）：6785-6793.
[301] 井梅秀. 西安市土地利用格局预测及碳储量价值研究［D］. 西安：陕西师范大学，2014.
[302] 吕向华，马喜锋，曹恺宁. 大秦岭西安段生态环境保护规划探析［J］. 规划师，2015，31（1）：101-108.
[303] 肖哲涛. 山水城市视野下秦岭北麓（西安段）适应性保护模式及规划策略研究［D］. 西安：西安建筑科技大学，2013.
[304] 薛亮，邱国玉. 快速城市化进程中的西安水资源与水环境问题［J］. 北方环境，2013，25（9）：1-8.
[305] 李琪，曹恺宁，刘永祥. 西安生态城市建设目标与构建策略［J］. 规划师，2014，30（1）：101-105.
[306] 殷雷. 西安历史名城绿色空间研究初探［D］. 西安：西安建筑科技大学，2005.
[307] 薛立尧，薛倩，张沛. 西安城市绿地格局演进模式研究（1916—2017年）［J］. 建筑与文化，2019（2）：88-90.
[308] 程森，田亮，孟燕. 民国西安的公私园林与革命进步活动［J］. 西安工业大学学报，2015，35（7）：591-596.
[309] 陈青化. 民国时期西安园林初探［D］. 西安：陕西师范大学，2012.
[310] 薛立尧，张沛. 江南私家园林布局与造景共性分析：以留园与网师园的比较为例［J］. 建筑与文化，2014（7）：106-109.
[311] 吴雪萍，冯伦，张秀云，等. 西安城市公园发展存在的问题及对策［J］. 绿色科技，2015（9）：129-130，134.
[312] 邬建国. 景观生态学：格局、过程、尺度与等级［M］. 2版. 北京：高等教育出版社，2007.
[313] HUANG B X，CHIOU S-C，et al. Landscape pattern and ecological network structure in urban green space planning：a case study of Fuzhou city［J］. Land，2020，10（8）.
[314] YAN S，TANG J. Optimization of green space planning to improve ecosystem services efficiency：the case of Chongqing urban areas

[J]. Environ. Res. Public Health, 2021 (18) : 8441.
[315] 李金路. 从统计上看我国城市绿地率和绿化覆盖率的数量差 [J]. 中国园林，1997，4 (3)：17-18.
[316] 沈中健，曾坚，任兰红. 2002—2017年厦门市景观格局与热环境的时空耦合关系 [J]. 中国园林，2021，37 (3)：100-105.
[317] 朱春阳，李树华，纪鹏，等. 城市带状绿地宽度对空气质量的影响 [J]. 中国园林，2010，26 (12)：20-24.
[318] 冯娴慧. 城市的风环境效应与通风改善的规划途径分析 [J]. 风景园林，2014 (5)：97-102.
[319] 刘滨谊，贺炜，刘颂. 基于绿地与城市空间耦合理论的城市绿地空间评价与规划研究 [J]. 中国园林，2012，28 (5)：42-46.
[320] 马强，魏宗财. 基于RS/GIS的城市景观格局时空演变研究：以西安都市圈为例 [J]. 规划师，2009，25 (3)：70-74.
[321] 王亚军，郁珊珊. 生态园林城市规划理论研究 [J]. 城市问题，2007 (7)：16-20.
[322] 刘滨谊，卫丽亚. 基于生态能级的县域绿地生态网络构建初探 [J]. 风景园林，2015 (5)：44-52.
[323] GELAN E. GIS-based multi - criteria analysis for sustainable urban green spaces planning in emerging towns of Ethiopia：the case of Sululta town [J]. Environ. Syst. Res., 2021, 10 (13).
[324] 周彦丽，赵海江，李彩娟. 张家口地区风特征分析 [J]. 中国农学通报，2015，31 (17)：222-227.
[325] 刘勇，张星星，陈吉煜. 山地城市绿地演变及其对城市扩展的影响：以重庆为例 [J]. 西部人居环境学刊，2016，31 (6)：69-73.
[326] 肖竞，曹珂，李和平. 基于适应性思维的山地城市绿地系统规划方法 [J]. 中国园林，2020，36 (2)：23-28.
[327] 廖凌云，傅田琪，吴涌平，等. 基于生态系统服务评估的市域自然保护地体系优化：以福州市为例 [J]. 风景园林，2022，29 (7)：80-85.
[328] 肖洛斌. 南京城市生态安全格局构建方法研究 [D]. 南京：南京信息工程大学，2014.
[329] 左乐. 西安市遗址公园景观营造研究 [D]. 哈尔滨：东北林业大学，2013.
[330]《西安城市总体规划 (2008—2020年)》概要 [J]. 建筑与文化，2008

（7）：9-17.
［331］高娟，姜满年．西安城市结构布局形态分析［J］．西安建筑科技大学学报（社会科学版），2005（3）：26-28.
［332］季平．西京市区分划问题刍议［M］//西安市档案局，西安市档案馆．筹建西京陪都档案史料选辑［M］．西安：西北大学出版社，1994：74-88.
［333］王娟．西安城市化气候效应研究［D］．西安：陕西师范大学，2011.
［334］宁海文．西安市大气污染气象条件分析及空气质量预报方法研究［D］．南京：南京信息工程大学，2006.
［335］张侠，王繁强，杜继稳．西安大气环境要素变化特征分析［J］．内蒙古环境科学，2009，21（6）：63-68.
［336］GOSLING S, BRYCE E K, DIXON P G, et al. A glossary for biometeorology［J］. Biometeorol, 2014（58）: 277－308.
［337］姜允芳，石铁矛，王丽洁，等．都市气候图与城市绿地系统的发展［J］．现代城市研究，2011，26（6）：39-44.
［338］薛立尧．以绿色基础设施为西安城市生态化建设筑基［N］．西安日报，2018-11-19（008）.
［339］米丰收，张芝霞．西安地裂灾害及其防治措施［J］．水土保持研究，2001（1）：155-159.
［340］李宝田．黄土湿陷性对西安地裂缝影响的研究［D］．西安：长安大学，2005.
［341］赵珂．城乡空间规划的生态耦合理论与方法［M］．北京：中国建筑工业出版社，2014：25.
［342］周秦．城乡统筹背景下的城乡空间生态建设策略研究［C］//中国科学技术协会，贵州省人民政府．第十五届中国科协年会第25分会场：产城互动与规划统筹研讨会论文集．［出版地不详］：［出版者不详］，2013：6.
［343］陈道麟．复兴山水文化格局彰显生态宜居之势：从生态城市角度解析西安市第四轮城市总体规划［J］．建筑与文化，2008（7）：50-53.
［344］张沛．建设生态宜居城市必须立足于秦岭［N］．西安日报，2018-08-12（002）.
［345］汪晓茜．基于生态原则的城乡空间设计导引：以江苏为例［J］．现代城市研究，2003（5）：77-82.
［346］吴榛，张凯云，王浩．城市扩张情景模拟下绿地生态网络构建与优化研究：以南京市部分区域为例［J］．中国园林，2022，38（4）：56-61.

[347] FORMAN R T T. Land mosaics: the ecology of landscape and region [M]. Cambridge: Cambridge University Press, 1995.

[348] 文萍，吕斌，赵鹏军. 国外大城市绿带规划与实施效果：以伦敦、东京、首尔为例 [J]. 国际城市规划，2015，30 (S1)：57-63.

[349] 刘海燕，武志东. 基于GIS的城市防灾公园规划研究：以西安市为例 [J]. 规划师，2006 (10)：55-58.

[350] 王静文. 城市绿色基础设施空间组织与构建研究 [J]. 华中建筑，2014，32 (2)：28-31.

[351] 赵红斌，刘晖. 盆地城市通风廊道营建方法研究：以西安市为例 [J]. 中国园林，2014，30 (11)：32-35.

[352] 薛立尧，张沛，田姗姗. 西安城市风道景区构建方法及实证设计研究 [J]. 中国园林，2017，33 (11)：58-63.

[353] 薛立尧，张沛，王璨晨，等. 城市通风分析及绿地协同规划设计研究：以西安为例 [J]. 现代城市研究，2021 (9)：77-84，91.

[354] 苗世光，王晓云，蒋维楣，等. 城市规划中绿地布局对气象环境的影响：以成都城市绿地规划方案为例 [J]. 城市规划，2013，37 (6)：41-46.

[355] 冯娴慧，魏清泉. 基于绿地生态机理的城市空间形态研究 [J]. 热带地理，2006 (4)：344-348.

[356] 吴雪萍. 西安建设生态城市的园林绿地规划及管理研究 [J]. 西北大学学报 (自然科学版)，2012，42 (6)：1016-1020.

[357] 李敏，童匀曦，李济泰. 国标编制相关的城市公园绿地主要规划指标研究 [J]. 中国园林，2020，36 (2)：6-10.

[358] 唐春. 利于城市通风的绿地廊道设计探索 [C] //中国城市规划学会. 多元与包容：2012中国城市规划年会论文集 (10. 风景园林规划). 昆明：云南科技出版社，2012：8.

[359] 陈宏，周雪帆，戴菲，等. 应对城市热岛效应及空气污染的城市通风道规划研究 [J]. 现代城市研究，2014 (7)：24-30.

[360] 王圣学. 西安大都市圈发展研究 [M]. 北京：经济科学出版社，2005.

[361] 范晓鹏. 西安都市圈一体化与高质量耦合发展规划策略研究 [D]. 西安：西安建筑科技大学，2021.

[362] 杨卫丽. 西安都市圈都市农业发展研究 [M]. 北京：中国建筑工业出版社，2017：34-35.

后记

本书是在博士论文的基础上修改、提升而成。在漫漫研究路上，作者仅刚刚入门；多年时光，历历在目。首先感谢导师张沛教授，其学术素养、人生履历、言谈举止，历来深受广大师生、业内同行、社会各界的共同认可与高度赞誉，更是作者时刻深受教诲、磨砺成长的光辉指引。张沛教授提供的诸多理论创新、专业训练、业务实战、社会服务等宝贵机会，使出身风景园林学的作者接受到了城乡规划学、城市生态学、城市地理学、区域经济与旅游规划等领域十分丰富、系统、科学、前沿、实用的理论知识与实操经验，从而开启了严谨作研究、规范做专业、长远看问题、从容作判断、坚毅迎困难的治学心智。同时，张沛教授也传递出豁达为人、低调行事、恭谦礼让、以诚相待的思想品质，培养作者在校内外的学术界、社会圈建立起了谦逊、友善、平和的为人处世方式与态度。张沛教授对于本书写作，更是自始至终给予了十分有价值和推进作用的悉心指导，尤其是在有关梳理、创新、凝练、反思、修正、检验等关键步骤、主要方法、核心环节上面。感谢之余，也表愿景：未来将继续师从张沛教授，为学科交叉融合，为人居生态环境更加美好而不懈探索。

感谢西北农林科技大学的段渊古教授，西安建筑科技大学的刘晖教授、岳邦瑞教授，您们作为我国西北地区风景园林学科带头人，始终心系学科发展、人才培养；始终身处教育一线、实践前沿，将自身的精湛学识、公允见解、博大胸怀授之于学生、回馈于社会。作为晚辈，着实深受教诲。三位教授立足西北、放眼国际，围绕生态、共营人居，着实体现了风景园林学科在当今生态文明建设与生态环境保护新阶段下的使命与担当。感谢段老师、刘老师、岳老师对作者的思想点拨、方法教诲、写作躬亲示范及人生勉励鞭策，使本书写作得以保持正确方向及较高标准向前推进。

感谢同济大学的王云才教授，西安建筑科技大学的王树声教授、雷振东教授、李志民教授、任云英教授、张中华教授、常海青教授对于本书写作过程及各个环节中的“主旨要义、逻辑框架、创新之处、图文规范”等方面的大力指导、客观指正、真诚鼓励与无私帮助，使本书在一次次的磨砺过程中得以去粗存精、精益求精。

感谢同门博士程芳欣、李晶师姐，史承勇师兄，程兴国、周在辉、李孜、段瀚同学，王超深、车志晖、段皓严、米炜嵩、蔡春杰、李稷、张锋师弟，杨欢师妹；

硕士黄清明、田姗姗等师弟师妹；本科风景专业王霄、王薇、刘嘉伟、王瓅晨、毛佳敏、李依遥、朱丹莉、苏晓禅、田钰等及规划专业学生的帮助。感谢学院同事杨建辉、菅文娜、吕琳、刘恺希、王丁冉、吴雷老师的关注、陪伴与鼓励。感谢业界前辈吴雪萍老师，同仁田涛、吴淼师兄，及专家陈恺悦的支持。感谢父母、岳父岳母无微不至的关爱，感谢妻子薛倩、女儿薛美希的无限信赖、耐心、关怀与包容！